FOREST PATHOLOGY

森林病理学

◎ 伍建榕 主编

中国林业出版社

图书在版编目（CIP）数据

森林病理学 / 伍建榕主编. -- 北京：中国林业出版社，2021.11
ISBN 978-7-5219-1067-4

Ⅰ.①森… Ⅱ.①伍… Ⅲ.①森林—植物病理学—高等学校—教材 Ⅳ.①S763.1

中国版本图书馆CIP数据核字（2021）第041423号

策划编辑：何增明　盛春玲
责任编辑：袁　理
电　　话：（010）83143568

出版发行　中国林业出版社
　　　　　（100009　北京市西城区刘海胡同7号）
印　　刷　北京博海升彩色印刷有限公司
版　　次　2021年11月第1版
印　　次　2021年11月第1次印刷
开　　本　787mm×1092mm　1/16
印　　张　30.5
字　　数　612千字
定　　价　88.00元

《森林病理学》编委会

编委会主编：伍建榕

编委会副主编：赵长林　刘　丽　洪英娣　韩长志

编　著　者：（按姓氏笔画为序）

　　　　　　王　芳　伍建榕　刘　丽　刘朝茂　闫晓慧

　　　　　　张　颖　张东华　张俊忠　陈秀虹　武自强

　　　　　　赵长林　洪英娣　韩长志

前言

森林病害是一类林业生产上普遍发生、易造成严重损失的自然灾害。从现象看，森林病害的发生不像森林火灾那样来势迅猛，令人触目惊心；也不像虫害那样危害明显，易被人们所察觉。但是，森林病害长期潜伏在林内进行隐蔽活动，有些时候对森林危害的严重性较之火灾和虫害是有过之而无不及。据报道，全球森林每年因病害而枯损的数量相当于火灾损失的3倍，因虫害引起的损失量约为火灾损失量的1.5倍；而森林病害所造成的林木生长损失量约占森林全年总生长量的37%，超过火灾和虫害损失的总和。云南历年各类森林自然灾害发生和所造成的损失情况与以上资料大体相当。2015—2018年开展的第三次全国林业有害生物普查工作中，国家林业与草业局发布了《全国林业有害生物普查情况公告》，发现全国真菌类病害726种，细菌性病害21种、病毒类6种、植原体类11种。通过这次普查，较为全面地了解和掌握了我国森林病害的种类、分布、危害、寄主及其发生发展趋势等方面的基本情况，为西南地区的森林病害科学防控奠定了基础，为维护森林资源和国土生态安全，促进生态文明建设提供可靠依据。

病害导致林木生长不良、材质下降，严重时造成林木整株枯死、甚至大片森林衰退，给生态和经济造成巨大损失。云南生物多样性丰富，森林类型复杂，树种繁多，发生的病害种类也多种多样。由于森林病害的发生发展有其自身的规律，病情的消长与林业经营管理措施的关系极为密切。为了搞好森林病害防治工作，需要在掌握病害发生发展规律的基础上，结合林业生产各个环节的经营管理开展防治。由于病害发展的隐蔽性，使得人们容易忽视它的存在，而一旦病害流行开来，人们就束手无策。因此，系统地了解和掌握病害发生规律，在营林规划和森林营造过程中采取预防控制显得尤其重要。为适应林业生产发展的需要，我们编制了这本适合于西南和类似地区的林业高等院校的《森林病理学》，结合西南地区重要林木病害的发生现状、分布、病原种类、发生发展及防治进行系统阐述，为我国林业建设培养合格的病害防治专业人才。森林病理学是研究林木病害现象、发病原因、发病机理、病害发生规律和防治方法的一门科学。本书分总论和各论两部分。总论主要介绍森林病理学的基本知识和原理，包括森林病害的概念、森林病害病原、病原物的致病性和林木的抗病性、森林侵染性病害的发病过程和侵染循环、森林病害的流行与预测预报，森林病害的防治等。各论主要介绍林木根、茎、叶、果部位及苗木病害的发生发展规律和防治技术等。

本书主要适合于西南和类似地区高等院校林学专业及森林保护学专业林木病理学的教科书，也可作为涉林专业本科和研究生学习植物病理学的参考书。

该教材主要作森林保护学专业和林学专业的森林病理学课程的教材和参考书。全书共分2篇13章，编写分工如下：第一篇的第1章、第3章第2节由洪英娣编写，第2章由韩长志编写，第3章第1节由刘丽编写，第3章第3节由王芳编写，第3章的第4节由张东华编写，第3章的第5节由陈秀虹编，第3章的第6节由伍建榕、武自强编写，第5章由张俊忠编写，第6章由闫晓慧、刘朝茂编写；第二篇的第5章由赵长林编写，第二篇的第6章由张颖、伍建榕编写，绪论及其余章节由伍建榕编写，尼玛此姆、陈秀虹参加了校稿工作。

感谢云南省普通高等学校"十二五"规划教材建设项目、国家林业局普通高等教育"十三五"规划教材及国家级一流本科专业建设点资助。

由于我们水平有限，缺点错误肯定不少，敬请读者批评指正。

编者

2020年12月23日

目录

第一篇 总 论

绪 论 ·· 3

第 1 章 森林病害的基本概念 ·· 9
1.1 森林病害 ··· 9
1.2 感病树木的病理变化 ·· 12
1.3 森林病害症状类型 ··· 15
1.4 森林病害诊断 ··· 17
1.5 森林病害的分类 ·· 19

第 2 章 森林的非侵染性病原 ·· 20
2.1 营养元素的缺失或过多造成的生理性病害 ····················· 20
2.2 致病的气象因素及其所致病害 ···································· 24
2.3 环境污染、农药及其所致病害 ···································· 25

第 3 章 森林的侵染性病原 ··· 28
3.1 病原菌物及所致病害 ·· 28
3.2 病原原核生物及所致病害 ·· 65
3.3 病原病毒及所致病害 ·· 78
3.4 植原体及所致病害 ··· 87
3.5 寄生性种子植物 ·· 98
3.6 其他病原物及所致病害 ·· 102

第 4 章 病原物的致病性和林木的抗病性 ······························· 105
4.1 病原物的寄生性和专化性 ··· 105
4.2 病原物的致病性 ·· 106

4.3 林木的抗病性 ... 107

第5章 侵染性病害的发生与流行 ... 118
- 5.1 病害的侵染循环 ... 118
- 5.2 病害的侵染过程 ... 123
- 5.3 病害的流行 ... 129

第6章 森林病害的综合防治 ... 142
- 6.1 病害防治的原则 ... 142
- 6.2 植物检疫 ... 144
- 6.3 营林技术防治 ... 147
- 6.4 选育抗病树种 ... 150
- 6.5 生物防治 ... 152
- 6.6 物理防治 ... 154
- 6.7 化学防治 ... 156
- 6.8 小结 ... 161

第二篇 各 论

第1章 林木种子和苗木病害 ... 165
- 1.1 种子和苗木病害概述 ... 165
- 1.2 种子和苗木病害及其防治 ... 166

第2章 林木叶部和果实病害 ... 179
- 2.1 叶部和果实病害概述 ... 179
- 2.2 叶部和果实病害及其防治 ... 182

第3章 林木枝干病害 ... 271
- 3.1 枝干病害概况 ... 271
- 3.2 枝干病害及其防治 ... 277

第4章 林木根部病害 ... 338
- 4.1 根部病害概说 ... 338
- 4.2 根部病害及其防治 ... 339

第5章　立木和木材腐朽 ·· 351

- 5.1　立木和木材腐朽概述 ·· 351
- 5.2　立木和木材腐朽种类及其防治 ······························ 360
- 5.3　木材变色 ·· 365
- 5.4　立木和木材腐朽的防治原则 ································· 369

第6章　林木的菌根真菌 ·· 371

- 6.1　菌根 ·· 371
- 6.2　菌根真菌 ·· 373
- 6.3　菌根对林木的作用 ·· 375
- 6.4　菌根真菌在林业生产中的应用 ······························ 377

第7章　果树、经济林木病害及其防治 ························ 379

- 7.1　苹果、垂丝海棠圆斑病 ······································· 379
- 7.2　苹果褐斑病 ··· 379
- 7.3　苹果、垂丝海棠轮纹叶斑病 ································· 380
- 7.4　苹果、垂丝海棠锈病 ·· 381
- 7.5　苹果炭疽病 ··· 382
- 7.6　苹果褐腐病 ··· 382
- 7.7　苹果、垂丝海棠腐烂病 ······································· 383
- 7.8　垂丝海棠红花寄生害 ··· 384
- 7.9　垂丝海棠穿孔病 ··· 384
- 7.10　花红、苹果毛毡病 ··· 385
- 7.11　苹果花叶病毒病 ·· 385
- 7.12　海棠煤污状叶斑病 ··· 386
- 7.13　苹果果实黑斑病及白粉病 ·································· 386
- 7.14　荔枝果腐病 ·· 387
- 7.15　荔枝毛毡病 ·· 388
- 7.16　荔枝炭疽病 ·· 389
- 7.17　荔枝叶缘焦枯病 ·· 390
- 7.18　荔枝枯斑病 ·· 390
- 7.19　荔枝枝枯病 ·· 390
- 7.20　茶炭疽病 ··· 391
- 7.21　茶轮斑病 ··· 392
- 7.22　茶饼病 ·· 392

7.23 茶白星病（叶斑病） 394
7.24 红花油茶藻斑病 395
7.25 红花油茶猝倒病（立枯病） 395
7.26 红花油茶疮痂病 396
7.27 红花油茶灰斑病 397
7.28 古茶树黏菌危害 398
7.29 红花油茶半边疯病 398
7.30 红花油茶病毒病 399
7.31 红花油茶白绢病 399
7.32 梨–桧锈病 400
7.33 梨黑星病 401
7.34 梨白粉病 402
7.35 梨（棠梨）炭疽病 402
7.36 梨褐腐病 403
7.37 梨褐斑病 404
7.38 梨角斑病 405
7.39 梨干腐病 405

附录　检索表 406

参考文献 426

总论

第 一 篇
Part One

绪　论

一、植物病害对人类社会的重大影响

从历史上看，由于植物病害的严重发生，导致过两次严重的饥荒及多次重大的经济损失。

1845年在爱尔兰岛因马铃薯发生晚疫病，造成毁灭性的损失，由于饥饿引发疾病致死和逃离人数达200万；1842年孟加拉邦水稻胡麻病减产，导致200万人饥饿死亡；1880年法国波尔多地区葡萄种植业因遭受霜霉病的危害而使酿酒业濒临破产；1910年美国南部弗罗里达州的柑橘园，因发生溃疡病的大流行，而被迫大面积销毁病树，烧毁25万株成树，30万株树苗，损失1700万美元，该病1984年再度发生，美国政府再次大面积烧毁病区的所有柑橘树；1904年在美国纽约动物园的美洲栗上首次发现栗疫病，此后40多年该病害席卷了美国东部几乎所有的天然栗树林，引起了约35亿株美洲栗树死亡，使美洲栗遭受严重损失。榆树枯萎病是20世纪爆发流行的又一种世界性流行病，20世纪30年代和70年代出现了两次爆发性流行，对榆树造成毁灭性的破坏。大家所熟悉的甘薯黑斑病、苹果炭疽病、柑橘绿霉病和当今的松材线虫病、杨树溃疡病、松干锈病等都造成巨大损失。据统计，因植物遭受病害造成的损失平均每年为总产量的10%~15%。

植物病害不仅造成经济上的损失，有的病害还会对人类的身体健康造成威胁。如中世纪（约476—1453年）欧洲大麦发生的麦角病，人们食用混有麦角病的大麦后会中毒，产生迷幻及四肢转黑的坏疽现象。

二、森林病理学的性质和任务

森林病理学是一门研究森林植物病害发生发展规律及其防治原理和方法

的科学，是一门综合性的应用学科。主要研究引起森林植物病害的病原生物及环境因素，发生规律及影响因素，病原物与寄主之间的相互作用，以及预防和控制病害的方法和措施。主要任务是应用现代科学技术的研究成果，特别是先进的生物技术方法，安全、经济、有效地把森林病害造成的损失控制在经济允许水平之下，使林业生产不断提高产量和质量，并能达到稳产、保收和最大的环境效益的目的。森林病理学涉及多个学科的基本知识，包括树木学、菌物学、细菌学、病毒学、线虫学、树木生理学、遗传学、分子生物学基因工程、生物化学、土壤学、林学、气象学等。

现代森林病理学的发展总趋势是从微观和宏观两个方向发展，在宏观指导下进行微观研究，并将微观资料进行宏观分析和处理，不断发展病害治理的新理论和新技术。在宏观方面应用生态学和系统工程学的原理和方法建立林业生态系统中病害监控体系；在微观方面，以分子生物学和基因工程的理论和技术为基础，对林木病原致病及寄主植物抗病机理进行分析，并为决策提供依据。森林病理学的发展将为建立有利于提高林业的综合生产能力，保护生物多样性，控制环境污染和节约能源的森林保护技术提供理论知识和技能，通过对林业生态系统的有效调控，提高森林植物生物灾害控制工作的系统性、综合性、科学性和可持续性，为林业的可持续发展和生态环境保护提供保障。森林病理学是植物病理学的一个分枝，主要研究林木及其种实、苗木各种病害的发生原因、发病规律、综合防治措施，保护林木健康生长，以保证林木生产丰收和环境效益。同时，由于我国各种植物栽培的区域性和专业化根据生产发展的需要产生了经济林病理学、果树病理学、热带作物病理学、园林植物病理学、茶树病理学、蔬菜病理学、农业病理学等。森林病理学研究的范畴包括基础研究，林木病害预测预报，林木病害防治方法、技术及推广，林木病害检疫，林木病害利用，食品安全性的保障，生态环境的保护等。

三、植物病理学的发展简史

植物病理学的发展，由原始的看法，到新理论的产生，经过了一个曲折漫长的过程。从植物病理学的原始阶段，植物病原真菌学阶段到植物病理学新领域形成时期。

（1）植物病理学的原始阶段

人们在生产斗争中，对植物病害的看法，很长一段时期受神道观念的统治，把植物病害的流行归咎于神星命运。18世纪初，冲破了封建观念，对植物病害的认识有一定提高，在植物病体上发现了菌体，但却认为是有病植物组织的直接产物，这就是所谓的自身论时期。这时，有人提出唯物主义观点，如朝鲜人徐有榘在1834年著《杏蒲志》，提到"梨最忌桧，梨林相望之地，有一桧树，浑林皆枯口"，这就是我们现在说的梨桧锈病的问题。

（2）植物病原真菌学时期

19世纪中期，英国博物学家进化论的奠基人达尔文"物种起源学说"，扫除了生物学中神道观念。法国人巴斯德对微生物学各方面的研究奠定了微生物学的科学基础，德国人柯赫（R. Koch）提出了证病定律，从而推翻了医学及兽医学中的"自生论"，树立了微生物病原学说。在植物病理学方面，德国人狄巴里阐明了许多真菌对植物的致病性，真菌的发育与病害循环的关系，1853年他发表了黑粉病菌的专著，1861年证明了马铃薯晚疫病菌的致病性，1865年指出了小麦杆锈病菌的多态现象及转主寄生的规律，从而确定植物病害是由病原菌侵染引起。这些研究让对植物病害的认识进入到植物病原真菌学时期，从而奠定了植物病害的传染观念，推动了植物病理学的发展。

（3）植物病理学新领域的形成时期

19世纪末至20世纪初，在植物病理方面出现了几个新领域。

①**植物细菌性病害** 真菌对植物致病作用虽早有确定，但细菌侵害植物的可能性有不少学者提出疑问，如德国的细菌学家费歇（A. Fischer），他以植物木栓化能力及汁液酸性为理论，认为细菌不适于在植物体内生存，力图反对植物病原细菌学说。1869年美国的史密斯（E. F. Smith）以大量细致工作驳倒了费歇，1920年著《植物细菌病害》一书，成了植物细菌病害的新领域。

②**植物病毒病害** 在自然界中植物病毒病害早已存在，但认识它是一种传染性病害，却是1886年，一个在荷兰工作的德国人梅尔（Mayer）进行烟草花叶病毒传染性研究时，把病株汁液注射到健康植株内，使健株发生了同样的症状，由此证明了传染性。1892年俄国人伊凡诺夫斯基首先把病株的压出液通过了贝克菲尔德细菌过滤器，把滤液用来接种健康的烟株，结果健株发生了同样的花叶病。这种细菌过滤器是不能通过一般细菌，因此滤液中不可能有细菌，他认为这类病原物不同于一般细菌，而是另一类未知的微生物。1898年荷兰的贝哲林克（Beirinck）发表了他的研究结果，当时他并不知道伊凡诺夫斯基的研究，但他以同样方法获得相同的结果，他认为这种病原物是一种有生命的、传染的液体称为"传染活液"，1899年他提出了"病毒过滤性"这一名词，1920年杜利特尔（Doolittle）用黄瓜花叶病汁液试验证明这病毒可以通过贝克菲尔德氏细菌过滤器，但不能通过查尔隆德（Chamerland）细菌过滤器。1921年利用孔度不同的滤器，测定可滤性病毒体的尺度，1935年美国的斯坦利（Stanley）从烟草花叶病毒中提取出病毒的晶体，1937年英国的鲍登（F. C. Bawden）证明病毒粒体中含有病毒蛋白质和核酸，由于这些研究成果及进一步的研究，出现了植物病毒病理学及流行

学，形成了植物病毒病害的新领域。

③植物病害化学防治　应用化学药剂防治植物病害，历代早有应用。我国是应用杀菌剂最早的国家，304年已有关于使用铜青（即铜绿 CuO）来保护木材的记载。国外，最有名的应用是法国果农用硫酸铜与石灰混合，防治葡萄霜霉病，取得了良好效果。他便在法国的波尔多城把这一现象上升到理论研究。1883年他发表了波尔多液防病试验的著名报告，不久将波尔多液应用于防治欧洲马铃薯晚疫病。这一发现肯定了波尔多液的杀菌防病作用，从此，波尔多液作为一种化学农药迅速发展起来，开创了植物病害化学防治的新时期。

④植物病害的抗病育种　利用植物的抗病性作为防治病害的方法，早已有应用，如法国的福克斯（Foex），在一个世纪前（19世纪）引进抗霜霉病的美洲葡萄品种挽救了法国的葡萄业。到1900年，植物抗病品种的选择工作进展已较为显著，因此，有人认为这一时期是采用遗传方法防治病害的开端。

四、近代植物病理学的发展

1946年瑞士的埃·高又曼（E. Gaiimanm）发表《植物侵染性病害原理》一书，使植物病理学的发展提到了更高阶段，特别是近几十年来遗传学、分子生物学、电子显微技术等先进科学的发展和渗透，使植物病理学发展更加迅速。1967年日本的土居养二等人，对泡桐丛枝病、桑萎缩病的研究，通过电子显微镜观察，发现植物病原类菌原体（MLO，植原体）后，世界各国许多科学工作者争相研究，到目前已有100多种植物病害发现了植原体，后来有发现了柑橘僵化病的病原螺原体（SLO）和类立克次体（KLO），1972年迪南（Diener）又发现了类病毒、线虫、螨类，从而开创了植物病原学新领域，虽然植物病理学有了很大发展，但有些认识仍待继续深化，有不少问题尚待解决。

五、森林病理学的发展

森林病理学是植物病理学的一个分支，它是随着林业生产的需要而产生和发展的。

森林病害研究的先驱是德国的哈迪（Pobert Hartig）。他首先发现木材中的菌丝体和子实体与木材腐朽的关系。他发表了《森林的主要病害》（1874），《针叶树木材腐朽论》（1878），《树病学》（1883），《家屋菌——泪菌》（1885），《针叶树的烟害、矿害》（1899）等林木病害著作。由于哈迪有成效的工作，引起许多学者研究森林病害。从此，森林病害的研究和发展，成为一门专门的学科。许多学者发表了论著，如苏联的 B. T. 索比切夫斯基发表了《林木的植物病理学现状和森林培育中植物寄生真菌的意义》。1882年 H. B. 索洛金著了《建筑用乔木树种的腐朽》一书。该书阐明了当时木材腐朽最主要的理论。1897年 A. A. 亚切夫斯基发表了《俄国森林树种的寄生真菌和腐生真菌》。1920 年苏联彼得格勒森林学院开始建立森林植物病理学教研室。此后在科研部门成立了森保系，建立了森林植物病理学科。1934年 C. N. 瓦宁出版了第一本《森林植物病理学》教科书。

森林病理学早已成为一门独立的学科。

六、我国植物病理学的发展

我国植物病理学的发展，虽然比较缓慢，但由于许多著名科学家的努力，为我国植物病理学的发展做出了重大贡献。1916 年邹秉文发表了《植物病理学概要》。1917 年后我国植物病害的研究工作有了发展，1929 年邹秉文、戴芳澜等人发起在南京成立了中国植物病理学会。有些大学或农学院开始讲授植物病理学。金陵大学还成立了植物病理学系。1932 年有了刊载植物病害专著的定期期刊——《昆虫与植病》。这是植物病理学科最早的专业期刊。1935 年公布了《植物病虫检验实施细则》，开展了对外检疫工作。最早参加植物检疫工作的有张景欧及陈鸿达。著名真菌和植物病理学家戴芳澜1936 年出版了《中国真菌名录》。1979 年出版了《中国真菌总汇》。著名真菌学家邓叔群 1939 年出版了《中国高等真菌》，1963 年出版了《中国的真菌》巨著，记载了 2400 种真菌，隶属 601 属。成为利用和研究真菌的重要文献。植物病理学家俞大绂先生编著了《植物病理学和真菌学技术汇编》等。直到现在，这些著作都是植物病理工作者从事研究工作的重要参考用书。

七、森林病理学在新时期重要性

大气候全球变化、厄尔尼诺，国际间贸易的发展，林业政策、林业结构、种植结构，新病害出现，老病害回升，转基因植物的种植，社会对农产品要求的提高等，给森林病理学在新形式下提出了更高的要求。

发展林业是应对气候变化的根本措施，应对气候变化，最根本的措施就是降低大气中二氧化碳等温室气体的含量。森林作为陆地上最大的"储碳库"和最经济的"吸碳器"，是维持大气中碳平衡的重要杠杆，发展现代林业至少有以下几个重要功能：第一，促进碳吸收和固碳，增加森林碳汇；第二，保护和控制森林火灾和病虫害，减少林地征占用，减少碳排放。林业是生态建设的主体，是经济社会可持续发展的一项基础产业和公益事业。随着我国经济的发展，人民生活水平不断改善以及应对气候变化的需要，林业发展越来越受到社会的关注，地位和作用越来越重要，并且成为国际社会关注的焦点。党中央，国务院高度重视林业发展和建设，首次召开的中央林业工作会议进一步明确了林业的定位并赋予林业以重大使命："在贯彻可持续发展战略中林业具有重要地位，在生态建设中林业具有首要地位，在西部大开发中林业具有基础地位。"

第1章

森林病害的基本概念

1.1 森林病害

1.1.1 森林病害

林木在生活过程中,由于受生物或非生物因素的影响,在生理上、组织结构上和外部形态上产生一系列局部的或整体异常变化,生长发育受到显著影响,甚至出现死亡,这种现象就被称作为森林病害(forest and tree disease)。

森林病害是对人类经济生活而言的,有些植物的不正常现象不但不造成经济损失,甚至产生更高的经济价值。例如,许多豆科树种受根瘤菌感染后生长得更好;郁金香因受病毒的侵染使单色花成为杂色花,增加了它的观赏价值;茭白源于一种黑粉菌的侵染使茎基部肥大而可供食用等。这些现象都不列入植物病害的范畴。

林木损伤和森林病害是两个不同的概念。非生物因素或生物因素都可以引起林木损伤,例如林木受风折、雷击或受动物、昆虫咬伤等。林木损伤是由瞬间发生的机械作用所致,受害林木在外部形态表现受伤之前在生理上没有发生明显的病理程序,因此不能称为森林病害。

由生物因子(主要是寄生性微生物)侵染引起的病害称为侵染性病害(infectious diseases),由环境中不利于植物生长发育的物理因子或化学因子引起的病害称为非侵染性病害(non-infectious diseases)。森林病理学(forest and tree pathology)以侵染性病害为主要研究对象。

1.1.2 森林病害的病原

引起林木生病的最直接因素称为病原(causes of disease)。植物生病时,可能是受到某一个因素的作用,也可能是同时或先后受到两个以上因素的作用，但其中有一个是使植物生病的最直接的因素，在这种情况下，这个最直接的因素才被称为病原。例如，某些树苗在秋季多施速效氮肥，使秋梢徒长，组织柔嫩，冬季就容易遭受低温冻害而致枯梢，施肥不当和低温都是引起冻害的因素，但只认为低温是病原。又如，银杏苗木茎腐病是因为茎基部在夏季受过高的地表温度灼伤后，又受一种真菌自伤口侵入而引起的，在这种情况下，直接导致茎基部腐烂的真菌才被称为病原，其他则被称为病害发生的环境条件。侵染性病害的病原是生物，通常又可称为病原物（pathogen）。

病原按其性质可分为侵染性病原和非侵染性病原。

（1）侵染性病原

植物侵染性病原中绝大多数是寄生性微生物，常称它们为病原，如果是菌类则又可称为病原菌。已经知道的植物病原物主要有以下几类。

①菌物：菌物是一类低等真核生物，其营养体是丝状体，称为菌丝，繁殖时产生各种孢子。菌物没有叶绿素，不能自营光合作用，要依赖现成的有机物生活。大多数菌物是腐生的，一般不会引起植物病害，只有少部分菌物能寄生在植物体上，成为植物的病原物。植物侵染性病害中80%以上是由菌物引起的，菌物是植物病原物中最重要的一类。

②病毒：病毒是比细菌还小的在普通显微镜下看不见的一种非细胞形态的寄生物。它的直径一般小于 $200 \times 10^{-3} \mu m$，小的病毒约相当于大的蛋白质分子。已发现的病毒都是细胞内寄生物，它们引起人类、动物和植物的重要病害。

③细菌：细菌是一类原核生物，常以裂殖方式进行繁殖，故又称裂殖菌。细菌是人类和动物病害的重要病原。植物细菌病害的种类比菌物病害要少得多，但某些植物细菌病害在农林生产上却可造成重大损失。

④植物菌原体：植物菌原体作为植物病害的病原，还是在1967年由日本学者在研究桑萎缩病等病害时发现的。近年来这类微生物在分类上被认为与细菌相近，属于原核生物。它们在电子显微镜下大多呈球状体，球体直径为 $100 \times 10^{-3} \sim 1000 \times 10^{-3} \mu m$，具有膜状包被但没有细胞壁。林木上黄化和丛枝类型的病害，许多是由植物菌原体引起的。

⑤寄生性种子植物：寄生性种子植物目前知道的都属双子叶植物，寄生在植物茎或根上，其中大多数是寄生在木本植物上，如危害多种阔叶树的桑寄生、槲寄生和菟丝子等。

⑥线虫：线虫属于无脊椎动物的线虫门，它的长度一般不到2mm，粗0.05~0.1mm，在自然界分布很广。各类植物和菌物上都有线虫寄生。

（2）非侵染性病原

除了生物以外的不利于植物生长发育的各种环境因素都可能成为非侵染性病害的病原。常见的非侵染性病原有下列几类。

营养条件不适宜：土壤中缺少某些营养物质，致使植物产生失绿、变色或组织坏死等现象。刺槐因缺铁而发生的黄化病是在碱性土壤上常见的例子。松苗常因土壤中缺磷而产生紫叶病。某些微量元素如锰、硼、锌等的缺乏也常引起各种植物病害。

土壤水分失调：土壤湿度过低可以引起植物叶尖、叶缘或叶脉间组织的枯黄。在极干旱的条件下植物将凋萎而引致死亡。相反，土壤水分过多易使植物根部窒息，久之发生根腐；在排水不良、地下水位过高或因地势不平致局部积水的苗圃或造林地常有这种现象。

温度不适宜：温度影响植物各方面的生命活动，植物生长有其最低、最适和最高的温度界限。温度过高可引起树皮及果实的灼伤。夏季烈日之下，地表温度可达70℃，某些树皮薄、嫩的苗木和幼树常发生茎基部灼伤。低温引起霜害和冻害则更为常见。

有毒物质：空气、土壤和植物表面都有可能存在着对植物有害的物质，引起植物病害。一些化工厂和冶炼厂排出的废气中，常含有过量的SO_2等有毒气体，这类有毒气体对植物的危害称为烟害。杀虫杀菌剂使用过量，致使叶片上产生斑点或枯焦脱落，则称为药害。

1.1.3 寄主

侵染性病害中，受侵的植物称为寄主（host）。病原物在寄主体内生活，双方之间既具有亲和性，又具有对抗性，构成一个有机的寄主-病原物体系。当植物受到病原的作用或侵染时，首先会在生理上产生一定的反应，以适应变化了的环境条件或阻止病原物在体内继续扩展。如果病原的作用继续加强，超出了植物的适应能力或胜过了植物的抵抗反应，经过一定时间，植物在组织结构和外部形态上就会相继产生一系列的变化，表现出病态。因此，植物病害的发生要经过生理上、组织结构上和外部形态上的一系列病理程序。病理程序就是寄主-病原物体系建立和发展的过程。这一过程的进展除取决于双方本身所具有的动力外，环境条件也起重要作用。

1.1.4 森林病害发生与环境的关系

环境条件分别作用于寄主、病原物以及寄主-病原物体系。如果环境条件有利于植物的生长而不利于病原物的活动，病害就难以发生或发展很慢，植物受害就轻。反之，病害则容易发生或发展很快，植物受害就重。例如桃树新叶开放时，常会受到一种外子囊菌的危害而发生缩叶病，这种病害在早春低温多雨的年份较为严重。因为病菌只能危害嫩叶，气温低使桃叶生长缓慢，增加病菌侵染的机会，湿度高给病菌孢子萌发造成有利条件。反之，如果天气晴和温暖，桃叶迅速生长，病害就很轻。

现在人类已经逐步认识和重视生产活动对植物病害的影响，可以通过栽培方式或病害防治措施对寄主植物、病原物和环境施加影响，以抑制植物病害的流行。但从历史上看，由于人类破坏了自然生态系统的平衡，创造了高度感病的植物品种，远距离传播了危险性病原物，因此总的趋势是人类的活动促进了植物病害的发生和发展。

在自然生态系统中，由于自然选择的结果，各种生物和环境相互之间的关系处于一种相对稳定的状态，植物与病原物之间的关系无论从数量的消长或它们之间的寄生关系来说，都处在一个相对平衡的状态。人类的生产活动常常使生态系统的平衡受到破坏，植物病害在这种情况下容易达到流行的程度。

人类在长期的农业生产中，将野生植物驯化为栽培植物，创造了许多优质高产的植物品种，这些品种对某一种病原物或对病原物的某些小种可能是高度抗病的，但对另外一些小种却可能是高度感病的。大面积栽培单一品系的植物种群，为大面积爆发流行性病害创造了条件。

植物和病原物在自然界的存在，由于历史或环境的原因，高山和大洋的阻隔，原来大多是区域性分布的。然而，人类的活动、区域间的物资交流、引种外来动植物等常常把一些局部分布的病原物传播到新的地区，造成更大的经济损失。

现在人们也已经逐步认识了以往的这些失误，提出了要着眼于森林群体生态系统的平衡，以营建健康森林为目标，客观考虑自然因素和人的作用，正确处理和协调各种关系，真正使病害成为森林生态系统可以自我控制且不会达到流行程度的一种自然现象。

1.2 感病树木的病理变化

树木受病原物侵染后，会在生理上、组织上和形态上产生一系列的异常变化，这些异常变化称为病理变化，简称病变。病植物的各种病变是互相联系的，一种病变常常引起其他一种或两种病变。一般说来，首先发生的是生理上的病变，然后引起组织结构上的病变，组织结构上的病变又会导致形态上的病变。

1.2.1 生理上的病变

感病树木最先发生的生理病变可能是细胞生理的变化。受侵植物组织的细胞几乎都会发生渗透性变化，一般是渗透性增加，矿物质随着水分而外漏。许多病害的初期症状表现水浸状，可能就是水分渗入细胞间隙的结果。

细胞中酶活力的改变在细菌性癌肿组织中早已证实，在癌肿组织汁液中，过氧化氢酶活力比健康组织提高160%，氧化酶活力提高130%，过氧化物酶活力提高120%，而且还产生了酪氨酸酶，这种酶在健康组织中是没有的。

呼吸作用的增加是病植物共同的特征。病组织呼吸作用一般比健全组织提高 20%~100%，最高时可达 2~4 倍。到病害发展的后期，呼吸作用又急剧下降。泡桐患丛枝病的组织呼吸时，氧气吸收量较健康组织增加 20%~70%，二氧化碳的排出量增加 36%~40%。许多试验表明，呼吸作用的增加主要是由寄主决定的。例如，患白粉病的麦苗叶组织每平方厘米每小时的氧气消耗量是 7.9cm^3，健康叶组织只消耗 1.9cm^3，如用机械方法将菌丝体从病叶表面剥掉，氧气消耗量为 6.4cm^3，病原物消耗的只不过 1.5cm^3。

病植物叶组织中的叶绿素丧失或组织坏死，光合作用随之就会有所降低。例如，泡桐患丛枝病后，叶绿素含量仅及健康树的 23%~48%，光合作用强度只相当于健康树的 10%~39%。在病害过程中，病植物光合作用排出的 CO_2 的量超过植物固定 CO_2 的量，使植物的含碳物质积累不断减少，影响植物的生长发育。

病植物中氮化合物的含量一般比健康植株有所降低或者在初期有所增加，而后期则急剧减少。氮化合物也可能在局部病组织中积累，细菌性根癌组织中的蛋白质含量有时可以达到健全组织的 3 倍之多。某些受病毒感染的植株中有蛋白质含量增高的现象，可能其中病毒本身的蛋白质占主要成分。对寄主植物氮素的掠夺在槲寄生（*Viscum album*）中也很明显，据测定，槲寄生植株的含氮量占总干物质重的 26.4%，而直接受槲寄生寄生的寄主枝条中的含氮量只有 3.5%。

病植物中水分的缺乏导致植株萎蔫。水分缺乏的原因主要有两个方面：一方面是蒸腾作用加剧。据试验，用一种病原物产生的毒素——维多利素处理植物可以引起该植物蒸腾作用的变化。用维多利素处理 3h，蒸腾作用最低，气孔是紧闭的；10h 后气孔不正常地广为张开，其宽度比光照下的对照植株大 2~4 倍，同时保卫细胞高度膨胀状态伴随和其中的淀粉消失，可能与保持气孔的张开有关。由于气孔失去控制机能，蒸腾加剧而引起萎蔫。另一方面是输导系统阻塞，这一类型的病害常称为维管束病害。维管束的阻塞可能是由侵入其中的病原物本身或者它们刺激寄主植物所产生的侵填体的作用。也有人认为是由病原所产生的毒素引起的。

1.2.2 组织上的病变

树木感病以后，生理上病变的结果常引起细胞和组织结构上发生变化。组织上病变的性质可大致分为以下 4 种情况：

（1）促进性组织病变

细胞体积增大和细胞数目增多，导致细胞和组织过度生长。这些现象最常发生在分生组织、薄壁组织和木栓组织中。病态的瘤肿、畸形、毛毡、丛枝和徒长等，大多是由分生组织及薄壁组织过度生长造成的；疮痂、溃疡斑周围的愈伤组织等是木栓细胞增生的结果。细胞中的细胞核、叶绿体或细胞壁等，也会因受刺激而变大或增多。

（2）抑制性组织病变

受病植物细胞体积缩小和细胞数目减少，导致细胞和组织生长不足、变形或发育不良。极端抑制的结果会使细胞、组织器官停止发育，引起各类残缺，如小叶、缺叶、矮化、不结实等。

许多植物病后失绿是叶绿体数目减少的结果。有些植物受侵染后，可同时表现出抑制性组织病变和促进性组织病变，如稠李袋果病，果肉肥大呈囊状，而果核却停止发育。桃缩叶病的病组织细胞过度生长但同时细胞内的叶绿体却被破坏。

（3）分解性组织病变

由于病原物的侵袭，细胞内含物、细胞壁或中胶层被破坏。由于病原物生长的机械力或酶的作用，造成组织坏死或分解。促进性和抑制性的组织病变的最终结局，也常是组织坏死。

多数病原菌可分解纤维素而破坏植物的细胞壁，如木材腐朽菌中的褐腐菌类，就是分解木材中的纤维素而留下呈褐色的木素。有些病原菌可分解细胞壁的中胶层，从而使细胞组织解体。

流脂、流胶也是一种坏死性组织病变。通常流脂发生于松柏类植物上，流胶发生于核果类树木和柑橘类树木上。菌类的侵害和各种创伤都能引起植物流脂或流胶。植物流脂流胶与植物保护反应有严格区别。

（4）组织补偿反应

植物受伤或受病后，极易发生组织补偿反应，可能导致植物恢复健康或表现抗伤、抗病效果。一般组织补偿开始于愈伤细胞的产生。无论哪种生活细胞或组织都可以变成活跃的愈伤细胞或组织。受了伤害的边缘活细胞进行迅速地细胞繁殖，而形成一片薄壁组织。这种组织渐渐分化，靠外层的细胞往往木栓化，内部的细胞壁加厚和木质化为维管细胞。再进一步，在维管细胞旁边产生形成层细胞。新形成层可与原有者相接，其两侧照样可以产生木质部及韧皮部。

在病斑的周围，愈伤的木栓化细胞的产生是最常见的。

1.2.3 形态上的病变

感病树木在生理上和组织结构上产生病变的结果，必然引起形态上的病变。受病植物在形态上的改变有整株的和局部的两类。整株形态改变一般表现为植株高度、分枝分蘖的多少和褪绿、生长发育不良，甚至整株死亡等。如常见的针阔叶树的根部受到蜜环菌的侵害时，往往整株陷于凋萎或发育不良。严重感染烂皮病的树木也呈现出整株性病变，表现为放叶迟、开花晚，枝条生长短小，叶片小，各种器官都表现极度衰弱，缺乏正常光泽。

大多数侵染性病害往往只是导致局部形态的改变，病变只局限于受病植物的某一器官及部分组织上，一般表现为局部坏死或畸形等。

1.3 森林病害症状类型

1.3.1 症状

病植物在形态上表现的不正常的特征称为症状（symptom）。对真菌病害来说，病菌最终会在植物病组织上产生繁殖体，有时也可见到营养体或休眠体。所以病植物在形态上表现的特征也包括病原体在内。如槐树幼年枝干受一种镰刀菌的侵染发生溃疡病，表现为局部树皮坏死形成椭圆形黄褐色病斑，病菌在病斑上产生红色分生孢子堆。病原物在寄主体上产生的用肉眼能够看得见的菌体称为病症（sign），它构成症状的一部分。有些植物病害的症状，病症部分特别突出，寄主本身并无明显变化。例如，许多植物叶片上的白粉病，寄主组织只有轻微褪色，而病菌的菌丝体和分生孢子则在叶面或叶背形成浓厚的白色粉霉层。也有些病害是不表现病症的，如病毒病害和非侵染性病害。

症状一般指病植物外部的特征，但有时也需观察内部特征。如榆枯萎病，树干横断面上外围的几个年轮变为褐色；由蜜环菌引起的根腐病的树干基部的皮层下有白色扇状菌丝束和黑色根状菌索。这些内部变化有时称为内部症状。

植物病害是一个发展的过程，所以它的症状也是发展的。初期症状与后期症状常有很大差异，病症多在后期出现。一种病害的症状常有它固定的特点，表现出典型性，但在各个植株或各个器官上，还会有个别的特殊性，或者由于环境条件的特殊而出现非典型的症状。因此，在观察植物病害的症状时，要注意初期和后期、典型和非典型的变化。

1.3.2 症状类型

植物病害的症状表现是多种多样的，一种病害的症状常有其自身的特点。为了便于研究和分析，在林木上常见的病害症状一般被归纳为7大类15种。

（1）褪绿

植物感病以后，叶绿素不能正常形成，叶片上表现为淡绿色、黄色甚至白色。叶片的全面褪绿称为黄化或白化。营养贫乏如缺氮、缺铁或光照不足可以引起植物黄化。在侵染性病害中，黄化是病毒病害和植物菌原体病害的重要特征。叶绿素形成不均匀，叶片上出现深绿和淡绿相互间杂的现象称为花叶，它也是病毒病害的一种症状类型。

（2）坏死

坏死是细胞和组织死亡的现象，常见的有以下几种。

①腐烂：植物的各种器官都可以发生腐烂。多汁组织或器官如果实、块根等发生的腐烂往往呈软腐或湿腐状，引起软腐的原因是病原物产生的酶分解了植物细胞间的中胶层，使细胞离散并且死亡。含水较少或木质化的组织发生的腐烂呈干腐状，腐烂的原因通常是病菌侵蚀了植物的细胞壁，使组织解体。

②溃疡：植物枝干上局部韧皮部（有时也带有部分木质部）坏死，形成凹陷病斑，病斑周围常为木栓化愈伤组织所包围，这种特殊的腐烂病斑称为溃疡（图1-1-1）。树干上多年生的大型溃疡，其周围愈伤组织逐年被破坏而又逐年生出新的，致使局部肿大，这种溃疡称为癌肿。溃疡是由菌物、细菌的侵染或机械损伤造成的。

③斑点：斑点是叶片、果实和种子局部坏死的表现。斑点的颜色有黄色、灰色、白色、褐色、黑色等，形状有多角形、圆形、不规则形等（图1-1-2）。有的病斑周围形成木栓层后，中部组织枯焦脱落而形成穿孔。斑点病主要由菌物及细菌寄生所致，冻害、烟害、药害等也可造成斑点。

（3）畸形

畸形是因细胞或组织过度生长或发育不足引起的。常见的有。

①瘿瘤：树木的根、干、枝条局部细胞增生形成瘿瘤。有时由木质部膨大而成，如云南油杉肿瘤病（图1-1-3）、樱桃冠瘿病（图1-1-4）；有时由韧皮部膨大而成，如柳杉瘿瘤病（*Nitschkia tubercu-lifera*）。

瘿瘤的形成有时也有生理上的原因，如行道树在同一部位经多次修剪，其愈伤组织也会形成瘿瘤。

②丛生：植物的主、侧枝顶芽受抑制，节间缩短，腋芽提早发育或不定芽大量发生，使枝梢密集成扫帚状，通常称为丛枝病或扫帚病（图1-1-5，图1-1-6）。病枝一般垂直方向向上生长。枝条瘦弱，叶形变小。促使植物枝梢丛生的原因很多，菌物和植物菌原体的侵染是主要的。有时也由植物生理机能失调所致。植物的根也会发生丛生现象，由一种细菌引起的毛根病，致使须根大量增生如毛发状。

③变形：受病器官肿大、皱缩，失去原来的形状。常见的是由外子囊菌或外担子菌引起的果实或叶片变形病，如桃缩叶病（*Taphrina deformans*）（图1-1-7）、杜鹃饼病（*Exobasidium rhodofendri*）（图1-1-8）。

④疮痂：叶片或果实上局部细胞增生并木栓化而形成的小突起称为疮痂。如柑橘疮痂病（*Sphaceloma fewcettii*）（图1-1-9）。

（4）枯萎

枯萎病是指植物根部或干部维管束组织感病，使水分的输导受到阻碍而致整株枯萎的现象。枯萎病可由真菌、细菌或线虫引起，榆枯萎病（*Ophiostoma ulmi*）和松线虫枯萎病（*Bursaphelenchus xylophilus*）都是著名的由维管束系统感病而引起的林木枯萎病害。

（5）流脂或流胶

植物细胞和组织分解为树脂或树胶流出，称为流脂病或流胶病。针叶树树液流出称为流脂病，阔叶树树液流出称为流胶病。流脂病和流胶病的病原较复杂，有侵染性的，也有非侵染性的，或为两类病原综合作用的结果。

（6）粉霉

植物病部表面生白色、黑色或其他颜色霉层或粉状物的症状称粉霉。粉霉是由病原菌物表生的菌丝体或孢子形成的。如白粉病、煤污病等（图1-1-10）。

（7）蕈菌

高等担子菌引起的立木腐朽病常在林木树干上生出大型蕈菌（担子果）（图1-1-11），其他症状不明显。

1.4 森林病害诊断

森林病害诊断（diagnosis）就是分析并确定一种病害的病原。森林病害的诊断方法有以下几种。

1.4.1 根据症状进行诊断

一种植物病害的症状往往具有一定的特征，一般表现在发病部位、病斑大小、形状、颜色和花纹等方面。因此，症状可以作为病害诊断的重要依据。尤其是对于已知的比较常见的病害，根据症状可以作出正确的诊断。例如当杨树叶片上出现许多针头大小的黑褐病斑，病斑中央有一灰白色黏质物时，无疑这是由盘二孢属（*Marssonina*）真菌引起的杨树黑斑病的典型症状。

但是病害的症状也会在一定条件下发生某些变化。

同一病原在不同的寄主上或同一寄主的不同器官上可能表现症状不同，如丝核菌危害针叶树幼苗时发生猝倒或立枯症状，而危害马铃薯时在块茎上引起粗皮症状，在根颈部发生坏死症状。同一寄主在不同的发育阶段或处在不同的环境下症状也会有差异，如立枯病发生在幼苗出土前，表现为烂芽；发生在2个月之内幼苗上时，表现猝倒；发生在木质化后的幼苗时表现为根腐立枯；若发生在光照不足、湿度过大、过分密植的苗木上，则表现烂叶。此外，不同的病原也可能引起同类症状，如李属植物叶的穿孔病，其病原可以是霜害，也可以是细菌或真菌的穿孔霉。树木癌肿病可能是细菌，也可能是子囊菌或担子菌引起，也可能是冻伤。

因此，症状可以帮助初步诊断病害而不起决定性，除非很有经验的人面对自己比较熟悉的病害可以作正确的诊断，在很多情况下，单凭症状来确定植物病害的病原往往是比较困难的，也是不可靠的。

1.4.2　根据病原物进行诊断

植物病组织上存在的病原物是植物病害诊断的另一重要依据。真菌病害一般到后期会在病组织上产生病症，它们多半是真菌的繁殖体，用肉眼或显微镜即可识别。对于那些专性寄生或强寄生的真菌，如锈菌、白粉菌、外子囊菌等所致的病害，根据植物病组织上见到的病原物进行诊断是完全可靠的。有些无性型菌在自然界都是营寄生生活的，如尾孢属（*Cercospora*）、叶点霉属（*Phyllosticta*）、盘二孢属（*Marssonina*）等属的真菌，它们所致的病害也可根据子实体的出现作出正确的诊断。但如果植物病组织上见到的真菌子实体属于兼性寄生型，则它们可能是病原物，也可能是次生的或腐生的菌类。在这种情况下，就必须进一步证明它们的致病性。

植物细菌病害的病组织中有大量细菌存在，植物根结线虫病的根瘤内有线虫存在，用肉眼或显微镜即可见到，都可作为诊断的可靠依据。植物病组织中的病毒或植物菌原体要在电子显微镜下才可观察到，诊断就比较困难。

1.4.3　人工诱发试验

应用科赫氏法则（Koch's postulates）的原理来证明一种微生物的传染性和致病性，是最科学的植物病害诊断方法。其步骤如下：①将植物病组织上经常出现的微生物分离出来，使其在人工培养基上生长；②将培养物进一步纯化，得到纯菌种；③将纯菌种接种到健康的寄主植物上，给予适宜于发病的条件，观察它是否可使寄主植物表现与原病害相同的症状；④从接种发病的组织上再分离出这种微生物。这些步骤常称为人工诱发试验。

人工诱发试验并不一定能够完全实行。因为有些病原物现在还没有找到人工培养的方法。接种试验也常常由于没有掌握接种方法或不了解病害发生的必要条件而不能成功。因此，人工诱发试验还存在一定的局限性。目前对病毒和植物菌原体还没有人工培养的方法，但是，由于病毒和植物菌原体引起的病害都是系统侵染的病害，因此一般可用嫁接方法来证明它们的传染性，即以感病的植物作接穗，嫁接在健康的同种植株上，如能引起健康植株发病，即证明这种病害可能是病毒或植物菌原体引起的。

1.4.4　病害治疗诊断

病毒、植原体和类立克次细菌所引起的植物病害常有相似的症状。但植原体对四环素族的抗生素敏感，类立克次细菌对青霉素敏感，病毒对两者均不敏感。用抗生素对病株进行处理（浇注根部或树干注射），观察治疗效果，即可作为区别这3类病害的依据。

对非侵染性病害中的缺素症，也可用不同的微量元素处理病株，如有治疗效果，即证明病害是缺少某种微量元素引起的。

1.5 森林病害的分类

为了确定病害的病原和研究病害发生规律，常常需要按不同的方法把林木病害分成若干类别，通用的分类方法有以下几种。

（1）依病原分类

这种分类首先将植物病害分为侵染性病害和非侵染性病害两大类。侵染性病害又根据病原生物的性质分为菌物病害、细菌病害、病毒病害、线虫病害等。

因为菌物病害种类多，还可再按菌物的类别，分成不同的病害，如锈病类、白粉病类、炭疽病类等。根据病原生物进行分类的优点是每类病原和它们所引起的病害有许多共同的特性，因此它最能说明各类病害发生发展的规律和防治上的特点。

（2）依寄主分类

植物病害按寄主可分为果树病害、林木病害、大田作物病害、蔬菜病害等，每一大类还可再细分，如林木病害可按树种分为针叶树病害、阔叶树病害，还可分为松类病害、竹类病害、杨树病害等。其优点是能全面了解一种植物上可能发生的各种病害，便于制定综合防治计划。

（3）依寄主受病部位和器官分类

木本植物的各种器官的结构有较大差异，根和枝干具有坚实的韧皮层和木质部，叶和果主要由薄壁组织构成，多是一年生的。因此，各种器官上发生的病害的性质有较大的区别。林木病害按寄主受病部位和器官不同常常分为根部病害、枝干病害、叶果病害、种子病害等。其优点是便于总结各类病害的规律。

（4）依传播方法分类

林木病害按传播方法可分为空气传播、雨水传播、昆虫传播、种苗传播和机械传播病害等。其优点是便于考虑主要的防治方法。一般来说，传播方法相同的病害，其防治措施也相似。

（5）依寄主发育阶段分类

在林业生产上，林木病害常按寄主发育阶段分为苗期病害、幼林病害、成林病害和过熟林病害等。林木在不同发育阶段各有相应的经营管理方法，便于把各种林木病害的防治措施纳入经营管理方案中。

一般说来，植物病害的分类常根据一定的目的，以一种分类方式为主，同时采用其他方式为辅。

第 2 章

森林的
非侵染性病原

　　引起森林病害的病原，不仅有侵染性病原，还有一些属于非侵染性病原。这些病原往往不具有侵染性、传播性，因此由上述病原引起的病害又称为非侵染性病害、非传染性病害，同时，这些病原多是一些不适宜的物理、化学等非生物性的环境因素，因此由其直接或间接引起的植物病害，又称生理性病害。森林的非侵染性病原主要包括一些营养元素的缺失，或是一些致病的气象、土壤以及空气污染因素。

　　非侵染性病害是由非生物因子引起的病害，如营养、水分、温度、光照、和有毒物质等，阻碍植株的正常生长而出现不同病状。有些非侵染性病害也称植物的伤害。植物对不利环境条件有一定适应能力，但不利环境条件持续时间过久或超过植物的适应范围时就会对植物的生理活动造成严重干扰和破坏，导致病害，甚至死亡。

2.1　营养元素的缺失或过多造成的生理性病害

　　一般而言，植物的正常生长不仅需要大量的营养元素，而且还需要少量的微量元素。就林木生长而言，土壤中具有其生长所需的诸多营养元素，而当这些元素供应不足时，林木生长就会受到一定程度的影响；而当有些元素过多时又可引起树木发生中毒现象。

2.1.1　营养元素的缺失造成的缺素症

　　氮、磷、钾等作为植物生长所需的必需营养元素，对于植物生长发挥着重要作用。

　　氮作为植物细胞和蛋白质的基本元素之一，由其组成的肥料在农林业生产方面发挥着重要的作用。当植物缺少氮元素时，植株往往表现出矮小、叶色淡绿或黄绿等症状，随后转为黄褐并逐渐干枯；而当氮元素过多时，植物则表现出叶色深绿的症状，其营养体发生徒长从而造成果实成熟延迟等现象发生。林木中过剩氮素可以与碳水化合物相互作用而形成多量蛋白质，从而造成其细胞壁成分中的纤维素、木质素的形成减少，以至于产生细胞质丰富而细胞壁薄弱的现象。如此一来，就会严重降低了植株抵抗外界不良环境的能力，从而造成上述林木容易受到病原菌的侵害，且易倒伏。上述也是农林业生产方面，不建议过多施用氮肥的一个重要原因。此外，生产上若长期使用铵盐作为单一氮肥时，就会使得过多的铵离子对植物造成毒害。

磷作为植物细胞中核酸、磷脂和一些重要酶的主要组成成分，在植物生长、代谢等方面发挥着重要作用。当植物缺少磷元素时，植株体内将会积累大量的硝态氮，从而引发其体内蛋白质合成受阻，新的细胞核和细胞质形成减少，以至于影响到正常植物细胞的分裂，导致植株幼芽和根部生长缓慢，最终造成植株矮小等症状出现。

钾作为细胞中许多成分进行化学反应时的触媒，在植物体内诸多物质合成方面发挥着重要作用。当植物缺少钾元素时，其叶缘、叶尖首先出现黄色或棕色斑点等症状，再逐渐向内进行蔓延。同时，其体内的碳水化合物合成也会发生减弱现象，纤维素和木质素含量因而出现严重降低，以至于植物的茎秆表现出柔弱、易倒伏等特征，降低了其抗旱性和抗寒性。此外，缺少钾元素，还能使植物产生诸如叶片失水、蛋白质解体、叶绿素遭受破坏、叶色变黄等一系列反应，土壤中持续缺少钾元素则会造成植物发生坏死症状。这种现象常在砂质土或有机质少的土壤的果园发生。发病初期，在老叶叶尖和上部叶缘开始发黄，逐步向叶片中部发展。叶片卷曲畸形，新梢长势弱，果小而皮厚，味淡而酸。

除氮、磷、钾等营养元素在植物生长中发挥着重要作用以外，镁、钙、铁、等元素也在植物的生长、代谢方面发挥着重要作用。

一般而言，镁作为植物叶绿素的重要组成成分，在植物生长、代谢方面发挥着重要作用，还参与许多酶的作用。当植物缺少镁元素时，受害植株往往表现为叶片、叶尖、叶缘和叶脉间褪绿等症状，但其叶脉仍然保持着正常绿色，该现象主要发生在降雨多的砂土、酸性土及轻砂土的果园中。主要发生在老叶上，尤其以挂果多的老年树，其结果母枝的老叶为甚。最初表现为老叶顶端及两侧的叶片出现轻微的黄化，主脉附近少许叶片呈绿色，严重时仅叶片主脉基部呈楔形绿色区、其余部分黄化，甚至全叶黄化，提早脱落，新梢不能正常转绿。

铁作为过氧化氢酶、过氧化物酶和固氮酶的金属成分，在植物体内发生的许多重要氧化还原过程中发挥着重要催化作用，是叶绿素生物合成过程中不可缺少的元素。当植物缺少铁元素时，常常会导致碳、氮代谢出现紊乱现象，最终干扰植物体内的能量代谢，外部常会表现出叶色褪绿等症状。常在碳酸钙或碳酸盐过多的碱性土壤的果园发生。初期新梢顶叶呈淡绿色，进而叶脉间的叶肉黄化，仅叶脉网状绿色，叶片失绿黄化失去光泽，与严重缺氮症相似，但同树老叶仍为正常绿色。叶片早落，果实变小，幼果果皮绿色变淡。尽管植物缺铁或缺镁元素均会表现为失绿，但前者的症状是顶端新叶黄化，老叶仍保持绿色；后者则是叶片失缘不均匀，叶肉变黄或变白，而叶脉仍为绿色。

研究发现，钙可以控制植物细胞膜的渗透作用，并与果胶质形成盐类等物质，同时，钙还可以参与一些体内酶的活动。当植物缺少钙元素时，最初表现的症状是叶片呈现浅绿色，随后在顶端幼龄叶片上呈破碎状，后期持续缺少钙元素，则会出现顶芽死亡等现象。常在酸性土和砂质土的果园发生。新梢幼叶先出现症状，嫩叶的叶缘处先产生黄色或黄白色；主、侧脉间及叶缘黄化，但主、侧脉及附近叶肉绿色，叶面黄化产生枯斑，嫩叶窄小黄化，不久脱落。严重枝条端部枯死，生理落果严重。病果小而畸形。土壤中大量施用酸性化肥或土壤中钾、硼元素含量过多，在干旱时造成元素不均衡，易诱发缺钙症。

此外，当土壤中缺少钼、锌、锰、硼等元素时，植物也会表现出一定的受害症状。植物缺锰症通常发生在酸性土和砂质土的果园。发病初期叶片黄化症状与缺锌相似，且缺铁症状常隐藏于缺锰症，因此缺锰症不易判断，常被误为缺锌症。缺锰症黄化程度较轻，主、侧、细叶脉附近叶肉多不黄化，且新梢叶片大小正常。植物缺锌症常在酸性砂质土及轻砂土的果园发生。新生老熟叶片的叶肉先出现淡绿色或黄色斑点，发病的新梢叶片比正常叶片明显小且窄，新梢节间缩短，小枝顶枯，果实偏小、僵硬，汁少味淡。植物缺硼症多在土壤含钙过多或施石灰过多的果园发生。发病嫩叶上产生不规则的黄色水渍状斑点，叶小畸形，老熟叶片叶脉肿大，主侧脉木栓化，叶尖向内卷曲，易脱落，枝条干枯；幼果皮出现白色条斑，果变形、小而坚硬、皮厚汁少，严重时大量落果。

一般而言，在植物生长所必需的元素中，分为可再利用元素和不能再利用元素两大类。前者包括氮、磷、钾、镁、锌等，上述元素缺乏时，首先在下部老叶上表现褪绿症状，而嫩叶则能暂时从老叶中转运得到补充，并不马上表现症状，而随着上述元素进一步缺乏，其嫩叶也会表现相应症状；后者则包括钙、硼、锰、铁、硫等元素，当其缺乏时，首先在幼叶上表现褪绿，因老叶中的这类元素不能转运到幼叶中。

然而，由于营养元素的缺失，会造成林木生长不正常，通常情况下，该种情况的病害并不能相互之间发生传染，因此称之为非传染性病害或非生理性病害。这类病害主要包括缺镁症、缺锰症、缺锌症、缺铁症、缺钙症、缺钾症、缺铜症、缺硼症等。

```
                    ┌                ┌ 全株出现症状,    ┌ 植株绿色均匀褪淡,老叶黄化、枯死,植株瘦弱……缺氮
                    │                │ 不易出现坏死斑点 └ 茎叶暗绿或呈紫红色,植株苍老,成熟延迟………缺磷
                    │                │
                    │                │                ┌ 老叶叶尖、叶缘出现失绿,逐渐坏死、焦枯、脱落……缺钾
         ┌ 老组织首先│ 失绿黄化,容易 │ 老叶脉间失绿,残留清晰脉纹…………………………缺镁
营养元素 │ 出现症状  │ 出现坏死斑点   │ 老叶脉间黄化或出现黄斑,叶缘上卷,有时仅中肋
缺乏症状 │                            └ 附近有残留叶肉…………………………………………缺钼
         │                ┌ 顶芽易枯死,幼
         │                │ 叶变形和坏死   { 幼叶失绿,叶尖呈钩状、卷曲或相互粘连 }………缺钙
         │                │
         │                │ ┌ 新梢、嫩茎节间短,小叶丛生,叶片脉间失绿、黄斑……缺锌
         └                │ │ 新叶黄化、褪绿均匀,生育期延迟……………………………缺硫
                          └ │ 新叶脉间失绿,体色褪淡,叶面常有褐色斑点……………缺锰
                            │ 新叶黄白化,或有白色斑,扭曲,果、穗发育不良………缺铜
                            └ 顶芽及新叶脉间失绿,幼叶常白化,黄绿色界清晰………缺铁
```

2.1.2 营养元素的过多造成的中毒症

与营养元素缺失相同,营养元素过多同样也会造成植物受到伤害,如多盐引起的植物毒害,该病害又称碱害,造成该病害的原因是土壤中盐分过多,特别是诸如氯化钠、碳酸钠和硫酸钠等易溶的盐类,上述物质过多时会对植物的生理、代谢反应造成伤害,其症状主要表现在植株萌芽受阻和减缓,幼株生长纤细并呈病态、叶片褪绿,不能达到开花和结果的成熟状态。

当氮元素过量时,植物通常会表现出生长旺盛、叶色浓绿、叶片大、节间长等症状,从而会造成植物贪青晚熟、坐果率低等结果。同时,植物体内的小分子糖、氨基酸等不能及时转化成纤维素、木质素和蛋白质等大分子结构,而成为一些病原菌的营养源,因此,植物中氮过量更容易发生倒伏,从而造成不抗风、不抗旱、不抗寒等影响,更容易受到病原菌危害。此外,由于氮元素的过量,也容易导致植物发生缺钾、钙、镁、硼的症状。

当磷元素过量时,会抑制植物对锌的吸收,从而表现出缺锌的症状。另外,磷元素严重过量时,还会导致植物发生缺铁、镁、铜等症状。

当铁元素过量时,高湿土壤在酸性条件下会使三价铁变为二价铁从而发生铁过量中毒,一般而言,铁元素过量中毒常伴随植物缺钾引起。其症状主要表现为植物叶缘叶尖出现褐斑,叶色暗绿,根系灰黑,易腐烂。

当锌元素过量时,植物嫩绿组织失绿变灰白,枝茎、叶柄和叶底面出现褐色斑点,根系短而稀少。当锰过量时,则会阻碍植物对铁、钙、钼的吸收,通常会出现缺钼症状,如叶片出现褐色斑点,叶缘白化或变紫,幼叶卷曲等,以及根系会变为褐色,根尖损伤,新根少。当铜元素过量时,会导致植物发生缺铁症状。当硼元素过量时,会造成植物中毒现象,尤其是干旱土壤。通常导致缺钾,典型症状是"金边",即叶缘最容易积累硼而出现失绿

而呈黄色，重者焦枯坏死。当钼元素过量时，植物所表现的症状多为失绿。当氯元素过量时，植物所表现的症状为生长缓慢、植株矮小、叶小而黄、叶缘焦枯并向上卷筒等，随着时间推移，老叶发生死亡、根尖死亡等。

2.2 致病的气象因素及其所致病害

2.2.1 温度失调造成的植物病害

温度作为植物生长过程中重要的气象因子，其是否正常直接关系着植物的生长发育速度以及新陈代谢水平的高低。一般而言，植物在高温下常出现光合作用受阻，叶绿素破坏，叶片上出现死斑，叶色变褐、变黄，未老先衰以及配子异常，花序或子房脱落等异常生理现象。特别是在干热地区，植物与干热地表接触可造成其茎基热溃疡病。同时，高温还可以造成土壤中氧失调，特别是高湿条件下会引起土壤缺氧，从而造成植物根系腐烂和地上部分发生萎蔫现象；此外，肉质蔬菜或果实则常因高温而呼吸加速。高温引起的植物灼伤（常在向阳面），其机制为高温条件使得植物中某些酶的活性发生钝化，而另外一些酶的活性发生改变，从而导致植物中异常的生化反应发生，乃至于造成植物细胞的死亡。

与高温对于植物造成的伤害不同，低温对植物的伤害大致可分为冷害和冻害两种。前者一般是当气温在0~10℃时，一些喜温植物易受到的伤害。所表现的症状往往是变色、坏死、芽枯或表面出现斑点等；对于木本植物而言，则容易出现芽枯、顶枯等症状，特别是自顶部向下发生枯萎、破皮、流胶和落叶等现象。一般而言，植物受到低温的作用时间较短，其伤害过程往往是可以恢复的。后者则一般是当气温在0℃以下时，植物会受到的伤害。所表现的症状则是植物的嫩茎或幼叶组织较容易受害，首先出现水渍状病斑，后转褐色进而组织发生死亡；当然，植物受害时间较长，则会出现整株成片变黑、干枯死亡的现象，也可造成乔木、灌木的"黑心"和霜裂、多年生植物的营养枝死亡，以及芽和树皮的死亡等。

2.2.2 水分失调造成的植物病害

水分的多少对于植物生长也具有重要的作用，而水分一旦发生失调，则会对植物生长造成损害，从而引发植物病害。水分供应不足时，首先受到伤害的是植物幼嫩组织，其往往变为厚壁的纤维细胞，而植物体内的可溶性糖则转变为淀粉从影响植物果实的品质，同时，植物的正常生长发育会受到一定程度的影响，外部表现症状多为植株矮小、细弱等。受旱害植物的叶间组织还会出现坏死褐色斑块，叶尖和叶缘变为干枯或火灼状，一旦干旱持续的时间较长，植物会出现萎蔫、叶缘焦枯等症状，而植物变为永久萎蔫时，就出现不可逆的生理生化变化，最后导致植株死亡。就林木等木本植物而言，旱害可使其叶子黄化、红化或产生其他色变等外部症状，持续干旱则会发生早期落叶。

与植物受到缺少水分的伤害不同，过多的水分会对植物生长产生涝害影响，其症状主要表现为叶子黄化、植株生长柔嫩等，同时，植物根部和块茎及有些草本的茎也会出现胀裂现象，有时也可使植物的某些器官发生脱落。同样，土壤中如果水分过多，则会造成氧气供应不足，从而引发植物的根部出现缺氧症状，进而导致植物根部发生变色、腐烂等，地上部则表现出叶片变黄、落叶、落花等症状。

2.2.3 光照失调造成的植物病害

与温度、水分相同，光照对于植物生长发育也具有重要的作用。当植物缺少光照时，通常会发生叶片黄化和徒长等，究其原因是植物不能发生光合作用，从而造成叶片中叶绿素合成减少；而发生徒长的原因则是由于植物细胞伸长而枝条纤细等引起的，特别是对于喜阳性植物尤为显著。当植物处于强光照射条件下，喜阴性植物的叶片会产生黄褐色或银灰色的斑纹症状。如果急剧改变植物的光照强度，那么非常容易引起植物的暂时落叶。

2.3 环境污染、农药及其所致病害

2.3.1 环境污染

环境污染主要是指空气污染，其他还有水源和土壤的污染、酸雨等。空气中最主要的污染来源是现代工业中所排放的废气、废水，尤其是化学工业和内燃机排出的废气，如氟化氢、二氧化硫和二氧化氮等。这些污染物被土壤、水体吸收后，其中的有毒物质会直接或通过所污染的土壤、水源危害植物。植物所受害的程度和症状表现会因植物的抗性和年龄、发育状况以及形态构造等而不同。

目前，研究发现导致非侵染性病害的有毒空气物质主要有二氧化硫、氟化物、氧化氮和臭氧、硝酸过氧化乙酰、氯气、氨气以及乙烯等。具体而言。

①二氧化硫：该气体是最常见、最简单的硫氧化物，也是大气主要污染物之一。火山爆发时会喷出该气体，在城市中，许多工业过程中也会产生二氧化硫。另外，由于煤和石油通常都含有硫元素，因此上述物质燃烧时会生成二氧化硫。当其溶于水中，就会形成亚硫酸。若亚硫酸进一步在 PM2.5 存

在的条件下氧化,便会迅速高效生成硫酸,引发酸雨,对于植物造成危害。此外,该气体本身也对植物造成一定伤害,首先破坏植物栅栏细胞的叶绿体,然后破坏海绵组织的细胞结构,造成细胞萎缩和解体。受害植物初始症状有的从微失膨压到开始萎蔫;也有的出现暗绿色的水渍状斑点,进一步发展成为坏死斑。急性中毒伤害时呈现不规则形的脉间坏死斑,伤斑的形状呈点、块或条状,伤害严重时扩展成片。一般而言,植物的嫩叶等幼嫩组织最为敏感,相对而言老叶的抗性较强。

②氟化物:该物质对植物中一些与金属离子有关的酶具有抑制作用,因而能干扰植物的正常新陈代谢。氟化物与植物体内的钙接触,则会结合成不溶性物质时,往往可引起植物的缺钙症状。常见症状是植物的叶尖和叶缘出现红棕色斑块或条痕,叶脉也呈红棕色,最后受害部分组织坏死、破碎、凋落。植物对氟化物的敏感性因种类和品种不同而有很大差别。在低水平氮和钙的条件下,坏死现象较少发生;在缺钾、镁或磷时,则影响特别严重。

③氧化氮和臭氧:植物受到上述物质的危害,症状一般表现为老叶由黄变白色或黄淡色条斑,并逐渐扩展成为坏死斑点或斑块。更有甚者,伤害逐步累积可导致植物未熟老化或强迫成熟等现象。臭氧被植物吸收后可改变细胞和亚细胞的透性,氧化与酶活力有关的硫氢基(SH)或拟脂及其他化学成分,干扰电解质和营养平衡,最终造成细胞解体死亡。

④硝酸过氧化乙酰:其与氧化亚氮、二氧化氮、臭氧等的混合物在光或紫外线的照射下形成的光化学烟雾,可使植物光合作用减弱而呼吸作用增强。症状一般表现为植物叶背气室周围海绵细胞或下表皮细胞原生质被破坏而形成半透明状或白色的气囊,叶子背面逐渐转为银灰色或古铜色,而表面却无受害症状。

⑤氯气:该气体对植物的叶肉细胞有很大的杀伤力,能很快破坏叶绿素,产生褪色伤斑,严重时全叶漂白、枯卷甚至脱落。一般而言,植物受伤组织与健康组织之间无明显的分界线,同一叶片上常相间分布不同程度的失绿、黄化伤斑。

⑥氨气:在高浓度氨气影响下,植物叶片会发生急性伤害,使叶肉组织崩溃,叶绿素解体,造成脉间点、块状褐黑色伤斑,有时沿叶脉两侧产生条状伤斑,并向脉间浸润扩展,伤斑与正常组织间有明显界线。

⑦乙烯:该气体浓度较低时,可作为植物的生长激素,而浓度过高时,则会抑制植物生长,毒害植物。行道树和温室作物常常受害,会产生缺绿、坏死、器官脱落等症状。

2.3.2 药害

通常看来,农药对于病虫害具有重要的防治作用,然而,诸如杀菌剂、杀虫剂、杀线虫剂、除草剂等各种农药，一旦使用浓度过高，用量过大，或使用时期不适宜，均可对植物造成重要伤害。因此，对于化学药剂的使用应遵循最适浓度、最适用量以及最适使用时期等标准，以防止出现药害而导致植物出现病害。如化学药剂使用不当，则会对植物产生伤害，主要包括急性药害和慢性药害。具体而言：

急性药害：一般是在喷药后 2~5d 植物出现相关症状，其症状主要表现为植物叶面或叶柄茎部出现烧伤斑点或条纹，叶子变黄、变形、凋萎、脱落。造成该现象的原因是施用一些无机农药，如砷素制剂、波尔多液、石灰硫黄合剂以及一些少数有机农药如代森锌等所致。

慢性药害：一般而言，当施药不当后，植物上的症状并不会很快出现，有的甚至 1~2 个月后才有表现。其症状主要表现为：植物的正常生长发育受阻，造成枝叶不繁茂、生长缓慢，叶片逐渐变黄或脱落，叶片扭曲、畸形，花减少，延迟结实，果实变小，子粒不饱满或种子发芽不整齐、发芽率低等。多因农药的施用量、浓度和施用时间不当所致。此外，当拌种用的砷、铜和汞等无机制剂侵入土壤后同样可破坏土壤中的有益微生物或毒杀蚯蚓，从而造成土壤中营养元素的不平衡和土壤结构的改变，也可使植物生长不良或茎叶发生失绿症状。不同品种植物或果树对农药和除草剂的抵抗能力具有一定的差别，同样，植物体内的生理状况、植物叶片的酸碱度和植物所处的不同生育阶段也可影响其对农药的敏感程度。

第 3 章

森林的
侵染性病原

3.1 病原菌物及所致病害

菌物是指具有以下条件的生物。①有真正的细胞核,为真核生物;②无叶绿素,不能进行光合作用,通过吸收方式获取营养物质;③营养体大多为分枝繁茂的丝状菌丝体,少数为单细胞;④细胞壁的主要成分为几丁质或纤维素;⑤通过产生各种类型的孢子进行有性或无性繁殖。

"菌物"一词所指的并不是分类学上的类群,而是指由菌物学家们研究的一类生物,菌物包括分属于原生动物界(Protozoa)中的黏菌、根肿菌,茸鞭生物界(Stramenopila)也称藻物界或假菌界中的卵菌、丝壶菌和网黏菌和真菌界(Fungi)中的壶菌、接合菌、子囊菌、担子菌、芽枝霉菌、新丽鞭毛菌及一些有性阶段未知的无性型真菌等。茸鞭生物界中的卵菌、丝壶菌和网黏菌通常也被称为假菌。所以,现在所谓的真菌仅指真菌界中的类群,英文用Fungi(F大写)表示,而菌物包括真菌、假菌和黏菌等类群,英文用fungi(f小写)表示。菌物在自然界中广泛分布,是一类种类繁多的生物类群,据估计全球约有150万种,目前已描述的种类近10万种。菌物大多数是腐生的,少数可以寄生在植物、人和动物身上引起病害。在植物的病害中,由菌物引起的病害占其总数的70%~80%。这些能引起植物病害的菌物称植物病原菌物。

3.1.1 菌物的一般性状

菌物是典型的多态性生物,菌物在其生长发育过程中,先进行营养生长,产生营养结构,再通过有性和无性的方式进行繁殖生长,产生各种孢子。

3.1.1.1 菌物的营养体

菌物在营养生长阶段，产生的用于吸收水分和养料并进行营养增殖的菌体称为营养体。

（1）菌物营养体及其类型

营养体由简单到复杂，可分为5种类型。

①原生质团：无细胞壁，只有一层原生质膜包围，多核，形态不定。如根肿菌（*Plasmodiophora*）。

②单细胞：仅为单细胞，或者单细胞上有假根，形态多为椭圆至近球形。如酵母菌（*Saccharomyces*）和壶菌（*Chytridium*）。

③假菌丝：细胞芽殖过程中芽孢子不脱落，细胞相互连接成链状类似于菌丝体。如假丝酵母（*Candida*）。

④两型菌体：有些菌体在不同营养条件下会形成不同的菌丝类型。如外囊菌在寄主植物内形成菌丝，但在人工培养基上则形成单细胞。

⑤菌丝体：真菌最常见的营养体，丝状或管状，有分枝，无隔或有隔。

低等菌物的菌丝常无隔膜，整个菌丝体为一多核的细长细胞，称作无隔菌丝。高等菌物的菌丝有隔膜，称作有隔菌丝，膜上有微孔，细胞质甚至细胞核可自由流通。菌丝通过顶端生长的方式不断伸长并形成分枝，但菌丝的每一部分都有潜在的生长能力，在合适的基质上，任何一个小片段都可以生长发育成一个完整的菌落（colony）。在基物中或寄主体内，菌丝向各个方向生长以摄取营养物质。寄生性菌物菌丝细胞的渗透压比寄主细胞要高2~5倍。

（2）菌丝的变态及类型

菌物在长期适应外界环境条件和演化的过程中，其菌丝形态可发生变化，形成具有特殊功能的营养结构，以下是几种主要的菌丝变态类型。

①吸器（haustorium）：指菌物从生长在寄主细胞间隙的菌丝体上形成短小的分枝。吸器功能是吸取寄主细胞内的养分。吸器形状有丝状、指状、棒状和球状等，其形状因菌物的种类不同而异。一般专性寄生菌物如锈菌、霜霉菌和白粉菌等都有吸器。

②附着胞（appressorium）：是菌物孢子萌发形成的芽管顶端或菌丝顶端的膨大部分。附着胞的功能是帮助菌物牢固地附着在寄主体表面，附着胞下面产生侵染钉穿透寄主细胞，然后再发育成正常粗细的菌丝。

③附着枝（hyphopodium）：有些菌物菌丝两旁生出具有1~2个细胞的耳状分枝，附着枝的功能是附着或吸收养分。如小煤炱目的菌物会产生附着枝。

④假根（rhizoid）和匍匐菌丝（stolon）：有些菌物菌体的某个部位会长出根状菌丝，即假根，再向前形成新的匍匐状的菌丝，即匍匐菌丝。假根的功能是伸入基质内吸取养分并支撑上部的菌体。匍匐菌丝的功能是帮助菌物

扩展生长。如根霉属 *Rhizopus* 和犁头霉属 *Absidia* 菌物会形成假根和匍匐丝。

⑤菌环（constricting ring）和菌网（networks loops）：捕食性菌物的一些菌丝分枝特化形成具环形或网眼结构的网状菌丝，用以套住或粘住线虫等小动物。如捕虫目（zoopagales）的菌物具有该种菌丝变态。

（3）菌丝组织

菌丝有时可以进一步疏松或密集地纠结在一起形成组织化的菌丝组织。菌丝组织可分为疏丝组织（prosenchyma）和拟薄壁组织（pseudoparenchyma）两种。疏丝组织由纠结比较疏松的菌丝体组成，可以看出菌丝的长型细胞，菌丝细胞大致平行排列。拟薄壁组织由纠结十分紧密的菌丝体组成，组织中菌丝细胞接近圆形、椭圆形或多角形，与高等植物的薄壁细胞相似。这两种组织可构成各种不同类型的特殊结构。

①菌索（rhizomorph）：由菌丝组织形成的绳索状结构，形似植物的根，又称根状菌索。对不良环境具有很强的抵抗力，而且能沿寄主根部表面或地面延伸以侵染新寄主或摄取养分，在引起树木病害和木材腐烂的高等担子菌中常见。

②菌核（sclerotium）：由菌丝紧密交织形成的一种休眠体。具有贮藏养分和度过不良环境功能。其形状、大小、颜色和菌丝纠集的紧密程度因不同菌物差异很大。小的直径仅几毫米，大的可达几十厘米或更大。典型菌核多近圆形，其内部是疏丝组织，外层为拟薄壁组织，往往呈黑褐色或黑色。当条件适宜时，菌核可萌发产生菌丝体或产孢结构。有的菌核由菌丝组织和寄主组织共同组成，称假菌核。

③子座（stroma）：由疏丝组织或拟薄壁组织形成的具一定形状如垫状、头状或根棒状等的结构。子座起着度过不良环境的作用，但主要是形成产孢结构。有的由菌丝组织和寄主植物组织结合而成，称假子座。

3.1.1.2 菌物的繁殖及繁殖体

菌物经一定的营养阶段后转入繁殖阶段。菌物的繁殖分无性繁殖和有性生殖两种方式，并分别产生无性孢子和有性孢子。菌物在繁殖过程中形成的产孢机构，无论是无性繁殖或有性生殖、结构简单或复杂，只要是菌物用来承载孢子的结构就通称为子实体（fuit body）。子实体的形状和结构是菌物分类的重要依据之一。

（1）无性繁殖

无性繁殖（asexual reproduction）是指不经过两个性细胞或性器官的结合而产生新个体的繁殖方式。菌物无性繁殖主要包括体细胞的断裂（如节孢子和厚垣孢子）、裂殖（如黏菌和一些酵母菌）、芽殖（如酵母菌营养体或黑粉菌担孢子产生的芽孢子）和原生质割裂（如游动孢子和孢囊孢子）4 种方式，产生各种类型的无性孢子。无性孢子数量大，一个生长季节中往往可重复多次，在森林病害的传播、蔓延和流行中起重要作用。

常见的无性孢子有游动孢子（zoospore）、孢囊孢子（sporangiospore）、厚垣孢子（chlamydospore）和分生孢子（conidium）等。

①游动孢子：形成于游动孢子囊内。孢子囊成熟时，囊中原生质割裂成许多小块，每小块有一细胞核，单独发育成一个具1~2根鞭毛，可在水中游动的孢子。游动孢子无细胞壁，有鞭毛，能游动。为根肿菌、卵菌及壶菌的无性孢子。

②孢囊孢子：形成于孢子囊内。同样以原生质割裂方式形成，孢囊孢子有细胞壁，无鞭毛，不能游动。为接合菌的无性孢子。

③厚垣孢子：是由菌丝体个别细胞膨大，细胞壁加厚、原生质浓缩而形成的，具有抵抗不良环境能力的休眠孢子。各类菌物均可形成，由断裂方式产生。

④分生孢子：是菌物中最常见的无性孢子，是一类外生无性孢子的统称。包括芽殖产生的芽孢子和芽殖型分生孢子、以断裂方式产生的节孢子、裂殖方式产生的裂殖孢子以及其他各种类型的分生孢子。分生孢子可直接产生在菌丝上，或产生在分生孢子梗的顶端，或产生在一定的产孢结构如分生孢子座、分生孢子盘上或分生孢子器内。

（2）有性生殖

有性生殖（sexual reproduction）是指通过两个性细胞（配子gamete）或性器官（配子囊gametangium）结合而产生新个体的繁殖方式，产生的孢子称为有性孢子。菌物的有性生殖一般包括质配、核配、减数分裂3个阶段。质配，即两个带核的原生质体融合于一个细胞中。菌物有性生殖过程中的质配有5种方式：游动配子配合（如鞭毛菌），配子囊接触交配（如卵菌），配子囊配合（如接合菌），受精作用（如一些子囊菌和担子菌）和体细胞结合（多数担子菌）；核配，即在融合细胞内两个单倍体的细胞核结合成一个双倍体的核；但在高等菌物中，质配后大多要经过一段相当长的发育时期才进行核配。减数分裂，即核配后的双倍体细胞核经过两次连续的分裂形成单倍体核的过程。有性孢子抵抗不良环境的能力强，数量较少，是森林病害每年侵染的重要来源。

常见的有性孢子有休眠孢子囊（resting sporangium）、卵孢子（oospore）、接合孢子（zygospore）、子囊孢子（ascospore）、担孢子（basidiospore）。

①休眠孢子囊：由两个游动配子配合所形成的合子发育而成，具厚壁，萌发时发生减数分裂释放出单倍体的游动孢子，为壶菌、根肿菌的有性孢子。

②卵孢子：由两个异型配子雄器（antheridium）和藏卵器（oogonium）交配形成。卵孢子为二倍体，大多球形，具厚壁，包裹在藏卵器内，通常经

过一定时期休眠才能萌发。萌发产生的芽管直接形成菌丝或在芽管顶端形成游动孢子囊，释放游动孢子。每个藏卵器内含1至多个卵孢子。为卵菌的有性孢子。

③接合孢子：由两个同型但性别不同的配子囊相结合而成。接合孢子具厚壁，也是二倍体，萌发时进行减数分裂，长出芽管，通常在顶端产生一个孢子囊，也可以直接伸长形成菌丝。为接合菌的有性孢子。

④子囊孢子：由两个异型配子囊雄器和产囊体结合。子囊孢子，经质配、核配和减少分裂形成单倍体孢子。子囊孢子产生在子囊内，每个子囊通常含有8个子囊孢子。为子囊菌的有性孢子。

⑤担孢子：由性别不同两条菌丝结合形成双核菌丝，双核菌丝顶端细胞膨大成棒状的担子，担子里的双核经过核配和减少分裂，在担子上产生外生的单倍担孢子，每个担子上通常着生4个担孢子，为担子菌的有性孢子。

3.1.2 菌物的生活史

菌物的生活史是指菌物孢子经过萌发、生长和发育，最后又产生同种孢子的过程。菌物典型的生活史包括无性阶段和有性阶段。无性阶段是指菌丝体经过一段时期营养生长后产生无性孢子，无性孢子萌发成芽管，并继续生长成菌丝体的这一过程。在适宜的条件下，无性阶段可连续产生多次，所需时间较短，产生的无性孢子数量大，这对植物病害的传播蔓延具重要作用；有性阶段是指菌丝体上形成两性细胞，经质配形成双核阶段，核配形成的双倍体的细胞核和减数分裂后，产生单倍体的有性孢子（卵菌除外）的过程。有性阶段在整个生活史中往往只出现一次，通常在病菌侵染后期或经过休眠后才产生，有助于病菌度过不良环境，成为翌年病害的初侵染来源。并非所有菌物的生活史中都包括无性阶段和有性阶段，如无性型菌物的生活史中只有无性阶段而缺乏有性阶段，一些高等担子菌则只有有性阶段。此外，菌物的有性阶段也不都是在营养生长后期才出现，有些同宗配合的菌物，它们的无性阶段和有性阶段可以在整个生活过程中同时并存，如某些水霉目和霜霉目的菌物。

有些菌物整个生活史中可产生2种或2种以上不同类型的孢子，这种现象称为多型现象。如禾柄锈菌在整个生活史中可产生性孢子、锈孢子、夏孢子、冬孢子和担孢子共5种类型的孢子。多数植物病原菌物在一种寄主植物上就可以完成生活史，称为单主寄生；而有的菌物需在两种不同的寄主植物上生活才能完成生活史，称为转主寄生，如梨胶锈菌（*Gymnosporangium asiaticum* Miyabe ex Yamada）的性孢子和锈孢子产生在梨树上，冬孢子和担孢子则产生在圆柏上。

菌物完整的生活史由单倍体和二倍体两个阶段组成。大多数菌物的营养体是单倍体（n），经过有性生殖，进入二倍体阶段（2n）。通常核配后立即进行减数分裂，故营养体细胞的二倍体阶段仅占生活史的很短时间。卵菌的营养体是二倍体，它的二倍体阶段在生活史中占有很长的时期。菌物的生活史除了有单倍体和二倍体阶段外，有些菌物还有明显的双核期（n+n）。这类菌物在质配后不立即进行核配，形成双核单倍体细胞，这种双核细胞有的可以通过分裂形成双核菌丝体并单独生活，在生活史中出现相当长的双核阶段，如许多锈菌、黑粉菌。因此，在菌物的生活史中可以出现单核或多核单倍体、双核单倍体和二倍体的3种不同阶段。在不同类群菌物的生活史中，上述3种不同阶段的有无以及短暂时期的长短都不一样，构成了菌物生活史的多样性。归纳起来，菌物有5种基本的生活史类型。

①无性型（asexual）：只有单倍体的无性阶段，缺乏有性阶段，如无性型菌物生活史。

②单倍体型（haploid cycle）：营养体和无性繁殖体均为单倍体，有性生殖过程中，质配后立即进行核配和减数分裂，二倍体阶段很短。如许多单倍体卵菌、接合菌和一些低等子囊菌。

③单倍体-双核型（haploid-dikaryotic）：生活史中出现单核的单倍体和双核的单倍体菌丝，如高等子囊菌和多数担子菌。

④单倍体-二倍体型（haploid-diploid）：生活史中单倍体的营养体和二倍体营养体的规律交替出现，表现出两性世代交替的现象，只有少数低等卵菌如异水霉属属于这种类型。

⑤二倍体型（diplod）：营养体为二倍体，二倍体阶段占据生活史的大部分时期，单倍体仅限于配子体或配子囊阶段。如卵菌，只有在藏卵器和雄器内发生减数分裂形成单倍体，随后藏卵器和雄器很快进行交配又恢复为二倍体。

3.1.3 菌物的分类

菌物分类系统是菌物学家根据相关类群真菌在形态、生理、生化、遗传、生态、超微结构及分子生物等多方面的共同和不同特征进行归类而建立起来的。菌物系统的分类，随着整个生物界分类系统的改变也在不断地变化。在林奈的生物两界系统（1753）中，菌物属于植物界藻菌植物门。在生物三界系统（Hogg, 1861；Haeckel, 1866）和生物四界系统（Copeland, 1938, 1956）中，菌物放在原生生物界内。20世纪中叶，电子显微镜的应用和细胞生物学的发展对实验生物学的分类系统起了很大的推动作用。1969年，Whittaker提出生物五界系统，正式将菌物独立成界。《菌物词典》（第6版）（1971）采用Whittak的五界系统，自20世纪70年代以来，该系统为世界各国菌物学家广泛接受并采用，也是我国至目前为止使用最广的菌物分类系统。该系统的分类体系如下：

菌物（真菌）界

黏菌门（Myxomycota）

 集胞黏菌纲（Acrosiomycetes）

 黏菌纲（Myximycetes）

 水生黏菌纲（Hydromyxomycetes）

 根肿菌纲（Plasmodiophoromycetes）

真菌门（Eumycota）

 鞭毛菌亚门（Mastigomycotina）

  壶菌纲（Chytridiomycetes）

  丝壶菌纲（Hyphochytridiomycetes）

  卵菌纲（Oomycetes）

 接合菌亚门（Zygomycetes）

  接合菌纲（Zygomycetes）

  毛菌纲（Trichomycetes）

 子囊菌亚门（Ascomycotina）

  半子囊菌纲（Hemiascomycetes）

  不整囊菌纲（Plectomycetes）

  核菌纲（Pyrenomycetes）

  盘菌纲（Discomycetes）

  虫囊菌纲（Laboulbeniomycetes）

  腔囊菌纲（Loculoascomycetes）

 担子菌亚门（Basidomycotina）

  冬孢菌纲（Teliomycetes）

  层菌纲（Hymenomycetes）

  腹菌纲（Gasteromycetes）

 半知菌亚门（Deuteromycotina）

  芽孢纲（Blastomycetes）

  腔孢纲（Coelomycetes）

  丝孢纲（Hyphomycetes）

近年来，由于分子生物学技术的发展，分类学家们分类学家们将rRNA的碱基序列运用于系统发育分析中。Cavalier-Smith（1988—1989）提出生物八界分类系统。分子系统学和超微结构的深入研究，证明了原来处于菌物界的黏菌和卵菌在亲缘关系上远离真菌。因此，黏菌和卵菌被分别归入原生动物界（Protozoa）和藻物界（Chromista，又译假菌界；又称Stramenopila茸鞭生物界）。这样一来，原"菌物界"实际上只有壶菌、接合菌、子囊菌、担子菌和半知菌类在亲缘关系上被认为是一元的单系类群。在《菌物词典》（第 8 版）(1995) 中，原来的菌物界生物被分别归入原生动物界、藻物界（假菌界）和真菌界（Fungi）。其中，黏菌和根肿菌归入原生动物界，并各提升为门；卵菌和丝壶菌被归入藻物界，也各提升为门；其他菌物归真菌界，分壶菌门、接合菌门、子囊菌门和担子菌门；取消了原半知菌亚门，把已知有性阶段的半知菌放到相应的子囊菌门和担子菌门中，对于那些尚不知道有性阶段的半知菌归入有丝分裂孢子菌物（mitosporic fungi）。在《菌物词典》（第 9 版）(2001) 中，有丝分裂孢子菌物归为无性型菌物（anamorphic fungi）。《菌物词典》（第 10 版）(2008) 仍将菌物分归 3 界，但在界以下门纲目等的分类单元上与第 9 版略有不同。考虑到便于学生的记忆和分类体系的系统性，本文参照《菌物词典》（第 8 版）(1995) 的分类系统。

原生动物界（Protozoa）
黏菌门（Myxomycota）
　网柱黏菌纲（Dictyosteliomycetes）
　黏菌纲（Myxomycetes）
　原柱黏菌纲（Protosteliomycetes）
根肿菌门（Plasmodiophoromycota）
　根肿菌纲（Plasmodiophoromycetes）

藻物界（Chromista）
丝壶菌门（Hyphochytidiomycota）
　丝壶菌纲（Hyphochytridiomycetes）
网黏菌门（Labyrinthulomycota）
　网黏菌纲（Labyrinthumycetes）
卵菌门（Oomycota）
　卵菌纲（Oomycetes）

真菌界（Fungi）
壶菌门（Chytridiomycota）
接合菌门（Zygomycota）
　接合菌纲（Zygomycetes）
　毛菌纲（Trichomycetes）
子囊菌门（Ascomycota）
担子菌门（Basidomycota）
　担子菌纲（Basidiomycetes）
　冬孢菌纲（Teliomycetes）
　黑粉菌纲（Ustomycetes）

无性型菌物（anamorphic fungi）

3.1.4 病原菌(物)的主要类群

3.1.4.1 原生动物界根肿菌门菌物及其所致病害

根肿菌门(Plasmodiophoromycota)菌物的营养体为多核、无细胞壁的原质团以整体产果的方式繁殖。营养体以原生质割裂方式形成大量散生或堆积在一起的孢子囊。形成的孢子囊有两种：薄壁游动孢子囊，由无性繁殖产生；休眠孢子囊，一般认为由有性生殖产生。孢子囊细胞壁成分主要是几丁质。根肿菌纲菌物产生的休眠孢子囊萌发时通常只释放出一个游动孢子，故它的休眠孢子囊有时也称为休眠孢子(resting spore)。

休眠孢子囊萌发时通常释放出1个具有2根长短不等的双尾鞭的游动孢子。休眠孢子是分散或聚集以及休眠孢子堆的形态是该门植物病原菌物分类的重要依据。根肿菌均为寄主细胞内专性寄生菌。寄生高等植物的根或茎引起细胞膨大和组织增生，受害根部往往肿大，故称为根肿菌。

根肿菌门属于原生动物界(Protozoa)，只有1个根肿菌纲(Plasmodiophormycetes)，其下仅有1个根肿菌目(Plasmodiophorales)，已知有2科15属50种。根肿菌科的根肿菌属(*Plasmodiophora*)和粉痂菌属(*Spongospora*)是最主要的植物病原菌。其中根肿菌属可侵染木本植物，但危害不大。

根肿菌属(*Plasmodiophora*)：休眠孢子游离分散在寄主细胞内，不相互结合形成休眠孢子团。菌体寄生在寄主薄壁细胞内，多核，变形体状，无细胞壁。专性寄生，引起植物细胞膨大或组织增生形成瘤肿。主要侵染十字花科植物引起根肿。林木上如桤木根肿菌[*P. alni* (Woron.) Moll]，桑根肿菌(*P. mori* Yenda)寄生于桤木和桑的根部，引起根肿。

3.1.4.2 藻界卵菌门菌物及其所致病害

卵菌门菌物的营养体为二倍体，细胞壁的主要成分为β-葡聚糖和纤维素，有性生殖为雄器和藏卵器接触交配的卵配生殖，赖氨酸合成途径与植物一样为二氨基庚氨酸途径，25S rRNA分子量为$1.42 \times 10^6 \mu m$。此外，卵菌的线粒体、高尔基体、细胞核膜、细胞壁的超微结构与其他真菌也有明显差异，而与藻类更为相似。因此，在《真菌词典》(第8版)(1995)分类系统中卵菌属于藻物界。卵菌门无性繁殖形成游动孢子囊，其中产生多个具有等长双鞭毛的游动孢子，一为茸鞭，一为尾鞭。有性生殖以雄器和藏卵器接触交配产生卵孢子。

卵菌分布广泛，低等的卵菌大都是水生腐生菌，或寄生在水生动植物和真菌上；中间类型是两栖的，生活在较潮湿的土壤中，多为腐生或兼性寄生物；较高等的卵菌具有接近陆生的习性，其中有许多是高等植物的专性寄生菌。

卵菌门只有1个纲，即卵菌纲(Oomycetes)，下分8目19科95属

911种。其中与植物病害关系较为密切的是腐霉目（Pythiales）和霜霉目（Peronosporales）。

（1）腐霉目（Pythiales）

营养体大多为发达的无隔菌丝体，少数为单细胞。无性繁殖产生游动孢子囊，游动孢子囊梗无限生长。游动孢子无两游现象。有性繁殖藏卵器中只含有1个卵孢子。卵孢子具厚壁，有抵御不良环境和休眠越冬的作用。本目含腐霉科（Pythiaceae）和亚腐霉科（Pythiogetonaceae）2科，共10属174种。其中寄生于植物并引起严重病害主要有腐霉科下的3个属。

①腐霉属（Pythium）：游动孢子囊梗不分化，游动孢子囊形态多样，有丝状、瓣状或球状，顶生、间生或侧生。孢子囊成熟后一般不脱落，萌发时形成泡囊，在泡囊内形成游动孢子。游动孢子肾形，侧生两个鞭毛。

多在潮湿土壤中，腐生或寄生。有些种类可寄生高等植物，危害根部、茎基部或果实，引起根腐、猝倒及果腐等症状。如瓜果腐霉（*P. aphanidermatum*（Edson）Fitzpatrick）可引起多种植物幼苗猝倒，根茎和果实腐烂，刺腐霉（*P. spinosum* Saw.）能引起马尾松、日本柳杉、银合欢等植物的猝倒或根腐。

②疫霉属（Phytophthora）：孢囊梗与菌丝分化明显，为无限生长，分枝在产生孢子囊处膨大呈鞭节状。孢子囊卵形、倒梨形或柠檬形，有一乳突。游动孢子在孢子囊内形成，不形成泡囊。孢子囊成熟后易脱落，可随风传播，有些疫霉的孢子囊可直接萌发产生芽管。疫霉菌几乎都是植物病原菌，且寄主范围很广，可侵染植物地上和地下部分，引起根腐、茎腐、枝干溃疡和叶枯等病害。林木上常见的是樟疫霉（*P. cinnamomi*），主要危害针阔叶树根部，引起根腐。此外，危害树木的疫霉还有引起椰子树芽腐、三叶橡胶树溃疡的棕榈疫霉（*P. palmiuora*）；引起多种苗木和槭、梨等树木干部溃疡或

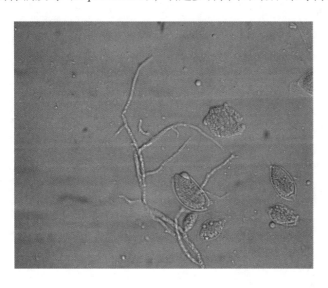

图 1-3-1 马铃薯晚疫病菌（*Phytophthora infestans* de Bary）

腐烂的苹果疫霉（*P. cactorum*）等。疫霉引起的植物病害通常称为疫病。

霜疫霉属（*Peronophythora*）：游动孢囊梗与菌丝分化，为有限无限生长（多级有限生长），成不对称锐角分枝。游动孢子囊柠檬形，顶部具乳突。本属只有1个种，即荔枝霜疫霉（*P. litchi* Chen ex Ko et al.）寄生于荔枝引起霜疫病。

（2）霜霉目（Peronosporales）

营养体为发达，多分枝，无隔多核的菌丝体。为专性寄生菌，故菌丝一般在寄主组织细胞间穿梭，产生吸器伸入寄主细胞摄取营养。不同属的吸器形状不同，如白锈属吸器为圆形，霜霉属吸器为线状分枝。无性繁殖产生游动孢子囊大多呈球形、卵形、梨形或柠檬形，多产生于有特殊分化的孢囊梗上，孢子囊成熟后易脱落，随风传播，高湿条件下萌发产生游动孢子，低湿条件下往往直接产生芽管。游动孢子无双游现象。有性繁殖藏卵器中只形成1个卵孢子，藏卵器多为球形，雄器形状、大小、数目、接触方式多种多样。

本目含白锈科（Albuginaceae）和霜霉科（Peronosporaceae）2科，共17属。引起植物病害的主要有以下属。

①白锈科（Albuginaceae）白锈属（*Albugo*）：菌丝寄生于寄主细胞间，以吸器伸入细胞吸收养分。游动孢囊梗短粗，不分枝，棍棒状，栅栏状排列于寄主表皮细胞下。孢子囊顶生，成串。白锈菌主要危害草本植物引起白锈病（图1-3-2）。

②霜霉科（Peronosporaceae）：霜霉科是维管束植物的专性寄生菌，是霜霉目中分化程度最高的1个科。霜霉科菌物菌丝无隔，多核。孢囊梗高度分化，有限生长。孢囊梗停止生长后在分枝末端形成1个孢子囊，孢子囊同步成熟。藏卵器球形，卵球单生，卵周质明显（图1-3-3）。霜霉科菌物危害植物的根、茎、枝、叶、花、果实、种子等，引起植物的霜霉病。

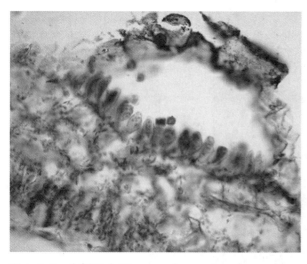

图1-3-2　白锈属（*Albugo* sp.）

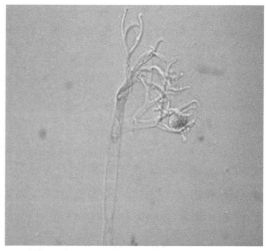

图1-3-3　霜霉属（*Peronospora* sp.）

霜霉科分属的主要依据是孢囊梗的形态。霜霉科常见植物病原属的分类检索表如下：

霜霉科分属检索表

1a. 游动孢囊梗粗壮 ·· 2
1b. 孢囊梗较细 ··· 3
  2a. 孢囊梗不分枝，顶部着生短小的小梗 ··· **圆梗霉属**（*Basidiophora*）
  2b. 孢囊梗具短粗的指状分枝 ················ **指梗霉属**（*Sclerospora*）
    3a. 孢囊梗直角、近直角分枝，小枝先端钝 ································
      ················ **单轴霉属**（*Plasmopara*）
  3b. 孢囊梗锐角分枝 ·· 4
    4a. 孢囊梗二叉状分枝锐角分枝 ··························· 5
    4b. 孢囊梗假二叉状锐角分枝，小枝先端尖细，游动孢子囊有乳突 ············· **假霜霉属**（*Pseudoperonospora*）
      5a. 小枝先端尖细，游动孢子囊无乳突 ··· **霜霉属**（*Peronospora*）
      5b. 小枝先端膨大呈掌状周生 3~4 小梗 ··· **盘梗霉属**（*Bremia*）

3.1.4.3 真菌界壶菌门菌物及其所致病害

壶菌门（Chytridiomycota）是菌物的营养体为单细胞或无隔菌丝。有的单细胞营养体的基部还可以形成假根。无性繁殖时产生游动孢子囊，每个游动孢子囊可释放多个游动孢子。游动孢子具 1 根后生尾鞭。有性生殖大多产生休眠孢子囊，休眠孢子囊经减数分裂形成游动孢子。休眠孢子囊有时也经无性繁殖形成，萌发时直接产生游动孢子。

壶菌门属于真菌界（Fungi），分 2 纲 4 目 14 科 105 属 706 种。

本门菌物多水生，大多腐生在水中的动植物残体或寄生于水生植物、动物和其他菌物上，只有少数壶菌纲壶菌目（Chytridiales）菌物是高等植物上的寄生物，较常见的有引起玉米褐斑病的玉蜀黍节壶菌（*Physoderma maydis*）和引起马铃薯癌肿病的内生集壶菌（*Synchytricum endobioticum*）。

① 节壶菌属（*Physoderma*）：外生阶段无性繁殖产生外生的游动孢子囊，内生阶段在寄主内产生扁球形休眠孢子囊，有囊盖，萌发时释放出多个游动孢子。寄生于玉米的叶片、叶鞘形成褐色、略隆起的斑点，病组织内的褐色粉末即休眠孢子囊。

② 集壶菌属（*Synchytricum*）：该属菌体内寄生。在寄主体内形成休眠孢子囊，休眠孢子囊球形，萌发时经减数分裂形成游动孢子。该属寄生于显花植物，侵害植物表皮细胞引起膨大。

3.1.4.4 真菌界接合菌门菌物及其所致病害

接合菌门（Zygomycota）菌物的营养体大多为发达无隔的菌丝体，少数

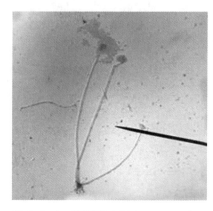

图1-3-4 根霉属（*Rhizopus* sp.）

菌丝体不发达，较高等的菌丝体有隔膜。无性繁殖是在孢子囊中产生孢囊孢子，有性生殖是以配子囊配合的方式产生接合孢子。有的接合菌菌丝体可分化形成假根和匍匐菌丝。细胞壁的主要成分为几丁质。

接合菌门属于真菌界（Fungi），根据《真菌词典》（第8版），分为接合菌纲和毛菌纲2纲11目37科173属。接合菌大多为腐生物，能引起植物病害的主要接合菌纲毛霉目（Mucorales）毛霉科（Mucoraceae）下的根霉属（*Rhizopus*）和毛霉属（*Mucor*）菌物，常引起果实及贮藏器官的腐烂。在湿度大温度高的种子贮藏库中很常见。有些接合菌如虫霉属（*Entomophthora*）大都是昆虫的寄生菌，可用于生物防治。

①根霉属（*Rhizopus*）：菌丝分化为匍匐菌丝和假根，假根与孢囊梗对生，孢子囊顶生，褐色，球形，囊轴明显，基部有囊托。配囊柄不弯曲，无附属丝。接合孢子表面有瘤状突起。腐生性强，可引起桃、梨、苹果等多种植物的果实等软腐（图1-3-4）。

②毛霉属（*Mucor*）：无匍匐菌丝和假根，孢子囊顶生，褐色，球形，有形状多样的囊轴，无囊托。配囊柄不弯曲，无附属丝。接合孢子表面有瘤状突起。腐生，可引起贮藏期的谷物、果实或薯类腐烂。

3.1.4.5 真菌界子囊菌门菌物及其所致病害

子囊菌门（Ascomycota）菌物俗称子囊菌，其结构复杂，属于高等真菌。子囊菌的营养体大多为发达的有隔菌丝体，少数（如酵母菌）为单细胞或具有双型现象。细胞壁的主要成分为几丁质。菌丝体常构成菌组织，进一步形成子座和菌核等结构。子囊菌的无性繁殖可以裂殖、芽殖、断裂的方式产生分生孢子、芽孢子和厚垣孢子。由于分生孢子的形成在许多子囊菌生活史中占重要位置，所以它的无性阶段也称作分生孢子阶段。有些高等子囊菌不产生分生孢子。

子囊菌的有性生殖产生子囊孢子。不同的子囊菌质配方式有一定差异，可分别进行同型配子囊结合，异型配子囊结合，受精作用和体细胞融合。大多数子囊菌在质配后经过一个短期的双核阶段才进行核配。核配产生的二倍体细胞核在幼子囊内发生减数分裂，最后形成单倍体的子囊孢子。子囊和子囊孢子形成的过程大致相同。

子囊大多呈圆筒形或棍棒形，少数为卵形或近球形，可分为原壁子囊、单壁子囊和双壁子囊3个基本类型。在子囊成熟后大多子囊菌囊壁仍然完好，少数子囊菌的子囊壁消解。一个典型的子囊内含有8个子囊孢子。子囊孢子形状多样，一般为椭圆形、圆形或线形。有些子囊菌的子囊整齐地排列成一层，称为子实层；有的高低不齐，不形成子实层。子囊大多产生在由菌丝形成的包被内，形成具有一定形状的子实体，称作子囊果。子囊果有以下 5 种类型。

裸果型：子囊裸生。

闭囊壳：子囊果完全封闭，无固定的孔口，如白粉菌（*Erysiphe*）。

子囊壳：子囊果球形或瓶状，顶端有固定的孔口，子囊为单层壁，如虫草属（*Ophiocordyceps*）。

子囊盘：子囊果呈开口的盘状或杯状，子囊与侧丝平行排列形成子实层，如核盘菌（*Sclerotinia*）。

子囊腔：子囊产生在子座组织内，即在子座内溶出有孔口的空腔，腔内发育成具有双层壁的子囊，这种内生子囊的子座称作子囊座，如葡萄座腔菌属（*Botryosphaeriales*）。

在子囊果内除了子囊外，有的还包含 1 至几种不孕丝状体，这些丝状体有的在子囊形成后消解，有的依然保存。主要有以下 6 种类型。

侧丝：一种从子囊果基部向上生长，顶端游离的丝状体，生长于子囊之间。

顶侧丝：一种从子囊壳中心的顶部向下生长，顶端游离的丝状体，穿插在子囊之间。

拟侧丝：形成于子囊座性质的子囊果中，自子囊座中心顶部向下生长，与基部细胞融合，顶端不游离。

类似拟侧丝的残留物：子囊腔中，子囊间残留下的幕状残留物。

缘丝：子囊壳孔口或子囊腔溶口内侧周围的毛发状丝状体。

拟缘丝：沿着子囊果内壁生长的侧生缘丝，它们向上弯曲，都朝向子囊果的孔口。

子囊菌门属于菌物界（Fungi），是一个十分庞大的菌物类群。目前各国菌物学家对子囊菌的分类意见尚未统一。根据 Ainsworth（1973）的分类系统，子囊菌亚门分为 6 个纲；在 1995 年的《菌物词典》（第 8 版）的分类系统中将子囊菌直接分为 46 个目，取消了纲一级的分类单元；在 2001 年的《菌物词典》（第 9 版）中子囊菌又恢复设纲，分为 8 个纲 56 个目。本书采用《菌物词典》（第 9 版）分类系统，分为 8 个纲，与森林病害有关的主要纲的特征如下。

外囊菌纲（Taphrinomycetes）具双核菌丝。不形成子囊果，子囊裸生。

粪壳菌纲（Sordariomycetes）子囊果为子囊壳或闭囊壳，子囊单层壁，有规律地排列在子囊果内形成子实层。

座囊菌纲（Dothideomycetes）子囊果为子囊座，具有多种类型，子囊大多是双层壁。

锤舌菌纲（Leotiomycetes）子囊果为子囊盘或闭囊壳，子囊单层壁。

（1）外囊菌纲（Taphrinomycetes）

属低等子囊菌，营养体是单细胞或不发达的菌丝体。菌丝双核。无性繁殖主要为裂殖或芽殖。有性生殖不形成特殊的配子囊和产囊丝，子囊由两个细胞交配形成的合子或单细胞直接形成。缺乏子囊果，子囊裸生排列在寄主植物的寄生菌，引起多种类型的畸形症状。

本纲仅1目，即外囊菌目（Taphrinales），含外囊菌科（Taphrinaceae）和原囊菌科（Protomycetaceae）2科，共8属140种。与植物病害关系较大的是外囊菌科中的外囊菌属（Taphrina）。

外囊菌属（Taphrina）：不形成子囊果，子囊裸生，呈栅栏状排列于寄主表面。子囊长圆筒形，一般含8个子囊孢子（图1-3-5）。子囊孢子可芽殖产生芽孢子。均为植物的寄生菌，引起叶片、枝梢和果实过度生长型病变而致畸形。常见的有3类。

缩叶病或叶疱病：如畸形外囊菌（T. deformans）危害桃树引起缩叶病，梅、杏缩叶病（T. mume），杨叶疱病（T. populina）。

果肿病或袋果病：常见的有杨果肿病（T. johansoni）和李外囊菌（T. pruni）引起李袋果病，病害的侵染循环与缩叶病相似。

丛枝病：如桦木丛枝病（T. betulina）和樱桃丛枝病（T. cerasi）。

（2）粪壳菌纲（Sordariomycetes）

子囊菌中最大的一个纲。营养体为发达的有隔菌丝体，大多在基质内或寄主体内扩展，少数外生，有的纠集形成子座和菌核。典型的子囊果是具固定孔口的子囊壳，子囊壳球形、半球形或瓶状，有的具有一长或短的颈，孔口为乳头状或长圆柱状，有缘丝。子囊壳单生或聚生，着生在基质的表面或部分或整个埋生子座内。子囊圆形、棍棒形或纺锤形，子囊壁单层。子囊之间有或无侧丝。子囊孢子椭圆形、腊肠形或柠檬形，单胞或多胞，有色或无色。无性阶段发达，产生大量的分生孢子。许多种类为植物病原菌，有的寄生于昆虫。

本纲分15目，与植物病害有关的目有：间座壳目（Diaporthales）、肉

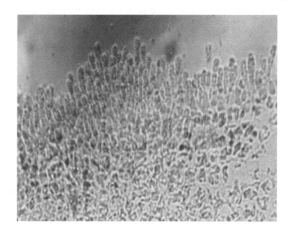

图1-3-5 桦叶外囊菌（*Taphrina betulae* Johans）

座菌目（Hypocreales）、小煤炱目（Meliolales）、小囊菌目（Micnmaseales）、蛇口菌目（Ophiostomatales）、黑痣菌目（Phylachorales）和炭角菌目（Xylariales）等。

①间座壳目（Diaporthales）：子囊果为子囊壳，常在子座或假子座内聚生，具长颈。子囊常为厚壁但不具裂缝，具一明显的"J"形顶环，具折光性。子囊孢子单胞至多胞，椭圆形、纺锤形或长圆筒形，多无色，偶有色。无性型种类多，为腔孢菌。腐生或寄生。主要存在于树皮和木头上。本目包括10科144属1196种。与植物病害有关的较重要的科有：隐丛赤壳科（Cryphonectriaceae）、间座壳科（Diaporthaceae）、日规壳科（Gnomoniaceae）、黑盘壳科（Melanconidaceae）、假黑腐皮壳科（Pseudovalsaceae）和黑腐皮壳科（Valsaceae）等。其中较重要的属为：

隐丛赤壳科（Cryphonectriaceae）隐丛赤壳属（*Cyphonectria*）：子囊壳聚生在子座内，由斜生的长颈穿过子座达寄主体外。子囊孢子双胞，椭圆形至梭形。无性态为内座壳属（*Endothia*）。寄生隐丛赤壳（*Cryphonectria parasitica*）引起的板栗疫病是著名的病害之一。该病菌可危害栗树幼苗和大树枝干，引起皮层溃疡、坏死，造成枝条或全株枯死。此病广泛分布于亚洲、欧洲和美洲，曾使美洲栗遭受毁灭性打击。

间座壳科（Diaporthaceae）间座壳属（*Diaporthe*）：假子座发达，黑色。子囊壳有长颈，球形埋生于子座，有长颈伸出子座外。子囊孢子双胞，无色，椭圆或纺锤形。无性态为拟茎点霉属（*Phomopsis*）。危害苹果、海棠果实和枝干引起黑点病。危害柑橘枝干、叶及果实引起树脂病。还可以寄生于桑、栎树等。

黑盘壳科（Melanconidaceae）黑盘壳属（*Melanconis*）：子囊壳埋生于黑色、内生、炭质的假子座内。子囊孢子双胞，无色。无性态为黑盘孢属（*Melanconium*）。危害胡桃、胡桃楸和枫杨等造成枝枯。

日规壳科（Gnomoniaceae）日规壳属（*Gnomonia*）：子囊壳埋生后突破寄主外露，有顶生的喙或乳突状孔口。子囊孢子双列，长椭圆形，多双胞，大小相等。无性态为炭疽菌属（*Colletotrichum*）。常危害多种林木的叶片、果实和未木质化的嫩梢，引起炭疽病。在叶和果上产生圆形坏死病斑，多有轮纹，病菌的子实体顺轮纹生长；在嫩枝上产生小型溃疡。如榆小原日规壳菌（*Gnomonia oharana*）和榆日规壳菌（*G. ulmea*）引起榆树叶斑病。

黑腐皮壳科（Valsaceae）黑腐皮壳属（*Valsa*）：子囊壳球形或近球形，成群埋生在假子座内，子囊壳的颈聚集在一起，向外露出孔口。子囊棍棒形或圆筒形。子囊孢子无色，单胞，腊肠形。无性态为壳囊孢属（*Cytospora*）。常引起林木树木溃疡或腐烂。如杨树烂皮病（*V. sordida*）和苹果树腐烂病（*V. mali*）等。

②肉座菌目（Hypocreales）：子座淡色至鲜色，肉质；子囊壳肉质，鲜色；全部或部分埋生于基物或子座内；子囊卵形至圆筒形，顶端加厚并具一顶生孔；子囊孢子椭圆形至针形，单胞至多胞，无色至暗色。多腐生，有一些为重要的植物寄生菌。

本目包括7科237属2647种。常见的科为麦角菌科（Clavicipitaceae）、肉座菌科（Hypocreaceae）和丛赤壳科（Nectriaceae）等。较重要的属为：

麦角菌科（Clavicipitaceae）麦角菌属（*Claviceps*）：寄生在禾本科植物的子房内，后期在子房内形成圆柱形至香蕉形的黑色或白色菌核。菌核越冬后产生子座。子座直立，有柄，子囊壳埋生在子座可孕头部的表层内。子囊孢子单胞，无色，丝状。无性态为蜜孢霉（*Sphacelia*）。可引起麦角病。

肉座菌科（Hypocreaceae）肉座菌属（*Hypocrea*）：子座肉质，垫状或盘状。子囊壳埋生于子座内，子囊孢子双胞，无色、绿色或褐色。多数种在成熟时孢子分开成两个近球形细胞。无性态为木霉 *Trichoderma*。可寄生于木材、竹茎或甘蔗上。

丛赤壳科（Nectriaceae）丛赤壳属（*Nectria*）：子囊壳球形，顶端有乳头状孔口，黄色或红色，散生在基物表面或不发达子座上。子囊孢子双胞，无色。常引起多种阔叶树的枝枯病，如引起苹果、茶、槭、榆等枝枯病的朱红丛赤壳菌（*N. cinnabarina*）。

③小煤炱目（Meliolales）：子囊壳黑色，球形或扁球形。子囊棍棒形或梨形，子囊孢子2~8个，无色或有色，纺锤形或椭圆形，有隔膜。高等植物专性寄生菌。该目分1科22属1980种。较重要的属为小煤炱属。

小煤炱属（*Meliola*）：菌丝体表生，褐色，有附着枝及刚毛，以吸器深入寄主表皮细胞。子囊壳球形，子囊较少，子囊孢子2~8个。子囊孢子褐色，具3~4个隔膜，隔膜处缢缩（图1-3-6）。寄生专化性强，寄主范围不广。通常危害叶片和小枝，产生烟煤状粉霉斑。

④小囊菌目（Microascales）：子座无，子囊果单生，为子囊壳或闭囊壳，常为黑色，薄壁，有时具发达的光滑刚毛，无囊间组织或罕见未分化的菌丝。子囊球形至棒状，壁极薄，易消解，含8个子囊孢子，有时呈链状。子囊孢子无色，黄色或红褐色，无隔或有隔，具或不具鞘。无性型发达，主要为丝孢菌。多腐生，少数为动植物病原菌。本目包括4科：长喙科（Ceratocystidaceae）、Chadefaudiellaceae、Halosphaeriaceae 和小囊菌科（Microascaceae），共192属397种。较重要的属为长喙壳属。

长喙壳属（*Ceratocystis*）：子囊壳表生或埋生，具长颈；子囊球形至卵圆形，散生，子囊之间无侧丝，子囊壁早期消解。子囊孢子小，单胞，无色，椭圆形、帽形或针形。无性繁殖产生各种类型的分生孢子，分别属于黏束孢属（*Graphium*）和细黏束孢属（*Leptographium*）等。甘薯长喙壳（*C.

图 1-3-6　小煤炱属（*Meliola* sp.）

fimbriata）危害甘薯的块根和幼苗，引起黑斑病。栎长喙壳（*C. fagacearum*）引起的栎树枯萎病被我国列为对外检疫对象。

⑤蛇口菌目（Ophiostomatales）：子座无，子果为子囊壳，很少为闭囊壳，无色或黑色，薄壁，膜质，常为长颈，孔口具刚毛，无囊间组织。子囊小，易消解，呈链状。子囊孢子通常小，无色，大多无隔，常具不均匀的厚壁或鞘。无性型为丝孢菌类，种类较多。寄主范围广，许多为重要的经济植物。一些种与节肢动物相联系。本目包括蛇口菌科（Ophiostomataceae）1科，共12属341种。较重要的属为蛇口菌属。

蛇口壳属（*Ophiostoma*）：许多种能引起木材变色，有些种是经济上重要的林木病原菌。如榆蛇口壳（*O. ulmi*）和新榆蛇口壳（*O. nova-ulmi*）是榆枯萎病的病原菌。无性型为黏束梗霉（*Pesotumulmi*）。病菌孢子主要借助小蠹虫等媒介昆虫传播。致病性强，幼树发病常当年枯死，大树有的数年后枯死。榆枯萎病（*Ophiostoma ulmi*（Buism）Nannf= *Ceratocystis ulmi*（Buis）Moreau）是榆属树木的毁灭性病害，被我国列为对外检疫对象。

⑥黑痣菌目（Phyllachorales）：子座无或子座埋生在寄主组织中，常为盾状，黑色。子囊壳壁及孔口具缘丝。囊间组织由侧丝构成，有时易消解。子囊近柱形，薄壁，不具裂缝，持久，常具不明显的顶环。子囊孢子大多无色，无隔，偶尔具纹饰。无性型为腔孢菌。常形成附着胞和侵入结构。寄生或腐生。分布广泛，尤其在热带。本目包括2科，分别为黑痣菌科（Phyllachoraceae）和 Phaeochoraceae，共63属1226种。较重要的属为黑痣菌属和疔座霉属。

黑痣菌属（*Phyllachora*）：假子座在寄主组织内发育，子座顶部与寄主表皮层愈合形成黑色光亮的盾状盖。子囊壳埋生于假子座内，孔口外露。子囊圆柱形，平行排列于子囊壳基部。子囊孢子单胞，椭圆形，无色。无性型为壳线孢属 *Linochora*。如危害竹类植物叶片的竹圆黑痣菌（*P. orbicula*）。

疔座霉属（*Polystigma*）：子囊壳瓶形，埋生于假子座内，仅孔口外露。

假子座生于叶片过度生长的组织内，肉质，黄色、红色或红褐色。子囊棍棒形，内含8个子囊孢子。子囊孢子椭圆形，单胞，无色。无性型为多点霉属。如危害杏叶引起杏疗的杏疗座菌（*P. deformans*）。

⑦炭角菌目（Xylariales）：子座发达，黑色，内部白色或黑色。子囊果为子囊壳，极少为闭囊壳，形态多样，表生或埋生在子座内，孔口常具乳突，有缘丝。子囊圆筒形，壁厚，具淀粉质顶环，常含8个子囊孢子。子囊孢子单胞，暗色，具发芽孔或缝，有时具黏质鞘。无性型变化大，常为丝孢菌类。多腐生在树皮、枝条或木材上，少数为植物寄生菌。世界分布。包括9科209属2487种。与植物病害有关的为炭角菌科（Xylariaceae）等。较重要的属为座坚壳属。

座坚壳属（*Rosellinia*）：子囊壳球形，黑色，硬而脆，顶端具乳头状孔口，生于基物表面，周围常有菌丝层包围。子囊孢子单胞，黑色或深褐色，椭圆形或纺锤形，具发芽缝。多腐生，少数寄生种类能危害多种林木，如褐座坚壳（*R. necatrix*）危害许多阔叶树及农作物根部，常在病根表面形成白色羽毛状菌索，俗称白纹羽病。无性态为白纹羽束丝菌（*Dematophora necatrix*）。茶根腐座坚壳菌（*R. arcuata*）引起茶根腐病。附孢座坚壳（*R. aquila*）寄生于桑树引起根腐病。

（3）座囊菌纲（Dothideomycetes）

子囊果具多种类型（子囊壳或闭囊壳等），通常在子座组织内形成溶生子囊腔。只有1个腔的子囊座，其子囊腔周围菌组织被压缩似子囊壳壁，称为假囊壳。子囊卵圆形或圆柱状，单个或多个成束或成排着生在子囊腔内，通常具双层壁。子囊孢子通常有隔，双细胞或多细胞，有些子囊孢子除横隔外还有纵隔，称砖隔胞。

座囊菌纲分为11目90科1302属19010种。与植物病害关系较大的是葡萄座腔菌目（Botryosphaeriales）、煤炱目（Capnodiales）、多腔菌目（Myriangiales）和格孢腔菌目（Pleosporales）等。

①葡萄座腔菌目（Botryosphaeriales）：子囊座表生或内生，子座内含单个子囊腔，常聚生。子囊孢子单胞，卵形至椭圆形，无色，偶有褐色。该目仅1科，即葡萄座腔菌科（Botryosphaeriaceae），共28属1628种。较重要的属为葡萄座腔菌属等。

葡萄座腔菌属（*Botryosphaeria*）：子囊座单腔，外表像子囊壳，初期通常成簇埋在子座内，后期突出于子座而呈葡萄状。子囊之间有假侧丝，子囊孢子单胞，无色。无性态为大茎点属（*Macrophoma*）及小穴壳属（*Dothiorella*）。寄生性较弱，可危害多种林木的枝干及果实，引起枝枯、溃疡、流胶和果腐等；还可引起根腐，导致整株死亡。如葡萄座腔菌（*B. dothidea*）可危害杨树、苹果、梨和桃等十几种木本植物的枝干，引起溃疡病。受害严重植株树皮上病斑相互联结，可造成植株逐渐死亡。自然条件下常见的是病菌的无性阶段，有性阶段很少出现。

落叶松座腔菌（*B. laricina*）：引起落叶松枯死的落叶松枯梢病是一种危险性病害。病菌可危害多种落叶松属树种，主要侵染当年新梢，造成梢枯。幼苗被害后无顶芽。幼树若连年发病，多处枯梢成丛，树冠呈扫帚状。

②煤炱目（Capnodiales）子囊座球形或烧瓶形。子囊孢子双胞或多胞，无色或有色。腐生或寄生。该目分10科198属7244种。较重要的科为球腔菌科（Mycosphaerellaceae）和煤炱菌科（Capnodiaceae）等。较重要的属为：

球腔菌科（Mycosphaerellaceae）球腔菌属（*Mycosphaerella*）：子囊座球形或亚球形，散生在寄主叶片表皮下，后期常突破表皮外露。子囊圆筒形或棍棒形，子囊孢子椭圆形，无色，双胞。有性阶段腐生或弱寄生。无性阶段寄生性强。常引起叶斑病。如落叶松球菌（*M. laricileptolepis*）寄生于落叶松属植物叶部，引起早期落叶。油桐球腔菌（*M. aleuritidis*）寄生于油桐叶和果，引起桐叶提早落叶落果。受害叶片多形成角斑，严重时病斑性可连接成块，甚至全叶枯死。果实受害形成椭圆形黑褐色硬疤。其无性型为多种腔胞菌。

煤炱属（*Capnodium*）：菌丝体表生，暗褐色，菌丝细胞常联成串珠状或集合成菌丝束。子囊座无刚毛。子囊孢子具纵横隔膜，或只有横隔，褐色。植物枝叶表面的腐生菌。通常以介壳虫或蚜虫分泌的蜜露为营养来源，引起煤污病，阻碍植物的光合作用，影响观赏价值。常见的油茶树上的富特煤炱（*C. footii*）、柳煤炱（*C. salicinum*）和柑橘煤炱（*C. citri*）等。

③多腔菌目（Myriangiales）：子囊座中有多个腔，子囊腔无孔口，不规则地分布在子囊座内，每个腔中只有1个子囊。子囊球形或卵圆形。子囊孢子椭圆形，多细胞。大都寄生在热带和亚热带高等植物的叶片、树皮或昆虫上。本目分3科18属157种。较重要的属为：

多腔菌属（*Myriangium*）：子囊座表生，黑色，子囊腔不规则地散布在子囊座上部可育部分。子囊孢子具纵横隔膜，无色或淡色。大多寄生在介壳虫或高等植物茎上，极少寄生在叶片上。如引起竹鞘黑团子病的竹多腔菌（*M. haraeanum*），寄生于多种竹子的小枝节叉或叶鞘基部，引起枝梢坏死。形成黑色半圆形的子囊座，常聚生。

痂囊腔菌属（*Elsinoe*）：子囊座初期埋生，后外露。子囊孢子多数长圆筒形，无色，具3横隔，极少数具纵横隔膜。有性阶段不常见，无性阶段发达，为痂圆孢属（*Sphaceloma*）。主要危害植物叶、果和幼茎，引起炭疽、疮痂、溃疡、黑痘病等症状。如引起柑橘疮痂病的柑橘痂囊腔菌（*Elsinoe fawcettii*)。

④格孢腔菌目（Pleosporales）：子座内有1个或多个子囊腔。子囊之间有拟侧丝；子囊圆柱状；子囊孢子各式各样，一般具多隔或砖隔，有色或无色。假囊壳一般单生，也有聚生。对本目的分类长期存在分歧，《菌物词典》（第8版）（1995）将其并入座囊菌目，而《菌物学概论》（第4版）（1996）则保留该目。《菌物词典》第9版（2001）和（第10版）（2008）均保留该目，分别分为19科和23科。大多寄生或腐生在高等植物的叶和茎上，分生孢子阶段发达，有性阶段一般在枯死枝叶上发现。较重要的属如黑星菌属（*Venturia*）和小球腔菌属（*Leptosphaeria*）等。

黑星菌属（*Venturia*）：假囊壳初内生，后期突破寄主表皮而外露，上部有少数刚毛，子囊圆筒形，平行排列；子囊孢子双细胞大小不等。无性态为黑星孢属（*Fusicladium*）和环黑星孢属（*Spilocaea*）。本属菌物大多危害树木的叶、果和枝干，所致病害常称黑星病，如苹果黑星病（*V. inaequalis*）和梨黑星病（*V. pyrina*）等（图1-3-7）。杨树黑星病菌（*V. populina*）主要危害青杨和小叶杨等青杨派树种；嫩叶染病，变黑扭曲，很快枯死；嫩枝染病常变黑下垂，枝叶皆枯。幼苗受害较重。

（4）锤舌菌纲（Leotiomycetes）

子囊果为子囊盘。典型的子囊盘呈盘状或杯状，由子实层、囊基层、囊盘被和菌柄组成。子实层由子囊和侧丝相间排列而成。有的子囊盘无柄，结构简单。大多数盘菌缺乏无性阶段，少数可以产生分生孢子。寄生或腐生。本纲分5目19科641属5587种。其中与植物病害有关的是白粉菌目（Erysiphales）、柔膜菌目（Helotiales）、锤舌菌目（Leotiales）和斑痣盘菌目（Rhytismatales）等。

①白粉菌目（Erysiphales）：高等植物上的专性寄生菌。子囊果为闭囊壳，菌体多表生、白色，菌丝无色、常有附着胞，子囊孢子无色、单胞。因其在寄生植物的表面形成白粉状菌落，故被称为白粉菌。白粉菌为活体寄生，寄主植物多为双子叶植物，少数为单子叶植物中的禾本科植物。寄主植

图1-3-7 梨黑星菌 *Venturia pyrina* Aderh.

物受害表面常产生大量的菌丝、分生孢子梗和分生孢子，肉眼看上去呈白色粉层，后期可形成黄褐色或黑色的颗粒状物，为白粉菌的有性子实体闭囊壳。白粉菌引起的病害均称为白粉病。

传统的白粉菌分类，主要依据有性子实体闭囊壳上附属丝的形态、闭囊壳内子囊的数目。随着分子生物学技术在白粉菌分类中的应用，白粉菌的分类发生了重大的变化，属级分类采用了传统的形态学分类于无性型个体发育、扫描电镜技术及分子生物学技术相结合的方法。《白粉菌科分类手册》(*Taxonomic Manual of the Erysiphales*)（Braun et al，2012）是世界白粉菌分类鉴定的最新基础。

目前，用于划分白粉菌属种的形态特征包括营养阶段、无性阶段和有性阶段特征。本目仅白粉菌科（Erysiphaceae）1科，共19属769种。在新的白粉菌分类系统中，将狭义的白粉菌属（*Erydiphe* sp. str.）、叉丝壳属（*Microsphaera*）和钩丝壳属（*Uncinula*）合并为白粉属。单丝壳属（*Sphaerotheca*）与叉丝单囊壳属（*Podosphaera*）合并。

白粉菌科分属检索表

1a. 闭囊壳内含有几个至几十个子囊 ……………………………………… 2
1b. 闭囊壳内只有一个子囊 ……………………………………………… 3
   2a. 附属丝柔软，菌丝状 ……………………………… **白粉菌属**（*Erysiphe*）
   2b. 附属丝坚硬，顶端卷曲成钩状 ………………………………………
     …………………… **钩丝壳属**（*Uncinula*）作为白粉菌属的异名
   2a. 附属丝坚硬，顶端双分叉 ……………………………………………
     …………………… **叉丝壳属**（*Microsphaera*）作为白粉菌属的异名
   2b. 附属丝坚硬，基部膨大，顶端尖锐 …… **球针壳属**（*Phyllactinia*）
   3a. 附属丝似白粉菌属 ……………………………………………………
     ………… **单丝壳属**（*Sphaerotheca*）作为叉丝单囊壳属的异名
   3b. 附属丝似叉丝壳属 ……………… **叉丝单囊壳属**（*Podosphaera*）

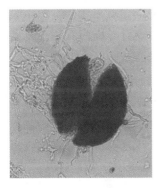 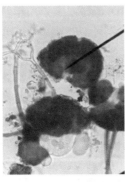  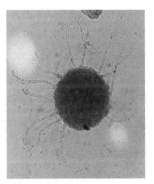

图 1-3-8　白粉菌属（*Erysiphe* sp.）　　图 1-3-9　单丝壳属（*Sphaerotheca* sp.）　　图 1-3-10　球针壳属（*Phyllactinia* sp.）　　图 1-3-11　钩丝壳属（*Uncinula* sp.）

林木上的白粉病极为普遍，病原物以球针丝壳属（*Sphaerotheca*）、钩丝壳属（*Uncinula*）、单丝壳属（*Sphaerotheca*）、叉丝壳属（*Microsphaera*）和叉丝单囊壳属（*Podosphaera*）等的一些种为常见。如板栗白粉病（*Phyllactinia coylea*）在我国南北各地均有发生。多发生于叶背，也可危害嫩梢；苗木及幼树受害较重。此外，还有紫薇白粉病（南方钩丝壳 *Uncinula australiana*）、桦树白粉病（桤木球针壳 *Phyllactinia alni*）和梭梭白粉病（猪毛菜内丝白粉菌 *Leveilula saxaouli*）等。橡胶白粉病（橡胶白粉病菌 *Oidium heveae*）在我国华南和西南地区普遍发生。病菌主要危害嫩叶、新梢和花序；严重时，病叶及花序布满白粉，皱缩畸形，最后脱落。

白粉菌的无性阶段产生大量的分生孢子梗和分生孢子。分生孢子梗一般不分枝，由 1~8 个细胞组成，粗细均匀，无色，顶细胞为产孢细胞。

白粉菌科无性阶段分属检索表

1a. 菌体表生，分生孢子串生（分生节孢子）…………… **粉孢属** *Oidium*
1b. 菌体半内生 ………………………………………………………… 2
  2a. 分生孢子单生，少数串生 ………… **拟小卵孢属** *Ovulariopsis*
  2b. 分生孢子单生 ……………………………………………………… 3
    3a. 孢子梗从内生菌丝上长出并从气孔穿出，分枝 … **拟粉孢属** *Oidiopsis*
    3b. 孢子梗基部旋扭数周 ………………… **旋梗孢属** *Streptopodium*

②斑痣盘菌目（Rhytismatales）子囊盘形成于寄主组织内的子座中。子实层上有一个由子座组织组成或子座组织与寄主组织结合组成的盾形盖，子实层成熟后通过盖纵裂或星裂而外露。子囊棍棒形，顶端厚，无囊盖，有狭窄的孔道，内含 4~8 个子囊孢子。子囊孢子卵圆形至线形，单胞或多胞，无色或有色。本目分 3 科 83 属 795 种。腐生或寄生。与植物病害有关的重要属有斑痣盘菌属和散斑壳属等。

斑痣盘菌属（*Rhytisma*）：子座斑块状，内含多个子囊盘；子囊棍棒形，有侧丝；子囊孢子线形或针形，单细胞，无色。寄生于阔叶木本植物的叶面角质层下，形成光亮的黑色子座，称为漆斑。最常见的是寄生于槭叶的槭斑痣盘菌（*R. acerinum*）和斑痣盘菌（*R. punctatum*）。前者子座内有多个子囊盘，在叶上形成大斑，后者形成小斑。

散斑壳属（*Lophodermium*）：子座椭圆形，黑色，膜质，内含 1 个子囊盘，以纵裂缝开口。子囊棍棒形，平行排列，有侧丝；子囊孢子单细胞，丝状。寄生于松柏植物的针叶，引起落针病。我国已报道松树上有 21 种散斑壳菌，多数种生于衰老或枯死的松针上，营养体腐生生活；少数种寄生或兼性寄生。其中以扰乱散斑壳（*L. seditiosum*）、大散斑壳（*L. maximum*）、针叶散斑壳（*L. conigenum*）和寄生散斑壳（*L. parasiticum*）危害较重。病菌主要危害二针松和五针松。此外，危害松柏植物的散斑壳还有杉叶背散斑壳

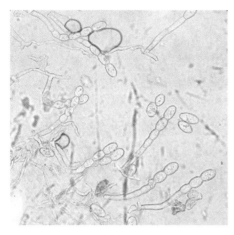 

图 1-3-12　拟粉孢属（*Oidiopsis* sp.）　　图 1-3-13　散斑壳属（*Lophodermium* sp.）

（*L. umuncinatum*）和云杉散斑壳菌（*L. picea*）等（图 1-3-13）。

③柔膜菌目（Helotiales）子囊盘有柄或无柄，着生在基质表面或半埋在基质内，有的从菌核上产生。子囊棒棒形或圆筒形，无囊盖，子囊间有侧丝。本目分 10 科 501 属 3881 种。多为腐生菌，少数是植物上的寄生菌。如柔膜菌科（Helotiaceae）中引起松树枝枯病的铁锈薄盘菌（*Cenangium feruginosum*）以及核盘菌科（Sclerotiniaceae）中引起多种作物菌核病的核盘菌（*Sclerotinia sclerotiorum*）和核果褐腐病的核果链核盘菌（*Monilinia laxa*）等是其中重要的植物病原菌。有些能引起叶斑，如引起月季黑、斑病的蔷薇双壳菌（*Diplocarpon rosae*）等。

3.1.4.6　真菌界担子菌门菌物及其所致病害

担子菌门（Basidiomycota）菌物一般称作担子菌，是菌物中最高等的类群，其共同特征是有性生殖产生担子和担孢子。高等担子菌的担子着生在高度组织化的子实体内，这种子实体称为担子果，如蘑菇、木耳、银耳、马勃等。在担子果中，担子常排列成层，称子实层。子实层中除担子、担孢子外，往往还间有侧丝、囊状体和刚毛等不孕结构。担子菌中除锈菌和某些黑粉菌外，很少有无性阶段。无性繁殖常通过芽殖或菌丝体断裂等方式产生无性孢子。有些担子菌能产生真正的分生孢子，如松根异担子菌（*Heterobasidion annosum*）能产生珠头霉属（*Oedocephalum*）的分生孢子。担子菌的菌丝一般为初生菌丝（初生菌丝由担孢子萌发产生，初期无隔多核，但很快产生隔膜将细胞核隔开而成为单核菌丝）和次生菌丝（次生菌丝是一种双核菌丝，由初生菌丝的两个单核细胞进行质配形成），次生菌丝常以锁状联合（clamp connection）的方式来增加细胞个体。锁状联合有助于将双核细胞中来源不同的两个核均匀分配到子细胞中。许多大型担子菌还有三生菌丝（由次生菌丝特化形成，并由它形成许多种类的担子果），特化后的三生菌丝形成各种子实体，子实体包括生殖丝、骨架丝和联络丝三类菌丝。

担子菌分布极为广泛，有些是著名的植物病原菌，引起严重病害，如锈菌、黑粉菌；有些是味美的食用菌或珍贵的中药材，如香菇、木耳、灵芝；少数种类能与植物共生形成菌根。绝大多数的担子菌具有发达的菌丝体，并具桶孔隔膜。

担子菌担子果的发育类型有裸果型、半被果型和被果型3种。子实层从一开始就暴露的为裸果型，如多孔菌目（Polyporales）；子实层最初被菌幕所覆盖，担子成熟后露出子实层的为半被果型，如伞菌目（Agaricales）；子实层包裹在担子果内，只有在担子果分解或遭受外力损伤时担孢子才释放出来的为被果型，如马勃目（Lycoperdales）。有些担子菌不产生担子果，如锈菌、黑粉菌。

担子菌门属于真菌界（Fungi），根据 Ainsworth（1973）的分类系统，担子菌分为冬孢菌纲（Teliomycetes）、层菌纲（Hymenomycetes）和腹菌纲（Gasteromycetes）。近年来随着研究的深入，采用的分类性状不断更新。《菌物词典》第8版（1995）将担子菌分为冬孢菌纲（Teliomycetes）、黑粉菌纲（Ustilaginomycetes）和担子菌纲（Basidiomycetes）3个纲。《菌物词典》（第9版）（2001）将担子菌分为3纲41目。在《菌物词典》（第10版）（2008）中，担子菌门分为16纲52目177科1589属31515种。与植物病害有关或较重要的纲有锈菌纲（Pucciniomycetes）、黑粉菌纲（Ustilaginomycetes）、外担菌纲（Exobasidiomycetes）和伞菌纲（Agaricomycetes）等。

（1）锈菌纲（Pucciniomycetes）

锈菌纲菌物的菌丝很少形成锁状联合。主要包括植物寄生性的锈菌目（Pucciniales）、泛胶耳目（Platygloeales）和卷担菌目（Helicobasidiales），以及常与介壳虫联系在一起的隔担菌目（Septobasidiales）等5个目。锈菌是锈菌纲中最大的类群，包括7000多种；不形成担子果，形成分散或成堆的冬孢子，冬孢子萌发产生担子，不形成子实层。

①锈菌目（Pucciniales）：菌物一般称作锈菌，其营养体有单核的初生菌丝和双核的次生菌丝，有隔但非桶孔隔膜，很少有锁状联合。除不完全锈菌外，所有锈菌都产生冬孢子，核配和减数分裂在冬孢子中进行。冬孢子萌发产生有横隔膜的担子；担子有4个细胞，每个细胞上产生1个小梗，小梗上着生无色单胞的担孢子；担孢子释放时可以强力弹射。通常认为锈菌是专性寄生的。有研究发现，极少数锈菌如小麦禾柄锈菌（*Puccinia graminis* f. sp. *tritici*）等可在特殊的人工培养基上培养。

许多锈菌具有明显的多型现象，即在它们的生活史中可产生多种类型的孢子。典型的锈菌在生活史中可依次产生5种类型的孢子，即性孢子、锈孢子、夏孢子、冬孢子和担孢子，其生活史可分为5个阶段（通常用0~IV代表各孢子阶段）。

性孢子器阶段（0）：担孢子萌发形成的单核菌丝侵入寄主，后在寄主表皮下形成性孢子器，顶部有孔口与外界相通。性孢子器中产生性孢子和受精丝。性孢子无色、单胞、单核。同一菌丝产生的性孢子和受精丝不能进行交配。

锈孢子器阶段（Ⅰ）：锈孢子器由性孢子器中的性孢子与受精丝交配后形成的双核菌丝体发育而来，因此锈孢子器和锈孢子一般是与性孢子器和性孢子伴随产生。锈孢子器大多有包被，有杯状、管状、角状等类型。锈孢子黄色或橙黄色，单胞，双核，球形或卵形，表生小刺或小瘤。锈孢子只在春季产生1次，又称春孢子。

夏孢子堆阶段（Ⅱ）：夏孢子由双核菌丝产生，单胞、双核，多为鲜黄色或棕褐色。夏孢子萌发形成双核菌丝可继续侵染寄主，是锈菌唯一能不断重复发生的阶段，其作用与分生孢子相似，但两者性质不同。许多夏孢子聚生在一起形成夏孢子堆。

冬孢子堆阶段（Ⅲ）：冬孢子是双核菌丝产生的厚壁双核孢子，一般在寄主生长后期形成，是休眠孢子。许多冬孢子聚生在一起形成冬孢子堆。冬孢子成熟时其细胞中的双核进行结合。冬孢子是锈菌唯一的典型二倍体，一般认为是锈菌的有性阶段。

担孢子阶段（Ⅳ）：成熟的冬孢子萌发产生担子，双倍体核移入担子中，经减数分裂形成4个单倍体核。担子横隔为4个细胞，每细胞生1小梗，其上产生1个担孢子。

锈菌生活史的5个发育阶段按顺序分别以符号0、Ⅰ、Ⅱ、Ⅲ和Ⅳ代替，但Ⅳ很少用，因为担孢子（Ⅳ）总是随着冬孢子（Ⅲ）而出现。

锈菌发育过程中普遍存在转主寄生现象，通常0、Ⅰ在一个寄主上，Ⅱ、Ⅲ在另一个寄主上，两个寄主的亲缘关系往往相距很远。如松针锈菌（*Coleosporium* spp.）的一个寄主是较低等的松属树木，另一个则是高等的菊科植物。这两个寄主互称为转主寄主。并非所有锈菌都具有上述5个发育阶段，如圆柏–梨锈菌（*Gymnosporangium haraeanum*）缺乏夏孢子堆阶段；同时，也不是所有锈菌都需转主寄生，如玫瑰多胞锈菌（*Phragmidiunroseamultiflorae*）的5个阶段都在同一寄主上发生。

锈菌目是个庞大的类群，包括14科166属7798种，全部是植物寄生菌，主要危害植物茎、叶和果，大都引起局部侵染，在病斑表面出现的锈子器、夏孢子堆或冬孢子堆，呈黄色、橙色至黑色似铁锈，故称为锈病。

锈菌分类主要是根据冬孢子的形态，其次是夏孢子。主要有以下几种科属。

栅锈菌科（Melampsoraceae）：冬孢子无柄，集生，担子外生。其中栅锈菌属（*Melampsora*）和柱锈菌属（*Cronartium*）是林木上的重要病原菌。

栅锈菌属（*Melampsora*），大部分转主寄生，少数单主寄生。冬孢子圆柱形或长椭圆形，单胞，无柄，在寄主表皮下呈栅栏状排列（图1–3–14）。常引起杨树叶锈病，在我国较重要的有落叶松-杨锈病（*M. larici-populina*）、毛白杨锈病（*M. magnusiana*）和胡杨锈病（*M. pruinosae*）等。栅锈菌属还常引起柳树锈病。

柱锈菌属（*Cronartium*），为转主寄生锈菌。0、Ⅰ阶段寄生在松树上，Ⅱ、Ⅲ阶段寄生在多种双子叶植物上。冬孢子矩形，单胞，紧密结合，冬孢子堆常从夏孢子堆中长出，外露呈毛柱状。危害松树引起松干锈病，可分为溃疡型和肿瘤型两种。溃疡型干锈病常称为疱锈病，感病皮层在产生锈孢子器后坏死，病菌向外围扩展，翌年在新扩展部分产生性孢子器和锈孢子器。当溃疡包围枝干1周后，其上部即枯死。病原菌有多种，五针松上的为 *C. ribi-cola*，在我国红松、华山松、新疆五针松、偃松及乔松适生区均有发生；二或三针松上有多种，我国发现的为松芍药柱锈菌（*C. laccidum*）。肿瘤型干锈病通常称为瘤锈病，在我国主要由松栎柱锈菌（*C. quercuum*）引起，在多种二针松上普遍发生，转主寄主为栎属和栗属树木（引起叶锈病）；枝干受侵部位木质部增生形成肿瘤，病菌不引起韧皮部坏死，也不扩展到肿瘤以外的皮层中，而是每年在肿瘤上产生新的性孢子器和锈孢子器。松干锈病中五针松疱锈病危害最严重，为世界林木三大病害之一，是我国对外、对内检疫对象。

鞘锈菌科（Coleosporiaceae）：冬孢子无柄，侧面相连成单层壳状孢子堆，担子外生。其中鞘锈菌属（*Coleosporium*）是林木上的重要病原菌。

鞘锈菌属（*Coleosporium*），多数转主寄生。冬孢子单胞，圆柱形，顶壁厚，呈胶质，生于寄主表皮下，侧面连接而不分离，萌发时分成4个细胞，转变成担子。性孢子器和锈孢子器寄生于松属针叶上，夏孢子堆和冬孢子堆寄生于单子叶和双子叶植物上。主要引起松针锈病。该病害在各种松树上几乎都有发生，如红松松针锈病（*C. cimicifugatum*）和油松松针锈病（*C. phellodendri*）等。

柄锈菌科（Pucciniaceae）：冬孢子有柄，单胞、双胞或多胞。少数种类的冬孢子堆埋于胶质物中，多数裸生在寄主体外。担子内生。冬孢子特征及锈孢子器类型是本科分属的依据。其中胶锈菌属（*Gymnosporangium*）是林木上的重要病原菌。

胶锈菌属（*Gymnosporangium*），冬孢子双胞，长卵圆形，有一个长而能胶化的柄。性孢子器埋生于寄主叶片表皮内，锈孢子器丛生于寄主下表皮，后外露呈长管状，包被膜状；大多数种缺少夏孢子阶段；冬孢子堆寄生于寄主表皮下，后外露呈垫状至舌状，称冬孢子角。冬孢子阶段寄生圆柏属植物引起锈病，担孢子侵染蔷薇科植物（性孢子器和锈孢子器生在蔷薇科植

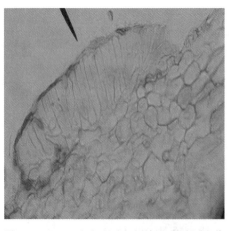

图1-3-14 毛白杨锈病的马格栅锈菌（*Melampsora magnusiana*）冬孢子堆

 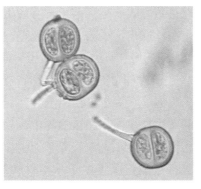 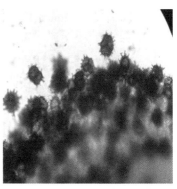

图 1-3-15　柄锈菌属（*Puccinia* sp.）

图 1-3-16　竹秆锈病的皮下硬层锈菌 [*Stereostratum corticioides*（Berk. Et Br.）Magn.] 冬孢子

图 1-3-17　香椿锈病的香椿刺壁三孢锈菌 [*Nyssopsora cedrelae*（Hori）Tranz.]

物上），包括苹果、梨、山楂等。锈孢子侵染圆柏属植物。如圆柏—梨锈菌（*G. haraeanum*），病害对圆柏的影响不明显，但能使梨园遭受重大损失。

柄锈菌属（*Puccinia*），冬孢子双胞，冬孢子柄不能胶化。同主寄生或转主寄生，长史型和短史型。寄生于多种被子植物，是禾谷类作物的重要病原菌，危害严重（图 1-3-15）。

硬层锈菌属（*Stereostratum*），冬孢子双胞，广卵圆形，有一个很长的遇水不胶化的柄。性子器和锈子器阶段不祥。夏孢子单胞，近圆形，无色至淡黄色，表面有小刺，无柄。危害竹亚科植物茎部。由于冬孢子的柄很长，常纠结在一起形成毡状，故又称其为毡锈（图 1-3-16）。

花胞锈属（*Nyssopsora*），冬孢子三胞，倒品字形，有长柄，冬孢子壁暗色并有长刺状的突起。引起香椿、臭椿锈病（图 1-3-17）。

②隔担菌目（Septobasidiales）：菌物大都与寄生在高等植物上的介壳虫共生。担子果不发达，原担子的壁很厚（有些像锈菌的冬孢子），异担子则横隔为4个细胞，小梗上着生担孢子。本目据 Ainsworth（1973）的分类系统放在层菌纲中，现研究认为该目与锈菌目的亲缘关系更近。分1科7属179种，其中隔担属（*Septobasidium*）中有少数种是植物病原菌，因其担子果平伏在树皮上似膏药，故所致病害称膏药病。如引起桑膏药病的柄隔担耳（*S. pedicellatum*）和柑橘膏药病的柑橘生隔担耳（*S. citricolum*）。

（2）黑粉菌纲（Ustilaginomycetes）

黑粉菌纲菌物通常寄生于植物上引起多种症状并形成大量黑粉状孢子，一般称作黑粉菌。菌丝分隔较为简单，通常无桶孔隔膜或桶孔覆垫，在培养基上生长时呈酵母状。本纲包括2目12科62属1113种，多与植物病害关系密切。

黑粉菌目（Ustilaginales）：菌丝有隔，分枝，生于寄主细胞间，少数产生吸器伸入寄主细胞内，有的菌丝上有锁状联合。无性生殖不发达，有些种的担孢子可以芽殖方式产生芽孢子。有性生殖过程简单，一般是以两个担孢子、两条初生菌丝或担孢子与初生菌丝进行质配形成双核次生菌丝。菌丝生长到后期，在寄主组织内形成厚垣孢子（即冬孢子）。冬孢子初为双核，成熟后核配，多在萌发时才进行减数分裂，形成担子。担子有3个横隔或无隔，无小梗，担孢子直接产生在担子上。

黑粉菌的寄生性很强，在自然界中，只能在一定的寄主上生活才能完成生活史。但它们多数能在人工培养基上生长，少数还可在人工培养基上完成生活史。绝大多数黑粉菌寄生于禾本科和莎草科等植物上，通常在发病部位形成黑色粉状的冬孢子堆，故所致病害称作黑粉病。禾谷类的黑粉病是农作物的大害之一，林木上只发现白井黑粉菌（*Ustilago shiraiana*）危害刚竹属中的一些种以及青篱竹属的少数种和箭竹的春梢和笋（或嫩竹），引起黑粉病。

（3）外担菌纲（Exobasidiomycetes）

高等植物上的寄生菌。以双核菌丝在寄主细胞间扩展，产生吸器深入细胞内吸取养分。该类群主要是无隔担子，含6目，包括不具有冬孢子的外担菌目（Exobasidiales）和微座菌目（Microstromatales）以及具有冬孢子的实球黑粉菌目（Doassansiales）、叶黑粉菌目（Entylomatales）、Georgefischeriales和腥黑粉菌目（Tilletiales）。本纲分16科53属597种。较重要的目有外担菌目（Exobasidiales）和腥黑粉菌目（Tilletiales）等。

①外担菌目（Exobasidiales）：菌丝生于寄主细胞间；担子单个或成丛从菌丝上生出，突破角质层呈灰白色粉状子实层，不形成担子果。许多种可危害山茶科、石楠科和樟科等木本植物，主要危害嫩叶、幼果或嫩枝，引起被害部位肿大畸形，所致病害症状与外囊菌属相似。该目含4科17属。其中较重要的属为外担菌属。

外担菌属（*Exobasidium*），林业上造成较大损害的是细丽外担菌（*Ex. gracile*）引起的油茶茶苞病（叶肿病）。病菌可危害花芽、叶芽、嫩叶和幼果。受害部位常表现为数叶或整个嫩梢的叶片成丛发病呈肥耳状，子房及幼果受侵后肿大成桃形，内部中空。杜鹃饼病（*Ex. rhododendri*）在我国江南园林中也较常见。樟树粉实病菌（*Ex. sawadae*）可引起果实肿大，内部全变为褐色粉末状。

②腥黑粉菌目（Tilletiales）：冬孢子萌发产生无隔的担子，顶端簇生细长的担孢子。含1科6属186种。其中较重要的属为腥黑粉菌属。

腥黑粉菌属（*Tiletia*），该属冬孢子堆多生于寄主子房内，少数生在其他部位，成熟后呈粉状或带有胶性，淡褐色至深褐色，大都具有腥味。冬孢子单生，外围有无色或淡色的胶质鞘，表面常有网状或瘤状纹饰，少数种光滑。冬孢子萌发时，产生无隔的先菌丝，顶端产生担孢子，常成对结合，产生次生小孢子。常见重要种有小麦矮腥黑穗病菌（*T. contraversa*）和小麦光腥黑穗病菌（*T. foatida*）等。

（4）伞菌纲（Agaricomycetes）

一般有发达的担子果，林地上到处可见的蘑菇，立木和倒木上的木耳、银耳等均为该纲菌物的担子果。菌丝发达，具典型的桶孔隔膜，有桶孔覆垫。根据担子果的开裂与否过去将担子菌分为层菌类和腹菌类，前者担子果裸果型或半裸果型，后者被果型。Ainsworth（1973）的分类系统将这类菌物分为层菌纲（Hymenomycetes）和腹菌纲（Gasteromycetes）。目前的分类方法更重视菌物的超微结构和分子生物学证据，淡化了担子果的类型在高阶分类中的作用。在《菌物词典》（第8版）（1995）的分类系统中，将层菌类和腹菌类合并为一个纲，称为担子菌纲（Basidiomycetes）；根据担子有无隔膜，再分为有隔担子菌亚纲（Phragmobasidiomycetidae）和无隔担子菌亚纲（Holobasidiomycetidae），含30个目。《菌物词典》（第10版）（2008）中，将原担子菌纲（Basidiomycetes）中的一些种类分出独立成纲，如银耳纲（Tremellomycetes）和花耳纲（Dacrymycetes）等；将多数种类归伞菌纲（Agaricomycetes），分为17目。

该纲大多为腐生菌类，有许多可引起木材腐朽，少数为植物寄生菌，也有一些与植物共生形成菌根。其中与林木关系较密切的有伞菌目（Agaricales）、木耳目（Auriculariales）、牛肝菌目（Boletales）、多孔菌目（Polyporales）和刺革菌目（Hymenochaetales）等。

①木耳目（Auriculariales）：大都为木材上的腐生菌，少数寄生于植物或其他菌物上。担子果为裸果型，大多为胶质，干后呈坚硬的壳状或垫状。子实层分布在担子果表面。典型的担子有横隔分为4个细胞。常见的有木耳（*Auriclaria auricula*），为重要的食用菌。

②多孔菌目（Polyporales）：曾称非褶菌目（Aphyllophorales）。一般形成较大的裸果型担子果，通常革质、木质或木栓质，少数肉质。担子果分菌盖和菌柄两部分。典型的菌盖圆形或半圆形，菌柄中生或侧生。但大多数无柄，以菌盖的侧方固着在基物上。担子果一年生或多年生。子实层体孔状或片状，少数为褶状。子实层体与担子果的菌肉紧密相连，不易分开。菌丝体发达，多数种类具双核菌丝和锁状联合，并可形成根状菌索、菌核等结构。

该目分布广泛，种类较多。有些是腐殖质上的腐生菌，有些生于植物残体，是森林中木质材料的分解者，在森林生态系统物质循环中起重要作用。大多数则生于立木和木材上，引起腐朽。多孔菌目是一很大的类群，科属间及种间的亲缘关系和进化系统都有待进一步研究，目前对这个类群的分类仍存在不同观点。Rea（1922）首先设立非褶菌目和伞菌目（Agaricales），非褶菌目下分革菌科、齿菌科、多孔菌科和珊瑚菌科。Martin（1950）加上鸡油菌科共5科。伊藤（1955）将其分为9科。我国邓叔群（1963）将其分为8科，另加挂钟菌科、干朽菌科和牛舌菌科3科。Donk（1964，1971）在传统分类基础上，除根据子实层体和子实体的形态特征外，还强调了担子果的菌丝系统、锁状联合的有无、染色反应和担孢子的特征等在分类上的重要意义，将非褶菌目分成6型23科。Talbot（1973）在此基础上做了适当调整，将此目分成6型24科。《菌物词典》（第9版）（2001）中用原名多孔菌目（Polyporales），包括23科，将原来鸡油菌科和齿菌科划出，独立设鸡油菌目；猴头菌科归入新设立的红菇菌目（Russulales）中，裂褶菌科和珊瑚菌科等归入伞菌目（Agaricales）。在《菌物词典》（第10版）（2008）中，多孔菌目分13科216属1801种。其中较重要的科为多孔菌科（Polyporaceae）和灵芝科（Ganodermataceae）等。

该目中如卧孔属（*Poria*）、层孔菌属（*Fomes*）、干酪菌属（*Tyromyces*）、迷孔菌属（*Daedalea*）、革裥菌属（*Lenzites*）、栓菌属（*Trametes*）、耙齿菌属（*Irpex*）和灵芝属（*Ganoderma*）等都是立木、倒木和木材上常见的致腐菌物。不同种类能分泌不同的水解酶以降解木材中的纤维素、半纤维素及木质素，因而导致不同的腐朽类型。有的以分解木质部的纤维素为主，残留下大量的褐色木质素，称褐色腐朽；有的则主要分解木质素，残留较多的纤维素及半纤维素，形成白色腐朽。

立木腐朽按发生部位可分为根部腐朽、干基腐朽和树干腐朽，但根腐常蔓延至干基部，干基腐朽也常蔓延至根部。常见的有橡胶树灵芝（*Ganoderma pseudoferrem*）引起的阔叶树红根病、栗褐暗孔菌（*Phaeolus schweinitzii*）引起的针叶树干基褐腐和硫色绚孔菌（*Laetiporus sulphureus*）引起的针阔叶树干基褐腐等。此外，根据《菌物词典》（第10版）（2008），原非褶菌目中引起针叶树根白腐的多年异担孔菌（*Heterobasidion annosum*）现已归属红菇菌目（Russulales）；引起针叶树心材白腐的松木层孔菌（*Phellinus pini*）和引起阔叶树心材白腐的火木层孔菌（*P. igniarius*），以及引起阔叶树梢头腐朽的粗毛纤孔菌（*Inonotus hispidus*）均已归入刺革菌目（Hymenochaetales）。

③伞菌目（Agaricales）：又称蘑菇目。担子果发达，典型的为伞状，由菌盖、菌褶、菌柄、菌环和菌托等部分组成，多为肉质。有些种类无菌环或菌托，或二者都缺。

子实层着生在菌盖下面的菌褶上。担孢子萌发形成初生菌丝，具亲和性初生菌丝融合形成次生菌丝，次生菌丝大多具有锁状联合，有些种形成坚硬的菌索或菌核。一般不产生无性孢子。担孢子有色或无色。伞菌目菌物大都是腐生菌，其中很多是食用菌或药用菌；少数有毒，通常称为毒伞菌或毒蘑菇；有些可与植物共生形成菌根；少数种寄生，引起树木和果树的根腐病等，其中最著名的是蜜环菌（*Armillaria mellea*）引起的林木根朽病。蜜环菌寄主范围很广，几乎所有乔灌木树种，不论幼龄或成龄都能受害，引起根系和根茎部本质部腐朽，最终导致林木生长衰弱并逐渐死亡。腐朽木材白色海绵状，并具黑色细线纹；皮层与木质部间常有黑色根状菌索和白色扇状菌丝体。数十年前，蜜环菌被认为仅是一个侵染不同寄主的分布广泛的种。近年，交配实验和分子序列数据表明该种存在多个基因分离的组群。如今蜜环菌被精确定义为几个种，如 *Armillaria ostoyae* 仅发生在北半球。

3.1.4.7 真菌界无性型菌物及其所致病害

无性型菌物是指通过有丝分裂繁殖孢子的菌物，过去称作"半知菌"（fungi imperfecti）。1989 年 Kendrick 提出使用有丝分裂孢子菌物（mitosporic fungi）代替"半知菌"，在《菌物词典》（第 8 版）（1995）中得到采用。《菌物词典》（第 9 版）（2001）将以有丝分裂方式产生繁殖结构的菌物称为无性型菌物（Anamorphic fungi）进行归类。《菌物词典》（第 10 版）（2008）中将无性型菌物归入到其相应的子囊菌或担子菌等的有性型中。无性型菌物一旦发现其有性阶段，将根据其有性生殖的特点归入相应的类群中。现已证明它们绝大多数属于子囊菌，少数属于担子菌或接合菌。

无性型菌物的营养体大多为发达的有隔菌丝体，少数为单细胞（酵母类）或假菌丝。无性繁殖的基本方式是从营养菌丝上分化出分生孢子梗，在分生孢子梗上形成分生孢子。分生孢子成熟后脱落，随风或雨水飞溅，或由动物传播，在适宜的条件下萌发形成菌丝。分生孢子在一个生长季节可发生若干代。也有少数无性型菌物不产生任何孢子，不断以菌丝或菌核的方式存活和繁殖。

分生孢子的形态各异，通常可分为单胞、双胞、多胞、砖格形、线形、螺旋形和星形等 7 种类型。分生孢子着生在由菌丝体特化而成的承载分生孢子的结构（载孢体 conidiomata）上。载孢体包括 5 种，分别为：

分生孢子梗（conidiophore）：由菌丝分化而来并在其顶端或侧面产生分生孢子的结构。

分生孢梗束（synnema）：由多根分生孢子梗聚集在一起形成的基部联合而顶部分开的束状结构。

分生孢子座（sporodochium）：由菌丝体构成并在其上着生分生孢子梗的垫状结构。

分生孢子盘（acervulus）：由菌丝体构成的并在其内侧基部生大量短的分生孢子梗的盘状结构。

分生孢子器（pycnidium）：由菌丝体构成的并在其内侧着生分生孢子梗或分生孢子的球形或近球形的结构。

分生孢子形成的基本形式可分为体生式和芽生式两大类型。前者由营养菌丝细胞以断裂的方式形成分生孢子，通常称节孢子，这类分生孢子的产孢细胞是原来已存在的菌丝细胞。后者是产孢细胞以芽生的方式产生分生孢子，即产孢细胞的某个部位向外突起并生长膨大，形成分生孢子。有些无性型菌物可通过准性生殖的方式实现遗传物质重组。准性生殖过程主要包括3个阶段：异核体菌丝的形成→杂合二倍体形成→有丝分裂交换遗传物质和单倍体化。

按照无性型的载孢体类型、Saccordo孢子类群和产孢方式将无性型真菌划分为3个形态学类群，无孢类Agonomycetes、丝孢类Hyphomycete和腔孢类Coelomycetes并非系统发育类群。

（1）无孢类

菌丝体发达，不产生分生孢子，但有些可形成厚垣孢子或菌核，腐生或寄生。有些是重要的植物病原菌，如丝核菌属（*Rhizoctonia*）和小核菌属（*Sclerotium*）等。

丝核菌属（*Rhizoctonia*）：菌丝褐色，在分枝处缢缩。老菌丝疏松交织而形成菌核，菌核粗糙，褐色至黑色，表里颜色相似，菌核间有丝状体相连。有性态为担子菌的亡革菌属（*Thanatephorus*）等。是一类具寄生性的土壤习居菌，寄主范围很广，苗圃中松杉类针叶树幼苗极易受害。病菌主要侵染幼苗根茎部分，引起根腐、猝倒或立枯病，最常见种为立枯丝核菌（*Rhizoctonia solani*）。

小核菌属（*Sclerotium*）：菌核圆形或不规则形，表面光滑或粗糙，外表褐色或黑色，内部浅色，组织紧密。有性态为担子菌的阿太菌属（*Athelia*）或子囊菌的*Myriosclerotinia*等。主要危害植物近地面部分，引起猝倒、茎基腐等。如齐整小核菌（*S. rolfsii*），是一种根部习居菌，可引起200多种植物的白绢病，即在根表产生白色绢丝状菌丝体，有时还形成菌核。受害根部皮层腐烂，导致全株枯死。

（2）丝孢类

是指无性阶段产生分生孢子梗、分生孢子座或孢梗束，但不产生分生孢子盘或分生孢子器的一类真菌。为便于学习，根据传统的分类体系，将该类群菌物分为丝孢菌、束梗孢菌及瘤座孢菌加以介绍。

①丝孢菌：菌丝体发达，有色或无色。分生孢子直接从菌丝上产生或从散生的分生孢子梗上产生。该类菌物中，有些是重要的工业菌物，如青霉属（*Penicillium*）、曲霉属（*Aspergrllus*）等；有的是可用于农林病虫害防治的重要生防菌，如白僵菌属（*Beauveria*）和木霉属（*Trichoderma*）等；还有许多是重要的植物病原菌，如轮枝霉属（*Verticillium*）、尾孢属（*Cercospora*）、链格孢属（*Aternaria*）、黑星孢属（*Fusicladium*）和葡萄孢属（*Botrytis*）等。

轮枝霉属（*Verticilium*）：分生孢子梗直立，无色，具隔膜，常分枝，在

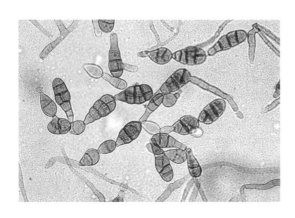

图 1-3-18　链格孢属（*Alternaria* sp.）

主轴上呈多层轮生、对生或互生。产孢瓶体基部略膨大。分生孢子单胞，卵圆形，单生或聚生。有性态归属子囊菌的 Plectosphaerellaceae。轮枝霉是常见的植物枯萎病原菌，在木本植物上以大丽菊轮枝霉（*Verticillum dahliae*）为多。病原菌从植物根部伤口侵入，进入维管束而导致全株枯萎。其寄主范围很广，树木中以槭类较为感病，病株一般零星分布。

尾孢属（*Cercospora*）：分生孢子梗褐色至橄榄褐色，合轴式延伸呈曲膝状，孢痕明显加厚。分生孢子线形或鞭形，多隔，无色或淡色。有性态为子囊菌的球腔菌属（*Mycosphaerella*）。该属大多菌物是重要的叶部寄生菌。如赤松尾孢霉（*Cercospora pini-densiflorae*）可引起赤松、马尾松、黑松、油松等叶枯病，感病针叶产生褪色段斑，后病斑变黑色。播种苗和 1~2 年生苗受害最重，死亡率达 50% 以上。此外，巨杉尾孢霉（*C. sequoiae*）可引起柳杉赤枯病。油桐尾孢霉（*C. aleuritidis*）危害三年桐和千年桐的叶片和果实，引起落叶落果。

链格孢属（*Alternaria*）：分生孢子梗深色，合轴式延伸。分生孢子倒棍棒形、椭圆形或卵圆形，褐色，具纵横隔，顶端无喙或有喙，单生或串生（图 1-3-18）。有性态为子囊菌的李维菌属（*Lewia*）。可引起叶斑和果腐等病害。如细链格孢（*A. tenuis*）引起柑橘、苹果等的果实腐烂，梓链格孢（*A. catalpae*）危害梓、楸等叶片引起大斑病，链格孢（*A. aernata*）引起杨树叶枯病等。

②束梗孢菌：分生孢子梗集结成孢梗束，上部分散，分生孢子多顶生，少侧生。大多为腐生菌，少数寄生于植物。如拟青霉黏束孢（*Graphium penicilioides*）生于黑杨、榆树、鹅耳枥和蔷薇等植物的树皮和木材上。

③瘤座孢菌：分生孢子产生在垫状分生孢子座上，分生孢子梗短。腐生或寄生。有的寄生于昆虫，是重要害虫生防菌，如绿僵菌属（*Metarrhicium*）；有的是重要的植物病原菌，如镰孢属（*Fusarium*）。

镰孢菌属（*Fusarium*）：也称镰刀菌属，分生孢子梗无色，自然情况下常结合形成分生孢子座，人工培养条件下极少形成；分生孢子无色，有大小两种类型：大型孢子多胞，镰刀型；小型孢子单胞，椭圆形至卵圆形。有性态为子囊菌的赤霉属（*Gibberella*）和 *Haematonectria*。寄主范围广泛，可危害50多科植物，主要引起根腐、茎腐、枯萎、枝干溃疡和梢枯等。引起根腐的镰孢菌中主要有腐皮镰孢（*Fusarium solani*）和尖孢镰孢（*F. oxysporum*），大都为土壤习居菌，菌丝体和厚垣孢子可在土壤中长期存活，遇适当寄主就侵染。槐树溃疡病菌（*F. tricinatum*）常自叶痕侵入，引起槐树枝条溃疡。桑芽枯病菌（*F. lateritium*）可危害桑、合欢、臭椿等引起溃疡。引起枯萎病的镰孢菌以尖孢镰孢（*F. oxysporum*）最为常见，可引起油桐枯萎和合欢干枯病等。

（3）腔孢类

分生孢子着生在分生孢子盘或分生孢子器内。分生孢子盘和分生孢子器在外形上与子囊盘和子囊壳相似。分生孢子梗短小，着生在分生孢子盘上或分生孢子器的内壁上。腔孢类约有1000属9000种。其中有不少是重要植物病原菌，常在感病部位形成小黑粒或小黑点，为病菌的分生孢子盘或分生孢子器。

①产生分生孢子盘的腔孢菌：分生孢子盘形成于寄主表皮下或角质层下，分生孢子梗紧密排列在分生孢子盘上；分生孢子单个顶生。成熟时分生孢子盘突破寄主表皮外露；分生孢子一般具胶黏状物质。腐生或寄生，有些是重要植物病原菌，如炭疽菌属（*Colletotrichum*）、盘二孢属（*Marssonina*）、拟盘多毛孢属（*Pestalotiopsis*）、痂圆孢属（*Sphaceloma*）、棒盘孢属（*Coryneum*）等，侵害植物可引起炭疽、叶斑及溃疡等症状。

炭疽菌属（*Colletotrichum*）：分生孢子盘生在寄主表皮或角质层下，有时生有褐色、具分隔的刚毛。分生孢子梗无色至褐色。分生孢子无色，单胞，长椭圆形或新月形。有性态为子囊菌的小丛壳属（*Glomerella*）。引起多种树木的炭疽病，最常见的为胶孢炭疽菌（*C. gloeosporioides*），可侵染杉木、柳、泡桐等多种植物的叶、果实、枝干，其有性阶段为（*Glomerela cingulata*）；短尖炭疽菌（*C. acutatum*）侵染枇杷叶和果实；山茶炭疽菌（*C. cameliae*）侵染山茶花（图1-3-19）。

盘星孢属（*Asteroconium*）：分生孢子盘在寄主表皮下散生或合生，顶端不规则开裂。分生孢子梗短，分生孢子无色，呈三角星状，上部膨大，在同一个平面有3个短突起，基部瓶截。侵染云南樟、木姜子属植物叶、叶柄和小枝引起白脉病。

盘二孢属（*Marssonina*）：分生孢子盘极小。分生孢子卵圆形或椭圆形，无色，双胞，大小不等。有性态为子囊菌的双壳菌属（*Diplocarpon*）和偏盘菌属（*Drepanopeziza*）。林木上较重要的病原菌有引起杨树黑斑病的杨生盘二孢菌（*M. brunnea*）、杨盘二孢菌（*M. populi*）和白杨盘二孢菌（*M. castagnei*）。苹果褐斑病（*M. mali*）和核桃褐斑病（*M. juglandis*）也是较典

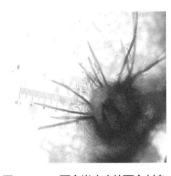 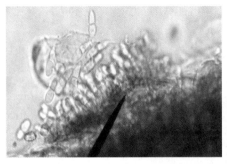 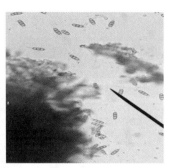

图1-3-19　百合炭疽病的百合刺盘孢（*Colletotrichum lilii* Plakidas）　　图1-3-20　盘二孢属（*Marssonina* sp.）　　图1-3-21　拟盘多毛孢属（*Pestalotiopsis* sp.）

型的叶斑病（图1-3-20）。

拟盘多毛孢属（*Pestalotiopsis*）：分生孢子5个细胞，两端细胞无色，中间细胞橄榄色，顶生2根以上附属丝。有性态为子囊菌的盘多毛球壳菌属（*Pestalosphaeria*）。林业上较重要的有枯斑拟盘多毛孢（*Pestalotiopsis funerea*），引起松针赤枯病及茶和枇杷的灰斑病等（图1-3-21）。

棒盘孢属（*Coryneum*）：分生孢子盘散生或合生于树皮上，罕见生于叶上，由褐色，薄壁的角胞组织构成，顶端不规则。分生孢子梗圆柱形，无色至淡褐色，具隔膜。分生孢子纺锤形或球形，褐色，基部平截。有性态为球腔菌属（*Mycosphaerella*）、假黑腐皮壳属（*Pseudovalsa*）。侵染枝干引起枝枯，侵染叶片引起叶斑。

②产生分生孢子器的腔孢菌：分生孢子器具多种形状，典型的呈球形或近球形，有孔口。外形与子囊壳相似。表生或埋生于基质内或子座内，分生孢子梗短小，生于分生孢子器内壁上，其上着生分生孢子。该类菌物大多是植物寄生菌如引起苗木茎腐病的壳球孢属（*Macrophomina*）；引起叶斑病的叶点霉属（*Phyllosticta*）、壳针孢属（*Septoria*）和大茎点属（*Macrophoma*）；引起枝干溃疡的壳囊孢属（*Cytospora*）、疡壳孢属（*Dothichiza*）壳梭孢属（*Fusicoccum*）、拟茎点霉属（*Phomopsis*）和球壳孢属（*Sphaeropsis*）等。

壳球孢属（*Macrophomina*）：分生孢子器球形，暗褐色；无分生孢子梗；分生孢子单胞，无色，圆柱形至纺锤形；菌核黑色，坚硬，表面光滑。有性态属子囊菌的葡萄座腔菌科（Botryosphaeriaceae）。如菜豆壳球孢菌（*M. phaseolina*）可危害多种针阔叶树苗木，受害的根和茎基上可形成大量黑色的菌核。通常在炎热的夏季，苗木茎基部受高温灼伤后，病菌自根茎部伤口侵入。

茎点霉属（*Phoma*）：分生孢子器球形，散生或聚生。孔口中生，无乳突。分生孢子梗不常见。分生孢子椭圆形、纺锤形或梨形，无色，单胞，或偶有1隔。有性态是子囊菌门的亚隔孢壳属（*Didymella*）。如松生茎点霉

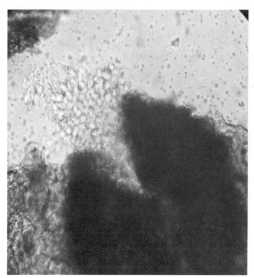
图1-3-22 茎点霉属（*Phoma* sp.）

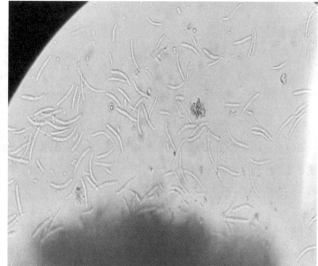
图1-3-23 拟茎点霉属（*Phomopsis* sp.）

（*Phoma pinicola*）侵染松属植物的针叶和枝条，引起斑点病。揪子茎点霉（*P. pomarum*）侵染苹果、李属、桃、梨属等多种植物果实和枝干，引起褐腐病。苹果茎点霉（*P. pomi*）侵染山楂枝条，引起枝枯病（图1-3-22）。

壳囊孢属（*Cytospora*）：载胞体为子座，初埋生后突破树皮外露，暗褐色，不规则地分为多腔室，但具一共同的中心孔口。分生孢子单胞，无色，腊肠形；孢子角明显，常有各种颜色。有性态为子囊菌的黑腐皮壳属（*Valsa*）。引起树木的烂皮病，如金黄壳囊孢（*C. chrysosperma*）可致多种杨树枝干发生烂皮病。梨壳囊孢（*C. carphosperma*）可引起梨树腐烂病。

拟茎点霉属（*Phomopsis*）：分生孢子器埋生，球形或扁球形，单腔室或多腔室，孔口单生。分生孢子有2种类型：α型孢子纺锤形，单胞，无色，常具2个油球；β型孢子线形，单胞，无色，直或弯成钩状，无油球。有性态为子囊菌的间座壳属（*Diaporthe*）。常引起枝枯或溃疡病，如铅笔柏枝枯病（*Phomopsis juniperowora*）、冷杉枝干溃疡（*P. abietina*）和杨树拟茎点菌溃疡病（*P. populina*）等（图1-3-23）。

球壳孢属（*Sphaeropsis*）：分生孢子器球形，暗褐色，孔口中生，乳突状。分生孢子梗缺。分生孢子长圆形至棍棒形，暗褐色，单胞（萌发前可形成隔膜），顶端钝圆，基部渐窄平截。有性态归子囊菌的葡萄座腔菌科（Botryosphaeriaceae）。最常见的是松杉球壳孢（*Sphaeropsis sapinea*）引起的松树枯梢病，在许多地区引起大面积松林衰退或死亡。

此外，盾壳霉属（*Coniothyrium*）和球二孢属（*Botryodiplodia*）等均包括许多树木溃疡病菌。

3.2 病原原核生物及所致病害

原核生物（Procaryotes）是指无真正细胞核的单细胞生物，大小一般为 1.2~10.0μm，其外有细胞壁和细胞膜或只有细胞膜包围。菌体没有明显的细胞核，但有核质区，无核膜。核糖体分散在细胞质中，不与内质网相连。根据 2004 年出版的《伯杰系统细菌学手册——原核生物分类纲要》（*Taxonomic Outline of the Prokaryotes—Bergey's Manual of Systematic Bacteriolo-gy*）的分类系统，原核生物被分为古生菌域（Domain Archaea）和细菌域（Domain Bacteria）两大类生物。前者含 2 个门，后者有 24 个门。植物病原原核生物全部在细菌域中，包括有细胞壁的植物病原细菌 21 个属，无细胞壁的原核生物 2 个属，即植物菌原体属（*Phytoplasma*）和螺原体属（*Sopiroplasma*）。

3.2.1 植物病原细菌

细菌是一类有细胞壁但无固定细胞核的单细胞原核生物。引起植物病害的细菌有 110 多种，我国发现有 50 多种。蔷薇科植物和杨树根癌病、桉树和木麻黄青枯病、柑橘溃疡病、柑橘黄龙病等细菌病害对林业和果树生产的危害都相当严重。

（1）细菌的一般性状

细菌主要有球状、杆状和螺旋状，植物病原细菌则以杆状为主，因而常称为杆菌。各种细菌的大小差异较大，球菌的直径一般为 0.6~1.0μm，杆菌的大小一般为 1.0~3.0μm×0.5~0.8μm，螺旋菌一般为 14.0~60.0μm×1.4~1.7μm。

细菌的基本结构包括细胞壁、细胞膜、细胞质、核质区和核糖体等，有些细菌还有一些特殊结构，如芽孢、鞭毛、纤毛和荚膜等。

细胞壁是细胞膜外的一层坚韧并略有弹性的结构，能维持细胞的外形，对细胞具有保护作用。多数细菌的细胞壁由肽聚糖组成。用革兰氏染色法可将细菌分为革兰阳性（G^+）和阴性（C^-）两大类。革兰阳性菌的细胞壁肽聚糖含量较高，为 40%~90%，而革兰阴性菌细胞壁肽聚糖含量仅为 5%~10%。关于革兰染色反应原理的说法不尽相同，但普遍认为革兰阴性细菌的细胞壁由于肽聚糖含量少，结构疏松，当用酒精脱色时，结晶紫和碘复合物容易被去除，当菌体用番红复染时，菌体被染成红色。而革兰阳性细菌的细胞壁由于肽聚糖含量高，结构紧密，酒精脱色时无法把结晶紫和碘复合物清除，菌体用番红复染难于着色，故菌体仍呈紫色。

细胞壁外常被黏稠的物质包裹，薄的称为黏质层（slime layer），厚的称为荚膜（capsule）。绝大多数植物病原细菌具有细长的鞭毛（flagella）。着生在菌体一端或两端的鞭毛称为极生鞭毛（polar flagella），着生在菌体四周的鞭毛称为周生鞭毛（peritrichous flagella）。

细菌细胞壁内的所有物质称为原生质体（protoplast）。原生质体包括原生质膜（或细胞膜），该膜主要控制物质向内或外的选择性渗透。原生质膜包裹着细胞质（cytoplasm）和核质区（nuclear material）。细胞质是由蛋白质、脂肪、碳水化合物、其他有机质、矿物质和水组成的复合体。核质集中在细胞质的中央，形成一个近圆形的核质区（由含DNA的环形染色体组成），其作用相当于真核生物的细胞核，但无核膜，这种结构的细胞称为原核细胞。此外，在有些细菌中，还有单个或多个独立于核质之外呈环状的遗传物质，称为质粒（plasmid），它编码控制细菌的抗药性或致病性等性状。质粒可以在细菌之间或细菌与植物间转移，如根癌土壤杆菌。

有些细菌由于原生质体失水浓缩在菌体内可以形成芽孢（endospore），其抗逆能力很强。要杀死细菌的芽孢，一般要用121℃左右的高压蒸汽处理15~20min。

单个菌体在光学显微镜下呈透明状或黄白色，很难观察到细微形态。但在固体培养基上，单个菌体能够较快地繁殖并产生肉眼可见的黏稠状物，称为菌落（colony）。不同细菌菌落的形态、大小、颜色都有差异，有圆形、椭圆形或不规则形，直径大小可为0.2mm至几厘米。菌落的边缘为光滑、波浪形或齿状，菌落表面呈扁平、突起或皱缩状。多数种的菌落呈乳白色、灰色或黄色。有些种在培养基中产生色素，如荧光假单胞杆菌。

绝大多数植物病原细菌有鞭毛，无芽孢，细胞壁外有黏质层，但很少有荚膜。革兰染色反应大多呈阴性，少数为阳性。

（2）细菌繁殖和培养

杆状的植物病原细菌通过二均分裂（binary fission）的方式进行繁殖。裂殖时，菌体先稍微伸长，细胞膜自菌体中部向内缢缩，同时形成新的细胞壁，最后母细胞从中部分裂为两个子细胞。当细胞壁和细胞膜进行分裂的时候，核质形成环状似染色体的结构，均等地分散到两个新的菌体中；质粒也以均等方式繁殖。细菌的繁殖速度很快，在适宜的条件下，每20~50 min就可以分裂一次。以此速度增长，一个细菌在1d内就可以繁殖约100万个子代细菌。因此，病原细菌一旦侵入植物，可在短时间内繁殖到巨大的数量，从而引起植物产生一系列病变，最终导致植物发病。

植物病原细菌多数为弱寄生菌，对营养要求不严，可以在人工培养基上生长，一般在中性或微碱性的条件下较适宜。生长最适宜的温度为26~30℃，能耐低温，也有少数细菌喜欢高温，如引起植物青枯病的茄拉尔菌（*Ralstonia solanacearum*）的适宜生长温度为30~37℃。一般植物病原细菌的致死温度在48~53℃处理10 min即死亡。

（3）细菌分类方法

植物病原细菌的分类学（taxonomy）包括分类（classification）、命名（nomenclature）和鉴定（identification）3个内容。分类是根据生物的相似特点和关系，把它们划分成不同的类群。命名是根据国际细菌命名法则，为这些类群命名。而鉴定则是用已知的分类体系确定新分离菌株所属的类群。

细菌的分类等级与其他生物相似，设为域（domain）、门（phylure）、纲（class）、目（order）、科（family）、属（genus）、种（species）及亚种（subspecies），在实际的分类应用中，种下分类单元不都是亚种，有的还用生理小种（physiological race）、生物型（biotype）、生物变种（biovar）、致病变种（pathovar）和血清型（serovar）等表示。

根据目前细菌分类学中使用的技术和方法，可把它们分成4个不同的水平：细胞形态水平、细胞组分水平、蛋白质水平、基因组水平。在细菌分类学发展的早期，主要的分类鉴定指标是以细胞形态和习性为主，可称为经典分类法。在20世纪60年代以后，化学分类法、数值分类法和遗传学分类法等现代分类方法不断出现并日渐成熟。

①经典分类法。1683年，荷兰人列文虎克（Leuwenhoek）最先发现了细菌。但是，直到1872年才由科恩（Cohn）建立了第1个细菌分类系统，他注意到细菌中存在巨大的差异，并按其形态将细菌分为球菌、杆菌和螺旋菌。20世纪初，荷兰的Kluyver和丹麦的Orla Jensen将生理特征引进细菌的分类和鉴定，生化反应和血清学反应也先后被引入细菌分类中。在此基础上，先后建立了一些细菌分类系统，形成了传统的细菌分类学。

传统分类的显著特点是在形态、革兰染色反应、生理生化性状描述、血清学反应、致病性测定、寄主范围、过敏性反应和对噬菌体的敏感性等的基础上，经过主观判断和性状选择建立的细菌分类系统。这种方法对于人们认识和区分细菌很有效，但不能准确反映细菌的系统发育关系。而且，由于主观判断的差异，常常在不同分类学家之间产生不同的分类系统，或者分类系统常被修改。

②数值分类法。该法是在20世纪50年代后期随着多元方差分析和电子计算机的发展而兴起的一种分类学方法。最早由史尼斯（Sneath）于1957年引入细菌分类学中，至今已形成一套完整的理论和技术体系，并获得了大量的成果，已成为细菌分类学中的基本方法。该法是在对一定量的生物个体进行大量性状观察的基础上对研究数据进行收集和计算机处理，计算出所有供试个体之间的相似性，进而在这些相似性的基础上将全部供试个体排列成群。数值分类遵循的一个主要原则是"等权"原则，即在建立分类单元时给分类单位的各个性状以相等的权重。

数值分类之所以在细菌分类中得到较为迅速的应用和发展，其原因在于细菌本身的特点，即细菌个体小、形态简单。在其分类中较多地根据其生化、生理等特征，由此获得的大量数据很难进行人工处理，对于性状的取舍及重视程度亦受到较多的主观影响。所以细菌分类学发展的本身需要一个客观的分类分析方法，数值分类方法则恰好可以解决上述问题。由于数值分类是根据尽可能多的性状所反映的信息，借助数学方法和计算机进行处理，所以数值分类在分类关系的估价和分类单元的建立上都是客观的、明确的和可重复的。因为细菌数值分类仍需要通过传统分类的实验方法获取大量分类性状，所以，数值分类是传统分类方法的延续和发展。

③核酸分析分类法。传统的细菌分类法和数值分类法均以表型特征相似性为基础。然而，在不同细菌类群中，单纯表型相似性还不能准确地确定细菌的系统发育关系。随着分子生物学及遗传学的发展，自20世纪60年代以来，细菌分类学中发展了一系列核酸分析方法，其中包括细菌DNA中鸟嘌呤（G）和胞嘧啶（C）摩尔百分比的测定（G+C mol%）、DNA-DNA杂交、DNA-rRNA杂交和16S rRNA序列测定等。

DNA碱基组成的测定：DNA含有4种碱基，即腺嘌呤（A）、鸟嘌呤（G）、胸腺嘧啶（T）和胞嘧啶（C）。在双链DNA中，每个有机体的G+C mol%（即G+C与四种碱基的摩尔质量百分比）均有较稳定的值。目前已是细菌的一个重要特征，是细菌种、属描述的必需项目。在《伯杰细菌鉴定手册》中，几乎对所有的细菌属和种都列出了DNA G+C mol%范围。新属、种的描述也都要求这一特征。大量实验证明，遗传学关系相近的有机体具有相似的DNAG+C mol%。如两个有机体之间的G+C mol%差异很大，则可以大致地肯定它们不是一个种。一般种内G+C mol%相差≤3%，属内为10%~15%但是，两个有机体的DNA碱基组成相同，而其DNA序列上可能有很大的差异。因此，有机体之间碱基组成相似时，二者间的遗传关系并不一定相近。只有当它们具有大量共同的表型性状，或在遗传结构方面也彼此相近时，才能说它们在遗传学和进化关系上相近。

DNA-DNA杂交：由于G+C mol%测定不能判定细菌的亲缘关系，DNA-DNA杂交技术则弥补了G+C mol%的缺陷，它可以反应细菌菌种间的DNA序列相似性程度，即细菌DNA的同源性。DNA杂交法的基本原理是用DNA解链的可逆性和碱基配对的专一性，将不同来源的DNA在体外加热解链，并在合适的条件下，使互补的碱基重新配对结合成双链DNA，然后根据能生成双链的情况，检测杂交率。如果两条单链DNA的碱基顺序全部相同，则它们能生成完整的双链，即杂交率为100%。如果两条单链DNA的碱基序列只有部分相同，则它们生成的"双链"中局部仍为单链，其杂交率小于100%。因此，杂交率越高，表示两个DNA之间碱基序列的相似性越高，亲缘关系也就越近。DNA 分子杂交是鉴别菌种的可靠标准，如果杂交率大于 70%就判定是同一种菌。G+C mol%的测定和 DNA 杂交实验为细菌种和属的分类研究开辟了新的途径，解决了以表观特征为依据所无法解决的一些疑难问题，但对于许多属以上分类单元间的亲缘关系及细菌的进化问题仍不能解决。

DNA-rRNA 杂交：目前研究 RNA 碱基序列的方法有两种。一是 DNA 与 rRNA 杂交，二是 16S rRNA 寡核苷酸的序列分析。DNA 与 rRNA 杂交的基本原理、实验方法与 DNA 杂交一样，不同的是，DNA 杂交中同位素标记的部分为 DNA，而 DNA 与 rRNA 杂交中同位素标记的部分是 rRNA；另外，DNA 杂交结果用同源性百分数表示，而 DNA 与 rRNA 杂交结果用 Tm（e）和 rRNA 结合数表示。Tm（e）值是 DNA 与 rRNA 杂交物解链一半时所需要的温度。RNA 结合数是 100μg DNA 所结合的 rRNA 的微克数。根据这个参数可以作出 RNA 相似性图。在 rRNA 相似性图上，关系很近的菌就集中到一起，关系较远的菌在图上占据不同的位置。

16S rRNA 寡核苷酸测序技术：rRNA 普遍存在于原核生物体内，并参与蛋白质的合成，是任何生物都必不可少的，而且在生物进化的漫长历程中保持不变，可看作为生物演变的时钟。在 16S rRNA 分子中，既含有高度保守的序列区域，又有中度保守和高度变化的序列区域，因而它适用于进化距离不同的各类生物亲缘关系的研究。16S rRNA 的相对分子量大小适中，约 1540 个核苷酸，便于序列分析。因此，它可以作为测量各类生物进化和亲缘关系的良好工具。

20 世纪 70 年代，Woese 等人开始对细菌 16S rRNA 测序的研究，他们首先比较了原核生物的 16S rRNA 寡核酸序列，并用于细菌分类，提出将生物划分为三界：古细菌界（archae-bacteria），真细菌界（eubacteria）和真核生物界（eukaryotes），从而改变了生物界由原核生物和真核生物组成的观念。

16S—23S rRNA 间区：16S rRNA 序列测定已成为细菌种属分类的标准方法，但有其局限性，23S rRNA 分子比较大（约 3kb），尚未在细菌的分类和鉴定中得到广泛应用。而 16S—23S rRNA 间区（intergenic spacer region, ISR）比 16S rRNA 相对变异大，已广泛用于相近种及菌株的分类和鉴定。16S—23S rRNA ISR 序列测定弥补了 16S rRNA 序列的缺陷，但有些菌株不能进行分型，要想广泛应用这一技术，需要建立更多菌株的 16S—23S rRNA 序列库，以便对比研究。

④化学分类法。用化学或物理的技术来分析整个细菌细胞或细胞各部分的化学组成给细菌分类和鉴定带来了极有价值的信息，并由此产生了化学分类法。对于那些用传统方法不能得到满意的分类结果的细菌群，化学分类法

是细菌系统分类的一个重要途径。化学分类包括的内容非常丰富,其分析技术涉及光谱、色谱、生物化学及分子遗传学的分析技术。分析涉及细胞的各类组分,从完整细胞到生物大分子及细胞的元素组成。主要的分类依据有细胞壁成分(如细胞壁的肽聚糖和脂多糖)、脂肪酸组成及代谢产物分析、类异戊二烯醌组分分析和蛋白质序列分析及电泳等。

从技术发展的角度看,数值分类、DNA-DNA 杂交和 16S rRNA 测序几项技术已经基本定型,在分类技术体系中的作用也已基本确定。但化学分类却仍在发展中,不断有新的技术出现,而这些新技术对于细菌分类的影响还较难评价。化学分类的方法很多,各种方法都有其优缺点,具体应用时要根据研究对象和目的进行选择。

⑤血清学分类法。血清学分类法是伴随着免疫学理论和技术发展起来的,它既是传统方法,又是现代方法。从 19 世纪末人类认识到免疫反应与细菌的关系之后,血清学方法就很快被引入到细菌分类中。该法依赖于细菌细胞组分具有的抗原性,即其在脊椎动物体内诱发抗体产生的能力。抗原和抗体可以特异结合,依据抗原抗体反应的专一性,可以区分细菌的不同类型。由于血清学研究中所用的抗体存在于血清之中,所以将这种含有抗体的血清称作抗血清。

⑥多相分类法。为阐明细菌系统发育的关系,现代细菌分类已进入多相(polyphasic)分类阶段,即描述从界至属、种所有水平的分类单元时,综合使用许多新技术,如表型特征指纹分析的 Biolog 系统、化学分类的指纹图谱系统、核酸技术中的 DNA-DNA 杂交、限制酶谱分析、PCR 和 rRNA 序列分析等综合研究,结果均按相似性程度进行数值聚类,多以树状图表示,多项结果相互印证后,建立细菌的多相分类系统,使细菌分类朝着更趋自然的方向发展,更好地反映细菌分类单元的亲缘关系。

上述各种细菌分类方法,均以不同的细菌特征为基础,从不同的角度为细菌类群的区分和揭示细菌的系统发育关系提供证据。目前,作为整体的细菌分类技术体系只是初具轮廓,种、属的划分开始有了统一的标准,并在不断地发展和完善之中。因此,目前的分类研究比较强调多相分类研究,即采用多种表型和基因型的方法,从多方面对细菌进行研究,再确定其分类地位。

(4)细菌分类系统

国际上比较全面的细菌分类系统有 3 个,即 1949 年苏联克拉西里尼科夫(H. A. Красильников)编著的《细菌和放线菌的鉴定》、1961 年法国普雷沃(Per'vot)的《细菌分类学》和美国细菌学会组织编写的《伯杰细菌鉴定手册》(*Bergey's Mannual of Determinative Bacteriology*)。但只有《伯杰细菌鉴定手册》的分类系统被微生物学家广泛采用,该手册于 1923 年出版了第 1 版,并相继于 1925 年、1930 年、1934 年、1939 年、1948 年、1957 年、1974 年和 1994 年出版了第 2~9 版。

1984 年,该手册更名为《伯杰系统细菌学手册》(Bergey's Manual of Systemic Bacteriology),分 4 卷出版。以细胞壁的结构特点为主,将原核生物界分为 4 个门,即薄壁菌门(Gracilicutes)、厚壁菌门(FiIanicutes)、软壁菌门(Tenericutes)和疵壁菌门(Mendosicutes),共 35 个类群。该手册与《伯杰细菌鉴定手册》有很大不同,首先是在各级分类单元中广泛采用细胞化学分析、数值分类方法和核酸技术,尤其是 16S rRNA 寡核苷酸序列分析技术。这个手册的内容包括了较多的细菌系统分类资料,反映了细菌分类从人为的分类体系向自然的分类体系的变化。

2001 年,《伯杰系统细菌学手册》第 2 版编辑完成并分成 5 卷陆续出版。第 1 卷包含古生菌、蓝细菌和光合细菌等,第 2 卷包含普罗特细菌,第 3 卷包含低 G+C 含量的革兰阳性细菌,第 4 卷包含高 G+C 含量的革兰阳性细菌,第 5 卷包含浮霉菌、螺旋菌、丝杆菌、拟杆菌和梭杆菌。植物病原细菌主要分布在第 2、第 3 和第 4 卷中。2004 年 5 月出版的《伯杰系统细菌学手册——原核生物分类纲要》(release 5.0),将原核生物分为古生菌域和细菌域,其中古生菌域有 2 个门,细菌域包括 24 个门,共有 6747 个种。

《伯杰系统细菌学手册》(第 2 版)更多地采用了核酸序列资料,对各类群进行了新的调整,是细菌系统发育分类的重大进展,但在某些类群中,序列特征与某些重要的表型特征相矛盾,给主要按表型特征进行细菌鉴定带来新的困难,如何解决这些问题,尚待进一步研究。

(5)细菌命名

细菌学名是按《国际细菌命名法规》命名的,该法规由第 1 届国际细菌学大会通过。1980 年,国际系统细菌学委员会(ICSB)公布了《核准的细菌名录》(Approved Lists of Bacterial Names),并于 1989 年做了补充,这个名录包括经核准后生效的所有细菌的科学名称。1980 年,国际植物病理学会下属的植物细菌分类委员会还列出了《植物病原细菌致病变种名录》的模式菌系,并制定了命名致病变种的国际标准。因此,植物病理学家在进行植物病原细菌分类时,必须同时遵守以亚种为最低分类单元的国际细菌命名法规和植物病原细菌致病变种的国际标准。自 1980 年发表核准名录以来,又发现并鉴定了许多新的病原细菌,而且原有的一些病原细菌被改名,这些新发现和改名的病原细菌都要在《国际系统细菌学杂志》(International Journal of Systematic Bacteriology,IJSB)(该杂志自 2000 年已更名为 Intenational Journal of Systematic and Evolutionary Microbiology,IJSEM,国际系统和进化微生物学杂志)上发表,经过两年无争议后才能被确认。

细菌和其他生物一样，采用国际上通用的双名法，属名和种名都以拉丁文的形式表示，其中属名在前，首字母大写；种名在后，首字母小写。如引起根癌病的根癌土壤杆菌为 *Agrobacterium tumefaciens*；若是致病变种，则需在种名后写上致病变种名称，并在致病变种名称前加上 pathovar 的缩写 pv.，如柑橘溃疡病菌为地毯草黄单胞杆菌柑橘致病变种 *Xan-thomonas axonopodis* pv. *citri*。

对于分类地位尚未完全确定的植物病原细菌有两个属，如植物菌原体属（*Phytoplasma*）和韧皮部杆菌属（*Liberobacter*），Murray 等提议用候选名称"Candidatus"解决，如引起酸橙丛枝病的植物菌原体为 *Candidatus Phytoplasma aurantifolia*；引起柑橘黄龙病的病菌为 *Candidatus Liberobacter asiaticum*。

（6）植物病原细菌主要类群

植物病原细菌目前有 21 个属，分布在细菌域的普罗特细菌门（Proteobacteria）和放线菌门（Actinobacteria）中。目前，植物病原细菌有 111 个种，17 个亚种，214 个致病变种。

在普罗特细菌门中，菌体的细胞壁由相对薄而疏松的肽聚糖组成，革兰染色通常为阴性。该门中引起植物病害的细菌有土壤杆菌属、假单胞杆菌属、黄单胞杆菌属、拉尔菌属、欧文菌属、嗜木杆菌属、木杆菌属和韧皮部杆菌属。放线菌门的植物病原细菌主要有棒形杆菌属和节杆菌属，革兰染色反应通常为阳性。

① 土壤杆菌属（*Agrobacterium*）：菌体杆状，不产生芽孢，大小为 1.5~3.0μm×0.6~1.0μm，以 1~4 根周生鞭毛运动，如果是 1 根，则多为侧生。没有荚膜和芽孢。革兰染色阴性。菌落通常为圆形、隆起、光滑、无色素、白色至灰白色、半透明。过氧化氢酶阳性，氧化酶和尿素酶通常也呈阳性。该属细菌有的种含有引起植物肿瘤症状的质粒，称为"致瘤质粒"（tumor inducing plasmid，Ti 质粒），主要引起桃、樱桃、苹果、梨、杨树和葡萄等林木和果树的根癌病或冠瘿病（*A. tumefaciens*）。

② 假单胞杆菌属（*Pseudomonas*）：菌体杆状，大小为 1.5~4.0μm×0.5~1.5μm。有 1 至数根极鞭，没有荚膜和芽孢。革兰染色阴性，营养琼脂上的菌落圆形、隆起、灰白色，在低铁培养基上会产生水溶性色素，严格好气，化能异养型，代谢为呼吸型，无发酵型。接触酶阴性，过氧化氢酶反应阳性。菌体中会积累一种含碳化合物，即聚 β-羟基丁酸盐（PHB）。主要引起叶斑、腐烂、溃疡、萎蔫和肿瘤等症状，如引起丁香细菌性疫病的丁香假单胞杆菌丁香致病变种（*P. syringae* pv. *syingae*），引起桉树、木麻黄和油橄榄的青枯假单胞杆菌（*P. solanacearum*），此菌已于 1996 年更名为茄拉尔菌（*Ralstonia solanacearum*）。

③黄单胞杆菌属（*Xanthomonas*）：菌体杆状，大小为 0.7~1.8μm×0.4~0.7μm。极生1根鞭毛。革兰染色阴性。无荚膜和芽孢，细菌产生大量的胞外黏液，在琼脂培养基上菌落黄色。代谢呼吸型，氧化酶阴性或弱，接触酶阳性，极端好气。该属的不同种和致病变种会引起许多植物产生各种类型症状，常见的有叶、茎部坏死斑（叶斑、条斑和溃疡等），还有腐烂和系统性萎蔫等。如引起柑橘溃疡病的地毯草黄单胞杆菌柑橘致病变种（*X. axonopodis* pv. *citri*）。

④拉尔菌属（*Ralstonia*）：是由原假单胞杆菌属中的 rRNA 第2组独立出来的一个类群。菌体短杆状，极生鞭毛1~4根，革兰染色阴性，好氧菌。在组合培养基上形成光滑、湿润、隆起和灰白色的菌落，与假单胞杆菌属的区别是该属细菌不产生荧光色素。茄拉尔菌（*R.solanacearum*）能引起茄科植物、桉树和木麻黄的青枯病。寄主范围广，可以危害 30 余科 100 多种植物。病害的典型症状是植物全株呈现急性凋萎，病茎维管束变褐，横切后可见切面上有白色菌脓溢出。病菌可以在土中长期存活，为土壤习居菌。病菌可随土壤、灌溉水、种薯和种苗传播。侵染的主要途径是伤口，高温多湿有利于发病。

⑤欧文菌属（*Erwinia*）：菌体杆状，大小为 1.0~3.0μm×0.5~1.0μm。有多根周鞭，革兰染色阴性，菌落乳白色。菌体以单生为主，有时成双或呈短链状。在植物病原细菌中，它是唯一兼性厌气的类群。利用果糖、D-葡萄糖、半乳糖、B-甲基葡萄糖苷和蔗糖产酸，部分菌也可利用甘露醇、甘露糖、核糖和山梨醇产酸，但很少利用核糖醇、糊精、卫矛醇和松三糖产酸。氧化酶阴性，过氧化氢酶阳性，最适生长温度为 27~30℃。引起枝枯萎蔫症状，如梨树火疫病菌（*E. amylovora*）。

⑥嗜木杆菌属（*Xylophilus*）：菌体杆状，直或微弯，以单根极生鞭毛运动，革兰染色阴性。细菌生长很慢，最高生长温度为 30℃，产生尿酶，利用酒石酸盐，不利用葡萄糖、果糖、蔗糖产酸，不水解凝胶，氧化酶阴性，过氧化氢酶阳性，严格好气。本属只有1种，即葡萄嗜木杆菌（*X. ampelinus*），主要寄生在木质部，引起葡萄组织坏死和溃疡。

⑦木杆菌属（*Xylella*）：大多数是单细胞菌体，短杆型，大小为 1.0~4.0μm×0.25~0.35μm，无鞭毛，在某些情况下，细胞会连成线状，革兰染色阴性。该属细菌能在特殊培养基上培养，细菌菌落很小，边沿平滑或有细波纹。细菌只寄生在植物木质部，严格好气，没有色素产生。该属目前只有1个种，即葡萄皮尔氏菌（*X. fastidiosa*），会使罹病植株叶片枯焦坏死、叶片脱落、枝条枯死、生长缓慢、结果少而小、植株矮缩和萎蔫，最后引起植株死亡。

⑧韧皮部杆菌属（*Liberobacter*）：是新建立的一个候选属。该属的细菌寄生在植物的韧皮部组织中，至今尚未在人工培养基上分离培养成功。但在电镜下可看到形态为梭形或短杆状的细菌，革兰染色反应为阴性。该属含有

2个种，都在柑橘上危害。在亚洲发生的柑橘黄龙病，定名为韧皮部杆菌亚洲种（*L. asiaticum*）；在非洲发生的柑橘青果病，定名为韧皮部杆菌非洲种（*L. africanum*）。柑橘黄龙病发病的温度高，最适温度为30℃左右，而柑橘青果病发病温度低，最适温度为20~25℃，二者都由介体昆虫传播，前者由柑橘木虱（*Diaphorina citri*）传播，后者由非洲木虱（*Trioza ertreae*）传播。

⑨棒形杆菌属（*Clavibacter*）：1984年建立的新属。菌体多形态，包括直的或微弯曲的杆状、楔形和球形，大小为0.8~2.5μm×0.4~0.75μm。革兰染色反应为阳性。主要引起植物萎蔫症状，如密执安棒形杆菌（*C. michiganense*）可以引起番茄、辣椒、苜蓿、玉米、马铃薯等植物萎蔫病。

⑩节杆菌属（*Arthrobacter*）：菌体在生长过程中有明显的球状与杆状两种交替的现象，在新培养物中，菌体多为不规则的杆状，有的呈"V"形。在老培养物中，菌体多变为球形，大小为0.6~1.2μm，革兰染色为阳性，无芽孢，偶尔可运动，细胞壁肽聚糖中含有赖氨酸，严格好气，不水解纤维二糖，接触酶阳性，能液化明胶。适宜生长温度25~30℃。美国冬青节杆菌（*A. ilicis*）是唯一的种，引起冬青疫病，危害叶片和小枝。

（7）植物细菌病害的症状

植物病原细菌侵染植物后，一旦与植物建立寄生关系，就会对植物产生影响，使植物在生理上、组织上产生病变，最后在形态上表现出各种症状，植物细菌病害的症状可分为4个类型。

①坏死。细菌病害常见的坏死症状有斑点和溃疡。细菌侵入植物组织后，致使薄壁组织的细胞坏死，造成枯斑，通常表现在叶片、果实和嫩枝上。病斑在初期往往呈水渍状，有的斑点周围还有褪绿圈，称为晕圈。叶片上的病斑常以粗的叶脉为界形成多角形病斑，如核桃细菌性黑斑病[*Xanthomonas juglandis*（Pierce）Dowson.]也有不受限制迅速扩展成大型圆斑的，如丁香细菌性疫病（*Pseudomonas syringae* pv. *syringae*；Van Hall，1902）。有的核果类果树的叶片受害后，组织坏死常脱落形成穿孔，如桃树细菌性穿孔病。黄单胞杆菌危害柑橘后，病斑组织木栓化并龟裂，形成溃疡斑，如柑橘溃疡病（*Xanthomonas axonopodis* pv. *citri*）。

②腐烂。细菌侵入一些多汁液的植物组织后，先在薄壁组织的细胞间繁殖，分泌果胶酶，溶解细胞壁中的中胶层，使细胞的透性发生改变，造成细胞内物质外渗，产生腐烂症状，如梨、苹果的火疫病（*Erwinia amylovora*），农作物上常见的十字花科蔬菜软腐病（*E. carotouom* pv. *carotovora*）。

③枯萎。细菌侵入植物组织后，在维管束的导管内繁殖，并上下蔓延，使导管堵塞，造成水分运输受阻，同时也可以破坏导管或邻近薄壁细胞组织，使整个输导组织遭受破坏，导致枯萎，被害植物的维管束组织变褐，

在潮湿条件下，其横断面有黏稠状菌脓溢出，如桉树、木麻黄、油橄榄的青枯病。

④畸形。细菌侵入组织后，会引起组织增生，如土壤杆菌含有 Ti 质粒，一旦侵入植物组织细胞后，细菌将 Ti 质粒上的 DNA 整合到寄主的染色体 DNA 上，从而改变植物细胞的代谢途径，造成植物细胞无序增长，形成肿瘤或发根，如杨树、核果类果树根癌病（*Agrobacterium-faciens*）。

（8）植物细菌病害的发生特点

①植物病原细菌的寄生性。绝大多数植物病原细菌都是弱寄生菌，可以人工培养。但有些细菌对营养要求苛刻，至今还不能人工培养，如韧皮部杆菌属（*Liberobacter*）的细菌，所以这些细菌被认为是专性寄生细菌。植物细菌性青枯病菌（*Ralstonia solanacearum*）腐生性很强，在土壤中可长期存活，在人工培养基上培养后，致病性易丧失。另外，植物病原细菌的寄生专化性也有差别，如桑疫病假单胞菌（*Pseudomonas syringae* pv. *mori*）只危害桑树，而青枯病菌、软腐欧文氏菌和根癌土壤杆菌可危害不同科的植物，寄主范围很广。

②植物病原细菌的侵染来源。带菌或发病苗木、无性繁殖材料带菌。发病苗木及无性繁殖材料是细菌存在的重要场所，也是一个地区新病原传入的来源，如柑橘黄龙病菌可以通过苗木传播。

病株残体。带病的枯枝落叶在未分解之前，一般都有活细菌存在，可以成为初次侵染来源。病原细菌存活时间的长短取决于带菌残余组织所处的环境状况，如是高温高湿环境，植株组织容易腐烂，细菌则存活不长；如果环境干燥低温，植株组织不易腐烂，细菌则活得较长。

土壤和肥料。大部分的植物病原细菌不能在土壤中长期存活，但有的细菌则可以存活较长时间，如根癌土壤杆菌和青枯菌。这些可以在病植株残体或土壤中长期存活的细菌，称为土壤习居菌。肥料带菌是指有机肥料中混有病株残体，将未腐熟的肥料施用到土壤中，植物的发病率明显提高。

野生寄主、其他作物和杂草野生寄主。其他作物和杂草如果被病原细菌感染，也是细菌病害的侵染来源。尽管有的不表现症状，但它们是中间寄主，会起到侵染源的作用。

③植物病原细菌的传播方式。植物病原细菌主要靠雨水传播，当下雨时，雨滴就会把病株上的菌脓溅飞并传到健康的植株上；如遇暴风雨，细菌会传得更远更快。土传病原细菌有时会被流水传至很远的地方。在农事操作过程中，修剪工具在修剪病部后也会带菌传播细菌病原。

昆虫和一些动物也可以传播植物病原细菌，如油橄榄肿瘤病菌可以在油橄榄蝇的肠道内存活，当成虫飞到无病的植株上产卵时，病原细菌就被接种到寄主组织内，进行侵染。而梨火疫病菌一部分则是由蜜蜂传播到花上侵入的。柑橘木虱可携带柑橘黄龙病菌等。

人类活动也是细菌病原远距离传播的方式之一，如美洲发生的梨火疫病，就是由欧洲的移民带到美洲的。

④植物病原细菌的侵入途径。植物病原细菌主要从自然孔口和伤口侵入。植物的自然孔口有气孔、水孔及蜜腺等，尤以从气孔侵入的最多。伤口可由多种自然因素造成，如风、雨、冰雹、冻害或昆虫等，也可由人为因素造成，如耕作、嫁接、收获或运输等。此外，根的生长也会造成伤口。这些伤口都可以成为细菌侵入的途径。不同的细菌其侵入途径是不相同的，假单胞杆菌和黄单胞杆菌从自然孔口侵入为主，寄生性比较强，如柑橘溃疡病菌可从气孔侵入，也可以从伤口侵入；青枯病菌、根癌土壤杆菌和软腐欧文菌则以伤口侵入为主。

（9）植物细菌病害的防治

细菌病害的防治，应严格做好检疫工作，清除侵染来源，防止各种伤口产生，或施用抗生素进行治疗。对于青枯病等维管束病害，细菌主要从根部伤口侵入，因此，需要选育抗病树种（品种）或选用抗病砧木嫁接才能达到防治的目的。

3.2.2 无细胞壁的植物原核生物

这是一类无细胞壁但有原生质膜包围的单细胞原核生物，与植物病害有关的有螺原体属（*Spiroplozma*）和植物菌原体属（*Phytoplasma*），细胞常呈多态性，大小差异较大。

（1）螺原体属

菌体呈螺旋形，繁殖时可产生螺旋形分枝。培养生长需要甾醇，主要寄生在植物韧皮部和昆虫体内，会使罹病植物产生矮化、丛生及畸形等症状，引起柑橘僵化病（*S. citri*），由叶蝉传播。

（2）植物菌原体属

①植物菌原体的基本特性。1967年日本学者土居养二（Doi）在桑树萎缩病的病树韧皮部组织中发现了与动物病原支原体相似的细菌，被称为类菌原体（mycoplasma-like organism，MLO）。1992年，第九届国际系统细菌学委员会（International Committee of Systematic Bacteriology，ICSB）同意将MLO改名为植物菌原体，简称植原体（*Phytoplasma*）。

植物菌原体的形态通常呈圆球形或椭圆形（图1-3-24）。圆形的直径100~1000nm，椭圆形的大小为200nm×300nm。菌体容易变形，可以穿过比菌体直径小的空隙。植物菌原体的细胞结构简单，没有细胞壁。菌体由单位膜组成的原生质膜包围，有7~8nm厚。细胞质内有颗粒状的核糖体、丝状的DNA及可溶性蛋白质等。至今还不能在离体状态下人工培养。

图 1-3-24　樱桃丛枝病植原体电镜扫描图

繁殖方式有二均分裂、出芽生殖、丝状体缢缩形成念珠状并断裂为球状体，或老细胞外膜消失，内含体释放到体外发育为新个体。

由于植物菌原体没有细胞壁，不合成肽聚糖和胞壁酸等，对青霉素等抗生素不敏感，但对四环素类药物敏感，罹病植物用四环素处理后症状会暂时消失或减退，有效期可持续 1 年左右。

②植物菌原体的分类。关于植物菌原体的分类地位，Zreik 等建议将其命名为植物菌原体候选属 Candidatus Phytoplasma。至 2007 年 3 月，采用此分类单元命名并被正式认可的植物菌原体有 20 种，常见的 10 种如下：柠檬丛枝病原菌（Candidatus Phytoplasma aurantifolia）；澳大利亚葡萄黄化病原菌（Candidatus Phytoplasma australiense）；番木瓜顶梢皱缩病原菌（Candidatus phytoplasma Australasia）；白蜡树黄化和丁香丛枝病原菌（Candidatus Phytoplasma frasini）；枣疯病原菌（Candidatus Phytoplasma ziziphi）；紫菀黄化病原菌（Candidatus Phytoplasma asteris）；板栗丛枝病原菌（Candidatus Phytoplasma castaneae）；松树矮缩病原菌（Candidatus Phytoplasma pini）；苹果簇叶病原菌（Candidatus Phytoplasma mali）；榆树黄化病原菌（Candidatus Phytoplasma ulmi）。

根据 16S rRNA 限制性片段长度多态性分析和核糖体蛋白质基因（r1）序列特征，以及症状特征的区别，植物菌原体被分为 15 个组，与林木和果树病害相关的有以下 4 组：

第 1 组是翠菊黄化病组，特征是叶黄化、花变小或丛枝。如桑树矮化病、白杨丛枝病、油橄榄丛枝病和泡桐丛枝病等。

第 2 组是桃 X 病组，特征是引起黄化、丛枝等。如桃、樱桃的 X 病、胡桃丛枝病。

第 3 组是榆树黄化组，特征是黄化、丛枝。如榆树黄化病、榆树丛枝病、枣疯病和葡萄黄叶病。

第 4 组是苹果丛簇组，特征是卷叶、黄化等。如苹果簇叶病、梨衰退病和桃卷叶病。

③植物菌原体病害的症状。到目前为止，已报道有300多种植物被植物菌原体危害，主要症状表现为黄化、矮缩、丛生、花变叶及花、叶和芽变小等。木本植物中有梨衰退病、葡萄黄叶病、枣疯病、苹果簇叶病、泡桐丛枝病、榆树黄化病、檀香木丛生病和桉树黄化病等。

④植物菌原体病害的发生特点。植物菌原体所致病害为系统性病害，病菌可以扩散至植株的各个部位，但分布不均匀。病菌可在病株和媒介昆虫体内越冬。通过嫁接、菟丝子和昆虫媒介进行传播。利用病株的芽作接穗，嫁接在健康的植株上，当愈合后，植物菌原体就会传到砧木上。在木本植物上潜育期较长，有的在1年以上。传播植物菌原体的主要介体是刺吸式口器昆虫，如叶蝉、飞虱。据报道，蚜虫和介壳虫也可传播植物菌原体。传播媒介吸食病组织后，要经过10~45d的循环期，菌原体由消化道经血液进入唾液腺后才能传病，带菌介体可终生传病，但病原不经卵传代，新一代昆虫须重新吸食感病植物获得植物菌原体后才能传染病害。

⑤植物菌原体病害的防治措施。建立无病苗圃；清除病株；控制传播介体；利用四环素族抗生素处理病株进行治疗，但此类药物只能起到抑制或减轻症状的作用，而不能根除病害，治疗后常复发。

（本节编写：洪英娣）

3.3　病原病毒及所致病害

病毒（virus）是一类由核酸和蛋白质等少数几种组分组成的超显微的、结构极其简单的、专性活细胞内寄生的、具有致病能力的非细胞生物。一般来说在病毒颗粒中只含有DNA或者是RNA，外部包裹着蛋白质或脂蛋白外壳，在合适的寄主细胞中借助寄主细胞的核酸和蛋白质合成系统以及物质和能量进行自我复制。病毒在自然界分布广泛，可以感染动物、植物和微生物中的细菌和放线菌。根据寄主的不同，可以简单地将病毒分为侵染植物的植物病毒、侵染动物的动物病毒以及侵染微生物的微生物病毒。虽然病毒是一种个体微小的寄生物，但是植物病毒是仅次于真菌的一类重要病原物，引起的植物病毒病普遍存在，据2011年统计，有1300余种病毒可引起植物病害。可以说，几乎所有的果树、花卉林木等都有病毒病，甚至在一种植物上常发生几种或几十种病毒病害，对果树花卉林木生产造成重大危害。随着分子生物学技术的在植物病毒学中的广泛应用，每年有大量新的病毒被鉴定，研究者们对病毒的分子结构与功能、病毒的侵染、致病本质等也逐步有了新的认识。

3.3.1 病毒的一般性状

（1）病毒的形态和大小

病毒的基本单位是病毒粒体（virion），是指完整成熟的、具有侵染能力的病毒个体。各种植物病毒具有不同的形态和大小，植物病毒的基本形态为球状、杆状和线条状。球状病毒的直径大多在20~35nm，少数可以达到70~80nm，球状病毒也称为等轴体病毒或二十面体病毒。杆状病毒多为15~80nm×100~250nm，两端平齐，少数两端钝圆；线状病毒多为11~13nm×750nm，个别可以达到2000nm以上。少数病毒，如植物弹状病毒，病毒粒子呈圆筒形，一端钝圆，另一端平齐，直径约70nm，长约180nm，略似棍棒。有的病毒看上去是两个球状病毒联合在一起，被称为双联病毒（或双生病毒）。还有的呈丝线状、柔软不定型以及杆菌状。

（2）病毒的结构和组分

病毒粒体的基本结构主要包括两部分，即中间由核酸形成的核心或基因组和外部由蛋白质形成的衣壳。植物病毒基本化学组成是核酸和蛋白质，核酸占5%~40%，蛋白质占60%~95%；有的病毒粒体中还含有少量的糖蛋白或脂类，以及水分和矿物质等。

植物病毒的核酸即基因组，是病毒遗传和感染的物质基础。每一种植物病毒只含有1种核酸，DNA或者RNA。按照复制过程中功能的不同，可以分为如下几种。①单链正义RNA病毒：大多数植物病毒为单链正义RNA病毒，RNA可以直接翻译蛋白质，起mRNA的作用。有的单链正义RNA病毒的基因组只含有一条单链RNA分子，称为单分体病毒；有的单链正义RNA病毒的基因组由几条不同的单链RNA分子组成，称为多分体病毒。②单链负义RNA病毒：单链RNA分子不具有侵染性，不能起mRNA的作用，必须先转录产生mRNA，然后才能翻译蛋白质。③双链RNA病毒：该类病毒中的RNA分子含有某些基因的编码区，其互补链上含有另外一些基因的编码区。④单链DNA病毒：病毒基因组为单链DNA，复制时单链DNA先合成双链DNA，然后再转录mRNA。⑤双链DNA病毒核酸为互补的双链DNA。

植物病毒的蛋白质分为结构蛋白和非结构蛋白。结构蛋白指构成一个形态成熟的有侵染性的病毒颗粒所必需的蛋白质，如植物病毒的衣壳蛋白（CP），由1条或多条多肽链折叠形成的蛋白质亚基，是构成壳体蛋白的最小单位。非结构蛋白指由病毒基因组编码的，在病毒复制或基因表达调控过程中具有一定功能，但不结合于病毒颗粒中的蛋白质。组成蛋白质的氨基酸及顺序决定着病毒株系的差异，表现在免疫决定簇，则决定其免疫特异性。电镜观察发现，组成不同病毒蛋白亚基的数目和排列方式是不同的，据此可以将植物病毒粒体分成螺旋对称结构、正二十面体对称结构和复合对称结构3

种不同的构型。螺旋对称结构是迄今研究比较清楚的,尤其是烟草花叶病毒（*Tobacco Mosaic Virus*，TMV），正二十面体对称结构,又称等轴对称,蛋白质亚基有规则地沿着中心轴呈螺旋排列,形成高度有序、对称的稳定结构。正二十面体对称,又称等轴对称结构,是多数球状病毒粒体的结构构型,最典型的代表是芜菁黄色花叶病毒,它由20个等边三角形组成,具有12个顶角、20个面和30条棱,每个顶点由5个三角形聚集而成,这些边和点都是对称的。复合对称是前两种对称的结合,即两种对称结构复合而成。植物病毒中一般具有多层蛋白的病毒属于此种结构,如弹状病毒科病毒蛋白亚基的排列方式。

（3）植物病毒的复制与增殖

病毒的繁殖方式与细胞生物不同。病毒是专性活细胞内寄生物,缺乏生活细胞所具备的细胞器,以及代谢必需的酶系统和能量。病毒增殖所需的原料、能量和生物合成的场所均由寄主植物细胞提供,在病毒核酸的控制下合成病毒的核酸、蛋白质等成分,然后在寄主细胞内装配成为成熟的、具有感染性的病毒粒子。病毒的这种增殖方式称为复制增殖。从病毒进入寄主活体细胞到新的子代病毒粒体合成的过程即为一个增殖过程,该过程主要包括病毒基因组的复制、病毒基因组信息的表达和子代病毒粒体的装配。植物病毒一般无特殊的吸附结构,故只能以被动方式侵入,例如可借昆虫（蚜虫、叶蝉、飞虱等）刺吸式口器刺破植物表面侵入,还可借植物的天然创口或人工嫁接时的创口而侵入等。植物病毒侵入寄主后才脱去蛋白质外壳,释放病毒基因组,如TMV的衣壳粒以双层盘的形式组装成衣壳,pH的改变、RNA的嵌入对衣壳的装配起关键作用。病毒侵入后,蛋白质衣壳和核酸分开,核酸利用寄主细胞的物质和能量合成负模板,再利用负模板拷贝出大量DNA,再转录成mRNA,再翻译成蛋白质衣壳,最后组装成病毒粒子。

3.3.2 病毒的移动与传播侵入

（1）病毒移动

病毒是专性寄生物,在自然界生存发展必须在寄主间转移,植物病毒从植物的一个局部转移或扩散到另一局部的过程称为移动,是病毒致病过程中一个最基本的环节。病毒自身不具有主动转移的能力,它的移动都是被动的。病毒在植物细胞间的移动称作细胞间转移,其转移的速度很慢。病毒通过维管束输导组织系统的转移称作长距离转移,转移速度较快。

病毒在细胞间的移动：胞间连丝是植物细胞间物质运输的通道,是以质膜为界线的20~30nm直径的通道,内含一个轴向的膜质器件——链管,两个膜之间的空间大约5nm,且含有微管,在这个空间或在微管内进行可溶性物质的移动。研究表明植物病毒靠产生运动蛋白去修饰胞间连丝，进而使其孔径扩大几倍甚至几十倍，以便侵染性病毒结构的通过。病毒在细胞间运输的速度因病毒－寄主组合而异，也受到环境温度的影响。如烟草幼嫩叶片中胞间连丝的长度约为 0.5μm，烟草花叶病毒（TMV）的粒体通过时，转移速度为 0.01~2mm/d，利用局部枯斑反应测定 TMV 三个株系在心叶烟叶片细胞间转移的速度，病毒径向移动的速度是 6~13nm/h 而通过叶片的垂直转移速度 8nm/h。系统侵染的病毒在叶片组织中的分布是不均匀的，这是因为病毒的扩展始终受到寄主的抵抗。一般来讲，植物旺盛生长的分生组织很少含有病毒，如茎尖、根尖，这也是通过分生组织培养获得无毒植株的依据。另外也有些病毒局限于植物的特定组织或器官，如大麦黄矮病毒（BYDV）仅存在于韧皮部。

病毒的长距离移动：大部分植物病毒的长距离移动是通过植物的韧皮部，而甲虫传播的病毒可以在木质部移动。当一种病毒进入韧皮部后移动是很快的，如曲顶病毒属（*Curtovirus*）的甜菜曲顶病毒（BCTV）运输速度达到 2.5cm/min，而在筛管中 TMV 的转移速度为 0.1~0.5cm/h。病毒的长距离移动不完全是一种被动的转移。在植物输导组织中，病毒移动的主流方向是与营养主流方向一致的，也可以随营养进行上、下双向转移。

（2）病毒传播

植物病毒无主动侵染寄主的能力，自然状态下需要依赖非介体或介体将其从一个植株转移或扩散到其他植株，这种转移或扩散的过程称为传播。根据自然传播方式的不同，可以将传播分为非介体传播和介体传播。

①非介体传播。非介体传播是指在病毒传播中没有其他有机体介入的传播方式，包括机械传播（汁液传播）、种子花粉传播和嫁接传播等。机械传播是重要的非介体传播方式，也称为汁液摩擦传播，病株和健康株叶片的相互摩擦、林业操作、修剪工具污染等均可造成病毒的机械传播。由种子传代的病毒中有许多是花粉传播的，即病株花粉传到健康植株上进行授粉，从而使所得种子带毒。有的甚至还能引起整个健康植株的系统性感病。果实嫁接、自然条件下的根接，均能将病株体内的病毒粒体，传给健康植株引起病害发生，可见，选择健康不带毒的砧木或接穗、切断病株与健康植株的根部接触等，对植物病毒病的控制都是极为重要的。

②介体传播。介体传播是指病毒依附在其他生物体上，借助其他生物体的活动而进行的传播。植物病毒的传播介体种类很多，包括昆虫、线虫、真菌、螨类和菟丝子等。其中，昆虫介体传播是自然界中最普遍、最重要的传播方式。目前已知的昆虫介体有 400 种，有 70% 为同翅目的蚜虫、叶蝉和飞虱，大部分昆虫传毒的资料来源于蚜虫传毒。在蚜虫介体中大约有 200 种蚜虫可传播 160 多种植物病毒。有的蚜虫可以传播 2~3 种病毒，有的可以传

播40~50种病毒（如蚕豆蚜和马铃薯蚜），桃蚜甚至可以传播100种以上的病毒。在叶蝉和飞虱传播介体中，叶蝉类群体较庞大，但只有49种是病毒的传播介体。飞虱虽然有20个科，但仅有飞虱亚目中的一部分能传播植物病毒。昆虫的传毒可分为四个时期。获毒期：是指无毒昆虫在毒源植物上开始取食至获得病毒所需的时间。潜伏期：是指介体从获得病毒到能传播病毒所需的时间。接毒期：是指获毒昆虫在健康植株上开始取食至能传毒所需的时间。持毒期：是指获毒昆虫离开毒源后能保持传毒能力的时间。

根据病毒是否在介体昆虫体内循环、是否增殖以及持毒时间的长短又可将病毒与介体昆虫间的关系分为循回型和非循回型传播。

循回型传播：传播的病毒经口针、消化道后进入血淋巴然后到达唾液腺，由唾液将病毒送出口针，重新进入植物。因此，循回型传播又称为持久性传播。根据病毒能否在介体内增殖又将循回型传播分为增殖型和非增殖型。非循回型传播：传播的病毒进入介体后不在介体内循环。

根据介体持毒时间的长短又分为非持久性、半持久性和持久性传播。

非持久性传播：指传毒介体在带毒植株上进行获毒饲育后，病毒依附于口针，在接种饲育时病毒随同介体排出的唾液进入寄主植物体内，介体短时间饲毒后即可传毒，持毒期短，为几秒至几分钟，病毒在介体体内没有循回期，传毒时间也很短。半持久性传播：指昆虫介体获毒饲育期和传毒时间均较长，病毒在介体体内没有循回期，或不能在虫体内增殖，病毒在虫体内的保持时间为几小时至几天，昆虫蜕皮失毒。持久性传播：指介体饲毒后病毒随唾液进入肠道，透过肠壁进入血淋巴，最后循回到唾液腺里，取食时随唾液进入植物体内，因此，获毒后必须经过一定时期的"循回期"才可传毒，此类昆虫不因昆虫蜕皮而失毒，病毒在虫体内能增殖，一次获毒后可终生传毒，有的还可经卵传给子代。

除了昆虫介体传播外，土壤中的介体传播也是病毒传播的重要方式，病毒的土传是一种历史提法，土壤本身并不传毒，主要是土壤中的线虫和真菌传播病毒，已经知道5个属38种线虫可传播80种植物病毒或其不同的株系，其中多数属于蠕传病毒属和烟草脆裂病毒属的病毒，少数为其他球状病毒。由于线虫在土壤中移动很慢，传播距离有限，每年仅30~50cm，因此，这些病毒的远距离传播主要依靠苗木，大多数还可以通过感病野生杂草的带毒种子传播。

3.3.3 病毒的分类和命名

病毒的种类很多，但结构简单。20世纪50年代前，主要以宿主和引起疾病的症状进行粗浅分类，命名比较混乱。1961年，Looper建议将病毒的核酸特性作为主要分类指标。1966年，各国病毒分类学者共同建立了国际病毒命名委员会（ICNV），1973年，更名为国际病毒分类委员会（ICTV），一致商榷以此作为国际公认的病毒分类和命名的权威机构。该委员会自1971年发布第一次报告起，至2011年共出版了9个报告。根据2011年最新出版的第9次报告，现在已知的病毒有2480种，它们分别属于94个病毒科395个属，而植物病毒就有1302种。

（1）病毒的分类

在病毒的分类系统中病毒的分类和命名应是国际性的，并普遍适用于所有病毒。国际病毒分类系统采用目（order）、科（family）、亚科（subfamily）、属（genus）、种（species）分类单元，但不必使用所有单元。对于很多病毒来说，在没有合适的目时，科就是最高的分类单元。对于有些病毒种，如果不能确定其合适的分属则可以作为未确定种归入适宜的病毒科中。随着被分离鉴定的植物病毒的数量日益增多，病毒的分类与命名规则也在不断地发生变化。至2011年，最新的病毒分类系统中植物病毒共包括21个科、99个属（包括7个未定科的属和8个未归属），并根据病毒的最基本、最重要的性质将其划分为单链DNA病毒、双链DNA病毒、双链RNA病毒、单链负义RNA病毒、单链正义RNA病毒和反转录单链RNA病毒6大类群。

①单链DNA病毒类群：包括双生病毒科的4个属207个确定种和102个暂定种，以及矮缩病毒科的2个属6个确定种和2个暂定种，1个未归属。

②双链DNA病毒类群：包括花椰菜花叶病毒科的6个属33个确定种和20个暂定种。

③双链RNA病毒类群：包括呼肠孤病毒科中2个亚科的3个属12个确定种，内源病毒科的4个确定种，以及双分病毒科的2个属14个确定种和17个暂定种。

④单链负义RNA病毒类群：包括弹状病毒科的2个属18个确定种和7个暂定种，布尼亚病毒科番茄斑萎病毒属的8个确定种，蛇形病毒科蛇形病毒属的6个暂定种，以及未分科的3个属的8个确定种和10个暂定种。

⑤单链正义RNA病毒类群：包括马铃薯Y病毒科、芜菁黄色花叶病毒科及植物杆状病毒科等10个科54个属、6个未归属和未分科的7个属，共505个病毒确定种和243个暂定种。

⑥反转录单链RNA病毒类群：包括伪病毒科的2个属20个确定种和2个暂定种，1个未归属，以及转座病毒科的1个属3个确定种。

（2）病毒的命名

植物病毒的命名目前不采用拉丁双名法，种名通常以"寄主+症状+病毒"的形式命名。如烟草花叶病毒为 *Tobacco Mosaic Virus*，缩写为TMV；苹果茎沟病毒为 *Apple Stem Grooving Virus*，缩写为ASGV。然而随着被分离鉴定的病毒尤其是双生病毒的数量与日俱增，可以利用的病毒名字越来越少，有的需要在病毒名称前加上病毒被分离的地点，即由"寄主+症状+地名+病毒"的形式构成，如中国番茄黄曲叶病毒为 *Tomato yellow leaf curl China virus*；少数则由"地名+病毒"的方式命名，如拉托河病毒为 *Lato river virus*。病毒种名第一个词的首字母要大写，后面的词除专有名词外（如地名）一般小写。数字、字母或者两者混合可以用在已普遍使用这种数字和字母的种名中，但除了已有数字或字母系列病毒名称继续使用外，新的数字、字母或两者混合将不再用于新种名中。

病毒的属是一群具有某些共同特征的种，属名为专用国际名称，常由典型成员的寄主名称（英文或拉丁文）缩写+主要特点描述（英文或拉丁文）缩写+virus 拼组而成。如：菜豆金色花叶病毒属的学名为 *Begomovirus*，黄瓜花叶病毒属的学名为 *Cucumovirus*。病毒的科名、确定的属名、种名在书写时均用斜体。病毒的科是一群具有某些共同特征的属，科的词尾为"viridae"，科下面可以设立或不设立亚科，亚科的词尾为"virinae"。病毒的目是一群具有某些共同特征的科，目的词尾为"virales"。病毒的目、科、亚科、属名书写时一律用斜体，且第一个字母大写。凡是经 ICTV 批准的确定种的名称均用斜体书写，但是当病毒种名用于表示具体的病毒分离物时，种名书写用正体。

3.3.4 病毒病的症状及其特点

病毒粒体在植物体内增殖、运转的结果，引起植物生理过程的紊乱，破坏植物正常的生长发育，最终表现病害症状。不同病害表现的症状不同。植物病毒病只有明显的病状而无病症。

病毒侵染林木后能够引起外部形态产生明显的病变特征，称外部症状；显微镜观察能够发现林木的细胞和组织的病变特征，称内部症状。常见的外部病毒病症状有花叶、斑驳、黄化、丛枝、矮化、"D"形的坏死斑等。有些病毒病也常形成内部症状，即植物被病毒侵染后，在病组织中产生的一种特殊结构，存在于细胞质或细胞核中，在显微镜下可以观察到，称内含体（inclusion body）。内含体是病毒使植物发病后的重要特征，分为不定型内含体 X 体和结晶体。X 体无一定形状，半透明，通常外有一层膜是由病毒粒体和寄主物质构成。结晶体有六角形、长条形、正四面体形等，个别的还有线状，无色透明，主要是由病毒粒体和寄主的蛋白质有规则地排列形成。并不是所有的病毒病都有内含体，有些必须发育到一定阶段才形成，同时一种病毒还可有多种形态的内含体。

有些病毒侵染植物后寄主不产生可见症状，生长发育和产量也未受到显著影响，称为无症带毒。此外，受寄主植物耐病性寄主植物的不同发育时期、病毒侵染时期以及寄主植物生长环境等因素的影响，病毒侵染植物以后，并非在所有阶段都能使植物表现症状。

一种病毒引起的症状，可随着寄主植物种类而有不同，如 TMV 在普通烟上引起全株性花叶，在心叶烟上则形成局部性枯斑；而两种或两种以上病毒的复合侵染，症状表现就更加复杂。如 CMV 引起番茄病毒病的蕨叶症状，与 TMV 复合侵染则引起严重的条斑；有时复合侵染的两种病毒会发生拮抗作用，最明显的是交互保护，即先侵染的病毒可以保护植物不受另一病毒的侵染。如经化学诱变获得的番茄花叶病毒的弱毒疫苗 N14 的使用，可有效降低番茄条斑病的发病程度。

温度和光照对病毒病症状的影响很大，高温可以抑制很多病毒花叶型病毒表现症状，如烟草感染花叶病毒后，在 10~35℃ 气温下，表现典型的花叶症状，若气温持续超过 35℃，症状会消失。这种植物体内有病毒，只因环境条件不适宜而不表现症状的现象，称"隐症现象"，环境条件适宜时，症状又可以出现。

3.3.5　其他病毒状感染因子——亚病毒因子

在病毒研究中，科学家们还相继发现了一些与病毒相似、但个体更小、特性稍有差别的病毒类似物，称为亚病毒。侵染植物的亚病毒包括卫星病毒（satellite virus）、卫星核酸（satellite nucleic acid）和类病毒（viroid）。

卫星（satellites）是指需要依赖辅助病毒才能在侵染的寄主植物细胞中进行繁殖的小病毒或核酸，其核酸与辅助病毒很少有同源性。如烟草坏死病毒的（TNV）与其卫星病毒（STNV）。根据包被核酸的衣壳蛋白的来源，可以将病毒分为卫星病毒（satellite virus）和卫星核酸（satellite nucleic acid）。卫星病毒自身编码衣壳蛋白，而卫星核酸不编码衣壳蛋白，其核酸由辅助病毒的衣壳蛋白包裹，分为卫星 DNA 和卫星 RNA。

类病毒（viroid）是指能够在侵染的植物细胞中进行自我复制的一类低分子质量的单链环状 RNA 分子，是迄今为止发现的最小的植物病原物。与植物病毒不同的是，类病毒的基因组非常小，一般为 246~401nm 而且以自由 RNA 的形式存在，核酸外没有保护性的衣壳蛋白包裹。类病毒抗性较强，对热、脂溶剂、紫外线和离子辐射具有高度的抗性，G+C 值为 53%~60%。根据 RNA 分子的序列和预测的结构，类病毒包括马铃薯纺锤形块茎类病毒科（*Pospiviroidae*）和鳄梨日斑类病毒科（*Avsunviroidae*）两个科。马铃薯纺锤形块茎类病毒科 RNA 分子的结构含有左端区（T_L）、右端区（T_R）、致病区（P）、中央保守区（C）和可变区（V）5 个结构域。根据中央保守区类型以及是否存在末端保守区和末端保守发夹结构将该科类病毒划分为马铃薯纺锤形块茎类病毒属、椰子死亡类病毒属、苹果锈果类病毒属、啤酒花矮化类病毒属和锦紫苏类病毒属5个属，包括28个确定种和6个暂定种；鳄梨日斑类病毒科的RNA结构缺少一个中央保守区，但是含有一个人锤头状结构。根据锤头状结构、基因组G+C含量及在2mol/L氯化锂中的溶解性，该科类病毒划分为鳄梨日斑类病毒属、茄潜隐类病毒属和桃潜隐花叶类病毒属3个属，包括4个确定种。虽然类病毒的分子质量很小，但是类病毒却具有很强的侵染性，能够侵染多种植物，产生畸形坏死、矮化和变色等典型的病害症状，但也有些类病毒侵染植物后不产生明显症状。类病毒在大多数寄主中易于通过机械方式传播，在自然界中类病毒主要通过营养繁殖材料进行传播，有些可以通过种子或者花粉传播。

3.3.6 类立克次氏体

1972年，温泽（I. M. Windsor）等在患棒叶病的三叶草和长春花韧皮部组织中发现一类新病原，它的一些特性与引起动物和人类某些疾病的立克次氏体类似，因此被称为类立克次氏体（Riekettsia-Like organisms，RLO）或类立克次氏细菌（Riekettsia-Like Bacteria，RLB）。后来，在另一些病害的韧皮部中也发现了，如患葡萄树皮尔氏病、桃树矮化病等都是由RLO引起的。

（1）类立克次氏体的性质

类立克次氏体（RLO）属于原核生物，在分类位置上现归属于立克次氏体纲（Riekettsias）立克次氏体目（Riekettsiales）立克次氏体科（Riekettsiaceae）。也有人提出这类微生物宜归入沃尔巴克氏体属（*Wolbachieae*）。

类立克次氏体（RLO）比细菌小，而大于病毒，是介于细菌和病毒之间的生物类群。在光学显微镜下可见，但不能通过细菌滤器。类立克次氏体形态多样，大部分呈棒状，也有球型、蝌蚪形、椭圆形或纤维状。不同病害部位的类立克次氏体大小不同，分布在木质部的大小为$1.0 \sim 4.0\mu m \times 0.2 \sim 0.5\mu m$，而在韧皮部所见的类立克次氏体大小通常为$1.0 \sim 2.0\mu m \times 0.2 \sim 0.3\mu m$。

类立克次氏体具有细胞结构，含有自己的核糖体，类似细菌的核质区，胞内RNA和DNA两者兼有，没有固定化的细胞核。它有坚实的细胞壁和细胞质膜，细胞壁的厚度一般为20~30nm，且呈周期性的山脊状或波浪状突起。类立克次氏体对四环素和青霉素敏感，青霉素对类立克次氏体的抑制作用更强。

类立克次氏体只能在寄主细胞内繁殖，它的繁殖方式和细菌一样主要采取二分裂方式。在病株组织的超薄切片中，经常可看到处于二分裂状态的类立克次氏体。

（2）类立克次氏体所致病害及其特点

类立克次氏体类是细胞内寄生的病原，按其在寄主中的分布可分二类，即在木质部者和韧皮部者。虽然有些病害在这二者中都可检出，但通常只存在于某一种组织中。有些类立克次氏体也侵染分生组织和幼嫩的分化组织。它的主要传播方式是嫁接和多种叶蝉传播。

类立克次氏体因其侵染植物的部位不同，所引起的病症也有差异。类立克次氏体侵染植物韧皮部会引起黄化型病害症状，包括植株矮化，幼嫩叶片黄化，叶片卷曲或扭曲，花瓣变绿，整株过早死亡等。如柑橘青果病、三叶草棒叶病、三叶草皱缩卷叶病、苊丝子矮化病等。类立克次氏体侵染植物木质部，引起类似维管萎蔫病的症状，要表现为：植株活力衰退，叶缘坏死，叶片焦枯，果少而小，甚至使植株死亡。破坏寄主植物的导水系统是类立克次氏体病原的主要作用方式。在感染皮尔氏病的葡萄树木质部导管中，可以看到类立克次氏体聚积使导管堵塞，也可见侵填体数目增多、树胶沉积，这些都会使导管堵塞，限制水分移动，干扰侧向的水分运动。感病葡萄树首先表现出叶片边缘部分灼焦，然后逐渐扩大到整个叶片，叶色变棕，继而掉落。茎萎蔫枯干，形成棕色斑点树皮，整株萎缩，停止生长。伴随根系枯萎，出现顶部衰退。

（本节编写：王芳）

3.4 植原体及所致病害

3.4.1 植原体的概况

植原体（*phytoplasma*），原称类菌原体（mycoplasma–like organism，MLO），此病原发现的较晚，近半个世纪植原体病害一直被误认为病毒病害。1967年日本科学家土居养二（Doi）等利用电子显微镜首次在4种有黄化症状的植物韧皮部筛管细胞中发现类菌原体。1992年，类菌原体在第九届国际菌原体组织会议上正式被更名为植原体。植原体通常定殖于植物韧皮部筛管以及刺吸式介体昆虫的肠道、淋巴、唾腺等组织内。自然状态下通过刺吸式昆虫作为媒介进行植物间疾病的传播。与人或动物的支原体不同，植原体不能进行人工培养。植原体可以侵染蔬菜、花卉、各类农作物、树木等，通常会出现花变叶、矮化、黄化、衰退、簇生、丛枝、小叶等症状，危害严重，其中番茄顽固植原体对番茄、马铃薯、芹菜等生产造成巨大的经济损失，各国越来越重视。世界范围内植原体影响至少1000种植物种类，我国也已报道了100多种与植原体相关的植物病害，这类病害在枣树、泡桐、桑树、甘薯、柳树等植物上危害非常严重，造成了重大经济损失。

3.4.2 植原体形态学特性

植原体一般为球形、椭圆形、梭形、带状形、长杆形等大小不一的不规则形态，双链 DNA 是其遗传物质，基因组较小（530~1350kb），包括染色体和质粒两部分，其 DNA 中 G+C 含量较低，为 23%~29%。植原体只有一层单位膜包裹，无细胞壁，Lim 通过对单位膜研究发现，洋地黄皂苷对其原生质膜作用不敏感，说明植原体原生质膜中不含固醇。植原体具有多态型，在筛板的胞间连丝中通过变形而移动，并由于只有单位膜而无细胞壁，在外力作用下容易破裂。

3.4.3 植原体分类研究历史沿革

植原体属于原核生物界（Prokaryotae）柔膜菌纲（Mollicutes）植原体属（*Candidatus phytoplasma*）。植原体与其他细菌不同，由于不能进行人工培养，故不能采用传统的细菌分类与鉴定方法。多年来，人们是根据自然发病的植物和典型的症状称之为某某植物病害，无法反映引起不同病害的病原之间的相互关系，所以也就无法对其进行进一步的系统分类和命名。因而植原体的检测研究以及分组、归类问题一直是植原体病害的热点问题。

（1）传统分类

早期仅仅依据寄主症状和介体昆虫的专化性等生物学性状对植原体进行分类鉴定。1984 年，Shiomi 等根据点叶蝉（*Macrosteles oricntalis*）传播特性和不同寄主植物的症状表现，把日本的黄化型病害的植原体分成 3 个株系组。根据感染植原体的寄主植物所表现的症状，1987 年 Kirkpatriek 将植原体分为 3 个主要的组（groups），即衰退、丛簇和变绿。Chiykowski 和 Sinha 根据不同植原体接种到长春花（*Catharanthus roseus*）后花器所表现的症状，将植原体分为引起花变叶或花冠变绿，花变小或花色变浅两种类型（type）。由于植物的症状受到各类因素的影响，不能稳定地表现其病害特点，不能准确用来区别不同植原体，因此早期的植原体分类和命名并不系统和全面。

（2）基于 DNA 分子杂交的植原体分类

核酸点杂交用于不同植原体的检测和植原体不同株系之间的遗传系统研究。DNA 杂交技术虽然可进行植原体之间的分类，并且已分出一些植原体簇或亚簇，但是这种方法的应用范围比较有限。迄今为止，克隆出的植原体特异 DNA 片段仅限于小部分植原体，未能获得对植原体普遍适用的标准 DNA 探针。而且，DNA 杂交技术对 DNA 的浓度要求很高，从植物病组织提取的 DNA 较难达到要求。

（3）基于 16S rDNA PCR 产物的 RFLP 图谱分类体系

分子生物学技术的快速发展极大地促进了对植原体分类鉴定的研究。目前依据植原体 16S rRNA 基因序列的 RFLP 分析图谱的相似系数，将部分植原体分为不同的组及亚组。1993 年，Schneide 等将 52 个类菌原体分为 7 个组。1994 年，国际菌原体组织正式同意用候选种（*Candidatus*，*Ca.*）的形式描述根据 16S rRNA 序列的 RFLP 分析设立的各植原体组，使用暂定属名和种名来处理植原体，在柔膜菌纲中设立植原体属，定属名即 *Phytoplasma*，每一个组分别代表一个暂定的候选种。1998 年，Seemüller 等根据 16S rRNA 基因序列进行构建系统进化树，将当时已公开发表的 57 个株系植原体分为 20 个组。到 2006 年，Lee 等构建的植原体分类体系已包含 18 个组和 40 多个亚组。2007 年，Wei 等根据模拟 RFLP 图谱比较和相似系数计算，将植原体增加到 28 个 16Sr 组并新增了多个亚组。目前有 33 个 16Sr 组和超过 100 个亚组已经确认。随着越来越多的植原体病害被发现，现存的植原体分类体系的快速更新变得十分必要。一个基于核糖体的分类称为 iPhyClassifie 系统发展应用起来，其使用从 GenBank 的序列数据扩大和更新的自动化电脑模拟虚拟化 RFLP 凝胶进行分析。计算机根据植原体株系的 16S rDNA 序列很快地鉴定出该植原体株系。虽然以植原体 DNA 产物的 RFLP 分析进行植原体的分类具有简单快速的特点，但越来越多的研究发现，有时根据 16S rDNA 序列不足以做到对植原体种类的科学划分。RFLP 显得精确度不够高，对亲缘关系比较接近的情况，如同一群中对亚群株系，RFLP 则可能难以奏效。

（4）基于 DNA 直接序列分析的植原体分类

Seemtiller 等创立了通过 16S rRNA 的基因序列分析比较结合数学分析的方法建立的分类系统。日本的 Shigetou 等率先扩增出 6 种植原体的 16S rRNA 基因序列（约 1370bp）并对扩增产物进行序列分析比较。以 Shneider 等对植原体采用的 RFLP 分类得出的 7 个类群为基础，Seemtiller 等选取了分别代表该 7 个类群的 l7 种植原体进行 16S rRNA 基因的全序列分析，比较其同源性，得出结论认为，参与比较的植原体之间的 16S rRNA 的序列同源性高于植原体与其他可培养的菌原体的同源性，甚至一些菌株的同源性高达 99% 以上，与前人的其他研究结果一致。目前，国际上分类鉴定植原体，最重要的方法是利用 16SrRNA 基因序列的同源性进行分析，ICSB 一致认为，植原体首选的系统学标记为 16S rRNA 基因，通过对其近全长的序列进行分析，划分出具有明显差异的组，现已形成一个基本的分类框架，目前是包含植原体种类最多的分类系统。一般认为 16S rRNA 基因高度保守，与同属柔膜菌纲的其他成员相比，植原体 16S rRNA 一些区域有较大差异。利用这些不同序列，设计特异 PCR 引物，用于检测和鉴定植物及介体昆虫中特有的植原体。2004 年，国际比较菌原体学研究组（IR-PCM）将植原体划分为 36 个组，24 个候选种，至少 40 个亚组，并制订了相应的分类标准，认为 16S rRNA 基因核苷酸一致率低于 97.5 的植原体就可确认为不同种。但由于 16S rRNA 在类群内的系统学变异很大，所以使用 16S rRNA 对亲缘关系很近的植原体进行分类是比较困难的。

（5）基于16S和23S之间间隔区域分类

植原体16S和23S之间的间隔区域（spacer region，SR）也是一个植原体系统发育研究的可靠标记。依据16S和23S之间的间隔区域或tRNA侧翼的可变区域建立的植原体分类体系和依据16S rRNA基因建立的系统分类体系基本一致。由于这段间隔区序列总长约250 bp，利用PCR产物直接测序很容易得到其全序列，而且这段序列在遗传上较16S rRNA基因有更大的可变性（植原体在16S rRNA基因序列上的差异不超过14%，而16S—23S间隔区域序列差异却高达22%），这样就容易设计出特异性引物而提高植原体在亚组水平上分类的精确性。

（6）其他分类方法

系统发育研究标记物ITS区段、核糖体蛋白基因、tuf基因、ftsZ基因、B操纵子、热击蛋白基因应用于植原体的分类也日益增多，国际比较菌原体学研究组织（The International Research Programme of Comparative Mycoplasmology，IRPCM）建议植原体的分类应该基于16S rRNA基因，通过分析16S rRNA基因近全长的序列来划分主要的组以代表具有明显差异植原体。这项建议经国际系统细菌学委员会（International Committee on Systematic Bacteriology，ICSB）柔膜菌纲分类组织（Subcommittee on Taxonomy of Mollicutes）同意并采纳，同时同意采用Murray和Schleifer提议的暂定名称"Candidatus phyto. plasma"来记载植原体。IRPCM（2004）植原体/螺原体工作小组提出植原体候选种的7条描述规则，根据该规则，2006年在英国召开的国际原核生物系统学委员会柔膜菌纲分类委员会（International Committee on Systematics of Prokaryotes，Subcommittee Oil the Taxonomy of Mollicutes）统计新命名的候选种有13种，至少有7个候选种还有待命名。

3.4.4 植原体的检测方法

（1）传统检测方法

从20世纪60年代末发现植原体至80年代初，植原体的检测方法几乎没有突破。传统的检测方法是根据植原体引起病害的独特症状结合木本植物韧皮部注射植原体敏感的盐酸四环素，然后超薄切片法直接观察病原体加以确定。这种推测很不可靠，而且费时，并且从灵敏度、可靠性、简便性和特异性等方面来衡量是很不够的。

（2）电子显微技术检测

20世纪80年代以后，电子显微技术应用于植原体的检测，并且随着方法的进一步改进，植原体检测出现了一些较重大的突破。从而使电子显微技术成为研究植原体的经典方法，它也是鉴定新病原不可缺少的手段。许多研究者通过不同电子显微镜方法观测到植原体的完整和立体结构。

电子显微技术应用于植原体的检测，推动了植原体的检测研究。但在电镜下观察植原体是一种费时、费力的方法，容易产生假阳性。而且这种方法所需条件高，难以用于实际检测。

（3）植原体的组织化学技术检测

组织化学技术是充分利用光学显微镜检查植物和介体昆虫体内的植原体的有效手段，而且可以进行病原的组织定位和定量。国内外用迪纳氏染色法和 DAPI 显微荧光作用植物中病原植原体的检测方法都做过尝试。植原体的间接检测，都不是对植原体本身的特异性染色，容易造成假阳性。如正常植物筛管细胞的老化及各种逆境也往往导致胼胝质的积累，用苯胺蓝染色很容易产生假阳性。

（4）植原体的血清学检测

植原体的血清学在植原体的检测和鉴定上具有重要的地位。自从 1985 年 Lin 等首次报道翠菊黄化病植原体的单克隆抗体制备成功以来，国内外已有多种植原体的单克隆抗体研制成功。然而，要使血清学方法充分发挥作用，必须解决以下两个问题：一是获得高纯度和高浓度的植原体抗原；二是制备出高效价和特异性强的抗体。

（5）植原体的 PCR 检测

自 20 世纪 90 年代以来 PCR 被广泛应用于生物学各领域，在真菌与植物病理学方面也解决了一些传统技术难以解决的问题。同样，PCR 技术也被应用于对植原体的检测等研究。Sunjun 等根据 16S rRNA 序列设计了 5 对用于扩增动物菌原体、螺原体和植原体的引物，证明在控制适当的热循环条件下这些引物可用于扩增能培养的和不能培养的软球菌。随着 PCR 技术的不断完善，其用于对植原体的检测日益增多。但是一些特定的情况下，常规的 PCR 扩增过程不一定能得出满意的结果。因而需对 PCR 进行适当的调整和改进。为此又发展出巢式 PCR、循环 PCR 技术以及荧光 PCR 等。虽然目前根据血清学以及分子生物学技术与方法初步建立了植原体的鉴定方法，但这些方法操作繁琐、成本较高，检测过程中还需要结合多种方法排除假阳性；而且目前尚无能够同时检测多种植原体的方法。但随着研究的深入，一些新的技术如生物微阵列等技术的发展与应用，植原体检测技术的检测速度和可靠性将会有很大的提高。

3.4.5　植原体病害的危害

植原体病害发病与温度相关性较大，当温度较低时植原体不易发病，而当温度较高的 7、8 月是植原体发病的高发期。植原体的发病特征与许多病毒侵染后症状相似。在世界范围内引起 98 科 1000 多种植物发病。由

16Sr I 组植原体引起的泡桐丛枝病，在中国广泛发生，其造成的经济损失达 1 亿元；由 16Sr IV 植原体引起的椰子致死黄化病，因其快速的致死椰树和不能够治愈，而影响全球的椰子生产。过去的 40 年，该病在加勒比地区造成数百万的椰树死亡，严重威胁该地区人民的生存；由 16Sr V 组 FD（Flavescence doree，FD）植原体引起的葡萄黄化病，20 世纪 50 年代中期在法国西南部发生，并每年以 10km 的速度蔓延，造成该地区 80% 葡萄感病和产量减少 20%~30%。由 16Sr IX 组植原体引起的杏树丛枝病造成杏树的死亡和产量降低，其快速地在黎巴嫩扩散，在 10 年中引起超过 10 万株杏树死亡。由 16SrX 组植原体起的苹果丛簇病，不仅造成丛枝、托叶延长和叶片变红，也能造成果实减小和重量减轻，影响苹果的质量和商品价值。而仅在 2001 年，植原体病害在欧洲的苹果树上爆发，造成德国 0.25 亿欧元的损失，造成意大利 1 亿欧元的损失。

3.4.6　植原体病害的传播

植原体寄生于植物的韧皮部，以 3 种方式传播：第一，寄主植物的无性繁殖；第二，通过寄生性植物造成侵染的寄主和非侵染的寄主之间维管束的连接；第三，韧皮部取食的介体昆虫。而自然界中最主要的传播方式是通过叶蝉、飞虱、木虱和蜡象等介体昆虫的取食传播。介体昆虫以持续增殖的方式传播植原体，一旦介体昆虫获取植原体，整个生活史中都能传播，并且植原体可在介体昆虫体内循环和增殖。病害的传播程序是理解病害动力学的基础，而揭示传播所涉及的生物因子，对于减轻病害的影响至关重要。在过去的几十年中，介体耐受病害的循环传播程序已被广泛的研究。病原体成功地被介体昆虫传播，需要病原体–介体昆虫特异性的互作，去克服介体昆虫的各种不同的传播屏障和免疫性。已发现并鉴定到昆虫的肠道和唾液腺是介体耐受病害的传播屏障，并且揭示了部分的调节传播程序的遗传因子。传播屏障可以位于昆虫的前肠、中肠和后肠，依据病原体的不同而异，例如苛养木杆菌的传播屏障位于介体叶蝉（*Graphocephala atropuncmm*）的前肠，大麦黄矮病毒、谷类黄矮病毒和大豆矮缩病毒的传播屏障位于介体的后肠，植原体的传播屏障位于介体的中肠。植原体成功地被介体昆虫传播，需要穿过中肠的基底膜（Basal lamina）、唾液腺的基底膜和基质膜（Basalplasmalemma），不能穿过这些膜系统将不能够被传播。翠菊黄化（Aster yellows，AY）植原体因不能穿过玉米叶蝉的唾液腺而不能够被传播；葡萄黄花植原体因不能穿过草地脊冠叶蝉的中肠而不能被传播，不能穿过 *Circulifer haematoceps* 和 *Fieberiella florii* 唾液腺而不能被传播。通过电子显微镜观察和黏附抑制实验，Fletcher 等提出了柔膜菌纲细菌穿过中肠和唾液腺屏障的受体介导的内吞–外排模型学说。研究发现洋葱黄化（Onion yellows，OY）植原体的膜蛋白 Amp 能够与介体叶蝉的微丝结合形成 AM 复合体，而不能与非介体叶蝉的微丝互作，推测 Amp 与微丝的互作决定介体的传播性，并且 AM 复合体的形成对于植原体通过传播屏障至关重要。菊花黄化（Chrysanthemum yellows，CY）植原体的膜蛋白 Amp 能够与介体昆虫微丝的肌动蛋白和 ATP 酶互作，与肌动蛋白的互作涉及植原体的内化和运动，而分布于中肠和唾液腺的 ATP 酶可能是 Amp 的受体。植原体与介体昆虫免疫系统互作的研究也被涉及。Galetto 等利用携带 BEV（Bacterium Euscelidiusvariegatus，BEV）的 *Euscelidius variegatus* 进行传播试验，发现 BEV 的存在不能显著的影响介体传播能力。Bosco 等认为在单个介体中 2 种植原体的互作可导致交互和非交互的传播，而目前实验上只证实存在交互的传播。玉米叶蝉能够传播玉米丛矮植原体 MBSP 和玉米矮缩螺原体 CSS，当玉米叶蝉同时获取 MBSP 和 CSS，最初 2 种病原体都能被介体叶蝉传播，但在后期仅 CSS 能被传播。Rashidi 等使用叶蝉（*Evariegatus*）进行双重传播实验，发现无论获毒顺序如何，介体中存在的 FD 植原体都不影响 CY 植原体的传播，而 CY 植原体的存在严重降低 FD 植原体的传播。这些结果表明 CY 植原体抑制 FD 植原体的增殖和限制 FD 植原体在介体中的数量。

3.4.7　植原体病害的流行

病害流行是指在较短的时间内一个病原体在较大的区域中严重地扩散和影响植物种群中的多数个体。病害流行时，病原体需具有毒力，寄主植物需具有敏感性，环境条件要利于病害发生。病原菌的毒力和寄主的敏感性是病害流行的决定因素，环境条件如温度、湿度、光照、土壤类型、土壤 pH 等是决定病害流行的重要外界因素。而对于介体昆虫传播的植原体病害，除以上三者外，介体昆虫也显著影响病害的扩散和流行。

（1）植原体的致病性

植原体的侵染能引起植物病害症状的产生，典型的症状包括：丛枝、花变叶、抽薹、绿变、形成纤维状的次生根、茎和叶变红、黄化、衰退、发育迟缓、韧皮部坏死。植物病害症状的产生是寄主响应侵染的结果，一般认为它是由植原体的致病性物质所诱导，而植原体的何种物质诱导寄主植物基因的差异表达和物质代谢的失衡是一个广泛关注的问题。植原体不具有细胞壁，细胞膜蛋白和分泌蛋白直接的接触于寄主植物细胞，故它们是潜在的毒力因子。Hoshia 等从洋葱黄化植原体的基因组中鉴定到一个分子量为 4.5 kDa 的分泌蛋白 TENGU，该蛋白在拟南芥中产生丛枝和矮化等植原体侵入时产生的症状，是植原体致病的毒力因子。微阵列分析 tengu 表达的拟南芥，发现数个生长素的应答基因下调以及生长素的运输基因下调表达，TENGU 可能干扰生长素的生物合成和信号途径，从而引起侵染寄主症状的出现。

TENGU 不仅存在于 OY 植原体中，也存在于 16Sr I 组的其他 11 个植原体株系中，这些植原体可能以相同的致病方式使寄主表现丛枝症状。AY-WB 基因组中鉴定到一个分泌蛋白 SAP11，该蛋白具有真核生物的核定位信号，能够在寄主细胞核内与 TCP 转录因子结合，导致其降解，使侵染的植物产生典型的丛枝症状。AY-WB 基因组中另一效应子蛋白 SAP54，该蛋白与寄主的调节花发育的 MADS 结构域转录因子和穿梭蛋白 RAD23 结合，推测 SAP54 依赖于穿梭蛋白将结合的"S"结构域的蛋白运输到泛素 – 蛋白酶体，促使其降解，造成侵染的拟南芥的花转变为类似叶状的营养器官。而从 OY-W 植原体中鉴定到与 SAP54 同源的效应子蛋白 PHYL1，实验上证实 PHYL1 通过泛素—蛋白酶体依赖的途径降解 MADS 结构域的蛋白。另外，在其他的 10 多个植原体分离物中也鉴定到与 SAP54 同源并具有相似功能的蛋白，故 PHYL1、SAP54 和它们的同源基因组成一个花变叶诱导基因（Phyllogen）家族。

（2）寄主植物的抗病性

不同寄主植物对原体具有不同的敏感性，感病物种或品种容易被植原体侵染，而抗病物种或品种难以被植原体侵染。因植原体难以离体培养，鉴定抗性种质的方法多采用嫁接法和菟丝子传毒法。通过这 2 种方法，已鉴定到泡桐、枣树、苹果、椰子、梨树、榆树、桑树和芝麻等的抗病品种。赵锦等从全国 700 份枣品种中甄别收集到 29 份未见发病或很少发病的种质材料。采用在重病大树上高接待鉴定种质的高强度筛选法，鉴定到骏枣单系、秤砣枣单系、南京木枣单系和清徐圆枣单系 4 份高抗的单系。通过对嫁接接种后骏枣单系'星光'的症状及植原体病原检测结果分析，发现'星光'受植原体侵染后有一从表现病症到症状逐渐消失的过程，推测'星光'的抗性属于诱导抗性。使用抑制消减杂交法，Liu 等从'星光'中鉴定到 5 个上调表达的抗病相关基因。

（3）介体昆虫对病害传播和扩散的影响

自然界中，植原体依赖于韧皮部取食的昆虫传播。昆虫取食时，植原体随着树液从口针进入昆虫体内，在昆虫体内以持续增殖的方式存在，随着昆虫的扩散而扩散，随着昆虫的取食而传播，因此植原体病害的流行是直接依赖于介体的物种和其生活史策略。

介体昆虫的物种和扩散能力对病害传播和扩散的影响同一植原体能被多种介体昆虫传播，不同的介体昆虫对于植原体的获取、潜育期和传毒间存在差异，这些差异影响病害的传播和扩散。菊花黄化植原体能够被叶蝉 *E. variegatus*、*M.quadripunctulatus*、*E. incisus* 和 *E. decipiens* 传播，所有 4 种叶蝉都能从 CY 植原体侵染的菊花获毒，但是 *E. variegatus* 获毒的效率明显高于 *E. decipiens*；然而，仅 *M. quadripunctulatus* 和 *E.variegatus* 能从侵染的长春花获毒。相同的实验条件下，CY 在介体 *M. quadripunctulatus* 中的潜育期是 18d，在介体 *E. variegatu* 中的潜育期是 30d。*Matsumuratettix hiroglyphicus* 和条纹阔颜叶蝉（*Yamatotettix flavovittatus*）是甘蔗白叶病的介体昆虫，但 *M. hiroglyphicus* 的传播效率高于条纹阔颜叶蝉。此外，介体昆虫的龄期、性别等生理条件也对病害的传播效率产生影响。介体昆虫为了搜寻食物、改变栖息地、寻找生殖场地和去克服多样性的环境条件，而不得不迁飞和扩散。迁飞和扩散的程序依赖于寄主的生理、气候和气象条件。一般的介体昆虫扩散相对的较短的距离。Thein 等通过标记重捕法，发现甘蔗白叶病的介体条纹阔颜叶蝉在甘蔗田间的自然扩散的距离为 387.5m。

介体昆虫的行为对病害传播和扩散的影响植原体是一种介体耐受的病原体，介体的取食行为显著的影响病害的传播。介体的取食行为能以至少 3 种方式影响病害的传播：对不同寄主的取食偏好、对特定寄主物种的侵染状态的偏好和对寄主不同部位的取食偏好。多食性的介体昆虫能够潜在地传播植原体到更广泛、具有不同敏感性的寄主植物，而寡食性和单食性的介体昆虫只能传播植原体到一种或数种寄主植物。例如，北美的翠菊黄化植原体通过杂食性的二点叶蝉（*Macrosteles fascifrons*）传播到 42 科 191 种植物，西方 X 病植原体能被数种杂食性的叶蝉传播到 13 科的 59 种植物，而美国榆树黄化、甘薯丛枝、桃衰退植原体，仅被单食性或寡食性的介体传播到少数的寄主植物。病原体和植食性的介体昆虫共享食物资源，病原体能通过改变寄主植物而操纵介体昆虫对寄主植物的偏好。Sisterson 认为介体昆虫对寄主侵染状态的偏好可分为偏好于侵染的植物、偏好于健康的植物、没有偏好或最初偏好一种类型而之后转移到另一类型。植原体侵染能够造成植物形态和代谢物的改变，将侵染的植物转化为对介体昆虫更有吸引力的寄主。Krüger 等发现，田间收集的 *Mgenia fuscovaria* 成虫被引诱到 AY 植原体侵染的葡萄小枝上，寄主的颜色在这个过程中发挥主要的功能。拟南芥被 AY 植原体侵染，能够更强地引诱介体昆虫 *M. quadrilineatus*，且介体昆虫在侵染的拟南芥上能够产生更多的后代个体。Mayer 等发现，苹果树被 *Ca. P. mali* 侵染后散发高浓度的 β-cryophyllene，该物质赋予寄主更强地引诱介体木虱 *Cacopsylla picta*，造成木虱的寄主定向行为偏好于侵染的寄主，利于从侵染寄主的韧皮部获取植原体。Mann 等发现，柑橘被 *Candidatus Liberibacter asiaticus* 侵染后，释放甲基水杨酸，引诱介体木虱 *Diaphorina citri* 到侵染的柑橘上取食；而在取食之后，木虱偏好以非侵染植物作为栖息地。这种偏好类型的转换，有助于病原体在柑橘种群中的传播和扩散。自《微生物介导的植物 – 昆虫的互作》的出版，众多的研究已经聚焦于微生物对植物和节肢动物的影响，以及这些影响的分子机制。病原体通过复杂多样的方式去劫持和利用寄主植物的代谢、防卫和其他的途径，改变介体昆虫的定向偏好、取食偏好性及其性能，从而影响介体昆虫传播病原体的特性。在植原体中已鉴定到引起劫持和利用寄主代谢和防卫途径的效应子蛋白。AY 植原体的效应子蛋白 SAP54 以 RAD23 依赖的方式降解寄主的 MTFs，使寄主产生类似叶状的花，增强寄主植物对介体叶蝉 *M. quadrilineatus* 的引诱性。效应子蛋白 SAP11 介导 CIN-TCPs 转录因子的降解，导致 LOX2 表达的下调和 JA 生物合成的降低，降低寄主植物对介体昆虫的免疫能力，增强介体 *M. quadrilineatus* 后代的性能，利于病害的传播和扩散。

病原体在寄主植物中的不均匀分布，故介体对寄主不同部位的取食偏好，是影响介体传播效率的一个重要的因素。Daugherty 等发现苛养木杆菌不均匀地分布在紫花苜蓿中，其直接的相关于介体昆虫的传播效率；有效的介体 *Draeculacephala minerva* 偏好取食寄主植物具有高侵染水平的基部，而较低传播效率的介体 *G. atropunctata* 偏好取食具有较低侵染水平的植物顶端。

3.4.8 植原体病害的防治

植物病害的防治可以通过人为干预，改变植物、病原体与环境的相互关系，尽量减少病原体的数量，削弱其致病性，优化植物的生态环境，保持与提高植物的抗病性，以达到控制病害的目的，从而减少病害流行引起的损失。植原体病害是系统侵染性的细菌病害，可以通过清除初侵染源、切断传播途径和利用寄主植物抗性来控制其发生和流行。

（1）清除初侵源

病原物侵染的植物寄主、转换的杂草寄主或转换寄主都是病害的初侵染源，而铲除它们是降低初侵染源的有效途径。

抗生素处理：因植原体对四环素族抗生素敏感，故在诊断出病害后，及时对初侵染源使用抗生素处理，减轻病害症状，可延缓病害的发生。

阻隔和局部清除：利用植原体在树体中的季节变化性和分布不均匀性，进行环割和修枝，阻隔和局部清除病原物，也可达到降低初侵染源的目的。环割和修枝已广泛应用于枣疯病的防治，取得了很好的防治效果。

及时清理低经济价值的受染物：多面手的植原体具有广泛的寄主，这些寄主不仅包括具有重要经济价值的作物，也包括杂草和具有较小经济价值的植物，当它们共同存在时，杂草和较小经济价值的植物是病原体的库，可以为病害的发生提供初侵染源。清除或除草剂杀死这些杂草，可防止病害在靶植物上发生和流行。初侵染源的铲除也可以通过其他的物理的、化学的和生物的方法，然而成功的铲除策略依赖于植物病害系统以及铲除策略的效率和代价。

（2）切断传播途径

控制介体昆虫：植原体主要是通过介体昆虫传播，介体昆虫的行为及生活史策略在病害流行中发挥重要的功能。随着全球变暖和气候变化，冷敏感的介体的活动增强，植原体病害呈现上升的趋势，因此介体昆虫的控制变得尤为重要。介体昆虫的防治可以通过使用杀虫剂或黏板、种植和利用抗虫植物品种或抗虫基因、使用介体昆虫共生微生物、利用植物凝聚素和系统获得抗性等。部分介体昆虫，其生活史不能完全在保护的植物上完成，需要转移寄主产卵或越冬，需要转移寄主产卵或越冬，故可铲除或应避免种植或避免种植转移的寄主植物而达到控制介体昆虫的目的。

植原体病害检疫：植原体病害除了自然传播外，也可以通过苗木调运或无性繁殖材料调运而传播。生产应用中，对重要的植原体病害进行检疫，可防止植原体病害通过人为方式远距离的传播。目前，中国已将14种植原体列为入境检疫性有害生物。

（3）利用寄主植物抗性

善用抗病品种：栽培的作物或林木，品种繁多、资源丰富，不同品种对植原体的抗性差异明显，因此利用抗病品种前景广阔。而利用作物或林木自身的抗性，也是一种持续而有效的控制病害的方法。该方法已用于枣树、泡桐、苹果、桑树等林木上，取得了较好的效果。

善用有益微生物：有益微生物能够诱导植物产生系统抗性，增强植物对生物胁迫的耐受，故也可作为有效防治植原体病害的方法。目前丛枝菌根真菌和根际细菌已应用于植原体病害的防治。

3.4.9 展望

自1967年首次发现植原体以来，植原体病害的研究取得了巨大的进步。越来越多的植原体病害及植原体物种被发现和鉴定，病害传播和流行的分子机制也被逐步的揭示。迄今，已发现并鉴定100多个亚组的植原体引起的1000多种病害，测定了6种植原体的全基因组序列，分析了寄主植物对植原体侵染的响应，鉴定了SAP11、SAP54、TENGU等致病因子和AMP、ORF3编码蛋白等植原体与介体昆虫互作的蛋白，明确了植原体通过影响寄主植物而间接互作于介体昆虫的化学联系。然而，由于绝大多数的植原体病害的介体昆虫未知，植原体尚不能离体培养，植原体的致病性也难以采用人工接种进行科赫式法则证明，因此鉴定传播植原体的介体昆虫及虫传相关的研究变得尤为重要。

今后的研究需要从以下3个方面开展：第一，鉴定经济上重要的植原体的介体昆虫，分析其寄主范围；第二，深入研究介体昆虫传播植原体病害的过程和效率，测定病害传播过程中的最短获毒期、潜育期和最短传毒期，为病害的传播、流行和预测提供关键参数，为制定科学的病害管理方法提供依据；第三，对涉及植原体与介体昆虫互作的关键蛋白如OY植原体质粒基因

OI 3 的编码蛋白、分泌蛋白 SAP36 和免疫膜蛋白 Amp 的功能进行深入挖掘，探讨植原体—介体昆虫互作的分子机制。

（本节编写：张东华）

3.5 寄生性种子植物

寄生性种子植物是由于缺少足够的叶绿体或某些器官退化而依赖他种植物体内营养物质生活的种子植物。主要属于桑寄生科、旋花科和列当科，此外也有玄参科和樟科的，约计 2500 种以上。其中桑寄生科超过总数之半。主要分布在热带和亚热带。

寄生性种子植物由于摄取寄主植物的营养或缠绕寄主而使寄主植物发育不良。但有些寄生性种子植物如列当、菟丝子等有一定的药用价值。

（1）类型

根据对寄主的依赖程度可分为绿色寄生植物和非绿色寄生植物两大类。

绿色寄生植物：又称半寄生植物，有正常的茎、叶，营养器官中含有叶绿素能进行光合作用，制造营养物质；但同时又产生吸器从寄主体内吸取水和无机盐类。

非绿色寄生植物：又称全寄生性植物，无叶片或叶片退化，无光合作用能力，其导管和筛管与寄主植物的导管和筛管相通，可从寄主植物体内吸收水、无机盐、有机营养物质进行新陈代谢。

按寄生的部位，寄生性植物还可分为根寄生和茎寄生。

（2）传播

寄生性种子植物有的是其种子混杂于作物种子中被播入土壤，条件适合时萌发，缠绕寄主后产生吸盘，如菟丝子。有的是其果实被鸟类啄食果实后，种子被吐出或经消化道排出粘在树皮上，条件适宜时萌发；胚根接触寄主形成吸盘，溶解树皮组织；初生根通过树皮的皮孔或侧芽侵入皮层组织形成假根并蔓延；之后产生次生吸根，穿过形成层至木质部，如桑寄生、槲寄生等。有的寄生植物从寄主自然脱落后，在遇到适宜的寄主植物时又能寄生，如列当等。

（3）寄主选择

寄生性种子植物对寄主有一定的选择性。玄参科独脚金属（*Striga*）中的亚洲独脚金（*S. asiatica*），寄生在甘蔗、高粱、玉米和陆生稻等作物的根部。桑寄生族，20 世纪分 41 个属，我国丘华兴认为有 6 个属（包括桑寄生属 *Loranthus*），其中下列检索表（高等寄生性种子植物对寄主危害检索表）中 3a～4a 这几个种在云南有分布。桑寄生属 1753 年由林奈定名，当时只有一个种的桑寄生（*L. parasiticus*）多危害桃、李、杏、柑橘、梨、苹果、枣、茶树和柳树等，以中国云南、贵州、四川等地较常见。长江下游各地发生的樟寄生（*L. yadoriki*）主要危害樟树、油茶等。槲寄生（*Viscum coloratum*）和樟科的无根藤（*Cassytha filiformis*）危害多种树木。在非绿色寄生性种子植物的列当属（*Orobanche*）中，中国新疆等地的埃及列当（*O. aegyptiaca*）主要寄生于哈密瓜，也寄生于番茄、辣椒、烟草、马铃薯和向日葵。长江以南各地所常见的中国野菰（*Aeginetia sinensis*）、印度野菰（*A. indica*），多寄生在甘蔗和禾草类植物的根部。菟丝子（*Cuscuta chinensis*）多寄生于大豆等作物。

（4）防治

宜结合耕作栽培技术，根据寄生植物的特点进行。如菟丝子的防治主要靠播种前清除混杂在作物种子中的菟丝子种子，或在菟丝子开花前割除其植株并深埋。桑寄生的防治应在寄主植物果实成熟前铲除寄主上的吸根和匍匐茎。列当可通过禾本科作物与其他作物轮栽换茬来防治，并应严格执行检疫制度。

（5）大型病症

专性寄生种子植物，个体 0.02~2m，成丛地长在寄主树冠上，非常明显，由于专化性很强，所以多以寄主属名定为种名（见附录检索表 1）。

高等寄生性种子植物对寄主的危害检索表

1a. 病原物绿色植株，无根出条。植株矮小，直立高 2~8（~12）cm。矮槲寄生茎和分支有关节状节。寄主受害处呈丛枝状，病原物着生处肿大 ··· 2

1b. 绿色植株，无根出条。植株矮小，逢散高 5~15cm。枝茎扁平，具明显的节，叶退化呈膜质环状，分枝二至三歧。寄主受害处（同上）··· **栗寄生害**

寄主：普洱茶、油茶或壳斗科树冠上。栗寄生 [*Korthalsella japonica*（Thunb.）Engl.]。

1c. 绿色植株，无根出条。植株较高，较蓬散。高 0.5~1m，三歧分支。着生处肿大 ·· 3

1d. 绿色植株，有根出条。植株高大，直立，高 0.5~2m 树枝状分枝，无关节状节着生处肿大 ··· 4

1e. 多年生草质藤本，黄绿色或绿色缠绕茎，多平生缠在乔木或灌木树冠上，茎粗 1.5~2mm，具短柔毛，长 1m 至数米，叶鳞片 ··· **无根藤害**

寄主：樟树，茶树，夹竹桃等多种乔木或灌木的向阳处。无根藤（*Cassytha filiformis* L.）

1f. 全株无叶绿素黄色或黄白色缠绕茎，缠在灌木或草本植物冠上，茎粗 1~2mm，光滑无毛，长 1m 至数米，无叶片，全株无叶绿素 ······ 5

1g. 紫色肉质植株，紫红色穗状或头状花序似蛇头，花小，单性花，整株像蘑菇，叶和包片呈鳞片状，无叶绿素，寄生在阔叶树根上，7—8月长出地面 ·· **蛇菇害**

   寄主：多种阔叶树根上（露出地面的蛇菇）。蛇菇（*Balanophora* spp.）

2a. 寄主云南油杉受害处树冠，病原物牙刷状丛生株，整株为病症高 2~8（~12）cm ·· **油杉矮槲寄生害**

   油杉矮槲寄生（*Arceuthobium chinense* Lecomte）

2b. 寄主高山松和云南松受害处树冠，病症刷状丛生株高 2~8（~12）cm ··· **松矮槲寄生害**

   松矮槲寄生（*A. pini* Hawksworth et Weins）

2c. 寄主云杉受害处树冠，病症刷状丛生株高 2~8（~12）cm ··· **云杉矮槲寄生害**

   云杉矮槲寄生（*A. pini* var. *sichuanense* H. S. Kin）

2d. 病原物寄生在冷杉树冠上，病症刷状丛生株高 2~8（~12）cm ··· **冷杉矮槲寄生害**

   冷杉矮槲寄生 [*A. tibetense* H. S. kiu et W. Ren.]

2e. 病原物寄生在圆柏树冠上，病症状丛生枝，株高 2~8（~12）cm ··· **圆柏矮槲寄生害**

   圆柏矮槲寄生 [*A. oxycedri*（DC.）M. Bieb.]

3a. 病原物寄生在阔叶树冠上，高 0.5~0.7m，枝扁平，有明显关节，叶鳞片状，果橙红或黄色，花期 4 月，果期 12 月 ······ **枫香槲寄生害**

   寄主：枫香树、油桐、柿及多种壳斗科植物（树冠上）。

   枫香槲寄生 [*Viscum liquidambaricolum* Hayata]

3b. 病原物寄生在阔叶树冠上，高 0.5m 左右，枝圆柱形，有关节状节，叶对生，倒卵形，有短柄，叶长 3~5cm，花果期春秋季 ··· **卵叶槲寄生害**

   寄主：核桃、樱桃、花楸等。

   卵叶槲寄生（*V. Album* L. var. *meridianum* Danser）

3c. 云南海拔 750~3000m 山地阔叶林中，寄生植株关节状节，落叶性小灌丛高 0.5~1m。全株无毛，花果期春、秋季，穗状花序。果淡色，5~10cm ·· **稠李桑寄生害**

   寄主：壳斗科及梨属等植物。稠李桑寄生（*Loranthus delavayi* Van Tiegh.）

3d. 我国海拔 2000m 下常绿阔叶林中，无关节状节，常绿小灌木，高 0.5~1.5m，全株无毛，花果期春夏季，果红色长 6 mm，叶对生卵形，长 5~12cm，花红色 ·················· **离瓣寄生害**

   寄主：樟树、油桐、榕树、李树及壳斗科植物。

离瓣寄生 [*Helixanthera parasitica* Lour.]

4a. 病症株高 0.1~1.5m，寄生于针叶树，叶革质倒披针形，顶端钝圆，中脉明显，互生或簇生短枝上，全株无毛，花红色，花托或果基部钝圆，果紫红色 …………………… **显脉松寄生害**

寄主：云南油杉、油杉属、云杉属和铁杉属及松属乔木植物。

显脉松寄生 [*Taxillus caloreas* (Diels) Danser var. *fargesii* (Lecte.) H. S. Kiu]

4b. 寄生于阔叶林川滇藏海拔 1700~2700m 坝区或山地，病症株高 0.5~1m，嫩枝叶被黄褐色毛，枝下垂，成长叶叶背有毛、果钝圆、浅黄色，花红色被茸毛，花托陀螺形，浆果梨形，红黄色有柄 …………………… **滇藏钝果寄生害**

寄主：板栗、梨、柿、李、海棠、柳及壳斗科植物。

滇藏钝果寄生 [*T. thibetensis* (Lecomte) Danser]

4c. 寄生于阔叶树，也见寄生香柏树，嫩叶嫩梢有茸毛，成长叶两面无毛，花红色无毛，花陀螺形，果梨形，红黄色有柄 …………………………………………………………… **红花寄生害**

寄主：橘树、柚子树、桃、梨、山茶科、大戟科等，也可寄生香柏树。　红花寄生（柏寄生）(*Scurrula parasitica* L.)

4d. 特征与红花寄生同，但花为黄绿色，花小 1.2~2cm …………………………………………………………… **小红花寄生害**

寄主：垂丝海棠。小红花寄生 [*S. parasitica* L. var. *graciliglora* (Wollyrex DC.) H. S. Kiu]

4e. 分布东南亚各国和我国西南，华南热带，寄生于杉木和阔叶树，长绿灌木，全株无毛，具根出条，高 0.5~1m，雄蕊 6，花果橙色，花果期 2~8 月，叶对生，宽椭圆形，长 5~10cm …………………………………………… **鞘花寄生害（杉寄生害）**

寄主：杉木，油桐或壳斗科，山茶科，樟科植物上。

杉寄生 [Macrosolen *cochinchinensis* (Lour.) Van. Tiegh.]

4f. 分布地基本同鞘花寄生，海拔 1600m 以下，寄主多达 360 余种，生长迅速，植株高大，具根出条，常绿灌丛易受霜害，高达 2m，叶互生无毛，常呈椭圆形，长 5~13cm 花红黄色，雄蕊 5，花果期春夏季 …………………… **五蕊寄生害**

寄主：橡胶树、杧果、柚、橘、梨及其他热带树种。

五蕊寄生 [*Dendrophthoe pentandra* (L.) Miq.]

5a. 缠绕茎粗达 2 mm，具黄白色，并有突起的紫斑，种子 1~2 粒，寄生在小乔木或灌木上 …………… **日本菟丝子害**

寄主：海棠树、柑橘等各类果树，柳、杨树和迎春花，小叶女贞，叶子花等各种灌木。

日本菟丝子 [*Cuscuta japonica* Choisy]

5b. 缠绕茎较细，直径 1 mm 以内，黄色，果内种子 2~4 粒，寄主以草本植物为主 ……………………………… **中国菟丝子害**

寄主：荞麦、蓼属，鼠尾草属的一串红、一串白、一串紫等草本植物和木本植物幼苗。中国菟丝子（*Cuscuta chinensis* Zam）

（本节编写：陈秀虹）

3.6 其他病原物及所致病害

（1）毛毡病

①症状：毛毡病是一类主要危害叶片，也危害嫩梢、幼果及花梗的病害。叶片受害，最初叶背或正面产生许多不规则的白色病斑，逐渐扩大，其叶表隆起呈泡状，背面病斑凹陷处密生一层毛毡状白色茸毛，茸毛逐渐加厚，并由白色变褐色，最后变成暗色，病斑大小不等。病斑边缘常被大的叶脉限制呈不规则形，严重时，病叶皱缩、变硬，表面凹凸不平。枝蔓受害，常肿胀成瘤状，表皮龟裂。

②病原：该病实际上是一种虫害锈壁虱寄生所致，但人们习惯列为病害。如葡萄锈壁虱［*Eriophyes vitis*（*Pegenstecher*）］属节肢门蛛形纲壁虱目。虫体圆锥形，体长 0.1~0.3mm，体具很多环节，近头部有两对软足，腹部细长，尾部两侧各生一根细长的刚毛。

③发病规律：锈壁虱以成虫在芽鳞或被害叶片上越冬。翌年春天随着芽的萌动，锈壁虱由芽内移动到幼嫩叶背茸毛内潜伏为害，吸食汁液，刺激叶片产生毛毡状茸毛，以保护虫体进行为害。

④防治方法：冬季修剪后彻底清洁田园，把病残收集起来烧毁。发病初期及时摘除病叶并且深埋，防止扩大蔓延。芽开始萌动时，喷 1 次 3°~5°Bé 石硫合剂，以杀死越冬壁虱。历年发生严重的园区，发芽后再喷 1 次 0.3°~0.4°Bé 石硫合剂或 25% 亚胺硫磷乳油 1000 倍液。从病区引进苗木时，必须用温汤消毒。方法是把苗木先放入 30~40℃ 温水中浸 3~5min，再移入 50℃ 温水中浸 5~7min，即可杀死潜伏的锈壁虱。

（2）植物线虫病（plant nematode disease）

由植物寄生线虫侵袭和寄生引起的植物病害。受害植物可因侵入线虫吸收体内营养而影响正常的生长发育；线虫代谢过程中的分泌物还会刺激寄主植物的细胞和组织，导致植株畸形、萎蔫等。使农产品减产和质量下降。中国较为严重的植物线虫病有花生等多种作物的根结线虫病、大豆胞囊线虫病、小麦粒线虫病、甘薯茎线虫病、水稻干尖线虫病、粟线虫病、松材线虫病、柑橘半穿刺线虫病等。

植物寄生线虫长 1mm 左右，多呈线形，无色或乳白色，不分节，线虫还可传播病毒，假体腔，左右对称。其口腔壁加厚形成吻针，是大多数植物寄生线虫与其他线虫的重要区别之一。

因线虫的种类、为害部位及寄主植物的不同而异；大多数植物线虫为害植物的地下部分，如根、块茎等，如马铃薯根腐病就是由于马铃薯茎线虫取食根部造成伤口，并使地上部分表现叶片发黄、植株矮小、营养不良。根部症状可表现为：第一，结瘤。入侵线虫周围的植物细胞由于受到线虫分泌物的刺激而膨大、增生，形成结瘤。通常由根结线虫、鞘线虫和剑线虫引起。远距离传播则主要靠携带线虫的种苗和其他种植材料的调运。第二，坏死。植物被害部分酚类化合物增加，细胞坏死并变成棕色，可由短体线虫引起。第三，根短粗。或借助于水的流动，线虫在根尖取食，根的生长点遭到破坏，致使根不能延长生长而变短粗。常由毛刺线虫、根结线虫和剑线虫引起。第四，丛生。由于线虫分泌物的刺激，根过度生长，须根呈乱发丛状丛生。世代长短因种类不同而有很大差别，根结线虫、短体线虫、胞囊线虫、长针线虫及毛刺线虫均可引起这种症状。第五，枯萎。松材线虫使松树出现整株枯死的现象。

此外还有一些植物线虫侵袭植物的茎、叶、花和果实等地上部分，表现的症状有萎蔫、枯死、茎叶扭曲、叶尖捻曲干缩、叶斑、虫瘿和花冠肿胀等。

植物线虫的寄生方式和习性大致可分为内寄生、半内寄生或半外寄生以及外寄生 3 种，每一种又可根据线虫寄生后移动与否分为定居型和移动型。第一，内寄生。有性生殖时受精卵经减数分裂而形成胚胎；孤雌生殖时卵母细胞不经过受精，内寄生线虫的全部体躯进入寄主植物体内。其定居型有根结线虫（*Meloidogyne* spp.）和胞囊线虫（*Heterodera* spp.），移动型有短体线虫（*Pratylenchus* spp.）和松材线虫（*Bursaphelenchus xylophilus*）等。第二，半内寄生线虫只以头部或身体的前半部进入植物体内取食，而后半部则留在植物体外。其定居型有柑橘半穿刺线虫（*Tylenchulus semipenetrans*），移动型有拟环线虫（*Criconemoides* spp.）、针线虫（*Paraty lenchus* spp.）和鞘线虫（*Hemicycliophora* spp.）等。第三，移动型有拟环线虫（*Criconemoides* spp.）、针线虫（*Paratylenchus* spp.）和鞘线虫（*Hemicycliophora* spp.）等。外寄生线虫不进入植物体内，只以口针刺破植物表皮吸取营养。其定居型有肾形线虫（*Rotylencyhulus reniformis*），移动型有剑线虫（*Xiphinema* spp.）和锥线虫（*Dolichodorus* spp.）等。

①生殖方式：有有性生殖和孤雌生殖 2 种类型。有性生殖时受精卵经减数分裂而形成胚胎；孤雌生殖时卵母细胞不经过受精，而通过有丝分裂后形

成胚胎。发育历经卵、幼虫和成虫3态。表现的症状有萎蔫、枯死、茎叶扭曲、叶尖干缩、叶斑、虫瘿和花冠肿胀等。幼虫有4个龄期,经4次蜕皮后成为成虫。世代长短因种类不同而有很大差别,短的7~10d,一般3~4周,由于线虫分泌物的刺激,长的可达9个月。

②传播途径:线虫自身的活动有限,主要进行被动式的传播移动——随病残体、虫瘿和种子,根苗材料传播或借助于水的流动,土壤、农机具的沾带和昆虫的传带。绝大部分植物病原线虫的生活史中,直至细胞坏死并变成棕色,都有一个阶段(甚至终身)要在土壤中生活,因此很多线虫特别是外寄生线虫和根线虫会通过土壤进行传播。远距离传播则主要靠携带线虫的种苗和其他种植材料的调运。通常由根结线虫、鞘线虫和剑线虫引起。

③致病作用:除吻针对寄主的刺伤和虫体在植物组织中的穿行所造成的机械损伤以及因寄生消耗植物养分而造成的危害外,还会形成结瘤。植物线虫主要是通过穿刺寄主时分泌各种酶或毒素来造成各种病变。入侵线虫周围的植物细胞由于受到线虫分泌物的刺激而膨大、增生。

线虫的侵害活动还可为次生病原微生物提供入口,如马铃薯根腐病就是由于马铃薯茎线虫取食根部造成伤口,为其他细菌和真菌提供了通道。大多数植物线虫为害植物的地下部分,致使马铃薯根部腐烂。

因线虫的种类、受害部位及寄主植物的不同而异。线虫也可与其他病原物形成复合侵染,如烟草黑胫病菌只有与根结线虫联合侵染时才能发病,其口腔壁加厚形成吻针,而该病菌单独存在或遇机械伤口时都不会发生病害。经常和线虫造成复合病害的有镰刀菌、疫霉、轮枝霉和丝核菌等。线虫还可传播病毒,一般球形或多面形的病毒由剑线虫和长针线虫传播,无色或乳白色,而杆状或管状病毒则多由毛刺线虫传播。

④防治方法:利用线虫病被动传播为主的特点严格执行检疫措施;利用植物线虫在不适宜的寄主上难以繁殖的特点,选用抗病、耐病品种;利用大多数植物线虫有在土壤中的生活史的特点,用化学药剂处理土壤;进行种子汰选和种苗的热处理;通过轮作、秋季休闲、翻耕晒土、田间卫生等耕作措施破坏植物线虫存活的适宜条件及防治传播媒介昆虫等,以及利用天敌控制等。

(本节编写:伍建榕)

第 4 章

病原物的致病性和林木的抗病性

4.1 病原物的寄生性和专化性

4.1.1 病原物的寄生性

林木侵染性病害是寄主植物和病原生物在一定环境条件下相互作用的结果，轻者零星发病，重者则会造成大面积流行。为了制定切实可行的防治策略和控制方法，需要了解病原物的特性、寄主对病原物侵染的反应以及环境条件对二者的影响。

病原物的寄生性是指病原物从寄主植物的细胞或组织中获得营养的能力。从活的有机体上获得养分的生物，称为寄生物。与寄生物不同，从死的有机体或土壤腐殖质中获得养分的生物，称为腐生物。

4.1.2 林木病原生物寄生性的类型

一般而言，林木病原生物按寄生性的强弱分为专性寄生、强寄生、弱寄生等3种类型。

①专性寄生：是指病原生物只能从活的有机体中吸取营养进行生长发育，很难在人工培养基上生长。具有专性寄生的病原生物。例如，菌物中的白粉菌、锈菌、霜霉菌和桑寄生等。

②强寄生：又称为兼性腐生、半活体寄生，属于非专性寄生物，主要是以寄生方式为主，兼具腐生能力。例如，菌物中的外囊菌、黑粉菌、叶斑菌等。

③弱寄生：又称为兼性寄生，死体寄生等，主要以腐生生活为主，兼营寄生生活。例如，菌物中的腐霉菌、根霉菌等。

表 1-4-1　林木病原生物寄生物的类型

	专性寄生物 活养寄生物	非专性寄生物	
		兼性腐生物 半活养寄生物	兼性寄生物 死养寄生物
寄生物 类型	病毒、线虫、寄生性种子植物 菌物：根肿菌、霜霉菌、白锈菌、白粉菌、锈菌 原核生物：植原体、螺原体、韧皮部寄生菌、木质部寄生菌	菌物：外囊菌、黑粉菌、叶斑菌 原核生物：黄单胞杆菌、棒形杆菌、土壤杆菌	菌物：腐霉菌、根霉菌、根腐菌、灰霉菌等 原核生物：软腐细菌、青枯细菌
培养 难度	原核生物及部分菌物可以在特殊培养基培养	可以在培养基培养	易培养

4.1.3　病原物的寄生性和专化性对病害防治的意义

一般而言，寄生物对寄主植物的种类或品种具有一定选择性的现象，称为寄生物的专化，即有的寄生物可以危害不同科的植物，有的却只能危害某一种或品种的植物。病原物种内对寄主植物的科、属和种具有不同致病力的类型，称为专化型。病原物种内或专化型内对寄主植物的品种具有不同致病力的类型，称为生理小种。通常情况采用寄主范围来表示寄生物的专化程度，即病原生物寄生的植物种的范围。此外，就一些锈菌而言，其必须在两种亲缘关系不同的寄主植物上寄生，才能完成生活史，该现象称为转主寄生，不同的寄主植物互为转主寄主。

对于防治寄生性和专化性较弱的病原物引起的植物病害，应加强对林木开展抚育管理，从增强树势及增强抵抗力角度，更好地抵御病原物的侵害；而对于寄生性和专化性较强的病原物引起的植物病害，则应从选育抗病树种方面加强防治措施制定。

4.2　病原物的致病性

病原物对寄主植物的破坏能力，称为病原物的致病性。病原物的寄生性与致病性是两个不同的概念：前者往往指病原物对寄主的依赖程度，而后者则指对寄主的破坏性。一般而言，病原物的寄生性与致病性存在着以下 3 种关系：寄生性强，致病性强，如霜霉菌和锈菌；寄生性强，致病性弱，如林木白粉病菌；寄生性弱，致病性强，如苗木猝倒病菌、枝干腐烂病菌。

一般而言，病原物对寄主的致病作用机制主要表现在以下 3 大方面：

（1）病菌分泌各种酶（纤维素酶、半纤维素酶、果胶酶和木质素酶等）

目前研究发现，碳水化合物活性酶类（Carbohydrate-Active Enzymes, CAZymes）是植物病原真菌、细菌中重要的一类蛋白，在其生长发育过程中发挥着重要的作用。近些年关于CAZymes的研究呈现较快的增长，主要涉及以下6大类，糖苷水解酶（Glycoside Hydrolases, GHs）、糖基转移酶（Glycosyl Transferases, GTs）、多糖裂解酶（Polysaccharide Lyases, PLs）、碳水化合物酯酶（Carbohydrate Esterases, CEs）、辅助酶类家族（Auxiliary Activities, AAs）以及碳水化合物绑定结构（Carbohydrate-Binding Modules, CBMs）。上述胞外酶可以有效地降解寄主植物细胞和组织，从而对于寄主植物造成破坏。

（2）病菌产生生长素和细胞分裂素等激素

上述激素可以刺激植物细胞和组织的生长，最终引起植物形成肿瘤、丛枝等畸形症状。

（3）病菌产生毒素毒害寄主植物

菌物、细菌等病原菌均可产生毒素，对植物造成危害。细菌可产生内、外毒素，与细菌的致病性密切相关。细菌毒素可以分为菌体外毒素（exo-toxin）和菌体内毒素（endo-toxin）两种，前者为释放到菌体外的毒素，后者为含在菌体内的、在菌体破坏后而放出的毒素。值得一提的是，在有些菌体外毒素中，也有通过菌体的破坏而放出体外的，所以这种分类方法并不是很严谨。一般而言，菌体外毒素大多是蛋白质，其中有的起着酶的作用。白喉杆菌、破伤风杆菌、肉毒杆菌等的毒素均为菌体外毒素。

4.3　林木的抗病性

研究植物抗病性的目的在于了解寄主植物、病原物在环境条件影响下的相互关系，以及寄主植物如何产生抗病现象的规律性。这种研究工作始于20世纪初孟德尔遗传规律的被重新发现。其后，遗传学和植物生理学、生物化学的长足进展，以及近百年抗病育种的实践经验的积累，都促进了植物抗病性的研究。

4.3.1　植物抗病性的概念

植物的抗病性是指植物避免、中止或阻滞病原物侵入与扩展，减轻发病和损失程度的一类特性。抗病性是植物与其病原生物在长期的协同进化中相互适应、相互选择的结果，病原物发展出不同类别、不同程度的寄生性和致病性，植物也相应地形成了不同类别、不同程度的抗病性。同时，植物的抗病性也是寄主植物抵抗病原物侵染和危害的遗传性状，植物之所以会出现抗病性的表现，是在一定的环境条件影响下寄主植物的抗病性基因和病原物的致病基因相互作用的结果，是由长期的进化过程所形成。值得一提的是，某种植物是否具有抗病性是具有相对性的。在寄主植物和病原生物相互作用过程中，寄主植物的抗病性表现的程度有阶梯性差异，可以表现为轻度抗病、中度抗病、高度抗病或完全免疫等类型。研究发现，一种植物或一个植物品种的抗病性，一般都由综合性状构成，每一性状由某一基因控制。在病原物侵染寄主植物前和整个侵染过程中，植物以多种因素、多种方式、多道防线来抵抗病原物的侵染和危害。不同植物、不同植物品种对相应病原物的抗病机制也存在较大的不同。

4.3.2 植物抗病性的特征

抗病性是植物普遍存在的、相对的性状。所有的植物都具有不同程度的抗病性，从免疫和高度抗病到高度感病存在连续的变化，抗病性强便是感病性弱，抗病性弱便是感病性强，抗病性与感病性两者共存于一体，并非互相排斥。只有以相对的概念来理解抗病性，才会发现抗病性是普遍存在的。

同时，植物的抗病性也是生物不断进化的产物。生长在大自然中的每种植物都会遭受各类病原物的侵袭而受到不同程度的危害，有的甚至是毁灭性的。尽管如此，许多植物仍能经受住这些侵害而存活下来，并生长良好和得到可观的产量。究其原因，植物彼此之间存在不同程度的抗病性。因此，在物种进化过程中，病原物进化出不同类别、不同层面、不同程度的寄生性和致病性，同时，植物也相应地形成了不同类别、不同层面、不同程度的抗病性。

从遗传学角度来看，植物的抗病性又是可遗传的。它由专门的基因所控制，并遵循一定的遗传规律。有的是由单个或少数几个主效基因控制，按孟德尔遗传法则，抗病性表现为质量性状，有的则由多数微效基因控制，抗病性表现为数量性状。抗病性是植物的遗传潜能，其表现受寄主与病原的相互作用的性质和环境条件的共同影响。按照遗传方式的不同可将植物抗病性区分为主效基因抗病性（major gene resistance）和微效基因抗病性（minor gene resistance），前者由单个或少数几个主效基因控制，按孟德尔法则遗传，抗病性表现为质量性状；后者则由多数微效基因控制，抗病性表现为数量性状。

此外，环境条件对抗病性的影响很大，其影响作用一般只表现在当代而不向子代进行遗传。理化因素和生物因素都可能对植物抗病性的生理生化系统、组织和器官生长发育以及产品形成过程产生影响。如大多数土传的苗期病害都是低温下发病较重，这是由于苗期植物抗病性较差，随着植物不断生长，其根外部皮层的形成、伤口愈合以及组织木栓化等抗病性逐渐提高。大气污染有时也会对寄主的抗病性产生影响，如只有在二氧化硫污染地区，松树针枯病才会严重发生。生物因素中，土壤中的某些线虫能破坏植物对根病害和维管束病害的抗性，如棉花枯萎病、烟草黑胫病等。日常管理措施如修剪、施用等农事操作也都会使某些植物的某种抗病性不同程度地增强或削弱。环境条件对抗病性的影响可发生在病原物侵染寄主的一段时间内；也可发生在病原物侵入之前，使植物的生理、生化或生育状况变得容易感病，然后在侵染时才显露其影响，后一种情况称为诱病作用。

病原物的寄生专化性越强，则寄主植物的抗病性分化也越明显。对锈菌、白粉菌、霜霉菌以及其他专性寄生物和稻瘟病菌等部分兼性寄生物，寄主的抗病性可以仅仅针对病原物群体中的少数几个特定小种，这称为小种专化抗病性（race-specific resistance）。具有该种抗病性的寄主品种与病原物小种间有特异性的相互作用。小种专化性抗病性是由主效基因控制的，抗病效能较高，是当前抗病育种中所广泛利用的抗病性类别，其主要缺点是易因病原物小种组成的变化而"丧失"。与小种专化抗病性相对应的是非小种专化抗病性（race-nonspecific resistance），具有该种抗病性的寄主品种与病原物小种间没有明显特异性相互作用，是由微效基因控制的，针对病原物整个群体的一类抗病性。

具有小种专化性抗病性的寄主植物与其病原物之间具有复杂的相互作用。20世纪50年代所提出的"基因对基因学说"（gene-for-gene theory）阐明了这类相互作用的遗传学特点。该学说认为对应于寄主方面的每一个决定抗病性的基因，病原物方面也存在一个决定致病性的基因。反之，对应于病原物方面的每一个决定致病性的基因，寄主方面也存在一个决定抗病性的基因。任何一方的有关基因都只有在另一方相对应的基因作用下才能被鉴别出来。基因对基因学说不仅可用以改进品种抗病基因型与病原物致病性基因型的鉴定方法，预测病原物新小种的出现，而且对于抗病性机制和植物与病原物共同进化理论的研究也有指导作用。

植物抗病性的机制是非常复杂的，按照寄主植物的抗病机制不同，可将抗病性区分为被动抗病性（passive resistance）和主动抗病性（active resistance）。前者为植物与病原物接触前已具有的性状所决定的抗病性，后者则为受病原物侵染所诱导的寄主保卫反应。植物抗病反应是多种抗病因素共同作用，顺序表达的动态过程，根据其表达的病程阶段不同，又可划分为抗接触、抗侵入、抗扩展、抗损失和抗再侵染。其中，抗接触又称为避病（disease escape），抗损害又称为耐病（disease tolerance），而植物的抗再侵染特性则通称为诱发抗病性（induced resistance）。

4.3.3 林木受侵染后生理变化

林木被各类病原物侵染后，发生一系列具有共同特点的生理变化。其植物细胞的细胞膜透性改变和电解质渗漏是侵染初期重要的生理病变，继而出现呼吸作用、光合作用、核酸和蛋白质、酚类物质、水分生理以及其他方面的变化。研究病植物的生理病变对了解寄主-病原物的相互关系有重要意义。

(1) 呼吸作用

呼吸强度提高是寄主植物对病原物侵染的一个重要的早期反应,但这个反应并不是特异性的。首先,各类病原物都可以引起病植物呼吸作用的明显增强。另外,由某些物理或化学因素造成的损伤也能引起植物呼吸强度的增强。锈菌、白粉菌等专性寄生真菌侵染后,植物呼吸强度增强的峰值往往出现在病原真菌产孢期。除呼吸强度的变化外,病株葡萄糖降解为丙酮酸的主要代谢途径与健康植物也有明显不同。健康植物中葡萄糖降解的主要途径是糖酵解,而病植物则主要是磷酸戊糖途径,因而葡糖-6-磷酸脱氢酶和6-磷酸葡糖酸脱氢酶活性增强。磷酸戊糖途径的一些中间产物是重要的生物合成原料,与核糖核酸、酚类物质、木质素、植物保卫素等许多化合物的合成有关。目前,关于病组织中呼吸作用增强的原因,还缺乏较为一致的看法。一般认为它涉及寄主组织中生物合成的加速、氧化磷酸化作用的解偶联作用、末端氧化酶系统的变化以及线粒体结构的破坏等复杂的机制。

(2) 光合作用

光合作用是绿色植物最主要的生理功能,病原物的侵染对植物光合作用产生了多方面的影响。病原物的侵染对植物最明显的影响是破坏了绿色组织,减少了植物进行正常光合作用的面积,光合作用减弱。马铃薯晚疫病严重流行时可以使叶片完全枯死和脱落,减产的程度与叶片被破坏的程度成正比。锈病、白粉病、叶斑病和其他植物病害都有类似的情况。叶面被破坏的程度常常用来估计叶斑病和叶枯病的病害损失程度。许多产生褪绿症状的病植物,由于叶绿素被破坏或者叶绿素合成受抑制而使叶绿素含量减少,也导致光合能力下降。植物遭受专性寄生菌如锈菌和白粉菌等侵染后,病组织的光合作用能力也会逐渐下降,发病后期更为明显。光合产物的转移也受到病原物侵染的影响。病组织可因 α-淀粉酶活性下降,导致淀粉积累。发病部位有机物积累的原因还可能是光合产物输出受阻或者来自健康组织的光合产物输入增加所造成的。病组织中有机物积累有利于病原物寄生和繁殖。到发病后期,病组织积累的有机物趋于减少和消失。

(3) 核酸和蛋白质

植物受病原物侵染后核酸代谢发生了明显的变化。病原真菌侵染前期,病株叶肉细胞的细胞核和核仁变大,RNA总量增加,侵染的中后期细胞核和核仁变小,RNA总量下降。在整个侵染过程中DNA的变化较小,只在发病后期才有所下降。例如,在细菌病害方面,由冠瘿土壤杆菌(*Agrobacterium tumefaciens*)侵染所引起的植物肿瘤组织中,细胞分裂加速,DNA显著增多,并且还产生了健康植物组织中所没有的冠瘿碱一类的氨基酸衍生物。烟草花叶病毒(TMV)侵染寄主后,由于病毒基因组的复制,寄主体内病毒

RNA 含量增高，寄主 RNA，特别是叶绿体 rRNA 的合成受抑制，因而引起严重的黄化症状。在病原真菌侵染的早期，病株总氮量和蛋白质含量增高，在侵染后期病组织内蛋白水解酶活性提高，蛋白质降解，总氮量下降，但游离氨基酸的含量明显增高。受到病原菌侵染后，抗病寄主和感病寄主中蛋白质合成能力有明显不同。病毒、细菌和真菌侵染能诱导寄主产生一类特殊的蛋白质，即病程相关蛋白（pathogenesis related protein）。

（4）酚类物质和相关酶

酚类化合物是植物体内重要的次生代谢物质，植物受到病原菌侵染后，酚类物质和一系酚类氧化酶都发生了明显的变化，这些变化与植物的抗病机制有密切关系。酚类物质及其氧化产物——醌的积累是植物对病原菌侵染和损伤的非专化性反应。醌类物质比酚类对病原菌的毒性高，能钝化病原菌的蛋白质、酶和核酸。病植物体内积累的酚类前体物质经一系列生化反应后可形成植物保卫素和木质素，发挥重要的抗病作用。

各类病原物侵染还引起一些酚类代谢相关酶的活性增强，其中最常见的有苯丙氨酸解氨酶（PAL）、过氧化物酶、过氧化氢酶和多酚氧化酶等，以苯丙氨酸解氨酶和过氧化物酶最重要。苯丙氨酸解氨酶可催化 L-苯丙氨酸还原脱氨生成反式肉桂酸，再进一步形成一系列羟基化肉桂酸衍生物，为植物保卫素和木质素合成提供苯丙烷碳骨架或碳桥，因此，发病植株中苯丙氨酸解氨酶活性增高，有利于植物抗病性表达。过氧化物酶在植物细胞壁木质素合成中起重要作用。受到病原菌侵染后，表现抗病反应的寄主和表现感病的寄主过氧化物酶活性虽然都有提高，但前者的酶活性更高。但是，也有一些病例，侵染诱导的过氧化物酶活性提高与抗病性增强无明显的相关性。

（5）水分生理

植物叶部发病后可提高或降低水分的蒸腾，依病害种类不同而异。植物感染锈菌后，叶片蒸腾作用发生增强，水分出现大量散失现象。蒸腾速率的提高是一个渐进的过程，由显症阶段开始，当锈菌产孢盛期则蒸腾速率达到高峰。叶面锈菌孢子堆形成时产生的裂口以及气孔机能失控，都减低了水分扩散的阻力，导致病叶含水量减少，细胞膨压和水势降低，溶质势增高。

多种病原物侵染引起的根腐病和维管束病害显著降低根系吸水能力，阻滞导管液流上升。病原菌产生的多糖类高分子量物质，病原细菌菌体及其分泌物，病原真菌的菌丝体和孢子，病原菌侵染诱导产生的胶质和侵填体等都有可能堵塞导管。另外，病原菌产生的毒素也能引起水分代谢失调。有些毒素是高分子量糖蛋白，本身就能堵塞导管。镰孢属真菌产生的镰刀菌酸（fusaric acid）是一种致萎毒素，它能损害质膜，引起细胞膜渗透性改变，电解质漏失，细胞质离子平衡被破坏等一系列生理变化，造成病株水分失调而萎蔫。植物萎蔫症状的成因是复杂的。有时则是病株水分从气孔和表皮蒸腾的速度过高,超过了导管系统供水速度所造成的;有时则是根系吸水减少或导管液流上升受阻造成的。

4.3.4 植物的抗病机制

植物在与病原物长期的共同演化过程中,针对病原物的多种致病手段,发展了复杂的抗病机制。研究植物的抗病机制,可以揭示抗病性的本质,合理利用抗病性,达到控制病害的目的。植物的抗病机制是多因素的,有先天具有的被动抗病性因素,也有病原物侵染引发的主动抗病性因素。按照抗病因素的性质则可划分为形态的、机能的和组织结构的抗病因素,即物理抗病性因素(physical defense),以及生理的和生物化学的因素,即化学抗病性因素(chemical defence)。任何单一的抗病因素都难以完整地解释植物抗病性。事实上,植物抗病性是多种被动和主动抗病性因素共同或相继作用的结果,所涉及的抗病性因素越多,抗病性强度就越高、越稳定而持久。

(1)物理的被动抗病性因素

植物被动抗病的物理因素是植物固有的形态结构特征,它们主要以其机械坚韧性和对病原物酶作用的稳定性而抵抗病原物的侵入和扩展。植物表皮以及被覆在表皮上的蜡质层(wax layer)、角质层(cuticle)等构成了植物体抵抗病原物浸入的最外层防线。蜡质层有减轻和延续发病的作用,因其可湿性差,不易黏附雨滴,不利于病原菌孢子萌发和侵入。对直接侵入的病原菌来说,植物表皮的蜡质层和角质层越厚,抗侵入能力越强。植物表皮层细胞壁发生钙化作用或硅化作用,对病原菌果胶酶水解作用有较强的抵抗能力,能减少侵入。例如:叶片表皮细胞壁硅化程度高的水稻品种抵抗稻瘟病和胡麻叶斑病。老化的水稻叶片表皮硅化程度较高,对白叶枯病等多种病害抗性也较强。对于从气孔侵入的病原菌,特别是病原细菌,气孔的结构、数量和开闭习性也是抗侵入因素。皮孔、水孔和蜜腺等自然口也是某些病原物侵入植物的通道,其形态和结构特性也与抗侵入有关。

木栓化组织的细胞壁和细胞间隙充满木栓质(suberin)。木栓质是多种高分子量酸类构成的复杂混合物。木栓细胞构成了抵抗病原物侵入的物理和化学屏障。植物受到机构伤害后,可在伤口周围形成木栓化的愈伤周皮,能有效地抵抗从伤口侵入的病原细菌和真菌。植物细胞的胞间层、初生壁和次生壁都可能积累木质素(lignin),从而阻止病原菌的扩展。植物初生细胞壁主要由纤维素和果胶类物质构成,也含有一定数量的非纤维多糖和半纤维素。纤维素细胞壁对一些穿透力弱的病原真菌也可成为限制其侵染和定殖的物理屏障。木本植物组织中常有胶质、树脂、单宁类似物质产生和沉积,也有阻滞某些病原菌扩展的作用。导管的组织结构特点可能成为植物对维管束病害的抗病因素。某些抗枯萎病的棉花品种导管细胞数较少,细胞间隙较小，导管壁及木质部薄壁细胞的细胞壁较厚。抗榆疫病（*Ceratocystis ulmi*）的榆树品种导管孔径小，导管液流黏稠度较高，流速较低，不利于病菌分生孢子随导管液流上行扩展。

（2）化学的被动抗病性因素

植物普遍具有化学的被动抗病性因素，抗病植物可能含有天然抗菌物质或抑制病原菌某些酶的物质，也可能缺乏病原物寄生和致病所必需的重要成分。在受到病原物侵染之前，健康植物体内就含有多种抗菌性物质，诸如酚类物质、皂角苷、不饱和内酯、有机硫化合物等等。紫色鳞茎表皮的洋葱品种比无色表皮品种对炭疽菌（*Colletotrichum circinans*）有更强的抗病性。这是因为前者鳞茎最外层死鳞片分泌出原儿茶酸和邻苯二酚，能抑制病菌孢子萌发，防止侵入。由燕麦根部分离到一种称为燕麦素（avenacin）的皂角苷类抑菌物质，能抑制全蚀病菌小麦变种和其他微生物生长，其杀菌机制是与真菌细胞膜中的甾醇类结合，改变了膜透性。全蚀病菌燕麦变种和燕麦镰孢具有燕麦素酶，能分解燕麦素，可以成功地侵染燕麦。大麦幼苗在35日龄内能抵抗麦根腐平脐蠕孢，这是因为大麦具有抗菌性皂角苷——大麦素A和B。此外，番茄的番茄苷（γ-tomaine）、马铃薯的茄碱（solanine）和卡茄碱（chacoine）等也是研究较多的皂角苷类。

植物根部和叶部可溢泌出多种物质，如酚类物质、氰化物、有机酸、氨基酸等，其中有的对微生物有毒性，可抑制病原菌孢子萌发、芽管生长和侵染机构的形成。此外，有的泌出物质可刺激拮抗性微生物的活动或作为其营养源而与病原菌竞争。大多数病原真菌和细菌能分泌一系列水解酶，渗入寄主组织，分解植物大分子物质，若这类水解酶受到抑制，就可能延缓或限止病程发展。植物体内的某些酸类、单宁和蛋白质是水解酶的抑制剂，可能与抗病性有关。葡萄幼果果皮中的一种单宁含量较高，可抑制灰葡萄孢的多聚半乳糖醛酸酶，使侵染中断。在甘薯组织中还发现了一种水溶性蛋白质，也可抑制多聚半乳糖醛酸酶。植物组织中某些为病原物营养所必需的物质含量较少，可能成为抗扩展的因素。有学者提出所谓"高糖病害"和"低糖病害"的概念，以解释植物体内糖分含量与发病的关系。

（3）物理的主动抗病性因素

病原物侵染引起的植物代谢变化，导致亚细胞、细胞或组织水平的形态和结构改变，产生了物理的主动抗病性因素。物理抗病因素可能将病原物的侵染局限在细胞壁、单个细胞或局部组织中。病原菌侵染和伤害导致植物细胞壁木质化、木栓化、发生酚类物质和钙离子沉积等多种保卫反应。

①木质化作用（lignification）：是在细胞壁、胞间层和细胞质等不同部位产生和积累木质素的过程。现已发现细胞壁成分，如几丁质、脱乙酰几丁质等能够诱导木质化作用。木质素沉积使植物细胞壁能够抵抗病原侵入的机

械压力。大多数病原微生物不能分解木质素，木质化能抵抗真菌酶类对细胞壁的降解作用，中断病原菌的侵入。木质素的透性较低，还可以阻断病原真菌与寄主植物之间的物质交流，防止水分和养分由植物组织输送给病原菌，也阻止了真菌的毒素和酶渗入植物组织。在木质素形成过程中还产生一些低分子量酚类物质和对真菌有毒的其他代谢产物。木质化作用和细胞壁其他变化阻滞了病原菌扩展，使植物产生的植物保卫素有可能积累到有效数量。番茄幼果受到灰葡萄孢侵染后细胞壁沉积木质素类似物，侵入的菌丝只局限在少数的表皮细胞内。具有抗病基因 $Sr5$ 和 $Sr6$ 的小麦叶片受到秆锈菌非亲和小种侵染后，叶肉细胞也积累木质素，限制锈菌吸器形成，引起细胞坏死。植物遭受病毒侵染后产生的局部病斑，限制了病毒扩展，可能也与木质化作用有关系。

②木栓化（suberization）：是另一类常见的细胞壁保卫反应。病原菌侵染和伤害都能诱导木栓质（suberin）在细胞壁微原纤维间积累，木栓化常伴随植物细胞重新分裂和保护组织形成，以替代已受到损害的角质层和栓化周皮等原有的透性屏障。木栓化也增强了细胞壁对真菌逐染的抵抗能力。

③沉积酚类化合物：多种植物细胞壁在受到病原菌侵染和伤害后沉积酚类化合物。抗病马铃薯的块茎接种晚疫病菌非亲和性小种后就产生类似木质素的物质，主要是 p-香豆酸和阿魏酸酯。酚类化合物进一步氧化为醌类化合物，并聚合为黑色素（melanin），可以抑制病原菌分泌的细胞壁降解酶。

④沉积新生物细胞壁类似物质：在细胞壁内侧或外侧表面沉积新生细胞壁类似物质（wall-like material），是植物对病原菌侵染的常见反应类型之一。病原真菌行将侵入时，侵入位点下方植物细胞质迅速局部聚集，导致细胞壁增厚。禾本科植物表皮细胞壁内侧，在细胞壁与质膜之间，与真菌附着胞和侵入钉相对应位置上常形成半球形沉积物，即乳头状突起，简称乳突（papillae），对化学物质和具有高度的抵抗性。乳突的形成是大麦和小麦叶片抵抗白粉病菌侵入的重要因素。

⑤形成离层：木本植物以及多种植物的贮藏根、块茎和叶片等器官，在受到侵染或伤害后能产生愈伤组织，形成离层（abscission layer），将受侵染部位与健全组织隔开，阻断了其间物质输送和病菌扩展，以后病斑部分干枯脱落，桃叶受穿孔病菌侵染后即形成离层使病斑与病菌脱落，形成穿孔症状。丝核菌由皮孔侵入马铃薯块茎后，病斑组织与健康组织之间形成由 2~3 层木栓化细胞构成的离层，病斑组织连同其中的病菌脱落。马铃薯抗病品种块茎被癌肿病菌侵染后也形成木栓化的离层，病部脱落，形成疤痕。

⑥维管束阻塞：是抵抗维管束病害的主要保卫反应，它既能防止真菌孢子和细菌等病原物随蒸腾液流上行扩展，又能导致寄主抗菌物质积累和防止病菌酶和毒素扩散。维管束阻塞的主要原因之一是病原物侵染诱导产生了胶

质（gum）和侵填体（tylose）。胶质是由导管端壁、纹孔膜以及穿孔板的细胞壁和胞间层产生的，其主要成分是果胶和半纤维素。胶质产生是寄主的一种反应，而不单纯是病原菌水解酶作用的结果。侵填体是导管相邻的薄壁细胞通过纹孔膜在导管腔内形成的膨大球状体。对棉花枯萎病、黄萎病、番茄尖镰孢枯萎病等许多病例的研究，都表明胶质和侵填体的迅速形成是抗病机制，在感病品种中两者形成少而晚，不能阻止病原菌的系统扩展。

（4）化学的主动抗病性因素

化学的主动抗病性因素主要有过敏性坏死反应、植物保卫素形成和植物对毒素的降解作用等，研究这些因素不论在植物病理学理论上或抗病育种的实践中都有重要意义。

①过敏性坏死反应（necrotic hypersensitive reaction）：是植物对非亲和性病原物侵染表现高度敏感的现象，此时受侵细胞及其邻近细胞迅速坏死，病原物受到遏制或被杀死，或被封锁在枯死组织中。过敏性坏死反应是植物发生最普遍的保卫反应类型，长期以来被认为是小种专化抗病性的重要机制，对真菌、细菌、病毒和线虫等多种病原物普遍有效。植物对锈菌、白粉菌、霜霉菌等专性寄生菌非亲和小种的过敏性反应以侵染点细胞和组织坏死，发病叶片不表现肉眼可见的明显病变或仅出现小型坏死斑，病菌不能生存或不能正常繁殖为特征，据此可划为较低级别的反应类型，因而这类抗病性有时也被称为"低反应型抗病性"。

植物对病原细菌的过敏性反应特点与对兼性寄生真菌相似，在发生过敏性反应的抗病植株叶片内，细菌繁殖速率显著降低，细菌数量减少几十倍甚至几百倍。对病毒侵染的过敏性反应也产生局部坏死病斑（枯斑反应），病毒的复制受到抑制，病毒粒子由坏死病斑向邻近组织的转移受阻。在这种情况下，仅侵染点少数细胞坏死，整个植株不发生系统侵染。

②植物保卫素（phytoalexin）：是植物受到病原物侵染后或受到多种生理的、物理的刺激后所产生或积累的一类低分子量抗菌性次生代谢产物。植物保卫素对真菌的毒性较强。现在已知21科100种以上的植物产生植物保卫素，豆科、茄科、锦葵科、菊科和旋花科植物产生的植物保卫素最多。90多种植物保卫素的化学结构已被确定，其中多数为类异黄酮和类萜化合物。类异黄酮植物保卫素主要由豆科植物产生，例如豌豆的豌豆素（pisatin）、菜豆的菜豆素（phaseollin）、基维酮（kievitone），大豆、苜蓿和三叶草等产生的大豆素（glyceollin）等。类萜植物保卫素主要由茄科植物产生，例如马铃薯块茎产生的日齐素（rishitin）、块茎防疫素（phytuberin），甜椒产生的甜椒醇（capsidiol）。植物保卫素是诱导产物，除真菌外，细菌、病毒、线虫等生物因素以及金属粒子、叠氮化钠和放线菌酮等化学物质、机械刺激等非生物因子都能激发植物保卫素产生。后来还发现真菌高分子量细胞壁成分，如葡

聚糖、脱乙酰几丁质、糖蛋白，甚至菌丝细胞壁片断等也有激发作用。植物保卫素在病菌侵染点周围代谢活跃细胞中合成并向毗邻已被病菌定植的细胞扩散，死亡和即将死亡细胞中有多量积累，植物保卫素与植物细胞死亡有密切关系。抗病植株中植物保卫素迅速积累，病菌停止发展。植物组织能够代谢病原菌产生的植物毒素，将毒素转化为无毒害作用的物质。植物的解毒作用是一种主动保卫反应，能够降低病原菌的毒性，抑制病原菌在植物组织中的定植和症状表达，因而被认为是重要的抗病机制之一。镰刀菌酸是镰孢菌真菌产生的重要非选择性毒素，现已知番茄组织能将它转化和降解。维多利亚长蠕孢毒素（victorin）是燕麦维多利亚叶枯病菌产生的寄主选择性毒素。燕麦抗病品种和感病品种钝化该毒素的能力明显不同。毒素处理后24h，抗病品种胚芽鞘中毒素含量仅为感病品种的1/30。

（5）植物避病和耐病的机制

植物的避病和耐病构成了植物保卫系统的最初和最终两道防线，即抗接触和抗损害。这种广义的抗病性与抗侵入、抗扩展有着不同的遗传和生理基础。

①避病：植物因不能接触病原物或接触的机会减少而不发病或发病减少的现象称为避病。植物可能因时间错开或空间隔离而躲避或减少了与病原物的接触，前者称为"时间避病"，后者称为"空间避病"。避病现象受到植物本身、病原物和环境条件3方面许多因素以及相互配合的影响。植物易受侵染的生育阶段与病原物有效接种体大量散布时期是否相遇是决定发病程度的重要因素之一。两者错开或全然不相遇就能收到避病的效果。

对于只能在幼芽和幼苗期侵入的病害，种子发芽势强，幼芽生长和幼苗组织硬化较快，缩短了病原菌的侵入适期。有些病害越冬菌量很少，在春季流行时，需要有一个菌量积累过程，只有菌量达到一定程度后才会严重发病造成减产。对于这类病害，早熟品种有避病作用。植物的形态和机能特点可能成为重要的空间避病因素。

②耐病：耐病品种具有抗损害的特性，在病害严重程度或病原物发育程度与感病品种相同时，其产量和品质损失较轻。关于植物耐病的生理机制现在还所知不多。另外，还发现植物对根病的耐病性可能是由于发根能力强，被病菌侵染后能迅速生出新根。麦类耐锈病的能力也可能是因为发病后根系的吸水能力增强，能够补充叶部病斑水分蒸腾的消耗。

（6）植物的诱发抗病性及其机制

诱发抗病性（诱导抗病性）是植物经各种生物预先接种后或受到化学因子、物理因子处理后所产生的抗病性，也称为获得抗病性（acquired resistance）。显然，诱发抗病性是一种针对病原物再侵染的抗病性。在植物病毒学的研究中，人们早已发现病毒近缘株系间有"交互保护作用"。当植物寄主接种弱毒株系后，再第二次接种同一种病毒的强毒株系，则寄主抵抗强毒株系，症状减轻，病毒复制受到抑制。在类似的实验中，人们把第一次接种称为诱发接种（inducing inoculation），把第二次接种称为挑战接种（challenge inoculation）。后来证实这种诱发抗病性现象是普遍存在的，不仅同一病原物的不同株系和小种交互接种能使植物发生诱发抗病性，而且不同种类、不同类群的微生物交互接种也能使植物产生诱发抗病性。不仅如此，热力、超声波或药物处理致死的微生物、由微生物和植物提取的物质（葡聚糖、糖蛋白、脂多糖、脱乙酰几丁质等），甚至机械损伤等在一定条件下均能诱发抗病性。诱发抗病性有两种类型，即局部诱发抗病性和系统诱发抗病性。局部诱发抗病性（local induced resistance）只表现在诱发接种部位。系统诱发抗病性（systemic induced resistance）是在接种植株未行诱发接种的部位和器官所表现的抗病性。

第 5 章

侵染性病害的发生与流行

本章属于林木病理学部分的核心，林木病害发生和流行规律，是制订病害防治措施和进行病害预测的主要依据。主要研究林木病害发生、发展和流行的时间和空间动态，包括病害的侵染循环、侵染过程和病害流行等相关的内容。

5.1 病害的侵染循环

病害的侵染循环是指病害从上一个生长季节开始发生到下一个生长季节再度发生的过程，是病害在一年的时间当中的循环过程，涉及病原物、寄主、环境、时间、空间的变化。病害循环与病原物生活史不同，生活史是病原物个体发育过程，生活史相同的病原物引起的病害循环可以完全不同。但病原物生活史和病害循环密不可分，病害循环是以病原物生活史为基础的，是制订林木病害防治措施的主要依据。

病害循环是一个复杂的、动态的过程，一般可分为 4 个阶段：第一，病害发生前阶段，即病原物越冬越夏及从越冬越夏场所传到寄主植物表面的阶段；第二，病害在寄主植物个体中的发展阶段，是植物个体病害的发生过程，也就是所谓的病害侵染过程，包括接触、侵入、繁殖扩展、发病等阶段，是病原物在植物个体上的寄生和繁殖阶段；第三，病害在寄主植物群体中的发展阶段，即植物个体发病后，病害在植物群体中的发生发展，指病害的初侵染、再侵染和流行，是病原物在寄主群体中的增殖阶段；第四，病害或病原物的延续阶段，一个生长季节中，病害发展达高峰。

病害循环主要包括 3 个环节：病原物的越冬或越夏、病原物的传播、初侵染和再侵染。

5.1.1 病原物的越冬和越夏

病原物的越冬（overwintering）或越夏（oversummering）就是指病原物渡过寄主休眠期或不良环境。病原物越冬或越夏的场所，一般也就是下一季节的初次侵染来源。病原物的越冬或越夏的内容包括其存活的形态、方式、影响因素和场所。

（1）越冬或越夏形态、方式和影响因素

①越冬或越夏形态：病毒及类病毒多数以粒体或内含体状态在活的寄主细胞内越冬或越夏。原核生物以菌体形态越冬或越夏，细菌多随寄主病残组织或胶体物质的保护才能顺利越冬或越夏，菌原体在活的寄主细胞内越冬或越夏。线虫的卵、幼虫、成虫等多种形态都可越冬或越夏。寄生性种子植物除种子外，一些多年生的如桑寄生等也可以植物体在寄主上越冬或越夏。真菌比较复杂，主要有菌丝体及其变态，如菌核、子座、菌索等；无性孢子，包括厚垣孢子和许多子囊菌、半知菌的分生孢子等；有性孢子，包括除担孢子以外的其他有性孢子，如卵孢子、接合孢子可以单独越冬或越夏，而子囊孢子一般包被在子囊壳、闭囊壳或子囊盘中才能越冬或越夏。

②越冬或越夏方式：主要有休眠、腐生和寄生3种。

休眠（dormancy or resting）：是病原物处于不活动状态，包括一些菌丝体、菌组织、有性和无性繁殖体、寄生性种子植物的种子等。

腐生（saprophyte）：是病原物生活在病残体、土壤或其他有机物上，处于活动状态，如多数寄生性弱的真菌、细菌等。

寄生（parasite）：是在活的寄主上以生活方式越冬或越夏。

③影响因素：病原物能否顺利越冬或越夏以及越冬、越夏后存活菌量的多少，受环境条件、植物种类、病原物特性等因素的影响。环境条件最主要因素是温度，其次是湿度。一般而言，凡温度、湿度、雨水、积雪等有利于作物越冬的都有利于病原物的越冬。病原物的越冬或越夏，与某一特定地区寄主生长的季节性有关。在热带或亚热带地区，各种植物在冬季正常生长，病害可不断发生，没有明显的越冬阶段；在我国多数地区，大部分植物冬季休眠，病原物没有明显的越夏阶段，越冬比较重要。

（2）越冬或越夏场所

主要有田间病株、土壤、病株残体、粪肥、传播介体、温室和贮窖以及种子、苗木和其他繁殖材料等。有些病原物有一种越冬场所，有些有多种，但有主次之分。

①田间病株：田间带病的活植物体，为田间病株。无论是多年生或一年生的植物，病原物都可以不同的方式在田间病株的体内外越冬或越夏。田间病株还包括其他作物、野生寄主和转主寄主等。

②种子、苗木和其他繁殖材料：作为病原物越夏或越冬的场所，也有各种不同的情况。病原物或以休眠体和种子混杂在一起，或以休眠孢子附着在种子上，或以菌丝、菌体等不同形式侵入而潜伏在苗木和其他繁殖材料的内部。种苗和其他繁殖材料的带菌，常常是下年初次侵染最有效的来源，比如苗木和接穗。可由病毒、类病毒、细菌等引起的多种果树病害，如苹果花叶病、锈果病、柑橘黄龙病等。

③土壤：土壤是病原物在植物体外越冬或越夏的主要场所。病原物可以休眠、腐生或寄生在其他生物体的方式在土壤中存活。

以休眠的方式：病原物的休眠体可以在土壤中较长时间的存活，如鞭毛菌的休眠孢子囊、卵菌的卵孢子、黑粉菌的冬孢子、真菌的厚垣孢子和菌核、菟丝子和列当的种子以及线虫的胞囊或卵囊等。

以腐生的方式：一些病原真菌和细菌。

以寄生的方式：病毒可以寄生在土壤中的真菌、线虫等微生物体上越冬。

土壤中的腐生菌可以分为土壤寄居菌（soil invaders）和土壤习居菌（soil inhabitants）两类。土壤寄居菌主要随病株残体生活在土壤中，病株残体分解，它们就死亡，大部分植物病原真菌和细菌都属于这一类；土壤习居菌对土壤的适应性强，在土壤中可以长期存活，并且能够在土壤有机质上繁殖，如腐霉菌（Pythium）、丝核菌（Rhizoctonia）和镰刀菌（Fusarium）多属于这种类型。病原物并不一定能在土壤中长期存活，当数量增加到一定程度，就会出现自然衰退，主要原因可能是土壤拮抗性微生物数量增加。

④病株残体：枯枝、落叶、落果、残根、烂皮等病残体是植物病原物越冬的主要场所。病株残体上的病原物往往是土壤病原物的主要来源。病株残体对病原物有保护作用，当病残体分解和腐烂时，其中的病原物往往也逐渐死亡和消失，病残体中病原物存活时间的长短，一般决定于病残体分解的快慢，而病残体分解的快慢与环境条件有关，尤其是温度和湿度的影响最大。绝大部分非专性寄生的真菌和细菌能以休眠孢子或腐生的方式在病株残体中存活越冬。

⑤粪肥：病原物可以随着病残体混入肥料内，病菌的休眠体也能单独散落在粪肥中。未充分腐熟粪肥，其中病原物的接种体可以长期存活而引起感染。有的病原菌经过动物消化道后，排出的粪便中仍具侵染能力，如黑粉病菌。

⑥传播介体：一些介体不仅可以传播病原，而且是许多病原的越冬或越夏场所。如飞虱、蚜虫等是某些持久性病毒的越冬场所，例如细菌性萎蔫病菌可在叶甲体内越冬。

⑦温室和贮窖：某些病原在温室生长的作物或贮窖的农产品上为害越冬。

5.1.2 病原物的传播

病原物传播是完成病害循环的纽带。从越冬或越夏到初侵染、从初侵染到再侵染以及再侵染的反复发生等环节之间，都必须有病原物的传播。病原物传播与病害传播是有区别和联系的两个概念。病原物传播只是一个单纯的物理学过程，是病害传播的前提。而病害传播是一系列复杂的生物学和物理学过程，受传播体特点、气流、病原物致病性、寄主分布和环境等复杂因素的影响，当病原物传播遇到适宜条件使寄主发病时才能实现病害传播，是病原物传播的结果。不同传播方式其传播过程不相同，如真菌孢子传播经释放、飞散和着落等过程，虫传病毒经获毒、带毒、传毒等阶段。病原物传播是病害的主要特征之一，也是制订病害防治措施的重要依据。

（1）病原物的传播体

又称传播单位或接种体，是指具有传播和侵染功能的病原物最小结构单位，是病原物进行传播的形态。作为传播体具有数量大、体积小、重量轻、主动传播性、环境适应性及诱导传播介体的特性。

传播体类型主要有：真菌的孢子、菌丝片段、菌核，细菌细胞或菌脓，病毒颗粒或含毒汁液，线虫成虫、幼虫、卵或虫瘿，高等寄生性种子植物的种子等。当一个传播体与适当的植物感病部位接触，给以合适的环境条件，可引致植物的一次侵染时便成为一个侵染单位。

（2）传播方式

根据机制不同，传播可分为主动传播和被动传播。

主动传播，是病原物依靠自己的运动或扩展来传播，如线虫蠕动、游动孢子及鞭毛细菌的游动、真菌菌丝扩展、菟丝子的生长蔓延等。这种传播距离有限，如立枯丝核菌 2.5cm/d，线虫一个生长季节爬行不到 1m，这些主动性的传播实际上只是病原物的局部扩散，很次要。

被动传播是依靠自然和人为因素进行的传播，是病原物传播的主要方式，具体有：

①气流传播：病原物随风分散而扩大危害范围称气流传播或风力传播。各类病原物中，孢子小而轻、易从产孢结构脱落或放射的一些真菌，主要靠气流传播。土壤中的细菌、线虫和列当等寄生性种子植物的种子也可随风飞散传播，但一般距离较近。而在活细胞中的病毒、类病毒、类细菌、类菌原体、螺原体，呈黏液状的细菌，孢子常与胶状物混在一起或难以从产孢机构脱落的某些真菌等一般不能靠气流传播。

病原物气流传播的特点是距离远、范围广，但传播的方向性、有效性比较差，传播后能否引起病害受多种复杂因素的影响。靠气流传播的病害特点是一般在田间分布比较均匀，很少看到明显的发病中心；菌源范围较广，往往还有外来菌源；病害发生范围广、面积大、流行快。气流传播病害防治比较困难，多数需要组织大面积联防，采用抗病品种。确定病原物的传播距离对病害防治和预测是十分重要的，因为转主寄主的砍除、无病留种田的隔离距离或病害发生范围的预测都是由传播距离决定的。

②雨水传播：也称雨露或流水传播，就是靠雨滴飞溅、雨露流淌、灌溉水及雨水流动传播病害。雨水传播的病原物具有菌体或孢子常与黏液状的胶质混生、孢子的产生与脱落和降雨密切相关、孢子不易被风吹落及病原体较重较大等特点。在各种病原物中，细菌以及产孢结构带有胶质和产生游动孢子的真菌，主要靠雨水传播。靠雨水传播的距离一般都比较近，有明显发病中心，早期消灭发病中心或当地菌源，避免灌溉水从病田流向无病田，能取得一定防治的效果。

③生物介体：昆虫、螨和土壤中某些线虫、真菌等是植物病毒、类病毒、菌原体等病原物的主要传播介体，此外，昆虫的口器及体表可沾染细菌或部分真菌，是某些细菌或真菌病害的传播方式之一。一些鸟类也可传播寄生性植物的种子。

④土壤和肥料传播：土壤和肥料被携带到异地而传播病原物。土壤能传播在土壤中越冬或越夏的病原物；带土的块茎、苗木等可远距离传播病原物；农具、鞋靴等可近距离传播。未充分腐熟的带有病原物肥料，可以由粪肥传播病害。

⑤人为因素传播：各种病原物都能以多种方式由人为的因素传播。人为的传播因素中，以带病的种子、苗木和其他繁殖材料的调运最重要，农产品和包装材料的流动与病原生物传播的关系也很大，农事操作、农机携带工具也可传播病害。人为传播主要特点是不受时间、自然条件和地理条件的限制，往往都是远距离传播。植物检疫的作用就是限制这种人为的传播。

不同病原物的生物学特性与传播方式是不一样的。如真菌主要以气流和雨水传播，细菌多半是雨水和昆虫传播，病毒主要靠生物介体传播，寄生性种子植物可以由鸟类和气流传播，线虫主要由土壤、灌溉水以及水流传播。

5.1.3　病原物的初侵染和再侵染

初侵染（primary infection）是指病原物越冬或越夏后在生长季节首次对寄主的侵染。初次侵染的作用是引起植物生长季最初的侵染。初侵染的病原物来自病原物的越冬或越夏场所，导致初侵染的病原物称为初侵染来源。

再侵染（reinfection）是指初侵染发病以后产生的病原物在同一生长季节再次或多次侵染寄主的侵染。再侵染的病原物来自当年发病的植株，是病原物种群数量进一步扩大和病害继续发展的过程。

一切病害都有初侵染,只有一些病害有再侵染。根据再侵染的有无及重要性,可把病害分为3类。

①单循环病害:又称单病程病害,指在病害循环中只有初侵染而没有再侵染的病害,从流行角度看属于积年流行病害,如枯萎病、黄萎病、多种病毒病等。这类病害特点是一般多为土传、种传或昆虫传播;多为系统侵染,寄主感病期短,病害潜育期长;病原物增殖率低,抗逆性强,病害流行程度主要决定于初侵染来源。这类病害的防治对策和主攻目标,主要是消灭初侵染来源。除选用抗病品种外,田园卫生、土壤消毒、种子处理以及拔除病株等措施都能起到良好的防治效果。

②少循环病害:又名少病程病害,指在病害循环中既有初侵染,也有再侵染,但再侵染作用很次要很小的病害。这类病害再侵染很少发生,在病害发生发展中作用很小,所以可以作为单循环病害来看待。

③多循环病害(polycyclic disease):也称多病程病害,是指在一个生长季中既有初侵染,又有多次再侵染的病害,从流行角度看属于单年流行病害,如一些植物上的锈病、白粉病、霜霉病、早疫病、晚疫病、瘟病等。这类病害特点是多为气流和雨水传播;多为局部侵染,寄主感病时期长,病害潜育期短;病原物增殖率高,易流行,病害发生轻重除与初侵染有关外,更主要决定于再侵染。这类病害的防治对策和主攻目标,不是消灭初侵染来源,而主要通过品种、栽培及药剂等措施以降低病害流行速度或增长率。

5.2 病害的侵染过程

病害的侵染过程(infection process)简称病程(pathogenesis),指病原物从接触、侵入寄主,到在寄主体内繁殖和扩展,最终使寄主显示症状的发病过程。侵染过程是研究病害在寄主植物个体中的发展阶段,研究植物个体与病原物互作过程,是病原物的增殖过程和病害的发生过程。侵染过程受病原物、寄主植物和物理、化学、生物等环境因素的影响,是一个连续复杂的生理生化、组织结构、外部形态的变化过程,在这一过程中植物同病原物构成了一个体系,称为植物病害体系(pathosystem)。

为研究方便,一般把它分为4个时期:侵入前期、侵入期、潜育期、发病期。

5.2.1 侵入前期

侵入前期(prepenetration phase)又名接触期,是指从病原物与寄主植物可侵染部位开始接触，到病原物形成侵入结构，开始侵入植物为止的时期。在这个时期，病原物处于植物体围或体表的复杂环境中，由休眠态变为生理活跃态，最易受外界物理、化学和生物等因素的影响，是侵染过程中的薄弱环节之一，也是病害防治的关键时期。侵入前期影响因素有：

（1）接触方式

接触到寄主植物是病原物侵染植物的基础，接触方式是影响接触的一个重要方面。

①接触机制：可分为主动接触和被动接触两类，后者是主要的。

主动接触：通过病原物自身的活动而实现接触。包括线虫爬行蠕动、细菌及游动孢子的游动、菌丝的生长和扩展、菟丝子等寄生性种子植物的蔓延等。主动接触的距离范围非常有限，除少数外，大部分难以造成病原物与寄主植物的大量有效的接触。

被动接触：通过其他介体或媒介实现的接触。包括空气的流动、雨滴的飞溅、媒虫的携带、农事操作的沾染等。被动接触的距离范围比较大，但除媒虫携带接触效率较高外，其他途径传带的病原物往往极少数可以与病原物接触，大部分被携带到非寄主植物、非适宜侵染部位或其他无生命的物体上而成为无效接触，即使与寄主植物感病部位接触，也有一部分因病原物死亡或环境条件影响不能侵染而成为无效侵染。

②接触效果：可分为能实现侵染的有效接触和不能实现侵染的无效接触，前者是关键。了解病原物与寄主植物进行有效接触的条件，往往可以采取一些措施，把有效接触变为无效接触，从而防止病害发生。

（2）植物体分泌物

植物根、茎、叶、花、果实的表面均有分泌物，包括水和多种化学物质等，这些物质都直接或间接影响病原物在侵入前期的活动。既可作为营养物质或刺激物促进病原物及其休眠体的萌发和生长，又可作为抑制物抑制病原物萌发和生长；既可作为向性或趋性物质对病原物起吸引作用，又可作为忌避物对病原物起排斥作用。例如，某些真菌的游动孢子和植物线虫往往对某些植物根的分泌物有趋性，被吸引向植物根部运动和聚集。既可影响病原物本身，又可对寄主周围的其他微生物起促进和抑制作用。

（3）植物体围生物

植物体围有一个十分复杂的微生物区系，病原物也是其中成员，病原物在侵入前受到比较复杂的影响。不同植物周围的微生物区系是不同的，它们之间关系也有差别。例如：植物体围生物有些可以消耗植物分泌物中病原物的营养物质；有些可产生对病原物有害的物质；有些可以寄生病原物；有些可以削弱和损害植物而使病原物更易侵染寄主；有些腐生菌或不致病的病原物变异菌株占据了病原物的侵染位点，使病原物不能侵入等。研究林木周围生物区系对病原物的作用，有可能开辟新的防治病害的途径。

（4）物理环境

主要有温度、湿度、光照，它们对病原物侵入前期有重要的作用。

湿度：主要影响病原物能否萌发。各种真菌孢子萌发需要的湿度不同，绝大部分气流传播的真菌，湿度越高对侵染越有利。但白粉菌的分生孢子一般可以在湿度较低的条件下萌发，而在水滴中萌发反而不好；土传真菌（除鞭毛菌以外）土壤湿度过高影响病原呼吸和促进拮抗腐生物的生长，对孢子的萌发和侵入是不利的。

温度：主要影响病原物萌发速度。真菌孢子萌发的最适温度一般在 20~25℃左右。另外，温度也通过影响寄主的生理特性和分泌，从而影响病原物的侵染。

光照：一般真菌孢子萌发不受光照影响，但对某些真菌的萌发有刺激作用或抑制作用。

（5）病原物与寄主亲和性

病原物接触寄主后能否萌发，还取决于它和寄主之间的亲和性。两者的亲和性是经过一系列识别活动实现的。研究表明，寄主表面的生物化学信息、电流信息和表面物理属性等与病原物识别寄主有关。

5.2.2 侵入期（penetration phase）

侵入期是指从病原物侵入寄主到与寄主建立寄生关系为止的时期。所谓建立寄生关系就是病原物开始利用寄主的物质或能量进行种种生命活动，如病毒增殖，细菌分裂，真菌菌丝生长，线虫及寄生性种子植物发育等。侵入期是病害能否发生的关键时期，也是病害的一个薄弱环节和有效防治时期。侵入期应了解以下几方面：

5.2.2.1 侵入机制和途径

（1）病原物侵入机制

病原物的侵入机制有被动侵入和主动侵入两种。

被动侵入：是借助于一定的媒介侵入。如病原细菌大多随着植物表面的水膜或水滴从伤口或自然孔口侵入，病毒通过接触、摩擦和介体侵入。

主动侵入：指病原物通过自身的侵入结构侵入寄主。如真菌以孢子产生的芽管、菌丝或菌索侵入，依靠介体的侵入属于被动侵入，像线虫、寄生性种子植物通过口针和吸盘侵入的属于主动侵入（病原物通过自身的侵入结构侵入寄主）。

（2）病原物侵入途径

有直接侵入、自然孔口侵入和伤口侵入 3 种。

①直接侵入：指病原物直接穿透寄主的角质层和细胞壁侵入。各类病原物中，线虫和寄生性种子都能直接侵入，一部分真菌可以直接侵入，而细菌、菌原体、病毒都不能直接侵入。侵入的机制可能通过机械和酶（化学）两方面作用，穿透角质层时可能两方面作用皆有，而穿透细胞壁则完全是酶的作用。

直接侵入过程：第一，落在植物表面的真菌孢子，在适宜的条件下萌发产生芽管；第二，芽管的顶端可以膨大而形成附着孢（appressorium），附着胞以分泌的黏液和机械压力将芽管固定在植物的表面；第三，从附着与植物接触的部位产生纤细的侵染丝（penetration peg），借助机械压力和化学物质的作用穿过植物的角质层；第四，真菌穿过角质层后或在角质层下扩展、或随即穿过细胞壁进入细胞内、或穿过角质层后先在细胞间扩展，然后再穿过细胞壁进入细胞内。

②自然孔口侵入：指病原物通过气孔、水孔、皮孔、柱头、蜜腺等侵入寄主。许多真菌和细菌是从自然孔口侵入的。各类孔口中以气孔和皮孔等最重要。

③伤口侵入：指病原物通过植物表面的各种创伤的伤口侵入寄主。伤口主要有剪伤、锯伤、擦伤、雹伤、嫁接伤等机械伤，冻伤、日烧伤、虫伤、病伤等自然伤及叶痕、果柄痕、枯芽、裂果等生长伤。各类病原物均有伤口侵入的类型，但病毒、类病毒、菌原体等只能从细胞不死亡的微伤口侵入。伤口对不同病原物的侵入作用不相同，有的只是以伤口作为侵入途径；有的除以伤口作为侵入途径外，还利用伤口的分泌物补充营养；有的需要在伤口附近垂死或死亡的组织先生活一段时间，然后再侵入健康组织，如一些弱寄生菌。

5.2.2.2 侵入所需时间和接种体的数量

（1）病原物侵入所需要的时间一般是很短的

一些病原细菌和通过汁液接触传染的病毒等病原物一旦接触随即侵入，没有明显的侵入时间；一些由媒虫传染病毒、菌原体等病原物侵入期稍长些，但不过几分钟到几小时；真菌要经过萌发和形成芽管才能侵入，所以需要时间较长，但一般也不过几小时，很少超过24h，故接种后，保湿时间长一些，侵入的成功率要更高些。

（2）病原物的侵入要有一定的数量

从理论上讲，病原物每个个体都有侵染潜力，但在实际中，除少数（如一些锈菌和白粉菌）例外，多数病原物的单一个体很难成功地侵染植物，需要一定的侵染剂量（infection dosage）。侵染剂量是指病原物侵入所需的最低数量。侵染剂量因病原物的种类、侵入部位、寄主品种的抗病性和接种体的活力等而异；许多细菌要有一定菌量的侵入才能引起发病；不同病毒都有各自的稀释限点。侵入之所以需要一定数量，这可能与病原物侵入后突破寄主的防御有关。因此，在接种时病原物都要有一定的浓度。

5.2.2.3 影响侵入的环境条件

在各种环境条件中，以温度、湿度对病原菌最为重要，光照也有一定影响。温、湿度相对而言，在一定范围内，湿度决定孢子能否萌发和侵入，温度则影响萌发和侵入的速度。一般适宜病害发生的季节里，温度变化不会太大，而湿度可能变化较大，往往成为侵入的限制因素。一般来说，多雨高湿有利于病原物的侵入，干旱低湿不利病原物的侵入。环境条件对寄主也有影响，如播种后遇到低温天气，幼苗出土时间延长，有利于玉米丝黑穗病等幼苗期侵入病害的发生；光照可以决定气孔的开闭，对于气孔侵入的病原物有影响。

5.2.3 潜育期（incubation phase）

潜育期就是病原物从与寄主建立寄生关系，到表现明显的症状为止的一段时期。此期是病原物在寄主体内繁殖和蔓延的时期，也是寄主植物调动各种抗病因素积极抵抗病原物危害的时期，故此期是病原物与寄主植物相互斗争的关键时期。潜育期是植物病害侵染过程中的重要环节，但不像侵入过程那样容易观察。借助现代分子生物学和生物化学等先进技术研究侵染早期植物的反应，揭示病原物和寄主植物间相互作用的本质，是现代植物病理学领域的研究热点。潜育期应了解以下几方面：

（1）病原物夺取营养的方式

病原物夺取营养的方式有两种：一种是死体营养型或腐生型（necrotrophic），就是病原物先杀死寄主的细胞和组织，然后从死亡的细胞中吸取养分。另一种是活体营养型或寄生型（biotrophic），就是病原物从活的细胞或组织中吸取营养物质，但并不很快引起细胞死亡。

营养方式是病原物对寄主的一种适应，寄主体内的营养对病原物的侵染有影响。如一些非专性寄生物具有合成某种氨基酸的能力，某些氨基酸和维生素缺陷型的菌株当寄主不能满足寄生物营养要求时，侵染过程就不能完成。病原物在获取营养的同时，也产生各种代谢产物使寄主致病，最终出现症状，潜育期也就结束。

（2）病原物的寄生部位

病原物在寄主体的寄生部位主要表现以下方面：

①内寄生和外寄生：多数病原物寄生在寄主体内，称为内寄生。内寄生部位因病原物而异，可以在寄主细胞内，也可以在细胞间；可以在薄壁组织，

也可以在维管组织；可以在导管中，也可以在筛管中寄生。有些病原物主要或完全寄生在寄主体外，称为外寄生。如白粉菌、煤污菌等真菌，一些线虫，寄生性种子植物等。

②局部侵染和系统侵染：病原物侵入后，在寄主体内的扩展和危害有两类：多数真菌、细菌、线虫及少数病毒仅在侵染点附近扩展，最后引起侵染点及其周围表现症状，称为局部侵染或点发性侵染。多数病毒、菌原体及少数真菌、细菌、线虫等侵染后，病原物可以从侵染点向四周扩展，甚至可扩展至植株全身，最后一点侵入多点发病，或一点侵入而在距离侵染点较远处发病，称为系统侵染、全株侵染或散发性侵染。

（3）潜育时间的长短

植物病害潜育期的长短是不一样的，一般10d左右，但也有较短和较长的。如禾本科植物黑穗病的潜育期将近一年，木本植物的病毒或菌原体病害潜育期长达2~5年。潜育期的长短与寄主种类、营养状况、抗性、生育期及环境条件等因素有关。一般植物生长健壮，抗病性强的病害潜育期较长。在苗期侵入的潜育期较短，成株期侵入的潜育期较长。环境因素中，以温度的影响最大，湿度对潜育期的影响并不像侵入期那样大，因为病原物侵入后，寄主体内的水分湿度大，受外界影响小，比较恒定，有利于病原物在组织内扩展、蔓延。

5.2.4 发病期

也即显症期（symptom appearance phase），指症状出现后进一步发展的时期，也就是从病害开始出现症状到出现典型症状为止的时期。发病期是病原物扩大危害、病部不断发展、许多病原物大量产生繁殖体的时期。其持续时间不同，像有的局部侵染病害多天，有的系统病害直到生长季结束，甚至植物死亡为止。

发病期的长短受环境条件、寄主生育状况和病原物繁殖特点等多种因素的影响。

（1）不同病害发病期表现不同

病毒、类病毒、菌原体等细胞内寄生的病害以及部分线虫病害等，没有病症出现，所以没有明显的发病期，表现为症状范围不断扩大，病情不断严重；寄生性种子植物的病症一直在植物体外，所以也没有明显的发病期；多数真菌及细菌病害，大多数出现症状后再经过一段时间才出现病症，有明显的发病期；白粉病、霜霉病的发病期往往先出现粉状物、霉状物的病症，而后再出现组织死亡后的病状，也有明显的发病期。

（2）影响产孢的因素

①温度：真菌产孢所要求的温度范围比其生长的要窄，而有性孢子产生的温度范围比无性孢子更窄，且要求的温度较低。如子囊菌有性孢子在越冬

后的落叶中产生，白粉菌的闭囊壳晚秋才产生，其发育过程需要一个低温阶段。通常无性孢子产生的最适温度同该菌生长最适温度基本一致。有些需高温和低温交替。如苹果炭疽病菌恒温条件下不容易产生孢子，在变动的室温下，几天之后就能产生大量孢子。

②湿度：高湿度有利于子囊壳的形成，能促进子囊孢子的产生。因此在实验室中，对未产生子实体的病组织，常用保湿的方法促其产生子实体。大多数真菌需要较长的潮湿时间。

③光照：光照是许多真菌产生繁殖器官所必需的。有的只有某一个阶段需要光照，有的全部发育阶段都需要光照。在实验室中，有些真菌完全在黑暗中培养也能产生孢子，而且同光照下培养没有什么差别。另一些真菌则需要光的刺激。一般在白天散射日光下接受光照，12h 光照与 12h 黑暗交替，就能促进孢子产生。有些真菌需要在全光条件下培养才能产生孢子。紫外光和近紫外光对某些真菌的繁殖有良好的促进作用。

④寄生：病原物与寄主的组合决定其亲和性程度，进而决定病害症状的表现、类型、发展速度及病部繁殖体的数量。专性寄生物的孢子常在寄主活组织上形成，兼性寄生物则常在坏死组织上产生孢子。有些真菌的子实体仅在病斑的边缘形成，可能是一种中间类型。一般认为"饥饿"即营养条件不利于菌丝体生长时，可以促进孢子产生。实验室中，常用降低培养基碳源，有时甚至用水琼脂培养的方法来促进孢子产生。

5.3 病害的流行

在植物病理学中，把病害在较短时间内突然大面积严重发生从而造成重大损失的过程称为病害的流行；在定量流行学中，则把植物群体的病害数量在时间和空间中的增长都泛称为流行。植物病害流行是研究植物群体发病的现象。我们把在群体水平研究植物病害发生规律、病害预测和病害管理的综合性学科则称为植物病害流行学（botanical epidemiology），它是植物病理学的分支学科。植物病害流行重点研究植物病害的时间和空间动态及其影响因素，是病害预测预报的重要依据。

5.3.1 病害流行的因素

植物病害流行的强度和广度受到寄主植物群体、病原物群体、环境条件和人类活动诸方面多种因素的影响，其中最重要的因素是强致病力病原物的大量存在、感病寄主植物的大面积集中栽培以及长时间有利的环境条件。在诸多流行因素中，往往有一种或少数几种起主要作用，被称为流行的主导因素。正确地确定主导因素，对于流行分析、病害预测和防治方案设计都有重要意义。

（1）寄主植物

就寄主植物而言，与流行有关的因素包括作物品种的感病性、栽培面积及其分布，大量的感病寄主植物的存在是流行的一个决定因素。

①寄主感病性：不同寄主植物对同一病原物或同一寄主植物对不同病原物的感病性不同，病害发生和流行情况也不同。对于感病品种来说，只要相应病原物和适宜环境条件存在，常会引起病害的流行；对于水平抗性的品种而言，条件适宜时，病害可能有一定程度的发生，但发病程度一般较低，且病害发生不会有太大波动。对于垂直抗性的品种而言，抗性表现强，病害很少发生或不发生，但可能容易出现致病性强的新小种而使寄主抗病性丧失，病害发生不稳定。

②寄主种类和分布：在特定的地区，大面积、单一种植同一品种或同一病原的不同寄主，如果是感病的，因有利于病原物的传播和增殖，病害很可能流行；即使是抗病的，也会因为病原物新小种的产生和发展提供大的定向选择压力和有利条件而使寄主抗病性很快丧失，沦为感病品种，从而孕育着流行的危险。因此，应注意品种搭配和合理布局，尽量避免单一品种大面积种植和同一病原物不同寄主的混合种植。

③寄主生育期：许多寄主不同生育阶段其感病性不同，具有明显的感病阶段，只有感病阶段与相应的病原物和适宜的环境条件相遇，病害才能发生。如苗期病害，一般只有在幼苗阶段遇到低温高湿环境条件，才可能发病。因此，分析病害流行时，就寄主而言，不仅要考虑其抗病性强弱、面积大小和布局情况，而且还要考虑其所处的生育阶段是否感病。

（2）病原物

就病原物而言，与病害流行的有关因素包括病原物的致病力、数量和传播等，大量的、致病力强的病原物的存在是病害流行的重要因素之一。

①致病力：病原物致病力的强弱和分化与病害严重程度密切相关。在寄生性较强的病原物群体中往往有致病力强弱的分化现象，当强致病力的专化型、生理小种、菌株或毒株出现并有一定数量时就可能造成病害大流行。寄生性较弱的病原物群体菌系间致病力分化不明显。

②数量：病原物群体数量多少与病害流行程度密切相关，影响病原物数量的因素主要有：

病原物的繁殖力。不同病原物的产生繁殖体的能力和繁殖效率不同，决定了病原物的基础数量。单循环病害的病原物一年繁殖一次，多年才能积累一定数量的菌量，而流行多循环病害的病原物一年能繁殖多次，短期内就能积累巨大菌量，造成流行。

病原物的抗逆性。病原物的抗逆性决定其存活率和侵染效率，进而决定病情轻重和流行程度。病原物抗逆性强，经过越冬、越夏或传播后存活率高，和寄主接触后侵染概率就高，病害发生就重。病原物的抗逆性与其形态结构、存在部位、生理状态等方面有关，一般在寄主体内、有保护性结构、厚壁及处于休眠状态的病原物抗逆性较强。对于生物介体传播的病害，传毒介体数量也是重要的流行因素。

③传播和淀积：病原物传播并淀积在寄主上是其侵染的先决条件，淀积效率与病害流行程度密切相关。病原物传播和淀积方式对淀积效率有很大影响：随风传播的病原物其淀积在植物表面是随机的，淀积范围广，但一个点的数量比较少；随雨滴或水流传播的病原物其淀积在植物表面是定向的，范围窄，但一个点上的数量较多；由人类活动或昆虫及其他生物传播的病原物其淀积在植物表面是受指引的，只能到达较少的侵染点，但一个点上的病原物数量相当大。病原物群体中，有效部分的比率一般较小，这是因为病原物从发病部位的产生到与新的寄主或部位接触，要受环境、传播、寄主等因素影响。研究病原物的有效、无效原因，对设计防治措施提供理论依据。

（3）环境条件

具备一定数量的病原物，同时也有大量的感病寄主植物，但病害能否流行还决定于环境条件，所以环境条件是决定病害发生和流行的又一决定因素。环境条件通过影响病原物的存活、传播、萌发、侵染、繁殖及寄主植物的生长发育和抗病性等进而决定病害的流行。有利于流行的环境条件持续了足够长的时间，且出现在病原物繁殖和侵染的关键时期，常常能造成病害流行。环境条件包括气象条件、土壤条件、栽培条件及病原物和寄主周围的生物环境等，其中气象条件较为重要。

①气象条件：气象条件既包括大气候，又包括农田小气候。植物生长季节，各种气象条件都可对病害产生影响，但其中温度、湿度最为重要，其次风、日照、气压、辐射等也有一定影响。而温度、湿度中，温度相对比较稳定，湿度变化较大，所以湿度就显得尤为重要。气象条件一方面影响病原物的越冬、繁殖、释放、萌发、侵染、扩展等，另一方面也影响寄主的发芽、出苗、展叶、开花、结实及伤口愈合、气孔开闭、组织质地和抗性，同时还影响寄主与病原物之间的相互关系。这些气象条件之间又常常相互影响，共同决定病害的流行。不同病害的流行对气象条件要求不一样，如雨水多的年份，易引起真菌和细菌病害的流行；高温干旱的年份，有利于传毒介体昆虫的繁殖和活动，有利病毒病的流行；田间相对湿度大，但雨水较少的条件，有利于白粉病的流行；田间湿度大、昼夜温差大，容易结露以及多雨、多雾的条件有利于疫病、霜霉病的流行；高湿、低温、弱光照造成寄主植物抗病能力降低和利用病菌繁殖，易引起灰霉病的流行。

②土壤条件：寄主离不开土壤，许多病原物也离不开土壤，根部及土传性病害的发生、流行与土壤环境关系十分密切。如砂质土壤有利线虫病的

流行；土壤低温、高湿易引起苗期病害的发生等。土壤条件大致分为物理因素、化学因素和生物因素3类：物理因素包括温度、湿度、通气、机械特性等；化学因素包括pH值、有机和无机物质、气体及液体成分等；生物因素主要是土壤及根围各种生物的活动状况和分布规律。土壤条件主要影响寄主的生长发育及抗病性，也影响在土壤中生活或休眠的病原物，往往只造成病害在局部地区的流行。

③栽培条件：林业生产中的各种栽培管理措施，对病害发生有不同的影响。栽培条件和制度的变化，改变了林业生态系统中各因素的相互关系，也就改变了病害流行的一些因素，进而影响病害的流行。在栽培管理措施中，播种日期的迟早、土壤水肥的管理、种植结构的改变及种植方式的变化等对病害的影响较大。保护地栽培，使得有利于植物病害发生和流行时间大大延长；通过调整播期或地膜覆盖等措施，使苗期提前、推迟或缩短，从而使病菌的易侵染期避开寄主的易感染期或减少了病菌侵染寄主的机会，以减轻病害；同种病原的寄主在露地和保护地交混种植，相互提供侵染菌源，使病害流行速度加快；高水肥、高密度种植往往造成病害的流行等。

（4）人为因素

森林生态系统中病害作为其中的一个组分，必然受人类活动的影响，人类活动通过改变病害流行的诸因素而直接或间接影响病害的发生和流行。人类为满足生存和发展需要使得森林生态系统林木种类减少，多样性降低，遗传基础狭窄，植物群体集中，生物群落处于不稳定状态；抗病品种选育使得抗性基因变得单一，品种抗性变得脆弱；森林生态系统的开放性，打破了病原物传播的时空限制，使病害分布范围扩大，扩展速度加快，新病害出现频繁；连作、高密度单一栽培、高水肥管理有利于病原物数量的积累、新小种的产生和发展以及病害的流行；栽培方式的改变如保护地林业的发展，使得病害能够周年发生，有利于病原物越冬。化学、农业、物理、生物等防治措施可不同程度地控制病害的发生和流行，但一些药剂可导致病原菌抗药性的产生。

（5）主导因素

病原物、寄主植物和环境条件是病害流行的3个基本要素，对病害发生来说缺一不可。但不同病害的流行要求各方面的条件不同，各因素对病害流行所起的作用也不同，在诸因素中，常常有一种或少数几种起主要作用，被称为主导因素。

主导因素不仅对病害流行起主要作用，同时也是病害预测的主要因子，正确地确定主导因素，才能抓住主要矛盾，对于流行分析、病害预测和防治方案设计都有重要意义。主导因素的确定，一般来讲，对于某种病害，当其中有些条件符合要求，而不具备其他所需的条件时，这些所需条件就成为一种病害是否流行的决定因素。例如，当某种病害病原物普遍存在时，而品种的抗病性又没有显著差别,此种病害流行主要因素是气象和栽培条件,如苗期立枯病等;当某种病害的病原物寄生性很强,没有再次侵染,其流行主要决定于初侵染来源的数量,如禾本科黑穗病等。若某种病原物寄生性很强,可引起多次侵染,品种间抗性差异很大,除其他因素影响外,品种抗性强弱就成为决定因素。

不同病害在相同时间和空间条件下其决定因素可以不同,同一病害在不同地区、年份和时间跨度内其决定因素也可能有差异。如某种单年流行病害,就一个生长季节而言,环境条件可能是其流行的决定因素,而从长远来看,种植制度、品种或病原物等方面的变化可能成为其流行的决定因素。

5.3.2 植物病害的流行学类型

从流行学的角度考虑,按不同病害流行所需要时间的长短,可将病害分为单年流行病害、积年流行病害和中间类型病害 3 种类型,此种分法便于我们对病害流行规律的研究、认识和了解。林业生产中,单年流行病害往往是防治的重点,积年流行病害是防治的难点,中间类型病害多数处于次要病害位置。单年流行病害和积年流行病害是研究的重点。

(1) 单年流行病害

在一个生长季内,只要条件适宜,就可以完成菌量积累过程造成病害的严重流行,因而称为单年流行病害,相当于多循环病害,如白粉病、霜霉病、锈病、晚疫病等。

此类病害特点为:绝大多数是地上部病害,多为局部侵染,潜育期短,再侵染频繁,寄主感病期长;气流和流水传播为主,也有虫传,传播距离和传播效能一般较小;病原物的增殖率高,但寿命短,对环境条件敏感,不同年份流行程度波动很大,相邻的两年流行程度无相关性;病原物越冬率低而不稳定,菌量年度间净增殖倍数往往不高,有时反而有所下降;病害流行程度取决于流行速率的高低,防治策略主要是采取种植抗病品种、药剂防治等措施,降低病害的流行速率。

(2) 积年流行病害

病原物数量要经过逐年积累,病害才能达到流行程度,因而称为积年流行病害,相当于单循环病害,如枯萎病、黄萎病类。

此类病害特点为:多为系统性病害、根部病害或地下部病害,潜育期长,无再侵染,寄主感病期短,在病原物侵入阶段易受环境条件影响,一旦侵入成功,则当年的病害数量基本已成定局;种传、土传或虫传,自然传播距离较近,传播效能较大;病原物繁殖率低,但抗逆性强,寿命长,受环境条件的影响较小,流行程度逐年稳定增长;越冬率高而稳定,菌量年度间净增殖倍数高;流行程度主要取决于初始菌量的多少,防治主要策略是消灭初始菌源,除选用抗病品种外,田园卫生、土壤消毒、苗木消毒、拔除病株等措施都有良好防效。

（3）中间类型病害

介于两类病害之间，其发生需要两方面都有足够的条件才能引起流行。这类病害中，有些病害虽具有再侵染，但由于受生长季节或侵染时段限制，再侵染次数较少，有些无再侵染，但病原菌有较长腐生阶段，可进行菌量的积累，若条件适宜有可能造成流行。此类病害多数处于次要病害位置，有些还缺乏定量研究，但有时也会流行，应加强对此类病害的检测和研究。

5.3.3 林木病害的调查和计量

病害的调查是植林木学研究的一项基本工作，林木病害的分布范围、发生时期、危害程度、症状变化、影响因素、抗性表现、损失估计、防治效果等都需要通过调查、记载才能掌握和了解。

（1）病害调查方法

根据调查的目的和方法，病害调查类型大致分为一般调查和系统调查两种。

①一般调查：又称普查，是对一个地区的病害种类、分布和发病程度进行全面、宏观的调查。当有关地区有关病害发生情况的资料很少时，可进行一般调查。一般调查要求调查面积要广，取样地点要有代表性，但对调查的精度要求并不十分严格。一般调查时间最好在发病盛期进行，调查次数1~2次即可。

②系统调查：在一般调查基础上，对病害的各方面进一步进行深入、细致、动态的调查。系统调查要求定时、定点、定量多次调查，强调调查数据的规范性、准确性、连续性、可比性和全面性等，按统一的调查记载标准和方式进行。在病害流行学研究上常采用系统调查。

病害调查时，取样的方法因病害种类、调查性质和要求而异，但必须是可靠和可行的，取样时需要考虑样本数目、取样地点、取样部位、样本大小和取样时间等几方面的问题。

（2）病情记载

病害调查时需要对病情进行记载，以便了解和比较病害发生程度，常用病情记载方法有发病率、严重度和病情指数。

①发病率：是发病植株或植物器官（叶片、根、茎、果实、种子等）占调查植株总数或器官总数的百分率，用以表示发病的普遍程度。

②病害严重度：表示植株或器官的罹病面积所占比率。严重度用分级法表示，亦即将发病的严重程度由轻到重划分出几个级别，分别用各级的代表值或百分率表示。

③病情指数：是全面考虑发病率与严重度两者的综合指标。若以叶片为单位，当严重度用分级代表值表示时，病情指数计算公式：

$$病情指数 = \frac{\Sigma(各级病叶数 \times 各级代表值)}{调查总叶数 \times 最高一级代表值} \times 100 \quad (5-1)$$

当严重度用百分率表示时，则用以下公式计算：

$$病情指数 = 普遍率 \times 平均严重度 \times 100 \quad (5-2)$$

式中，平均严重度是多个严重度调查值的平均值，其中不包括发病率为0的记载。

现以苹果褐斑病为例，说明病情指数的计算方法：

表 1-5-1 苹果褐斑病的分级记载

病级	发病程度	代表数值	叶数
0级	叶面无病斑	0	20
1级	叶面出现零星小病斑	1	20
2级	病斑面积占叶面积的 1/6~1/4	2	15
3级	病斑面积占叶面积的 1/4~1/3	3	20
4级	病斑面积占叶面积的 1/3 以上或引起落叶	4	25

病情指数 = 52.5

病情指数越大，病情越重；病情指数越小，病情越轻。发病最重的指数为 100；没有发病时，指数为 0。病情指数是将发病率和严重度两者合在一起，用一个数值来代表发病程度，对调查和实验结果的分析是有利的。在比较防治效果和研究环境条件对病害的影响等方面，常常采用这一计算方法。

5.3.4 病害流行的时间动态

植物病害的流行是一个发生、发展和衰退的过程。这个过程是由病原物对寄主的侵染活动和病害在空间和时间中的动态变化表现出来的。病害流行的时间动态是流行学的主要内容之一，研究内容是病害严重程度随时间的变化。按照研究的时间规模不同，流行的时间动态可分为季节流行动态和逐年流行动态，这些动态因病害类型而异。

5.3.4.1 病害流行的季节动态

指在一年或一个生长季中病害轻重程度随时间的动态变化，可用病害的季节流行曲线（disease progress curve）来表示，即以定期系统调查的田间病害发生数量（发病率或病情指数）为纵坐标、以时间为横坐标绘制而成的发病数量随时间变化的曲线。曲线的起点在横坐标上的位置为病害始发期，斜线反映了流行速率，曲线最高点表明流行程度。

（1）单年流行病害

①曲线类型：有"S"型曲线、单峰曲线、双峰曲线和多峰曲线，其中"S"型曲线为最基本曲线不同曲线表示的病害数量变化动态不同（图 1-5-1）。

"S"型曲线：表示初始病情很低，其后病情随着时间不断上升直至饱和

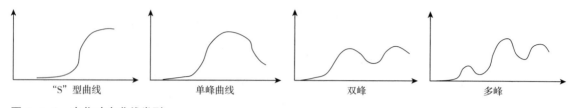

图 1-5-1 变化动态曲线类型

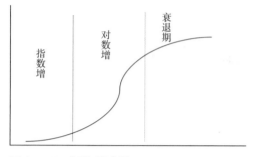

图 1-5-2 "S"型曲线

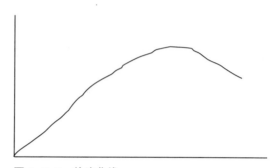

图 1-5-3 单峰曲线

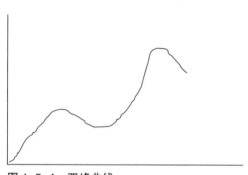

图 1-5-4 双峰曲线

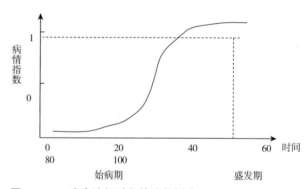

图 1-5-5 病害流行过程的阶段划分

点,而寄主群体不再增长(图 1-5-2)。

单峰曲线:表示植物生长前中期发病且达到高峰,后期因寄主抗性增强或气候条件变为不利,导致病情不再发展,但寄主群体仍继续生长,故病情高峰从高峰处下降(图 1-5-3)。

双峰曲线:表示一个季节中病害由于环境变化或寄主阶段抗病性变化出现两个或两个以上的高峰(图 1-5-4)。

②曲线分析:流行曲线可划分为不同阶段或时期,就"S"型曲线而言,从直观定性看,整个流行过程可划分为始发期、盛发期和衰退期;从数理分析看,相应可分为指数增长期、逻辑斯蒂期和衰退期,每个阶段都有其特点(图 1-5-5)。

指数增长期:又称对数增长期、缓慢增长期、流行前期或始发期,指从开始发现微量病情到病情普及率达 5% 为止的一段时期。其特点为病情发展的自我抑制作用不大，呈指数增长；病情增长绝对数量很小，但增长率或倍数最大；病情增长慢，持续时间长；病情不易觉察，是菌量积累的关键时期。因此，这个时期是病害预测和防治的重要时期。

逻辑斯蒂期：又称流行中期或盛发期，指病情从5%~95%的一段时期。其特点为病情发展的自我抑制作用增强，呈逻辑斯蒂增长；病情增长绝对数量最大，但增长率或倍数较小；病情增长快，持续时间短；病情表现明显，是为害的关键时期。

衰退期：又称流行末期，指逻辑斯蒂增长期后，由于寄主发病已近饱和、寄主抗性增强或环境条件影响等，病情增长趋于停止，流行曲线趋于水平。有时由于寄主仍在生长，发病率反而下降，流行曲线由水平弯曲向下。

③流行模型：病害流行过程的数学模型主要有指数增长模型和逻辑斯蒂模型（logistic model）两模型都假定植物群体是一定的。

指数增长模型为：

$$x_t = x_0 e^{rt} \tag{5-3}$$

此模型是研究无限空间生物群体数量增长模型，不考虑生物之间的自我抑制作用和消亡，这在病害流行前期是适用的。

逻辑斯蒂模型又称自我抑制生长方程，模型为：

$$\frac{x_t}{1-x_t} = \frac{x_0}{1-x_0} \times e^{rt} \tag{5-4}$$

此模型来源于指数增长模型，反映了植物群体中病原物之间的抑制作用，适用于病害整个流行过程。

式中　x_0——初始病情；

　　　t——经过的时间（流行时间）；

　　　x_t——t时后的病情；

　　　r——表观侵染速率（apparent infection rate）。

病害流行模型是很有用的，可应用于：病情预测，预测流行速度、流行程度、某一时刻病情等；流行结构分析，分析初始菌量、流行速度、流行时间三者以何种数量组合而导致病害流行；防治策略制订，根据不同病害的流行结构可采取减少初始菌量x_0、降低流行速度r或缩短流行时间t等防治策略；病菌来源判断，模型描述的是本地（田）菌源引致的流行，可利用该模型与流行实况的差异来判断某种病害流行过程中是否有外来菌源及其作用的大小。

②积年流行病害：积年流行病害没有再侵染，在一年或一个生长季节中所发生的病害全部由越冬菌源引起，侵染的菌量恒定，流行曲线为e型指数曲线，模型为：

$$x_t = x_0 e^{rt} \tag{5-5}$$

季节流行动态主要有两种情况：一种是病原物侵染和寄主发病时间较集

中，没有病情增长的过程，因而不会形成流行曲线；一种是越冬菌源陆续接触寄主，侵入时间不一致，因而呈现出病害数量随时间而增长的过程，流行曲线为 e 型指数曲线，如苹果、梨锈病及一些病毒病等。

5.3.4.2 病害流行的逐年动态

是指病害几年或几十年的发展过程。研究病害年份间的变化，通过一定方法计算病害的年增长率，用于病害的分析和预测。病害流行的逐年动态影响因素较多，变化复杂。单年流行病害年份间初始菌量不稳定、流行程度波动大，多年平均年增长率无实际意义。积年流行病害有一个菌量逐年积累、发病数量逐年增长的过程，若在一个地区，品种、栽培和气象条件等连续多年基本稳定，则可按照单年流行病害季节流行动态的方法进行分析。

5.3.5 病害流行的空间动态

植物病害流行的空间动态是研究病害传播及传播所致空间格局的变化，其本质是病原物的传播。病害的时间动态和空间动态是相互依存、平行推进的。没有病害的增殖，就不可能实现病害的传播；没有有效的传播也难以实现病害数量的继续增长，也就没有病害的流行。与时间动态比较，病害流行空间动态的研究难度较大，比较薄弱，下面了解一些相关概念。

（1）病害传播

病害传播是指病原物从发病植株或位点向健康植株或位点的扩散蔓延过程。病害传播是以病原物传播为基础，但并不等同于病原物的传播，病原物的传播是一个单纯的物理学过程，而病害传播是一个生物学过程，病原物传播后能否接触寄主、萌发、侵染、引起植物发病而实现病害的传播还受到一系列生物学因素的制约。病害传播的量变规律主要取决于传播体的种类、生物学特性、数量、传播方式、动力和寄主植物的数量、分布、密度、抗性以及环境条件。只有导致病原传播体侵染和发病的有效传播，才能最终实现病害的传播，因此，病害传播是病原物本身有效传播的结果。

（2）病害传播梯度

病害传播梯度（disease gradient）也叫侵染梯度，是指传播发病后，自菌源中心向一定方向随着距离的增加病害密度而递减的现象。

由本地菌源引起的病害，在寄主感病性和生态环境较一致的情况下，在病害流行早期，往往有明显的病害梯度，在菌源中心处密度最大，距离越远，密度越小。侵染梯度值越小，也就是说相同距离间病害密度差异越小，病害分布越平缓，病害传播距离就越远。

侵染梯度可以用数学模型来拟合，较著名的是清泽茂久（1972）提出的模型：

$$x_i = a/d_i^b \tag{5-6}$$

式中 x_i——距离菌源中心某一点的病情；

a——菌源中心的病情；

d_i——离菌源中心的距离；

b——梯度系数。

利用该模型可以算出距菌源中心某一点的病害密度或概率，也可根据某一点的病情算出该点距菌源中心的距离。

侵染梯度是一种较普遍的现象，在气传、土传、水传等病害中都存在，但受多种因素的影响，如风力过大、形成湍流或再侵染多次发生后，侵染梯度会表现不明显。

（3）病害传播速度

单位时间内传播距离增长或病害梯度前沿推进距离，时间单位可以是周、日、月，也可是一个潜育期的天数。若以日为单位，则传播速度等于逐日的一次传播距离的增量的日平均值。若时间单位用潜育期的天数，则传播速度等于连续几代的一代传播距离的平均值。有关传播速度的定量研究迄今还很少有成熟的方法和确切的资料。

（4）病害传播距离

病害传播距离（distance of spread）是指病害自菌源中心向四周扩散蔓延的距离。由于病害传播受病原物、寄主和环境方面许多物理的、生物的因素影响，所以病害传播距离只是一个概率的概念，即使从确定的数学模型中推算出其传播距离为某一数值时，也只能认为是实现这一数值的最大概率而已。

①传播距离表示方法：可用一次传播距离和一代传播距离表示。

一次传播距离：孢子从释放到侵入这段时间内所致病害的传播距离。由于大多数真菌孢子释放都有昼夜周期的规律性，每日有一个高峰，故也称一日传播病害。在人工传播试验中，为了避免次日散布的孢子重叠和干扰，只让菌源中心散布孢子 1d，次日将菌源中心消灭掉。

一代传播距离：病害一个潜伏期内多次传播所实现的传播距离。因为在实际病害流行过程中，传播可能连日发生，而且同一日侵入的位点又会在连续的几日内发病，因此，为了模拟病害自然传播的真实情况，使用一代传播距离。

田间推算方法是从开始观察的第 1d 起，菌源中心逐日产孢散布，每天都有病害传播发生，到 $t = 2p$（p 为潜育期）时调查得出的传播距离即为一代传播距离。传播距离的预测决定于菌源中心菌量、传播条件和侵染条件，它是指导病害早期化学防治的主要依据。

②病害传播类型：根据一次传播距离的远近，气传性病害传播可分为近程传播、中程传播和远程传播。

近程传播：一次传播距离在百米以下。这种传播造成的病害分布在空间上是连续的，田间条件一致时常可看到一定的梯度。传播动力主要是植物冠层中或贴近冠层的地面气流或水平风力。植物冠层内孢子传播分为释放、分散和着落3个过程。

中程传播：一次传播距离为几百米至几公里。这种传播造成的病情分布往往是中断的，无明显的梯度现象。其过程为较大量孢子被湍流或上升气流从冠层中抬升到冠层以上数米高度，形成微型孢子云，继而由地面的风力运送到一定距离以后，再遇到某种气流条件或静风而着落于地面冠层中。一般情况下，菌量大到一定程度和菌源着生位置达到一定高度，才能引致中程传播。

远程传播：一次传播距离达到数十公里乃至数百公里以远。这种传播造成的病情分布是中断的，无梯度现象。其过程为大量孢子被上升气流、旋风等抬升离开地面达到千米以上的高空，形成孢子云，继而又被高空气流水平运送到上百公里乃至数千公里之外，最后靠锋面降雨、湍流或重力作用降落地面，实现了远程传播，全过程时间不过2~3d。

造成远程传播所需条件是菌源数量巨大；孢子释放后遇到合适的气流条件和天气过程，孢子能够实现上升、水平运送和下降3步骤；孢子的生物学特性能适应传播的气象条件而不丧失或不完全丧失其萌发力；沉降区有适宜的寄主条件和侵染条件，沉降区必须有感病品种并处于感病的生育阶段，季节气候正处于有利发病的变幅之内。

（5）病害传播图式

病害在传播过程中形成的一系列空间格局，称传播图式。有两方面内容，一是指病害在某一时刻的空间分布方式；二是指空间格局随病害传播的时间进程在同一田块内的变化。研究和监测病害田间图式有助于推测病害初侵染来源、划分病害流行时间、确定调查方案、制订防治策略和指导早期防治。

病害田间传播图式分为两类，即中心式传播和弥散式传播。

①中心式传播：指病害流行过程中出现的由点片发生到全田普遍发生的过程，如疫病等病害流行过程表现为中心病株或病叶、发病中心、点片发生期、普发期、严重期几个阶段。这种传播图式一般为初侵染菌量很小且繁殖率很高的多循环病害，初侵染菌源位于本田。有些情况初侵染来源虽然来自本田外，但菌量少且传来时间有限，其后再无外来菌源的干扰。

②弥散式传播：一般不呈现明显的发病中心，初侵染即造成全田普遍发生和随机分布。这种传播图式一般初侵染菌源为本田以外，特别是一些远距离传播的气传性病害。也有初始菌源来自本田，但初始菌量大且分布均匀，而再侵染对病害流行作用次要。有些情况由于田间条件不均匀、局部小气候差异大或由于湍流等作用会造成病害分布不均匀，不表现普遍发生。

5.3.6 病害流行的变化

每一种病害流行的因素是很复杂的,由于不同地区、不同年份的地理位置、环境条件、生态特点等各种因素的不同,导致同一种病害在不同地区、不同年份的流行情况是不同的,形成病害流行的地区差异和年际波动。对病害流行的变化进行研究,可以找到病害变化的主导因素,以便于病害的预测。

(1) 病害流行的地区性差异

一种病害在不同地区的流行程度、流行进程和流行频率是不同的,因而形成病害流行的地区性特点。按照病害流行程度和流行频率的差异可划分为病害常发区、易发区和偶发区3种类型。常发区是流行的最适宜区,易发区是病害流行的次适宜区,而偶发区为不适宜区,仅个别年份有一定程度的流行。病害流行地区差异的原因与不同地区的气候条件、病原物的致病性和传播、栽培制度和栽培方法以及林木品种等有关。

(2) 病害流行的年际波动

一种病害在一定地区的流行常因年份而异,表现为病害流行的轻重、迟早和频率等不同,特别是气传和生物介体传播的病害表现尤为明显。根据各年的流行程度和损失情况可划分为大流行、中度流行、轻度流行和不流行等类型。病害流行年份间变化的因素是多方面的,包括寄主、病原物、环境和栽培条件等,其中任何因素的改变都可能导致病害流行的变化,具体原因主要为有:林木品种的更换、病原物致病性的变异、栽培制度和栽培措施的变革及气象因素特别是湿度的变化等。

第 6 章

森林病害的综合防治

森林病害防治，即通过人为措施对森林病害的发生发展进行干预，以实现森林经营的目标。病害防治的目的是保持森林健康，调节树木种群与病原生物之间的关系，降低森林植物群体的感病程度，以减少经济损失。病害防治的对象是林木群体，但对具特殊价值或意义的单株树木，例如，庭园行道树、名胜古迹风景树等，仍要妥善保护，有时还要进行病害治疗，促使其恢复健康。

6.1 病害防治的原则

病害发生发展规律是拟定防治措施的理论依据。植物侵染性病害的发生和发展取决于寄主的抗病性、病原物的致病性和环境因素的作用。病害防治就是在充分了解病害发生和发展规律的基础上，调节林木、病原物和环境的相互关系，阻止各种流行因素最佳配合现象的发生。增强林木的抗病力或保护它不受病原物的侵染；杜绝或减少病原物种群数量或切断其侵染链；改善生态环境，使之不利于病原物数量的积累和侵染活动的进行，或有益于林木抗病性的发挥。一切防治措施都是为了达到上述几个目的之一或是同时兼顾的。

一些森林病害发生的影响因素比较简单，寻找病原物侵染链中较容易控制的环节，用单一的措施，就可避免病害的发生和流行。例如，根据梨园柏锈病病原菌需转主寄生，缺少夏孢子阶段，在单一寄主上无再侵染发生，病害传播的距离小于 5km 等特点，在梨（苹果、海棠）园周围 5km 以内避免种植圆柏，即可有效防止病害的发生。夏季土壤表面高温在银杏苗木茎基部造成的灼伤伤口，是病原菌侵入寄主的途径，在盛夏用遮阴或苗床覆草的方法降低土壤温度，银杏茎腐病的发病率就可控制在最低水平。但在生产实践中，大多数病害发生的影响因素比较复杂，用单一的方法难以奏效，只有从多方面采取措施相互配合才能控制病害流行。

20世纪70年代，国际上对有害生物（包括病原生物、害虫、杂草和有害鸟兽）的控制提出了"有害生物综合治理（integrated pest management）"的概念。在林业上，综合治理的概念可归纳为：有计划地应用有利于生态平衡和经济效益，并为社会所接受的各种预防性的、抑制性的方法，对森林生态系中的物理环境、植物和微生物区系、寄主的抗病性以及病原物的生存和繁殖等进行适当的控制和调节，使有害生物的发生维持在可以忍受的水平。

森林中的各种寄生物是森林生态系中不可分割的组成部分，这类生物的存在和发展受各种森林生态因素的影响，同时又影响着一系列的森林生态因素。在一个稳定的森林生态系统中，要消灭某种自然存在的寄生物是非常困难的，在大多数情况下也是不必要的。适当地调节其种群数量往往更符合人类的利益。因此，在进行病害防治时，必须考虑到森林生态的平衡，不能因为治理一种病害而破坏这种平衡或造成环境污染；也不能忽视防治中的经济问题，必须通过病害防治来增加经济效益，而不是相反。在特殊情况下，可能为了整体和长远的利益，损失局部地区的经济效益。一种病害所致损失的大小，因地、因时而异。森林中一株树木的病害，尽管是致命性的病害，也可能无足轻重；但同样的病害如果发生在行道树、庭院树或有纪念意义的树木上，其生态和经济价值将大不相同，也就是说"可以忍受的水平"是大不一样的。在防治手段上，强调不单纯依赖于一种防治方法，而要求采取多种现代化防治技术相结合，特别强调生态控制的重要性，建立一个以目的树种为主体的相对平衡的生态系。

林木的生长期长，生态系的组成较为复杂，比较容易保持其平衡和稳定。但若森林的组成、结构不合理，也难于按照森林有害生物治理的要求进行改造。因此，必须从林业区划、造林设计与施工、营林生产到森林更新的各个环节对未来森林病虫害的发生都给予充分的考虑。通过合理的林业经营管理活动，协调和调整森林群落的生态环境，保持和恢复良好的森林生物动态平衡，将有害生物损失控制在特定的阈值内。

20世纪90年代初，美国在森林病虫害综合治理的基础上，进一步提出了森林健康（forest health）的理念，将森林病虫火等灾害的防治思想上升到森林健康的高度，更加从根本上体现了生态学的思想。森林健康的实质就是要使森林具有较好的自我调节并保持其系统稳定性的能力，从而最大、最充分地持续发挥其经济、生态和社会效益的作用。

森林健康理念的提出，要求对各种生态环境下病害发生发展的规律，寄主与病原物的相互关系，以及各种病害防治的具体方法进行深入研究，以便人们更好地调节生态系统中的各项关系，实现森林经营的目标。

林木病害防治的具体方法包括植物检疫、营林技术、选育抗病树种、生物防治、物理防治和化学防治等。这些措施和方法要根据病害和时间空间的具体条件有机地配合运用，而不是机械组合。在这些措施中，营林技术防治和生物防治应当优先考虑，因为它们最符合生态学的原则。

6.2 植物检疫

自然条件下，受地理、气候条件的影响，植物病害的分布常被局限在一定区域。人为生产活动为植物病害的远距离传播创造了条件。许多毁灭性的林木病害，如栗疫病、五针松疱锈病、榆树枯萎病等，在大陆之间传播都是由人来完成的。当前我国林业生产中的毁灭性病害松材线虫病也是从国外传进来的。植物检疫就是针对危险性病害经常通过人为活动进行传播的特点提出来的病害防治方法。世界各国的生产实践证明，植物检疫是植物保护体系中的重要组成部分，是预防危险性植物病虫传播扩散的十分有效的手段。

随着人类对外来危险性有害生物认识的提高，植物保护科学的发展和植物检疫工作的广泛开展，植物检疫的概念也不断得到发展，日趋完善。1980年，澳大利亚学者 Morschel 认为"植物检疫是为了保护农业和生态环境，由政府颁布法令限制植物、植物产品、土壤、生物有机体培养物、包装材料和商品及其运输工具和集装箱进口，阻止可能由人为因素引进植物危险性有害生物，避免可能造成的损伤"。1983 年英联邦真菌研究所（CMI）将植物检疫释义为"将植物阻留在隔离状态下，直到确认健康为止"。但习惯上往往将含义扩大到植物、植物产品在不同地区之间调运的法规管理的一切方面。中国植物检疫专家刘宗善先生的定义是"国家以法律手段与行政措施控制植物调运或移动，以防止病虫害等危险性有害生物的传入与传播。它是植物保护事业中一项带有根本性的预防措施"。尽管各国学者对植物检疫的诠释不一定相同，但基本观点十分一致。联合国粮农组织（FAO，1983）把植物检疫定义为"为了预防和延迟植物病虫害在它们尚未发生的地区定殖而对货物的流通所进行的法律限制"。随着对植物检疫认识的深入，该定义几经修改，1997 年 FAO 将植物检疫的概念修改为"一个国家或地区政府为防止检疫性有害生物的进入或传播或确保其官方控制的所有措施"。

综合各家之见植物检疫（plant quarantine）可定义为：为防止危险性有害生物随植物及植物产品的人为调运传播，由政府部门依法采取的治理措施。所以植物检疫又称法规防治，其目的是利用立法和行政措施防止来阻止或延缓有害生物人为传播。植物检疫的基本属性是其强制性和预防性。

国家在进出境植物检疫和国内植物检疫方面制定了一系列植物检疫法律、法规、规章和其他植物检疫规范性文件。如《中华人民共和国进出境动植物检疫法》（1991，2009 修正），《中华人民共和国进出境动植物检疫法实施条例》（1996），《中华人民共和国植物检疫条例》（1983，1992 年修订），《森林病虫害防治条例》（1989）等，各地方政府也制定了一些有关植物检疫的规定。这些法规是我国实施和开展植物检疫工作的依据。

6.2.1 植物检疫的任务

第一，防止对国内植物或国外植物具危险性的病虫杂草随着植物及其产品由国外输入或由国内输出，即进出境植物检疫。我国进出境检疫由国家质量监督检验检疫总局统一管理，在口岸、港口、国际机场等处设立检疫机构。对旅客携带的植物和植物产品和通过邮政、民航和交通运输部门邮寄和托运的种子、苗木等植物繁殖材料以及应施检疫的植物和植物产品等进行检验。

第二，将在国内局部地区已发生的，对植物具危险性的病、虫、杂草封锁在一定的范围内，不使其传播到未发生地区，并且采取各种措施逐步将它们消灭，即国内植物检疫。在我国，国家林业和草原局森林和草原病虫害防治总站主管全国森林和草原植物检疫和病虫害防治工作，检疫工作由各地设立的检疫机构负责。国内森林植物检疫要经过调查，划定疫区和保护区。在疫区需采取封锁、消灭措施，防止检疫性有害生物由疫区传出。在保护区则需采取严格的保护措施防止检疫性有害生物传入。

6.2.2 植物检疫性有害生物的确定

检疫性有害生物（quarantine pest，QP）是指对其威胁的地区具有潜在经济重要性，但尚未在该地区发生或已发生，但分布不广需进行官方防治的有害生物。植物检疫性有害生物由政府以法令规定。列为检疫性有害生物的只是那些在国内尚未发生或仅局部地区发生，可以随种子、苗木、原木及其他植物材料或由人为传播，传入几率较高，适生性较强，一旦传入可能给当地农林生产造成重大损失的生物。在开展全国林业检疫性有害生物风险分析的基础上，按照国际上有关植物检疫协议、标准以及我国林业有害生物发生特点进行审定。2007 年国家质量监督检验检疫总局发布了《中华人民共和国进境植物检疫性有害生物名录》，名录列出 435 种有害生物，其中有 41 种（不包括水果）是林业检疫危险性病原生物。2004 年 7 月国家林业局（现国家林业和草原局）公布了全国林业检疫性有害生物名单，其中有 7 种病原生物，它们是松材线虫（*Bursaphelenchus xylophilus*）、猕猴桃细菌性溃疡病菌（*Pseudomonas syringae* pv. *actinidiae*）、松疱锈病菌（*Cronartium ribicola*）、落叶松枯梢病菌（*Botryosphaeria laricina*）、杨树花叶病毒（Poplar Mosaic Virus）、冠瘿病菌（*Agrobacterium tumefaciens*）和草坪草褐斑病菌（*Rhizoctonia solani*）。

根据国际和国内植物病害发展的情况和生产上的需要，植地物检疫性有害生物名单可以增加或减少。在国家检疫名单的基础上，各省区还可根据本地的需要，制定本省区的补充名单，并报国家农林主管机构备案。

对林木病害来说，一般种子传播的重要病害很少，而苗木、插条、接穗等几乎可以传带各种病原物，应作为重点检验对象。有的病害，如松材线虫病可以随原木甚至木包装材料传带，这些东西也应列为检验材料。种子、无性繁殖材料在其原产地，农林产品在其产地或加工地实施检疫和处理，即产地检疫，是国际和国内检疫中最重要和最有效的措施之一。

6.2.3 检疫处理与出证

（1）检疫处理

在对植物、植物产品和其他检疫物进行了现场检验和实验室检测后，需根据有害生物的实际情况以及输入国或地区的检疫要求决定是否进行检疫处理或不同层次的检疫处理。经现场检验或实验室检测或经检疫处理后合格的植物、植物产品和其他检疫物，检疫机关将签署通关单或加盖放行章予以出证放行。

检疫处理（Quarantine Treatment），是指采用物理或化学的方法杀灭植物、植物产品及其他检疫物中有害生物的法定程序。

针对进出境的植物、植物产品和其他检疫物，经现场检验或实验室检测，如果发现带有《中华人民共和国进境植物检疫危险性病、虫、杂草名录》或进口国检疫要求中所不允许的有害生物，则应区分情况对货物分别采用除害处理、禁止出口、退回或销毁处理，严防检疫性有害生物的传入和传出。其中，邮寄及旅客携带的植物和植物产品由于物主无法处理需由检疫机关代为处理；其他的植物及其产品均可通知报检人或承运人负责处理，并由检疫机关监督执行。

（2）除害处理

我国植物检疫法规规定，有下列情况之一的，需作熏蒸、消毒、冷、热等除害处理：

输入、输出植物、植物产品经检疫发现感染危险性病虫害，并且有有效方法除害处理的；

输入、输出植物种子、苗木等繁殖材料经检疫发现感染检疫性有害生物，并有条件可以除害的。

（3）退回或销毁处理

我国植物检疫法规规定，有下列情况之一的，作退回或销毁处理：

输入《中华人民共和国进境植物检疫禁止进境物名录》中的植物、植物产品，并未事先办理特许审批手续的；

输入植物、植物产品及应检物中经检验发现有《中华人民共和国进境植物检疫危险性病、虫、杂草名录》中所规定的一类病虫害，且无有效除害处理方法的；

经经检验发现植物种子、苗木等繁殖材料感染检疫性有害生物，且无有效除害处理方法的；

输入植物、植物产品经检验发现病虫害，危害严重并且已失去使用价值的。

（4）禁出口处理

我国植物检疫法规规定，有下列情况之一的，作禁止出口或调运处理：

输出植物、植物产品经检验发现进境国检疫要求中所规定不能带有害生物，并无有效除害处理方法的；

输出植物、植物产品经检验发现病虫害，危害严重并已失去使用价值的。

（5）检疫出证

经检验、检测合格或经除害处理合格的林木及其制品，由检疫机关签发单证准予放行。

6.3　营林技术防治

采取适当的营林技术措施不但是林木健康生长所必需，而且对某些林木病害有良好防治效果，是病害防治方法中具有基础性的根本措施。这些措施的防病作用在于创造了有利于林木生长发育的条件，增强了寄主的抗病力；或许可以造成不利于病原物生长、繁殖、传播和侵染的环境，使病害不会发展到流行的程度。在许多情况下，林木迅速丰产的措施同时也能达到病害防治的目的。例如，缩短林木的轮伐期可以减少立木腐朽的损失；增强树木生长势是预防林木枝干溃疡病类的主要方法。但有时也需要专门的防治措施，例如在苗床上盖草以预防银杏茎腐病，清除转主寄主来预防某些锈病等。许多林木病害的流行常常由于林木培育技术不当所致，如杉木炭疽病在丘陵地区的流行，同立地条件的选择有关；枝干溃疡病的发生与造林质量差有关。因此，必须采取有利于保持森林生态环境稳定，有利于林木健康生长，而不利于病害发生和流行的营林技术措施。

6.3.1　育苗技术中的防病措施

（1）根据苗木生长的要求来选择苗圃地

最好不要将苗圃设置在土质黏重、地势低洼的地点。因为在这种半嫌气的土壤条件下，苗木根的呼吸受阻，土壤中易于积累硫化氢和水杨酸等有害物质，会促进猝倒、根癌病、苗木白绢病等的发生。如只能在这种地段上设置苗圃，则应采取改良土壤、排水等措施。在易于排水的砂地或黑色土壤上设置苗圃，则应防止夏季高温引起的灼伤。其次要考虑的是病害的侵染来源。如长期进行蔬菜、瓜类种植的苗圃地上进行针叶型树木的栽种,则很可能导致猝倒病的流行;这种土地不宜选作苗圃地或经过土壤消毒后才可使用。苗圃最好远离有同种林木的林分,以免病原物从林木传到苗木。

（2）做好各项育苗管理措施,培育壮苗

使用无病种子、种条、接穗、插穗等繁殖材料。繁殖材料若带病,则传播病害,增加初侵染接种体数量,降低苗木的质量。培育无毒苗,建立无病种苗繁殖体系,已成为防治泡桐丛枝等植原体病害或病毒病害的切实可行的途径。

及时间苗,保持适当的苗木密度,使苗间通风透光。一方面使苗木均衡生长发育,增强抗病力;另一方面可减少湿度,显著降低许多叶部病害如叶锈病、叶斑病的发病率。

施用有机肥以调节微生物种群和促进苗木生长;均衡施肥,增强苗木的抗病力。施用石灰或硫酸亚铁以调节土壤酸碱度;覆盖苗床或给苗床遮阴以调节土壤温度和蒸发量等,对某些苗木病害有抑制作用。

（3）轮作

有一些由线虫和根部习居菌引起的根病发生严重的圃地,实行轮作可使土壤中的病原物因缺乏合适的寄主而逐渐消亡;而且有利于土壤中有益微生物的繁殖,对病原物产生抑制作用。

（4）注意苗圃卫生

发现病苗及时拔除烧毁,以免形成发病中心。起苗后清除病苗及其残余物,以减少侵染来源。

6.3.2 造林技术中的防病措施

适地适树是森林营造的基本原则之一,对于一些弱寄生性病害的预防至关重要。在拟定计划时,必须了解造林树种的生物学特性和可能出现的病害种类、分布及危害,结合造林地的气象、地形、坡向、坡度及土壤等因素,加以综合分析,以便根据立地类型配置恰当的造林树种。尽量使用乡土树种造林。

选用健壮无病苗木造林是提高造林质量的重要保证。带病的苗木不仅本身的成活率低,还会把病原物带到幼林中,引起幼林病害的发生。

营造混交林可以形成比较复杂的生态环境,对保持林地生产力和增强林分抗逆性有益,对病害的蔓延传播有阻隔作用,但应注意混交树种的搭配。在某种锈病严重的地区,要避免使用病菌的两个转主寄主作为混交树种。

（1）间伐

进行树木种植时也要注意树木之间的间隙,种植密度过大时会出现林木通风、透光效果不好,使树木长期除在一种不利于正常生长的环境中,会增加病害发生的可能性。如,在山东泰山油松林中,由于林内树木生长过于密集,从而使得烂皮病的发病率增高。具体的原因则是因为林内存在着大量的枯枝、弱枝等。在落叶松密林中，被压木易受枯梢病、早期落叶病的危害，从10年生开始，林内常出现枯死木。

（2）修枝

林内适当修枝，可收到与间伐相似的效果。清除枯枝、病枝和下枝，能减少病害的侵染来源。修枝时，若切口平滑，使伤口愈合早，还可起到预防病菌侵染的作用。如我国红松松疱锈病的发生，70%的发病部位是在2m高以下的枝干上，当病菌未及主干前，将病枝切除，可收到良好的防治效果。北方对毛白杨锈病的防治，常于冬春结合修剪除病芽，可有效地控制病害的发生。据日本官城3县调查，扁柏林内修枝后，流脂病发病率是修枝前的1/6以下。柳杉立木腐朽病菌多半从枯枝上侵入，通过修枝，能预防病害发生。

（3）营造混交林、复层林

营造混交林、复层林，对病害防治也具有重要意义。如在针阔叶混交林中，落叶松早期落叶病、松落针病的病叶于树上落下后，常被阔叶树的落叶所覆盖，从而阻隔了病菌子囊孢子的飞散，病害得到减轻。云南松落针病，在纯林中的发病率为50.2%；在云南松（5）、桤木（2）、槲栎（2）、油杉（1）混交林中，发病率降为18.8%。云杉和赤杨混交时，云杉根白腐病发生减少，原因是赤杨的根围中，存在着病菌的颉抗性放线菌。

在复层林中，上层木可保护下层木不受冻害、日灼和风害。这对溃疡病、枝枯病和立木腐朽病类，均有一定的预防作用。在上层残留椴木的冷杉幼林地上，枝枯病发病是间伐造林地上的10%以下，冠下林木。大多是健康的。如果下层木为耐阴性差的树种时，则会出现下层木受压、病害增多的倾向。

6.3.3 林分抚育中的防病措施

幼林及成林的抚育管理，不仅有利于增强林木生长势，提高抗病力，也是病害防治的重要手段。病死树要及时清除；弱树、枯枝也应作适当处理。因为有些弱寄生的病原物往往先是在这类林木上寄生滋长，然后才蔓延开来。如松烂皮病菌，通常是作为枯枝上的腐生物存在着，当林木衰弱时，便从枯枝的死组织向活组织蔓延而成为寄生菌，引起枝条或林木的死亡；如杨树溃疡病、烂皮病一般是在环境胁迫引致树皮膨胀度低于80%时才能够发生，因此，提高树势、增加树木抗逆性是防止树木生态性病害的关键。

在林分的管理中，及时发现和清除病害的发源地往往是防止病害蔓延和扩散的关键。流行病害，尤其是区外传入的病害，在其爆发之前，病原物有一个定殖和数量积累的过程。从新病害定殖到普遍性地爆发，期间往往需要几年、十几年甚至几十年的时间，只要及时发现并采取适当的抚育措施或其他防治方法，完全可以在成灾之前清除或将它限制在一个小的范围内。例如，在幼林地若发现少数林木根朽病病株，及时将其清除就可避免林木根朽病在该林地的泛滥。

山火、放牧、随意刮皮打号，是引起林木机械损伤、导致病原物特别是枝干溃疡病菌、立木腐朽菌类侵入的重要途径，应当禁止或严格控制。

6.4 选育抗病树种

选育和利用抗病性强的树种或品种，是森林病害防治的重要途径。一个抗病品种选育成功，可以较长期地起防病作用，免除常年使用其他防治方法的人力物力消耗。特别对某些防治比较困难或目前还没有有效防治方法的病害，选育抗病树种似乎是唯一可行的防病方法。林木重要病害，如欧美的榆树枯萎病、北美的五针松疱锈病和栗疫病，经过上百年的防治实践，都把选育抗病树种作为防治研究的主要方向，并且取得了显著的成绩。我国在杨树育种中用黑杨派不同树种间的杂交试验，获得具有速生、抗溃疡病、灰斑病等特点的优良无性系。

抗病树种选育的途径包括以下几方面。

6.4.1 抗病树种利用

林产品对质量的要求不像农产品那样严格，可以因地制宜地用亲缘相近的抗病树种代替感病树种。松针褐斑病主要危害湿地松、火炬松和黑松，马尾松感病较轻，对生长几乎没有影响。种间抗病性的遗传通常比较稳定，在抗病树适生的地方用以代替感病树种，在经济上和技术上也没有很大难度，因此，它是提高林分抗病性的简易方法。

6.4.2 抗病种源选择

20世纪初，欧洲的许多林学家发现地理来源不同的松树种子培育出来的苗木对松落针病的感病程度有很大的差异。它们归因于不同地理来源的种子育成的苗木对当地立地条件有不同的适应能力。有些种源的苗木适应能力差，生长势弱，因而感病重。

6.4.3 抗病单株选择

抗病单株选择是利用林木个体间抗病性差异进行选择的一种方法。许多林木病害普遍发生的林分中，常常可以发现一些个体发病很轻，或完全不发病，它们可能具有可遗传的抗病因素。用其进行繁殖，可能获得抗病的无性系或家系。

我国在20世纪60年代初开始进行普通油茶抗炭疽病的单株选择，取得显著成效。普通油茶的自然品种极为丰富，抗病性分化十分明显，为单株选择提供了丰富的材料。

6.4.4 抗病实生苗选择和抗病种子园的建立

用从抗病单株上采收的自由授粉或控制授粉的种子育苗，苗期接种，淘汰感病苗木；按小株行距种植健壮苗木于感病严重的地区，经自然考验，伐除感染病害和生长不佳的个体，保留健壮个体作为母树。由于母树来源于实生苗，提供了较丰富的基因组合，比较能适应病原菌的变异。选择出的抗病个体可直接用于建立种子园进行繁殖。在种子园中，对幼龄母树林加强管理，逐年清除病树及品质不良的树木，保留健壮的树木用于生产种子。

6.4.5 中间杂交培育抗病杂种

利用生物学性状和经济性状不太理想但具有高度抗病性的树种作为父本，同感病但其他性状优良的树种杂交或回交，然后在子代中进行选择，可以获得优良的抗病杂种。意大利用多个亚洲榆树种与荷兰的榆树品种'Plantyn'杂交，以确保杂交后代能够抵御榆树枯萎病病菌将来可能出现的突变。到2003年，已有两个品种在生产上推广，显示出其亲本中含有抗榆树枯萎病的白榆（*Ulmus pumila*）的特征。

6.4.6 利用遗传工程技术进行抗病育种

林木抗性基因工程中使用的抗病基因可以分为抗病毒病基因、抗真菌病基因和抗细菌病基因。已克隆的抗病基因主要是病毒，如烟草花叶病毒（TMV）、黄瓜花叶病毒（CMV）等的外壳蛋白基因（CP）。英国牛津大学病毒所的研究小组曾克隆杨树花叶病毒（PMV）外壳蛋白基因来转化杨树，以育成抗杨树花叶病毒的杨树无性系。

与抗病毒植物基因工程相比，抗真菌基因的研究尚处在初始阶段。几丁质酶基因（*Chi*）和角质酶基因（*Cut*）是目前克隆的抗树木真菌病的2种基因。美国Harvey研究小组已从杨树的创伤反应基因中，分离出编码几丁质酶的转录子序列，并构建了能在杨树细胞中表达的几丁质酶基因表达系统。美国加州的研究人员克隆了角质酶基因，旨在提高树木叶片的角质层厚度和强度，加强叶组织的自我保护能力，抵御真菌的侵害。

目前，抗病育种的发展趋势是将现代生物技术与常规杂交育种有机结合，如将转基因技术应用于杂交亲本改造，将分子标记技术应用于杂交亲本选配和杂种优势预测，将mRNA差异显示技术应用于杂种优势分子机理研究及杂种遗传分析，对选育的优良杂种无性系通过基因工程进一步改良等。

植物抗病能力的鉴定是抗病育种过程中的重要环节。鉴定方法有自然感染法和人工感染法。自然感染法是将初步选育出来的家系或其子代在病害流行地区栽培,任其自然感病。由于不同地区病原物致病性可能有所不同,而且环境条件对植物的抗病性也有一定的影响,所以有时要将鉴定植物分别在不同的地区栽培,观察它们的抗病能力和对环境的适应性。人工感染法就是用病原物进行人工接种,观察鉴定植物的发病情况。用人工感染法比较植物的抗病性时,除要控制一定的环境条件外,接种材料、接种体含量和接种时间等都是经常影响抗病性测定结果的因素。抗病性的鉴定要用人工感染和自然感染相结合的方法,反复筛选,才能做出可靠的结论。

一个抗病品种的选育成功往往需要花费几年甚至几十年的时间。抗病品种育成后,一般可以较长期地发挥防病作用。但仍应注意栽培管理技术的改进,以及其他防治措施的配合,防止抗病性的退化。

6.5 生物防治

林木病害的生物防治是在林业生态系统中调节寄主植物的微生物环境,使其有利于寄主而不利于病原物,或者使其对寄主与病原物的相互作用发生利于寄主而不利于病原物的影响,从而达到防治病害的目的。这种调节可以通过改变地被植物种类(轮作或间作)、改良土壤性质,施用不同肥料或其他化学物质以及人工培养接种来实现。

自然界普遍存在的有利于控制病原物的生物间的相互作用包括抗生作用、寄生作用、竞争作用、诱发抗性、形成菌根等。生物防治正是对这些相互作用的巧妙利用。多数森林病害寄生物可以减少病原体,但不能大量抑制或阻止病原体的附生生长。例如:一种紫霉,能在白松疱锈病上茁壮生长;一种寄生菌和寄生虫能寄生于针叶树,虽不能消除病原体的危害,但能抑制病原菌的生长和蔓延。

6.5.1 抗生作用

一种微生物的代谢产物能抑制另一种或多种微生物的生长,或能破坏或溶解其细胞结构,称为抗生作用。

在欧洲,发现一种赤杨的根围聚集了大量放线菌及其他菌类,它们中的大多数对根白腐病(*Heterobasidion annosum*)有颉颃作用,因此,在挪威云杉和赤杨的混交林中或在赤杨林采伐迹地上的第一代云杉林中通常不发生根腐病。绿黏帚霉(*Gliocladium virens*)和木霉菌(*Trichoderma* spp.)、被用作多种土传植物病原菌的颉颃菌,因为它们在代谢过程中可以产生颉颃性化学物质来毒害植物病原真菌,这些物质包括抗生素和一些酶类。抗生素类物质，主要有木霉素（trichodermin）、胶霉素（gliotoxin）、抗菌肽（peptide antibiotic）等；酶类包括几丁质酶、葡聚糖酶、蛋白酶等，这些酶的主要功能是消解真菌细胞壁，从而抑制病原菌的生长。

在世界许多国家，放射土壤杆菌（*Agribacterium radiobacter*）K84菌株被成功用于防治由土壤农杆菌（*A. tumefaciens*）引起的冠瘿病，该菌株携带一个能编码细菌素并对其免疫的质粒pAGK84，细菌素抑制病原菌，从而起到防病的作用。近年来，又通过遗传构建了更为安全有效的工程菌株K1026，该菌已通过了田间药效及安全性试验，定名为Nogall，作为第一个商品化的遗传工程杀菌剂开始在澳大利亚、美国、日本等国登记销售。

6.5.2 寄生作用

寄生在病原物上的微生物称重寄生物超寄生物（hyperparasite）。例如，白粉菌寄生孢（*Ampelomyces quisqualis*）可寄生在白粉菌的分生孢子梗上，能抑制白粉病的发展。锈菌寄生菌（*Scytalidium uredinicola*）寄生在锈菌的锈孢子器和夏孢子堆中，使松梭形锈菌（*Cronartium quercuum* f. sp. *fusiforme*）单位面积上锈孢子器的最大产孢量降低72%。

许多病原真菌的弱毒性与双链RNA的侵染有关。栗疫病菌（*Cryphonectria parasitica*）受到病毒侵染后，致病性减弱，成为弱毒菌系。用弱毒菌系处理受到毒性菌系侵染而发病的栗树，可以使病株逐渐恢复健康。然而，这一过程要求弱毒菌系具有侵染性并且易于传播到未受侵染的菌株。传播一般通过菌丝融合，此过程通常受几个营养体非亲和性基因（*vic*）所控制。栗疫病菌中弱毒菌系的传播在同一营养体亲和性群的菌株间易于发生，而与不同菌株具有的*vic*基因个数呈负相关。当菌株间有两个以上基因不同时，使传播率下降到3%~4%。

6.5.3 竞争作用

通常表现为空间或营养基地的竞争。成功的竞争常发生在侵染阶段，阻止病原菌的侵入。

松根白腐（*Heterobasidion annosum*）在欧洲、北美是一种很重要的病害。病菌能在松根中存活很多年，借病根和健康根接触而传播。病菌产生的担孢子也可通过新鲜伐根的断面侵染伐桩，病菌很快扩展到伐根的各部位，使它成为健康活立木的侵染源。将大伏革菌（*Phlebiopsis gigantea*）的孢子悬浮液接种在新鲜伐桩表面，能有效抑制根白腐菌对林木的侵染，将由病菌引起的干基腐朽高度控制在较低水平，并且能够降低病原菌的传播速率。因为大伏革菌能够在新伐的树桩表面迅速生长，便阻止了根白腐菌在伐桩上的定殖。目前，大伏革菌制剂已经商品化用于伐桩处理。这种生物防治根白腐的办法，已在欧洲许多国家推广使用。

6.5.4 诱发抗性

利用生物、物理或化学因子处理植株，将会改变植物对病害的反应，使植物产生局部的或系统的抗性，这一现象称为诱导抗性（induced resistance）。

诱导植物产生抗性的生物因子有真菌、细菌或病毒。一些病原的非致病性生理小种、弱致病性病原体、非致病性病原体及真菌细胞的细胞壁都可以用来作为诱导因子。植株经诱导后激发产生一系列的防卫反应，与植株抗病性有关的植物代谢加强了。

曾大鹏等用分离白杨树的炭疽病菌（*Colletotrichum gloeosporioides*）预先接种油茶果实，较未用杨树炭疽病菌处理的油茶果实，处理果实田间自然发病率明显降低，4年间5块样地共4hm^{2}的油茶林地，相对防治效果平均为44%。

用柑橘速衰病毒（*Citrus Tristeza Virus*，CTV）的弱毒株系接种葡萄柚，接种株不产生根系腐烂致死的症状，仅表现轻微的茎干凹陷病斑，在很长时间内不受速衰病毒的侵染。

6.5.5 形成菌根

许多真菌能与高等植物的根形成菌根。菌根有助于改善植物的营养状况，特别是提高土壤中磷的有效性，从而促进生长。菌根提高了植物的抗逆性，增强了植物对不利环境的适应性。同时，菌根也对植物根系病原微生物的活动产生影响。因此人们也常把菌根作为一种生物防治因素加以利用，特别在育苗移栽的林果上，菌根可以起到保护根系免于受其他病原侵染和增强植株健康水平的抗病作用。

实践中，生物防治对植物病害的控制作用通常并非某一机制的单独作用，而更多的是两种或两种以上机制协同作用的结果。例如，木霉菌在植物病害生物防治中可以表现出多种作用机制。

植物病害的生物防治符合植物病害综合治理的生态学原理，对环境造成污染的风险小，在日益重视生态平衡和环境质量的今天，生物防治愈发显得重要。但生物防治的作用较缓慢，受环境影响大，效果不稳定，很多理论和技术问题有待完善和解决。

6.6 物理防治

利用热力、低温、电磁波、核辐射等物理手段抑制、钝化或杀死病原物，进行病害防治的方法，称为物理防治。目前应用较广的是用热力处理种苗和土壤，以杀死其中的病原菌。如有条件的温室，将带孔的钢管或瓦管埋入地下40cm处，地表覆盖厚毡布，然后通入82℃的蒸汽消毒30min，可以杀死土壤有害病菌，效果好且不污染环境。森林苗圃在育苗前焚烧枯枝落叶和荒草进行土壤消毒，可清除侵染来源。在杏树林地覆盖白色聚乙烯薄膜，通过日晒，起到土壤消毒的作用，能有效防止轮枝孢枯萎病（Verticillium wilt）的发生。

林木种子播种前用温水浸泡一定时间，有利于杀死附着在种子表面和种皮内的病原菌。将接穗、插条和种根在热水中浸泡，对抑制植物菌原体病害的发生有效。浸泡的温度和时间依植物种类和材料的不同有所不同。以 35~38℃ 处理泡桐幼茎组织结合茎尖培养，泡桐丛枝病病菌脱毒率可达 100%。用同样的方法亦可使某些感染病毒的植物材料脱除病毒。

6.6.1 低温处理

低温处理可分为速冻处理和冷冻处理。

"速冻"是指货物一开始即处于零度或零下温度的处理。任何等效的冷冻方法，如低温冻结、冷冻包装、冷包装等都包括在速冻范畴。速冻可有效地杀死除病原微生物外的大部分有害生物。此方法常用于因病虫原因而不批准进口的产品。大部分水果、蔬菜的处理均可采用此方法，尤其是用于加工的进口水果、蔬菜。

在果实或植物产品上的病原菌，其活动与危害受温度的影响很大，为减少病菌活动所造成的损失，通常采取低温贮藏的方法，但低温常不能杀死病菌。

6.6.2 高温处理

利用热力杀死有害生物的方法很多，也很有效。常用的有干热法、湿热法、热水处理和电磁波处理等

高温处理的目的是消灭有害生物而不伤害寄主材料，处理的基本要素有温度、热传导率和持续时间。

（1）干热处理

干热处理一般在干热室或烤炉或烤箱里进行，当内部的总体温度达到要求的处理温度时，作为处理时间的开始。干热处理主要用于处理蔬菜种子，对多种种传病毒、细菌和真菌都有除害效果，但处理不当可能降低种子萌发率。据报道，甘薯加热到 39.4℃ 维持 30min，对于清除根结线虫有良好的效果。

（2）湿热法

此方法用饱和的水蒸气提高货物温度，达到所需要求温度并持续一定时间。借水蒸气在货物表面冷凝释放的潜热达到快速、均匀地提高处理物品温度。应用中，饱和的细雾状热湿气和空气强制循环。115.5~120℃，0.7~1kg/cm² 蒸气压的饱和蒸气，在短时间内能杀死最有抗性的孢子，处理时间的长短应根据物质的种类、数量和穿透情况不同而定。彭金火等研究发现（2001），

85℃、相对湿度 80% 条件下处理 5~6min 能比较可靠地杀死疫麦中的小麦印度腥黑穗（TIM）病菌。

（3）热水处理

热水处理能够除治各种有害生物，主要针对线虫和病菌以及某些螨类和昆虫。此方法主要用于处理球茎上的线虫、其他有害生物以及种传病害。

处理采用的温度与时间的组合必须既要杀死病原生物和害虫又不超出处理材料的忍受范围。有些处理明确要求在水浴器内另加杀菌剂或湿润剂。在鳞茎的热水处理中，甲醛作为一种杀菌剂使用（40% 甲醛 1∶水 200）。使用甲醛还有一个好处，即它可作为杀线虫剂杀死游离在水槽中的自由线虫。

处理结束后，立即将处理材料从容器中取出，并使其排水、冷却、干燥。鳞茎和其他植物材料在处理后应立即移出容器然后摊成单层进行冷却、干燥。植物材料在处理后如不迅速冷却，会受到有害影响，尤其是葡萄插条。但干燥时间不能延长。处理后的植物材料常施一些杀菌剂，方法是在滴干水后施用药液，或者在干燥后施用药粉。

（4）电磁波处理

电磁波防治害虫的研究始于 21 世纪初，主要用钴^{60}-γ 射线灭虫和微波加热灭虫。上海市植检站（上海市质量监督检验技术研究院）用钴^{60}-γ 射线处理带有玉米枯萎病菌的玉米籽粒，取得良好的杀菌效果。当射线剂量为 1250Gy（125000rad）以下时，仍有细菌存活；1300Gy 时，所有细菌都不能存活。彭金火用 4000Gy 照射小麦矮腥黑穗病菌冬孢子也有较好的灭活效应。

射线处理对病原物有抑制和杀灭作用。用 250Gy/min 的 γ 射线处理桃，射线总剂量达 1250~1370Gy 时，可以有效地防止贮藏期桃褐斑病。

根据病原物侵染和扩散的特点，在植物表面设置屏障，阻止病原物的侵入危害或扩展，可以减轻病害的发生。例如，用高脂膜喷布苹果，在果实表面形成薄膜，膜层不影响果实的正常呼吸，但可阻止病原菌的侵入，从而有效控制苹果炭疽病的发生。

6.7　化学防治

植物病害的化学防治是指利用化学药物防治植物病害的方法。化学防治是植物病害防治的一个重要手段，使用范围广，收效快，方法简便，特别在面临病害大发生的紧急时刻，甚至是唯一有效的措施。

6.7.1　化学药剂的作用和使用方法

按照化学药剂的作用，可以大致分为铲除剂、保护剂和治疗剂。

铲除剂通过直接与病原体接触发挥杀菌作用。如高浓度的石硫合剂、溴

第6章 森林病害的综合防治

菌腈、甲醛。此类药剂一般在植物的休眠期，用来处理病原物的越冬、越夏场所；也可在植物生长期，通过渗透作用将已侵入寄主不深的病原物或寄生在寄主表面的病原物杀死，具有局部治疗的作用。

保护剂的作用在于病菌侵入植物之前施于植物体表，杀灭在植物体表的病原物或抑制病原真菌的孢子萌发从而达到阻止病原物侵入、保护植物的目的。如低浓度的石硫合剂、波尔多液、代森锰锌、百菌清等药剂。保护性杀菌剂不能被植物吸收，只能在植物表面发挥作用，对已侵入植物的病原物无效。因此，应根据病害侵染循环的特点科学使用。除了在可能被病原物侵染的植物表面施药外，保护性杀菌剂还可以用来处理病原物的越冬越夏场所、带菌种苗等侵染源，消灭或减少病原物的初始菌量。

治疗剂能进入植物组织内部，抑制或杀死已侵入的病原菌，使病情减轻或恢复健康。治疗性杀菌剂一般能被植物吸收并在体内传导，故此类杀菌剂又称为内吸杀菌剂。此类药剂进入植物体内，可对病原物直接产生毒害或通过影响植物的代谢，改变其对病原物的反应或影响病原物的致病过程。内吸杀菌剂对病原菌的作用往往具有专化性，且作用位点多数是单一的。如甲基硫菌灵、多菌灵、甲霜灵等。

化学药剂的剂型可以分为液剂、粉剂、可湿性粉剂、乳剂和烟剂等。使用时根据防治对象、药剂的性质、施用地环境等来选择适宜的剂型。

化学剂的使用方法包括种苗消毒、土壤消毒、熏蒸（释放烟雾剂）和喷洒植株、树干注射、外伤治疗等。

（1）种苗消毒

一些林木病害是通过种子、苗木传播的，因此种苗消毒是防治植物病害一项很重要的措施。用液体杀菌剂浸泡或用粉状杀菌剂拌种能杀死种子表面的病原物，长效杀菌剂处理种子还可以保护种子不受土壤中病原物的侵害，甚至对幼苗也有保护作用。常用的药剂有敌克松、多菌灵、三锉酮等。

（2）土壤消毒

将杀菌剂或杀线虫剂施入土壤中防治土传病害或根结线虫病害。一般于播种前用药液浇灌或用药粉撒施于苗床土壤中，混合均匀，或做成药土施于播种沟中或用以覆盖种子。具有熏蒸作用的药剂多沟施或穴施，并用土覆盖或另加塑料薄膜覆盖；营养袋育苗或苗床育苗常将土壤与杀菌剂混合后，堆成堆，用塑料薄膜覆盖。数日后，去掉覆盖物，将土壤散开摊晾，待药味散尽后播种或育苗，如用甲醛进行土壤消毒。苗圃中也常用硫酸亚铁处理土壤。

（3）熏蒸和喷洒植株

①熏蒸：经常使用的熏蒸剂有10多种，按物理性质分为，固态，如氰化钠、磷化铝、氰化钾；液态（常温下呈液态），如四氯化碳、二溴乙烷、氯化苦、二硫化碳等；气体（常温下呈气态），如溴甲烷、环氧乙烷等。

溴甲烷可广泛应用于有生命的植物而不产生有害影响。大麦、小麦、玉米、甜玉米、高粱、水稻等和谷类种子，在含水量低的情况下，对溴甲烷表现安全。

②喷洒：植株喷药是最常用的施药方法。包括喷雾和喷粉两种方式。化学药剂中的大多数药剂都可以喷洒的方式施药。用于喷雾时要做到雾滴细小，喷洒均匀周到。喷粉适用于大面积喷药防治病害，也适用于温室防治病害。在郁闭度较大的林分中，可使用杀菌烟剂。杀菌烟剂由杀菌剂、发烟剂和助燃剂按一定比例混合而成。当发烟剂燃烧时，发生400℃左右的高温，使杀菌剂有效成分气化，在空中冷凝为微小颗粒。如用百菌清烟剂在东北地区防治落叶松早期落叶病，取得良好效果。

（4）树干注射

在树干基部钻孔加压，或在树干上吊挂装有药液的药瓶，利用重力，向孔内缓缓注入内吸杀菌剂药液，对一些根部和干部病害有一定的疗效。通过树干注射营养液治疗树木缺素症和用于古树复壮，有显著效果。目前，已有专用的树干注射器用于某些树木病害的防治。

（5）外伤治疗

对树干上发生的烂皮病、锈病，可将病部树皮刮除或用刀划破，然后涂抹渗透性较强的杀菌剂，以杀死病菌，防止病部扩展，促进伤口愈合。例如，用腐必清治疗苹果树腐烂病，用不脱酚洗油处理红松疱锈病菌引起的干锈溃疡斑等。立木腐朽病菌和许多弱寄生菌常通过枝干上的伤口侵入树木，在伤口上涂抹保护剂（如波尔多液），可以减少此类病害的发生。

6.7.2 几种常用杀菌剂的性能

防治植物病害的药物因防治对象的不同可分为杀菌剂（fungicide）和杀线虫剂（nematicide）。杀菌剂主要用于真菌病害，少数种类如农用抗生素则主要用于细菌病害。杀线虫剂主要用于防治由线虫引起的植物病害。

根据主要化学成分的不同，杀菌剂可以分为无机杀菌剂和有机杀菌剂。

（1）无机杀菌剂

无机杀菌剂是一类在使用化学药剂防治植物病害的早期出现的药剂，主要杀菌成分是无机化合物。

①波尔多液：由硫酸铜和石灰混合制成的天蓝色胶状悬液。为广谱杀菌剂。其杀菌的有效成分是碱式硫酸铜。通常以硫酸铜:石灰:水 =1:1:100 的比例配置成 1% 的等量式波尔多液使用。根据树种对硫酸铜和石灰的敏感性以及病害种类的不同，可以降低使用浓度，或者改变硫酸铜与石灰的比例，配制成石灰倍量式、石灰多量式或石灰半量式的波尔多液。

波尔多液黏着力强，一次施用可以维持 15d 左右的有效期。要现用现配，不能贮藏，否则效果差，且易生药害。潮湿多雨的气候下施用也较易生药害。目前已有市售的替代性药剂，如多宁。

②石硫合剂：由生石灰、硫黄粉和水以 1∶2∶10 的比例熬制的药剂。除用于防治多种真菌病害外，对螨类也有防效。其杀菌的有效成分是多硫化钙。石硫合剂原液经密封，在避光条件下可长期贮存，使用时加水稀释。石硫合剂的浓度以波美比重计度量。生长季节中的使用浓度一般在 0.3°~0.5°Bé，树木在落叶休眠期作铲除剂使用时，浓度可增加至 3°~5°Bé。石硫合剂在高温季节使用易生药害。

（2）有机杀菌剂

20 世纪 30 年代，出现了有机杀菌剂。先是有机汞制剂，随后出现二硫代氨基甲酸盐类化合物，如代森锌，由于此类药剂的高效、低毒和廉价，开创了有机杀菌剂的新时代。此后，醌类、酚类和杂环类化合物相继出现，有机杀菌剂几乎完全取代了无机杀菌剂。60 年代以后，研制成萎锈宁、苯莱特和托布津等具有内吸作用的杀菌剂，从而把杀菌剂的发展推进到了一个新时代。内吸杀菌剂的选择性较强，对非目的微生物的毒力和对环境的污染较少，是当前化学杀菌剂发展的主要方向。

①代森锰锌：是广谱的保护性有机硫杀菌剂。化学名称是乙撑双二硫代氨基甲酸锰和锌离子的配位络合物。工业品为灰白色或淡黄色粉末，属低毒农药。剂型为 70% 或 80% 可湿性粉剂。在高温时遇潮湿和遇碱性物质则分解。可与一般农药混用。用于预防多种植物的叶部病害。

②百菌清：是广谱的保护性有机氯取代苯类杀菌剂。化学名称是 2,4,5,6- 四氯 -1,3- 二氢基苯，高效、光谱杀菌剂，具有保护作用。对弱酸、弱碱及光热稳定，无腐蚀作用。工业品为浅黄色粉末，多为 50% 和 75% 可湿性粉剂。在植物表面易黏着，耐雨水冲刷，持效期一般 7~10d。使用时注意不能与石硫合剂等碱性农药混用。对多种叶、果病害防治效果很好。

③甲基硫菌灵：属低毒性内吸性广谱杀菌剂。在植物体内转化为多菌灵。剂型为 50%、70% 可湿性粉剂，对多种病害有预防和治疗作用。对叶螨和病原线虫有抑制作用。持效期一般 10d；不能与碱性及无机铜制剂混用。长期单一使用易产生抗性并与苯并咪唑类杀菌剂有交互抗性，应注意与其他药剂轮用。

④多菌灵：属低毒性内吸性广谱杀菌剂，苯并咪唑类化合物。有明显得向顶输导性，具有保护和治疗作用。对子囊菌、担子菌和无性菌类多数病原真菌有杀菌活性。剂型有 40% 胶悬剂和 50% 可湿性粉剂。除叶面喷洒外，也作拌种和土壤处理使用。

⑤三唑酮：属于低毒性杀菌剂。是一种具有较强内吸性的杀菌剂，具有双向传导功能，并且具有预防、铲除、治疗和熏蒸作用，持效期长，在 1 个月以上。常用剂型 25% 可湿性粉剂、25% 乳油。对锈病、白粉病有特效，对黄栌白粉病、梨－圆柏锈病、胡杨锈病等病害有很好的防治效果。可与碱

性及铜制剂以外的其他制剂混用。

⑥甲霜灵：属于低毒性杀菌剂，常用25%可湿性粉剂，内吸杀菌剂，具有保护和治疗作用，有双向传导性能，持效期10~14d，土壤处理持效期可超过2个月。对霜霉病菌和疫霉病菌引起的多种植物病害有效。单一长期使用该药，病菌易产生抗性。生产上大多使用复配剂。

⑦克菌丹：克菌丹为广谱性杀菌剂，兼有保护和治疗作用。工业品为黄棕色，略带臭味。在中性或酸性条件下稳定，在高温和碱性条件下易水解。对人畜低毒，对皮肤有刺激性，对鱼类有害。剂型为50%可湿性粉剂。可用作叶面喷雾和种子处理。对铜较敏感的植物，使用克菌丹尤为适宜。可用于防治多种作物的霜霉病、炭疽病、白粉病。

（3）农用抗生素

抗生素在防治植物病害上有许多优点，如使用浓度低、选择性强、易于向植物体渗透和转移等，可防治多种植物病害，尤其是植物菌原体和细菌引起的病害。目前在农林业生产中使用较多的抗生素有井冈霉素、多抗霉素、链霉素、春雷霉素、放线菌酮、农抗120、中生菌素等。抗生素可用于喷雾或注射。用土霉素碱的盐酸溶液注入桑树的根茎处，以治疗桑萎缩病，以及用300mg/L的内疗素注射红松皮下以治疗松疱锈病，均有显著疗效。但由于抗生素制造成本较高，并有诱致人体病菌对易用抗生素药物产生抗药性的可能性，其使用受到一定的限制。

（4）杀线虫剂

杀线虫剂种类较少，主要用于土壤消毒。这类药剂（如氯化苦）除能杀线虫外，且有杀菌作用对人畜毒性较大，一般在播种前使用。目前常用的杀线虫剂有棉隆、苯线磷、丙线磷、克线丹等，均用于防治农林植物的根部线虫。棉隆属低毒广谱熏蒸杀线虫剂，有粉剂、可湿性粉剂和微粒剂几种剂型，可兼治土壤真菌、地下害虫及杂草。在土壤中分解成有毒的异硫氰酸甲酯、甲醛和硫化氢等，易于在土壤中扩散并且持效期较长。适用于防治果树、林木上的各种线虫。持效期4~10d。

在林业上，为防治树干冻伤、日灼、虫伤和病菌感染，庭园树、行道树和果树于秋末春初常使用涂白剂。涂白剂的主要成分见表1-6-1也可以其他杀伤力强的药剂代替硫黄。具体配方常因需要和条件有所不同。

表1-6-1 涂白剂的几种配方

配方	用途
①生石灰 5kg+ 硫黄 0.5kg+ 水 20kg，涂抹树干基部 1~2m 高 ②生石灰 5kg+ 石硫合剂残渣 5kg+ 水 5kg，6、9月各涂 1 次，防日灼 ④生石灰 5kg+ 石硫合剂原液 0.5kg+ 盐 0.5kg+ 动物油 100g+ 水 20kg ⑤生石灰 5kg+ 盐 2kg+ 油 100g+ 水 20kg ⑥生石灰 2.5kg+ 盐 1.25kg+ 硫黄 0.75kg+ 油 100g+ 水 20kg	防冻害，防治干部病虫害

6.7.3 使用化学药剂应注意的事项

使用化学药剂一定要注意安全、周到和及时。杀菌剂的毒性虽然一般较杀虫剂低，但仍应注意减少与皮肤、黏膜的接触，尤其应防止进入口腔、眼睛及破皮的伤口，以防中毒。喷药时应使药剂全面地、均匀地覆盖在被保护植物器官表面。喷药的时机因病害种类而异。保护性药剂必须在病原物侵入之前施药。施药的具体时间应该结合病害流行的短期预测进行。

化学防治效果显著、收效快、使用方便，在园林、经济林和森林苗圃中使用较多。但使用不当可杀伤植物微环境中的有益微生物，污染环境和导致农林产品中的农药残留，对植物产生药害，引起病原菌产生药害，引起病原菌产生抗药性。针对化学防治可能产生的负面影响，当前林业生产要求全面开展无公害防治，使用高效、低毒、低残留的杀菌剂，并选择对环境影响最小的施药技术。化学防治作为应急措施一般只在有害生物突发时、高发期实施。在充分了解病害的发生规律、施用药剂的性质、被保护植物生物学特性、施药时的环境条件等方面情况基础上，正确、合理地使用杀菌剂，避免植物产生药害。而克服病菌抗药性的措施主要是采用交替和混合施用杀菌剂的方法，减少施药次数，避免高浓度施药和通过栽培措施减轻病害压力，从而减少施药需要。选择生物源农药，减少对环境的污染。此外，应用协调化学防治和其他防治方法结合的综合防治措施；在条件允许的情况下，积极使用生物防治剂替代（或部分替代）化学防治剂；在植物病害的防治过程中，逐渐减少对杀菌剂的依赖性。

6.8 小结

植物病害防治的方针是"预防为主，综合治理"。有害生物综合治理是防治植物病害的基本策略。该策略从生态学的观点出发，研究生物种群动态和与之相联系的环境，采用尽可能相互协调的有效防治措施，并充分发挥自然抑制因素的作用，将有害生物种群控制在经济受害水平以下，并使防治措施对森林生态系统内外的不良影响减少到最低限度，以获得最佳的经济、生态和社会效益。森林健康（Forest health）的理念是在"森林病虫害综合治理"的基础上，进一步提出了将森林病虫火等灾害的防治思想上升到森林健康的高度，更加从根本上体现了生态学的思想。森林健康的实质就是要使森林具有较好的自我调节并保持其系统稳定性的能力，从而使其最大、最充分地持续发挥其经济、生态和社会效益的作用。

病害防治的原理是根据植物病害发生发展的规律及其影响因素，采取各种措施来增强寄主抗病力或保护寄主不受侵染；杜绝、减少病原物的数量或切断其侵染链；改变环境条件，使之有利于寄主而不利于病原，从而达到防止病害发生或流行的目的。

植物病害检疫是针对危险性病害可以通过人们的生产活动进行传播的特点提出来的病害防治手段。植物检疫有害生物由政府以法令规定。植物检疫的基本属性是其强制性和预防性。植物检疫的任务是防止危险性病虫草随着植物及其产品由国外输入或由国内输出；将在国内局部地区已发生的危险性病、虫、杂草封锁在一定的范围内，不使其传播到未发生地区，并且采取各种措施逐步将它们消灭。

采取恰当的营林技术措施不但是林木健康生长所必需而且对某些林木病害有良好防治效果。要从育林、造林、林分抚育等林业生产的各个环节，对未来森林病虫害的发生都给予充分的考虑，从源头上预防森林病害的发生。通过合理的林业经营管理活动，协调和调整森林群落的生态环境，促进林木健壮生长，及时发现和清除病害的发源基地，清除侵染来源，抑制病原物的繁殖和活动，使林木丰产措施和防病措施得到统一，是林木病害防治的基本方法。

抗病树种选育的方法包括树种利用、种源选择、单株选择、实生苗选择和种子园的建立、种间杂交、遗传工程技术等。当前应用最广的是抗病单株选择，建立抗病无性系种子园，提供抗病种子。植物抗病能力的鉴定是抗病育种过程中的重要环节。选择恰当的鉴定体系是正确进行植物抗病能力鉴定的关键。

植物病害的生物防治是在农林业生态系统中调节寄主植物的微生物环境，使其利于寄主而不利于病原物，或者使其对寄主与病原物的相互作用发生利于寄主而不利于病原物的影响，从而起到病害防治作用的方法。自然界普遍存在的有利于控制病原物的生物间的相互作用包括抗生作用、寄生作用、竞争作用、诱发抗性、形成菌根等。生物防治就是利用这些作用，增强植物的抗性，抑制植物病害发生的过程。

利用热力、低温、电磁波、核辐射等物理手段抑制、钝化或杀死病原物，进行病害防治的方法称为物理防治。目前应用较广的是用热力处理种苗和土壤，低温冷藏、射线处理和在植物表面设置屏障都可起到物理防止植物病害的作用。

杀菌剂作用强，收效快，是植物病害防治的重要手段。按照杀菌剂防治植物病害的作用方式，可以将杀菌剂划分为保护性杀菌剂、治疗性杀菌剂和铲除性杀菌剂3种类型。杀菌剂的使用方法主要包括种苗消毒、土壤消毒、熏蒸和喷洒植株、树干注射、外伤治疗等。应用高效、低毒、低残留的杀菌剂，避免病菌产生抗药性，并选择对环境影响最小的施药技术。在植物病害的防治过程中，逐渐减少对杀菌剂的依赖性。

各论

第二篇
Part — Two

第1章

林木种子和苗木病害

1.1 种子和苗木病害概述

种子和苗木的健康状况,直接或间接地影响造林的质量。不健康的种子不仅降低了使用价值,而且作为播种材料时还将降低出苗率,使苗木生长不良。病害往往造成苗木大量死亡,甚至使育苗完全失败。如果不进行严格检疫,许多苗木病害还将传带到造林地,引起幼林的病害或降低造林的成活率。

苗木的病害除少数外,几乎大树上都能见到。但是,同样的病害,当发生在苗木上的时候,所造成的损失往往要严重得多。例如杨树黑斑病和锈病,在大树上通常是无足轻重的。可是如发生在幼苗上则会严重妨碍生长,直至造成死亡。幼苗易于受害的原因,主要是由于组织幼嫩,对病害的抵抗力弱。另一重要原因是幼苗植株体积小,受病部分的面积往往占全植株面积的很大比重。如刚出土的幼苗,一个不大的病斑就可能环割幼茎,毁坏大部分的叶片或幼根。同时,苗圃的多生态条件也适于病害的流行。因为在苗圃中,植株密集又易受暴干暴湿和骤冷骤热的影响,很适于病菌的传播和侵染。但苗圃面积小,管理细致,各种防治措施较易实施。这是苗木病害在防治上有利的一个方面。

种子的病害主要是霉烂问题。种子霉烂多发生于贮藏期,催芽期和播种至出芽期间,霉烂的发生与贮藏的条件、催芽处理的方法,种子带菌的情况以及种子的生命力等有着密切的联系。因此,在防治上主要着重于贮藏库中温度湿度的控制,种子消毒和保持种子适当的生命活动。

在林木上,由种子传带病原物成为苗木病害侵染来源,或病原物随种子作远距离传播的危险性比较小。但苗木能感染多种病害,往往成为幼林病害的侵染源。

在苗圃中,目前发生最普遍且危害最大的病害仍然是针叶树苗木猝倒病。虽然这种病害在世界上已有长期的研究历史和大量的防治经验，但由于引起病害的病原菌种类繁多，而且基本上都是些土壤习居菌，对环境适应性强。分布地区广泛，很不易根除。其他病害如茎腐病、根癌病、线虫病、叶斑病、锈病、白粉病等，以及某些生理性病害，在适宜的环境条件下也能引起苗期的严重损失。

苗木病害防治的根本途径在于正确执行育苗技术措施。选择适当苗圃地；及时催芽，播种，除草；合理施肥、灌溉和轮作；适时遮阴和除去覆盖物；做好苗圃卫生等，对于苗木病害的发生发展都有密切的关系。如果夏季温度很高的地区，若不及时遮阴，不仅会直接使苗木受灼伤，而且易于诱发茎腐病和立枯病等传染性病害。

近年来，苗圃中广泛使用化学药剂防治病害。在采用化学防治时，必须注意适时、适量。有些病害，如苗木猝倒病，其防治措施必须是在播种前或播种时用药剂处理种子或土壤。否则，一旦发病后再采用药剂防治，其收效往往甚微。药剂的用量必须适当。幼苗的耐药力一般比大树差，过量用药特别易于引起药害。

1.2 种子和苗木病害及其防治

1.2.1 种实霉烂

分布及危害 这是一类很普遍的病害。由于各地保存和处理种子的条件不同，种实霉烂的种类也有一些差别。一般来说，种子霉烂可以发生在种实收获前，也可以发生在种子处理的环境中和播种后的土壤中，但主要是发生在种实的贮藏库里。种实霉烂不但影响种子质量，降低食用价值和育苗的出苗率，而且对人畜亦有毒。黄曲霉素是一种致癌物质，这种毒素就是由一些导致种实霉烂的真菌所分泌的。因此，世界各国都对种实霉烂问题十分关注。

症状 多数是在种皮上生长各种颜色的霉层或丝状物，少数为白色或黄色的蜡油状菌落。霉烂的种子一般都具有霉味。生有霉层的种子多数显湿变成褐色。切开种皮时，种子内部变成糊状，有的仍保持原形，只有胚乳部分有红褐色至黑褐色的斑纹，也有形状颜色无变化的。

病原 引起种实霉烂的病原多半是接合菌亚门和半知菌亚门的真菌，据报道的约有 80 多种，尤以交链孢菌类和青霉菌类引起的种子霉烂最为常见，危害性也大。它们都是靠空气传播的腐生菌类。生产中常见的种子霉烂菌类及其所致症状记述如下：

青霉菌类（*Penicillium* spp.）霉层中心部呈蓝绿色或灰绿色，有的呈黄绿色，霉层边缘都是白色菌丝。有的种类有掌状分枝的分生孢子梗，有的没有。分生孢子球形，串生。

曲霉类（*Aspergillus* spp.）在种皮上的菌丝层稀疏，在放大镜下可见有大头针状的子实体。子实体褐色或黑褐色，在种子上排列井然有序。被害种子种皮腐烂、烂芽或不萌发。

交链孢菌类（*Alternaria* spp.）霉层毛绒状，黑色中显绿，边缘白色。常使种子不萌发，或萌发后烂芽。匍枝根霉[*Rhizopus stolonifer*（Ehrenb ex Fr.）Vuill]（即黑根霉 *R. nigricans* Bhren）：在种皮上生成细长白菌丝，老熟后菌丝上生出的黑色小黑点即其孢子囊。该种菌虽然在种子萌发时最常见，但危害性不大。只在少数情况下种子萌发后烂芽。

镰刀菌属（*Fusarium* spp.）：在种皮上先生成白色霉层，中心部逐渐变为红色或蓝色，最后生出小水珠。菌丝无色分隔，具大、小型两种孢子。生有镰刀菌类的种子一般都不影响萌发，只有在少数情况下幼芽被菌丝破坏。

细菌引起的种子霉烂也很常见，被害种子表面生有黄油状或白蜡状菌落，若种皮有伤口时，细菌可侵入种子内部，使种子失去萌发力。

发展规律　绝大多数的霉烂菌类，都是种实表面携带。这些菌类普遍存在于各种容器、土壤、水、空气和库房里，种子和这些菌类接触的机会很多，成熟的种实，由于各种原因，特别是采收和贮藏不当，不但造成各种伤口有利于病菌侵入，而且老熟的种皮或种壳易为病菌扩展提供条件。同时如果种实贮藏时含水量太高或贮藏中受潮，使库内湿度增加，库内种实密集，病害发展更加迅速。种实霉烂菌的生长温度，一般以25℃左右最适宜，因此在再贮藏库里，温度条件较易满足，在这种情况下，湿度往往成为发生霉烂的主要环境因子。

防治方法　①及时采收，采收时避免损伤；②贮藏前种子应适当干燥，除橡实、板栗等大粒种子外，一般应干燥至湿度为10%~15%，并将坏种、病种剔除，库内温度以保持在0~4℃最为合适，并保持通风。入库时注意防止碰伤种实表面；③保持库内卫生，进行消毒处理，以减少病菌；④用沙埋种子催芽时，最好先用0.5%高锰酸钾浸种15~35min，然后用清水洗掉药液后再混沙。沙也应先用40%甲醛1∶10倍液喷洒病毒，30min后散堆，待药味失散后再用；⑤用新鲜稠李叶片快速切碎后与种子拌混在一起播种，可防止播种时种实霉烂。用一份干牛粪加3份水浸泡3d后（25℃），再加3份水过滤，用清液处理种子可以收到壮苗灭菌的作用；⑥利用氮气（气态或液态）贮藏种实，不但设备简单，经济方便，而且能保存种实的所有生物学特性和营养价值，既不会造成污染，又不会发生霉烂，是很有前途的方法。

1.2.2 苗木猝倒病

分布及危害 猝倒病也称立枯病，主要危害杉属、松属、落叶松属等针叶树幼苗，在针叶树种中，除柏类较抗病外，都是感病的。此外，也危害檫木、香椿、臭椿、榆树、枫杨、银杏、桦树、桑树、木荷、刺槐等阔叶树种的幼苗和多种农作物。这是一种世界性病害。我国各地的针叶树苗圃普遍发生。幼苗死亡率很高，严重的达 50% 以上。幼苗在不同的发病时期，表现不同的症状。

症状 病害多在 4~6 月发生，因发病时期不同，可出现 4 种症状类型①种芽腐烂型：播种后，土壤潮湿板结，种芽出土前被病菌侵入，破坏种芽的组织，引起腐烂，地面表现缺苗。②茎叶腐烂型：幼苗出土期，若湿度大或播种量多，苗木密集，或揭除覆盖物过迟，被病菌侵染，使茎叶腐烂。这种症状也称首腐或顶腐型猝倒病。③幼苗猝倒型：幼苗出土后，扎根时期，由于苗木幼嫩，茎部未木质化，外表未形成角质层和木栓层，病菌自根茎侵入，产生褐色斑点，病斑扩大，呈水渍状。病菌在颈部蔓延，破坏苗颈组织，使幼苗迅速倒伏，引起典型的猝倒症状。④苗木立枯型：苗木茎部木质化后，病菌难从根茎侵入。若土壤中病菌较多，或环境条件对病菌有利，病菌从根部侵入，使根部腐烂，病苗枯死。在环境特别潮湿且通风不良的条件下，过密的幼苗针叶易受病菌侵染而腐烂，也引起幼苗枯死。但这两种情况苗木均不倒伏，故称立枯病（见彩图 2-1-1~ 彩图 2-1-3）。

病原 引起苗木猝倒病的原因有非侵染性和侵染性两类。非侵染性病原主要由于圃地积水，覆土过厚，土表板结；或地表温度过高，灼伤根颈。侵染性病原主要是真菌中的镰孢菌、丝核菌和腐霉菌，偶尔也可由交链孢菌引起。镰孢菌很少进行有性繁殖。菌丝多隔无色，产生两种分生孢子，一种是大型多隔镰刀状的分生孢子；另一种是小型单细胞的分生孢子。分生孢子着生于分生孢子梗上分生孢子梗集生于垫状的分生孢子座上。镰孢菌种类很多，危害杉松苗木的主要是腐皮镰孢 [*Fusarium solani*（Mart）App.et Woll.] 和尖镰孢（*F. oxyporum* Schl.）。腐霉菌的菌丝无隔，无性繁殖时产生薄壁的游动孢子囊，囊内产生游动孢子，借水游动，侵染幼苗。有性生殖产生厚壁而色泽较深的卵孢子，有时附有空膜的雄器，危害松、杉幼苗，主要有德巴利腐霉（*Pythium debaryanum* Hesse）和瓜果腐霉 [*P. aphanidermatum*（Eds.）Fitz.]。交链孢菌的菌落绒毡状，深绿色至墨黑色。菌丝无色、无隔，分生孢子梗从菌丝上长出，棕褐色，有分隔无分枝。分生孢子有斜横隔及少数纵隔，危害马尾松的主要是绿色交链孢菌（*Alternaria tenuis* Nees）。镰孢菌、丝核菌和腐霉菌都有较强的腐生习性，平时能在土壤的植物残体上腐生。它们分别以厚垣孢子、菌核和卵孢子度过不良环境，一旦遇到合适的寄主和潮湿的环境，便侵染危害。腐霉菌和丝核菌的生长温度为 4~28℃。

腐霉菌多在土温 12~23℃时危害严重；丝核菌生长室温为 24~28℃，但温度较低时危害严重，镰孢菌的生长室温为 10~32℃，以土温 20~30℃时致病较多，交链孢菌在土温 13~22℃危害严重（图 2-1-4）。

发展规律 该病主要危害一年生以下的幼苗，特别是自出土仅 1 月内的苗木受害最重。病害的发展与以下情况有关：① 前作感病：前作物若是棉花、瓜类和茄科等感病植物，土壤中病株残体多，病菌繁殖快，容易使苗木感病。②雨天操作，无论是整地、做畦或播种，若在雨天进行，土地潮湿，容易板结，土壤中好气性微生物受到抑制，厌气性微生物活动加剧，不利于种芽和幼苗的呼吸和生长，种芽易窒息腐烂。③圃地粗糙，土壤黏重，苗床太低，土块太粗，床面不平，圃地积水，有利于病菌繁殖，不利于苗木生长，苗木易发病。④肥料未腐熟，施用未经腐熟的有机肥料，常常混有病株残体，病菌蔓延危害苗木。⑤播种不及时，在我国南方，播种过迟，幼苗出土较晚出土后又遇到梅雨季节，湿度大，有利于病菌生长；苗茎幼嫩，抗病性能差，病害容易流行。在北方地区，播种晚出苗后也易发病。但播种太早，幼苗出土时期延长易发生种芽腐烂型猝倒病。

防治方法

①选好圃地：在南方可推广山地育苗。用新垦山地育苗，苗木不连作，土中病菌少，苗木发病轻。若无新垦山地，可采用熟土或梯田育苗。但前作以栎类苗木为好。前作若是茄科等感病植物，则不宜作针叶树苗圃，或经消毒后再播种。地下水位过高或排水不良地方不要用作苗圃。若在排水系统较差的圃地育苗，应开好排水沟适当做高床，床面要平整，避免积水。②"消毒土壤"：播种前，圃地应该进行三犁三耙，深耕细整。在南方酸性土壤上，结合整地，每亩撒 20~25kg 生石灰，对抑制土壤中的病菌和促进植物残体的腐烂有一定的作用。但不能真正"消毒"土壤。在柴草较为方便的山区，可以进行三烧三挖，让圃地表层得到烧炼，使土壤表面得到"消毒"。③合理施肥：肥料应以有机的农家肥料为主，无机的化学肥料为辅。施肥方式应以基肥为主，追肥为辅。垃圾肥和堆肥可能带菌，应堆置发酵，腐熟后才能使用。④细致整地：圃地经过犁耙后，要细致平整，整地要在土壤干爽和天气晴朗时进行，以免板结。播种前，在条播沟里垫一层 1cm 厚的心土或火烧土，播种后，用心土或火烧土覆盖种子。因为心土和火烧土不带菌，种子播在上面，使种子与病土隔离，可以预防种芽腐烂。心土垫在幼苗根茎处，又可以保护幼苗根茎不受病菌侵害，避免幼苗发生猝倒

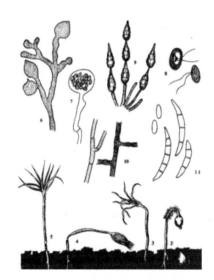

图 2-1-4　苗木猝倒病病原及症状
（李楠/绘）

病。虽然后来也有根腐发生，但因苗木已长大，韧皮部和木质部有明显的分化，角质层和木栓层也已形成，抗病性能增加，病害不致蔓延成灾。心土因在雨后易板结，旱季易龟裂，不能垫盖太厚，以不超过 1.5cm 为宜。在播种期多雨的地区，覆土厚度以种子似隐似现为宜。⑤及时播种：以杉木种子为例，杉木种子最佳的播种时间是每年的 2~5 月。要到旬平均温度 10℃时才开始发芽，播种后，需经过 20~30d 才开始萌动。所以，杉木应在旬平均温度达到 10℃之前 20~30d 播种。适时播种，种子发芽顺利，苗木健康生长，抗病性能强。⑥药剂防治：由于猝倒病病菌主要来源于土壤，故在播种前利用化学或物理方法处理土壤以抑制或杀死病菌，是防治猝倒病很有效的方法。

用药剂处理种子时，如果药剂能随种子进入土壤，也能起到类似的作用。目前，效果较好的土壤和种子消毒剂及其用法如下。

五氯硝基苯为主的混合剂：五氯硝基苯对丝核菌有良好的杀伤效果，且持效期长，在以丝核菌为主要病原的地区用此种药剂做土壤处理效果好。但它对镰孢菌及腐霉菌无效。所以最好与其他杀菌剂，如代森锌、敌克松等合用。其混合比例一般为五氯硝基苯 75%，其他药剂 25%。施用量为每平方米 4~6g。先将药量秤好，然后与细砂土混匀即成药土。播种前将药土在播种行内垫 1cm 厚，然后播种，并用药土覆盖，药土的量以满足上述用途为度；黑矾（也称青矾）：一般浓度为 2%~3% 的水液，每平方米用药液 9L；雨天或土壤湿度大时用细干土混 2%~3% 的黑矾粉，每亩 100~150kg 药土；幼苗发病的处理：幼苗发病后，来势很快，必须立即采取措施：第一，立即用上述药土施于苗木根颈部，如苗床较干，则配成液剂施于苗木根颈部。可以用 70% 敌克松 500 倍稀释液。无论哪种药剂，施用之后都要随即用清水喷洗苗木，以防颈、叶部分受药害。第二，如发现茎、叶腐烂型立枯病，要立即喷 1∶1∶120~170 的波尔多液，每隔 10~15d1 次。

1.2.3 松苗落针病

分布及危害 松苗落针病和松林落针病，都是世界闻名的重要病害。主要危害 1~2 年生幼苗，常造成巨大损失。近年来在黑龙江等地苗圃中流行危害，尤以大兴安岭的樟子松幼苗受害最重。

症状 本病一般多危害当年生的松林，有时也危害二年生的松林。7 月下旬在叶尖变浅褐色，或在叶两面产生淡黄色褪绿斑，逐渐发展变为黄褐色至褐色病斑（见彩图 2-1-5）。病斑常出现流脂现象。8 月中、下旬在干枯的松针上产生小点突起，为病原菌的分生孢子器，有时出现未成熟的梭形子囊盘。翌年春季冬贮苗或在苗床上越冬的幼苗上的病斑和顶芽，常常有流脂形

---

*：1 亩 = 1/15hm^2

成脂块，当温湿度适宜时，在枯黄的松针上产生大量的分生孢子体。随着分生孢子器的减少，子囊盘便逐渐增多，于是干枯的病针叶便提早脱落。二年生的病针叶上常有紫红色或红褐色条斑。

病原 由子囊菌门的扰乱散斑壳菌（*Lophodermium seditiosum* Minter, Staley et Millar）引起（图 2-1-6）。在过去的文献中，都把松针散斑壳 [*L.pinastri*（Schrad.et Hook）Chev.] 当作此病的病原。1978—1980 年经明特（D. W. Minter）等从生态学和生物学上细致研究，发现松针上的散斑壳可划分为 4 种，其中只有扰乱散斑壳才是引致落针病的主要病原，而松针散斑壳只见于松针上。扰乱散斑壳菌的子囊盘长椭圆形，表面灰色，遇湿显黑色。周边线明显，稍突出松针表面。自子囊盘中间作纵切标本片时，可见子囊盘为全表皮下生。基壁线为黑色。子囊盘顶部开口处有唇状细胞结构，多无色，有时为灰色。子囊圆筒形，120~170μm × 9~13μm。子囊孢子线性，单孢，无色，83~120μm × 2~3μm。侧丝较直，顶部膨大不明显，有时弯曲，138~145μm × 2μm。无性型为 *Leptostroma rostupii* Minter（图 2-1-7），分生

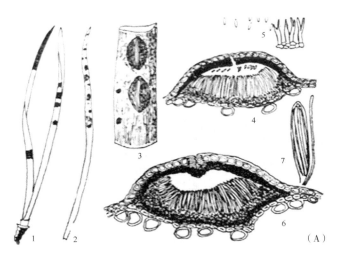
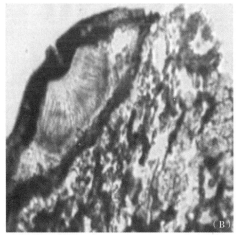

图 2-1-6 松落针病病原松针散斑壳（*Lophodermium seditiosum*）

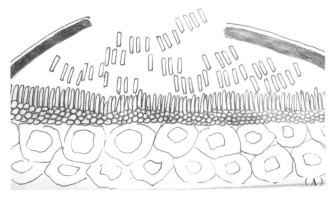
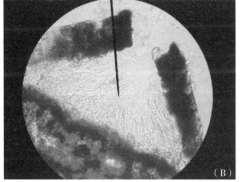

图 2-1-7 松针散斑壳无性型为松半壳孢（*Leptostroma rostupii*）

图 2-1-8 松落针病侵染循环图

1：子囊盘吸水膨胀张开
2：露出子囊
3：成熟的子囊孢子从子囊中放射出来
4：子囊孢子借气流、雨滴等传播
5：子囊孢子萌发后从气孔侵入
6：潜育期
7：受病针叶（针叶显现症状）
8：分生孢子器
9：分生孢子

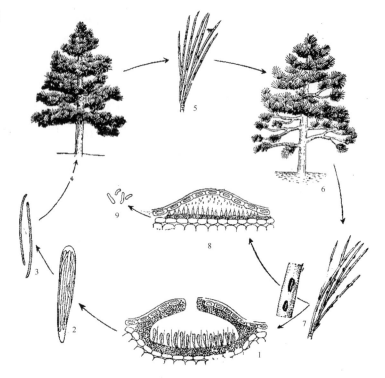

孢子杆状，无色，单胞。

发生规律 病菌以菌丝或子囊盘在松针上越冬，翌年春季在松针上产生大量的分生孢子器和子囊盘。在阴雨天或潮湿条件下，子囊盘和分生孢子器吸水膨胀后，溢出乳白色子囊孢子或分生孢子，它们借雨滴反溅作用和气流传播。孢子萌发产生的芽管由气孔侵入松针，也可由微伤侵入（图2-1-8）。潜育期一个月左右，繁殖期2~4个月左右。于6~8月均能释放子囊孢子，以7月的发散量最多。分生孢子于5~9月发散，但以6~7月的发散量最多。病菌孢子的成熟，发散及侵染，均与湿度密切相关，当降雨量大，湿度高时，病害就严重。苗木长势与病害的发生与流行密切相关，一般认为松针细胞内膨压的降低，有利于病害的发生，因此一切可以影响苗木水分供应平衡和降低松针细胞膨压的因素都能促使病害的发生。距离侵染源近的苗木病害严重。若调运感病苗木则有利于病害的传播和蔓延。

防治方法 ①苗圃育苗要坚持于第2年换床作业，并及时灌溉，缩短缓苗期，以提高苗木的抗病力。②向苗木喷射75%百菌清可湿性粉剂500~700倍液，每隔15日1次，共2~3次。③苗木出圃造林时，应严格检查，防止将病苗带上山造林。④清除并烧毁苗圃中的病株及其残体。

1.2.4 松苗叶枯病

分布及危害 松叶枯病主要发生在苗木和幼树，危害苗木或幼树的叶片，是南方松树普遍发生的病害。广东、广西、福建、江苏、湖南、云南等地常见此病。加勒比松、南亚松、马尾松、黑松和云南松的苗期或定植1~2年的幼林地，发病率可高达70%~90%，死亡率达20%~65%，加勒比松叶枯病严重的90%以上死亡。

症状　病菌侵害苗木的针叶，先在植株下部的针叶出现症状，逐渐向上蔓延，严重的全株干枯死亡。受害的针叶从尖端开始一段一段地发黄，以后变成深褐色，病叶干枯后下垂、扭曲，但不脱落，沿气孔纵行排列有许多的黑色霉点，即病原菌的分生孢子梗和分生孢子（见彩图2-1-9，彩图2-1-10）。

病原　该病由半知菌类的赤松尾孢（*Cercospora pini-densiflorae* Hori. et Nambu）引致。该病菌只形成无性分生孢子阶段。分生孢子梗丛生，色暗，稍弯曲，有1~2个隔膜，大小为13~25μm×3~4μm。分生孢子单生，成熟后脱落，略呈淡黄色，长棍棒状或鞭状，稍弯曲，有2~5个隔膜，大小为22~59μm×3.0~3.7μm，温度在18℃以下孢子萌发迟缓，24~28℃萌发率最高。在21℃时，孢子在水滴中经3h开始萌发，若去掉水滴，芽管即停止伸长，干涸24h后，重加水滴，芽管仍能继续延长，说明孢子萌发遇旱后若环境条件适合，仍有侵染能力。分生孢子在空气干燥时发芽很少，但空气湿度达到饱和或近饱和后即大量萌发。

发生规律　病菌以菌丝体在寄主内或随病叶在土壤中越冬，病菌的存活率随着埋藏深度增加而减少。当环境条件适宜时即产生分生孢子，孢子随气流传播。病害在7月中旬开始发生，8~10月为流行期，11月以后逐渐停止蔓延。高温高湿有利于病菌的侵染。耕地过浅，土壤保水保肥差，苗木生长纤弱，易发病。在感病苗圃连作松苗时，若未清除病叶、病苗，则发病重而传播快。播种量过多，苗木过密，通风透气性差，病害容易蔓延扩大。由于树种、年龄不同感病程度也不同。加勒比松、南亚松、马尾松、黑松感病最重；湿地松、火炬松、赤松最轻。苗期或造林后1~2年内发病较重，3~4年生林木病害逐渐减少。

防治方法　①应在没有叶枯病发生、土壤疏松、肥沃、利于排灌的地方选择苗圃地。加强幼苗管理，避免苗木过密，适时进行间苗和灌溉，若发生病害要及时喷药保护，拔除病苗，防止形成发病中心。②不宜在高温干旱季节造林，不带病苗上山，发现病叶应立即除去。出圃苗喷药后再定植。加强幼树抚育管理，增强树势，提高抗病能力。③发病期间应及早摘除病叶，集中烧毁。然后用1∶1000倍高锰酸钾液或1∶700六氯苯或1∶500的退菌特等药剂喷洒，有较好的效果。

1.2.5　苗木茎腐病

分布及危害　茎腐病在夏季高温炎热的地区常发生。长江流域以南地区和新疆的吐鲁番地区发生较普遍。死亡率可达90%以上。本病危害多种针阔叶树苗。常见的有银杏、松、柏、香榧、水杉、柳杉、金钱松、杜仲、枫香、刺槐、板栗、桑、乌桕、槭树、大叶黄杨等等。其中以银杏、香榧、杜仲、日本花柏、鸡爪槭等最易感病。其他树种在气候条件有利于病害发生的年份，或在寄主生长不良时受害也重。除树苗外，许多农作物如黄麻、芝麻等也易感病。各种寄主被害后所表现的症状不完全一致，但在树苗上一般表现为茎腐。

症状　银杏一年生苗的初期症状是茎基变褐色，叶片失去正常绿色，稍向下垂。受害部位迅速向上发展，直至全株枯死。叶片下垂不脱落。病苗茎部皮层稍皱缩，内皮组织腐烂呈海绵状或粉末状，灰白色，其中生有许多细小的黑色小菌核。病菌也侵入木质部。变褐色中空的髓部中也有小菌核产生。以后病菌也扩展至根部，使根部皮层腐烂。或拔起病苗，则根部皮层脱落留在土壤中，仅拔出木质部。2年生苗木在病害猖獗时也常感病。2年生病苗地上部分死亡后，有的尚能于当年自根颈处萌出新芽。1年生苗发病轻的偶尔也有这种现象。

病原　引起苗木茎腐病的病原为：*Macrophomina phaseoiina*（Tassi）G.Goid.［*M.phaseoli*（Maubl）Ashby］属半知菌亚门。菌核黑褐色，扁球形或椭圆形，细小如粉末状，直径50~200μm，分生孢子器有孔口，埋生于寄主组织中，孔口开于表皮外；分生孢子长椭圆形，无色，单细胞，大小为16~30μm×5~10μm。这种分生孢子器在芝麻及黄麻上常产生，在桉树苗上也产生，但在银杏等树苗上并不产生。此菌喜好高温，在马铃薯，琼脂培养基上生长最适温度为30~32℃，对酸碱度的要求不严，在pH值4~9之间均生长良好。

发生规律　茎腐病菌平时在土壤中营腐生生活，在适宜条件下自伤口侵入寄主。因此，病害的发生与寄主状态和环境条件有密切关系。树苗受害主要是由于夏季炎热，土壤温度升高，苗木茎基部受高温的损伤，造成病菌侵入的途径。在苗床低洼容易积水处，苗木生长较差，发病率也显著增加。据在南京的观察，苗木一般在梅雨期结束后10~15d开始发病，以后发病率逐渐增加，至9月中旬停止。例如，1953年梅雨期早而短，6月底即结束，7月上旬开始发病，接着天气长期亢热发病极重。1954年雨季比1953年延迟结束达一个月，至8月中才开始发病，发病率就低。1955年整个夏季的气温较为温和，没有发生长期的亢热，发病率最低。因此，可以根据每年梅雨期结束的日期来预测茎腐病开始发病的日期，也可根据6~8月的气温变化来预测当年病害的严重程度。这对茎腐病的防治有重要意义。

防治方法　防治茎腐病应以促进寄主生长健壮，提高抗病能力及在夏季降低苗床土温为主。根据试验，施用足量厩肥或棉籽饼作基肥，可以降低发病率达 50% 左右。在苗床上搭架阴棚降低土壤温度对防病效果最好。遮阴时间自每日上午 10 时至下午 4 时即可，以免遮阴过度影响苗木生长。至 9 月以后可以撤除阴棚。在夏季苗木行间覆草也可降低土温，达到防病的目的。效果虽不及遮阴，但苗木生长较遮阴的好。也可在苗木行间间植其他抗病的树苗或农作物及绿肥等，以达到遮阴降低土温的作用。但间作种类、方式、株行距等关系较为复杂，有待进一步研究。此外，水源方便的苗圃，高温干旱时可灌水抗旱又可降低土温，减少发病。

在我国南方培育银杏、香榧、杜仲等苗木时，必须先做好防治茎腐病的准备，因为这一病害在炎热的夏季几乎是不可避免地要发生的。

1.2.6　苗木白绢病（菌核性苗枯病）

分布及危害　这种病又叫"根腐病"和"菌核性苗枯病"。四川、江苏、广西、安徽、河南、湖南等地均有发生。危害多种植物，在木本植物中有楠木、油茶、青桐、楸树、梓树、柑橘、苹果等苗木，其他如豆类、麻、花生、红薯、番茄、芜菁、黄瓜等幼苗均能受害。湖南有些地方的苗圃中，楠木发病率达 54%，严重影响苗木生产。

症状　苗木受害后根部皮层腐烂，导致全株枯死。在潮湿的条件下，受害的根颈部表面产生白色菌索，并蔓延至附近的土壤中。后期在病根颈表面或土壤内形成油菜籽似的圆形菌核。

病原　病原菌为齐整小菌核（*Sclerotium rolfsii* Gurzi），属半知菌。有性型为担子菌中的罗耳伏革菌 [*Cirticium rolfsii*（Sacc.）Gurzi]，很少出现。菌丝白色棉絮状。菌核球形或近球形，直径 1~3mm，与油菜籽相似，棕褐色至茶褐色，光滑，易与菌丝分离，内部白色。

发生规律　病菌以菌丝或菌核在病株残体上、杂草上过在土壤中存活。其菌核在土壤中能存活 4~5 年之久。菌核借苗木或水流传播，以菌丝体在土壤中蔓延，侵入苗木根颈或根部。病菌生长的适温为 29~32 ℃。据报道，苗木抗病性的强弱与感病组织中聚半乳糖醛酶的活性有关。当聚半乳糖醛酶的活性增加时，苗木抗病性减低；相反，苗木抗病性增强。病害在高温高湿地区发病严重；在积水的苗圃地和衰弱的苗木地也易发病。

防治方法　①进行深耕，挖除病菌及其附近的带菌土，清除侵染来源；②注意排水，消灭杂草，促进苗木生长旺盛；③土壤处理和药剂防治：用石灰进行土壤消毒，或用 0.2% 升汞喷洒苗木根颈部。据国外报道，用土菌清液剂、抑菌灵可湿性粉剂和有效霉素液剂防治本病效果好，前两者尤为显著；在内吸杀菌剂中萎锈灵可减少出苗前后的死亡，代森锰锌也有同样效果、敌菌丹、硫酸铜在田间单独使用或硫酸铜和苯菌灵混合使用效果较好。

1.2.7 根癌病

分布及危害 该病是一种世界性病害。在我国东北、华北、华东等地区都有发生，而以河北、山西等地较为严重。寄主约有59科300余种。主要危害果树，也发生在毛白杨、加杨、大青杨的幼树上。3年生毛白杨最高发病率可达28%，据了解，近年来该病在北京地区有显著的发展趋势。

症状 病害主要发生在干基部，通常是在嫁接处，但有时在根颈上或侧根上，有时也发生在植物的地上部分。受害处形成大小不等、形状不同的瘤。初生的小瘤，呈灰白色或肉色，质地柔软，表面光滑，后渐变成褐色至深褐色，质地坚硬，表面粗糙并龟裂。瘤内部组织紊乱。

病原 *Agrobacterium tumefaciens* (Smith & Towns.) Conn，通常具几根周生短鞭毛，但有些菌系则没有鞭毛。具荚膜，在液体培养基表面形成较厚的白色或浅黄色菌膜，在固体培养基表面菌落小而圆，稍凸起，半透明。该菌瘤内细菌很少，往往不易从肿瘤组织（不论是从老瘤或新瘤）中分离到。菌体少的原因尚未清楚。有人从实验中证明了癌组织内有噬菌体存在，可能是菌体少的原因。这种细菌发育的最适温度为22℃，最高温度34℃，最低温度10℃，一般在14~30℃发育良好。酸碱度5.7~9.2，以pH7.3为最适合。

发生规律 根癌细菌主要存活在癌瘤的表层和土壤中，该菌在土壤中存活的时间因土内寄主残体存在与否而定，有时可存活几个月甚至1年以上，但在2年内若遇不到侵染寄主的机会时，病菌往往失去生活力，如果是单纯的细菌而不伴随寄主组织进入土壤中，只能生活很短时间。病菌主要借灌溉水或雨水进行传播，此外，嫁接用的工具、机具以及切根虫等也能传播病菌，苗木的远距离运输往往能帮助病菌的传播。病菌通过伤口侵入寄主组织，如机械损伤、虫伤、嫁接伤口等在与土壤接触处，都易遭受侵染。病菌侵入后开始在皮层组织内繁殖，刺激附近细胞加快分裂，细胞迅速增生并逐渐形成癌瘤，而且在远离入侵点的地方也可发生瘤。研究证明：在瘤组织中发现吲哚类化合物，而且细菌在培养基上能产生异生长素，其浓度可使在琼脂上培养的寄主细胞增生。有些学者认为，这种植物细胞的病理变化是许多生理因素受扰乱丢失了平衡而开始的。这是由根癌细菌制造的肿瘤诱发素使细胞转化的结果。还有报道认为，寄主癌细胞的产生是由于病菌的致癌基因组进入寄主细胞的结果。自细菌侵入，到显现症状的时间从几周至一年以上，因气候及其他因素的影响而异。

土壤湿度与性质直接影响发病率的高低。通常在湿度大的土壤中发病率高。微碱性和疏松的土壤有助于病害的发生，而酸性、黏重的土壤则不利于病害的发生。嫁接方式与发病也有关系。芽接比切接发病率低。此外，根部伤口的多少也与发病成正比。

防治方法 ①严格苗木的检疫制度。如发现病苗应坚决烧掉，对可疑的苗木在栽植前进行消毒。用1%硫酸铜浸5min用水洗干净，然后栽植；②选择未感染根癌病的地区建立苗圃，如果苗圃地已被污染需进行3年以上的轮作，以减少病菌的存活数量；③注意苗圃地卫生，选用健康的苗木进行嫁接，嫁接刀要在高锰酸钾、或在变性酒精中进行消毒④林地中发现病苗及时除去；对于初起病株，用刀切病瘤，然后用石灰乳或波尔多液涂抹伤口，或用甲冰碘液（甲醇50份、冰醋酸25份、碘片12份），或用二硝基邻甲酚钠20份，木醇80份混合除瘤，能治好病患。⑤防止苗木产生各种伤口；⑥国外报道，用秋水仙碱、青霉素、链霉素、金霉素、土霉素作皮下注射或浸泡病根，对该病有治疗作用。⑦据报道，苗木预先在含有 *Agrobacterium tumefaciens* 无毒菌系的液体中浸泡，然后栽植，幼苗可获得对此菌毒性菌系的侵染。

1.2.8 根结线虫病

分布及危害 根结线虫病的分布广泛，在国内外都有发生。我国四川、湖南、河南、浙江、广西、广东、北京等地的一些苗圃中发生比较严重，而且其寄主范围也很宽。据记载，根结线虫可寄生在1700多种植物上，如杨、槐、梓、柳、赤杨、山核桃、朴、核桃、榆、桑、苹果、梨、山楂、卫矛、槭、鼠李、枣、水曲柳、象耳豆、泡桐、萝芙木、美登木、油橄榄等。苗木根部严重受害后使地上部凋萎、枯死，在经济上造成很大损失。

症状 苗木根部受害后，在主根和侧根上形成大小不等的虫瘿，有的直径达1cm或1cm以上；有的直径只有2mm左右，切开虫瘿可见白色粒状物存在，在显微镜下可观察到梨形的线虫雌虫。严重感病的根比未感病的根短，侧根和根毛少，由于疏导组织被破坏而呈畸形。植物水分和养分的运输受阻，植物的正常生理活动受干扰，因而地上部生长衰弱。严重发病植株大部分当年枯死，个别的至翌年春季死亡。

病原 该病由根结线虫属（*Meloidogyne*）的一些种引起。根结线虫属至1976年止，被命名的至少36个种。其生活史可分为卵、幼虫、成虫3个阶段。雌虫全部或部分埋藏在寄主植物内，产卵于胶质的介质中。卵产下几个小时就开始发育，逐渐地形成一个具有口针，卷曲在卵壳中的幼虫。幼虫蚯蚓状，无色透明，雌雄不易区分。雌虫体呈梨形，白色，头部小，颈部透明，口针、食道球和排泄管通常可见。成熟雌虫的平均长度为0.5~1.3mm，平均宽度为0.4~7mm。雌虫有对称和不对称的虫体。可以进行孤雌生殖。雄成虫比幼虫大而体形相似。雄虫有发达的口针和前端圆锥形和后端顿圆形的细长身躯。

世界上分布最广和最常见的根结线虫有：北方根结线虫（*Meloidogyne hapla*）；南方根结线虫（*M. incognita*）；爪哇根结线虫（*M. javanica*）、花生根结线虫（*M. enterrolobii*），寄生在一球悬铃木根部的为悬铃木根结线虫（*M. platani*）。

发生规律　雌虫在寄主植物根内或在土壤中产卵。大多数线虫是在土壤表面下 5~30cm 处，1m 以下线虫就很少了。但在种植多年生植物的土壤中，线虫分布可深达 5m 或更深。线虫生存的最重要因素是土壤温度，其次是湿度。土壤结构对线虫的虫口密度有重要影响。北方根线虫最适温度范围为 15~25℃，而爪哇根结线虫的最适温度为 25~30℃。超过 40℃或低于 5℃时，任何种的根结线虫都缩短其活动时间或失去侵染能力。当土壤干燥时，卵和幼虫即死亡。当土壤中有足够的水分并在土壤颗粒上形成水膜时，卵则迅速孵化，卵在卵壳中可发育成二龄幼虫，二龄幼虫侵入合适寄主植物的根或其他地下部分。口针穿透细胞壁，从食道腺注入分泌液，引起植物导管细胞的膨胀，使其周围的细胞分裂加快，形成巨型细胞，并导致细胞壁的分解、细胞核扩大以及细胞质组成的变化。由于根细胞的过度增长而形成明显的虫瘿。根结线虫的传播主要依靠种苗、肥料、农具和水流，以及线虫本身的移动。因其本身移动能力很小，所以其传播范围很难超过 30~70cm 的距离。根据观察，有的树种如栓皮栎、桃、紫穗槐、马尾松及杉等，对根结线虫有较强的抵抗能力而梓树则易感病。

防治方法　①实行严格检疫，防止病害蔓延。②选好圃地和轮作：选用无根瘤线虫的土壤进行育苗。对曾发病的苗圃，根据根结线虫对寄主的专化性，选择合适的树种进行轮作。③土壤处理：用溴甲烷或氯化苦喷洒土壤，以杀死土壤中的线虫。用甲醛水处理土壤效果也很好。土壤处理 8 日后再栽植苗木。由于根结线虫的死亡温度为 45℃，所以温室土壤或病苗用 45℃蒸汽处理 30~60min 后线虫存活数显著减少。用杀线虫剂：D.D 混剂、威百亩、呋喃丹等处理土壤有良好的防治效果。

1.2.9　杨苗黑斑病

症状　叶片嫩梢和果穗受害时有黑色不规则病斑，初为红色小圆斑；病状：边缘色深，渐变成黑褐色的不规则斑；病症：病斑中心部位常有极小的乳白色胶状物（图 2-1-12），即分生孢子堆（见彩图 2-1-11）。

病原　半知菌类腔孢纲黑盘孢目（科）盘二孢属杨盘二孢 [*Marssonina populi*（Lib.）Magn.]、杨生盘二孢（*M. populicola* Miura）和褐斑盘二孢 [*M. brunnea*（Ell.et Fv.）Sacc.] 引致。盘二孢属的真菌寄生在杨属上有多个种，病菌的分生孢子盘生于表皮下后突破外露，分生孢子梗短，不分枝，孢子无色，近球形，有 1 分隔，为第 1 种；在分隔处缢缩，大小 2.8~22.4μm × 3.2~8μm，为第 2 种；在分隔处不缢缩，孢子大小 15.6~21μm × 6.5~7.5μm 第 3 种。3 种病原菌均侵染杨属多个种，如在东北和内蒙古等地小叶杨、小青杨、苦杨等极易感病，在江苏一带以毛白杨、响叶杨和加杨等发病重。

防治方法　参考滇白杨炭疽病的防治方法，杨苗黑斑病使苗木叶片早落，小苗叶少，故预防应及早，否则落叶使小苗因缺叶而死亡。

第 2 章

林木叶部和果实病害

2.1 叶部和果实病害概述

林木的叶部最易受各种侵染性的和非侵染性因素的危害。所以叶病最为普遍。我们找不出有任何一种林木的叶部能完全免于病害的侵袭，在任何森林中也找不到一株林木的叶部是完全无病的，即使被认为是"无病虫"灾害的银杏也不例外。若以林木的器官来划分，叶病的种类要远远超出其他器官的病害。如《中国经济植物病原目录》记载我国杨、松、栎 3 属树木上的约 80 种病害中，叶病约占 60%，超过其他器官病害的总和。虽然如此，叶部病害却很少引起人们的重视。一般认为这类病害对林木的健康状况，包括对年生长量、种实产量以及林木寿命的长短影响不大，更很少引起林木整株死亡。在通常病情下，叶病所致损失似乎确实不显著。这主要是林木叶面积极大，局部叶片或针叶受害，会由于其他正常叶片的补偿作用而不致使整株林木的光合作用受到严重影响。但不少林木叶片病害在大面积发生时其危害是十分明显的。落叶松早期落叶病发病严重的年份可使整个林分呈红褐色，被害林木年生长量较正常林木下降 21%，胸径生长降低 76% 以上，立木材积生长平均降低 40%。仅 1980 年吉林省因此病所致损失达 $15 \times 10^4 m^3$。我国南方，如贵州、四川、广西等地的马尾松中、幼龄林因赤枯病、赤落叶病使林木生长极度衰弱，导致次期害虫和病害的发生，终致全林被毁的现象相当普遍。

2.1.1 叶围的生态环境

叶（果）表面是一个复杂的生态环境。除我们直接关心的病原物外，那里还存在着多种其他微生物和微生物生存所必需的营养物质。在叶面的水膜里可以发现糖、氨基酸、有机酸、植物生长素、生物碱、酚及各种微生物生长所必需的无机盐。这些营养物质主要是外来的，如来自花粉、昆虫排出物等，少量来自叶本身的渗出。叶面上能找到的微生物种类极多，这些微生物一主要是细菌和真菌孢子，随气流或其他传带因子降落、附着在叶表面。但它们大多数不能在其上定殖。叶围中最常见的菌类有交链孢属（*Alternaria*）、掷孢酵母属（*Sporobolomyces*）、隐球酵母属（*Cryptococcus*）、出芽短梗霉属（*Aureobasidium*）、枝孢霉属（*Cladosporium*）及芽孢杆菌属（*Bacillus*）等。这些菌类在叶的表面附生或腐生，遍布叶面。因此，不能设想，病原菌是单独在叶上活动，侵染活动会不受干扰地进行的。事实上，当病原微生物一旦接触叶面，即处于各种叶围微生物的包围之中。

叶围微生物对病原物可能产生复杂的影响：抑制或促进真菌孢子的萌发、附着胞的形成，菌丝的生长以及侵入活动。有些微生物，如锈寄生菌属（*Darluca*）、瘤座孢属（*Tubercularia*）、枝孢属（*Cladosporium*）和轮枝孢属（*Verticillium*）的一些种都是锈菌的重要寄生菌，直接抑制病菌孢子的形成；棒曲霉（*Aspergillus roridum*）、短小芽孢杆菌（*Baillus umilus*）等能溶解锈菌的芽管；把露湿漆斑菌（*Myrothecium roridum*）、多枝孢（*Cladosporium erbarum*）、特异青霉（*Pencillium otatum*）与某些锈菌同时接种时，所形成的锈病斑较对照少90%以上。许多研究指出，各种病原真菌在侵入寄主前都有一个或长或短的在叶面生长芽管、附着胞或菌丝的阶段。在这个阶段除了使用孢子本身所携带的养料外，有时还要吸取叶围的营养物质。许多腐生微生物都是竞争这些营养物质的对手。掷孢酵母菌抑制灰霉菌（*Botrytis inerea*）分生孢子萌发，便是由于前者耗用叶面微量的氨基酸所致。有试验证明，蚜虫蜜露可刺激某些病菌对叶的侵染活动。但如在加蜜露的同时加入某些腐生菌，则这种刺激作用将消失。病菌从孢子萌发到侵入寄主所需的时间愈长，受到拮抗作用的影响也愈大。

叶围微生物对植物的影响是复杂的。它们并不一定总是有利于阻止或抑制病害的发生。有些叶面腐生菌，如芽枝状枝孢菌（*Cladosporium ladosporioides*）、多主枝孢菌、链格孢菌（*Alternaria lternata*）等，通常情况下是叶面附生物或腐生物，但在特定条件下，也可以成为真正的寄生物，引起叶的病害。有些腐生菌，如各种煤污菌，虽不直接侵染叶、果，但其暗黑色的菌丝层可以使植物光合作用所需的光照降低25%以上。

植物叶片本身的物理和生物学特性也强烈影响病害的发展。叶片细胞中的各种水溶性物质都可被淋溶到叶片表面，从而影响叶围微生物的群落组成及数量。叶片气孔排出的水分也起到吸引具有向水性的病菌芽管的作用。在生长季中，叶面凝结的露水，更是许多具有快速萌发特性的病菌完成侵入程序的有利条件。近20多年来，叶围生态环境，特别是叶围微生物对病害影响的研究有了长足的进展，使得人们对叶、果病害发生的过程有了更深入的认识。

2.1.2 叶、果病害侵染循环的特点

真菌、细菌、病毒、植原体、螨类等都能引起林木叶部和果实的病害。个别藻类也能危害叶和果实。真菌引起的叶、果病害最为普遍。锈菌、白粉菌、半知菌（生长季节中，子囊菌也多以无性阶段出现）占了叶、果病害的大半数。细菌、病毒、植原体多数见于阔叶树种，极少数见于针叶上。侵害叶部的细菌都是寄生性较强的种类。病毒可以直接由叶部侵入，或由他处侵入而在叶上表现出症状来。不论哪一种情况，病毒在叶上的表现，都只是作为系统侵染的一部分表现出来的。叶部病害的症状有畸形、小叶、黄化、花叶、白粉、黄锈、煤污等多种类型。多数症状类型都与某类特定的病原有密切联系。叶部病害的发展具有明显的年周期性。每年新叶开放后，接着便有一个初侵染的过程。叶病的初侵染来源主要有下列几个方面：

（1）病落叶

已经在叶上定殖的病原物，在冬季到来之前，随病叶脱离植株。常绿树种虽然不是每年完全落叶，但凡受病较重的叶也大都在冬前脱落。因此，地上的落叶无疑是病原物聚居之处。病菌可以腐生状态或休眠状态越冬，翌年侵染新叶。这是许多种叶部病害初侵染的重要来源。

（2）先年被害的枝条

有些病害除侵染叶外，也危害枝条。病菌可在枝条的病斑内越冬，成为初侵染来源。

（3）被病菌污染的冬芽

桃缩叶病菌的芽孢子或子囊孢子在芽鳞上过冬，翌年作为初侵染来源侵染刚开放的幼芽。毛白杨锈病、梨黑星病以及某些白粉病等也是以类似的方式进行初侵染的。由这种方式进行初侵染的共同特征是，每年春季病害首先出现在个别芽所放出的全部幼叶上。

（4）其他来源

如带病毒或植原体的昆虫，以及锈菌的转主寄主也是叶病的初侵染来源。引起叶病的病原菌大多具有潜育期短、生长季节中再侵染次数多的特点，由于叶病大多数有再侵染，而且病原物多靠风雨传播，因此病害的扩展一般很快，传播面广。病原物从气孔或直接穿透角质层和表皮侵入寄主。除病毒和植原体外，叶病病原物很少是必须依赖寄主体表伤口侵入的。

许多侵染叶部的病原物也能侵染果实和嫩枝。在生长季节中，林木果实的病害大多数是由叶病蔓延来的。如油茶果实炭疽病、油桐果实黑斑病、核桃果实黑斑病等都是叶片先发病，然后传染到果实上。因此，果实病害与叶部病害在病原物种类、发生发展规律以及防治措施上都有许多共同之处。果实生病后，多引起落果，畸形或产生干瘪的种子。

2.1.3 叶、果病害的防治原则

前面已经提到,在成年林中,绝大多数叶部病害都不表现出显著的危害性,故一般都不进行防治。但是叶病对于幼苗、幼林、果树、经济林木以及行道树和公园树木却可能造成严重危害,必须认真对待。叶、果病害的防治措施,通常有集中清除侵染来源和喷药保护两个方面。

清除侵染来源的重要措施之一是清除落叶和落果。带病的落叶、落果可以人工收集烧掉,或在地面喷洒铲除剂。但后者成本太高,很少采用。施用高浓度的石灰硫黄合剂或其他铲除剂以铲除在植株表面或芽鳞内越冬的病菌,也是一种清除侵染来源的措施。这种办法在桃缩叶病的防治上,已证明效果是非常理想的。对于叶锈病的防治,去除转主有时能收到理想的效果。如去除桧柏以防治梨和苹果的锈病,去除杨树以防治落叶松锈病都是典型的成功例子。但这种办法对于杨、柳锈病之类的病害却毫无效果,因为这些锈菌虽然也是转主寄生的,但其夏孢子可以反复侵染同一寄主,并可越冬,故不需转主寄主,照样可以完成其侵染循环。

喷药保护叶片不受侵染,是生长季节中最常使用,而且效果显著的防治办法。为了加强喷药防治效果,必须充分掌握病害在当地发生发展的规律,以便适时地、经济地使用药剂和劳力。在喷药技术上要强调喷洒周到,防止只喷叶面而遗漏叶背或喷一处漏一处的现象。叶部和果实都容易发生药害。药害的原因是多方面的,最常见的是没有估计到寄主对各种药剂的敏感性或药剂浓度过高。对于没有把握的药和最好先作小规模的喷洒试验,然后全面使用。加强管理改善植物的环境条件,以提高植物对叶、果病害的抗病力能收到一定的效果。但由于叶、果病害的发展往往与大气中的温、湿度密切相关,且病原物,多具有较高的侵袭能力,因此,仅只通过改善环境,加强抚育的措施来防治这类病害,其效果往往不十分显著,必须与其他措施,特别是化学防治措施结合施行,才能收到满意的效果。

2.2 叶部和果实病害及其防治

2.2.1 落叶松早期落叶病

分布及危害 落叶松叶部生病后,提早 30 多天落叶,所以叫早期落叶病,落叶松重要病害之一。被害林分较正常林分每年树高生长平均降低 21.3%,胸径生长下降 74.4%,材积生长量平均降低 40%。据 1964 年调查,在东北三省落叶松人工林受害面积占总栽植面积的 41.2%。按病害轻重分为 3 个类型:重病区集中于辽宁、吉林两地的东南部;轻病区是辽宁、吉林两

地的中西部和黑龙江的中部；无病区只有黑龙江东部。20多年来，此病仍在东北三省危害蔓延。据1980年调查，吉林落叶松发病面积达200万亩，除人工林外，长白山林区天然更新的幼树发病也很重，小兴安岭天然大树也发病。

症状　本病发生在各种落叶松上部，先是叶尖端或中部出现2~3个黄色小斑点，逐渐扩大为红褐色段斑，后在斑上生小黑点，即病菌的性孢子器。严重时全叶变褐，整个树冠像火烧一样。到8月中、下旬即大量落叶，大约比正常树木提前30~50d。若连续几年患病便严重地影响树木生长，落地的针叶当年生长小黑点，这是病菌的子囊腔。

病原　本病是由子囊菌纲座囊菌目的日本落叶松球腔菌（*Mycosphaerella laricileptolepis*）引起的。该菌只有性孢子和子囊孢子，性孢子器与子囊腔相似，性孢子短秆状。菌丝在子座中过冬，第2年开始形成子囊，产生子囊孢子，陆续成熟后放射，随气流飞散。子囊孢子双胞，无色，梭形，遇湿后表面产生出一层胶质物。

发生规律　病菌在当年病叶中进行有性配合后形成双核菌丝，随病叶落地过冬，翌年春季产生子囊，继而产生子囊孢子，6月开始放散子囊孢子，6月下旬到7月上旬子囊孢子放散达最高潮，这时放散总量约等于两个月放散总量的50%，子囊孢子被气流托住并流动卷扬，借胶膜附在落叶松叶上，萌发后由气孔钻入叶内，过数日叶显病斑逐渐变红褐色。7月下旬至8月下旬病斑上生小黑点，为性孢子器，8月中、下旬开始落叶有时9月以后又发新叶，进入10月以后，降温时新叶即被冻死。病叶落地后生较性孢子器稍大的小黑点，即子囊腔。病菌性孢子无侵染力，只有子囊孢子是初次侵染来源，1年发病1次。放叶后气温在20℃左右，空气湿度达75%以上时，有利于病菌的侵染，故气温低湿度大降雨多的年份，发病早且重。林中被压木和小径木发病都较重，林龄达20年以上时病害渐轻。经过抚育疏伐的林木病情一般较未经过抚育的林木为轻。在混交林内及下木层下木较多的林分病害较轻。

防治方法　①检疫：此病已列为检疫对象，输出、输入时应严格执行检疫。②烟剂防治：据试检结果，大面积可使用百菌清烟剂薰烟，其成分比例为，百菌清原粉3份，硝酸铵31份，木粉17份，氯化铵21份，其他28份。在6月下旬至7月上旬，每公顷用15kg，可达到较好的防治效果。特别是在雨后子囊孢子集中放散时放烟效果更好。可用流动放烟方法，也可用定点放烟方法。③有条件的地方可用50%代森铵600~800倍液或36%代森锰260~300倍液喷冠效果较好。④培育抗病树种：经调查证明，兴安落叶松病重，长白和朝鲜落叶松次之，日本落叶松较抗病。⑤适地适树，加强幼苗抚育，郁闭后及时修枝间伐。营造针阔混交林以减少病害的发生蔓延。

2.2.2 落叶松褐锈病

分布及危害 1951年发现在吉林省长白山林区，35年之后已扩大蔓延至黑龙江、吉林和辽宁各地的落叶松人工林内，发病比较普遍，重病区的发病率为70%~80%，严重影响落叶松的生长。

症状 病害发生在叶部。叶上先生褪绿斑，扩大后成为段斑，6月中、下旬在斑背面形成红色夏孢子堆，直到9月上、中旬仍可陆续产生。至8月中、下旬，病斑变棕褐色，斑背生褐色冬孢子堆，并逐渐增加，后期被侵染的叶往往不产生任何病斑，在绿叶背面产生大量的黑褐色的冬孢子堆。病叶早落。

病原 由担子菌门、锈菌目的落叶松拟三孢锈菌 *Triphragmiopsis laricinum*（Chou）Tai 引起，夏孢子堆椭圆形，生于表皮下，为奶油色至赭黄色，0.25~1.0mm×0.15~0.5mm，成熟后开裂，并变血红色。夏孢子单胞，有柄易脱落，多为椭圆形，鲜黄色，末代夏孢子常为球形且为淡棕褐色，27.6~53.8μm×13.8~34.5μm，表面有锥刺，基部的锥刺较长。孢子柄32~41μm×4.6~9.2μm，侧丝棒状，单胞，无色透明，顶端膨大呈圆头形，下端柄长64~115μm，头部径11.5~29μm，冬孢子堆可产自夏孢子堆中，也可单独产生，椭圆形，0.2~1.0μm×0.2~0.5μm，初埋生于表皮下，后裸出呈粉末状，暗褐色。冬孢子3细胞，上方2个、下方1个，烟草棕色，成熟后暗褐色，36~43μm×30~34μm，上端27~37μm，下端7~13μm。每细胞具2个芽孔，表面多疣，疣顶光或钝圆。孢子柄无色透明，7.5~3.5μm，长75~78μm，易脱落。担子自冬孢子产生，具4隔分为5室，上4室各生一小柄，其上生卵圆形的担孢子，在未脱落担子之前即可萌发。

发展规律 冬孢子在落叶上越冬，春季至6月上旬，当气温达19℃时孢子萌发率最高，产生担子及担孢子，借风传播侵染落叶松叶，14~21日便发病产生夏孢子，夏孢子萌发适温18℃（14~20℃）反复侵染落叶松叶，7月下旬开始产生冬孢子堆，并随病叶落地越冬。病菌可侵染兴安落叶松、日本落叶松、长白落叶松、华北落叶松和新疆落叶松。阴雨低温天气有利于病菌的形成与传播，也利于它们的萌发与侵染。

防治方法 ①利用药剂喷树冠可收较好效果：0.3°Bé 石硫合剂、代森锰锌1000~1200倍液，福美双500~700倍液任选一种，于6月末7月初喷第一次，隔15d喷第二次。②成林后可用硫黄烟剂或五氯酚钠烟剂防治。③多主枝孢（*Cladosporium herbarum*）可以抑制冬孢子的萌发，可作为生物防治材料应用。

2.2.3 松针褐斑病

分布与危害 松针褐斑病是美国南部长叶松（*Pinus palustris*）和中北部欧洲赤松（*P. sylvestris*）的重要病害之一。引起严重落叶，阻碍长叶松苗期生

长，甚至引起苗木死亡，使欧洲赤松失去作为圣诞树的价值。其他松树寄主尚有20余种，但受害不重。在我国此病危害黑松（*P. thunbergii*），严重发生时可使黑松幼林成片枯死。20世纪70年代我国南方各地广泛引种湿地松（*P. elliottii*）和火炬松（*P. taeda*）不久也受到这一病害侵袭。福建发生较普遍，其次是广东和江西等地也有发现，受害严重的湿地松和火炬松幼林成片枯死。

症状　病叶上最初产生褪色小斑点，呈草黄色或淡褐色，多为圆形或近圆形（见彩图2-2-1）。随后病斑变为褐色，并稍扩大，直径1.5~2.5mm（彩图2-2-2）。有时病斑汇合而形成褐色段斑，长可达3~4mm。在病害适生季节，病斑产生后不久，其中央即有子实体出现。子实体埋生于表皮下，外观初为灰黑色小疱状，针头大小或长达1mm左右，成熟时，小疱常自一侧或两侧裂开，黑色分生孢子堆自裂口挤出。当针叶组织死亡后，无病斑的死组织上也能产生子实体。一针叶上常产生多个病斑，感病较重的针叶上病斑数常达20以上（彩图2-2-3）。病叶明显地分为3段。上段变褐色枯死，中段褐色病斑与绿色健康组织相间，下段仍为绿色。当年感病针叶通常到翌年5~6月开始枯死脱落。新生嫩叶感病时，常不出现典型病斑，针叶先端迅速变褐枯死。有时在枯死部分的下方可以见到个别圆形病斑。病害自树冠基部开始发生，逐渐向上部扩展。病重的松树只有顶部两三轮枝条的梢头保存部分绿叶，不久全株即枯死。马尾松（*P. massoniana*）是高度抗病的树种，一般只有少数针叶感病，病叶上产生1或2个褐色小段斑，在林间不常产生子实体。个别感病较重的植株针叶上也可产生多数圆形褐色病斑，并使针叶先端枯死。

病原　病原为子囊菌门中的松针座腔菌［*Scirrhia acicola*（Dearn.）siggers］。但在我国尚未发现有性型。无性型为松针座盘孢菌［*Lecakosticta acicola*（Thum.）Syd. et Petrak］。其异名为 *Septoria acicola*（Thum.）Sacc。在较早的文献中也常出现（图2-2-4）。分生孢子座生叶肉组织中，块状或钮扣状，黑色，高75~225μm，宽100~275μm，长度变化较大，可达1mm以上。子

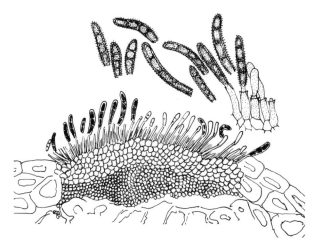

图2-2-4　松针座盘孢
（*Lecanosticta acicola*）

座上方平展或呈浅盘状。分生孢子梗淡褐色，不分枝，15~25μm×3μm，分生孢子圆筒形，镰刀形或稍不规则弯曲。两端较狭窄，先端钝尖，下段略平截，茶褐色或烟褐色，1~6隔膜，大多数3隔膜，26.3~54.6μm×3.8~5.0μm，成熟时从侧方突破表皮外露，有时整个子座也突出表面。

发展规律　分生孢子随雨水的溅散而传播。在发病林分中，终年都有活孢子存在，它们可以在树上病叶和病死落叶中越冬。气温20~28℃条件下能萌发良好。在闽北地区，气候温和，雨量多湿度高，每年3月即可发生侵染，但以5~6月为发病盛期。7~8月旬平均气温上升到27℃以上，病害缓慢发展，9~10月又出现一次高潮，但不如5~6月发展快。

病菌发生孢子虽然只能由雨水传播，但传播距离与风速有密切关系。因此，在雨量多，风速高的条件下，病害发生较重，蔓延较快。

防治方法　①注意检疫，无病地区和无病林场要防止引进病苗，带病接穗等。②营造湿地松或火炬松人工林时，避免大面积集中连片，在病害一旦发生时，可以分别控制，防治蔓延迅速。③苗圃中和幼林中要经常注意检查，发现少数病株时立即砍除烧毁。有条件时可喷25%多菌灵或百菌清500倍液2~3次。④湿地松个体之间存在明显的抗菌性差异，在重病林分中选择健康或轻病单株，可能获得抗病无性系。

2.2.4　松赤枯病

分布与危害　松赤枯病是松树幼龄林上常见的病害，分布广，危害严重，且有逐渐蔓延扩大之势。以贵州、四川、广西、湖北等地的某些林区遭受赤枯病菌危害最为严重，被害林分似被火烧，提早落叶，严重影响生长。松赤枯病菌除危害马尾松外，还危害云南松、华山松、油松、黑松、湿地松、加勒比松、火炬松、南亚松、岛松及柳杉等树种。

症状　松树从幼树到大树，都能遭受赤枯病侵害，但幼树受害较重。松针受害后初为黄色段斑，渐变褐，稍缢缩，最后呈灰白色或暗灰色。病斑稍凹陷或不凹陷。病斑与健康组织交界处常有暗红色的环圈。病部散部黑色小点，即病菌的分生孢子盘。潮湿时分生孢子盘吸湿长出褐色或黑褐色的丝状或卷发状的分生孢子角。病斑可出现于针叶上、下不同位置，病斑以上部分往往枯死断落，以叶尖枯死为主（见彩图2-2-5~彩图2-2-8）。

病原　病菌属半知菌亚门的枯斑盘多毛孢属（*Pestalotia funerea* Desm.）（图2-2-9）。其分生孢子盘初埋于表皮下，后外露，黑色，粒点状，孢子盘大小为100μm左右；分生孢子长方梭形，一般为5个细胞，中间3个细胞暗褐色，两端细胞无色，顶端有3根刚毛（少数2或4根），刚毛长9~12μm，孢子基部有柄长5~7μm，孢子大小为10.9~21.8μm×5.5~7.6μm。病叶保湿培养很易长出褐色或黑褐色丝状卷曲的分生孢子角。

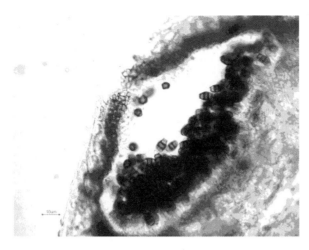

图 2-2-9 桔斑盘多毛孢（*Pestalotia funereal*）

发展规律 病菌以分生孢子和菌丝体形态在树上及地面上的病叶中越冬，越冬后的孢子萌发率可达 70% 以上，且萌发速度很快，在湿度满足的情况下，经 2h 即能萌发。分生孢子借风雨传播。分生孢子全年均可散发，但大量播散期，一般在 5 月中旬至 8 月下旬，且孢子的扩散随雨量的增减而增减。越冬的孢子及由越冬后菌丝体发育形成的分生孢子进行初侵染，由自然孔口和伤口处侵入针叶；潜育期因环境条件而异，最短 7~10d。1~2 周后就有新的分生孢子产生。因此，赤枯病有多次再侵染。高温、多雨有利于病害的扩展蔓延，尤其高温降雨后，又出现高温少雨天气，是该病大发生的重要因素。当月平均气温 16℃ 以上，病害开始发生，月平均气温在 11℃ 左右时病害基本停止。月平均气温高于 20℃ 时，病叶上才能产生新的分生孢子。

新针叶抽出（3 月底 4 月初）到生长停止，均可受病菌侵染，大量侵染期一般在 5 月中旬至 6 月下旬。4 月中旬新针叶上开始出现症状，7~8 月为发病高峰期，10 月渐趋停止。

经调查，阳坡比阴坡感病重；同一坡向，下部比上部重；同一林分内，林缘比林内重；同一植株，树冠顶部比下部重，冠外比冠内重。马尾松纯林比松杉混交林感病重。

赤枯病一般危害 15 年生以下的幼龄林，以 10 年左右为主，随着年龄的增大侵害程度相应减轻。

防治方法 适地适树，科学造林，加强管理，增强树势，提高林木抗病性；据报道，6 月施放烟剂一次效果良好；施用 1% 波尔多液，或 500 倍的 75% 可湿性百菌清，以及 10% 多菌灵粉剂，10% 可湿性退菌特粉剂等均有一定的防治效果。

2.2.5 松赤落叶病

分布与危害 赤枯落叶病是贵州、四川、广西等地近年来逐渐扩展起来的一种松树病害。欧美一些国家早有报道。松赤落叶病菌的普遍侵染，可加速松树生理黄化病的发展，导致大面积马尾松生长停滞，抽出的新梢和针叶日趋短小，最后逐渐死亡。据贵州报道，马尾松感病后，平均树高减少34%~54%，胸径减少34%~52%，每年每亩损失木材0.259~0.263m³。主要危害马尾松和华山松，黑松、云南松、湿地松、加勒比松、火炬松等也受侵染。

症状　松赤落叶病多发生于当年生的针叶上，常与赤枯病、落叶病等针叶病害混生，症状易混淆。5月初，针叶中上部出现少量黄色小点，6月中、下旬黄色小点变成橙黄色病斑。病斑向下蔓延至1/3~1/2，当年秋天，感病部分变为红褐色，感病与健康部分交界处为黑褐色。翌年3月，病斑下部开始由红褐色变为灰褐色。3月底病斑上出现灰白色小点，即为初形成的病菌子实体。此后，小点发展成为纵向的梭形、黑点，稍有光泽的、突起的粒状子实体。多数子实体四周呈灰白色。4月针叶开始脱落，7月基本落光。

病原　为子囊菌亚门的杉木皮下盘菌（*Hypoderma desmazieri* Duby）[=*H. brachysporum*（Rostr）Rub]（图2-2-10）。子实体生于2年生针叶上，大小为1.2~2.3mm×0.4~0.6mm，散生于针叶表面，成熟时子实体中间有线状裂缝。子座暗色，子囊长椭圆形，具短柄，子囊大小为97~102μm×7.5~9μm，子囊壁较薄，单层，子囊孢子8个，在子囊内成双行或近双行排列，少数呈单行排列，孢子无色透明，长梭形至圆柱形，一般不分隔，偶有双胞的，大小为17~25μm×4~9μm。孢子壁外具明显胶膜一层，厚约2μm左右，在保湿培养中很易消失。侧丝丝状，顶部稍膨大，钩状，稍弯曲，透明，等于或长于子囊。松赤落叶病菌的无性型为半知菌亚门的半壳孢菌（*Leptostroma strobicola* Hifzer）。

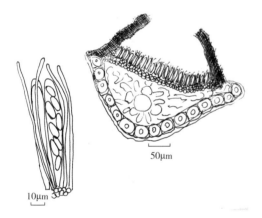

图2-2-10　杉木皮下盘菌（*Hypoderma desmazieri*）

分生孢子器半球形，内生或突破表皮而生，大小为50~85μm×10~170μm，分生孢子单孢，无色，圆柱形，大小为1.8~2.8μm×6.4~9.5μm。

发展规律　该病菌主要以菌丝体于树上或地面上的病叶中越冬，极少部分以子囊孢子越冬。3月底开始，陆续形成子实体，5月至6月中旬孢子成熟，飞散，6月下旬达到飞散高峰期；病菌靠气流传播为主，传播距离不远，故病株多呈团状分布。子实体吸水后，子囊孢子自然迸射出来。

松赤落叶病菌一般侵害树势衰弱，抵抗力弱的幼龄松树。凡因土层过浅、透气不良、瘠薄、干旱，或因管理不善，人为破坏严重，或受其他病虫害危害，致使树木生长不良，树势衰弱的林分均易感病。

防治方法　加强营林措施；清除枯死及重病株，改变林地卫生状况，减少病原；对难于挽救的重病区进行林分改造；据报道，8、9月施放烟剂或喷射100~150倍波尔多液，或65%可湿性粉剂代森锰锌500倍液防治此病均有一定效果。此外，喷射一种溶菌的假单胞杆菌（*Pseudomonas* sp.）或蜡状芽孢杆菌（*Bacillus cereus* Frankland et Fr.）均有一定的防治效果。

2.2.6　松针红斑病

20世纪末我国的检疫对象。

症状　危害苗木、人工林和天然林。病斑中心由黄变褐，边缘保留黄色，并常溢出松脂，病斑迅速变红色至红褐色。病症是段斑上有灰色疱状隆起物，其内干旱时散生的小黑点，湿润时分生孢子与黏液混合在一处，呈乳白色小点的病症，有水时化开，无色。

病原　半知菌门腔孢纲黑盘孢目黑盘孢科小穴座菌属松小穴座菌 *Dothistroma pini* Hulbary，分生孢子盘埋生，后外露，黑色，单生或多个盘丛生于一个子座上，大小111~222μm×133~488μm，子座黄褐色；孢子线形，有的稍弯曲，无色透明，有1~5个隔膜，3个隔膜较多，大小17.2~39μm×2.6~4μm。该菌的有性态为松瘤座囊菌（*Scirrhia pini* Funn. et Parker.）我国尚未发现。

发展规律　病原菌以菌丝和未成熟的分生孢子盘在病组织内越冬成为初侵染来源。翌年春开始产生分生孢子，孢子萌发后产生芽管从松针的气孔、伤口侵入。潜育期长达2个月以上，借风、雨传播，若人为传播很远。在风雨交加的天气中，带菌的水滴可随风吹到较远的松针上，雨季发病率增高。病斑间空隙处仍为绿色，病斑扩大后，针叶上半部分枯黄，提早落针。全株病叶由下部向上扩展，在落下或挂在树上的病叶病斑内部子实体周围常常有淡红色病状，后全树冠如同火烧过。寄主：樟子松、湿地松、云南松、火炬松、红松、油松、赤松、长白松、偃松、加勒比松和红皮云杉等植物国外报道有松属，欧洲落叶松，西特喀云杉和北美黄杉等。

防治方法　由于病叶由下部向树的上部扩展，故及时修剪病枝叶能减轻病情。苗圃不能设在松林内，或不能设在松林附近；禁止到疫区引种苗木和采集接穗；定期普查病情，一旦发现病害及时防治。清除发病苗木，修剪病枝叶，集中烧毁，喷洒50%福美双可湿性粉剂500~800倍液，或75%百菌清可湿性粉剂600~1000倍液，2~3次（间隔10~14d），交替使用。

2.2.7　松针锈病

森林病理学

分布及危害 松针锈病是国内外松类针叶上分布广、寄主多的一种病害。我国从南到北皆有分布。受害树种有云南松、马尾松、华山松、樟子松、黑松、油松、赤松、红松以及湿地松、火炬松等。事实上，所有松属树种的针叶都受到不同种类锈菌的侵染。松针锈病主要危害幼林。导致松针枯尖、早落，严重时可使新梢干枯，甚至全株枯死。

症状 各类锈菌在松类植物针叶上所致症状基本相似，感病针叶最初出现黄色段斑，其上生蜜黄色小点，后变黄褐色至黑褐色，即性孢子器，常数个一起沿针叶紧密排列。随后病斑上出现橙黄色的、扁平似舌状的突起物，即锈孢子器。锈孢子器常数个相连，排成一列（见彩图2-2-11）。锈孢子器成熟后不规则开裂，散出黄色粉末状锈孢子。最后病叶枯黄脱落。

病原 病害由担子菌亚门、锈菌目鞘锈菌属（*Coleosporium*）的一些真菌所致。本属已报道的约80个种，分布于全世界。我国已报道的约40多种。但除个别种外，均未在松树上进行过接种试验。红松的针叶锈病由风毛菊鞘锈菌（*Coleosporium saussoreae* Thvm）所致。性孢子和锈孢子阶段寄生于针叶上，夏孢子和冬孢子阶段寄生于风毛菊属（*Saussurea*）植物叶片上。性孢子器500~900μm×400~650μm，性孢子球形，单胞无色，1.7~4.7μm。锈孢子器黄色，高0.3~0.9mm，长宽约0.6~1.6mm×0.4~0.5mm。锈孢子黄色，链生，卵圆形至椭圆形，20~39μm×16~26μm，孢子表面布满疣突，无平滑区，每个疣由数个细柱组成，有5~7层环棱，基部有纤丝相连。夏孢型锈孢子与锈孢子相似，孢子堆350~600μm×250~550μm，孢子黄色，卵圆形或球形，19~29μm×11~21μm，孢子表面有疣突，每个亮突由数个细柱组成，有的细柱下端分离，上端聚集且稍膨大。冬孢子堆橘红色，蜡质，圆形，不开裂，147~576μm。冬孢子圆筒形，上端略粗，淡黄色，64~85μm×17~30μm。萌发时生三隔。担孢子淡褐色，卵圆形或肾形，15~27μm×12~20μm，除风毛菊鞘锈菌外，我国报道寄生于松树针叶上的尚有其他锈菌，如：一枝黄花鞘锈菌［*C.solidaginis*（Schw.）Thvm］性孢子和锈孢子阶段生马尾松、华山松等上，夏孢子和冬孢子阶段生一枝黄花属（*Solidago*）翠菊属、紫菀属等菊科植物上；千里光鞘锈菌［*C.sencionis*（Pers.）Fr.］（图2-2-12）性孢子和锈孢子阶段生在云南松上，夏孢子和冬孢子阶段生在千里光属（*Senecio*）植物上；黄檗鞘锈菌（*C.phellodendri* Kom）性孢子和锈孢子阶段生在油松上，夏孢子和冬孢子阶段生在黄檗属（*Phellodendron*）植物上。

图2-2-12 千里光鞘锈菌（*Coleosporium senecionis*）

发展规律　各种松针锈病的发展规律都很相似。以红松针锈为例，8月下旬担孢子大量形成并分散，萌发后由气孔侵入松针，以菌丝体在松针中越冬。翌年4月形成性孢子器，5月上、中旬产生锈孢子器，5月中旬至6月中旬分散锈孢子。锈孢子萌发后由气孔侵染风毛菊叶片，并于7月上旬至8月下旬形成并分散夏孢型锈孢子，同时形成冬孢子，萌发后再侵染松针。

4月中旬的气温平均2℃时即可产生锈孢子器，如平均气温达6℃时，可提早5日形成锈子器。锈孢子分散与5月平均湿度有关，湿度大时放散孢子时期便提早。山阴坡发病率比阳坡高；山中下腹的发病率比山上部重。在同样的条件下，50cm以内的苗木受害最重，15年以下幼树次之，大树更次之。

防治方法　①喷射0.5°Bé石硫合剂，效果最佳。其次用80%的代森铵500倍液，或50%退菌特500倍液。②幼林抚育时，如有条件可用除草剂消灭林下的风毛菊、千里光、紫蔬或其他转主寄主。

2.2.8　杉木炭疽病

分布及危害　杉木炭疽病在江西、湖南、湖北、福建、广东、广西、浙江、江苏、四川、贵州、安徽等地都有发生；尤以低山丘陵地区为常见，严重的地方常成片枯黄，对杉木幼林生长造成很大的威胁。

症状　杉木炭疽病主要在春季和初夏发生，这时正是杉木新梢开始萌发期。不同年龄的新老针叶和嫩梢都可发病，但以先年梢头受害最重。通常是在枝梢顶芽以下10cm内的部分发病，这种现象称为颈枯，是杉木炭疽病的典型症状。主梢以下1~3轮枝梢最易感病，也有一树枝梢全部感病的（见彩图2-2-13）。

梢头的幼茎和针叶可能同时受侵，但一般先从针叶开始。初时，叶尖变褐枯死或叶上出现不规则形斑点。病部不断扩展，使整个针叶变褐枯死，并延及幼茎，幼茎变褐色而致整个枝梢枯死。发病轻的仅针叶尖端枯死或全叶枯死，顶芽仍能抽发新梢，但新梢生长因病害轻重不同而受到不同程度的影响。在枯死不久的针叶背面中脉两侧有时可见到稀疏的小黑点，高温环境下有时还可见到粉红色的分生孢子脓。

在较老的枝条上，病害通常只发生在针叶上，使针叶尖端或整叶枯死，茎部较少受害。生长正常的当年新梢很少感病。到秋季，由于生理上的原因引起新梢的黄化，这些黄化的新梢较易发生炭疽病。

病原　杉炭疽病的病原是子囊菌亚门的围小丛壳［*Glomerella cingulata*（Stonem）Schr et Spauld.］。通常见到的是无性型，为半知菌亚门的盘长孢状刺盘孢（*Colletotrichum gloeosporioides* Penz.），分生孢子盘生在病部表皮下，后突破表皮外露，呈黑色小点状，直径50~170μm，如分生孢子产生得多，聚集在一起，成粉红色分生孢子脓。分生孢子盘上有黑褐色的刚毛（有时没有），有分隔，大小为 50~120μm×45μm，分生孢子梗无色，有分隔，大小为 15~60μm×4.5μm。分生孢子无色、单胞，长椭圆形，大小 15~19.5μm×4.8~6.6μm。在培养基上还可自菌丝上直接产生分生孢子。分生孢子在 20~24℃萌发最好。萌发时产生一个隔膜。其有性阶段一般较少见到，子囊壳 2 至多个丛生（或单生），半埋于基质中，梨形，颈部有毛，大小 250~350μm×194~267μm。子囊棒形，无柄，大小 85.8~112.2μm×7.2~9.9μm，在子囊孢子成熟后不久即溶化。子囊孢子无色、单胞、梭形、稍弯曲，排成 2 列或不规则的 2 列，大小 19.8~27.7μm×5.6~6.6μm。

除杉木外，此病菌尚可寄生在油茶、泡桐、油桐、柳、柿、山楂、苹果、海棠、梨等多种木本植物和瓜类、辣椒、番茄、扁豆、三叶草等多种非木本植物上，引起炭疽病。由于寄主的不同和环境条件的影响，此菌在形态上常出现较大变化，以致被鉴定为不同的种，甚至不同的属。由于寄主以及受侵害部位的不同，在病害症状及发展过程上也有差异。

发展规律 病菌主要在病组织内以菌丝越冬，分生孢子随风雨溅散飘扬传播。人工伤口接种在 20~23℃下，潜育期最短 8d，在 26~27℃下最快的 3d 后即可发病。

据在南京、江西等地的观察，杉木炭疽病一般于 4 月初发病，4 月下旬至 5 月上、中旬为发病盛期，6 月以后基本停止发展。秋季又有少量发生，这主要是秋季表现黄化的新梢较易感病。

杉木炭疽病的发生和立地条件及造林抚育措施有密切的关系。经各地调查，凡导致杉木生长削弱的因素，如造林技术标准低，林地土壤瘠薄，黏重板结，透水不良，易受旱涝或地下水位过高，幼树大量开花等等，病害发生都重。在立地条件好，高标准造林和抚育管理好的杉林一般发病部较轻。例如江西红壤丘陵地区一般多因土壤瘠薄，生长差，炭疽病常发生较重。

防治方法 杉木炭疽病的防治，应以提高造林质量，加强抚育管理为主，促使幼林生长旺盛，以提高其抗病力。其次，可重点辅以药剂防治。

在提高造林质量和加强营林的基础上，用药剂防治时，应在侵染发生期间进行，据在江西的初步观察约在 3 月下旬至 4 月中旬喷药 2~3 次。药剂种类可试用 65% 的代森锌或 50% 的托布津、多菌灵、退菌特或敌克松 500 倍液。

2.2.9 杉木叶枯病

分布及危害 杉木叶枯病在我国广东、广西、湖南、江西、浙江、福建、江苏和四川等地发生，为杉木幼林和成林中常见病害，尤以偏南的杉木林区为多。

症状 杉木叶枯病多从杉木树冠下部和中部的针叶发生,向上部的针叶蔓延。在发病枝条上,则从其基部的针叶发生,向端部的针叶蔓延。发病针叶于春末夏初出现病斑,至夏末秋初针叶变黄。在变黄的针叶上产生许多黑色小点,是病菌的分生孢子器。病叶枯黄,当年少脱落。病菌在病叶中越冬,翌年4月,病叶上产生黄化线,形成段斑。也有不产生段斑的。5月,在段斑中间形成黑色米粒状有光泽的子囊盘病叶最后枯死凋落(见彩图2-2-14)。

病原 杉木叶枯病由杉叶散斑壳菌(*Lophodermium uncinatum* Darker)侵染所致。病菌以菌丝体和子囊盘在病叶内越冬。翌年4月,子囊孢子陆续成熟,从子囊中散出,借风传播,侵染杉木针叶。子囊盘散生在针叶两面的角质层下,针叶的表面较多,长0.5~1.5mm,宽250~450μm,在针叶上多呈纵行排列。子囊圆柱形至棒形,有短柄,13~15μm×100~120μm。子囊孢子腊肠形,1.5~1.6μm×45~62μm,成熟时侧丝顶端弯曲成钩状(图2-2-15)。

发展规律 在杉木生长健壮时,散斑壳菌虽然有时也使杉木基部少数针叶感病,但对杉木生长的影响不大。杉木林郁闭后,散斑壳菌还能促进杉木

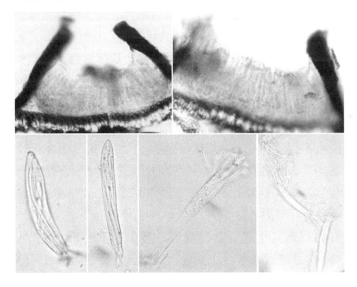

图 2-2-15 杉叶散斑壳菌
(*Lophodermium uncinatum* Darker)

自然整枝。但因杉木生长要求疏松、肥润、深厚、富有腐殖质的土壤。在山脊和山嘴,土层浅薄,腐殖质少土壤肥力差的地段上,叶枯病严重。而在山脚、山冲和山湾,土层深厚疏松,肥力好。坡度小,养分淋蚀少,杉木生长健壮,叶枯病轻。杉木喜生于背风、日照短、空气湿度较大的阴坡。在丘陵地区,西南坡日照时间较长,土壤干燥,裸露多风,空气湿度小,杉木生长差,病害重;东北坡日照时间短,土壤较湿润,空气湿度大,杉木生长好,病害轻。

防治方法 对杉木叶枯病的防治,首先应做到适地适树、良种壮苗、大穴整地、科学栽植、及时抚育等,辅以"两灰"和药剂防治。①撒用"两

灰"：即用 9 份石灰 1 份柴灰，先过滤去渣，拌匀后在晴天早晨，趁露水未干时，撒到杉树上，每半月 1 次，共撒 2~3 次。②药剂防治：发生杉木叶枯病的林分，在 3~4 月，子囊孢子放射之前，喷射 0.8% 波尔多液，也可喷 65% 可湿性代森锌 500 倍稀释液或 50% 可湿性退菌特 800 倍稀释液，每半月 1 次，每次每亩 75kg。或用"621"烟剂熏治，每次每亩放烟剂 1kg。

2.2.10　杉木细菌性叶枯病

分布及危害　杉木细菌性叶枯病是一种新的病害，在江西、湖南、福建、浙江、四川、广东、安徽、江苏等地都有发生，有些林场成片发生，严重的地方造成杉林一片枯黄。10 年生以下的幼树发病常较重。

症状　杉木细菌性叶枯病危害针叶和嫩梢。在当年的新叶上，最初出现针头大小淡褐色斑点，周围有淡黄色水渍状晕圈，叶背晕圈不明显。病斑扩大成不规则状，暗褐色，对光透视，周围有半透明环带，外围有时有淡红褐色或淡黄色水渍状变色区。病斑进一步扩展，使针叶成段变褐色，变色段长 2~6mm，两端有淡黄色晕带。最后病斑以上部分的针叶枯死或全叶枯死。

老叶上的症状与新叶上相似，但病斑颜色较深，中部为暗褐色，外围为红褐色。后期病斑长 3~10mm，中部变为灰褐色。嫩梢上病斑开始时同嫩叶上相似，后扩展为梭形，晕圈不明显，严重时多数病斑汇合，使嫩梢变褐枯死。

病原　杉细菌性叶枯病的病原细菌为（*Pseudomonas cunninghamiae* Nanjing F. P. I. C. et al.）病菌在马铃薯葡萄糖琼脂或牛肉膏蛋白胨琼脂培养基上菌落呈乳白色，病原细菌为杆状，大小 1.4~2.5μm × 0.7~0.9μm，单生。两端生有鞭毛 5~7 根。不产生荚膜和芽孢。格兰氏染色阴性，好气。

发展规律　病菌主要在树上活针叶的病斑中越冬。多从伤口侵入，也可能从气孔侵入。人工伤口接种，在室温 24~28℃下，一般 5d 后即发病。野外接种，潜育期有时为 8d。

据在江西省南昌市进贤县的观察，病害于 4 月下旬开始发生，6 月上旬达最高峰，7 月以后基本停止发展。秋季病害又继续发展，但不如春季严重。在自然条件下，杉树枝叶交错，针叶往往会相互刺伤。在林缘、道旁，特别是春、夏季，处在迎风面或风口的林分更容易造成伤口，而增加病原侵染的机会。因此，这些地方的病害也常较严重。

防治方法　建议在风口的地方造林时栽植（或改换）其他树种；发病重的地方可试用杀菌剂于发病期防治。另外，造林时要注意避免苗木带病。加强营林措施，提高抗病力，也可减少病害的发生。

2.2.11　云杉球果锈病

分布及危害　黑龙江、吉林、新疆、陕西、四川、青海、西藏和云南等

地均有分布。

感病球果提早枯裂，使种子产量和质量大为降低，严重影响云杉林的天然更新和采种育苗工作。据调查，小兴安岭和长白山林区每年发病株率约为5%，病株被害果达20%，云南丽江的粗云杉和紫果云杉发病中等的球果（1/2果鳞发病），种子发芽率降低1/2，种子千粒重降低1/3~1/4。

症状 云杉球果锈病有3种症状类型，由不同的病菌所造成。由杉李盖痂锈菌所引起的云杉球果锈病，主要发生在球果上，有时也危害枝条，使成"S"型弯曲和坏疽现象，一年生球果即能受侵。初期，受侵球果之鳞片略突起肿大，随后鳞片张开，翌年鳞片张开更甚，并反卷。在鳞片内侧的下部表皮上密生多个深褐色或橙色的球状锈孢子器，直径2~3mm，排列整齐，似虫卵状。球果鳞片外侧有时也有锈孢子器。锈孢子器内部充满大量淡黄色粉状物，即为锈孢子。一球果可局部鳞片发病，也可全部鳞片发病，夏孢子及冬孢子阶段寄生于稠李（*Prunus padus* L.）等樱属植物叶片上。夏孢子堆椭圆形或卵圆形，近无色，围绕着夏孢子堆形成淡紫色多角形病斑，即为冬孢子堆。云杉球果上的另一种锈病由鹿蹄草金锈菌引起，在云杉球果鳞片的外侧基部形成两个黄色垫状的锈孢子器。感病球果提前开裂。但鳞片不向外卷。该菌的转主寄主是鹿蹄草（*Pyrola* sp.）夏孢子及冬孢子长在鹿蹄草的叶片上。我国新疆天山及阿尔泰山林区见有鹿蹄草金锈菌所致的锈病，而是由杉李盖痂锈菌引起的锈病类型。云杉球果上还有一种锈病，由 *Chrysomyxa diformans* Jacz. 引起，危害鳞片及护鳞，有时也危害嫩梢及嫩芽。在鳞片两侧可见到淡褐色，圆形或椭圆形，扁平，蜡质的冬孢子堆，球果受害后不再继续生长。这一类型锈病见于我国新疆天山一带（见彩图2-2-16）。

病原 3种类型的锈病病原均属锈菌的栅锈科。其中杉李盖痂锈菌 [*Thekopsora areolata* (Fr.) Magn. (*Puccinia strum* padi Diet.)]，锈孢子器球形，被膜为深褐色，大小为2~3mm，锈孢子淡黄色，椭圆形、圆形、六角形或棱形，外壁厚，上有瘤状小突起。串生于锈孢子器中。夏孢子堆埋生于稠李等樱属植物的叶背，夏孢子椭圆形或卵圆形，近无色。冬孢子堆生于叶表面表皮细胞中，冬孢子球形，暗褐色，纵隔2~4个细胞。鹿蹄草金锈菌 [*Chrysomyxa pyrolae* (D.C.) Rostr.]，锈孢子器呈淡黄色，扁平，圆盘状，大小为3~4mm。每个鳞片上生两个锈孢子器，锈孢子淡黄色，串生，表面有疣，球形。在鹿蹄草的叶上产生黄粉状的夏孢子堆，冬孢子堆为红褐色垫状，串生于堆内。*Chrysomyxa diformans* 冬孢子堆扁平，表面被以腊质膜，微具光泽，冬孢子单胞，串生，淡黄色，矩形、长椭圆形或不规则形，表面光滑（图2-2-17）。

发展规律 3种锈菌因其种类不同而发生发展规律各有所异，但都属于

图 2-2-17　杉李盖痂锈病杉
（*Thekopsora areolata*）

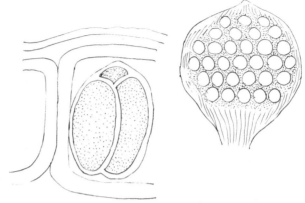

转主寄生菌。*C. pyrolae* 和 *T. areolata* 的性孢子及锈孢子世代产生在云杉球果上，锈孢子借风力传播而侵害中间寄主稠李或鹿蹄草等植物，形成夏孢子，夏孢子可进行多次再侵染，秋末冬初形成冬孢子而越冬，至翌年萌发产生担孢子侵害云杉球果。据在四川的调查，*T. areolata* 所致云杉球果锈病，林缘木和孤立木较林内发病重，阳坡较阴坡发病重，树冠西南面较东北面发病重，树冠上部较下部发病重。不同的云杉抗病性有所差异，紫果云杉较粗云杉抗病力强，据认为这可能与紫果云杉球果小、鳞片较紧密，以及球果上分泌有大量树脂包围鳞片有关；此外，立木生长良好，发育快，则发病轻，反之，则发病重。

防治方法　①选择适宜地点建立云杉母树林进行采种，母树林和种子园内及附近的稠李及鹿跨草等转主寄主应全部清除；②营造混交林；③加强抚育管理，增强树势，提高抗病力。

2.2.12　杨斑枯病

分布及危害　杨树斑枯病在意大利、美国、捷克、土耳其等国都有报道。我国分布于华北、西北、华东等地区，以河南、河北、陕西、新疆和江苏等地较普遍。危害毛白杨、胡杨、箭杆杨、二青杨、小叶杨、馒头柳等，以毛白杨受害最重。其苗木和幼树感病后，提前大量落叶，叶枯焦如火烧，造成树势衰弱，甚至死亡。

症状　杨树斑枯病主要侵染叶片。其病斑特点因寄主和病菌种的不同而有差异。在毛白杨上，最初在叶片正正面出现褐色近圆形小斑点，直径 0.5~1mm，此后病斑逐渐扩大成多角形，直径 2~10mm，为灰白色或浅褐色，边缘深褐色，斑内散生或轮生许多小黑点，即病菌的分生孢子器。叶背面有毛的叶片，病斑不明显，没有叶毛的叶片，背面也有病斑和小黑点。一个病叶上，可生数十个病斑，互相连接后，叶片变黄，干枯早落。

病原　引起杨树斑枯病的壳针孢菌（*Septoria*）属于半知菌亚门，在我国发现有两种。其一为杨生壳针孢菌（*S.populicola* Pek.），有性型为杨球腔菌（*Mycosphaerella populicola* Thomp），另一种为杨壳针孢菌（*S. populi* Desm.）。有性型为杨球腔菌[*M. populi*（Auersw.）Kleb.]杨生壳针孢菌的分生孢子细而长，有多个隔膜，杨壳针孢菌的分生孢子圆柱形或腊肠形，有个隔膜，前者在我国分布最广，其分生孢子器黑褐色，近球形，位于叶表皮下。直径 115~140μm，分生孢子细长，无色，微弯曲，有 3~5 个隔膜，大小为 32~48μm×3~5.5μm。10 月以后，病斑内混生小型性孢子器，位于叶表皮下，近球形，黑褐色，直径 60~71pm，性孢子单胞，无色，椭圆形，大小 4.5~6μm×2.5~3μm。有性型在我国尚未发现。

发展规律　病原菌以其分生孢子器在病落叶内越冬，翌年 4、5 月放出分生孢子，借风传播。侵染幼叶，有再侵染发生。在河南于 6 月中、下旬开始发生，先从下部叶片发病，逐渐向上变延，7~9 月为盛期，9 月病叶开始脱落，幼树发病较晚，10 月开始落叶。夏秋多雨或苗木栽植过密时，都有利发病。不同树种发病情况有差别，毛白杨、小叶杨易感病，中东杨较抗病。

防治方法　①选用抗病的优良品系植树造林。②加强管理，提高树木抗病性，晚秋时及时收集病叶烧掉，并适当摘除菌木下部病叶，使之通风透光，减少病原。③发病初期项用 2:200 倍波尔多液或 65% 代森锌的 400~500 倍液，每 15~20d 喷 1 次，共喷 2~3 次，可防止感病。

2.2.13　杨花叶病毒病

分布及危害　杨树花叶病毒病为一种世界性病害，广泛分布于欧洲，北的许多地区。我国 60 年代就曾有过报道，70 年代初从国外引进和推广种植了易感病的'哈佛'（Havard, I-63/51）、'勒克斯'（Lux, I-69/55）和'翁达'（Onda, I-72/51）等品种，致使花叶病毒病在我国许多地区广为传播，如江苏、山东、河南、河北、湖北、湖南和北京的一些地区都不同程度地有此病发生。据国外报道，1-63/61 感病最重，病株变形萎缩，顶梢干枯，降低生长量可达 30%~50%。

症状　受害叶片出现块状褪绿，进而为黄绿花斑，多沿小脉分布，叶脉透明。生长后期整个叶片变为黄绿色，某些特殊感病无性系，枝条变形。有些无性系叶片受害后变小，比正常叶短 1/2，窄 1/3~1/4，植株矮小。

病原　杨树花叶病毒属香石竹隐潜病毒组，病毒粒子为线状，弯曲，标准长度为 675nm。据报道，我国观察到的杨树花叶病毒，其粒子长 434~894nm，平均长 717nm，个别的可达 1000nm 以上；宽 12~14nm，个别的达到 17nm，各个国家观察到的花叶病毒粒子长度不尽相同：捷克为 200~1300nm，平均 626nm；英国为 679nm；德国为 620~700nm；荷兰为

735nm；意大利为655nm；加拿大为645nm。

发展规律　杨树花叶病毒病经人工接种可传染多种植物。不同杨树品种、无性系的感病程度也不同。高度感病的有I-63/51，I-69/55和I-72/51等，轻度感病的有沙兰杨、小美杨、健杨等，抗病的有群众杨、I-154、北京杨等。病害可通过枝接、根接及人为活动（修枝等）进行传播，昆虫能否传毒，尚待研究。花叶病毒病多发生于春季和秋季，夏季高温季节病害不显著；树木年龄不同发病状况也不同，一年生苗病害严重，大树则不显著。

防治方法　①培有抗病品种是防治此病的关键措施；②选用无病植株作繁殖材料；③清除病株，减少侵染源；④加强圃地检疫，禁止病插条或病株出圃。

2.2.14　油茶炭疽病

分布及危害　油茶疽病在南方各地油茶产区均有发生。受病落果率一般为20%左右，严重的达40%，为油茶生产中的重要问题。

症状　油茶炭疽病危害果、叶、枝、梢和花蕾等部位，以果实受害最严重。①果实：初期在果皮上出现褐色小斑，后扩大成黑色圆形的斑，有时数个病斑联合成不规则形，无明显边缘。后期病斑上出现轮生的小黑点，即病原的分生孢子盘。雨后或露水湿润，产生黏性粉红色的分生孢子堆。病害有时深达种仁内部，病果易落。②叶片：病斑多发生在叶缘或叶尖，半圆形成不规则形，中心灰白色，内轮生小黑点。③新梢：病斑多发生在病斑基部，少数发生在中部，椭圆或梭形，略下陷，边缘淡红色，后期病斑呈褐色，中部带灰色，有黑色小点及纵向裂纹。病斑环梢一周，梢部即枯死。④枝干：3年生的老枝及树干上病斑呈梭形溃疡状或不规则下陷，削去树皮，木质部呈黑色，经保湿，可产生大量的分生孢子。⑤花蕾：病斑多发生在基部鳞片上，呈不规则形，黑褐色成黄褐色，无明显边缘，也不隆起，病梗后期呈灰白色，上有黑点，病重时芽枯，蕾落。

病原　油茶炭疽病由半知菌亚门的盘长孢状刺盘孢（*Colletotrichum gloeosporioides* Penz.）侵染所致。

发展规律　病菌以菌丝体及分生孢子或子囊腔在蕾痕、病叶芽、病枝干或病叶上越冬，翌年春季温湿度适宜病菌生长时，产生分生孢子，传播到新梢及嫩叶，萌发后侵入危害。病菌侵入途径以伤口为主，也可以从自然孔口侵入，潜育期5~17d，形成病枯梢或病叶，再次侵染果实，形成病果，不断扩大侵染。病害发生和蔓延与温度关系密切，在温度适宜时，雨滴或风夹雨传播病菌最易发病。因此，初病期与早春气温雨量有关：春雨早发病则早，春雨多发病则重。气温在20℃左右开始发病，27~30℃时迅速上升。夏秋间的降雨次数和持续期与病害蔓延严重程度关系密切。湖南5月开始发病，

7~9月发病盛期。9~10月病菌危害花蕾。病果早脱落。病蕾多脱落。油茶不同物种、品种和类型抗炭疽病的程度不同。攸县油茶（*Camellia yunsienensis*）抗病，普通油茶（*C. oleifera*）感病。普通油茶中，寒露籽比霜降籽抗病。霜降籽以中紫球、紫桃、黄球、黄桃、红球、红桃和铁青等类型较抗病，油茶炭疽病的发生，丘陵地区较山区重，低丘地区比高丘地区重。阳坡较阴坡重，成林较幼林重。有些年年发病早而重，称为"历史病株"。

防治方法 油茶炭疽病的发病面积广，应以重病区为防治重点。①清除病原：对现有油茶林进行普查，发现历史病株应及时挖除烧毁，并补植丰产抗病植株。对重病区或轻病区的重病株应结合油茶林的垦复和修剪，清除病枝。病叶、枯梢、病蕾和病果。②选育良种：新发展的油茶林或老林更新，应选择丰产抗病的优良物种、品种和类型。湖南的攸县油茶、广西壮族自治区林业科学研究院从普通油茶中选出的岑溪软枝油茶，水兴县从普通油茶中选出的中苞（降）红球，以及普通油茶中的紫球、紫桃、黄球、黄桃、红球、红桃及铁青等类型，都较丰产抗病，应加以观察选择和推广。并应注意培育丰产抗病良种。③药剂防治：早春新梢生长后，喷1%波尔多液，6~9月，尤其是病果盛期，半月喷一次1%波尔多液或0.3°Bé石硫合剂或0.05%高锰酸钾，每亩喷75kg。另外，在发病前或初期用50%托布津可湿性粉剂500~800倍稀释液喷射，可防止病害蔓延。

2.2.15 油茶软腐病

分布及危害 软腐病在南方各油茶产区普遍发生，危害油茶树和苗，引起大量的落果和落叶。落果率常达30%，严重的达50%。

症状 主要在叶和果实上发病。①叶片：受害叶片初期产生圆形或半圆形水渍状病斑，阴雨天气病斑扩展为黄土色大斑，无明显边缘，病斑中叶肉腐烂，最后，只剩表皮，病叶易脱落。后期，在病斑上长出一个土黄色圆形纽扣状颗粒。②果实：病果初期同样出现水渍状圆形斑点，后扩展为土黄色或褐色圆斑，组织腐烂变软，上有土黄色纽扣状颗粒，天气干燥时，病果开裂脱落。

病原 由油茶伞座孢菌（*Agaricodochium camelliae* Liu et al.）侵染所致，分生孢子座伞状，宽28~643.5μm，高71~314μm，具一柄，能越冬和侵染寄主。后来，伞座变黑，上面形成一层分生孢子梗和分生孢子，梗为瓶梗，大小为10.5~28μm×3.1~4.2μm。分生孢子单胞，浅榄褐色，卵圆形，大小为2.5~3.8μm×1.8~3.5μm。

发展规律 叶片在3月下旬开始发病。4~5月的阴雨天气，病害蔓延迅速，6~8月发病严重，10月才逐渐停止。果实在6月开始发病，7~8月发病严重。病害在气温13℃．相对湿度85%以上开始发生。以气温15~25℃、相对湿度 95%~100% 时发病最重。若气温低于 10℃ 或高于 35℃，相对湿度小于 75% 时，发病轻或不发病。油茶林密度过大，通风透光不良，林内湿度增大，有利于软腐病的流行。苗圃地潮湿，排水不良和管理粗放的发病也重。

防治方法　①加强管理：生长过密的油茶林，要进行修枝，使林内通风透光；苗圃地应排水良好，并重点做好苗木软腐病的防治工作。②选择良种：对现有油茶林不同物种、品种、类型和单株抗软腐病的情况，应进行普查，发现丰产抗病良种，及时加以推广，并注意培育丰产抗病良种。③药剂防治：发病时期喷射 0.8% 波尔多液，也可喷 50% 托布津 400~600 倍稀释液或 70% 多菌灵 500 倍稀释液。

2.2.16　油茶叶肿病（饼病）

分布与危害　叶肿病又叫饼病，分布于云南、广东、广西、湖南、台湾、安徽、浙江等地油茶产区。在局部地区能造成较大危害。除油茶外，茶树、杜鹃、马醉木等植物上也发生类似病害。

症状　此病可以危害嫩叶、嫩梢、花及子房。病叶正面初生淡黄色近圆形水浸状病斑，后呈淡红色；病斑逐渐扩大变为黄褐色、下陷，而叶的背面隆起呈球状。病部都有一层白色的粉状物，即病菌的担子和担孢子。病部有时延及整张叶片，有的局部发病。病部比正常叶片厚一倍以上，多为薄壁组织。病部最后枯死。子房受害后肿大呈桃状，中空，大可至 5cm（湖南、贵州农民称之为茶泡），初为白色，后变黑色。

病原　引起油茶、茶、杜鹃等叶肿病的病原同属担子菌纲外担菌目的外担菌属（*Exobasidium*），种则因寄主不同而异，油茶叶肿病的病原为细丽外担菌 [*E.gracile*（Shirai）Syd.]。担子球状，无色，担孢子椭圆形或倒卵形、单胞、无色，有时生 1~4 隔膜。

发展规律　病菌在受病组织中越冬，担孢子借风流传播，潜育期约 7~17d、病害每年发生两次，第一次在春末夏初，第二次在秋末，而以春季的 1 次为主，春季潮湿多雨、林分过密阴湿易于发病，茶园氮肥施用过多也易发病。

防治方法　及早摘除病叶病果，减少侵染来源；在重病区可于每年发新叶试用化学药物防治。

2.2.17　油桐黑斑病

分布及危害　油桐黑斑病在四川东部，湖南西部、贵州东部、湖北西部的油桐林内普遍而严重发生，引起落叶落果，造成油桐减产。

症状　油桐黑斑病发生在叶片，叶柄和果实上。病叶初期出现褐色小点，然后逐渐扩大成圆斑或因受叶脉的限制而成多角形的病斑，所以也称角

斑病。多数病斑可以相互联合成大块斑。后期病斑周缘产生黄化圈。严重时全叶枯死，叶正面的病斑紫褐色至黑褐色，叶背面的病斑烟褐色，并产生灰黑色的霉状物，即病菌的分生孢子梗束和分生孢子。果实上病部初期为淡褐色圆斑，病斑逐渐扩大，纵向扩展较快，形成椭圆形黑褐色大块硬疤，质地坚硬，后期出现黑色小点，即病原菌的子实体。病斑稍下陷，状似伤疤，所以也称果实黑疤病。在葡萄桐上也可危害苗木的主干和幼树的枝干，形成黑色棱形病斑。果实黑疤病能引起严重的枯果和落果（见彩图 2-2-18）。

病原　黑斑病由油桐尾孢菌（*Cercospora aleuritidis* Migake）侵染所致。子座直径 20~47μm，分生孢子梗 5~37 根成一束，常曲膝状弯曲，宽度近等粗有时分枝，直或稍弯曲，有时近曲折状，橄榄褐色，有 2~3 个隔膜，4~6μm×33~63μm，孢痕不明显，分生孢子初为圆柱形，后为倒棍棒形至圆柱形，基部四锥形至平截，偶尔节状状，通常直或稍弯曲，有 6~11 个不明显的隔膜，淡橄榄色，4~5.4μm×71~114μm。有性型为子囊菌亚门的油桐球腔菌［*Mycosphaerella aleuritidis*（Miyake）Ou］，子囊壳聚生在病叶角斑上，黑色，球形，直径 60~1004μm，成熟时有乳头状突起。子囊成束，圆柱至棍棒形，无侧丝，子囊孢子在子囊内成双行排列，有两个细胞，上部细胞稍大，2.5~3.2μm×9~15μm。

发展规律　子囊孢子借气流传播侵染新叶，5~6 月出现病斑，产生分生孢子梗束和分生孢子，以分生孢子进行多次再侵染，并危害果实及嫩枝，形成黑疤。

防治方法　①清除病原，冬春抚育桐林时，将病落叶和病落果埋于土中，减少病害的初次侵染来源。②抚育管理，幼龄桐林每年要进行 1~2 次抚有，成龄桐林每年要松土除草和埋青施肥。③喷药保护，发病前，喷 1% 波尔多液，每 7~15d 喷 1 次，共 2~3 次。结合喷药保护，可用 1% 过磷酸钙或 0.2% 氯化钙等进行根外追肥。

2.2.18　油桐炭疽病

分布与危害　油桐炭疽病主要危害千年桐（*Aleurites montana*）的叶和果实，引起早期落叶和落果，病害在广西、广东、四川、湖南和福建等地均有发生。

症状　病叶初生红褐色小斑点，后扩大成近圆形或不规则的斑块，严重时在主侧脉间形成条斑，使病叶红褐枯焦，皱缩蜷曲，引起大量落叶。病斑后期有明显的边缘，由红褐转灰褐至黑褐色。典型的病斑内有轮状排列的黑色粒状物，是病菌的分生孢子盘。病叶经保湿培养，能产生具黏性的粉红色的分生孢子堆。叶柄发病，出现梭形或不规则的黑褐色病斑，病斑若发生在叶柄和叶片交界处，叶片更易枯萎脱落。果实发病后，出现椭圆形，条状或不规则斑块，病斑初为黄色软腐状，失水后变成黑褐色的大块枯斑，病斑中部稍凹陷，果实易脱落。病斑后期，产生许多黑色粒状子实体。

病原 由油桐毛盘孢菌（*Colletotrichum gloeosporioides*）侵染所致。其有性型为围小丛壳菌［*Glomerella cingulate*（Stonem）Schr. et Spauld］。

发病规律 病菌在病斑上越冬，温度在18~28℃，相对湿度在74%以上，利于病害发生，在湖南，7月中旬当温度达28℃、相对湿度为83%时，病害发生第一次高峰；10月中旬，温度在18℃、相对湿度80%时，病害出现第二次高峰；广西、广东和福建，营造大面积千年桐纯林，是油桐炭疽病发生的重要原因。

防治方法 ①造混交林：千年桐应与别种树混交，避免营造千年桐纯林。②清楚病原：冬季结合抚育，将病落叶和病落果埋于土中或集中烧毁，以减少侵染源。③药剂防治，发病初期，在雨后或早露未干时，撒3:2或2:2的草木灰和石灰粉，也可喷70%托布津500倍稀释液。

2.2.19 柿树角斑病

分布与危害 柿树角斑病是柿树及君迁子的主要病害之一。分布于江苏、河南、山东、河北、湖北、湖南、四川、广西、广东等地。该病发生严重时，常引起苗木和大树的早期落叶和落果。受害轻者果子不脱落，但易变软，不能加工成柿饼，故在柿产区常造成很大的损失。

症状 该病多危害叶片及果蒂。病斑在叶面上由于叶脉的阻隔呈多角形，中央散生许多黑色小点，为病原菌的分生孢子堆，病斑多时往往连接在一起，形成大型病斑，有时甚至半个叶片密布病斑，引起枯焦和早落。叶背病斑的颜色较叶面稍浅。果蒂上的病斑无一定形状，多近圆形，深褐色至黑色，大小不一，一般自蒂的尖端向下面扩展，病斑上生黑色微粒。叶片早期脱落的结果使枝条生长不充分，容易遭受冻害而枯死，或引起其他生理性病害（见彩图2-2-19，彩图2-2-20）。

病原 该病为半知菌类-丛梗孢目的柿尾孢菌（*Cercospora kaki* Ell. et Fr.）所致。分生孢子梗生于近球形的子座上，子座大小为75~100μm×60μm，淡褐色；分生孢子梗短杆状不分枝，稍弯曲，尖端稍细、不分隔、淡褐色，大小15~27μm×45μm；分生孢子棍棒状，直或稍弯曲、基部较宽、上端较细、无色或淡黄色、有0~8个分隔，大小为15~77.5μm×2.5~5μm（图2-2-21）。

发展规律 病原菌以菌丝在病叶或残存在枝上的病蒂及柿痕上越冬，翌年条件适宜时，于6、7月产生新的分生孢子，进行初次侵染。8月中、下旬为发病盛期，直到9月分生孢子还能陆续产生。先年遗留的病蒂是主要的侵染来源和传播中心。病原菌也可以分生孢子越冬，并进行初次侵染。菌丝

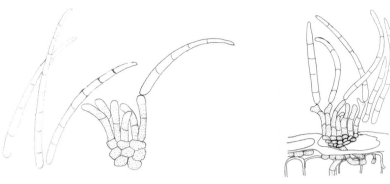

图 2-2-21-1　柿尾孢菌 Cercospora kaki　　图 2-2-21-2　尾孢属（Cercospora sp.）

在病蒂中可存活 2~3 年以上。病蒂上的菌丝产生的分生孢子借风、雨传播，溅落到叶片上，萌发后从气孔侵入，潜育期 1 个月左右。病菌发育的最适温度为 30℃左右，最低为 10℃，最高为 40℃。当年病叶或果蒂上的病斑不断产生分生孢子，可对寄主进行再次侵染。

该病在山东、河北等地于 8 月开始发病，至 9 月便造成大量落叶。随后相继落果。柿子角斑病的发病与湿度关系最密切，夏季多雨，空气潮湿，病害最易流行。雨季的迟早和雨量的多少直接关系着落叶的早晚。抚育管理不及时、缺少肥料、营养不良的树易感病。此外，柿叶的老熟程度不同受侵染的程度也不同，一般幼叶不易受侵而老叶容易受侵。

防治方法　①秋、冬季节或春季发芽前清除树上残留的病蒂和落叶，可大大减少侵染源；②于 6 月中旬每隔两周喷一次石灰多量式波尔多液，1∶1000~2000 倍多菌灵可湿性粉，50% 甲基托布津可湿性粉 1∶500 倍；50% 灭菌丹可湿性粉 1∶500 倍均可收到良好的效果。

2.2.20　核桃细菌性黑斑病

分布及危害　该病群众又称为核桃黑。河北、山西、山东、江苏等核桃产区均有发生。据山西左权等地调查，一般被害株率可达 60%~100%，果实被害率达 30%~70%，重者 90% 以上，核仁减重可达 40%~50%，被害核桃仁的出油率减少近一半。此病的发生往往与核桃举肢蛾的危害有关，因此更成了核桃生产上的重要威胁。

症状　病害发生在叶、新梢及果实上。首先在叶脉出现圆形及多角形的小褐斑（见彩图 2-2-22），严重时能相互愈合，其后在叶片各部及叶柄上也出现这样的病斑。在较嫩的叶上病斑往往呈褐色。多角形；在较老的叶上病斑往往呈圆形，直径 1mm 左右，边缘褐色，中央灰褐色，有时外围有一黄色晕圈，中央灰褐色部分有时脱落，形成穿孔。枝梢上病斑长形，褐色，稍凹陷，严重时因病斑扩展包围枝条而使上段枯死。果实受害后，起初在果表呈现小而微隆起的褐色软斑，以后迅速扩大，并渐下陷，变黑，外围有一水渍状晕纹。腐烂严重时可达核仁，使核壳、核仁变黑。老果受侵时只达外果皮

病原 此病由细菌 *Xanthomonas juglandis*（Pierce）Dowson. 所致。菌体短棒状，1.3~3μm×0.3~0.5μm。一端有鞭毛。在 PDA 培养基上菌落初呈白色，渐呈草黄色，最后呈橘黄色，圆形。细菌能极慢地液化明胶，在葡萄糖、蔗糖及乳糖中不产酸，也不产气。

发展规律 细菌在受病枝条或茎的老溃疡病斑内越冬。翌年春天借雨水的作用传播到叶上，并由叶上再传播到果上。由于细菌能侵入花粉，所以花粉也可以成为病原的传播媒介。

细菌从皮孔和各种伤口侵入。核桃举肢蛾造成的伤口，日灼伤及雹伤都是该种细菌侵入的途径。另外，昆虫也可能成为细菌的传播者。发病与雨水关系密切，雨后病害常迅速蔓延。一般来说，核桃最易感病的时期是在展叶及开花期，以后寄主抗病力逐渐增强。在北京地区的病害盛发期是 7 月下旬至 8 月中旬。这是因为北京前期干旱，所以虽然核桃植株本身易感病，但雨水缺乏，不利于发病。相反，7、8 月虽然此时核桃本身抗病性增强了，但因适逢雨季，而且举肢蛾危害、日灼、雹伤等又给病菌侵入创造了有利的条件，所以病害反而严重起来。细菌侵染幼果的适温为 5~27℃，侵染叶片的适温为 4~30℃，潜育期在果实上为 5~34d；叶片上为 8~18d。

防治方法 ①消除病叶、病果，注意林地卫生。核桃收采后脱下的果皮应予处理。病枝梢应结合抚育管理或采收时予以去除。②目前采收核桃季节普遍提早，而且采收方法主要用竹竿或棍棒击落，这样不但伤树，而且造成伤口，应该改进。③加强管理，增强树势，提高抗病力。④治虫防病，对防治该病很重要。用 1∶0.5∶200 的波尔多液喷药保护具有一定效果。国外用链霉素或链霉素加 2% 硫酸铜防治此病均有良好效果。⑤选育抗病品种。在选育中不但要注意选育抗病强的品种，而且也要注意选抗虫性强的品种，同时也应充分利用品种的避病性，近几年北京地区推广核桃楸嫁接核桃。据初步调查，所嫁接的核桃比一般核桃的病害要轻。值得进一步研究。

2.2.21 阔叶树漆斑病（黑痣病）

分布及危害 漆斑病又称黑痣病，是槭属（Acer）植物上常见的病害，几乎危害槭属的各树种。有时也发生在榆、柳、栾、小檗等树种上。该病普遍分布于全国各地。一般不引起很大损失。

症状 受病叶片于夏、秋之间出现淡黄色圆形斑点，不久在病斑中央部分形成突出、有光泽的漆黑斑点，好似黑漆覆盖在黄斑表面，仅留有一圈黄色的周边。因寄主与病原菌种类不同，症状也有一定的差异。圆形病

斑的直径从 2~13mm 不等，有时由数个小病斑聚成一个大病斑，其形状仍近于圆形。槭类漆斑病到秋末槭叶变红时，病斑周围仍保持绿色。

病原　此病主要是由子囊菌纲盘菌类斑痣菌属（*Rhytisma*）和裂盾菌属（*Schizothyrium*）的真菌所致，常见的种为：*R. acerinum*（Pers）Fr. 在五角枫等槭树上形成大型黑痣状病斑，直径 6~13cm，子囊孢子线状。*R. punctatum*（Pers）Fr. 寄生在多种槭树上，病斑小，由数个小斑相聚而成（有时小斑散生）。每小斑直径 2~3cm。*R. salicinum*（Pers）Fr. 寄生在柳树上。*Schizothyrium annuliforme* Syd et Butl. 危害三角枫，病斑与由 *R. punctatum* 所致者类似，由 10 多个小黑斑聚成一个大型圆斑，但子囊孢子为椭圆形。

发展规律　一般情况下子囊孢子于 5、6 月开始成熟，萌发后多从气孔侵入，菌丝在表皮组织内蔓延，由于它破坏了表皮细胞靠在上面的细胞壁，故受害叶发生黄色病斑。随后菌丝与寄主表皮紧密纠结，形成黑色具有光泽的盾状子座，覆盖于病斑上呈黑漆状。子囊盘于子座中形成并越冬，翌年春季产生子囊。此类病菌的无性世代在侵染上作用不大。降雨多、湿度大的年份病害发生较为普遍。

防治方法　一般不需防治。必要时可于秋、冬季收集病、落叶烧毁。在苗圃中，可于 4、5 月子囊孢子开始成熟、分散之前，喷射 1∶1∶160~200 倍波尔多液；或 70% 可湿性福美特 1000~1600 倍；另外，可考虑试用 50% 多菌灵可湿性粉剂 1∶1000 倍；65% 代森锌可湿性粉剂 1∶500 倍。

2.2.22　枣锈病

分布及危害　我国产枣区如山东、河南、河北、安徽、江苏、浙江、湖北等地都很普遍。在山东乐陵、河南省安阳市内黄县等地发病非常严重，常因此病大量减产，有的年份甚至绝产。

症状　枣锈病仅危害叶片，受害叶片背面起初散生或聚生凸起的黄褐色小疱，即病菌的夏孢子堆。夏孢子堆形状不规则，直径 0.2~1mm，大多数生于中脉两旁、叶尖和基部，密集在叶脉两旁者有时连成条状。夏孢子堆起初生表皮下，后表皮破裂散出黄粉，即夏孢子。叶片正面对着夏孢子堆的地方，有时出现边缘不规则的绿灰色小点，后变成黄褐色角斑。叶片严重受害时变黄早落，只留下未成熟的小枣挂在树上，以后失水皱缩。叶片早落不仅影响当年枣的产量，而且影响生长及翌年的产量，病害多由树冠下部逐渐向上发展。

病原　此病由担子菌纲锈菌目栅锈科的枣层锈菌［*Phakopsora zizyphivulgaris*（P. Henn.）Diet.］引起。夏孢子球形或椭圆形，黄色至淡黄色，表面生短刺，单细胞，大小为 14~20μm×12~20μm。冬孢子堆在树叶脱落前后产生，或于翌年春在落叶上产生。冬孢子堆较夏孢子堆小，近圆形或不规则形，直径 0.2~0.5mm，稍凸起，但不突破表皮，呈黑色。冬孢子长椭圆形或多角形，单细胞，光滑，顶部有厚膜，大小为 8~20μm×6~20μm，孢子堆内排列有数层冬孢子。

发展规律 此病在华北地区的越冬方式和侵染循环不明确。在山东、河南、河北等地每年大约 7 月开始发病，8 月下旬开始落叶。8~10 月，空中夏孢子的数量很多，再侵染不断进行。若 7~8 月多雨、高温则病害严重。地势低洼、间种高秆作物的枣林病种，反之，地势高、通风好的枣林则发病轻。枣树中如内黄的扁核酸（安阳大枣）、新郑的灰枣、鸡心枣等都不抗病，内黄的核桃纹受害较轻。

防治方法 7 月上旬至 8 月上旬喷 1∶1.5∶160 或 1∶3∶320 倍波尔多液 1~2 次，以保护新叶，可减轻病害。应研究清除初侵染的办法。

2.2.23 月季锈病

分布及危害 我国盛产月季，在国际市场上享有很高的声誉。但在我国蔷薇和月季产区都普遍发生锈病。受害植株叶片早落，生长不良，不但影响观赏，而且影响花的产量。

症状 主要危害叶片，但枝、果、芽也能受侵。受病叶片正面生有不显著的性孢子器。叶片背面或叶炳上生有橘色锈孢子堆。以后则在叶背面散生有橘黄色夏孢子堆；后期于叶背出现黑色的冬孢子堆。冬孢子堆初为橘红色，后成深棕红色，最后为黑色。

病原 引起蔷薇和月季锈病的都是单主寄生锈菌，各种孢子均产生于蔷薇或月季上。引起蔷薇锈病的是蔷薇多胞锈菌（*Phragmidium rasae-multiforae* Diet）；引起月季锈病的是月季多胞锈菌 [*P. mucronatum*（Pers）schlecht]。这两种锈菌在形态及发育上很近似。蔷薇多胞锈菌的锈孢子堆橘色，生于叶背者为圆形，宽 0.3~0.6mm，生于叶柄和主脉上者为长形，达 1cm 以上。锈孢子近球形或椭圆形。夏孢子堆散生，橘黄色，夏孢子近球形，罕倒卵形，有疣，黄色，侧丝多，常内曲，无色，圆柱形。冬孢子堆散生或群生，黑色，冬孢子圆柱形，有 4~9 横隔，暗褐色，密生微细小疣，顶端有黄色的乳头状突起，柄长，上部黄褐色，下部无色并膨大。

发展规律 病菌除以菌丝在病斑处越冬外，也能以夏孢子和冬孢子越冬。翌年冬孢子萌发产生担孢子，侵入植株而形成性孢子器和锈孢子器。锈孢子萌发最适温度为 10~21℃。夏孢子在 9~25℃时发芽率较高。当温度在 27℃以上时，包子的萌发率及侵染力显著下降，特别是夏季的高温能直接促进夏孢子的死亡，高温高湿孢子死亡更快。冬季温度过低也能促进冬孢子的死亡。因此，在冬季长而冷的地区和夏季温度较高的地区，一般病害不太严重。相反，气候四季温暖，多雨或多雾的地区及年份病害严重，夏孢子也可以终年存活，并成为主要的侵染源。

防治方法 ①结合清理庭院或花圃地以及修剪等措施,清除病枝、病叶,减少侵染源;②适当施钾镁肥料,在非碱性土壤上适量使用石灰,增加植物的抗病力;③用 0.5°~0.8°Bé 石硫合剂或 800 倍多菌灵于春季至秋季喷洒植株,约 10d 左右 1 次。在大面积清除病叶困难地区,也可于秋末或冬季喷 2°Bé 石硫合剂铲除病菌。

2.2.24 阔叶树白粉病

分布及危害 白粉病是一类遍于世界各地的病害,很多阔叶树种都能发生此种病害。橡胶树白粉病是橡胶生产上的一个重大威胁;果树的白粉病往往引起减产和苗木死亡。桑树白粉病是养蚕业的一个重要威胁。秋天,北京香山红叶,主要是观赏黄栌,但近年来由于白粉病的严重发生,黄栌叶早落或叶片为白粉所覆盖,红叶不红,成为一个亟待解决的问题。白粉病不见于针叶树种。白粉病种类很多,但各种白粉病无论在症状、危害方式、发生发展规律以及防治方法上都有许多共同点,故作一类病害叙述。

症状 白粉病最明显的症状是在叶面或叶背及嫩枝表面形成白色粉末状物(菌丝及粉孢子)。后期于白色粉层上产生初为黄白色,渐变黄褐色,最后成为黑色的大小不等的小点。此为病菌的闭囊壳。叶片上病斑不太明显,呈黄白色斑块状,严重受害时卷曲枯焦。枝条受害严重时可以扭曲变形,甚至枯死。不同的白粉病在症状上也有些差异。如桑树白粉病的白粉层主要在叶背面。黄栌白粉病的白粉层主要在叶正面。臭椿白粉病斑上的小黑点(闭囊壳)大而明显;核桃白粉病斑的黑点小而不明显,而且白粉层也不明显。橡胶白粉病的白粉层上则无小黑点形成。榆树白粉病的白粉层很不明显,紫丁香白粉病的粉层呈灰尘状,锦鸡儿白粉病的白粉层白而多,而且成片(见彩图 2-2-23~彩图 2-2-26)。

病原 引起白粉病的真菌都属于子囊菌白粉菌目。它们是一类专性寄生的真菌,而且专化性很强。树木上常见的白粉病及其病原如表 2-2-1。白粉菌的菌丝体多数生于寄主表面,分生孢子单生或串生,大多说成白色粉末状或毛毡状。闭囊壳黑色,球形,上生丝状、钩状或球针状等各种形状的附属丝。子囊孢子单细胞椭圆形。菌丝依靠吸器自寄生细胞吸收营养。常见的 *Phyllactinia corylea* 分生孢子单生,形成于梗之顶端,近倒卵形,大小为 5~12μm×8~12μm。闭囊壳黑褐色,球形,直径为 140~270μm,罕为 350μm。闭囊壳外生 5~18 跟球针状附属丝。闭囊壳内有近圆筒形至长卵圆形的子囊 5~45 个,大小为 60~105μm×25~40μm,子囊具略有弯曲的柄。子囊孢子 2 个,少有 3 个。大小为 25~45μm×15~25μm,呈椭圆形。近年来,随着分类的细致深入,已将该种划分为若干个种(图 2-2-27,图 2-2-28)。

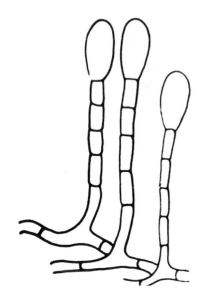
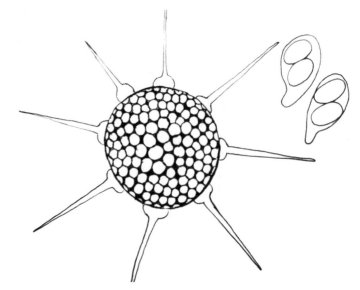

图 2-2-27　粉孢属（*Oidium* sp.）　　图 2-2-28　球针壳属（*Phyllactinia* sp.）

表 2-2-1　树木常见的白粉病及其病原

序号	病原菌学名	寄主
1	*Phyllactinia corylea*（Pers.）Karst.*	枫杨、桐、梓、朴、柳、核桃、赤杨、小叶杨、大青杨、桦、榆、桑、板栗、橡、梨、白蜡、毛赤松、鹅耳枥、柿
2	*U. cinula salicis*（DC.）Wint.	河柳、河杨、响叶杨
3	*U. nankeninsis* Tai	三角枫
4	*U. clandestina*（Biv.）sch.	白榆
5	*U. fraxinii* Miyabe	白蜡、水曲柳
6	*U. clintoni* Peck	朴树
7	*U. kenjiana* Homma	榆
8	*U. delavayi* Pat.	臭椿
9	*U. mori* Miyabe	桑
10	*U. verniciferae* P. Henn	黄栌
11	*Erysiphe poligoni* DC.	槲树
12	*Microsphaera alni*（Wallr.）Salm	槲、麻栎、枹、蒙古栎、栗、锥栗、榆
13	*Podosphaera leucotricha*（Ell. et. Ev.）Salm	苹果、山荆子
14	*P. tridactyla*（Wallr.）de Bary	山桃、桃、李、樱桃
15	*Oidium heveae* Steinm.	橡胶

注：余永年（1987）在《中国真菌志》（第一卷）白粉菌目中，将此种划分为32个种，寄生在多种阔叶树上。

发展规律　大多数白粉病的初侵染来源于越冬后由闭囊壳所释放的子囊孢子。子囊孢子靠气流传播进行初侵染。在热带地区，病菌的分生孢子事实上是终年起作用的，如橡胶白粉病分生孢子可终年进行侵染。蔷薇白粉病（*Sphaerotheca pannosa*）、杏树白粉病（*Podosphaera tridactyla*）等虽每年形成闭囊壳，但在越冬和侵染上作用较小，这些菌显然是以菌丝状态在寄主的休眠芽内越冬的，所以当芽开放时，在所有被侵染的芽上就满布白粉层。

病菌分生孢子可进行再侵染。由于分生孢子侵染后一般在适宜的条件下只需几天的潜育期，而且成熟的分生孢子可在几小时内萌发，所以一年中再侵染的次数可以很多。

除球针壳属的白粉菌需由气孔侵入植物外，大多数白粉菌都可由植物体表面的角质层直接侵入。试验证明，寄主细胞膨压降低有利于某些白粉菌的侵入。

温暖而干燥的气候条件往往有利于病害的发展。低氮、高钾以及硼、硅、铜、锰等微量元素对病害有减轻作用。相反，高氮低钾以及促进植物生长柔嫩的土壤条件则有利于发病。植株受食叶害虫为害后，夏末秋初形成的新叶最易受害。据研究，橡树在受天社蛾为害之后，白粉病往往严重发生。

防治方法　①发病严重地区应做到及时、连续数年清除病枝、病叶。②合理施肥、灌溉，特别要注意是肥料三要素的合理配合，以防止苗木贪青徒长。③做好预测预报及时进行药剂防治。橡胶白粉病的测报工作为及时有效地控制病害发生起了重要作用。目前常用的药剂有石硫合剂、福美砷、灭菌丹、二消散、敌克松及退菌特、粉锈宁等都有防治效果。④选育抗病品种，在防治橡胶白粉病工作中已有成效。⑤使用施腐熟粪汁喷叶具有追肥灭菌的作用。

2.2.25　梭梭白粉病

分布及危害　梭梭是固沙造林改造沙漠的优良树种，主要分布于内蒙古、甘肃、宁夏和新疆等地。梭梭白粉病是梭梭的重要病害之一，最严重的病例是新疆维吾尔自治区精河县沙泉子村治沙站，1年生幼苗发病率为93%，梭梭林的发病率为96%~100%。

症状　梭梭叶退化白粉病发生在具光合作用的绿色枝条上。开始一段段的变成淡黄色、淡黄绿色，水肿，2~3d后在变色的病斑上出现稀疏的粉霉，白粉越长越厚，最后成毡状。当白粉层长成毡状时，在白粉层中出现淡黄色至淡黄褐色的小圆球，密集，埋于菌丝体中。发病轻时，仅仅是一节节的绿枝被白粉覆盖，发病严重时，全枝被白粉所覆盖，甚至引起枝条枯死。

病原　病原菌是猪毛菜内丝白粉菌［*Leveillula saxaouli*（Sorok）Golov］。

分生孢子阶段属拟粉孢属（*Oidiopsis*），分生孢子单顶生。初生分生孢子圆柱形，两端多有一环带状膨大，顶端渐尖，呈锥形，基部渐尖后截平，大小33~60μm×16~24μm；次生分生孢子圆柱形。每一闭囊壳内有子囊10~19个；子囊倒卵形、长椭圆形；子囊大小100~139μm×45~57μm；每一个子囊内有子囊孢子2个，子囊孢子椭圆形、圆形，大小17~48μm×13~33μm。

发展规律 本病以闭囊壳在病枝上越冬。根据调查，凡生在沙丘链后面的低洼较阴湿地方的梭梭林发病率高，而生长在沙丘顶、半固定性沙丘等地方的梭梭林发病率低。此外，白粉病的发病轻重与沙鼠为害成正比，沙鼠为害重的地区白粉病发病率也高，这可能由于沙鼠咬断了枝条，引起不定芽萌发，树枝多而密，适于病菌侵染的关系。

防治方法 梭梭白粉病在生产中很少防治。在新疆维吾尔自治区精河县沙泉子村治沙站曾作小面积防治试验，结果表明，用硫黄粉喷撒效果很好。此外，在试验中曾发现，每次大风之后，迎风枝条上的白粉都消失了。这可能是大风经过艾比湖后，把沿湖的硝土和盐刮起来，落在病枝上所致，曾用盐水、硝土做过试验，效果一样好，但沙区无水，用液体农药是困难的。

2.2.26 紫薇白粉病

分布及危害 紫薇是我国栽培的主要木本花卉之一，分布于华东、华中、华南及西南各地。紫薇白粉病是我国紫薇栽培区普遍分布的一种病害，在适宜的环境条件下常严重发生，影响紫薇正常生长和观赏价值。

症状 紫薇白粉病主要危害幼嫩组织。发病时，感病芽和嫩梢一般密被白粉、褪色、皱缩，影响展叶。叶片感病后，初期在两面（叶背较多）形成白色霉层和不规则褪色斑，随着病情的发展，病斑日益明显，逐渐扩大，严重感病的叶片皱缩，并提早脱落，花蕾也极易感病，初期在表面出现白色粉状霉层和轻微褪色斑，后期严重时可以整个花蕾被白粉所布满，致使不能正常开花。花期感病则在粉红色花瓣上出现白粉和不规则褪色斑，严重感病的萎蔫状，并提早脱落。

病原 此病由子囊菌亚门的南方小钩丝壳 [*Uncinuliella australiana*（Mc Alp.）Zheng et Chen]（=*Uncinula australiana* Mc Alp.）所致。通常只见其无性。菌丝无色、有隔膜，成直角或近直角分枝。菌丝细胞上常有单个或成对的附着胞。分生孢子梗棍棒状、3细胞，大小为64.5~81.4μm×6.4~9.2μm。分生孢子单个地形成于分生孢子梗顶端，成熟后随即脱落，卵形至椭圆形，大小为31.0~39.7μm×12.4~17.4μm。

发展规律 在昆明地区，每年3月中下旬，紫薇休眠芽开始萌动，芽

鳞中潜伏的白粉菌的菌丝体也随之开始活动，3月下旬至4月上旬，萌动的休眠芽上开始出现有白色粉状霉层，侵染新抽出的嫩叶，同时产生大量分生孢子，病情迅速发展。7月下旬，病害发展进入高峰期，9月下旬至10月下旬，紫薇叶片开始衰老，脱落，病情停止发展。12月中旬左右落叶完毕，白粉菌进入休眠阶段，以菌丝体在落叶上越冬。

以往的研究认为，紫薇白粉病的发生发展与紫薇幼嫩组织的出现和数量相一致，而与温度、湿度的关系并不十分明显。温度、湿度是通过对寄主物候的影响而间接作用于病情的。

紫薇白粉菌上重寄生现象较为常见，已发现两种真菌寄生在紫薇白粉菌的菌丝体和分生孢子上。一种是白粉寄生菌（*Cicinnobolus cesatii* de Bary）；另一种是拟青霉属真菌（*Paecilomyces* sp.）。二者都属于半知菌类。这两种白粉菌上的寄生菌对紫薇白粉病发生发展的影响，还有待进一步研究。

防治方法　紫薇白粉病的发生，特别是发生在花蕾和花期，对它的观赏价值有较大影响；但由于染病花蕾和花不久就自行脱落，对树木生长发育危害不太严重，因此生产上一般不采取防治措施。为了减少白粉病的发生，栽培上应注意将紫薇栽植在阳光充足、通风良好的地方。

在苗圃内，必要时可以进行药剂防治，以保护幼苗的健康成长。在病害开始出现时，可以喷撒硫黄粉、石硫合剂、脱布津或退菌特等药剂，以后每隔1~2周喷药1次，喷药次数的多少根据病情决定。

2.2.27　煤污病

分布及危害　这是一类及其普遍的病害，发生在多种木本植物的幼苗和大树上。主要危害叶片，有时也为害枝干。严重时叶片和嫩枝表面布满黑色烟煤状物，因而妨碍林木正常的光合作用，影响健康生长。对柑橘、油茶等的结实也有很大的影响。油茶煤污病在浙江、安徽、湖南、江西、广东、四川等油茶产区普遍发生，有时造成严重损失。

症状　该病的主要特征是在叶和嫩枝上形成黑色霉层，有如煤烟。在油茶上，起初叶面上出现蜜汁黏滴，渐形成圆形黑色霉点，有的沿叶片的主脉产生，后渐增多，使叶面形成覆盖紧密地煤烟层，严重时可引起植株逐渐枯萎（见彩图2-2-29，彩图2-2-30）。

病原　引起煤污病的病菌种类不一，有的甚至在同一种植物上能找到第二种以上真菌。但它们主要是生于子囊菌纲的真菌。常见的有柑橘煤炱病（*Capnodium citri*）、茶煤炱病（*C. theae*）、柳煤炱病（*C. salicinum*）、山茶小煤炱（*Meliola camelliae*）（图2-2-31）和巴特勒小煤炱（*M. butleri*）等。煤污病菌多以无性型出现在病部。因菌种不同，其无性型分属于半知菌不同的属；其中烟煤属（*Fumago*）较为常见。

图 2-2-31　小煤炱属（*Meliola* sp.）

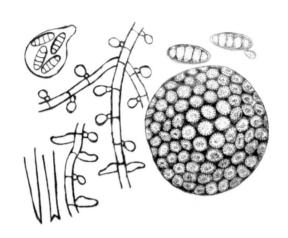

发展方法　煤污病菌的菌丝，分生孢子和子囊孢子都能越冬，成为下一年初侵染的来源。当叶、枝的表面有灰尘、蚜虫蜜露、介壳虫分泌物或植物渗出物时，分生孢子和子囊孢子就可在上面生长发育。菌丝和分生孢子可借气流、昆虫转播，进行重复侵染。如根据浙江调查油茶煤污病，病菌可以子囊壳越冬，但一般可直接以菌丝在病叶上越冬。病害每年3月上旬至6月下旬，9月下旬至11月下旬为两次发病盛期，病害可以节状菌丝体传播，某些昆虫，如绵介壳虫可以传带病菌。

病害与湿度关系较密切，一般湿度大，发病重。油茶煤污病在平均温度13℃左右，并有雾或露水时蔓延较快。南方丘陵地区的山坞日照短、阴湿，发病往往很重。暴雨对于煤污菌有冲洗作用，能减轻病害。

昆虫，如介壳虫、蚜虫、木虱等为害严重时，煤污病的发生也严重。有些植物，如黄波罗等云香科植物的外渗物质多，病害也较严重。

防治方法　①由于不通风、闷湿的条件有利于发病，因此成林后要及时修枝、间伐透光。②由于煤污病的发生与蚜虫、介壳虫、木虱等的为害有密切关系，防治了这些害虫，绝大多数的煤污病就可得到防治。③浙江群众用黄泥水喷洒叶面防治油茶煤污病，湖南群众用山苍子叶和果原汁加水20倍喷洒油茶，防治煤污病都有一定效果。

2.2.28　云南油杉叶锈病

分布及危害　云南、西藏各地都有发生。

症状　夏季当年抽生的新梢有部分叶片呈现淡黄色段斑，病症为段斑叶背生出橘红色舌状物，头年未脱落的病叶老病斑上还可以长出新的舌状物（见彩图2-2-32），连绵阴雨天后舌状物渐变黑，萎缩，脱落，大多数病叶也提早落叶。

病原　担子菌亚门冬孢纲锈菌目无柄锈科金锈属的油杉金锈菌［*Chrysomyxa keteleeriae*（Tai）Wang. et Pelerson.］，异名油杉柱锈菌（*Cronartium keteleeriae*

Tai.)。冬孢子堆扁平柱状，直立或稍弯曲，散生或聚生（一叶上有冬孢子堆 3~23 个），高 1.5~4（~6）mm，宽 0.2~1.5mm，厚约 1mm。鲜时橙黄色或橘红色，软，干后变硬退色。冬孢子柱无包被，无细胞组织的座垫，横向 40~100 个冬孢子组成，纵向超过 100 个冬孢子，切向 5~10 个。冬孢子纵向链状连接成长链。冬孢子纺锤形，无柄，大小 19.5~35μm×9~15μm（图 2-2-33）。

防治方法　云南油杉叶锈病多发生在幼林、幼苗和伐桩的萌枝上，尤其是在比较阴凉潮湿或雾大的地带。如及时将所见叶锈病的叶片一次性修剪了，翌年不再发病。即使不修剪病叶，当年的冬孢子柱也会自己脱落，翌年虽发病，几乎没有必要防治，必要时可采集病叶烧毁或喷洒杀菌剂。

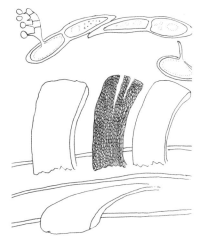

图 2-2-33　油杉金锈菌（*Chrysomyxa keteleeriae*）

2.2.29　阔叶树瘿螨害

分布及危害　阔叶树瘿螨害又称阔叶树毛毡病，在我国各地都有发生。危害槭树、杨树、柳树、沙柳、漆树、苦槠、椴树、枫杨、赤杨、青冈栎、荔枝、龙眼、柑橘、胡桃、梨树等林木及果树叶片。为害植株叶片变形、并形成毛毡状物或疱状物，影响光合作用，使生长衰弱，产量降低。灵武市白芨滩防沙林场（现宁夏回族自治区宁夏灵武白芨滩国家级自然保护区）栽植的沙柳，1982 年调查有 50% 的植株受瘿螨为害，个别片林达 90% 以上。贵州在 14 个漆树栽培地调查表明有 59% 的栽培区受瘿螨害，因受害而死亡的树达 10.7%。在苗圃中漆苗感染率达 84.3%，死亡率达 37.3%。

症状　被害叶片最初于叶背产生苍白色不规则斑，以后被害处背面隆起形成灰白色毛毡状斑块，并逐渐着色。颜色的深浅因病原和寄主的种类不同而有所差异。如枫杨毛毡病的病斑呈褐色，而荔枝毛毡病的毛毡状病斑呈栗褐色。受害叶片背面形成的毛毡状物是表皮细胞受病原物刺激后伸长和变形的结果，而且刺激细胞产生褐色素或红色素。由于多数茸毛相聚成毡状，故称毛毡病。但在有些树种上，受瘿螨为害后并不形成典型的毛毡状病斑，而是呈绣球状或穗状，叶片扭曲、叶背凹陷，叶面突出；有些则变成虫瘿状，沿叶脉整齐排列成行。叶片受害后通常提早脱落（见彩图 2-2-34）。

病原　毛毡病的病原是螨类，属节肢动物门蛛形纲蜱螨目瘿螨科瘿螨属。成螨黄褐色，圆形或圆锥形，长 0.1~0.3mm。体部具环纹，近头部有两对足，腹部细长，尾部侧生两根细长的刚毛。卵球形，光滑，半透明。幼螨体形较成螨小，体色浅、环纹不明显。若螨形似成螨，体色较浅，呈乳白色至浅黄色，体壁环纹不甚明显。

常见的阔叶树毛毡病有：赤杨毛毡病（*Eriophyes brevitarsus* Fr.），毛白杨毛毡病（*E. dispar* Nal.）、葡萄毛毡病（*E. vifis* Pagenst）、梨树毛毡病（*E. piri* Nal.）、樟树毛毡病（*E.* sp.）、三角枫毛毡病（*E.* sp.）、漆树毛毡病（*E.* sp.）、沙柳毛毡病（*E.* sp.）。

发展规律　瘿螨一年发生10多代，而且世代重叠，一年不同时期往往可以看到卵、幼螨、若螨、成螨同时存在。以成螨在被害叶片、芽鳞、枝或蔓的皮孔中越冬。翌春，随芽的开放或嫩叶的抽出而转移为害，并随着气温的升高，不断繁殖为害。据观察，沙柳瘿螨以老熟雌成螨1~2年生枝条缝隙内越冬。翌春4月中下旬当沙柳越冬芽开放展叶时，越冬螨便迁移到新叶上吸汁为害，并产卵。刚孵化的幼螨即钻入沙柳组织内吸汁为害，刺激组织增生形成的瘿瘤。5月下旬前后为害最重，至6月上旬，当年的成熟螨从瘿瘤中陆续爬出。形成当年出瘿成螨第1次繁殖为害高峰。至8月为出瘿成螨第2次繁殖为害高峰。至10月下旬成螨开始进入越冬阶段。

防治方法

①加强检疫，防止扩散；②结合冬季修剪或春季采条等措施清除受害枝条。注意清扫病叶和铲除杂草和其他寄主；③于春季发芽前及时喷洒石硫合剂、敌敌畏乳油、久效磷等农药可以有效地控制瘿螨为害。据研究，在4月中、下旬或当年6月上旬每亩用80%敌敌畏乳油200~250g进行人工地面超低容量喷雾，经24h后检查，瘿螨死亡率在90%以上。而且有持效期长，基本上可控制全年为害，并能兼治漆叶蝉、漆蚜等害虫。

2.2.30　漆树瘿螨害

分布及危害　漆树瘿螨害是我国漆树栽培区普遍分布的一种重要病害。由于漆树瘿螨的为害，常使漆苗、幼树大量死亡，部分地区生漆产量下降，引起经济上的重大损失。

该病主要为害嫩芽、嫩叶、嫩枝和花序。幼苗至大树都可受害，幼树感病后可生长不良，生长量降低，开始割漆年限通常比健康林木推迟3~5年。

症状　漆树受瘿螨侵染后，病部表现组织增生，因受病部位不同，瘿瘤的形成也不一致。病株主干上常出现直径2cm左右的瘿瘤，略呈球形；病株顶梢受害后肿大呈棒状；腋芽、侧芽受害后呈穗状、钩状或不规则形；受害叶片常沿主脉扭曲，叶背凹陷，叶面凸出，整个叶片呈现皱缩变形。瘿瘤表面呈茸毛状，初为淡绿色，渐变为深绿。在强烈阳光照射下，颜色可转变为朱红色至土红色，色泽鲜艳。8~9月转呈黄褐色并逐渐枯萎凋落。

病原　漆树瘿螨害是由一种瘿螨（*Eriophyes* sp.）所引起。漆树（*Rhus vernicitera* Dc.）和盐肤木（*Rhuschinen sis* Mill.）都可受害。瘿螨体型呈锥形，雌螨体长90~160μm，宽45~70μm，体色浅黄至朱红，体壁由62~67个环纹组成，近头部有足两对。雄螨较雌螨略小。卵米粒状，两端钝圆，透明，大小为 17μm×45μm。漆树瘿螨发育周期短，繁殖量大，为两性生殖或孤雌生殖，世代重叠。生长发育适温 18~26℃。冬季气温低于 6℃，瘿螨潜伏不动。6~8℃时开始活动取食。8℃以上即可产卵繁殖。据报道，在病组织内有类菌原体存在，故有人认为此病与类菌原体有关。有待进一步研究。

发病规律　漆树生长期间，瘿螨活动为害。漆树休眠期间，瘿螨活动减弱，处于越冬状态。每年秋季，瘿螨从叶片向顶芽、腋芽转移，常选择饱满的芽鳞下作为越冬场所。试验证明，瘿螨在近距离内传播，主要以风为媒介，最远风传距离约 300m 左右。远距离传播主要依靠漆苗的调运所致。漆树瘿螨害发生的时期，因地区、年份、气温的不同而表现差异。一般来说，漆树瘿螨害常在漆树萌动 15~20d 开始，这一特点可作为监测该病是否进入发生时期的可靠物候标志。先期以叶片受害为主。病害发展迅速，5 月底至 6 月初即可达到全年发病最高峰。6~7 月病情稳定。7 月下旬漆树抽发秋梢时，病情再次回升，至 8 月中、上旬出现第二次发病高峰，发病部位以腋芽、侧芽受害为主。以后病情逐渐消退，9 月下旬至 10 月初，病害停止发展。

防治方法　漆树瘿螨害的防治应采取综合治理。

①实行检疫，控制病害的传播。漆树瘿螨的远距离传播主要通过苗木的调运。漆树种子不带病原。因此，应提倡就地播种育苗造林，苗木出圃时应严格检查，发现轻微感病苗木可用 50% 久效磷 1000 倍液稀释浸泡 24h，杀死瘿螨后方可种植，重病苗应集中烧毁。②在严重发病地区，必要时有限度地进行化学防治。每年 4 月下旬，用 50% 久效磷（稀释 1000~1500 倍）喷撒 1 次，防治效果可达 95% 以上，即可控制当年该病的为害。用 0.5°Bé 或 0.7°Bé 的石硫合剂于 4 月下旬和 7 月上旬各喷撒 1 次，也可取得良好效果。③保护天敌。据报道，漆树林内常见的瘿螨天敌中有较强控制作用的有钝绥螨和蓟马等。应注意加以保护。

2.2.31　阔叶树藻斑病

分布及危害　此病主要发生在长江流域以南，如广东、广西、福建、台湾、云南等潮湿、炎热地区。危害茶树、油茶、山茶、杧果树、火力楠（酸香含笑）、玉兰、冬青、梧桐、柑橘、樟树等许多阔叶树的叶及幼茎，引起褪色病斑。

症状　在叶片的正反两面都可出现病斑，但以正面为主。初为针头状的灰白色、灰绿色或黄褐色小圆点，有时这些小圆点略带十字形，后来逐渐向四周慢慢呈放射状扩展，形成圆形、椭圆形或不规则形的稍隆起的毡状物；上面有纤维状细纹，并有茸毛；边缘和中间颜色往往不同，在火力楠叶上，藻斑中间为灰褐色或灰白色，边缘则表现为绿色。茶藻斑病也有类似状况。较老的病斑干涸，中部颜色变浅，呈不鲜明的褐色或浅灰色，边缘为紫色，有时有一淡绿色的杆状组织围绕着病斑。藻斑直径大小不等，大的可达10mm。

病原 藻斑病由寄生性的锈藻（*Cephaleuros virescens* Kunze）所引起。在病部所见的毡状物即为藻的营养体，此营养体在叶子表面蔓延成为很稠密细致的二叉分枝的丝网；此后，丝状营养体向空中长出游动孢子囊梗，其顶端膨大，上生小梗，每一小梗顶端生一椭圆形或球形游动孢子囊；孢子囊成熟后，遇水散出游动孢子，游动孢子椭圆形，有2根鞭毛，可在水中游动。

发展规律 以营养体在寄主组织中越冬。在潮湿的条件下产生孢子囊梗、孢子囊及游动孢子，通过风雨传播。湿热的气候适宜藻类孢子的形成和传播，并有利于侵入新的植株。树冠过于密集和荫蔽，通风透光不良，空气湿热都有利于发病，加之土壤瘠薄、缺肥、结构不良、干旱或水涝，管理不善等造成树势衰弱，更促进藻斑病的发展蔓延。

防治方法 加强经营管理，合理施肥，及时排水和灌溉，控制土壤肥力和水分；及时修剪，避免过于荫蔽，力求通风透光，提高树木抗病性；喷射0.6%~0.7%石灰半量式的波尔多液。

2.2.32 油杉叶枯病

分布及危害 云南、西藏各地都有发生。

症状 病叶有段斑，后段斑至叶尖变褐枯萎。病斑叶背有些黑色小点。病害严重时，大量的叶尖枯萎，影响生长和观赏（见彩图2-2-35）。

病原 半知菌亚门丝孢纲丛梗孢目暗色孢科壳蠕孢属的一个种（*Hendersonia* sp.）。病斑上的黑色小点即分生孢子器埋生，褐色，球形或扁球形，直径约120μm，后孔口突破表皮，分生孢子茶色，具1~3隔膜，大小8~16μm×4~5μm，分生孢子梗短，尚能侵染云南油杉。

防治方法 巡视江南油杉林分时，见到叶枯病还是初病期时要预防，可用杀菌剂进行喷洒，如，80%代森锌可湿性粉剂500~700倍液，或1%波尔多液（石灰∶硫酸铜∶水=1∶1∶100，现配现用）预防，或50%福美双可湿性粉剂500~700倍液等都能获得好的效果。

2.2.33 云杉叶锈病

分布及危害 云南、西藏各地都有发生。

症状 云杉约6月嫩枝的叶片初有黄色段斑、逐渐增多，后在黄色斑上长出褐色小点状物（性子器），在黄斑的另一侧长出扁平的深黄色粒状物，其上有白色膜状物（锈子器和护膜）；一片叶上长出多达6个左右，散生或连生。在杜鹃叶面有黄褐色病状，大小 0.5~0.8cm×1.6~2cm；后约 7 月在杜鹃叶背病斑上长出土黄红色稍硬的蜡质小块状物（冬孢子堆）大小 156~400μm×30~37μm（见彩图 2-2-36）。

病原 担子菌门冬孢纲锈菌目栅锈科金锈属的疏展金锈菌（*Chrysomyxa expansa* Diet.）其转主：杜鹃花叶锈病（夏孢子堆、冬孢子堆），在云杉叶上的性子器蜜黄色，生于叶背，杯状，大小 176~226μm×110~160μm，性孢子梗紧密排列于性子器内，成熟后性孢子连同黏性物一起溢出；锈子器生于叶背中脉两边，初埋生于表皮下，后突破外露，锈子器外有护膜，护膜为白色膜状物，大小 0.5~2mm×2~0.8mm。锈孢子广椭圆形或近球形，少数卵形，壁有疣突，大小 18~24μm×15~18μm。护膜细胞矩形，棱形，近方形不等，内壁有短刺状物，大小 25~44μm×14~21μm（图 2-2-37）。

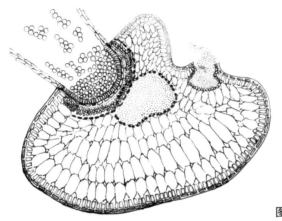

图 2-2-37 疏展金锈菌（锈子器）
（*Chrysomyxa expansa*）

防治方法 少量植株有云杉叶锈病时，应当及早修剪病枝，整株烧毁，将近邻植株或这个林分进行化学防治，即喷洒杀菌剂将锈菌控制到极低。锈菌的杀菌剂一般初期发病用 20% 三唑铜乳油 2000 倍液，或 45% 三唑铜硫黄悬浮剂 1000~2000 倍液，或 12.5% 速保利可湿性粉剂 2000~3000 倍液，或 1°~2°Bé 石硫合剂 1~2 次，交换使用，可以避免云杉叶锈病的流行。

2.2.34 云杉叶疫病

症状 夏初染病的针叶退缘转为紫褐色，逐渐变枯呈深褐色，后来病针叶上产生黑色小颗粒状物，使针叶迅速脱落，大量落叶后，枝梢枯死，植株当年不再萌发新叶，存活在死亡病叶中的子实体是翌年新叶上的初侵染来源。小枝和脱下的针叶上密布黑霉状物病症（见彩图 2-2-38），常会误认为煤污病。

病原　半知菌类腔孢纲球壳孢目（科）根球壳孢属的一种（*Rhizosphaera kalkhoffia* Bubak）。分生孢子器黑色，球形，表面光滑，无孔口，孢子器从针叶气孔的孔口伸出，有规则地成行排列，顶部携带有蜡质气孔栓（无色），器壁由表及里一层细胞组成，器大小为 51~82μm×51~90μm，具有由菌丝束构成的柄，分生孢子梗无色，生于分生孢子器内；分生孢子无色，单胞，椭圆形或卵形，两端圆钝，大小 5~8μm×3~4μm（图 2-2-39）。

防治方法　参考云杉叶锈病的防治方法。

2.2.35　云杉梢丛枝病

症状　云南省海拔 3900m 处 6 月发现的少数云杉嫩梢卷曲畸形密布黄色粉状物。由于生长点和嫩梢受害逐渐变黑褐色，新发出的嫩枝继续受害，形成丛枝状（见彩图 2-2-40）。

病原　担子菌亚门冬孢纲锈菌目的半知锈类被孢锈菌属的云杉被孢锈菌（*Peridermium yunshae* Wang et Guo）。性子器生于角质层下，浅盘状，宽 210~300μm，长 90~120μm，性孢子很小，无色透明，锈子器短圆筒状，部分埋在寄主组织中，成熟时不规则裂开，直径 300~510μm，护膜细胞菱形，无色，大小 17~35μm×14~20μm，锈孢子串生近球形，少数椭圆形，淡黄色，壁有疣，孢子大小 19~20μm×15~17μm（图 2-2-41）。

防治方法　参考云杉叶锈病的防治方法。

2.2.36　高山松针叶褐枯病

症状　易发生在两年生针叶上，先呈黄色斑，渐变为草黄色。针叶病斑

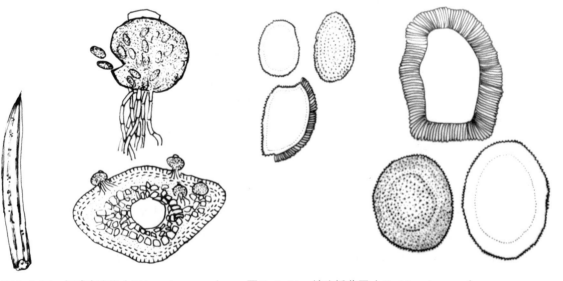

图 2-2-39　根球壳孢属（*Rhizosphaera* sp.）　　图 2-2-41　被孢锈菌属（*Peridermium* sp.）

有褐色斑纹，病健界线明显，斑外仍保持绿色，5~6月病叶极易脱落。与松落针病的区别之处，夏末病斑上呈现黑色小点，着生在病叶表皮下，秋末此小黑点更明显即病症（分生孢子盘）。地处高海拔2100m处病情严重，阴坡地染病重于阳坡（见彩图2-2-42）。

病原 半知菌类腔孢纲黑盘孢目（科）双孢霉属的一个种（*Didymosporina* sp.）引致。分生孢子盘，圆形或椭圆形，单生，少有群生，黑色，直径162~252μm；分生孢子截形或圆柱形，幼时无色，单细胞，成熟后暗褐色，产生1个横膈膜或2个细胞，淡褐色，上大下小，表面光滑，底部平截，顶部圆形，大小10~14μm×6~9μm。尚能侵染云南松、华山松，松针叶褐枯病主要使3~6年生幼林发病，对天然更新幼树的生长势影响严重，部分植株因病死亡（图2-2-43）。

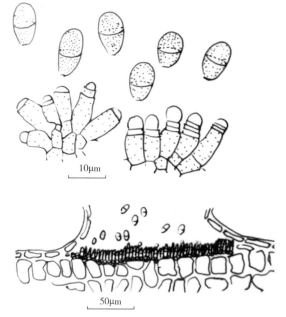

图2-2-43 双孢霉属（*Didymosporina* sp.）

防治方法 预防为主，幼林发病较普遍的林分，结合冬春找烧柴和积肥，清除病、落叶。减少初侵染来源。对发病较普遍的林分也可预防，结合抚育间伐，清除严重染病的植株和病枝叶，再用杀菌剂把病害控制住。杀菌剂可用1%波尔多液，或50%退菌特，70%敌克松可湿性粉剂500~800倍液。每次用一种，在6~7月，10~14d一次，连喷3~4次。坚持2~3年，定有效益。

2.2.38 松叶枯病

症状 病叶不形成其他松叶病常见的段斑，全针叶微褪绿；病症为后期病叶两面呈现不规则排列的小黑点，在叶的基部病症最多，大小约0.3~0.5mm，即分生孢子盘。侵害云南松，在昆明3月始发病11月基本停止，病叶寿命短，早落。高山松叶枯病在丽江4月低发病10月基本停止，该病常与落针病或赤落叶病及松赤枯病同叶混生（见彩图2-2-44）。

病原 半知菌类腔孢纲黑盘孢目（科）截盘孢属的一个种 *Truncatella* sp. 引致（图2-2-45）。分生孢子盘不规则形或浅盘形，黑色，盘直径250~300μm；分生孢子梗无色，有1~3个环痕；分生孢子具3个分隔，中间2个细胞暗褐色，长11~13μm，两端细胞无色，分生孢子大小13.8~18.5μm×7~10.6μm；顶部着生鞭毛状附属丝1~4根，无色，附属丝易变，齐出或两出再分叉，长8~18μm，基部无附属丝。也能侵染云南松。

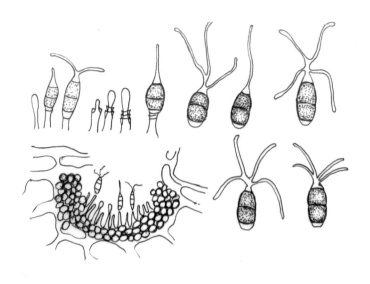

图 2-2-45 截盘孢属（*Truncatella* sp.）

防治方法 参考高山松针叶褐枯病的防治方法。

2.2.39 松赤落叶病

症状 发病初期针叶上部先产生小黄斑，渐变成向下蔓延的黄色段斑，秋季病斑变成红褐色，病健交界处黑褐色。翌年春季，病部变成灰褐色；病症为后期出现不规则排列的黑色具光泽的痣状物，此痣状物长椭圆形周边乳白色，长边不及 1mm。寄主在高温缺水时，松针极易感病，主要发生于一年生针叶，病松针早落，多年感病导致死亡。20 年生以内幼林均易被害，越年幼越重。10 月病害基本停止发展，翌年 1 月后长出病症（见彩图 2-2-46）。

病原 子囊菌亚门星裂盘菌目斑痣盘菌科杉木皮下盘菌（*Hypoderma desmazieri* Duby）子囊盘暗褐色，大小 450~638μm×300~408μm，子囊长椭圆形，无色，大小 81~127μm×17~19μm，单层壁，具短柄；子囊孢子 8 个，两行排列，孢子无色，一般单胞，少数两个细胞，长梭形至圆柱形，大小 18~23μm×3.5~5.7μm；侧丝线形，顶端稍微膨大弯曲，大小 91~131μm×0.5~1μm。分生孢子单胞，无色，圆柱形，大小 2.1~7μm×0.5~1μm。侵染的松树有马尾松（*Pinus massoniana*），华山松（*P. armandii*），黑松（*P. thunbergii*），湿地松（*P. elliottii*），云南松（*P. yunnanensis*），黄山松（*P. taiwanensis*），加勒比松（*P. caribaea*），南亚松（*P. latteri*）和火炬松（*P. taeda*）等。在云南该病多危害华山松，常与赤枯病混生。

防治方法 参考高山松落针病防治方法。

2.2.39 松梢枯病

是一种世界性的病害

症状 发病初期当年嫩梢只有少数松针失绿,渐全株松针失绿,枯芽,枯叶,枯梢至全株枯死。后呈橘红色,呈"红顶"状树冠。松针受害后,梢顶弯曲,在枯梢和枯的针叶上有黑色近椭圆形微凸起的小点,其中央处有黑色黏状物(点粒状)的病症(见彩图 2-2-47~彩图 2-2-49)。

病原 半知菌类腔孢纲球壳孢目(科)的松色二孢菌[*Diplodia pinea* (Desm.) Kickx. (*Sphaeropsis ellisii* Sacc.)],本属有 20 余种寄主植物,如樟子松、马尾松、火炬松和云南松等,主要危害松针。分生孢子器黑色,近球形或椭圆形,有乳头状孔口,大小 226~300μm × 225~262μm。分生孢子初期单胞,卵形至椭圆形,无色,成熟后呈褐色,单胞或双胞,多数在萌发过程中变为双胞,大小 26~32μm × 10.5~14μm(图 2-2-50)。

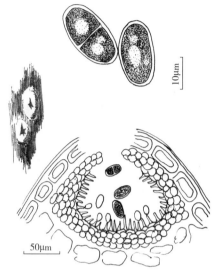

图 2-2-50 松色二孢菌(*Diplodia pinea*)

防治方法 参考高山松针叶褐枯病的防治方法。

2.2.40 松针红斑病

20 世纪末我国的检疫对象

症状 危害苗木、人工林和天然林。病斑中心由黄变褐,边缘保留黄色,并常溢出松脂,病斑迅速变红色至红褐色。病症是段斑上有灰色疱状隆起物,病症为其内干旱时散生的小黑点,湿润时分生孢子与黏液混合在一处,呈乳白色小点的病症,有水时化开,无色。病原菌以菌丝和未成熟的分生孢子盘在病组织内越冬成为初侵染来源。翌年春开始产生分生孢子,孢子萌发后产生芽管从松针的气孔、伤口侵入。潜育期长达 2 个月以上,借风、雨传播,若人为传播很远。在风雨交加的天气中,带菌的水滴可随风吹到较远的松针上,雨季发病率增高。病斑间空隙处仍为绿色(见彩图 2-2-51),病斑扩大后,针叶上半部分枯黄,提早落针。全株病叶由下部向上扩展,在落下或挂在树上的病叶病斑内部子实体周围常常有淡红色病状,后全树冠如同火烧过。寄主:樟子松、湿地松、云南松、火炬松、红松、油松、赤松、长白松、偃松、加勒比松和红皮云杉等植物国外报道有松属,欧洲落叶松,西特喀云杉和北美黄杉等。

病原 半知菌亚门腔孢纲黑盘孢目黑盘孢科小穴座菌属松小穴座菌(*Dothistroma pini* Hulbary),分生孢子盘埋生,后外露,黑色,单

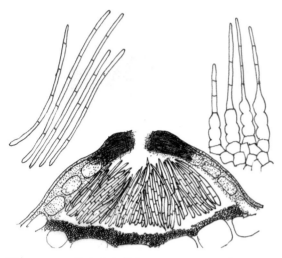

图 2-2-52 松小穴座菌（*Dothistroma pini*）

生或多个盘丛生于一个子座上，大小 111~222μm × 133~488μm，子座黄褐色；孢子线形，有的稍弯曲，无色透明，有 1~5 个隔膜，3 个隔膜较多，大小 17.2~39μm × 2.6~4μm。该菌的有性态为松瘤座囊菌（*Scirrhia pini* Funn. et Parker.）我国尚未发现（图 2-2-52）。

防治方法　由于病叶由下部向树的上部扩展，故及时修剪病枝叶能减轻病情。苗圃不能设在松林内或松林附近；禁止到疫区引种苗木和采集接穗；定期普查病情，一旦发现病害及时防治。清除发病苗木，修剪病枝叶，集中烧毁，喷洒 50% 福美双可湿性粉剂 500~800 倍液，或 75% 百菌清可湿性粉剂 600~1000 倍液，2~3 次（间隔 10~14d），交替使用。

2.2.41　油橄榄孔雀斑病

分布及危害　该病是油橄榄种植区内广泛发生的一种病害。1967 年首先在昆明附近各引种点开始严重发生，昆明市海口林场引种的油橄榄，历年来感病率约 25%~75%；重庆市沙坪坝区国营歌乐山试验林场自 1974 年个别植株发现孔雀斑病以来，逐年加重，使许多植株失去结果能力。云南、四川的其他引种点也相继发现此病。孔雀斑病危害叶片、果实和枝条，造成大量落叶和落果。健康植株叶片一般在树上保存两年以上，而病叶仅保存一年甚至几个月，感病严重的植株，翌年春季，老病叶几乎落光，严重影响油橄榄的生长和结实。

症状　孔雀斑病的主要症状是在叶片表面形成环状病斑（叶背斑点不明显）。最初叶面上小而带灰黑色，周围呈褐色。病斑逐渐扩大，大者可达 10~12mm，周围颜色由浅褐色变为深褐色。在夏天，病斑周围多有一个黑绿色晕圈，有时有一柠檬黄色晕圈。病斑一般为圆形，但向外扩展时，常形成多角形，并常常互相连接起来，一个叶片上可出现数个至一二十个病斑，上面密生一层灰黑色的分生孢子层。果实成熟季节也易被感染，病斑为圆形红褐色，表面稍下陷。枝条被感染时，病斑小，且呈不规则形，不易察觉（见彩图 2-2-53）。

病原　病原为 *Cycloconium*（=*Spilocaea*）*oleagium* Cast（图 2-2-54），属于半知菌类丛梗孢目。油橄榄叶表皮由很薄的蜡质层、一层特有的角质层及两层表皮细胞所组成，病菌的菌丝寄生于外层的表皮细胞内和细胞间，菌丝体由淡褐色发展到暗褐色。有大量菌丝穿透角质层直接产生分生孢子，或发育成分生孢子梗。分生孢子梗浅褐色，有分隔，短小，球根状，顶端有明显的环纹

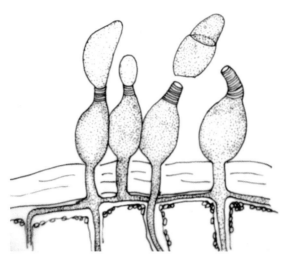

图 2-2-54 环梗孢菌（*Spilocaea oleaginea*）

状的分生孢子痕。新生的分生孢子通过顶生分生孢子痕而长出，可连续产生分生孢子。分生孢子（环痕孢子）双胞，少数单胞，纺锤形至椭圆形，一头大，一头小，褐色至暗褐色，大小为 14~27μm × 10~12μm。未发现有性世代。

发展规律　病斑一年四季都在叶上出现，并且有时可在同一叶片上发现各个发展阶段的病斑。叶片组织内的菌丝体终年保持生活力。冬季以菌丝体和分生孢子在活病叶中越冬，但落叶上的病菌仍可存活一段时间，营腐生生活，并产生大量的分生孢子，但它能否作为主要侵染来源，尚属疑问。在活叶片上越冬后的病菌菌丝体在 3、4 月开始向外扩展，在污黑的旧病斑周围出现一圈黑褐色晕圈，上面由分生孢子梗和分生孢子组成一层浓密的霉层。这些越冬菌丝体上新产生的分生孢子，是春天主要的侵染来源。分生孢子借水滴溅洒随气流传播。分生孢子落到叶片表面，芽管可直接穿透角质层侵入叶组织内。一年生幼苗潜育期约 5~7d，而 13 年生幼树，潜育期在 12d 以上。分生孢子在 9~25℃ 之间萌发，最适温度为 16~20℃；菌丝生长范围在 12~30℃ 之间；春天 3、4 月，只要有一场大雨，空气湿度升高，病叶上的旧病斑便开始向外扩展；夏季高温季节，病菌停止发育，处于休眠状态。秋季气温下降，湿度条件适宜时，病菌又有一个发展蔓延阶段，到冬天，病菌再次处于休止越冬状态。油橄榄的不同品种，对该病的感病情况明显不同。据昆明和重庆地区材料，'卡林'（Kaliniot）感病最重，'贝拉'（Berat）'爱桑'（Elbasan）次之，'弗奥'（Frantaio）'米扎'（Midx）感病最轻。施氮肥过多，水肥条件较好，枝叶生长过密的情况下，孔雀斑病容易发生；但土壤坚实、透气不良、干旱瘠薄、植株生长不良的情况下，也易感染孔雀斑病。树冠中、下部叶子受害最重，顶部发病轻。

防治方法　①实行苗木检疫：苗木出圃外运前进行严格检查，做到病苗不外运，并对苗木进行消毒处理，控制病害的蔓延。②选育抗病品种，其中也包括引种和繁育良种，并对现有易感病品种通过高接等方法进行改造。③药剂防治：以40%可湿性多菌灵1000倍液防治效果很好，1:2:150倍的波尔多液也能控制病害发展。但应注意波尔多液浓度不可过高，否则易产生药害，引起落叶。④结合管理，清除地面落叶、落果，消灭越冬病原菌。

2.2.42 油橄榄炭疽病

症状 病叶有不规则形褐色枯斑，分布在叶尖、叶缘或叶的中部，小枝和芽及花穗也易受害，多为突然枯萎状。症状在果实上较为明显，病果先水渍状湿腐，逐渐果肉收缩呈轮纹状；油橄榄炭疽病，病症为潮湿时病斑上的大量粉红色分生孢子堆。病果实上有疮疤状物（见彩图2-2-55）称油橄榄疮痂病，病果实的病斑上也有大量粉红色分生孢子堆。油橄榄炭疽病在昆明往年以单株出现，常成为历史病株，要重点养护。

病原 半知菌亚门腔孢纲黑盘孢目（科）刺盘孢属盘长孢状刺盘孢（*Colletotrichum gloeosporioides* Penz.）异名：齐墩果盘长孢［*Gloeosporium olivae*（Petri）Foschi.］。分生孢子盘浅盘状，半埋生，盘内有刚毛，深褐色，直或稍弯，长40~100μm，分生孢子长椭圆形至镰刀形，单胞，无色，内含1~2个油球，大小8.4~16.8μm×3.5~4.2μm。及其有性阶段子囊菌亚门球壳目疔座霉科小丛壳属的围小丛［*Glomerella cingulata*（Stonem.）Spald. et Schrenk］子囊壳近球形，暗褐色，有乳状突起，有时有附属丝，子囊壳丛生，大小80~240μm×80~170μm；子囊无色棍棒状，大小55~70μm×9~16μm，子囊壁易消解；子囊孢子长圆形至肾形，单胞，无色，大小12~28μm×4~7μm。在果实上的分生孢子盘，无刚毛的占多数，症状上也有所区别，病果实上有疮疤状物，其病原是油橄榄盘长孢（*Gloeosporium olivarum* Alm.）。特别对果实危害较大，在原产地地中海一带，尤其是阿尔巴尼亚油橄榄种植区内，油橄榄疮痂病是常见病，国内只见四川有过报道。

防治方法 油橄榄炭疽病的发生与品种有关，据初步统计，在引种的主要品种中以'贝拉特'（Berat）和'弗朗多依奥'（Frantoio）较易感病，'卡林尼奥'（Kaliniot）次之，'米德扎'（Midx）耐病。油橄榄炭疽病与根茎积水有关，养护时注意及时排水，适度修剪，保持树冠内通风透光。油橄榄炭疽病菌以菌丝体潜伏在寄主受病组织内越冬（越夏，重庆），翌年春雨天，在老病斑上产生大量分生孢子，借风雨和昆虫传播。侵染叶、枝、芽和果实。孢子萌发需要90%的相对湿度，其适宜的气温为18~25℃。故该病害的发生发展常见于温暖多雨的天气，在昆明，每年8~11月是炭疽病的发病季节，在果实还是绿色，病果已经出现病斑，果实感病后引起果实失水，引起落果，还造成大量枯芽、枯梢。养护时还要注意在果实采集后，结合修剪，清理园地，收集落地的叶、果集中烧毁或深埋，减少越冬病原菌。必要时用杀菌剂控制病害的发生发展。在病害的初期喷洒农药，可用0.2%代森锰锌稀释液，或1%波尔多液等均能得到好效果。

2.2.43 油橄榄煤污病

症状 寄主病部表面有一黑色薄膜状物，即煤炱菌的菌丝和繁殖体，菌丝体暗色，菌膜直径大小不一，菌丝体有许多分枝相互交叉形成黑色薄膜状物覆盖在寄主表面，呈现煤污病病症（见彩图2-2-30），揭开黑色菌膜，病叶呈现褪色斑（失绿的病状），叶绿素在减少。

病原 油橄榄链格孢（*Alternaria eleaophila* Mont.），油橄榄煤炱菌（*Capnodium elaeophilum* Prill.），分生孢子器长烧瓶形暗褐色，大小204~480μm×80~100μm，分生孢子无色，长椭圆形，大小3~5μm×2~2.5μm。煤炱菌的生长需要含有糖分的甜液。油橄榄蜡蚧（*Saissetia oleae* Bern.）等害虫的危害常引起煤污病的发生，它们分泌的蜜露变成煤炱菌的养分。此外，油橄榄在特殊情况下（温度、湿度急剧变化时），其自身的生理活动也会在枝、叶表面产生含有糖分的甜液体，能诱导煤污病的发生。

防治方法 油橄榄煤污病应加强培育管理措施，促进植株生长，提高抗病力。同时要适当修剪，使树冠内部通风透光。抑制病菌生长；还要使用杀虫剂，消灭油橄榄蜡蚧、木虱和蚜虫等害虫，使病菌失去生存的必要条件，菌膜干枯脱落。若由于油橄榄生理因素产生含糖分泌液而导致的煤污病，可用杀菌剂直接杀菌。喷洒0.5°~1°Bé石硫合剂（害虫和病菌一起杀死），或65%代森锌可湿性粉剂600~800倍液。2~3次，交叉使用，喷匀喷足。

加强检疫工作，严格执行检疫制度。严禁使用有病的苗造林，种植及外运。对已染病的苗木和插条等繁殖材料，应集中烧毁。20世纪60年代在新区发现检疫对象油橄榄肿瘤病，病原是假单孢杆菌属的一种细菌 *Pseudomonas savastanoi*（E. F. Smith）Stevens，好气性杆菌，大小1~2μm×0.6~1μm，G⁻，鞭毛端生1~3根，有时数个细菌相连呈短链状，适温22~26℃，高温限34~35℃，pH6.8~7，现昆明的油橄榄已经基本控制该病菌。但油橄榄冠瘿病还应重视。病原是土壤脓杆菌［*Agrobacterium tumefaciens*（Smith and Townsend）Conn］它是土壤习居细菌，据资料它可以侵染331个属的640个不同种植物。油橄榄孔雀斑病菌曾定为云南检疫对象，均要砍和挖除烧毁。有些老病区采用此法也收到良好效果。油橄榄引种40多年，现在认为它应该选择长江流域，云南和四川省内支流处的干热河谷种植（新植区尚未发现生理性干腐病）。气温和干湿度与原产地比较接近，现已种植4~6年，据观察生长量较高，病虫害较少。增殖扦插苗或上山种植幼树的时间选择在 11~12 月或 1~2 月的旱季，旱季移栽成活率高，生长量大，省工、省钱、省时。此地域年平均温度约 17~18℃，年降雨量约 700~850mm，全年日时照数约 2800h。年相对湿度约 66%。

养护的前提是选种抗病品种，'弗朗多依奥'（Frantoio）、'米德扎'（Midx）在重庆和昆明抗孔雀斑病。'米德扎'抗炭疽病和肿瘤病（'弗朗多依奥'不抗）。新区选种'弗朗多依奥'和'米德扎'较好，各种病害要预防和及时治理。孔雀斑病、炭疽病都必须在初发病时喷杀菌剂，故秋后及时修剪喷药很重要。在云南种油橄榄的适宜区域是北纬 24 度左右，年均温 17~18℃的干热河谷。定植要选大寒节令（1 月 20~21 日）前后 10d，也适合四川和贵州等地。种前 1 个月施足底肥，定植时一次浇足定根水，其成活百分率和生长量比较任何时间定植的油橄榄幼树都有优势。因为在云南的干热河谷夏天即雨季，雨水集中，肥料严重漏失，雨季前后定植，肥料就无法充分利用，油橄榄生长不良，以后油橄榄幼树常为老头状树，早衰，将很难得到生长势的恢复。

2.2.44　石楠灰斑病

症状　老病叶上有近圆形灰色病斑，病斑中心色较浅（见彩图 2-2-56）。部分组织坏死，病症为在坏死斑附近有散生的几个小黑点。急性发病期，往往发生在嫩叶期，病斑皱缩枯死，枯死斑外缘有不规则淡黄色晕斑。嫩叶发病，病症不明显，病叶早落，病落叶上后渐产生病症散生的小黑点。

病原　半知菌亚门腔孢纲球壳孢目（科）叶点霉属石楠叶点霉（*Phyllosticta photiniae* Thum.）。分生孢子器埋生，散生，近球形，黑褐色，直径 50~160μm；分生孢子小，无色，长卵形或椭圆形，单胞，大小 10~11.5μm × 5~6μm。

防治方法　石楠作为地被栽培时，灰斑病比较严重，已经影响它的生长发育和观赏，本病多发生在夏秋季，气温高，湿度大，通风不良的小环境，以及植株生长较弱，加之管理较差之处。预防灰斑病要加强养护管理，增施有机肥和钾肥；及时摘除病叶，集中处理，深埋或烧毁。发病期可喷施杀菌剂，如 50% 敌菌灵可湿性粉剂 400~500 倍液、5% 菌毒清水剂 200~300 倍液等，连喷 2~3 次，间隔 7~10d。

2.2.45　石楠叶斑病

症状　病叶为不规则的褐色斑，无明显的边缘，病斑上有分散的小黑点，即拟盘多毛孢的分生孢子堆（见彩图 2-2-57）。

病原　半知菌亚门腔孢纲球壳孢目（科）壳针孢属石楠壳针孢（*Septoria photiniae* Berk. et Curt.），分生孢子器褐色，近球形，单生，大小

80~190μm×160μm，有孔口；分生孢子梗短，无色，单细胞；分生孢子无色，针形，多细胞，大小 20~45μm×2~2.5μm。半知菌亚门腔孢纲球壳孢目（科）盘多毛孢属石楠盘多毛孢（*Pestalotia photiniae* Thum.）。注：分生孢子盘黑色，孢梗短，不分枝。分生孢子近梭形，有4个横隔膜，中部3个细胞为暗色，两端细胞无色，圆锥形，顶端有3根纤毛，基部细胞有1个小柄。是盘多毛孢属的（1841—1969）旧称，后来出现了一个半知菌亚门腔孢纲黑盘孢目（科）拟盘多毛孢属（*Pestalotiopsis* Stey）（1949）的显微形态特征与上述的 *Pestalotia* 基本相同。1961年后定名的 *Pestalotia* 属［半知菌亚门腔孢纲球壳孢目（科）盘多毛孢属］其特征是：分生孢子有5个横隔膜，中间4个细胞为暗色，顶端纤毛2~4根，其他特征相同，但许多资料未做更改。故本书的这两个属混合一个属名和相同的显微图。

防治方法　石楠叶斑病在苗圃中发生比较严重，影响它的生长和出圃率，本病多发生在夏秋季，气温高，湿度大，通风不良的小环境，以及植株生长较弱，加之管理差。预防时要加强养护管理，增施复合肥；及时修剪病叶，集中烧毁。发病期可喷施杀菌剂，如多菌灵、百菌清等，连喷 2~3 次，间隔 7~10d。

2.2.46　石楠煤污病

症状　叶的两面、小枝若被介壳虫危害，极易产生黑色煤层，有时煤层中还夹杂着介壳虫体。煤层很薄菌膜状，可以用指甲揭下来。揭开菌膜可见到煤污病受害处的绿色减少。该病使植株不能正常进行光合作用（见彩图 2-2-58）。

病原　子囊菌亚门小煤炱菌目（科）附丝壳炱属的石楠生附丝壳炱［*Appendiculella photinicola*（Yamam.）Hansf.］（图 2-2-59）。菌丝体相互交结在一处，形成疏至密的网状层，菌丝平直至弯曲，锐角或直角对生分枝。头状附着枝互生或单侧生。瓶状附着枝与头状附着枝混生，互生，单生或少量对生，圆锥状或瓶状，无菌丝刚毛，子囊壳散生，黑色，球形，表面粗糙，具有疣状突起，直径 200μm 蠕虫状附属物 2~6 条，近圆柱形至圆锥形。子囊孢子圆柱形，有3个隔膜，隔膜处缢缩，棕色，大小 36~48μm×12~16μm。

防治方法　以预防为主，及时防治蚜虫和介壳虫是防治该病害的重要措施。及时修剪过密的枝条（先修病虫枝），移栽过密的植株，使之通风透光；初病时可用急性水喷射到初病斑上，使蚜虫和介壳虫及黑色菌膜同时全部脱离；也有用泥浆水喷射至初病斑上，干后连带菌膜同时全

图 2-2-59　附丝壳炱属（*Appendicullella* sp.）

部脱落。杀虫剂可用50%的三硫磷500~2000倍液防治蚜虫和介壳虫，夏天可用0.3°Bé，冬季可用1°~3°Bé的石硫合剂喷杀害虫，预防与养护要常态化。

2.2.47 石楠锈病

症状 石楠嫩梢受害时畸形，有时在鸡冠状幼嫩组织上布满黄褐色小点状的性子器和小杯状物（锈子器），有许多黄色粉状物在锈子器内。叶面受害病斑微肿，橙色，其上有褐色小点状物，叶背病斑上长出许多小杯状物内有黄粉，杯边有白色菌膜（碎片）细胞。受害嫩枝和叶变为浅绿色至紫红色到黄褐色等，是不规则状病斑上的混合色（见彩图2-2-60）。

病原 担子菌门冬孢纲锈菌目半知锈类锈孢锈属石楠锈孢锈菌（*Aecidium pourthiaeae* Syd.）。锈孢子器寄生于寄主表皮下，杯形有包被，包被是1~2层包被细胞，顶端开裂；锈孢子串生，近球形，单细胞，壁无色，有疣，锈孢子大小13~15μm×16~19μm。仅见锈孢子阶段，冬孢子阶段尚未发现，它显然属于转主寄生（图2-2-61）。

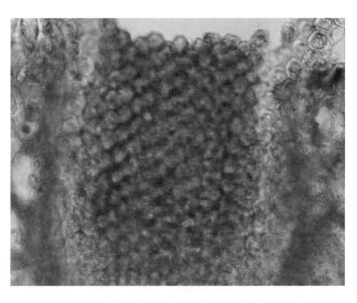

图2-2-61 石楠锈孢（*Aecidium pourthiaeae* Syd.）

防治方法 石楠锈病目前已严重，它们都是从苗圃中带病移栽的植株，若种植量大，锈病传播快，必须及早预防，见到少数锈斑时，可将病叶修剪后烧毁，喷洒杀菌剂，如25%敌锈钠可湿性粉剂250~300倍液、70%甲基托布津可湿性粉剂1000倍液，间隔10d一次，连喷2~3次。在苗圃苗木集中防病较易，起到事半功倍的效果，因此凡病苗不出圃，既可保护环境卫生（大环境不喷洒杀菌剂）。养护时及早修剪病虫害枝叶，又可以节俭农药和喷施工。

2.2.48 云南朴树白粉病

症状 两种病原菌在云南朴树上普遍发生，主要危害叶片，提前枯落，影响生长量，降低观赏价值。密植或枝叶过密，及嫩叶较多或植株生长衰弱或徒长枝条均易发病；幼苗、幼树及老龄树枝上的嫩叶发病重；高氮低钾的土壤上生长的朴树发病重，昆明的绿化朴树几乎每年每株都发病，尤其是幼树发病更严重，但对生长影响不太大。朴树白粉病若是发生在苗圃的病害，则影响生长量较大（见彩图 2-2-62）。

病原 子囊菌亚门白粉菌目白粉菌科半内生钩丝壳属的三孢半内生钩丝壳［*Pleochaeta shiraiana*（P.Henn.）Kimbr. et Korf.］（图 2-2-63）有外生的菌丝体和有内生的菌丝体，均无色，在叶背面形成明显，较厚的白粉层，内生菌丝在寄主的叶肉细胞内形成吸胞；分生孢子梗则由外生菌丝生出，梗细长，具 3~4 个隔膜，大小 78~171μm×5~8μm。闭囊壳散生聚生黄褐色，近球形，直径 200~270μm；特点是附属丝很多，约 180~360 根。直或弯曲，顶端钩状，长 50~180μm，无隔膜，无色；子囊有 23~44 个，长矩圆形至椭圆形。有明显的柄，少数柄可分叉，75~99μm×25~35μm；子囊孢子大多数为 3 个，较少数是 2 或 4 个，卵形至长卵形 18~28μm×16~18μm。其无性态是旋梗菌属（*Streptopodium*），菌丝半内生，无色，分生孢子梗自外生菌丝上形成，梗基部扭曲数周（此处不同于粉孢属 *Oidium*），孢子梗直立不分枝，无色，具隔膜；分生孢子单生于分生孢子梗顶端，长椭圆形，无色，单细胞。叶生长在叶背的白粉层上。病叶上同一片叶还有另一种病原，白粉菌科钩丝壳属的草野钩丝壳（*Uncinula kusanoi* H. et P. Syd.）（图 2-2-64）菌

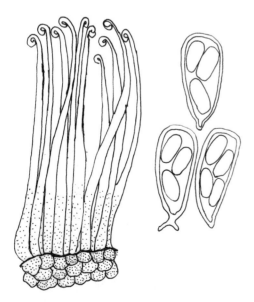

图 2-2-63 三孢半内生钩丝壳（*Pleochaeta shiraiana*）

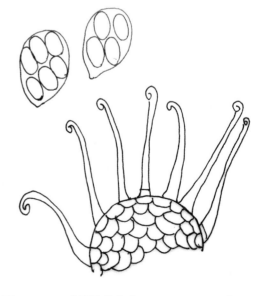

图 2-2-64 草野钩丝壳（*Uncinula kusanoi*）

丝体完全外生无色，可长在叶背或叶正面，展生成薄而不明显的近圆形白色粉斑，其上的黑色颗粒（闭囊壳）较小。分生孢子梗基部不旋扭；分生孢子串生，无色单胞。闭囊壳散生或聚生，黄褐色至黑褐色，近球形，直径86~102μm，附属丝9~16根。直或弯，长72~138μm，无色，无隔膜，个别基部有一个隔膜，顶端简单钩状；子囊4~6个，近球形至广卵形，多数无柄，个别有短柄，大小47~58μm×38~49μm；子囊孢子4~6个，卵形至矩圆形，淡黄色，19~24μm×13~17μm。

防治方法　云南朴树是阳性树种，应该有充分的光照，不能种植过密，也不能种于树荫下，种无病苗很重要，现昆明种的朴树多数是挖来的野生实生树，少数经苗圃地育苗，没有进行过种子消毒和苗木病害防治，因此，昆明的朴树几乎都有白粉病。连片种朴树时，发病初期应及早喷洒杀菌剂控制，连喷洒杀菌剂2~3次（两次中间隔7~10d），冬季清除病、落叶，深埋。夏天可用0.3°~0.5°Bé，冬季可用1°~3°Bé的石硫合剂喷杀，45%三唑酮硫黄悬浮剂1000~1500倍液，或25%敌力脱浮油2000倍液，杀死初侵染源，可预防翌年白粉病继续发生。连用药剂控制2~3年，可收效。

2.2.49　朴树霜霉病

症状　苗圃中朴树霜霉病病害，其病菌在土壤中越冬的卵孢子，初春有水分时产生游动孢子，借风雨传播到寄主叶片上，病叶初期形成黄色小点，逐渐扩大为黄色角斑，最后呈污褐色不规则形病斑，后在叶背面变色病斑上形成霜霉层。多数幼苗上部坏死，基部萌生新叶又再次发病，苗木过密，通风不良，在两个月内的幼苗极易发病，造成毁灭性死亡。有1.5m高的幼林，若小环境是潮湿的，嫩叶又较多，6~9月朴树霜霉病还严重，故6月以后不再施速效肥，以免嫩叶过多。至10月还呈现朴树霜霉病的高峰期（见彩图2-2-65）。

病原　鞭毛菌门卵菌纲霜霉目霜霉科假霜霉属的朴树假霜霉［*Pseudoperonospora celtidis*（Waite）Wils.］（图2-2-66）。孢囊梗从气孔伸出1~3根，上部呈4~5次锐角分枝，逐渐变细，大小260~380μm×6~9μm；顶端着生孢子囊，柠檬形至椭圆形，淡褐色，大小23~25μm×13~19μm；卵孢子球形，淡褐色，表面有波纹，直径27~44μm。腐生于朴树腐叶内和于病残枝，叶埋入土中越冬，翌年为初侵染源。

防治方法　朴树霜霉病主要发生于苗圃地，育苗前，要进行土壤及种子消毒，幼苗刚出土要进行苗木病害防治，云

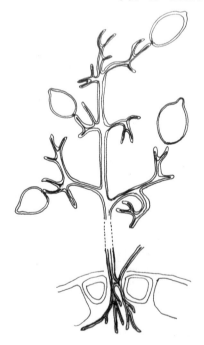

图2-2-66　假霜霉属（*Pseudoperonospora* sp.）

南朴树是阳性树种，应该有充分的光照，不能种植过密，也不要于朴树荫下育苗，种无病苗很重要，发病初期及早喷洒杀菌剂控制，连喷洒杀菌剂2~3次（两次中间隔7~10d），也可将病叶修剪后烧毁（但不可埋入土内），喷洒杀菌剂，如45%三唑酮硫黄悬浮剂1000~1500倍液，或25%敌力脱浮油2000倍液，25%敌锈钠可湿性粉剂250~300倍液，70%甲基托布津可湿性粉剂1000倍液，间隔10d一次，连喷2~3次。在苗圃，苗木集中防病较易，收集病、落叶，烧毁，杀死初侵染源，可预防翌年朴树霜霉病继续发生。出圃无病苗，经检疫检验后才移栽。

2.2.50 毛白杨白粉病

症状 病害多发在嫩叶、嫩枝和成长叶片上，病症为先叶两片的许多白色粉状物。约10月白粉层上生有黄褐色至黑色小颗粒物（闭囊壳），能滚动落下（见彩图2-2-67），病叶片早衰，易脱落。

病原 子囊菌门白粉菌目（科）钩丝壳属的杨钩丝壳［*Uncinula salicis*（DC.）Wint. f. *populorum* Rabenh.］菌丝体完全外生，无色，主要在叶背，展生或形成薄而不明显的白色粉斑，秋后其上的黑色颗粒（闭囊壳）较小；闭囊壳散生或聚生，黄褐色至黑褐色，近球形，直径90~100μm，附属丝20~45根。直或弯，长74~138μm，无色，无隔膜，个别基部有一个隔膜，顶端简单钩状；子囊4~6个，近棍棒形至广卵形，多数无柄，少数有短柄，大小45~50μm×36~46μm；子囊孢子4个或6个，卵形至矩圆形，淡黄色，大小17~22μm×11~15μm。也侵染杨属其他种（图2-2-68）。

图2-2-68 杨钩丝壳（*Uncinula salicis*）

防治方法 毛白杨是阳性树种，应该有充分的光照，不能种植过密，也不允许种于树荫下，要种植无病苗，植株长大，要适时适度修剪，增加受光度，发病初期及早喷洒杀菌剂控制，连喷洒杀菌剂2~3次（两次中间隔7~10d），冬季清除病、落叶，深埋，杀死初侵染源，可预防翌年白粉病继续发生。

2.2.51 滇白杨炭疽病

症状 病害发生在嫩梢及叶片上，初生水渍斑，逐渐形成褐色斑，进而病斑呈不规则形褐色大斑，叶两面病症现有黑色小点状物，病叶上的病斑由

1~10余个不等，病叶早落，嫩病稍枯萎。空气湿润时病症呈粉红色黏状物（见彩图2-2-69）。

病原 半知菌类腔孢纲黑盘孢目（科）刺盘孢属的胶孢炭疽菌，异名：盘长孢状刺盘孢（*Colletotrichum gloeosporioides* Penz.）尚侵染杨属各个种。分生孢子盘浅盘状，半埋生，盘内有刚毛，深褐色，直或稍弯，长40~100μm，分生孢子长椭圆形，单胞，无色，内含1~2个油球，大小8.4~16.8μm×3.5~4.2μm。有性阶段的病原为围小丛壳（分有性阶段和无性阶段），子囊菌亚门球壳目疔座霉科小丛壳属的围小丛壳［*Glomerella cingulata*（Stonem.）Spauld. et Schrenk］子囊壳近球形，暗褐色，丛生，大小125~320μm×150μm；子囊棍棒状，大小55~70μm×9~16μm，子囊壁易消解；子囊孢子长圆形至肾形，单胞，无色，大小12~28μm×4~7μm。

防治方法 ①精选择苗圃地，播种、扦插前种子或插条进行消毒，可用1%~1.5%石灰水浸泡20min，然后用清水洗干净。②苗圃排水良好，远离滇白杨林的地方育苗。播种前，也可用50%托布津或退菌特200倍液消毒，晾干24h后播种。③苗期喜阴，长大后成阳性树种，应该有充分的光照，不能种植过密，树荫下不透气，不透光处炭疽病比较严重。④种植无病出圃苗，植株长大，要适时适度修剪，增加受光度，发病初期及早喷洒杀菌剂控制，连喷洒杀菌剂2~3次（两次中间隔7~10d），冬季清除病、落叶，深埋，杀死初侵染源，后再用25%敌锈钠可湿性粉剂250~300倍液、70%甲基托布津可湿性粉剂1000倍液。预防翌年炭疽病继续发生。

2.2.52 毛白杨叶锈病

症状 嫩病叶皱缩微肿常呈畸形（病状）。其老病叶，叶背布满黄色粉状物，夏孢子堆。叶柄和嫩梢极易受害呈畸形黄色粉状物密布，幼嫩组织受害后变形易枯萎，凡病叶均提前脱落，影响生长发育（见彩图2-2-70）。

病原 担子菌亚门冬孢菌纲锈菌目栅锈菌科松－杨栅锈菌（*Melampsora larici-populina* kleb.）也可侵害杨属其他种。夏孢子堆生长在杨属的叶片背面，先埋生于表皮下，后外露，直径150~362μm，可达1mm；孢子堆内孢子间混生许多无色透明或淡黄色的头状侧丝，长54~79μm；侧丝头部大小30~39μm×21~24μm，顶端加厚5~13.5μm；夏孢子单生于柄上，椭圆形，淡黄色，大小25~39μm×16~26μm，孢子下端平滑，其他部位有疣状突出。冬孢子堆在叶片正面，从原来的病斑上生长出来，埋生于表皮下，长145~776μm，单生或连生；冬孢子单细胞，无柄，圆筒形、圆柱形、或菱柱形，黄褐色，单层排列呈栅栏状。冬孢子大小26~68μm×6~11μm，薄壁，平滑，顶部微厚。云南中部、南部、东南部均无其转主落叶松（*Larix*），但杨属在这些区域叶锈病仍然比较普遍。据报道，冬孢子没有侵染杨属的作用，而夏孢子不仅是再侵染源，而且越冬后仍有 0.3% 的萌发率，也能成为初侵染源（图 2-2-71）。

防治方法　参考滇白杨炭疽病的防治方法。

2.2.53　杨叶黑星病

症状　初病期病叶背呈现圆形病斑，直径 2~3mm，病叶面病斑模糊。多个病斑连接成不规则角形大病斑边缘不明显，发病后期叶背病斑上有灰黑色茸毛状物的病症，即分生孢子梗和分生孢子（见彩图 2-2-72）。

病原　半知菌类丝孢纲丛梗孢目暗色孢科黑星孢属的山杨黑星孢（*Fusicladium tremulae* Fr.）分生孢子梗不分枝，单生或 3~5 根丛生，暗褐色，多数有一个分隔，稀少有 2 个分隔，有的顶端分叉，大小 17.4~31μm×5~6.2μm，孢子脱落处留下明显痕迹（分生孢子痕）；分生孢子多数为暗褐色 2 个细胞，少数一个细胞，长椭圆形或长圆形微微弯曲，大小 12.4~22μm×5~6μm。病原菌以菌丝和分生孢子在病落叶或病枝梢上越冬，成为翌年春天的初侵染来源，春季多雨，天气阴湿，气温偏低的年份发病早而且严重，干旱年份则比往年同期发病较轻（图 2-2-73）。

防治方法　参考滇白杨炭疽病的预防与养护，杨苗黑星病使苗木叶片早落，小苗叶少，故预防要及早，否则因落叶而死亡。

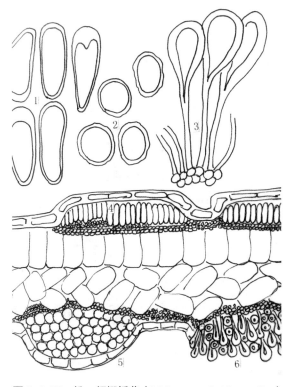 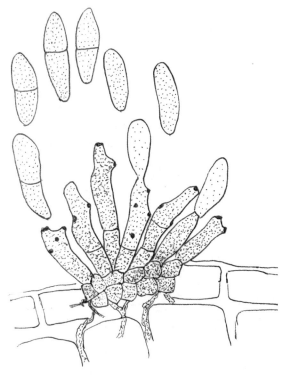

图 2-2-71　松–杨栅锈菌（*Melampsora larici–populina*）　　图 2-2-73　山杨黑星孢（*Fusicladium tremulae*）

2.2.54 云南黄果冷杉叶枯病

症状 此病侵染幼树和大树,在苗期针叶被害后生长势严重受到抑制。大树上常有病叶,但对生长势影响不大,观赏性较差。病叶初有黄色段斑,逐成半叶枯斑至全叶变枯,最后病斑呈灰褐色,交界处较明显微隆起,有红褐色分界线,病斑内有突破表皮的黑色有光泽的小点。潮湿时,小点成为黑褐色卷丝状物的病症(见彩图2-2-74,彩图2-2-75)。

病原 半知菌类腔孢纲球壳孢目(科)盘多毛孢属的枯斑盘多毛孢(*Pestalotia funerea* Desm.)引致。尚可侵染松科其他属植物,松属(*Pinus*)的许多种严重被害林分呈现一片褐红色,似火烧过,影响寄主生长。

防治方法 及时清除病枝,减低病原菌量,也要喷洒杀菌剂,可选75%百菌清可湿性粉剂600倍液、50%多菌灵可湿性粉剂500~800倍液等喷施整株。2~3次,每次用一种,交替使用。

2.2.55 大叶南洋杉叶尖枯病

症状 针叶受害枯死,枯斑从叶尖开始逐渐扩大,呈灰白色或灰褐色干枯状;病症为后期病针叶上的黑色小粒点,点的大小不均匀。病菌以菌丝或分生孢子器在病针叶上或病残体上存活越冬。条件适宜时,产生分生孢子,借风雨传播。温暖、潮湿条件下易发病(见彩图2-2-76)。

病原 ①由白疹孢(*Idiocercus* sp.)和半知菌类腔孢纲球壳孢目(科)壳蠕孢属的 *Hendersonia* sp. 两种真菌引致(图2-2-77)。

防治方法 剪除病枝,减少侵染源。②注意改善园圃通透性,防止过度密植。③配方施肥,适当增施磷钾肥。④喷药预防控病,防治昆虫危害等,减少伤口有利于防病,可用50%苯来特1000倍液、70%福美铁1000倍液、65%代森锌500倍液等,每隔10~14d一次,共喷2~3次。可用0.5°~1.5°Bé石硫合剂杀菌和杀小型昆虫一并完成。喷施30%氧氯化铜胶悬剂600倍液或65%多菌可湿性粉剂600倍液、50%多菌灵可湿性粉剂500倍液。

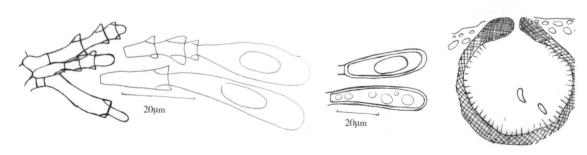

图2-2-77 白疹孢(*Idiocercus* sp.)

2.2.56 大叶南洋杉赤枯病

症状 病株初期个别枝叶变赤色干枯，逐渐扩展，后期病枝叶表面散生针头状小黑点，终致全株大部分枝叶枯死（见彩图2-2-78）。

病原 由半知菌亚门腔孢纲黑盘孢目（科）的拟盘多毛孢属一个种 *Pestalotiopsis* sp.（图2-2-79）和腔孢纲球壳孢目（科）盾壳霉属的橄榄色盾壳霉（*Coniothyrium olivaceum* Bon.）（图2-2-80）2种真菌引起。病菌以菌丝体和子实体（分生孢子盘）在病株上或随病残组织落入土壤中存活越冬，以分生孢子通过风雨传播，多从植株伤口侵入致病。温暖潮湿的环境易发病。寄主长势衰弱、偏施氮肥徒长都会降低植株抗病力而感病。

防治方法 ①做好肥水管理，合理密植，适时疏枝、修剪、清园，促进植株生长，增强抵抗力，有助减轻发病。②及时喷药保护。在冬季清园后和早春抽生新叶病害未出现时就开始喷药保护。③药剂可选用50%退菌特可湿性粉剂600~800倍液，或65%硫菌霉威可湿性粉剂800~1000倍液，或40%多锰锌可湿性粉剂600~800倍液，2~3次，隔10~15d一次，交替施用，喷匀喷足。

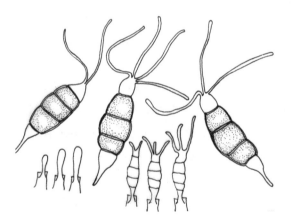

图2-2-79 拟盘多毛孢属（*Pestalotiopsis* sp.）

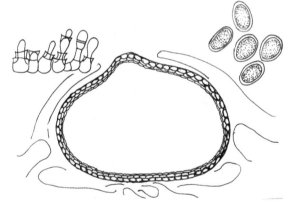

图2-2-80 橄榄色盾壳霉（*Coniothyrium olivaceum*）

2.2.57 大叶南洋杉小叶枝枯病

症状 下部枝叶首先感病，逐渐向上蔓延，整个枝条感病时顶梢弯曲，主干死亡后顶梢随即枯死。5~6年小树感病后很快死亡。被害小针叶从叶尖开始变灰褐色至灰白色，终至全叶干枯，严重时部分或全小枝灰白枯死，斑面散生小黑点，病针叶易脱落（见彩图2-2-81）。

病原 由半知菌亚门球壳孢目茎点霉属的一个种（*Phoma* sp.）引起。病菌以菌丝体和无性子实体分生孢子器在病株上或随病残组织落入土壤中存活越冬，南方温暖地区越冬期不明显，即使在冬季，只要具备温暖多湿的条件，病菌分生孢子仍可继续侵染致病。以分生孢子通过风雨传播，多从植株伤口侵入。温暖潮湿或过分郁闭的环境易发病，寄主长势衰弱、水肥供应不足或偏施氮肥徒长都能诱发感病（图2-2-82）。

防治方法 ①做好肥水管理，合理密植，适时疏枝、修剪、清园，促进植株生长，增强抵抗力，有助减轻发病。②及时剪除病枝，减少侵染来源。及早喷药保护。在冬季清园后和早春抽发新叶、病害未出现症状时就开始喷药保护。③药剂可选用50%退菌特可湿性粉剂600~800倍液，或65%硫菌霉威可湿性粉剂800~1000倍液，或40%多锰锌可湿性粉剂600~800倍液，2~3次，隔10~15d1次，交替施用，喷匀喷足。

2.2.58 南洋杉叶尖枯病

症状 被害针叶从叶尖开始变灰褐色至灰白色，终至全叶干枯，严重时部分枝段及整个分枝的针叶变灰白色，病斑散生小黑点，病针叶易脱落（见彩图2-2-83）。

病原 半知菌亚门腔孢纲球壳孢目（科）叶点霉属的南洋杉叶点霉（*Phyllosticta araucariae* Woronich.）。病菌以菌丝体和子实体在病株上或随病残体落土壤中存活越冬，南方温暖地区越冬期不明显，即使在冬季，只要具备温暖多湿的条件，病菌孢子仍可以继续侵染致病。苗圃低湿或密度太大，水肥供应不足容易诱发该病（图2-2-84）。

防治方法 ①做好肥水管理，合理密植，适时疏枝、修剪、清园，促进植株生长，增强抵抗力，有助减轻发病。②及时喷药保护。在冬季清园后和早春抽生新叶病害未出现时就开始喷药保护。③药剂可选用50%退菌特可湿性粉剂600~800倍液，或65%硫菌霉威可湿性粉剂800~1000倍液，或40%多锰锌可湿性粉剂600~800倍液，2~3次，隔10~15d一次，交替施用，喷匀喷足。

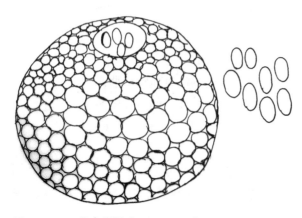

图2-2-82 茎点霉属（*Phoma* sp.）

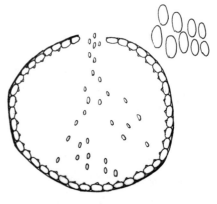

图2-2-84 叶点霉属（*Phyllosticta* sp.）

2.2.59 柚木锈病

分布及危害 该病危害柚木（*Tectona grandis*）的苗木和幼树，导致严重落叶，对林木的生长有严重影响。印度、巴基斯坦、斯里兰卡、缅甸、印度尼西亚、泰国以及我国引种柚木的地方都有此病发生。

症状 柚木锈病菌侵染柚木中老叶片，受害叶片初期背面出现淡黄色斑，很快形成暗橙黄色的锈粉状物，轻时零星分布，重则满布叶背。随后叶片表面渐渐呈现杏黄色斑点，病斑星罗棋布，周围有黄色晕圈，最后病斑变茶褐色，斑点间可相互联结为大斑块，沿边缘部分则卷曲干枯，病叶脱落（见彩图 2-2-85）。

病原 病原为柚木周丝单胞锈菌（*Olivea tectonae* Thirum.）属锈菌目、柄锈科。锈菌的冬孢子棍棒状或拟纺锤形棍棒状，内含物橙黄色，细胞壁无色，大小为 38~51μm×6~9μm，或者与夏孢子混生在一起，或者生于独立的冬孢子堆中。成熟后立即萌发，产生具有 4 个隔膜的先菌丝，从先菌丝产生担子和球形的担孢子。夏孢子橙黄色，卵形至长椭圆形，具无数小刺，大小为 20~27μm×16~22μm。侧丝生于夏孢子或冬孢子堆的边缘，圆柱状，向内弯曲，橙黄色，细胞壁厚达 25μm（图 2-2-86）。

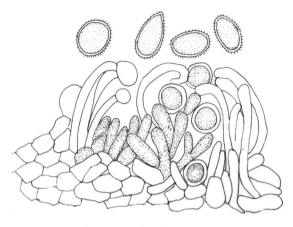

图 2-2-86 柚木周丝单胞锈菌（*Olivea tectonae*）

发展规律 在南方林区柚木的叶片从 9 月至翌年 5 月普遍受锈菌危害。温暖和干燥的气候有利于此病的发生。

防治方法 修枝或疏伐使林内空气流通，造林时注意控制适当密度。栽植过密的柚木林应进行修枝或疏伐，使林地空气流通，以减少病害的发生与传播。可试用药剂防治，发病前后可喷洒 20% 萎锈灵乳剂 200~400 倍液或 65% 代森锌可湿性粉剂 500~600 倍液。最好二者交替喷洒 2~3 次。

2.2.60 柿圆斑病

症状 柿圆斑病主要危害柿叶，也侵害柿蒂。叶片发病初期出现大量浅褐色圆形小斑。小斑边缘不清晰，以后渐扩大形成深褐色圆斑，直径 1~7mm，多为 2~3mm，边缘黑褐色。一片病叶往往有 100~200 个病斑，多的达 500 多个。病叶渐变红色，病斑周围出现黄绿色晕环，外圈往往有黄色晕（见彩图 2-2-87）。

病原 子囊菌门座囊菌目（科）球腔菌属的柿叶球腔菌（*Mycosphaerella nawae* Hiura et Ikata），子囊壳埋生于寄主表皮下，后突破表皮外露，球形或

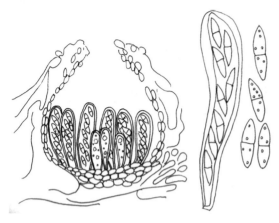

图 2-2-88 柿叶球腔菌（*Mycosphaerella nawae*）

洋梨形，黑褐色，具孔口。子囊圆筒形，无色，含 8 个子囊孢子，双列。子囊孢子纺锤形，无色，双胞，成熟时上胞较宽，分隔处稍缢缩。柿圆斑病菌在病叶中形成子囊壳越冬。翌年子囊壳成熟后，从 6 月中旬至 7 月上旬，子囊孢子大量飞散，经叶片气孔侵入（图 2-2-88）。

防治方法 ①秋后清扫落叶，集中烧毁，清除侵染源，如做得干净彻底，即可基本控制此病危害。②柿树集中的重病区，在柿树落花后即子囊孢子大量飞散前喷洒 1∶5∶400~600 波尔多液一次，重病树在半月以后再喷洒一次，基本上可防止落叶落果。喷洒 70% 甲基硫菌灵可湿性粉剂 1000 倍液或 65% 代森锌可湿性粉剂 1000 倍液也可控制病害。

2.2.61 柿叶枯病

症状 病菌主要侵染叶片，从叶缘开始发病，病斑近半圆形，褐色，病斑逐渐扩大，后期病斑灰褐色，有墨绿色茸毛层（见彩图 2-2-89）。

病原 半知菌亚门丝孢纲丛梗孢目暗色孢科枝孢属的海绵枝孢霉（*Cladosporium spongiosum* Berk & Curt.）引起。分生孢子梗丛生，黄褐色。分生孢子纺锤形或卵形，黄褐色（图 2-2-90）。

防治方法 病菌以菌丝体和分生孢子在病叶和病残体上越冬。多雨潮湿季节发病较重，所以搞好种植园卫生是预防的关键，秋季，清扫枯枝、落叶，集中烧毁，减少侵染来源。植株生长初期，用化学药剂保护叶片。可用波尔多液（1∶1∶100）、50% 退菌特 800 倍液、65% 代森锌 500 倍液防治。

2.2.62 柿白粉病

症状 主要危害叶片，引起早期落叶，偶尔也危害新梢和果实。对柿果品质量和树势造成不良影响。发病初期（5~6 月），在叶面上出现密集的由针尖大的小黑点群所构成的病斑。病斑近圆形，直径 1~2cm，或有黄晕，叶背呈淡紫色。秋后在叶背出现白色粉状的菌丝及分生孢子，10 月在其上散生黄褐色小颗粒，即病菌的子囊壳。以后子囊壳呈黑红色（见彩图 2-2-91）。

病原 子囊菌亚门白粉菌目（科）球针壳属的柿生球针壳（*Phyllactinia kakicola* Sawada），分生孢子呈倒卵形或乳头状，无色，单孢。闭囊壳球形，黄色至黑褐色，外围具有针状轮生的附属丝 8~23 根，基部呈球状膨大。闭囊壳内生有多个卵形的子囊，每个子囊内有 2 个子囊孢子。子囊孢子长椭圆形，无色，单孢（图 2-2-92）。

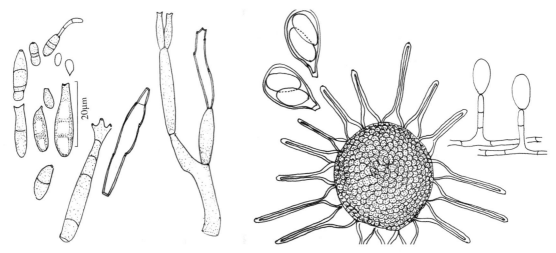

图 2-2-90　海绵枝孢霉（*Cladosporium spongiosum*）　　图 2-2-92　柿生球针壳（*Phyllactinia kakicola*）

发病规律　病菌以子囊壳在落叶上越冬。分生孢子的寿命很短，一般只能存活 3~7d，所以不能成为越冬的器官。至于冬芽内是否潜伏有越冬菌丝，有待研究。翌年 4 月上旬，柿树萌芽、展叶时，落叶上的子囊壳内的子囊孢子即成熟，并从子囊壳飞散出子囊孢子，被风吹落附在叶背，发芽后从气孔侵入。而后产生分生孢子，当年进行多次侵染。病菌发育最适宜温度 15~20℃，26℃ 以上发育几乎停止，15℃ 以下便产生子囊壳。

防治方法　及早清扫落叶，集中烧毁。冬季深翻果园，将子囊壳埋入土中。4 月下旬至 5 月上旬喷 0.2°Bé 石硫合剂，杀死发芽的孢子，防止侵染。6 月中旬在叶背喷 1∶2~5∶600 的波尔多液，抑制菌丝蔓延。

2.2.63　柿炭疽病

症状　受害果实初期产生深褐色斑点，后扩大为近圆形的黑色凹陷病斑，病部具灰色或黑色小颗粒，湿度大时，涌出粉红色黏质的分生孢子团，引起大量落果（见彩图 2-2-93）。

病原　由半知菌亚门腔孢纲黑盘孢目（科）盘长孢属的柿盘长孢（*Gloeosporium kaki* Hori）（图 2-2-94）真菌引致。分生孢子椭圆形或圆筒形，单胞，无色。一端稍弯。分生孢子聚生于分生孢子盘，盘上不生刚毛。病菌主要以菌丝体在枝梢病斑内越冬，也可在病干果、叶痕及冬芽中越冬，翌年初夏生出分生孢子进行初次侵染。分生孢子经风雨传播，从伤口侵入时潜育期为 3~6d；由表皮直接侵入时潜育期 6~10d。

防治方法　①清除病源：结合冬剪，剪除病枝和病果，清除果园中落果。生长季节连续剪除病枝，摘拾病果，烧毁或深埋，减少病源。②发芽前喷洒 5°Bé 石硫合剂。6 月上旬至 7 月喷洒 1∶5∶400 式波尔多液。8 月中旬至10月上旬喷1:3:(240~320)式波尔多液,每隔半个月喷1次。65%代森锌可湿性粉剂500倍液。③当引入树苗时,应严格检查,淘汰病苗,并于定植前用1:4:80的波尔多液浸10min。

2.2.64 柿褐斑病

症状 主要侵染叶片和小枝,病斑从叶尖、叶缘等部位发生,初黄褐色,小斑聚集在一起呈现为不规则的大斑,颜色加深为暗褐色,斑内有许多黑色小点即病原菌的分生孢子盘(见彩图2-2-95)。

病原 半知菌亚门腔孢纲黑盘孢目(科)拟盘多毛孢属一种 *Pestalotiopsis* sp. 的真菌引致(图2-2-96)。

防治方法 ①避免施氮肥过多;植株徒长发病重。②有少数病叶时,及时采摘销毁,然后喷波尔多液保护小枝和尚未被侵染的叶片。③修除病枝叶后喷杀菌剂防治,可喷多菌灵、代森锌、托布津等,依照说明书的倍数加水即可,7~10d一次,约2~3次。

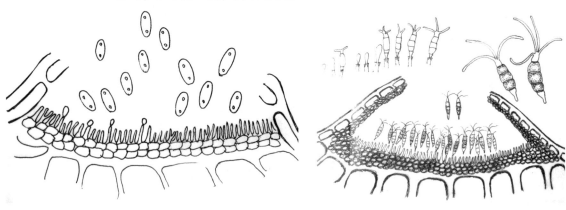

图2-2-94 柿盘长孢(*Gloeosporium kaki*)   图2-2-96 拟盘多孢属(*Pestalotiopsis* sp.)

2.2.65 柿黑星病

症状 主要危害叶、果和枝梢。叶片染病,初在叶脉上生黑色小点,后沿脉蔓延,扩大为多角或不定型,病斑漆黑色,周围色暗,中部灰色,湿度大时背面现出黑色霉层,即病菌分孢子盘(见彩图2-2-97)。

病原 半知菌亚门丝孢纲丛梗孢目暗色孢科黑星孢属的柿黑星孢的 *Fusicladium kaki* Hori et Yoshino。分生孢子梗线形,十多根丛生,稍屈曲,暗色(图2-2-98)。

发展规律 病菌以菌丝或分生孢子在新梢的病斑上,或病叶、病果上越冬。翌年,孢子萌发直接侵入,5月病菌形成菌丝后产生分生孢子进行再侵染,扩大蔓延。自然状态下不修剪的柿树发病重。

防治方法 ①秋后清扫落叶，集中烧毁，清除侵染源，如做得干净彻底，即可基本控制此病危害。②柿树集中的重病区，在柿树落花后即子囊孢子大量飞散前喷洒1∶5∶400~600波尔多液一次，重病树在半月以后再喷洒一次，基本上可防止落叶落果。喷洒70%甲基硫菌灵可湿性粉剂1000倍液或65%代森锌可湿性粉剂1000倍液也可控制病害。

2.2.66 柳叶锈病

症状 嫩叶生病时，叶片皱缩，加厚，反卷，上面生大块状黄色的夏孢子堆。在短而粗的枝上生长条状的夏孢子堆，发病严重时嫩枝很快枯死。花序生病在种壳上有小的夏孢子堆，有时叶柄，果柄上也生长条状夏孢子堆，叶柄，果柄弯曲（见彩图2-2-99，彩图2-2-100）。

病原 由担子菌亚门锈菌目无柄锈科栅锈属的落叶松柳栅锈菌（*Melampsora larici-epitea* Kleb.）引致（图2-2-101）。

发展规律 柳树锈病多数以夏孢子或菌丝在落叶上越冬，若遇到阴雨连绵的天气，越冬芽上的夏孢子很快传播侵入，进行侵染。

防治方法 ①新育苗区应距离大苗区或片林500m以上；二年生以上的，在苗区早春剪掉病芽，应先套上塑料袋再剪掉病芽，防治夏孢子扩散。②发病初期可用15%粉锈宁1∶300~500倍液进行喷雾，效果较好，一个生长期喷3~4次，可控制柳树锈病的流行。此外还用硫胶悬液、代森锌、甲基托布津等农药，但喷药次数增多。

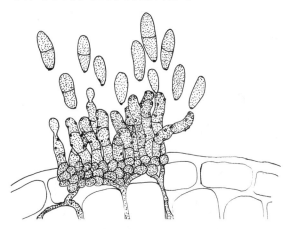

图2-2-98 黑星孢属（*Fusicladium* sp.）

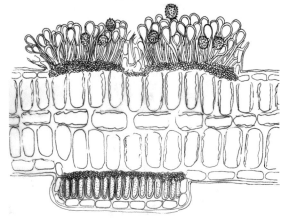

图2-2-101 落叶松柳栅锈菌（*Melampsora lariciepitea*）

2.2.67 香椿白粉病

症状 侵染初期在叶表，叶背及嫩枝表面形成不规则的不明显褪绿斑，病斑上逐渐形成白色粉状物，最后遍及整叶，整枝，后期在白色粉层上产生大小不等的黑色小点。叶片黄白色，卷曲枯焦，严重时落叶，嫩枝受害严重

图 2-2-103 香椿钩丝壳（*Uncinula delavayi*）

时扭曲变形，干枯死亡，导致树势下降和椿芽产量降低（见彩图 2-2-102）。

病原 子囊菌亚门白粉菌目（科）球针壳属的香椿球针壳（*Phyllactinia toonae* Yu et Lai）和白粉菌科钩丝壳属的香椿钩丝壳［*Uncinula delavayi* Pat. var. *cedrelae*（Tai）Tai］（图 2-2-103）。

发病规律 病菌在落叶上越冬，翌年春天借风雨传播，由气孔侵入叶片，幼枝，发病的最适湿度 75%，最适温度 20~25℃。一年可多次侵染，多次发病。

防治方法 加强田间管理，合理施肥浇水，增强树势和抗病力。及时清除病枝，病叶，并烧毁。发芽前喷 5°Bé 石硫合剂一次，生长期喷 0.3°~0.5°Bé 石硫合剂 2~3 次。

2.2.68 香椿褐斑病

症状 主要危害叶片，以 2~3 年生长期椿树发生危害重。发病初期在叶面产生红褐至锈褐色坏死斑点，多角形或不规则形大斑。后期在病斑正面和背面产生明显灰白色霉状物，即病菌分生孢子梗和分生孢子，最后，随病情发展，病叶枯死脱落（见彩图 2-2-104）。

病原 半知菌亚门丝孢纲丛梗孢目暗色孢科星盾炱属的刀孢星盾炱（*Asterina clasterosporium* Hughes）（图 2-2-105）半知菌亚门腔菌纲球壳孢目（科）毛口孢属一个种 *Aristastoma* sp.（图 2-2-106）。

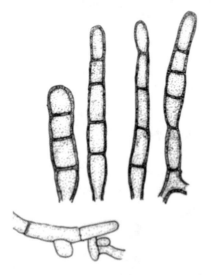

图 2-2-105 刀孢星盾炱（*Asterina clasterosporium*）

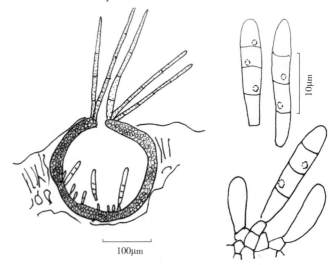

图 2-2-106 毛口孢属（*Aristastoma* sp.）

防治方法 发病初期开始喷洒50％敌菌灵可湿性粉剂400~500倍液，或70％甲基托布津可湿性粉剂600倍液，或70％代森锰锌可湿性粉剂500倍液，或6％乐必耕可湿性粉剂1500倍液，或2％加收米液剂600倍液，或47％加瑞农可湿性粉剂800倍液，或30％百科乳油1500倍液，或25％敌力脱乳油1000倍液，或30％倍生乳油1500倍液，或80％大生可湿性粉剂600倍液，10~15d防治1次，连续防治1~3次。

2.2.69 核桃白粉病

症状 发病初期，叶正面产生褪绿或黄色斑块，严重时叶片变形扭曲，皱缩，嫩芽不展开，并在叶片正面或反面出现白色圆形粉层，即病菌的菌丝和无性阶段的分生孢子梗和分生孢子。后期在粉层中产生褐色至黑色小颗粒，或粉层消失只见黑色小颗粒，即病菌有性阶段的闭囊壳（见彩图2-2-107）。

核桃白粉病在核桃产区都有发生，是一种常见的叶部病害。能危害嫩芽和新梢。干旱季节，发病率高，造成早期落叶，影响树势和产量。

病原 子囊菌亚门白粉菌目（科）叉丝壳属的山田叉丝壳［*Microsphaera yamadai* (Salm.) Syd.］的真菌引致（图2-2-108）。

发展规律 病原菌以闭囊壳在落叶或病梢上越冬，翌年春季气温上升，遇到雨水，闭囊壳吸水膨胀破裂，散出子囊孢子，随气流传播到幼嫩芽梢及叶上，进行初次侵染。发病后的病斑上多次产生分生孢子进行再次侵染。秋末冬初病叶上又产生黑色小颗粒，即病原菌的有性阶段闭囊壳，随落叶越冬。温暖气候，潮湿天气都有利于该病害发生。植株组织柔嫩，也易感病，苗木比大树更易受害。

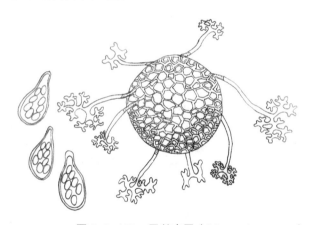

图2-2-108 叉丝壳属（*Microsphaera* sp.）

防治方法 清除病残枝叶，减少发病来源。发病初期可用0.2°~0.3°Bé石硫合剂喷洒。夏季用50％甲基托布津可湿性粉剂1000倍液，或15％粉锈宁可湿性粉剂1500倍液喷洒。

2.2.70 核桃炭疽病

症状 主要危害核桃、核桃楸的果实，亦危害叶、芽、嫩枝，苗木及大枝均可受害。果实上病斑初为黑褐色，后为黑色，由小逐渐扩大，近圆形或不规则形，稍凹陷，于中央产生许多黑色小点，多呈同心轮纹状排列，为病菌的分生孢子盘，天气潮湿时涌出粉红色的分生孢子团。1个病果有1至多个病斑，可连成大片，引起整个果实腐烂、发臭，果仁干瘪。叶上病斑不规则形，严重时叶片枯黄早落（见彩图 2-2-109）。

病原 半知菌亚门腔孢纲黑盘孢目（科）刺盘孢属的盘长孢状刺盘（*Colletotrichum gloeosporioides* Penz.），分生孢子盘生于外果皮下，成熟后表皮外露（图 2-2-110）。分生孢子单胞、无色。栅状。分生孢子椭圆形，单胞，无色。其有性世代为子囊菌亚门球壳目疗座霉科小丛壳属的围小丛壳菌 [*Glomerella cingulata* (Stonem.) Spauld. et Schrenk]。

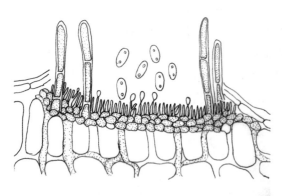

图 2-2-110 盘长孢状刺盘孢（*Colletotrichum gloeosporioides*）

发展规律 病原菌在病果、病叶上越冬，翌年 4~5 月形成分生孢子，借风雨及昆虫传播，孢子萌发后，自伤口或表皮直接侵入。发病轻重与雨水关系密切，如雨季到来早且雨量大、湿度大，发病则重。在平地、沟谷、地下水位高、株行距小、林冠郁闭、通风透光不良等条件下，发病常重。

防治方法 ①清除病原，及时从园中捡出落地病果，扫除落叶，结合冬剪，剪除病枝，集中烧毁。②注意选取通风、排水良好的圃地育苗，避免采用低洼地。③在发病前或雨季到来之前，喷洒 1∶1∶200 倍波尔多液或 50% 退菌特可湿性粉剂 600~800 倍液、50% 甲基硫菌灵可湿性粉剂 800 倍液，每 15d 喷洒 1 次，共喷 3~5 次。关键是幼果期喷药。④选栽抗病品种。

2.2.71 核桃圆斑病

症状 主要危害叶片。生圆形病斑，大小 3~8mm，初浅绿色，后变成褐色，最后变为灰白色，后期病斑上生出黑色小粒点。病情严重时，造成早期落叶（见彩图 2-2-111）。

病原 由半知菌亚门腔孢纲球壳孢目（科）叶点霉属的核桃叶点霉 [*Phyllosticta juglandis* (DC.) Sac] 和球壳孢科，茎点霉属的大孢大茎点霉 *Macrophoma macrospora* (McAlp.) Sacc. et D. Sacc. 的真菌引起。分生孢子器球形，分生壁细胞明显，大小 25~100μm × 22.5~75μm，具明显的孔口，直径 5~17.5μm；分生孢子近球形或卵圆形至椭圆色，单胞，无色，大小 4.0~6.25μm × 2.5~4.5μm。

发展规律 病菌以菌丝体或分生孢子器随病残体在土壤中越冬。翌春，分生孢子借风雨传播，遇适宜条件分生孢子萌发，经气孔或从伤口侵入，进行初侵染和再侵染，致病情扩展。该病为喜高温高湿型病害，发病适宜温度 25~28℃，在相对湿度高于 85% 时易发病。雨季进入发病盛期，降雨多且早的年份发病重。管理粗放、枝叶过密、树势衰弱易发病。

防治方法 ①秋冬季节清除病落叶，集中烧毁可减少初侵染。②增施充分腐熟的有机肥，采用配方施肥技术，每 667m² 施惠满丰多元素复合液肥 400mL，对水稀释 500 倍喷洒叶面，可增强抗病性。③合理灌溉适时适量控制浇水，雨后及时排水，必要时打去下部叶片，以增加通透性。④发病初期开始喷洒 75% 百菌清可湿性粉剂 600 倍液或 70% 代森锰锌可湿性粉剂 500 倍液、64% 杀毒矾可湿性粉剂 500 倍液、50% 苯菌灵可湿性粉剂 1500 倍液均有很好效果。

2.2.72 核桃褐斑病

症状 主要危害叶片，产生圆形或不规则形病斑，直径 0.3~0.7cm，中央灰褐色，边缘暗黄绿色至紫褐色，病斑周围与健康组织界线不明显，后期病斑上产生褐色小点，有时呈同心轮纹状排列，即病菌的分生孢子盘。严重的病斑连接成片，造成早期落叶。嫩梢和果上同样发生，在苗木上严重发生时，常常造成枯梢（见彩图 2-2-112）。

病原 由半知菌亚门腔孢纲黑盘孢目黑盘孢科盘二孢属的胡桃盘二孢 [*Marssonina juglandis* (Lib.) Magn.] 引起。病菌以分生孢子靠雨水传播，降雨量和降雨日数是关系病害发生的重要因素之一。4~7 月上旬病害发展迅速，7~8 月中旬较慢，9~10 月又较快（图 2-2-113）。

防治方法 ①秋冬季节清除枯枝落叶，减少侵染来源。②发病初期可用 20% 三唑酮乳油 1:300 或 70% 甲基托布津 1:500 倍浓度进行树冠喷雾防治效果较好，但必须间隔 5~7d 喷一次，连续 3 次方可见效。

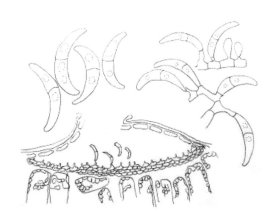

图 2-2-113 胡桃盘二孢（*Marssonina juglandis*）

2.2.73 核桃粉霉病（核桃霜斑病）

症状 3~4 月病叶初生于嫩组织上，病状畸形，叶膨大，皱缩。叶色变淡绿或粉红色。叶背病部密生霜霉状白色细粉状物（见彩图 2-2-114），5 月以后叶自边缘开始枯焦、脱落，当年再发新叶，叶面变小，夏秋又生霜霉，翌年病枝发芽，节间变短，叶面渐小，叶序混乱，发生丛枝，复数年，干枯死亡。在被害叶片的正面产生不规则的黄色褪绿斑，在其相应的背面出现灰白色的粉状物，此为病的分生孢子梗和分生孢子。

病原 半知菌亚门丝孢纲丝孢目微座孢属的核桃微座孢菌 [*Microstroma juglandis* (Bereng.) Sacc.] 尚可侵染枫杨，引起枫杨丛枝病。分生孢子单细胞，无色，长椭圆形，6~8 个聚集在肥大的分生孢子梗顶端。

发展规律 在云南 5 月中旬左右开始发生，尤其是易发生于相对湿度大的小环境中，江、河流域的岸边，当大树、幼树嫩叶萌动时，遇上水气重，极易发病，连年患病的植株，成病源中心。苗木和幼树感病重，不同品种间抗病性差异不显著，嫩叶易感病。

防治方法 ①清除病落叶，消灭越冬病原。②加强综合管理，增强树势，增强抵抗力。③病害初始，将病害枝连同大枝及时砍除，防止传播。病区在 2~3 月喷洒波尔多液进行预防，或发病初期，可喷 65% 代森锌可湿性粉剂 400~500 倍液，效果较好。

2.2.74　核桃毛毡病

症状 主要危害核桃叶片。发病初期叶面散生或集生浅色小圆斑，大小 1mm 左右，后病斑逐渐扩展至 4~13mm×3~10mm，病斑颜色逐渐变深，多呈圆形至不规则形，痂疤状；叶背面对应处现浅黄褐色细毛丛，严重时病叶干枯脱落（见彩图 2-2-115）。

病原 *Eriophyes tristriatus—erineus* Nal. 称胡桃瘿螨，属节肢动物门蛛形纲瘿螨目。

发展规律 核桃茸毛瘿螨秋末潜入芽鳞内越冬，翌年温度适宜时潜出危害。通过潜伏在叶背面凹陷处的茸毛丛中隐蔽活动，在高温干燥条件下，繁殖较快，活动能力也较强。云南 5 月上旬至 7 月中下旬发生较多。

防治方法 ①加强管理，及时剪除有螨枝条和叶片，集中烧毁或深埋。②用药剂防治，芽萌动前，对发病较重的林木喷洒 45% 晶体石硫合剂 30 倍液及克螨特等杀螨剂。发病期，5 月初至 7 月中下旬，每 15d 喷洒 1 次 45% 晶体石硫合剂 300 倍液或喷撒硫黄粉，共喷 3~4 次。或可喷洒 2.5% 敌杀死 2500 倍液，每 7~10d 一次，连续 2~3 次。

2.2.75　高山柏落针病

症状 发病初期，针叶小枝上开始出现黄绿相间的段斑。到 8 月初，病斑逐渐扩大，并由黄绿色转为红褐色，病叶开始脱落。至 11 月，病叶由红褐色转成黄褐色，并在病斑上产生许多小黑点，即性孢子器，此时针叶大部分脱落。翌年 3、4 月，在落叶小枝或落叶上产生具有光泽的黑色椭圆形小点，即病菌的子囊盘。每枚落叶小枝上子囊盘少则有 1~2 个，多则有 4~5 个（见彩图 2-2-116）。

病原 由子囊菌门盘菌纲星裂盘菌目散斑壳属刺柏散斑壳 [*Lophodermium juniperinum* (Fr) Rehm] 的真菌引起。子座椭圆形，黑色，膜质，内含一个子囊盘，借纵裂缝开口。子座顶部组织由暗褐色厚壁细胞组成。子囊圆狭棍棒形至圆筒形，内含 8 个子囊孢子。子囊孢子丝状，单胞。

发展规律　在秋季，子囊盘在病落针小枝上形成，以初生双核菌丝体的原始子实体越冬。在落针上原始子实体内产生初生造囊菌丝，翌年春天形成再生造囊菌丝，而产生子囊孢子作为初次侵染来源。4~5月，子囊盘陆续成熟。子囊孢子借气流传播。从感病到性孢子器出现，经过28~102d。子囊盘成熟期约需1.5~4个月。子囊孢子放射期可延续2个月左右。

防治方法　秋末彻底清除病叶枯枝集中烧毁，可减少翌年的侵染源。自新芽展叶开始，每半月喷洒一次1∶1∶100的波尔多液或75%的百菌清可湿性粉剂600倍液，连续3次至4次，可防止该病的发生。发病初期，用50%的苯菌灵可湿性粉剂1000倍液，或75%的百菌清可湿性粉剂500倍液，或50%的代森铵水剂800倍液，交替喷洒枝叶，每10d一次，连续3次至4次。

2.2.76　滇润楠白脉病

症状　该病原菌最早在国内被发现危害云南樟，后发现危害滇润楠，树冠近下层叶片局部畸形，叶背主脉、侧脉及网脉出现白色霜霉状物，叶表皮破裂，叶片提早干枯脱落。病原菌以菌丝体及分生孢子在病叶上越冬，成为翌年的初侵染来源；以蚜虫为媒介昆虫，从伤口侵入；6月为发病高峰期，7月以后病害停止发展。调查结果显示：该病在枝叶稠密的树体上发生严重，并常与虫害同时发生（见彩图2-2-117）。

病原　半知菌亚门腔孢纲黑盘孢目黑盘孢科盘星孢属的萨卡度盘星孢霉（*Asteroconium saccardoi* H. et P. Syd.），分生孢子盘呈淡黄色至黄褐色，宽340~400μm，两个盘连在一起时更宽。常突破表皮细胞外露；分生孢子梗无色透明，无分隔，分枝一次，或不分枝，大小26.5~82.5μm×1.9~3.5μm；分生孢子立体四角形，星孢状体，单细胞，无色透明，着生在分生孢子梗顶端，成熟的分生孢子中心能产生一个小孢子，小孢子无色透明，卵形，直径大小1.9~2.2μm。整个分生孢子可以从梗上脱离，此梗不再产生分生孢子。脱离的分生孢子基部平截，整个分生孢子大小13.8~18.6μm×16~22.6μm。分生孢子梗产生了成熟的孢子后，两个梗的顶端发胖呈直角岔开，两个梗形成平面三角形状。小孢子能萌发，长成菌丝。该病原尚能侵染樟科的润楠属和樟属植物（图2-2-118）。

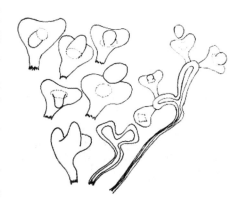

图2-2-118　萨卡度盘星孢霉（*Asteroconium saccardoi*）

防治方法　①选择排水良好的苗圃地，播种前种子进行消毒，远离滇润楠林的地方育苗。播种前，进行种子检验后，用50%托布津或退菌特200倍液消毒，晾干24h后播种。②不能种植过密，树荫下不透气，不透光处滇润楠白脉病易发病。③苗圃地是预防与治理病害、虫害较好的集聚地，在苗圃中应将所有病害、虫害控制住。滇润楠白脉病在苗圃中比较严重。④出圃苗应是无病苗。要种无病苗，还要精心养护，植株长大后，要适时适度修剪，增加受光度，发病初期及早喷洒杀菌剂控制，连喷洒杀菌剂2~3次（两次中间隔7~10d），冬季修剪病虫害枝条、清除病枝叶、落叶等深埋，或烧毁，杀死初侵染源，可预防翌年滇润楠白脉病的继续发生，连续2~3年的清除和烧毁可以获得较好的效果。

2.2.77 滇润楠叶褐斑枯病

症状 叶上病斑椭圆形中间黄褐色枯斑，病斑有一暗褐色细线圈，正面病斑上散生小黑点（壳二孢属病原菌），背面小黑点不明显（顶生网属病原菌），叶斑稀少（见彩图2-2-119）。

病原 由半知菌亚门腔孢纲球壳孢目（科）壳二孢属两个种 *Ascochyta* spp.（图2-2-120）和半知菌亚门丝孢纲丛梗孢目暗色孢科顶生网属一个种 *Acrodictys* sp. 引致（图2-2-121）。

发展规律 病菌以菌丝体和分生孢子在病叶上越冬。多雨潮湿季节发病较多。

防治方法 植株生长初期，用化学药剂保护叶片。可用波尔多液1∶1∶100，50%退菌特800倍液，65%代森锌500倍液防治。

2.2.78 滇润楠叶枯病

症状 病叶生褐色梭形不规则形病斑，边缘深褐色隆起。病斑可愈合成大枯斑，在叶两面均生黑褐色霉状物（见彩图2-2-122）。

病原 真菌门半知菌亚门丝孢纲丛梗孢目暗色孢科链格孢属的一个种 *Alternaria* sp.（图2-2-123）。

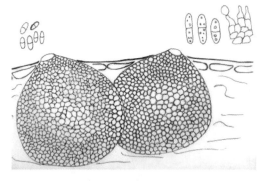

图2-2-120 壳二孢属（*Ascochyta* spp.）

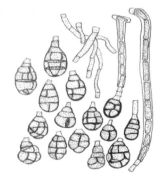

图2-2-121 顶生网属（*Acrodictys* sp.）

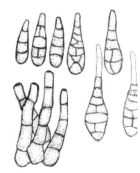

图2-2-123 链格孢属（*Alternaria* sp.）

防治方法 ①初见病叶时及时剪除销毁，减少病菌来源。冬季清园后，在鸢尾生长前期，要用波尔多液重点保护有病植区。②盆土用高压锅蒸汽消毒，或50%苯菌灵可湿粉1000倍液作定根水淋灌。③配方施肥，增施磷钾肥。④发病初期，用药剂控制2~3次，可选40%代森锰锌可湿粉600~800倍液，或40%多福溴可湿粉600~800倍液，或15%亚胺唑可湿粉2000~3000倍液，每隔7~10d一次。

2.2.79 滇润楠炭疽病

症状 主要危害叶片，也可危害枝干。叶斑半圆形至不定型，褐色至灰褐色，斑面上有细纹或轮纹（病状），其上有小黑点或小红点；枝干上病斑椭圆形，稍下陷，斑面密生小红点（见彩图2-2-124）。

病原 半知菌亚门腔孢纲黑盘孢目刺盘孢属的盘长孢状刺盘孢（*Colletotrichum gloeosporioides* Penz.）。

发展规律 病菌以菌丝体和分生孢子盘在病株或病残体中存活越冬，以分生孢子作为初侵染和再侵染源，借风雨传播。广东全年侵染，在昆明，5月雨季开始后发病，无明显的越冬期。天气温暖多雨或园圃通风透气不良有利于病害发生。偏施氮肥也易发病。

防治方法 ①选用抗病品种。②精心护养，加强综合栽培管理，配方施肥、合理浇水、松土培土、喷药防病及修剪等。③发病前或发病初期及时喷药预防控制。发病前的预防可选用0.5%~1%石灰等量式波尔多液，或70%退菌特可湿性粉剂900倍液或70%托布津+75%百菌清可湿性粉剂（1∶1）1000~1500倍液，或40%多硫悬浮剂600倍液，或80%炭疽福美可湿性粉剂800倍液，或25%炭特灵可湿性粉剂500倍液，或50%施保功可湿性粉剂1000倍液，1~2周一次，2~3次或更多，交替喷施，前密后疏。

2.2.80 滇润楠叶圆斑病

症状 叶上半部易产生病斑，形成边缘色深、内部色淡的小圆斑，在小圆斑中心灰白处有几个小黑点（见彩图2-2-125）。

病原 半知菌亚门腔孢纲球壳孢目（科）壳二孢属的一个种 *Ascochyta* sp. 真菌引致。

防治方法 参照滇润楠炭疽病的防治。

2.2.81 滇润楠灰斑病

症状 灰斑病在叶上病斑暗褐色至灰白色圆形斑，直径2~6mm，边缘清晰。后期中央散生小黑点。病斑常密集，融成大斑，叶片焦枯（见彩图2-2-126）。

病原 半知菌类腔孢纲球壳孢目（科）叶点霉属的梨叶点霉

(*Phyllosticta pirina* Sacc)。分生孢子器球形或扁球形，埋于表皮下，上端有乳头状孔口。分生孢子单胞无色。分生孢子梗极短，无分隔。

发展规律　病菌以菌丝体、分生孢子器（盘）或子囊盘，在落地病叶中越冬。翌年春雨后产生分生孢子，随风雨传播到树体，侵染叶片，出现病斑。秋季发生危害重。以高温多雨为流行条件，凡管理粗放、树冠郁闭、树势衰弱的果园发病重。

防治方法　①清除落叶、落果、集中烧毁。②发病初期可用30%绿得保胶悬剂300~500倍液或70%甲基托布津可湿性粉1000倍液等，均有较好效果。

2.2.82　板栗圆斑病

症状　初期栗叶上产生黄褐色斑点，逐渐扩大成圆形斑，中间部位颜色较浅，后期病斑透明，其周围有一黄色晕圈。当多个病斑重叠时，形成不规则形大斑，主脉上较多。每片叶上有大小斑1~40个，病斑内有不明显的微小黑色粒状物，即病原菌的分生孢子盘（见彩图2-2-127）。

病原　为半知菌亚门腔孢纲黑盘孢目（科）柱盘孢属的栗生柱盘孢（*Cylindrosporium castanicola* Berl.）（图2-2-128）。

发病规律　病菌以菌丝和分生孢子在病落叶上越冬。昆明地区4月萌生栗叶，此时正值干旱，病菌未能繁殖侵染；5月有少量雨水，雨后病菌开始活动，少数叶片受害；6~7月再侵染开始，病菌可侵染各个时期的老叶和嫩叶，病斑迅速增多，病斑边缘菌丝体如蛛网状；9~10月病斑大小已稳定，直径0.5~1.5cm，叶背病斑色浅，形如模糊的污斑；11~12月圆斑内产生较多的分生孢子盘，成熟孢子较多。老病叶较嫩病叶易脱落，嫩病叶枯后往往仍挂在梢头，成为翌年初侵染的来源。

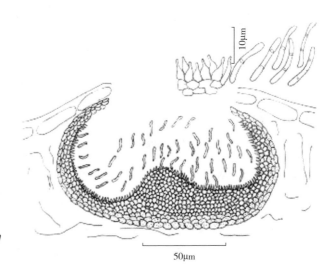

图2-2-128　栗生柱盘孢（*Cylindrosporium castanicola*）

防治方法 ①栗园 5~6 月出现少量病叶时，应及时喷 1:1:100 波尔多液进行保护。以后视病害发展情况，隔 7~10d 喷 1~2 次，也可在发病初期，施用杀菌剂，可喷 50% 退菌特可湿性粉剂 500~800 倍液，或 50% 多菌灵可湿性粉剂 1000~1500 倍液，以控制病害发展。②冬季清除落叶烧毁，以减少病原菌侵染源。

2.2.83 板栗炭疽病

症状 叶片病斑大小不一，不规则，褐色至灰白色，有明显的深色边缘，外缘褪绿半透明。病斑内散生一些黑色小点，即病菌子实体，数个病斑可连成个大枯斑，有不明显的轮纹（见彩图 2-2-129）。

病原 半知菌亚门腔孢纲球壳孢目（科）刺盘孢属的盘长孢状刺盘孢（*Colletotrichum gloeosporioides* Penz.）。

防治方法 ①冬季清理，全园深翻并结合修剪，清除病枯枝、病落叶果、球苞皮等集中烧毁或深埋。同时喷药消毒，减少病源。②加强肥水管理：根据栗树不同生育期科学合理施肥、管水，增强树势，提高抗病力；③在翌年春季栗树萌芽前，喷 1 次 3°Bé 石硫合剂；在 4~5 月和 8 月上旬，各喷 1 次 0.2°~0.3°Bé 石硫合剂或石灰半星式波尔多液或代森锌 800 倍液。及时防治栗瘿蜂等害虫，以减少传媒，减轻危害。

2.2.84 板栗白粉病

症状 白粉病主要危害栗苗及幼树的嫩梢和叶子，染病初期出现近圆形或不规则形块状褪绿病斑，随着病斑逐渐扩大，在病斑背面产生灰白色粉状霉层，即病原菌的菌丝体和分生孢子梗及分生孢子。秋季病斑颜色转淡，并在其上产生初为黄白色，后变为黄褐色，最后变为黑褐色的小颗粒状物，即病原菌的闭囊壳。嫩枝、嫩叶被害表面布满灰白色粉状霉层，发生严重时，幼芽和嫩叶不能伸长形成皱缩卷曲，凹凸不平，叶色缺绿，影响生长发育，甚于引起落叶（见彩图 2-2-130）。

病原 引起白粉病的白粉菌有两种，均属子囊菌亚门白粉菌目白粉菌科球针壳属的栎球针壳 [*Phyllactinia robotis* (Gachet.) Blum.] 及叉丝壳属的华叉丝壳 (*Microsphaera sinensis* Yu) 发生于叶正面的为 *Microsphaera Sinensis*，闭囊壳内含 4~8 个子囊，子囊孢子椭圆形，附属丝 5~14 根，呈二叉状分枝 2~4 次，末端分枝卷曲，其无性阶段为半知菌亚门丝孢纲丛梗孢目（科）粉孢属的一个种 *Oidium* sp.。发生在叶背面的白粉菌为 *Phyllactinia robotis* (Gachet.) Blum.，闭囊壳的附属丝为球针形，其无性阶段为半知菌亚门丝孢纲丛梗孢目（科）拟卵孢属的一个种 *Ovulariopsis* sp. 分生孢子为单个，着生在分生孢子梗顶端。

防治方法 ①清除有病的枝梢、树叶，以消灭或减少越冬病源。② 4~6月发病期间喷布硫黄粉或 0.2°~0.3°Bé 石硫合剂，也可喷布波尔多液，20%粉锈宁 2000 倍液，均可抑制发展。③喷石硫合剂，在休眠开始后，首先进行的工作就是冬季修剪，去除病虫枝、叶，集中烧毁，然后进行树干涂白；在休眠即将结束前喷 5°Bé 的石硫合剂一次，萌芽后及时喷一次 0.2°~0.5°Bé 的石硫合剂一次。

2.2.85 桉树紫斑病

症状 桉树紫斑病发生于桉树叶上。初期病叶上出现黄绿色小点，后斑点逐渐扩大呈多角形或不规则形蓝紫或紫褐色。后期病斑可连成片。春季在紫色病斑上会出现黑色小粒状突起或黑色粉状物，有时会产生暗褐色或近黑色的卷须状物，严重时叶尖或叶缘干枯，甚至全叶干枯卷曲（见彩图 2-2-131）。

病原 桉树紫斑病其病原为半知菌亚门腔孢纲球壳孢目（科）壳暗针孢属桉壳褐针孢（*Phaeoseptoria eucalypti* Hansf.）（图 2-2-132）。

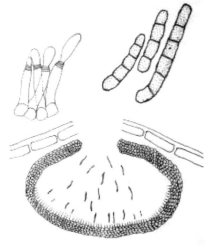

图 2-2-132 桉壳褐针孢（*Phaeoseptoria eucalypti*）

发展规律 一般 3~4 月孢子器成熟，病叶上溢出大量的卷须状孢子角或分生孢子，孢子角暗褐色或浅黑色，分生孢子红褐或浅黑色。病菌以分生孢子借风雨迅速传播蔓延，该病的侵染影响桉树的光合作用，严重时叶片枯焦脱落。

防治方法 及时清除病叶，集中烧毁或提炼桉叶油，杜绝或减少侵染源。加强桉树林的抚育管理，促进幼树健壮成长，提高桉树的抗病力。初春喷洒等量式 100 倍波尔多液预防，春末病害发生期喷洒多菌灵、百菌清或托布津等进行防治。

2.2.86 桉树角斑病

症状 初期形成针头大小圆斑，以后延叶脉逐渐扩大，圆形或不规则形，紫红色斑点，直径 2~4mm×1~2mm，后期逐渐为灰褐色，有时边缘带紫红色。严重时叶片斑点累累，多个连接，最后融合扩大致全叶，往往还与一些次生寄生菌复合危害，使叶片逐渐干枯死亡（见彩图 2-2-133）。

病原 由半知菌类丝孢纲丛梗孢目暗色孢科尾孢属的桉尾孢霉（*Cercospora eucalypti* Cooke et Massee）引起。分生孢子无色或淡色，着生在半球形的小子座上，分生孢子梗淡褐色，单生，直或微弯，有 0~2 个分隔，大小 8~20μm×2.5~3.5μm，分生孢子圆柱形或鼠尾形，有 3~6 个分隔，大小 20~35μm×3~3.8μm。

发展规律　一般高温高湿发病严重，通常危害幼树。

防治方法　清除病落叶和被害叶片，集中烧毁；发病期间喷药保护。

2.2.87　桉树焦枯病

症状　病菌主要危害叶片和枝梢。叶片感染初期出现针头状大小的水泽斑，病斑逐渐扩大，组织坏死如被烧灼，边缘有一赤褐色晕圈，后期病斑中部变灰褐色，多数病斑联结造成叶尖和叶缘枯，病叶卷曲、脆裂脱落。枝条染病，表皮层遍布近圆形或长条形的小点，扩大后若病斑环绕枝干，可造成枝干干枯死亡。在雨后或者高湿环境，尤其在靠近地面枝条也的坏死部分，出现密布的白色霉状物，即为病菌的分生孢子堆（见彩图2-2-134）。

病原　由半知菌亚门丝孢纲丛梗目（科）柱枝孢属的帚梗柱枝孢（*Cylindrocladium scoparium* Morgan）的真菌引起（图2-2-135）。

图2-2-135　帚梗柱枝孢（*Cylindrocladium Scoparium*）

发展规律　桉树焦枯病的3种病原真菌可在苗圃侵害桉树的苗木和4年以下的的幼林，同时也侵染萌芽林。造成大量落叶、枝梢干枯，严重的整株死亡。这些病原菌以菌丝体在感病的枝梢或落地病叶病枝上越冬，翌年3月初产生大量的分生孢子进行初侵染，幼林的初侵染源不是来自落地的病残体，而是树上的病枝梢。分生孢子借风吹雨水飞溅传播，分生孢子萌发芽管后，可从叶片、嫩枝的伤口或直接穿透表皮细胞进入组织取得养分。病菌的潜育期很短，一般为1~3d。短期内又可产生大量分生孢子进行再次侵染。5~6月达到发病盛期；7~9月，病情危害稍缓；10~11月又有上升趋势，但不会再流行扩展。病菌一旦进入叶片，2~3d内大部分脱落，感病枝条6~8d干枯。夏、秋雨水多，湿度大的气候环境，发病较重。

防治方法　①严禁用疫区桉树枝条作组织培养和扦插繁殖材料。繁殖用母苗应严格检疫，杜绝带菌苗木调运出圃。②尽量避免在带菌的旧圃地育苗，必要时应对土壤、培养基作彻底消毒，可用30%土菌消每平方米3~6mL用水稀释后淋洒作苗床消毒。③在背风低洼的山坡造林时，宜采取宽行窄株的栽培规格，以增强林间通透性，减少病菌积累及传播。④发病后及时清除病苗、病叶、病枝。交替喷洒50%速克灵400~600倍液，或5%菌毒清400~600倍液，或30%土菌清1500~2000倍液，瑞毒霉锰锌600~800倍液。

2.2.88　龙柏枝锈病

症状　春季3月在柏科植物小枝上产生冬孢子角，空气湿度大时，冬孢子角延长，变薄颜色变成淡黄色似流胶状，冬孢子萌发，产生担孢子，随风而传播（见彩图2-2-136）。

病原 担子菌亚门冬孢纲锈菌目柄锈科胶柄锈属的梨胶锈菌（*Gymnosporangium haraeanum* Syd.），在柏科植物上产生冬孢子角，寄主是圆柏（*S. chinensis*）、龙柏和桧柏等，而性孢子器和主要产生在蔷薇科如梨、木瓜、山楂、棠梨和贴梗海棠等植物叶片上，也发生在叶柄、果实和果柄上。冬孢子角红褐色或咖啡色，角状或圆锥形。冬孢子一般春节前后成熟，遇上湿润的气候冬孢子萌发成担子，担子有4个细胞，每个细胞上长出担子小梗，在每个小梗上各产生一个担孢子。

防治方法 圆柏属和刺柏属植物是园林主要植物之一，尤其是烈士陵园不可少的树种，但同时又往往有蔷薇科植物种在附近。故梨–桧锈病（龙柏枝锈）、苹果桧锈病等几乎年年发病，应在2月初将柏科植物上的冬孢子角修剪下来深埋在土中，连续几年科防治此病。

2.2.89 西南桦煤污病–1

症状 煤污病是西南桦种植中最常见，发生的最为严重的一种病害。在叶片上产生黑褐色平展的粉煤状物。另外西南桦干部及枝梢也会发生煤污病，病部形成灰绿色至黑褐色的毡状霉层（见彩图2-2-137）。

病原 病原由半知菌亚门丝孢纲丛梗孢目暗色孢科枝孢属果柄黑星孢的无性态枝孢霉（*Cladosporium* State of Venturia carpophila Fisher）引致。分生孢子梗暗色，有横隔。直立或匍匐，可分枝。成簇生。分生孢子顶生。分生孢子长橄榄形，向上部渐狭。单孢，远离分生孢子梗的一端浅棕色，上部具乳状突。靠近分生孢子梗的一端棕色，分生孢子梗及分生孢子有时环绕着表皮毛生长。分生孢子在全年反复侵染，造成连续发病。在过密及卫生条件较差的林分中发病严重。该菌尚能侵染杏、李、梅、桃和扁桃，使其叶、果产生黑色煤污状病斑（图2-2-138）。

发展规律 病菌在枝条上越冬，春末病菌形成分生孢子器、产生分生孢子，在合适的温度条件下通过风雨，昆虫等媒介进行传播。生长期中光照条件差与湿度大是主要发病条件，如种植过密、光照恶化、地势低洼、排水不畅都易造成煤污病的发生。另外，蚜虫、叶蝉等刺吸型口器的昆虫的危害，也会导致煤污病的发生。

防治方法 ①西南桦煤污病一般主要发生在过密的林分中，或植株本生枝叶过于茂盛。感病后嫩枝及叶片上最初有黑色霉斑，以后逐渐形成煤烟状厚层，严重时会影响植株光合作用。故虽然不会对植株造成致命的伤害，可一旦发生，长此以往也会影响植株的正常生长，降低树势，并造成其他病虫害的发生。所以，对其进行适当的防治十分必要。从营林措施入手就能收到较好的效果，结合抚育修剪工作。②植物休眠期喷洒3°~5° Bé的石硫合剂，杀死越冬的菌源，从而减轻灰霉病的发生。煤污病于点片发生阶段时，可喷施百菌清、多菌灵等广谱的杀菌剂,隔15d左右1次,视病情防治2~3次。

2.2.90 西南桦煤污病 –2

症状 被害叶片出现小型放射状灰黑色霉状斑。不能抹去。斑块边缘不明显,聚生。该种类病害常与西南桦煤污病混合发生,有时症状不易区分。枝干上的黑霉为短梗霉（*Aureobasidium* sp.）（见彩图 2-2-139）。

病原 半知菌亚门丝孢纲丛梗孢目暗色孢科的环痕孢（*Spilocaea* sp.）和短梗霉（*Aureobasidium* sp.）。环痕孢分生孢子梗褐色近球形,顶端连续产生分生孢子,产生过多少分生孢子就有多少个环痕在分生孢子梗的分隔上,雨天孢子量大；分生孢子近椭圆形,一头大,一头小,基端平截,褐色,初形成分生孢子时为单细胞,后孢子成熟成为双细胞,脱离褐色近球形的孢子梗,孢子大小 15~27μm × 10~12μm。短梗霉菌丝初无色,后变褐色,分隔处缢缩,后断裂成菌丝段,分生孢子梗分化不明显。产孢细胞位置不定,分生孢子椭圆形,无色单胞。可芽殖产生次生分生孢子。厚垣孢子深褐色,无隔或 1 隔,表面光滑,寄生或腐生于叶面（图 2-2-140）。

发展规律 菌丝在寄主的角质层下,形成子座。内着生直立的分生孢子梗,分生孢子梗棕黑色,单孢,短而简单。顶部附近有明显环痕。分生孢子（环痕孢子）与分生孢子梗同色,具一横隔。宽卵圆形或梨形,有截形的基部。

2.2.91 西南桦毛毡病

症状 该病害在样地中只是零星的发病,发生于林内距离相隔的不远的

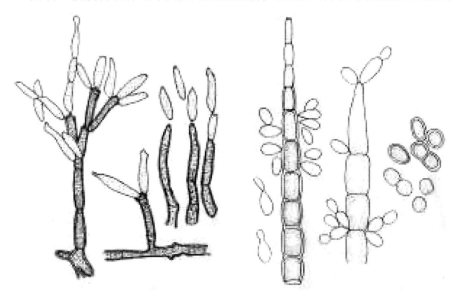

图 2-2-138 枝孢属（*Cladosporium* sp.） 图 2-2-140 短梗霉（*Aureobasidium* sp.）

几株植株上（见彩图 2-2-141）。

受害部位植株的表皮细胞受到刺激后逐渐长出淡色的茸毛状物，后期茸毛状物变多变密，且颜色逐渐加深。叶片受害部位叶背凹陷，叶片表面具玫红色毛毡状突起，有金属碎屑状的荧光。严重时受害叶片皱缩，扭曲变形（图 2-2-142）。

病原　瘿螨属的一个种 *Eriophyes* sp. 虫体分泌物刺激寄主表皮毛发生变异，形成蘑菇状突起，平展时头部为近球形，壁薄，透明。初期为透明，后渐渐产生蜜黄色内含物，并产生粉红色色素，至后期完全变为玫红色。体躯蠕虫形，横切面近圆形。头胸板亚三角形。背毛瘤成对，位于板后缘稍前方，背毛指向前方。腹部背片与腹片几乎相等。通常腹片较多，具微瘤。足毛均存在，羽状爪简单。

2.2.92　栎白粉病

症状　嫩叶易受害，叶正面有白色粉状物；病斑多呈近圆形。用手可以抹去白粉层，病斑只是微微褪绿。该白粉菌属于纯外寄生类型，以吸器穿入植物表皮细胞，吸取植株体内营养。在苗床里，由于植株密集，菌量多，白粉病菌可能侵染危害。每年约于 9~10 月发病。病菌在病株及病残体上越冬（见彩图 2-2-143）。

病原　子囊菌亚门白粉菌目（科）白粉菌属的锡金白粉菌（*Erysiphe sikkimensis* Chona et al.）引致。无性世代为粉孢霉（*Oidium* sp.）。闭囊壳扁球形 71.4~82μm，壳壁细胞不规则，多角形，附属丝丝状，无色，短，一般不分枝，0~45 根，子囊近球形，无柄，一个闭囊壳内有 2~3 个子囊（少有 4 个），子囊孢子卵形、无色，每个子囊内有孢子 3~8 个不等（图 2-2-144）。

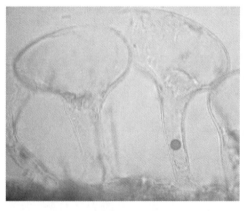

图 2-2-142　瘿螨属（*Eriophyes* sp.）

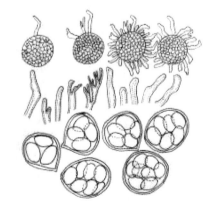

图 2-2-144　锡金白粉菌（*Erysiphe sikkimensis*）

防治方法　清除病叶及病残体，彻底销毁；苗床通风要好，避免密度过大。发病时可喷洒50%苯来特1000倍液，50%代森锌1000倍液，有较好的效果。

2.2.93　高山栎黑痣病

症状　发病初期叶片上产生点状褪绿斑，病斑中央褐色，边缘紫红色，发病后期，病叶上出现黑色膏药状、隆起于叶表面的许多小漆斑，各漆斑之间彼此分离或相互连接，不规则形，发病叶片提前脱落（见彩图2-2-145）。

病原　子囊菌亚门星裂盘菌目斑痣盘菌科斑痣盘菌属的槭斑痣盘菌[*Rhytisma acerinum*（Pers.）Fr.]的真菌引致（图2-2-146）。

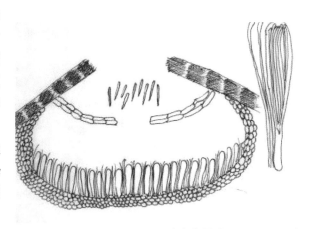

图2-2-146　斑痣盘菌属（*Rhytisma* sp.）

发展规律　病菌以菌丝及分生孢子于病残体上越冬，翌年春天产生子囊盘及子囊孢子，并从雨季开始借气流及水滴传播，以子囊孢子进行初侵染。8月中下旬开始，病叶上出现黑色漆状斑，此时为病菌的无性世代，越冬以后继续侵染。

防治方法　①发现病叶应及时摘除烧毁，秋季结合修剪清除枯落叶及病残体；发病前喷1%的波尔多液预防；②发病初期喷50%甲基托布津或退菌特可湿性粉剂500~800倍液，每隔7~10d喷洒1次，连续用药2~3次。

2.2.94　栎毛毡病

症状　主要危害叶片，也为害嫩梢，叶片受害，最初叶背面产生许多不规则的白色病斑，逐渐扩大，其叶表隆起呈泡状，背面病斑凹陷处密生一层毛毡状白色茸毛，茸毛逐渐加厚，并由白色变为茶褐色，最后变成暗褐色，病斑大小不等，病斑边缘常被较大的叶脉限制呈不规则形，严重时，病叶皱缩、变硬，表面凹凸不平（见彩图2-2-147）。

病原　该病实际上是一种虫害锈壁虱寄生所致，但人们习惯列为病害。葡萄状锈壁虱[*Eriophyes vitis*（Pegenstecher）]属节肢门蛛形纲壁虱目。虫体圆锥形，体长0.1~0.3mm，体具很多环节，近头部有两对软足，腹部细长，尾部两侧各生一根细长的刚毛。

防治方法　①冬季修剪后集中烧毁。②发病初期及时摘除病叶并且深埋，防止扩大蔓延。③芽开始萌动时，喷 1 次 3°~5° Bé 石硫合剂，以杀死越冬壁虱。或发芽后再喷 1 次 0.3°~0.4° Bé 石硫合剂或 25% 亚胺硫磷乳油 1000 倍液。

2.2.95 桃缩叶病

症状 主要危害叶，但是嫩梢、花、果也受害。叶片变厚，质地变脆，色变淡或粉红色，畸形卷曲的叶片上有一层细白粉，后期变黑，枯死（见彩图 2-2-148）。

病原 真菌中的子囊菌亚门外囊菌目（科）外囊菌属的畸形外囊菌 [*Taphrina deformans* (Berk) Tul.] 引起叶、枝、果畸形的病害还有李袋果病，樱袋果病等（参见检索表 4），畸形外囊菌无子囊果，其子囊外露，肉眼或借助放大镜观察，只见畸形的病斑上有一层细微的白色粉末，它们即外子囊和子囊孢子及芽孢子的聚合物。外子囊下面是足细胞，子囊内有 8 个子囊孢子，多于 8 个孢子便开始有芽孢子了，芽孢子萌发也能侵染幼叶、嫩芽和嫩茎，甚至还侵染幼果（云南高海拔处的桃子，气候潮湿处，桃缩叶病 6 月中、下旬还能发病，晚熟品种尤其如此）。在云南不同地域不同品种桃缩叶病从 2 月下旬至 6 月下旬都可见到桃缩叶病的发生（图 2-2-149）。

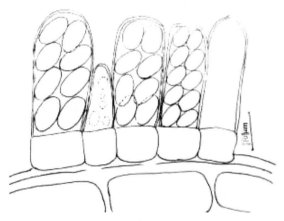

图 2-2-149 畸形外囊菌（*Taphrina deformans*）

防治方法 ①春季有 10~16℃ 正处桃的品种又恰好在此时萌发新片，易感染，故可以用不同品种错开。②该病一年只发生一次，当年若大发生，不必喷药，6~7 月病害停止；若在发病初期，少数病叶，而且病叶上还没有那层细白粉时，及时摘除病叶，剪除病枝有些防治效果。③喷药应该在早春桃花只有几朵露出红色来时，可以喷 2°~4° Bé 的石硫合剂，对准叶芽处均匀喷施。

2.2.96 桃褐斑穿孔病

症状 叶片、新梢和果实。在叶片两面发生圆形或近圆形病斑，边缘紫色或红褐色略带环纹，大小 1~4mm；后期病斑上长出灰褐色霉状物，中部干枯脱落，形成穿孔，穿孔的边缘整齐。穿孔多时，叶片脱落。新梢、果实染病，症状与叶片相似，均产生灰褐色霉状物（见彩图 2-2-150）。

病原 由半知菌亚门丝孢纲丛梗孢目暗色孢科尾孢属的核果尾孢霉（*Cecospora circumscissa* Sacc.）。

发展规律　病菌以菌丝体在病叶或枝梢病组织内越冬，翌春气温回升，降雨后产生分生孢子，借风雨传播，侵染叶片、新梢和果实。以后，病部产生的分生孢子进行再侵染。病菌发育温度7~37℃，适温25~28℃。低温多雨利于病害发生和流行。

防治方法　①加强桃园管理注意排水，增施有机肥，合理修剪，增强通透性。②药剂防治落花后，喷洒70%代森锰锌可湿性粉剂500倍液、70%甲基硫菌灵超微可湿性粉剂1000倍液、75%百菌清可湿性粉剂800倍液、50%混杀硫悬浮剂500倍液，7~10d喷1次，共喷3~4次。

2.2.97　桃细菌性穿孔病

症状　桃细菌性穿孔病在叶片正面病斑，呈多角形或不规则形，进一步发展，叶片病斑脱落，形成穿孔。春季枝干形成溃疡斑，初期为长椭圆形，微隆起，夏季枝干溃疡斑呈不规则形，干枯，凹陷。色泽变深，后期呈干裂状（见彩图2-2-151）。

病原　黄单胞杆菌属的甘蓝黑腐黄单胞杆菌桃穿孔致病型 [*Xanthomonas campestris* pv. *pruni* (Smith) Dye]，异名桃黄极毛杆菌 [*Xanthomonas pruni* (Smith) Dowson.]（图2-2-152）。

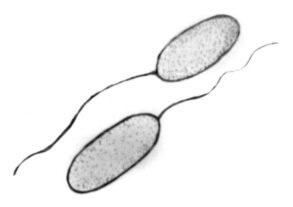

图2-2-152　黄单胞杆菌属（*Xanthomonas* sp.）

防治方法　①彻底清除病枝、枯枝和落叶集中烧毁，清除越冬病菌来源。②发芽前喷3°~5°Bé石硫合剂或1:1:120的波尔多液，杀灭越冬病菌。③合理修剪，以利通风透光。雨季注意排水，降低小气候湿度。④发病初期喷洒65%代森锌可湿性粉剂600~800倍液，或1:4:240硫酸锌石灰液或72%农用链霉素可溶性粉剂3000倍液等，10~15d1次，连喷2~3次。

2.2.98　杉木赤枯病

分布及危害　赤枯病是杉苗后期病害，也是杉木幼林时期的病害。常见于湖南、湖北、广东、广西、四川、江苏、江西、云南等地。湖南省双牌县林业科学研究所1978年杉苗发病率达65%。病苗枯黄，顶芽枯死，形成多头状。病树主要表现为树冠基部黄化和顶梢枯死。

症状　该病表现3种症状类型，一种是杉苗尖枯：杉苗发生赤枯病，主要表现为顶梢枯死。初期在杉苗顶梢的嫩叶，出现淡黄色斑点，渐变红褐色，后扩展到全针叶，呈枯褐色，最后病苗顶梢赤枯。在发生赤枯病的针叶上，产生黑色微突起的小黑点，是病菌的分生孢子盘。重的病苗自上而下变枯褐色死亡，轻病苗基部仍保持绿色，顶部往往再发生2~3个不定芽，使杉苗形成多头状。第二种是树冠基枯：在南方的杉木林区，由于地表热辐射，树冠基部灼伤，病菌从灼伤的针叶侵染。初期出现暗褐色小点，病斑扩大，在中部产生微突起黑褐色的子实体，然后病叶尖端枯死。潮湿时，在子实体外有黑色卷须状物出现，即病原菌的分生孢子角。第三种是杉木顶枯：1年生的杉木顶梢下约30cm处发黄，病菌侵入，向上下扩展，病斑呈淡红色。皮层破裂后，树梢呈棕褐色。当病菌侵入木质部时，变为深褐色。之后整个顶梢枯死。梢枯后，尚能萌发，但容易再度感染。枯梢上可见到黑色小点，即病菌的分生孢子盘。潮湿时也有黑色卷须状分生孢子角形成。

病原 由半知菌类的顶枯拟多毛孢[*Pestalotiopsis apiculatus*（Huang）]引起。分生孢子盘生表皮下，成熟后突破表皮向外散放孢子。分生孢子盘直径约200μm，分生孢子长梭形，有4个分隔，分隔处稍缢缩，两端细胞无色透明，中部3个细胞浅棕色，6.7~7.3μm×23~28μm。顶部有2~4根（绝大多数为3根）细长而又透明无色鞭毛，鞭毛长为16~24μm，基部有无色透明的分生孢子梗，梗长4~6μm。

病菌在人工培养基上，初为带红色菌落，5~6d后，在菌丝体中间产生数颗黑色粒状物，即病菌的分生孢子盘。菌丝体和分生孢子的生长适温为26~30℃，孢子萌发的温度为10~40℃，最适温度为28℃，24h内就有50%的孢子萌发。

发展规律 病菌以菌丝体和分生孢子在病组织内越冬。借风雨传播。由灼伤组织或垂死组织的伤口侵入。地下水位过高，沙土或重黏土，氮肥过多，苗木太嫩，苗床未及时遮阴，或遮阴时间太久，苗木生长纤黄，抗病能力减弱，这些情况下，苗木均易发病，苗木以盛夏季节发病较重。杉木幼林树冠基枯和顶梢枯死也多发生在盛夏。因为土壤干旱裸露，地表温度过高，如湖南省株洲市朱亭镇和广东省东莞市，地表温可达59.5℃，杉木基部气温也可达35~40℃。针叶蒸腾量大，细胞膨压下降，气孔缩小甚至关闭，光合作用减弱，呼吸作用增强，养料大量消耗，抗病性能减弱。

防治方法 选择适宜杉木生长的肥水条件及排灌良好的土壤育苗和造林。5~6月，杉苗要及时灌溉或遮阴，幼林应及时抚育与压青施肥，促进杉苗和幼树健壮生长。对发病的苗圃或幼林，可用1%波尔多液或70%百菌清500~800倍稀释液或50%退菌特500~600倍稀释液喷雾。

2.2.99 柳杉赤枯病

分布及危害 柳杉赤枯病在江苏、浙江、江西和台湾等地都有发生。在日本也是严重的林木病害之一。柳杉在我国栽植越来越广,近年来由于赤枯病的危害,有些地区造成苗木大量死亡。如江苏南通地区,1975 年调查有的苗圃 1~3 年生苗全部发病。枯死苗达 100 万株以上,病苗出圃造林后也易枯死。

症状　柳杉赤枯病主要危害 1~4 年生苗木的枝叶。一般在苗木下部的枝叶首先发病,初为褐色小斑点,后扩大成暗褐色。病害逐渐发展蔓延到上部枝叶,常使苗木局部枝条或全株呈暗褐色枯死。在潮湿的条件下,病斑上会产生许多微突起的黑色小霉点,这便是病菌的子座及着生在上面的分生孢子梗及分生孢子。病害还可直接危害绿色主茎或从小枝、叶扩展到绿色主茎上,形成暗褐色或赤褐色稍下陷的溃疡斑,这种溃疡斑如果发展包围主茎一周,则其上部即枯死。有时主茎上的溃疡斑扩展不快,但也不易愈合,随着树干的直径生长逐渐陷入树干中,形成沟状病部。这种病株虽不一定枯死,但易遭风折。

病原　柳杉赤枯病由真菌中半知菌类尾孢属的 [*Cercospora sequoiae* Ell. et Ev. (*C. cryptomeriae* Shirai)] 所引致,分生孢子梗聚生于子座上,稍弯曲,黄褐色。分生孢子鞭状,但先端较钝,有 3~5 个分隔(少数有 6~9 个分隔),淡褐色,表面有微小的疣状突起,大小 6~7μm × 66~70μm。

发展规律　病菌孢子于 15~30℃下发芽良好,25℃为发芽最适温度;在 92%~100% 的相对湿度下才能萌发。病菌主要以菌丝在病组织内越冬,翌年春(约 4 月下旬至 5 月上旬)产生分生孢子,由风雨传播,萌发后经气孔侵入,约 3 周后出现新的症状,再经 7~10d 左右病部即产生孢子进行再次侵染。柳杉赤枯病发展快慢除和温度有一定的关系外,主要和当年大气湿度和降雨情况密切相关。如果春夏之间降雨持续时间长的年份,发病常较重。在霉雨期和台风期最有利于病菌的侵染。另外,苗木过密,通风透光差,湿度大或氮肥偏多等,都易促使苗木发病。柳杉赤枯病在 1~4 年生的实生苗上最易发生。随着树龄的增长,发病逐渐减轻,7~10 年生以上便很少发病。扦插苗一般较实生苗抗病能力强;如 1976 年在江苏省南通市如皋县的调查表明,1 年生实生苗感病指数为 76.6,扦插苗为 2.5;2 年生实生苗感病指数为 24.9,扦插苗为 0.6,差异是明显的。

防治方法　首先应严格禁止病苗外调,新区发现病苗应立即烧毁。要培育无病壮苗,适当间苗。要合理施肥,氮肥不宜偏多。如果是连作或邻近有病株,必须尽可能彻底清除和烧毁原有病株(枝),或冬春深耕把病株(枝)叶埋入土中,以减少初次侵染来源。在苗木生长季节应经常巡视苗圃,一旦发现病苗,应立即拔除烧毁。发病期见用 0.5% 的波尔多液、401 抗菌剂 800 倍液及 25% 的多菌灵 200 倍液,每 2 周喷一次。

2.2.100 杨黑斑病（褐斑病）

分布及危害 已报道的有辽宁、吉林、黑龙江、河北、河南、陕西、新疆、江苏及上海等地。黑斑病主要发生在叶上，引起早期落叶。1965年上海、南京一带加杨普遍发病，提早两个月落叶。南京，毛白杨幼树在病害流行年份叶片在7日即全脱落，以后再萌发新叶。这样对树木生长影响显然是严重的。当年的杨实生苗感病最重，常造成大量幼苗枯死，使育苗完全失败。黑斑病菌能危害多种杨树，在东北、内蒙古等地以小叶杨、小青杨和苦杨最易感病；在江苏一带以毛白杨、响叶杨及加杨等发病较重。其他各种杨树也常感病，感病程度各有差异。

症状 黑斑病一般危害叶片，某些杨树的嫩梢和果穗也能感病。毛白杨、响叶杨和加杨上由杨盘二孢（*Marssonina populi*）引起的病斑主要在叶的正面出现，圆形，初很小，后虽有扩大，但直径一般不超过0.5mm。在嫩叶上初为红色，边缘较深，后变黑褐色，中间有乳白色胶黏状分生孢子堆。老叶上病斑开始即为黑褐色。病斑数量多时，可连成不规则斑块，严重时叶大部变黑枯死。在加杨上，叶背随后也出现病斑和乳白色的孢子堆。毛白杨及响叶杨，只有在发病重时，后期叶背才产生。在叶柄上，病斑为红棕色或黑褐色小点，后成梭形，中间也生有乳白色孢子堆；病斑多时可使叶柄发黑，叶脱落。在嫩梢上，病斑成梭形，长2~5cm，黑褐色，稍隆起，中间产生微带红色的孢子堆。嫩梢木质化后，病斑常开裂成溃疡状。病重的嫩梢冬季常枯死。响叶杨蒴果上病斑与叶片上相似，但孢子堆常较大。果穗轴上的病斑与嫩梢上相似，但较小，且孢子堆不带红色。

在新疆的阿勒泰地区曾发现 *M. popul*，在某些杨树种叶片上引起的病斑可大至1cm左右，呈红褐色，并主要限于叶正面，严重时，全树叶片变成红褐色。

由褐盘二孢（*M. brunnea*）引起的病斑多先出现在叶背面，以后叶正面也有；初为针刺状发亮的小点，后扩大成黑色直径0.2~1.0mm的病斑，中间生有乳白色的分生孢子堆；病斑多时可汇合成大的圆形或多角形或不规则形斑块，甚至全叶发黑枯死。在实生幼苗的子叶及第一对针叶期，病叶变红色。

病原 杨黑斑病是由半知菌亚门的盘二孢属（*Marssonina*）真菌引起的，这个属的真菌寄生在杨树上的有很多种。我国已发现的两个种是：杨盘二孢 [*M. populi*（Lib.）Magn] 和杨褐盘二孢 [*M. brunnea*（Ell. et Ev）Magn] 前一种在江苏、上海、河南、陕西、新疆发现，后一种在东北、内蒙古、陕西、河南、江苏等地发现。病菌的分生孢子盘生于寄主的角质层下，后突破外露；分生孢子梗短，不分枝；分生孢子无色。病菌的分生孢子盘生于寄主的角质层下，后突破外露；分生孢子梗短，不分枝；分生孢子无色，双细胞，卵圆形或近卵圆形。两种的主要区分是：*M. populi* 分生孢子分隔处稍缢束，大小 12.8~22.4μm × 3.2~8.0μm；*M. brunnea* 分生孢子分隔处不缢束，大小 15.7~20.9μm × 6.4~7.4μm。二者在所致症状上也有差别。

发展规律 病菌以菌丝体在落叶中或枝梢的病斑中越冬，翌年春产生新的分生孢子作为初侵染来源。邻近的 2 年生苗木和幼、成年树上早已发病，这些侵染来源，较先年有病落叶更为重要。在江苏，响叶杨的蒴果是感病的，病菌的孢子堆具有胶黏性，所以孢子主要通过雨水的稀释后，随水滴飞溅或飘扬而传播。病菌孢子萌发的适温为 20~28℃左右，与水滴接触时萌发率较高，芽管生长较快，否则不易达到侵染的要求。病菌侵染寄主后，潜育期约为 2~8d。在气温和降雨适宜时很快就产生分生孢子堆，孢子又能进行新的侵染，因此病害的发展是极为迅速地。据 1963 年在南京观察，响叶杨试验基地上实生幼苗从无病发展到 69%~85% 的病苗只经过 8d。

病害发生季节与病菌要求的温湿度基本一致，但也因地区和树种而有差异。在南京毛白杨，响叶杨黑斑病 4 月初开始发病，5 月发病最重，炎热的 7~9 月基本停止发展，未脱落的病叶上也找不到分生孢子堆；9 月下旬病害又有新的发生，并逐渐加重至落叶为止，但加杨不同，常于 6 月中开始发病，以后逐渐加重直至全部落叶。东北地区，一般于 6 月下旬开始发病，7~8 月发病最重，以后逐渐减缓。

据各地报道，病害的发生与发病季节雨量和雨日的多少关系密切。雨多发病重，雨少发病轻。苗圃地潮湿，临近沟渠或排水不良，发病常较重。苗木生长过密而生长较差的均易感病。

防治方法 杨黑斑病是实生苗前期的重要病害，应选排水良好的圃地育苗，避免连作，如需连作要彻底清除落叶。苗圃附近要尽可能没有感病的杨树。幼苗出齐后要及时间苗，加强抚育管理，适当增施速效肥，促进苗木初期生长，并喷药保护。据各地试验，65% 的代森锌 400~500 倍液；10% 的二硝散 200 倍液；1 : 1 : 200~300 的波尔多液；菲美铁 100~253 倍液及 0.6% 硫酸锌液等均有防病效果。当苗木生出 1~2 个真叶时开始喷药，以后每隔 10d 喷 1 次，至病害流行期基本结束为止，大约要喷 5~7 次。

综合应用以上方法基本上能控制实生苗的发病。在苗木调运时，应注意检查枝梢有无病斑，如有则应剪除烧掉。据国外报道，选育和推广速生抗病的杨树是预防杨黑斑病的有效途径；不同杨树品种抗病性也有差异，如大官杨、沙兰杨较抗病。可在适宜的地方栽培推广。

2.2.101 杨灰斑病

分布及危害 杨灰斑病发生在黑龙江、吉林、辽宁、河北和陕西等地。从小苗、幼树到老龄树都能发病，但以苗期被害严重，常造成多顶苗，不合造林要求。

症状 病害发生在叶片及幼梢。病叶上初生水渍斑，很快变褐色，最后变灰白色，周边褐色。以后灰斑上生出许多小黑点，久之连片成黑绿色，这是病菌的分生孢子堆。有时叶尖叶缘发病迅速枯死变黑，上生黑绿色霉。叶背面病斑界限不明显，边缘绿褐色，斑内叶脉变紫黑色。

嫩梢病后死亡变黑，群众叫这种病状为"黑脖子"，其以上部分叶片全部死亡变黑，刮风时小枝易由病部折断，以后由邻近叶柄的休眠芽生出几条小梢，小梢长成小枝，结果病苗成为一个多叉无顶的小苗。

灰斑病在不同树种上的表现稍有差异。在加拿大杨病叶上，多数只有褐色多边形病斑，无灰白色表皮。

病原 该病由子囊菌亚门的东北球腔菌（*Mycosphaerella mandshurica* Miura）引起，病菌子囊孢子时代，在自然界很少看到，只在培养条件下才产生。无性型为半知菌纲黑盘孢目的杨棒盘孢（*Coryneum populium* Bres.），分生孢子由4个细胞构成，上数第3个细胞最大且至此稍弯。孢子在水滴中易萌发。萌发温度是3~38℃，以23~27℃为最适宜。孢子在落叶上越冬。

发展规律 越冬后的分生孢子是初侵染来源，萌发后生芽管及附着胞，由气孔侵入寄主组织，在少数情况下也能直接穿透表皮侵入。潜育期5~10d，发病后2d即可形成新的分生孢子进行再次侵染。病叶随落叶在地上越冬，翌年春得湿气后萌发，在东北地区，每年7月发病，8月进入发病盛期。先出现叶斑病状，雨后发生枝枯病状，有的地区9月时病情严重，9月末基本停止发病。

小叶杨、小青杨、钻天杨、青杨、箭竿杨、中东杨、哈青杨、山杨等易感病，黑杨、大青杨次之；加拿大杨虽病，但极轻，在陕西省以箭竿杨受害最重。

病害发生与降雨，空气湿度关系很大，连阴雨之后，病害往往随之流行。

苗床上1年生苗发病最重，2年生和3年生苗及萌蘖条也经常发病，幼树发病较轻，老龄树虽然发病，但受害不大。

防治方法 ①不要过密，当叶片密集时，可适当间苗，或打去底叶3~5片，以通风降湿。②苗圃周围大树下萌条要及时除掉，以免病菌大量繁殖。培育幼苗的苗床要远离大苗区。③6月末开始喷药防治，喷65%代森锌500

倍液，或 1:1:125~170 波尔多液，每 15d1 次，共 3~4 次。

2.2.102 杨叶枯病

分布及危害 杨树叶枯病是近年来引起人们重视的病害，分布于黑龙江、吉林、辽宁、河南、河北等地，危害毛白杨、小叶杨、小青杨、银白杨、北京杨等多种杨树，对杨树苗木及幼林造成严重危害，如北京市东北旺苗圃的毛白杨连年受此病的危害，1981 年叶片感病率达 100%，叶片大量提前脱落。

症状 病斑产生于毛白杨锈病的夏孢子堆的对面（叶正面）或直接产生于叶面上。病斑多为圆形、椭圆形或不规则形，初为灰褐色，后为灰白色，中部产生黑褐色霉状物，病斑直径一般为 1~5mm。

病原 病原菌为半知菌亚门的链格孢菌（*Alternaria renuis* Nees）。分生孢子更多数丛生，少数单生暗橄榄黄至淡橄榄褐色，有隔，直立或弯曲，一般为 6~145μm×4.5~5.8μm，分枝或不分枝；分生孢子通常形成链，一般由 10 个或 10 个以上孢子组成，孢子具多型性，有卵圆形、球形、长卵形、长圆锥形、圆筒形多种，暗橄榄色、淡黄橄榄色至橄榄褐色，有 1~9 个横隔，0~6 个纵隔，大小为 9.9~70μm×7.2~16.3μm。叶枯病菌的分生孢子萌发适宜温度为 26~28℃，萌发速度快，12h 就有 80% 的孢子萌发，18h 有 92% 的孢子萌发。

发展规律 病落叶上的分生孢子越冬后的萌发率近 40%。20% 的越冬芽内具有 *Alternaria* 的菌丝和分生孢子。由此说明，该病菌以分生孢子和菌丝在病叶及芽中越冬，作为翌年的初侵染来源。借风传播，从 4 月下旬至 9 月均有孢子飞散，5 月出现小高峰，7 月下旬孢子飞散出现高峰。病菌由伤口侵入，潜育期很短，在温度、湿度适宜时，2d 就出现新病斑，一般是 4d 左右。在北京地区，5 月中旬出现病斑，7 月已很普遍，8、9 月达到高峰，大量落叶。据报道，*Alternaria tenuis* 可以寄生于锈菌（*Melampsora magnusiana*）上，致使它的夏孢子堆消失，同时它可以从锈菌伤口处侵入植物组织，使寄主产生病斑。高温多雨，高湿有利于病害的发生，苗木过密，通风透光不良会促进病害的扩展。

防治方法 ①选用抗病品种，尤其在同一圃地或林地上，不要连种某一易感病品种；②加强管理，有条件的地方秋天清除病落叶；③锈病严重的地方，及时防治毛白杨锈病的发生和蔓延，以减少叶枯病菌的侵染；④在发病高峰前喷 65% 可湿性代森锌 600 倍液。

2.2.103 毛白杨锈病

分布及危害 河南、河北、山东、内蒙古、山西、陕西等地毛白杨分布区均有发生。主要危害幼苗及幼树。大树上也有发生，但并不造成严重危害。该病危害叶片，也能危害芽。严重时致病叶和病芽枯死，影响杨树的生长。因此，该病是毛白杨苗木生产中的一个重要问题。它除危害毛白杨外，还能危害新疆杨、苏联塔形杨、河北杨、山杨、银白杨等。

症状 春天杨树展叶期，即可看到树上满布黄色粉堆，形似一束黄色绣球花的畸形病芽。严重受侵的病芽经3周左右便干枯。正常芽展出的叶片受侵后，形成黄色小斑点，以后在叶背面可见到散生的黄色粉堆，即病苗的夏孢子堆。严重时夏孢子堆可以联合成大块，且叶背病部隆起。受侵叶片提早落叶，严重时形成大型枯斑，甚至叶片枯死。在较冷地区，早春可在病落叶上见到赭色，近圆形或多角形的疱状物，即为病菌的冬孢子堆。病菌也危害嫩梢，形成溃疡斑（见检索表3）。

病原 据文献记载，引起毛白杨锈病的病原菌在我国有马格栅锈菌（*Melampsora magnusiana* Wagner）、杨栅锈菌（*M.rostrupii* Wagner）和圆茄夏孢锈菌（*Uredo tholopsora* Cumm.）。目前普遍承认的在我国主要是前两种。这两种菌在夏孢子和冬孢子以及侧丝的形态和大小上差异不大。夏孢子堆为黄色，散生或聚生。夏孢子枯黄色，圆形或椭圆形，表面有刺，大小 19.6~25.3μm×16.1μm×21.04μm，壁厚 2.8~3.5μm。侧丝呈头状或勺形，淡黄色或无色。冬孢子堆于寄主表皮下，冬孢子近柱形，大小为 37~50μm×10~15μm。该菌的转主寄主在我国尚未查清。据国外报道，马格栅锈菌的转主寄主应为紫堇属（*Corydalis*）和白屈菜属（*Chelidonium*）植物。杨栅锈菌的转主寄主应为山靛属（*Merurialis*）植物。据记载，我国在河北省曾在紫堇属植物（*Corydais* sp.）上发现过马格栅锈菌的性孢子器和锈孢子器世代，但并未研究其与毛白杨锈病的关系。

发展规律 该菌可以菌丝状态在冬芽中越冬。随着春季温度升高，冬芽开始活动，越冬的菌丝也逐渐发育，并形成夏孢子堆。受侵冬芽不能正常展开，形成满覆夏孢子的绣球状畸形。这些病芽成为田间初侵染的中心。枝稍溃疡斑内的菌丝也可越冬，病落叶上的夏孢子经过冬天后虽有一部分具有萌发和侵染能力，但随着春季气温逐渐升高，其萌发率迅速丧失，因此在初侵染中的作用远不如带病的冬芽为重要。在自然条件下，虽然也形成冬孢子，但数量不多，而且其转主寄主至今并未查清。所以从田间发病实际情况可以肯定冬孢子在侵染中并无重要作用。

在北京地区，于4月上旬气温升高到13℃左右时病芽便陆续出现。一般病芽比健芽早1~2d展开，经3周左右便干枯。病芽主要在枝条上部为多。病芽陆续出现的时期为4周左右，但大量出现时期主要在4月中旬至下旬。由于夏孢子的重复侵染，5、6月为发病高峰。至7、8月，由于气温不断升高，不利于夏孢子的萌发侵染，故病害进入平缓期。8月下旬以后，气温渐下降，随着枝叶的二次抽发、病害又进入发展阶段，形成第二个发病高峰期。至 10 月下旬，由于温度不断降低，病害便停止发展。病害潜育期的长短与温度和叶龄有密切关系。

夏孢子萌发温度为 7~（15~20）~30℃当日平均温度为 12.9℃时潜育期为 18d，15~17℃时为 13 d，20℃时为 7d。在同样温度下，展叶 7d 的幼叶潜有期为 10d，展叶 22d 的成长叶为 12d，而展叶 50d 的老叶为 17d。1~4 年生苗木与 9~10 年生以上的树木对此菌感染程度有明显差异。幼叶受感染后不但潜育期短，而且发病严重，这在田间表现十分明显。这种抗病性的差异除了与幼叶气孔分化少、角质层发育弱，以及细胞壁薄等特性有关外，与抗坏血酸、酚类物质的含量有关，也与脱落酸的活性有关。最近研究表明，叶片中精氨酸、组氨酸、苏氨酸的含量与抗病性也有密切关系。该菌除危害毛白杨。新疆杨、银白杨等外。还能侵染响叶杨、河北杨、山杨及苏联塔形杨等白杨派树种，但树种间的抗病性差异在田间表现明显，毛白杨和新疆杨发病重。

防治方法 ①在初春病芽出现时期，可以利用病芽颜色鲜艳和形状特殊的特点及时发现并摘除，摘除病芽要早、要彻底。并随摘随装入塑料袋中，以免夏孢子扬散。由于毛白杨对粉锈宁过敏，所以也可以在该时期喷洒粉锈宁 800 倍液，消灭病芽。但喷此药时只能喷病芽，不可喷及正常叶，否则生药害。目前生产上在毛白杨移栽时，常进行修剪，去除顶梢和枝梢。这对减少病芽是有积极作用的。如果辅以摘病芽或喷药措施可以有效地控制病害的发生。②在发病期间喷洒 100 倍 50% 的代森氨；500~1000 倍 50% 退菌特等有一定效果。室内试验表明 2000 倍洗衣粉液对夏孢子萌发有 100% 的抑止效果，可以进一步试用。③清除田间病落叶，以减少病菌的可能来源。由于夏孢子大多降落在离其产生处的 300m 范围内。故育苗区应尽可能远离发病的大苗区。④ *Cladosporium* sp.，*Aiternaria* sp.，*Trichoderma* sp. 等真菌对夏孢子有消解作用。这些真菌在毛白杨感病叶片上经常发生。但目前尚不能作为生物防治手段加以利用。

2.2.104 落叶松 – 杨锈病

分布及危害 分布于东北三省、内蒙古东北部、河北和云南等地，从小苗至成年大树都能发病。但以小苗和幼树受害较为严重。是苗圃和幼林中的常见病害一。

症状 在落叶松上，起初针叶上出现短段淡绿斑，病斑渐变淡黄绿色，并有肿起的小疱。叶斑下表面长出黄色粉堆。严重时针叶死亡。在杨树叶片背面初生淡绿色小斑点，很快便出现橘黄色小疱，疱破后散出黄粉。秋初于叶正面出现多角形的锈红色斑，有时锈斑联结成片。病害一般是由下部叶片先发病，逐渐向上蔓延。

病原　病原为松杨栅锈菌（*Melampsora larici-populina* Kleb.）属锈菌目，栅锈科，是一种转主寄生菌。性孢子和锈孢子阶段在落叶松上，夏孢子和冬孢子阶段在杨树上。性孢子很小，圆形，锈孢子球形，黄色，表面有小刺，夏孢子椭圆形，表面有刺；大小为 16~24μm×28~36μm。冬孢子长筒形，棕褐色，大小为 9~10μm×20~30μm，担孢子球形。

发展规律　早春，先年杨树病落叶上的冬孢子遇水或潮气萌发，产生担孢子，并由气流传播到落叶松叶上，芽管由气孔侵入。经 7~8（15）d 潜育后，在叶背面产生黄色锈孢子堆。锈孢子不侵染落叶松，由气流传播到转主寄主杨树叶上萌发，由气孔侵入叶内，经 7~14d 潜育后在叶正面产生黄绿色斑点，然后在叶背形成黄色夏孢子堆，夏孢子可以反复多次侵染杨树。故 7，8 月锈病往往非常猖獗。到 8 月末以后，杨树病叶上便形成冬孢子堆。病叶落地越冬。夏孢子过冬后，只有 0.3% 的萌发率，故在侵染中并无实际作用。树种抗病性有明显差异。兴安落叶松和长白落叶松都可发病，但不严重。中东杨、小青杨、大青杨感病重，马氏杨、合作杨、北京杨等中等感病；加杨、健杨、新生杨等有一定抗病能力；山杨、新疆杨、格尔黑杨等最抗病。幼树比大树感病。幼嫩叶片易发病。据研究，杨树叶中含糖量的改变与感病有关，葡萄糖与葡萄糖+蔗糖的比例大则植物易感病。受病叶中，丙氨酸的含量显著减少，而天门冬氨酸的含量显著增高。

防治方法　不要营造落叶松与杨树的混交林，至少不要营造同龄的混交林。苗圃内于 4 月末用波尔多液喷洒落叶松幼苗，夏季用波尔多液喷洒杨树苗。常用的喷洒药剂还有：0.3°Bé 的石硫合剂，65% 可湿性代森锌液（500 倍），敌锈钠 200 倍液等。国外用 2-碘苯酰替苯胺（benodnil）防治此病，效果良好。防止苗木生长过密或徒长，提高抗病力。选育抗病树种。

2.2.105　胡杨锈病

分布及危害　胡杨是盐渍化土壤上造林的理想树种，它主要分布在我国西北荒漠区。胡杨锈病是胡杨幼苗、幼林的重要病害之一，以 2 年生苗为例，死苗率可达 25% 以上，成林生病危害较轻。寄主有胡杨和灰杨。

症状　受害叶片上最初显黄绿色圆点，逐渐扩大变黄白色，中央呈褐色、桔褐色，不久表皮破裂，露出橙黄色的夏孢子堆，夏孢子堆最初小，渐渐长大，直径 0.5~1mm 左右。夏孢子堆周围有黄晕圈，不久沿黄晕边缘产生一圈夏孢子堆，严重时数十个夏孢子堆或数百个夏孢子堆联合成片，叶片则变黄枯死。生长后期在夏孢子堆下部或附近形成棕褐色蜡质的冬孢子堆。有时在夏孢子堆周围坏死的组织上也形成冬孢子堆。老叶上的病斑因受叶脉的限制而呈多角形。越冬芽发病时，所放的嫩叶皱缩。嫩叶上夏孢子堆大而明显，整个病芽外观似一朵黄花，嫩枝受病可变弯曲。

病原　病原菌是锈菌目的粉被栅锈菌（*Melampora pruinosae* Tranz.）。夏孢子堆生于病斑上，叶背面较多，橙黄色，大小约 0.5~1mm，夏孢子圆球形至卵圆形，壁较厚，壁上密生小瘤，橙黄色，大小为 10~32μm×17~21μm，侧丝混棒状，顶端球状膨大，无色透明。冬孢子堆生于叶两面，形状不规则，深褐色，蜡质状，冬孢子圆柱形，大小为 35~56μm×9~15μm，转主寄主未发现。

发病规律　本病以菌丝体在芽内越冬，第 2 年冬芽放叶后，在病叶、嫩枝上就出现橙黄色的夏孢子堆。苗期发病最重，幼林次之，成林大树受害更轻。林分密度大，地势低洼的胡杨林发病重。

防治方法　①幼苗过密或徒长时发病重，因此，苗木生长不应过密，也不要过多施用氨肥；②苗木、幼林早春放叶后采集病芽，随采随装入塑料袋中，集中深埋或烧掉，以免夏孢子扬散；③喷洒 15% 或 25% 粉锈宁可湿性粉剂 2500~3000 倍水剂，效果达 90% 以上。

2.2.106　泡桐炭疽病

分布及危害　泡桐炭疽病在泡桐栽植地区普通发生，尤其是幼苗期更为严重，常使泡桐播种育苗遭受毁灭性的损失。如郑州（1964 年）实生苗有的发病率高达 98.2%，死亡率达 83.4%

症状　泡桐炭疽病主要危害叶、叶柄和嫩梢。叶片上，病斑初为点状失绿，后扩大为圆形，褐色，周围黄绿色，直径约 1mm，后期病斑中间常破裂，病叶早落。嫩叶叶脉受病，常使叶片皱缩成畸形。叶柄、叶脉及嫩梢上病斑初为淡褐色圆形小点，后纵向延伸，呈椭圆形或不规则形，中央凹陷。发病严重时，病斑连成片，常引起嫩梢和叶片枯死。在雨后或高温环境下，病斑上，尤其是叶柄和嫩梢上的病斑上常产生粉红色分生孢子堆或黑色小点。实生幼苗木质化前（2~4 个叶片）被害，初期被害苗叶片变暗绿色，后倒伏死亡。若木质化后（有 6 个以上的叶片）被害，茎、叶上病斑发生多时，常呈黑褐色枯死，但不倒伏。

病原　泡桐炭疽病由半知菌亚门的盘长孢状刺盘孢（*Colletorrichum gloeosporioides* Penz.）引起。病菌的分生孢子盘有刺（但有时无刺）初生于表皮下，后突破表皮外露。分生孢子单孢，无色，卵圆形或椭圆形（详见后，杉木炭疽病）。

发展规律　病菌主要以菌丝在寄主病组织内越冬。在翌年春，在温湿度适宜时产生分生孢子，通过风雨传播，成为初次侵染的来源。在生长季节中，病菌可反复多次侵染。病害一般在 5~6 月开始发生，7 月盛发。病害流行与雨水多少关系密切。在发病季节，如高温多雨，排水不良，病害蔓延很快。苗木过密，通风透气不良也易发病。育苗技术和苗圃管理粗放，苗木生长瘦弱也有利于病害的发生。

防治方法　苗圃地应选择在距泡桐林较远的地方；病圃要避免连作，如必须连作时应彻底清除和烧毁病苗及病枝叶。冬季要深翻，以及减少初次侵染来源。提高育苗技术，促进苗木生长旺盛，提高抗病力。发病初及时拔出除病株，并喷1:1:150~200倍的波尔多液，或65%代森锌500倍液，每隔10d左右喷1次。

第 3 章

林木枝干病害

3.1 枝干病害概况

3.1.1 枝干病害的重要性

幼苗、幼树或成年树枝条受病后一般导致枝枯，主干受病或某些系统性侵染的病害往往会引起全株枯死。栗疫病（*Cryphonectria parasitica* =*Endothia parasitica*）、榆荷兰病（*Ceratocgstis ulmi*）、五针松疱锈病（*Cronartium ribicola*）都是世界性著名病害，在人类营林历史上都曾有过严重危害的记录。杨树溃疡病（*Dothioerlla gregaria*）、腐烂病（*Valsa sordida*）、泡桐丛枝病（植原体）、木麻黄青枯病（*Pseudomonas solanacearum*）、松针褐斑病（*Scirrhia acicola*）等则是我国当前营造有关林木的严重障碍。

3.1.2 枝干病害发展特点及防治原则

枝干病害主要包括锈病、溃疡病、丛枝病、枯萎病流胶（脂）等类型（立木枝干腐朽将在另章讨论）。真菌、细菌、植原体（类菌原体）、寄生性种子植物，以及冻、灼等非侵染性因素都可导致枝干发病。由于致病原因各异，其发展规律及防治原则也不相同。

（1）锈病

枝干锈病见于多种针、阔叶树种，而以针叶树，特别是松类的干锈病最为严重。侵害枝干的锈菌属于柱锈属（*Cronartium*）、内柱锈属（*Endocronartium*）、珊锈菌属（*Melampsora*）、胶锈属（*Gymnosporangium*）、单胞锈属（*Uromyces*）等。其中以柱锈属真菌所引起的枝、干锈病种类最多，所受损失也最大。

干锈病菌往往引起枝干肿大、溃疡和丛枝症状。除胶锈属真菌外，其他锈菌所致干锈病均在每年的一定时期（一般为夏初），于松树病部出现鲜黄色或褐色的粉状物。这是识别由锈菌引起的枝干锈病最显著的标志。

这类病菌大都是转主寄生的。松类干锈病菌的转主寄生可为双子叶草本、灌木或乔木。在松树上度过其性锈孢子阶段。只有内柱锈属的锈菌为单主寄生菌，它们在松树上产生特殊的锈孢子，又直接侵染松树。病菌一旦侵入树木枝干以后，病害就变成多年生性的。病菌菌丝体在树干内不断蔓延，每年形成产孢器官，放出大量孢子，病害不需要有新的侵染来源而多年延续着，直到枝干死亡。

这类病害都有很长的潜育期。*Cronartium ribicola* 的担孢子芽管穿透角质层或气孔而进入当年或先年的针叶，数周后侵染点上产生黄色或橘黄色小斑点。到第 2 年春天菌丝才由针叶到达枝干皮层。再过 1 年后在枝干上出现锈孢子，呈现明显症状。所以自病菌侵染针叶起，至第 1 次产生锈孢子大约需经两三年时间。但在幼苗上病程进展较快。病菌对寄主的损害因种类而异。在松树上形成圆形瘤的种类，如 *C. quercuum*、*Endocronartium harknessii* 等很少导致受侵枝条的死亡，对树木生长势的影响也不十分显著；而引起梭形肿大的种类，如 *C. ribicola*、*C. comandrae* 则往往是致死的。还有些种类如 *C. quercuum* f. sp. *fusiforme* 对幼苗是致死的，但对林木一般造成溃疡斑，影响生长。

柱锈菌类担孢子的形成和侵染要求高的湿度和偏低的气温。夏末秋初，冬孢子成熟后，如果气温低、湿度高，有利于侵染松树。反之，可能阻止侵染的建立。试验证明，相对湿度低于 97%，温度高于 21℃就将阻止 *C. ribicola* 担子孢子的形成及萌发；在 20℃以上气温条件下形成的冬孢子，即使放在适宜的温度条件下也不易形成担孢子。因此，这类病害在生长季节（特别是 7、8、9 月）中，在潮湿而气温不过高的地区最为普遍发生。

关于枝干锈病的防治，从理论上说，由于病菌多为转主寄生，去除转主应是有效的办法。美国为防治落山基北部美国五针松的疱锈病从 1930 年起曾大力清除茶藨子属植物。使用了大量工人进行这一工作。到 1965 年后，停止执行这一计划。在实践上这种作法不易彻底消除而且花费过大。因为这些转主寄生大多是杂草或灌木，在林区中不仅分布广，而且十分顽固不易铲除。所以，有时需采取另一相反的办法：清除目的树种的病株或其受害枝条，以杜绝另一方面的侵染来源。这一措施如能自幼林就开始坚持进行，可能获得良好的效果。50 年代末至 60 年代初，人们曾试用放线菌酮一类抗生素药物涂抹病处以治疗受侵染的松树，收到抑制病害发展的效果。我国在 70 年代初也曾试用不脱酚洗油一类药物涂干治病，其效果与抗生素类似。柄锈生座孢菌（*Tuberculina maxima*）寄生于锈子器上。这种重寄生现象虽非常普遍，对减少锈孢子的数量有一定作用，但人工用于防治病害尚难实施。利用流行学知识，避免把易感染病树种种植于易发病的生态区是切实可行的办法。为此，各地区在营造松林前进行实地考察和规划是非常必要的。

选育抗锈品系以防治松类干锈病是最有希望的措施。自 50 年代以来，这一方向越来越受到重视，而且在防治二针松梭形疱锈病方面已获得可喜的进展。据报道，到 1985 年，美国可提供营造 $10 \times 10^4 hm^2$ 林地所用的抗病的湿地松和火炬松种子。

（2）溃疡病和腐烂病（烂皮病）

主要由真菌引起，少数由细菌和非侵染性因素所致。子囊菌中的丛赤壳属（*Nectria*）、薄盘菌属（*Cenangium*）、半知菌中的小穴壳菌属（*Dothiorella*）、大茎点属（*Macrophoma*）、壳囊孢属（*Cytospora*）、壳梭孢属（*Fusicocum*）等最为常见。但林木危险性最大和最著名的溃疡病和烂皮病却是由栗疫病［*Cryphonectria parasitica*（Barr.）=*Endothia parasitica*］引起的板栗疫病、*Lachnellula willkoommii* 引起的落叶松癌肿病、杨黄单胞杆菌（*Xanthomonas populi*）、杨疡壳孢（*Dothichiza populea*）、金黄壳囊孢（*Cytospora chrysospermra*）等引起的杨树溃疡病和腐烂病。从侵染性来看，这些病原物绝大多数是弱寄生菌，只能侵染生长势变弱的林木。

枝干溃疡病按其发展规律，可分为一年性溃疡和多年性溃疡两种。一年性溃疡的特点是：病害在一个生长季节内，即环切枝干，使之枯死；或寄生进入生长旺盛的季节，抗病力增强时，病斑将被愈伤组织包围，使病斑脱落，最后恢复健康。病害进展迅速而急剧，但病原并非过分顽固。杨、柳腐烂病即属于这一类型。多年性溃疡则与此相反，病害的进展不快，但病菌却比较顽固。每年于发病季节，病斑经过缓慢的扩展之后，即为寄主的稍许隆起的愈伤组织所包围而停止发展。但病菌多不致被此组织所困敝。翌年当发病季节到来时，病菌侵入此愈伤组织而继续向外扩展。夏季，病斑再度为新的愈伤组织所包围。如此反复进行，致使枝干上的病斑形成一具同心轮纹的环靶状物。由于病害的进展不很迅速和枝干的不断加粗，病斑不致在短期内环切枝干。因此，往往表现为多年延续的慢性病。丛赤壳属菌类所致的阔叶树种溃疡病多属这一类型。但二者并不是绝对不变的。基本上属于多年性的溃疡病，在某种条件下可能发展成一年性的，反之亦然。

溃疡病发展的年周期性是相当显著的，一般每年有两个发病期。病害通常发生于春季或初夏树木生长活动开始的时候。这期间病害发展迅速，皮层坏死呈水浸状。当夏季树木生长旺盛时期，病害停止发展，处于休眠状态。病斑干裂下陷，周围产生愈伤组织。秋季，病害再经一个短暂的轻微发展后，便进入越冬休眠阶段。溃疡病发展的这种规律性其实质还不清楚。从表 4 看，病害夏季的休止期的出现，显然并非由于病菌不适应夏季的高温。因为病菌生长的适温多半是比较高的，生长的最高温度多在 30℃以上。这与夏、秋季节常见的各种叶斑病菌生长所需适温和能够适应的最高温度基本是相近的。

表 2-3-1　几种重要枝干溃疡病菌菌丝体生长的温度范围

病菌名称	生长最低温度（℃）	生长最适温度（℃）	生长最高温度（℃）	试验者
Lachnellula Willkommii	—	22~23	—	Hilay，1919
Valsa sordida	2~4	25	35	Schreiner，1931
V. mali	5~10	28~31	37~38	Togashi，1924
Phomosis fukushii	8	—	33	Tanaka et al.，1930
Nectria cinnabarina	3	21	29~33	Tomos et al.，1929
N. galligena	—	—	18~24	Zeller，1926
Endothia parasitica	4~5	30	35~40	Kilagima，1927

许多试验证明，病害的消长与寄主树皮含水量有密切关系。在适宜的温度条件下，当含水量低于某一限度时，病害便会发生。还有些试验证明，病害发生与树皮中某些物质，如邻苯二酚等酚类物质的含量有关。

病害的扩展和休止与寄主生长的旋律密切相关。病害迅速扩展的时机是正当寄主自生命活动微弱的休眠状态中刚刚萌动，或趋向休眠的阶段，而当寄主生长转向旺盛的阶段，病害即进入休止期。这种规律性可能与病原物的弱寄生性有关：这类病害总是在寄主生活力降低时发生。

虫伤、冻伤、各种机械伤口、修剪和嫁接伤口是溃疡病菌侵入寄主的主要途径。人工接种试验表明，无伤接种很难或根本不能成功；而灼伤、冻伤或其他不易形成愈伤组织的伤口最有助于接种发病。在野外的调查中会经常发现，溃疡病斑往往是以某一伤口为中心的。皮孔也是病菌侵入途径之一。但树木的皮孔经常为封闭细胞和木栓细胞所堵塞。在老的枝条和主干上，皮孔已不存在，完全为周皮所包被，没有任何自然孔口与外部相通。病菌的纤细芽管和菌丝很难穿透。因此，在较老的枝干上，病菌事实上只有借助各种伤口侵入。

潜伏侵染在溃疡病和烂皮病中是常见的现象。试验证明，许多这类病菌常年都有具侵染力的孢子和孢子萌发及侵染的外界条件，而病害却只有在某一特点时期发生。这可能表明，病菌的侵入活动是经常发生的，但由于寄主的某种抗性因素的存在，使得病程不能进一步发展而处于休止状态。一旦当这种抗病因素消失或减退时，病程才得以继续而导致发病。但是，从树木溃疡病的实例中，很难获得这种潜伏侵染的直接证据。病理学家们还未能追踪潜伏于枝干内的病菌，不知以后能导致发病的病菌究竟潜伏在什么位置、潜伏的条件和存活的期限。在自然发病以前，目前人们只能通过人工诱发来证明枝干的内部确实是有病菌潜伏着的。

改善林木的生长条件，加强栽培管理以提高林木生活力是防治溃疡病和烂皮病的根本措施。在北方地区,防止了早春的干旱和冬春的冻害,病害便很少流行。预防和及时保护伤口也有利于减少发病。许多化学药剂已用于溃疡病的防治。但其作用只能是辅助性的,只有在加强管理;提高树势的基础上才能收到好的效果。选育抗病品系以防治林木溃疡病类的成功例子还不多。这显然与病菌本身对寄主的专化性不强有关。这类病菌往往具有很广的寄主范围。

（3）丛枝病

引起丛枝病的原因主要是类菌原体和真菌。有时昆虫或缺素等也能引起类似症状。

丛枝病的机制还不清楚,从症状发展过程来看,首先是枝条的顶端生长受抑制,因而刺激了侧芽的生长并发育成小枝。这种小枝生长缓慢,而且顶端生长不久也受到抑制,从而其本身的侧芽再提前发育成小枝。如此反复发展,被害树木上的枝丛便随时间的推移而增多其小枝,增大其体积。大的丛枝直径可达 1m 以上。丛生枝当年枯死或延活多年,逐年增大。

枝丛内的枝叶在形态及解剖上都具有特点。这种枝条通常是负趋地性的。枝丛内主枝不明显,各小枝细而节间短缩。薄壁组织发达,而机械组织发育不良,因而脆弱易断。枝上的叶形小而色黄,内部栅栏组织与海绵组织分化不明显。病枝上初时能结小果或畸形果。渐后则花而不实,再后便不再开花。

丛枝病的危害性因病原而异。类菌原体所致者往往是毁灭性的。枣疯病和泡桐丛枝病是我国栽培这两种树木的严重威胁。桑萎缩病也是桑树的大害之一。每年都有许多林木遭到毁灭。类菌原体所致丛枝病其症状表现一般是全身性的。病害从个别枝条开始,逐渐延及全株。真菌性丛枝病通常为局部性病害,对林木的生命无大影响。但严重时会使树木生长衰弱。

植原体（类菌原体）所致丛枝病在自然界主要通过昆虫来传播。在栽培条件下,则是通过嫁接、插条、根蘖等繁殖材料传播。因此,在防治上,选用健康母树是个关键问题。试验证明,对病树注射四环素类药物也是普遍有效的治疗措施。及时修除丛枝对真菌和昆虫所致丛枝病是有效的,但对于类菌原体所致丛枝病的效果则不肯定,经常见到一些矛盾的报道。这也许与树木感染时间的长短、修除病枝的季节等因素有关。

（4）枯萎病

干旱、晚霜、空气污染、病菌、线虫侵染等都可导致林木枯萎。本章仅涉及由枝干受侵染所致的枯萎病。由于它们往往是病原物侵入输导系统的结果,所以有时也称"导管病"或"维管束病害"。

榆长喙壳（*Ceratocystis ulmi*）所列榆荷兰病是全世界最著名的枯萎病之一。松材线虫（*Bursaphelenchus lignicolus*）所致松枯萎病因在日本造成松林的大片枯死，近十余年来也引起了林病工作者的重视。但是在我国，近年来危害最大的是细菌 *Pseudomonas solanacearum* 引起的木麻黄和油橄榄青枯病。

植物因病枯萎的机制，科学界对其有过许多研究，并一直存在着分歧和争论。一般认为出于两个方面的原因：维管束系统不能运送足够的水分和叶细胞渗透性受萎蔫毒素的破坏。

萎蔫病原物在维管系统中的大量生长和繁殖可引起水分和其他物质的运输受阻。但更加重要的堵塞作用可能来自病原菌的酶对寄主胞壁物质作用时所形成的化学产物。引起枯萎病的病菌所分泌的果胶酯酶作用于木质胞壁层的高甲氧基果胶，产生低甲氧基果胶素酸或果胶酸，这两种物质立即与维管束液流中的多价阳离子起作用而产生凝胶。这种凝胶阻止了水分向上流动。通常在因侵染性而枯萎的植物茎的切面上能发现维管束变褐现象，也是果胶脂酶作用的结果。由病原物产生的或由水解酶从维管束壁解脱的高分子量多糖对水分的运转也起着阻塞作用。它们阻塞纹孔膜的超滤，限制横向运输，并填塞叶柄和叶内的小导管。

已经证明，病原物产生的某些代谢产物可导致植物枯萎，人们称这类物质为萎蔫毒素。这类毒素如镰孢菌酸和马铁素等不仅可从病原物的培养物中分离出来，也可从受侵染的植物里分离出来，其数量足以引起植物典型的枯萎症状。在不同的病例中，维管束堵塞和毒素作用的大少可能各不相同，但二者很可能是相互协同起作用，而不是互相排斥的。

林木枯萎病的发展规律很不一致。因此在防治上无一致的措施。榆荷兰病、松线虫枯萎病、栎枯萎病等的传播都与昆虫有关，在防治上往往与治虫相结合。

（5）瘤肿

瘤肿是组织受刺激后所发生的一种增生型症状。这是乔木树种上极其常见的一类病害。引起树木枝干瘤肿的原因很多。机械的伤害、昆虫的刺激、菌类及种子植物的寄生等都可能引起瘤肿。有许多瘤肿的原因至今尚未研究。

瘤肿对树木的危害性各不相同。有的对生长势的影响并不明显，被害木看起来与健康木的生长同样旺盛。相反，有的却引起林木衰弱，局部枝条枯死，甚至全株死亡。不管对树木生长的影响如何，被害处木材的畸形却是明显的。瘤肿处木材纹理扭曲，或寄生物的吸根纵横，或有夹皮现象，且经常伴随有变色和腐朽发生。但有的瘤肿，如桦木瘤、红木瘤等却是极有价值的工艺品原料。

这类病害由于起因不一，防治措施也各异。一般可采取清除被害枝条或病株的办法，以减少侵染来源。

3.2 枝干病害及其防治

3.2.1 落叶松枯梢病

分布及危害 落叶松枯梢病是落叶松重要病害之一。1939年日本首先发现此病及其病原菌，到60年代在日本广泛传染造成极大的损害。近几年，我国东北各地陆续发现此病，对落叶松人工林造成严重的威胁。各地初步调查，辽宁丹东、本溪一带，黑龙江的佳木斯、勃利、桦南、集贤、林口等地，以及吉林的汪清、延吉、图们、白城、通化等地都有发生，有的人工林被害率达100%。吉林被害重病林分约在5000hm^{2}以上。华北的山东崂山和西北地区也发现了此病。鉴于本病是一种危险性传染病，危害极大，已由国家正式列为检疫对象。

症状 该病危害1~3、5年生落叶松人工林的当年新梢，6~15年的幼林发病较重且普遍。吉林中东部地区，一般在7月初至8月末，症状逐渐明显。起初在未木质化的新梢嫩茎或茎轴部褪绿，由淡褐色渐变为暗褐、黑色，微收缩变细。往往有树脂溢出，上部弯曲下垂呈钩状，叶枯萎，大部脱落，只在顶部残留一丛针叶。因此，发病部位以上的枝梢枯死，使幼苗成为无顶苗。在幼树上，由于翌年生出的新梢也经同样过程而枯死。这样年年发病，多数枯梢成丛，形成扫帚状，被害严重者直径生长完全停止。顶部枯萎的叶丛，在发病15~20d后，叶背面密生小黑点，即病原菌的分生孢子器及少量的未成熟的子囊壳。顶部叶丛可保留到第2年春季；发病较晚者，如8月发病的，罹病新梢常直立枯死，顶部下垂呈钩状，但病部以上针叶几乎全部脱落，8月末或9月初至翌年6月，在罹病细梢茎轴上可见散生或丛生的小黑点（以枝梢的向阳面为多），大部分为未成熟的子囊壳，极少有成熟的分生孢子器（见彩图2-3-1）。

病原 本病是由子囊菌亚门的落叶松囊孢菌（*Physalospora laricina* Sawada）曾用名[*Guignardia laricina* (Sawada) Yamamoto et K. Ito]引起的。子囊腔为球形或扁球形，单个或几个一起丛生在表皮下，大小为170~500μm×130~300μm，孔口稍突出，腔中有多个子囊和侧丝。子囊无色，棒状，大小为120~140μm×25~45μm，顶部圆头，基部有梗。子囊孢子无色单孢，椭圆形至纺锤形，大小为24~34μm×8~17μm。侧丝直径3μm左右，有分枝。分生孢子为大茎点属（*Macrophoma*），分生孢子器球形或扁球形，生在枝条表皮下和叶上，略见孔口，大小为120~245μm×170~210μm，分生孢子梗通直，长3~7μm。分生孢子无色，单胞，椭圆形至纺锤形，大小为24~30μm×6~9μm。在分生孢子器成熟时，还同时产生性孢子器，性孢子短杆形，3~6μm×1~2μm，直到翌年春1~2月都可以看到，但与侵染无直接关系（图2-3-2）。

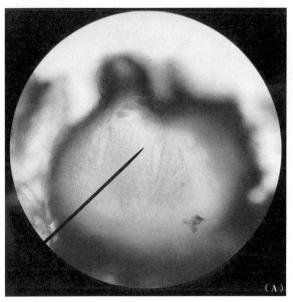 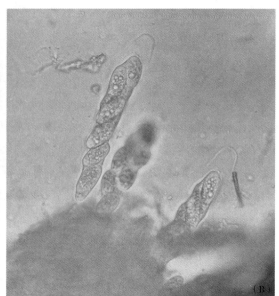

图 2-3-2　落叶松囊孢菌（*Physalospora laricina*）

发展规律　子囊孢子和分生孢子都是本病的初次侵染源。病原菌以未成熟的子囊腔和成熟的分生孢子器在罹病新梢及顶部残留叶片的表皮下越冬。在吉林于翌年 6 月下旬子囊孢子开始成熟。6 月下旬至 8 月上旬为子囊孢子和分生孢子大量飞散传播时期。在此期间，如逢降雨孢子飞散，数量迅速增加，子囊孢子借风力向远处传播。分生孢子借雨水淋洗到树上，干燥后随风飞散，也可以借雨水向周围扩散。所以分生孢子的传播距离要比子囊孢子小。

在 6 月下旬左右，从先年的病树上飞散出的子囊孢子落到当年新梢上。当遇到适当的湿度时，孢子萌发侵入，经半月左右的潜育期后出现病状，这是初次侵染。将近 7 月中旬左右，在病枝上形成分生孢子器。分生孢子器成熟后，放出分生孢子再侵染附近新梢，造成再侵染，并且分生孢子陆续成熟放散，进行多次再侵染。经性交配后，在新生枝梢患病处相继形成子囊腔。

林分处于风口的迎风面病害重，因造成的伤口多。适温与高温（最适相对湿度为 100%），是子囊孢子和分生孢子萌发的必要条件，如相对湿度在 92% 以下，病菌孢子就不萌发。冻害、霜害也可造成病菌侵入的伤口。

华北落叶松、海林落叶松、长白落叶松、朝鲜落叶松、兴安和日本落叶松均感病。除日本落叶松感病明显较轻外，其他 5 种落叶松感病均较重，其间差异不明显。一般 6~15 年生的发病重而普遍。但由于林分立地条件不同，即使同一种树，同一林龄，发病情况也各有不同。

防治方法　①普查病情，摸清病害的分布，发病规律及其环境因子的关系，为防治提供基本资料。②检疫：在普查的基础上，确定发病区与无病区。从病区向外调拨苗木时要进行严格控制和建立检疫制度，只有确认无病苗时,才准调。调入单位也要检疫,或到调出单位共同检疫。③清除侵染源:在苗圃附近有落叶松防风林、防风障或落叶松林时,应将落叶松换成其他树种。被害严重的10年生以下的人工落叶松林,如没有成林的希望,应根据具体情况考虑采伐烧毁,以便减少侵染源。④选择造林地和营造保护带:因本病多发生在迎风面或易受风害的地方,所以应尽量避免在这类地方营造落叶松林。在砍伐阔叶树营造落叶松时,应保留部分阔叶树作为保护带。在大面积皆伐迹地上营造落叶松林时,也要栽植阔叶树保护带。⑤营造混交林:营造大面积落叶松纯林,是病害流行原因之一,也潜在其他病虫害威胁。造针、阔叶树种带状混交林能起到预防各种病虫害流行的效果。⑥选育抗病树种。⑦药剂防治:苗圃预防:用放线菌酮剂3ppm*或者再加上有机锡剂(TPTA)150ppm的混合液(每10L药剂加6mL展着剂),每1m²喷射150~200mL(不能超过200mL)。6月下旬至9月中旬喷布,每隔10~14d 1次,共进行6~9次。上山苗木的检查及消毒:造林前应严格检查是否有病菌,发现病菌及时烧毁。在未放叶之前,将苗木的地上部浸泡在有机汞剂EMP 100ppm药液中10min,取出后用塑料薄膜覆盖3h,可杀死苗木内隐藏的病原菌。③幼林发病区:用放线菌5ppm,或加上TPTA 200ppm的混合液,每10L药液加6mL展着剂,从6月下旬至8月下旬,每隔15d喷布1次。每次每公顷约需300L,3~4次即可。

3.2.2 落叶松癌肿病

分布及危害 落叶松癌肿病也叫溃疡病、枯枝病、干枯病,流行于欧美后在美国、日本等国也相继发现。至今,此病在有些国家仍不断造成重大损失。1975年在东北林业大学带岭凉水实验林场发现此病,危害天然和人工落叶松林,2~26年生的落叶松林平均发病率为50%,天然幼林高达97%。

症状 本病发生在人工幼林、天然幼林及老龄林木枝干上。病害初期皮部死亡下陷。若幼小枝条受病,且病部绕枝一周时,自病部以上即行枯死。若粗枝或主干受病时,在下陷的死皮周围当年生出愈伤组织,但多数不能使病部全部愈合,下一年随树木的生长,新愈伤组织再在老的愈伤组织的内侧深生成。如是年年生长,年年留下不能包愈的伤口,会使病部肿大呈梭形。病部横切面、木质部中呈凹凸环绕的阶梯状溃疡伤。病部表面常渗出大量树脂,树脂中的挥发物质挥发后即变白色,在其周围的树脂因尚未干涸则显黏稠。病部常自小枝和伤口处发生,以后向上下发展。在病部常有老幼不等的死芽或死枝,以及橙黄色至黄色小盘状物(即病菌的子囊盘)。盘成熟时

---

*:ppm = 1mL/m³

为浅漏斗状，外侧有细毛，污白色或灰白色。受病枝干随病情的进展而干枯死亡。

病原 本病病原为子囊菌门的韦氏毛杯菌［*Lachnellula willkommii* (Hart.) Dennis，异名为 *Dasyscypha willkommii* (Harting) Rehm］。病菌的子囊盘直径一般为 1~4mm，厚 0.3mm，无柄或有 0.5mm 左右短柄。子囊棍棒状，大小为 8~12μm × 115~163μm，子囊孢子单胞，无色，椭圆形、梭形、长椭圆形，大小为 5~9μm × 15~27μm。侧丝丝状，有的顶端稍微膨大，大小为 1.5~2μm × 15.5~181μm。韦氏毛杯菌为弱寄生菌，常生在林内枯枝上，当树木生长衰弱或受伤时，可以侵害衰弱的活组织，妨碍愈伤组织的发展而引起癌肿。

发展规律 天然更新的幼林、老（过）熟林和人工幼林都能发病。幼林的发病率高于壮龄林，尤其是密度大的天然更新幼林发病率更高。过熟林及散生的母树因长势极衰，所以枝、干上的发病率也很高。由于天然落叶松林分病株多，故凡与之毗邻的人工林发病率都较高。洼地上的落叶松林多生长不良，并易受冻害，有利于病原的侵染和发展。故位于山下，尤其是低洼地上的林分发病率都比山上的高。霜冻是本病的主要诱因之一。霜冻不但能冻死芽和小枝，并且能降低树木的愈伤活动，甚至冻死愈伤组织，给病害的流行创造了极为有利的条件。

枝和主干上的发病位置具有明显的方向性，绝大部分的病部都出现在西南和南侧。这与发病地区昼夜温差过大有密切关系。在带岭 3 月和 11 月白天最高温度可升至 10℃ 左右。南和西南侧的枝干吸收的辐射热则更高，树液临时解冻，但到夜晚气温常降至 –30℃，因此，昼夜温差可达 40~50℃。受热膨胀的树皮突然结冰，使小枝、芽和树干薄皮部分发生冻裂伤或冻死，为病菌的侵染提供了方便之门。所以，由这种病菌所引起的病部常以这类死芽、死小枝或枝干破伤口为中心。

防治方法 ①进行普查，以确定疫区，到目前为止，我国只在凉水实验林场发现此病，应进行严格检疫，勿使带病树木向外流传。②种植落叶松林时，要避开低洼易受霜冻的地带，如不能避开时，要增大初植密度以防寒，或植林后及时合理地修枝，去除病菌腐生孳长的场所。③病树要及时处理，剪除生病的细枝深埋或烧毁，干上的病部可以刮除，或划破病部后涂以防腐油、木焦油或其他杀菌剂治疗，必要时可毁掉病树。

3.2.3 松疱锈病

分布及危害 松疱锈病是世界有名的危险病害，我国已发现数种疱锈病，分别发生在二针松和五针松上。它可以毁掉大片幼林，因此已被列为国内外的检疫对象。据记载，马尾松、赤松、樟子松、黄山松、云南松、油松、红松、华山松、新疆五针松都不同程度受害。引起疱锈病的病菌和寄主范围，虽树种和地理位置有所不同，但其表现症状、发生规律和防治措施却有共通之处。现以红松疱锈病为例介绍。红松疱锈病主要发生于我国东北地区红松幼林中，严重发病的林分，发病株率高达70%以上。红松上的疱锈病与北美五针松疱锈病为同种。

症状　红松疱锈病主要危害幼苗和20年以内的幼树枝、干皮部，开始在枝干皮部出现淡橙黄色的病斑，边缘色淡，不易发现。病斑逐渐扩展并生裂缝，8月下旬至9月初在病部挤出初为白色后变橘黄色的蜜滴，具甜味。生蜜滴的皮下干后，可见血淡状斑痕，叫"血迹斑"。第2~3年的4~5月，在病部长出橘黄色疱囊，囊破散放出黄色的锈孢子。因年年发病，皮部加粗变厚，并流出松脂，所以病部稍显粗肿。该病的转主寄主是返顾马先蒿和它的多枝变种穗花马先蒿或东北茶藨子、兴安茶藨子、刺梨等。在自然状态下，某些地区茶藨子容易发病；而在另一些地区只侵染马先蒿，只在人工接种条件下才侵染茶藨子属植物。起初，它们的叶片上病斑不明显，直至出现夏孢子堆时才明显可见。夏孢子可以再侵染，最后在夏孢子堆中或新的叶组织处生出毛状冬孢子柱来（见彩图2-3-3）。

病原　该病由担子亚门锈菌目的茶藨生柱锈菌（*Cronartium ribicoln* J. C. Fischer）（图2-3-4）引起。性孢子器扁平，生于皮层中，性孢子无色，梨形，大小为 1.8~2.4μm×2.4~4.2μm。锈孢子器初为黄白色后为橘黄色，高4~6mm。具无色囊状包被（由梭形细胞组成）。锈孢子球形至卵形，表面分布着平顶柱形的疣，每个孢子都有一个微微洼陷部分，单个孢子鲜黄色，成堆时橘黄色，大小为 14.4~28.8μm×22.8~33.6μm。锈孢子萌发温度为 3~30℃，以 19~21℃为最适宜。病菌的夏孢子堆为带油脂光泽的橘红色丘形凸起，破裂后粉堆成橘黄色，夏孢子球形至椭圆形（也有卵圆形），表面有细刺，鲜黄色，大小为 13.1~20.6μm×15.6~30μm。冬孢子多半从夏孢子堆中生出，由梭形褐色的冬孢子联结成柱状，大小为 3.6~13.5μm×36~59.1μm。将带有冬孢子柱的马先蒿叶置于培养皿内室温下，保湿24~48h，冬孢子萌发形成担子和担孢子，担孢子球形有喙，透明无色，具油球，大小为 10~12μm。

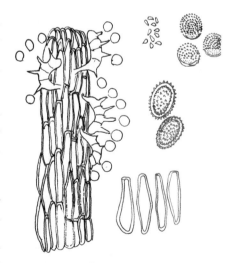

图2-3-4　茶藨生柱锈菌（*Cronartium ribicoln* J.C. Fischer）

发展规律　冬孢子最早于7月底出现（见彩图2-3-5），8~9月陆续产生，并萌发产生担子和担孢子。担孢子借风力传播与松针接触，萌发后由气孔侵入，个别由嫩皮侵入，在松针上可见小褐点。菌丝不断蔓延至枝干皮层中。至第2~3年，枝干皮上出现病斑，生裂缝。8~9月生蜜滴，为性孢子蜜液的混合液，第3~4年5~7月在病部生锈孢子器，内有锈孢子，以后每年都可以产生锈孢子器。锈孢子借风力传播与茶藨子、马先蒿叶接触，萌发后生芽管，由气孔侵入叶片。6~8月生夏孢子堆，夏孢子可进行重复侵染，8~9月生冬孢子柱，冬孢子柱再萌发形成担孢子，借风力传播到松针上进行侵染。该病发生在树干薄皮处，因而刚刚定植的幼苗和20年生以内的幼树易病。在杂草丛生的幼林内、林缘、荒坡、沟渠旁的松树易感病。转主寄马先蒿、茶藨子多的地区病害严重。据报道，病菌担孢子和锈孢子的传播距离多为30~50m，最远为1000m。

樟子松疱锈病的症状、病害发生规律均与红松疱病相似。但病原和转主寄主各不相同。樟子松疱锈病由柱锈属中的松-芍柱锈菌［Cronartium flaccidum (Alb. et. Schw.) Winter］所致。性孢子器扁平，生皮下，高0.1~0.2mm，性孢子梗直立。性孢子梨形，透明，2.8~4.0μm×1.8~2.6μm。锈孢子器囊状，高2~3mm，长宽5~40mm×2~5mm，包被白色，由梭形或长形细胞构成。锈孢子橙黄色，椭圆形或卵形，24~34μm×18~22μm，孢子表面有一个平滑区，其他部分布满疣突，每个疣突有5~7层环棱，疣间有纤丝相连。夏孢子淡黄色，椭圆形至卵形，22~32μm×16~24μm，表面有锥形刺，冬孢子柱初为淡褐色，渐变暗褐色，稍弯，长1~1.5mm，直径80~120μm。冬孢子长梭形，黄色至淡褐色，光滑，36~60μm×12~18μm。成熟后3~5日即萌发，产生担子和担孢子，附在冬孢子柱上呈白粉状。担孢子球形，具短嘴状突起，无色，10~12μm，光滑。冬孢子最早是在7月中、下旬形成，8月大量产生，成熟后产生担子和担孢子，后者借气流传播，萌发后由气孔侵入松针。菌丝多年生有隔，在寄主细胞间隙中产生，以棒状或丝状吸器伸入细胞中吸养，并逐渐向枝干皮部延伸，二三年后皮部出现病斑。秋季产生蜜滴，下一年春季产生锈孢子囊，以后年年产生蜜滴和锈孢子囊。锈孢子成熟后破囊而散，被空气传播，当它与芍药和山芍药接触后，萌发由气孔侵入叶片。6月中旬至8月上旬产生夏孢子，再重复侵染芍药，初秋产生冬孢子柱，越冬的夏孢子有2.96%萌发率，并能侵染芍药发病。锈孢子于5月中旬和至6月下旬分散最多，水平传播近30m，垂直分散5m。当年4月气温高，5、6月湿度高时，有利于锈孢子和夏孢子的产生和成熟，在湿度高的环境中，樟子松和芍药的距离越近，松疱锈病就越严重。

在国外还有几种重要的疱锈病，松梭形疱锈病主要发生在美国南部的湿地松和火炬松上，由梭疱柱锈菌（Cronartium fusiforme hedgc. et Hunt）引起，危害极大。据保守估计，每年因此病所致损失约在2800万美元左右，湿地松幼苗感病率及死亡率很高，在幼树和大树干上则形成大块溃疡斑，深入木质部，造成风折和生长量明显下降，我国迄今尚无此病危害的报道。

防治方法 ①由疫区输出苗木时要检疫，在病区附近不设松类苗圃。如设苗圃时，应在冬孢子成熟前进行化学防治。②造林后加强抚育管理，铲除树旁林内的杂草和转主寄主，有条件的地区可用五氯酚钠，2,4-D 钠盐或胺盐，二钾二氯，莠去净等消灭转主寄主。③对发病率在 10% 以内的林木，可用松焦油原液和不脱酚洗油进行涂干，或用 3000ppm 内疗素注射皮部治疗，发病率在 40% 以上的幼林要进行皆伐，改造其他树种。④成林后要及时修枝、间伐、通风透光。⑤该病菌的锈孢子阶段能被紫霉菌（*Tuberculina maxima*）（一种半知菌）所寄生。

3.2.4 松瘤锈病

分布及危害 松瘤锈病发生在黑龙江、河南、江苏、浙江、江西、贵州、安徽、广西、云南、四川等地，危害松属二针和三针松类以及壳斗科树木，据报道，可危害 11 种松类和 26 种栎类，在长江流域马尾松地区，大兴安岭樟子松地区，云南的云南松地区，病害很严重，云南松发病率可达 30%，黄山松因病死者甚多，有些病树几乎不结实。在壳斗科寄主中，常见的有麻栎、栓皮栎、槲栎、白栎、枹树、板栗、波罗栎等，其中麻栎、栓皮栎感病最重，在东北主要危害蒙古栎。但病害对栎类影响不大。

症状 病害发生在松属（东北是樟子松、西南是云南松）植物的干枝上，和栎类（东北是蒙古栎、西南是栓皮栎）、粟等叶上。在松树枝干上，由于皮层受到刺激，木质部增生形成木瘤，木瘤小的有指头大，大的可达 60cm，一株树上少的只 1 个，多的超过 350 个。每年春夏季瘤的皮层破裂，溢出蜜黄色的蜜滴，这是性孢子混合液。第二三年瘤面皮再次裂开，显示出黄色疱状的锈孢子器，器破散出黄色锈孢子，以后可以年年从瘤面上生出锈孢子器，破皮处当年长出的新的皮层，下一年再裂开。在栎类的叶背面初生黄色夏孢子堆，以后在夏孢子堆中长出毛状冬孢子柱（见彩图 2-3-6）。

病原 菌丝松疱锈病由担子菌亚门的栎柱锈菌 [*Cronartium quercuum* (Berk) Miyabe] 引起。该菌的锈孢子和性孢子在松类的病枝上产生，夏孢子和冬孢子则产生在栎和栗类叶片上，各类孢子的形态和及其产生过程与前述茶藨生柱锈菌相似。

发展规律 冬孢子当年成熟后，不经休眠即萌发担子和担孢子，担孢子借风传播，落在松针上萌发产生芽管，由气孔侵入松针，并向枝皮部延伸，有的担孢子落到枝皮上，萌发产生芽管后，由伤口侵入皮层中，第 2~3 年瘤面上挤出蜜滴，第 3~4 年生出锈孢子。在南京 4 月上旬锈孢子飞散，锈孢子落到栎树叶上，由气孔侵入，5~6 月生出夏孢子堆，6~8 月生出冬孢子柱，8~9 月冬孢子萌发担孢子和担子，再侵染松针，病菌以菌丝体在松树皮层内越冬。木瘤中的菌丝体多年生，每年产生锈孢子，受病菌刺激年年增大。

防治方法 ①在合适发病的地段上，不造松、栎混交林，两树种距离至少 2km；②砍掉重病树，或砍掉蒙古栎以减少病菌繁殖基地，病轻的松树幼林也可以剪去病瘤枝条；③幼林喷洒 65% 可湿性福美铁或 65% 可湿性福美锌的 1∶300 倍液或 65% 代森锌 1∶500 倍液效果较好；④松树用 0.025%~00.05% 链霉菌酮液喷干 3mL，可兼收预防和治疗的作用，也可以作为软膏每树涂 5g。用松焦油涂抹树干病部有很好的治疗效果。

3.2.5 松材线虫枯萎病

分布及危害 松材线虫枯萎病是日本最重要的森林病害病之一，除北海道以外的日本全境均有发生，但以南部温暖地区受害最重。80 年代初，每年松材损失达 $200 \times 10^4 m^3$。美国各地也有分布，但不形成流行病。我国于 1982 年在江苏南京发现黑松大量枯死，经研究证明也是松材线虫枯萎病。原产日本的赤松、黑松和硫球松（*Pinus luchuensis*）是高度感病树种。马尾松、湿地松、火炬松、油松是抗病树种，据日本的接种实验，云南松也是感病的。

症状 感病松树最先表现减少并停止分泌松脂，随后蒸腾作用减弱，针叶失色并逐渐黄萎枯死变为红褐色，终至整株枯死。病害发生发展的 4 个过程第一步，外观正常，树脂分泌减少，蒸腾作用下降，在嫩枝上往往可见天牛啃食树叶的痕迹；第二步，针叶开始变色，树脂分泌停止，除天牛补充营养痕迹外，还可发现产卵刻槽及其他甲虫侵害的痕迹；第三步，大部分针叶变为黄褐色，萎蔫，可见天牛及其他甲虫的蛀屑；第四步，针叶全部变为黄褐色至红褐色，病树整株干枯死亡。此时一般有许多次期害虫栖居。多数情况下，植株感病后，于当年初即表现为全株枯死。这类典型症状的出现，大体可划分为 4 个阶段：第一，病害初期，植株外观无明显变化，但树脂分泌开始减少；第二，树冠部部分针叶失去光泽，后变黄，树脂停止分泌；第三，多数针叶变黄，植株开始萎蔫；第四，整个树冠部针叶由黄变成红褐色，全株枯萎死亡（见彩图 2-3-7）。

病原 本病是由松材线虫属于线虫门（Nematoda）侧尾腺口纲（Secernentea）滑刃目（Aphelenchid）滑刃亚目（Aphelenchidea）拟滑刃总科（Aphelenchoididea）拟滑刃科（Aphelenchoididae）伞滑刃亚科（Bursaphelenchinae）伞滑刃属（*Bursaphelenchus*）松材线虫［*Burssaphelenchus xylopilus*（steiner et Buher）Nickle］引起。无论是幼龄树还是数十年的大树，均可受松材线虫的侵染，从显现症状起，一个多月后即全株枯死。病死木质部往往由于有蓝变菌的存在而呈现蓝灰色。

我国和几个亚洲国家报道松材线虫的媒介昆虫主要是松墨天牛（*Monochamus alternatus* Hope）。国外报道松材线虫在北美原产地的重要媒介昆虫为卡罗来纳墨天牛（*M. carolinesis* Oliver），其他昆虫如天牛类、吉丁虫

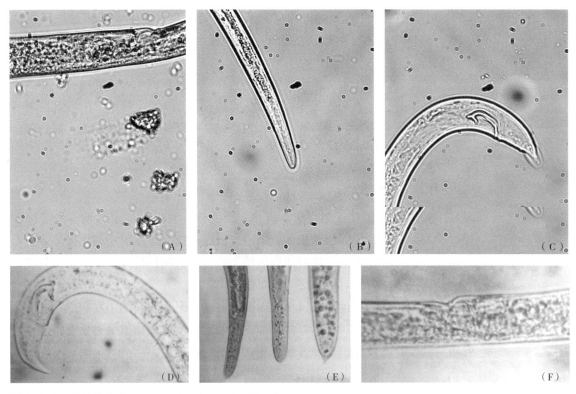

图 2-3-8 松材线虫（*Bursaphelenchus xylophilus*）
A：雌虫阴门盖；B：雌虫；C：雄虫（胡赛蓉/摄）
D：雄虫尾部；E：雌虫尾部；F：雌虫阴门盖（图片来源：国家《森林植物检疫对象图册》）

类及象鼻虫类等，也是媒介昆虫（图 2-3-8）。

线虫的耐久性：幼虫（4 龄）自天牛造成的伤口侵入健康松树小枝，并进入树脂管内，这时线虫就有强烈的致病作用。待受侵树木停止分泌树脂时，树体中线虫开始增殖，以树脂管为通道向其他部位扩散，到针叶开始发黄时，树木的整个木质部就有大量的线虫存在，线虫在木质部中迅速的发育为分散型的 3 龄幼虫。从冬季到春季，3 龄幼虫聚集在天牛的蛹室和蛀道周围越冬，当天牛在春末化蛹时，线虫蜕变为耐久型幼虫，以后即附着在天牛成虫体上被带到健康松树上。据日本的研究，在枯死松树的木材中，还可以发现另一种拟松材线虫（*B. mucronatus*），这种拟松材线虫对赤松和黑松的致病力很小，不是松枯萎病的病原（见彩图 2-3-9）。

发病规律　松材线虫是由松天牛传播的，松墨天牛（*Monochamus alternatus*）是主要的传病介体。每年 6~7 月，天牛成虫飞出进行补充营养并产卵，每 1 头天牛体上平均带有约 1 万条线虫，天牛在松树嫩梢上取食，线虫即从天牛咬食伤口侵入；8~9 月高温季节，受侵松树开始表现症状，并迅速枯死，此后天牛幼虫也进入木质部。

高温和低温对病害发展有利，接种实验中，20℃下不表现症状，30℃

下迅速死亡。自然界则以温度和海拔较低以及立地干燥缺水的地区发病重。松材线虫还可由感病枯死而采伐的原木传播,它是远距离新区最初的侵染源。

防治方法 ①加强检疫措施,防止坏死的松材原木外运和输入。②病树应立即采伐,并在秋季天牛尚未蛀入木质部前用1%杀螟松等内吸杀虫剂喷射,以杀死原木中的天牛幼虫。③当松褐天牛羽化后取食时期内,对健康松树喷洒3%杀螟松乳剂1~2剂,用量每亩4L。

3.2.6 松枯萎病

分布危害 分布在辽宁、吉林、黑龙江、湖南和广东各地,危害樟子松、马尾松、红松、湿地松、火炬松、长白赤松、黑皮油松和杜松等多种松树,是一种分布普遍,危害严重的传染病,除引起枯梢外,还危害芽,松针和幼苗根茎,严重时引起松树大面积枯死。

症状 从幼苗到幼树以至大树都能发病,但幼苗和幼树发病重,可发生在芽、松针、枝梢、根茎等各个部位,但主要发生在枝梢引起枯萎病,初病时嫩芽、针叶及枝梢出现青铜色病状,渐变红褐色,严重时全树冠出现"红顶",干皮被害时出现溃疡,开裂病状,并由裂缝中溢脂,浅灰色或浅蓝色灰色。新梢病后弯曲萎蔫,渐枯死,针叶变褐色。在溃疡部,枯针和枯梢上产生圆形小突起半埋生于组织中,为病原菌的分生孢子器,遇湿时从孔口处溢出黑色分生孢子角,3~5年生幼苗的根茎受害时,茎皮组织变深红色,具黑色线纹,且延伸到木质部,严重时幼苗可枯死。

病原 由半知菌类的松色二孢菌 [*Diplodia pinea* (Desm.) Kicks] 引起,分生孢子器近圆形或椭圆形,单生或群生,半埋于表皮下,有乳头状孔口,216~357μm×164~319μm,分生孢子初为单胞,卵形或椭圆形,无色,成熟后为双胞变为褐色,22~37μm×12~17μm。

发病规律 病菌的分生孢子在病针,病梢和病枝的组织内越冬,分生孢子在25~27℃,相对湿度90%以上时,便萌发,由伤口侵入组织,经24~27日的繁殖期后产生新的分生孢子成为再侵染的接种体。6月下旬至8月中旬均能发病,7月中、下旬为发病高峰期,进入9月便停止发展。夏季雨量增多有利于病菌的传播与侵染,土壤黏重板结,积水,林分郁闭度大通风差时,树木生长衰弱易发病,而在岗地、排水良好、土壤疏松的地块上病轻,树冠下部病重,自下向上蔓延。

防治方法 注意适地适树造林,进行合理修枝与间伐。幼苗和幼树病后,剪出病部烧毁。可喷射药物,1:1:100波尔多液;70%白菌清500~1000倍液;50%六氯苯250~750倍液;可湿性托布津2000倍液。

3.2.7 松烂皮病（枯枝病）

分布与危害 这是一种很早就闻名于世界的幼林病害，在非洲叫垂枝病、软枝病、枯梢病，已知该病分布与黑龙江、辽宁、山东、河北、陕西、江苏、四川等他，主要危害红松、黑松、赤松、油松和云南松等树种。据调查，山东崂山林场的部分赤松林被害率达80.5%，黑龙江省海林林业局的2019年生红松人工林发病率达80%，严重病区的林木成片死亡。

症状 发生在2年生以至10年生的枝、干上，自1~3月起，部分小枝，枝或干上部针叶变至黄绿或灰绿色，逐渐变为褐色至红褐色。此时病枝干与健康枝干相比，几乎没有变化。到3月末，病树针叶已变为红褐色，被害枝干因失水而收缩起皱，所以针叶脱落痕（短枝）处稍显膨大。这种情况，无论在枝或干上，都是首先发生在枝的分歧部分，枝干上的轮生小枝或枝的一部分若被侵染，就呈枯枝病状，若枝的基部干皮被侵染则呈烂皮状，由此伸出的侧枝也枯死下垂。从4月起病部膨大部分破裂，由皮下出现黄褐色病原菌子实体（子囊盘），同一处可生1至数个，逐渐变大，色加深，到5月下旬至6月中旬即成熟。成熟子囊盘如杯状，黄褐色，雨后张开变大，盘表面为淡黄褐色，干后收缩皱曲，到了散放孢子的8月下旬至9月，子囊盘变为黑褐色至黑色，萎缩僵化（见彩图2-3-10）。

病原 本病由子囊菌亚门的铁锈薄盘菌（*Cenangium ferruginosum* Fr.ex Fr.）引起，子囊盘只在当年的病枝上形成，初生在表皮下，表皮破后大部分伸至表面上，无柄，盘径2~3mm，成熟时可超过5mm。子囊，棍棒状无色，孢子单行排列，有时双行排列，子囊孢子无色至淡色，单胞，椭圆形，侧丝无色，顶端膨大。子囊孢子萌发温度15~28℃，以25℃为最适；萌发所需pH3.6~5.6；萌发需100%空气湿度，菌丝生长温度为10~25℃，以15~20℃为最适；pH为2.6~6.8，以pH4~5最适。本菌为森林习居菌，在常态下是腐生菌，对树木无害，但对过密或因其他处于生长衰弱的松树，具有侵染性，引起枯枝和烂皮。

发展规律 本病发生在4年生以上的枝和干皮上，头年被侵染后，菌丝在皮内过冬。第2年春1~3月出现松针枯萎症状，3~4月上、中旬左右由皮下生出子囊盘，5月下旬至6月下旬才开始成熟，病枝上子囊盘全部成熟约在6月后，子囊孢子成熟后必须在降雨后大量放散孢子，约在7月中旬至8月中旬。子囊孢子放散时间约3个月左右，孢子靠风力分散传播到寄主枝皮和干皮上，在水湿条件下萌发，由伤口侵入皮中，过冬后再显病状。

本病菌只在松树受旱、涝、冻、虫伤长势不旺的条件下，先在伤口或死皮上生活一段时期，获得弱寄生能力后方可侵入活组织，成为病原菌。山东崂山地区赤松由于受松干蚧危害，本病非常猖獗，因而有人认为治疗介壳虫后病害也就不存在了，然而在没有介壳虫的地方也有此病的发生，这说明此病是一种传染病，只是在各地的病因不同而已。林内过密，立木下枝枯死不落时，上面有时生满菌体，这不是病害，但在活组织上受虫害或有伤口时，本菌侵染活组织后引起烂皮、芽枯和枯梢的病害症状。天然更新的红松幼苗，如在云、冷杉大树下终年不见阳光，杂草灌木丛生时，常因幼苗生长衰弱被此病侵害，发生枯枝、枯梢症状，有时导致全苗枯死。

防治措施　适地适树，防止冻害。加强幼林抚育，合理整枝，清除枯立木和腐木。幼林郁闭后及时透光间伐，增强树势；防治松大蚜和油松、赤松上的松干介壳虫；如条件允许时，幼林可喷 1∶1∶100 波尔多液或用 2° Bé 石硫合剂喷干预防，兼治害虫；大树病皮用刀割伤后，刷 50% 蒽油乳膏 1∶5 的乳剂或 0.2% 升汞柴油液，有防治效果。

3.2.8　杉木丛枝病

分布及危害　杉木丛枝病在广东、湖南、浙江、福建和广西等地发生。广州五山华南农学院（现华南农业大学）1973 年营造的杉木林至 1979 年发病率达 70%；湖南省衡山县棠兴公社 1974 年营造的杉木林至 1979 年发病率达 33%。

症状　发病枝条的针叶先呈淡绿色斑驳状，新梢生长缓慢，下部萌生不正常新芽形成丛枝。病树矮生，不成材。针叶变小，短厚，内卷。

病原　病原为植原体（MLO）。可通过嫁接或红蜘蛛传播，潜育期约 1 年。

防治方法　四环素或土霉素浸根处理有较好效果，皮层切割药量每株 50 万单位效果也好。

3.2.9　油杉寄生害

分布及危害　油杉寄生害是我国西南地区云南油杉（*Keteleeria evelyniana* Mast）纯林和混交林中广泛分布的一种主要病害。根据云南中部十几个县市的调查资料，油杉寄生害均普遍发生。严重受害的林分，株数感染率达 70% 以上。油杉寄生害一旦发生，传播蔓延十分迅速。据玉溪灵兆山的调查，1978—1982 年油杉寄生害侵染蔓延面积从不足 5 亩扩大到 300 亩以上，受害林分面积增加了 60 倍。油杉寄生害在美国西南部森林中是最严重的病害之一。

症状　遭受油杉寄生侵染的植株，病部常表现丛枝症状，发育畸形，病部以上叶片变短小，丛枝多数下垂披散，顶部逐渐枯萎。丛枝在油杉寄生种子侵入后的第 2 年出现。从病部膨大处及丛枝间均可向外抽发寄生植株，向内产生吸根。主干顶梢受害后，在以后的生长中每次分枝都形成丛枝，即第 1 年分枝，第 2 年膨大，产生大量不定芽形成丛枝。严重感病的植株，甚至整个树冠都被寄生植株所代替。病株生长衰弱，生长量显著下降，结实量和种子发芽率也随之降低，材性变劣，经济价值大大下降（见彩图 2-3-11，彩图 2-3-12）。

病原　油杉寄生（*Arceuthobium chinense* Lecomte）属于桑寄生科（Loranthaceae）槲寄生亚科（Viscoideae）油杉寄生属（*Arceuthobium* = *Razoumofskya*）（彩图 2-3-13）。油杉寄生为多年生植物，雌雄异株，高度 2~8（~12）cm，绿色或黄绿色。在群体中的性比例为雄性 60%~68%、雌性 32%~40%。①根：初生根由种子胚根顶端膨大形成的附着器（似"吸盘"）上长出，楔形吸胞伸入寄主皮层，达到木质部内。并纵横向延伸。每延伸一定距离，再向内生成楔形吸根伸入寄主木质部，可达心材。吸根上的一些细胞转变成维管束。②茎：圆柱形，多数背地性密集直立伸长。具明显的节，节间自茎基向上有逐渐短缩的趋势。假二叉状分枝，也见少数二叉状分枝，含叶绿体。③叶：退化呈鳞片状，无柄，对生，彼此合生成一张开的鞘。有栅栏与海绵组织分化，含叶绿体。④花：单性。雄花重被，腋生或顶生，直径 2~2.3mm，无花梗，复穗状花序。雌花腋生或顶生，花梗短，花萼合生，顶浅裂成一缺口，柱头自缺口外露，可分泌大量柱头液。子房下位，一室。胚珠一颗与子房壁合生。⑤果实及种子：浆果卵圆形，腋生或顶生，橄榄色或暗绿色，失水后呈暗蓝色。上半部为宿萼包裹，纵径 < 6.2mm，横径 < 4.0mm，果柄 < 1.7mm，内含种子一粒，种子被黏胶质层包裹，卵圆形，长约 2.3mm，宽 1.6mm，棕褐色。种子内有种胚和含淀粉的薄壁细胞所组成的胚乳。

发病规律　油杉寄生的果实，从 10 月下旬逐渐进入成熟期。随黏胶质层的生理膨胀产生越来越大的内压力，遇轻微震动或果柄与果皮成熟产生的收缩力不一致，都能引起果实脱落时，自果蒂孔口处种子的弹力弹射。种子射出水平距离平均可达 5.2m。包裹种子的黏胶质层能使种子黏附在寄主植物的枝干上，这是油杉寄生传播的主要方式。此外，鸟类啄食果实，因种子表面黏胶质的润滑等原因，一般尚有十分之一左右具萌芽力的种子随粪便排出。因此，鸟类和其他动物的活动也是远距离传播的媒介。

种子在受病体上萌发，在吸胀作用下，胚根突破种壳外露，尖端膨大呈圆盘状附着器，紧贴受病体表皮。附着器腹面的突起发育成初生根，可从表皮或自然孔口侵入。进而以楔形细胞的方式伸入木质部，由初生根发育长出皮层根（侧根）。皮层根在受病体皮层内纵横向延伸，纵向伸长较快，形成了皮层根与寄主顶端生长根进伸长的特性。皮层根围绕形成层的周向伸长，向内生出楔形吸根，吸根上一些细胞转变为维管束（假导管），与受病体维管束相连，吸收水分和无机盐。

皮层根在受病体皮层内延伸，向内生出吸根的同时，向外抽发植株。抽发多出现在夏季，其潜育期不少于 4 个月。植株抽出后，当年株高生长量不大。9 月中旬以后，营养生长趋于停顿。翌年 3 月下旬至 5 月底是生长高峰期。花芽从 4 月末开始分化，约 35~70d 分化完全。雄花初花期出现在 9 月上旬，9 月中旬至 10 月中旬盛花。10 月下旬果实渐成熟，至 11 月中、下旬果实弹裂，全部脱落。

雄株开花后，雌株落果后，由于养分的大量消耗，略显萎蔫状。遇风雨及枝叶摆动碰撞、摩擦等外力作用，容易脱落。植株脱落后，在寄主表皮上留下一杯状窝。未脱落的植株，在寄主 1~2 年生枝段上，一般占 31%~39%，雌株略高。翌年春天又可恢复生机，并具有在落花痕和落果痕处，芽再生的能力。雄、雌株个体的生命可延续 3~4 年，并连年开花结果。

皮层根多年生，作为活组织埋生于寄主栓皮层与形成层之间。遇有适宜条件，随寄主新梢抽发而延伸，同时不断向内生出吸根，向外抽发植株，周而复始，持续产生新的寄生植株，雌株连年结果，又成为传播体。

防治方法　油杉寄生特殊的生活习性，决定了它对寄主危害的长期性和严重性。由于皮层根多年生，埋生在寄主皮层内始终是活体，为病害的防治造成一定的困难。应区别情况，采取不同的防治措施。①中龄以上林分遭受侵染，由于种子一般不能在充分木质化的枝条上萌发，皮层根也不能向寄主老化组织蔓延。所以，油杉寄生一般多发生在树木中、下部侧枝上。如果受害面积和林分密度都比较大，可以考虑暂缓抚育间伐，利用林木自然整枝的习性，让寄生株随寄主中、下部枝条尽早枯落。但应对林沿及林窗附近的染病寄主进行人工整枝。砍除病枝，彻底清除侵染源，防止再侵染发生。如果受害林分密度较小，应及时结合抚育间伐清除病枝。一次清除往往不能彻底，应连年清除 2~3 次。②清除病枝的时机，最好选择在每年 5~8 月。这个时期，雌株上去年形成的幼果尚不成熟，当年花芽已经分化，尤其雄株花芽黄色，数量多，在林间十分醒目，极易发现加以清除。即使部分雌株漏砍，也能大大减少花粉来源，造成雌花不孕，控制翌年病源传播。③幼龄树木生理发育年轻，尤其萌生木早期徒长，主干组织幼嫩，易受侵染。一旦皮层根始发或侵入主干，即使能够继续存活，干材组织松脆，物理力学性质变劣，生长十分缓慢，逐渐丧失经济价值。并且，寄主各部位枝条因皮层根自主干的蔓延，必然持续发病，长期传播。修除病枝已失去意义，应该及早伐除。④油杉寄生是专化性强的寄生生物，不侵染云南松和阔叶树种。在油杉寄生病害流行地区，应积极营造混交林，合理选择目的树种，减少损失，控制病害传播。⑤有桑盾蚧一种（*Pseudoulacaspis* sp.）可在油杉寄生的茎、芽和果上生活繁衍；也发现茎干上有寄生性真菌菌丝存在，提供了探索生物防治的可能性。

在严重受害的林分内，仍可见有的林木完全不受侵染，表现出个体本身的抗病性。应积极开展抗病物种的选育。此外，对化学防治的可行性等进行研究也都是必要的。

3.2.10 杨树、柳树腐烂病

分布及危害 杨树腐烂病又称烂皮病。我国黑龙江、吉林、辽宁、内蒙古、河北、山西、陕西、新疆、青海等地杨树栽培地区都有发生。除危害杨属各树种外，也危害柳树、槭、樱、接骨木、花楸、桑树、木槿等木本植物。常引起林木特别是防护林和行道林的大量枯死。河北省张北县国营中心林场1972年曾因病害严重而伐除病死树4万余株，有些地区则因病毁成残林必须重新造林。

症状 杨树腐烂病主要发生在树干及枝条上，表现为干腐及枝枯两种类型。干腐型主要发生在主干、大枝及树干分岔处。发病初期病部呈暗褐色水渍状斑，略为肿胀，病部皮层组织腐烂变软，用手压之有水渗出。以后病斑失水，树皮便干缩下陷，有时呈龟裂状，病斑有明显的黑褐色边缘。（见彩图2-3-14，彩图2-3-15）后期在病斑上长出许多针头状黑色小突起，此即病菌的分生孢子器。在潮湿或雨后，自此针头状小突起中挤出橘红色胶质卷丝状物为病菌的分生孢子角。分生孢子角有时联结成块状。病部皮层变暗褐色，糟烂，纤维细胞互相分离如麻状，易与木质部剥离。有时腐烂可达木质部。病斑向上下扩展比横向扩展的速度快。当病斑迅速扩展并绕干一周时，由于输导组织被破坏，因而导致病部以上枝条死亡。如环境条件对树木生长有利，病斑的周围组织则迅速长出愈伤组织，阻止病斑的进一步扩展。病斑在粗皮树种上表现不明显。枯梢型主要发生在1~4年生幼树或大树枝条上。发病初期呈暗灰色，病部迅速扩展，环绕一周后枝条便死亡。在东北、北京等地区，后期在病斑糟烂处形成黑色小点，为病菌的子囊壳（见彩图2-3-16~彩图2-3-18）。

病原 引起腐烂病的病原菌在我国过去报道主要是子囊菌亚门的污黑腐皮壳菌（*Valsa sordida* Nit），其无性型为黄金壳囊孢［*Cytospora chrysosperma*（Pers.）Fr.］。子囊壳多个埋生于子座内，呈长颈烧瓶状，直径350~680μm，未成熟时为黄色，成熟后为黑色。子囊棍棒状，中部略膨大。子囊孢子腊肠形，两行排列，大小为2.5~3.5μm × 10.1~19.5μm。分生孢子器埋生于子座中，不规则形，黑褐色，多室或单室，具长颈，直径0.27~0.5mm，分生孢子单细胞，无色，腊肠形，大小为0.68~1.36μm × 3.74~6.8μm。近年的研究表明，在我国引起杨树腐烂病的，尤其是引起成年树枝枯型的还有 *Leucostoma nivea*（Hoffm.ex Fr.）Hohn.（无性型为 *Leucocytospora nivea*）。其有性子实体生于枯枝或枯死树的树皮上，子囊壳初埋生，后突破表皮外露，在孔口周围有一圈灰白色粉状物。子座宽

图 2-3-19　壳囊孢属
（*Cytospora* sp.）

1090~1230μm，高 820~960μm，基部有一明显的黑色带状结构。子囊壳数个聚生于子座中，球形或扁球形，大小为 160~200μm×130~200μm，壳壁褐色或暗褐色，具 200~300μm 的长颈。子囊棍棒状 30~45μm×6~12μm，子囊孢子腊肠形，两行排列、单胞、无色，8.2~13μm×1.5~4μm。分生孢子器也埋生于子座中，不规则形，多室，具共同孔口，子座基部同样具一条明显的黑色条带。分生孢子器腊肠形，单胞、无色，6~8μm×1~1.5μm。这种致病菌在 PDA 培养基上的菌丝初为白色，后渐变为灰白色至墨绿色。这与 *Cytospora Chrysosperma* 在 PDA 上菌丝始终为粉白色不同。而且其致病力也较弱（图 2-3-19）。

发展规律　病菌以子囊壳、菌丝或分生孢子器在植物病部越冬。北京地区于 3 月下旬在树干病部糟烂部分或枯枝上普遍发生 *Leucostroma nivea* 的子囊壳。用子囊孢子接种 1 周左右即发病，半个月左右于病部形成分生孢子器。在自然界，孢子借气流传播，雨水和昆虫也有一定传播作用。病菌通过各种伤口侵入寄主体内。

该病于每年 3、4 月开始发生，各地区气温不同，发病迟早和侵染次数也不同。北京地区 3 月中下旬开始活动（东北地区 4 月开始）。5、6 月为发病盛期，7 月后病势渐趋缓和，至 9 月基本停止发展。据观察，平均气温在 10~15℃ 时有利于病害发展。温度升高到 20℃ 以上则不利于病害发展。据报道，温度在 6~10℃ 时有利于病菌侵染，10~15℃ 时有利于病菌在寄主组织内扩展。在适宜条件下人工接种，病害潜育期一般为 1~6d。

引起杨树腐烂病的这两种真菌都是弱寄生的。它们只能侵染生长不良、树势衰弱的树木。病菌先在各种伤口或衰弱的部位生活，并逐渐对活组织进行侵染。室内接种表明无伤表皮和刀伤口接种不易成功，而烧伤或用乙醚麻醉后容易接种成功。西北、内蒙古地区由于风沙和干旱，不但使林分水分失调，生长衰弱，而且容易造成伤口，病害严重。北京地区春季造林时如果根系受伤严重，运输苗木不当，栽植不及时，或造林后管理不及时，该病也会严重发生，甚至导致造林失败。

室内外研究表明，腐烂病菌在苗木中带菌率很高，因此在条件合适时病害大量发生。杨树树皮含水量与病害有密切关系，树皮含水量低有利于菌丝生长。

腐烂病的发生与树种、树龄、林带结构、方位及密度等有关。一般地说，小叶杨较抗病，加杨、美国白杨也较抗病；而小青杨、北京杨、毛白杨较感病。当年定植的幼树及 6~8 年生幼树发病重。防护林、片林的边行，尤其是迎风的边行，由于受风沙侵袭、温差变化大，故病害也较严重。立地条件不良，管理不善，其他病虫害严重，生长衰弱的林分病害严重。

防治方法 ①插条应贮于 2.7℃ 以下的阴冷处，以免在贮藏期间大量受侵染，或因贮藏不善而降低插条生活力，为病菌侵染创造有利条件。②注意适地适树，移栽时避免伤根太多或碰伤树干。栽后及时灌水，保证及时成活。③科学整枝，修剪应逐年进行，做到勤修、轻修、适时修、合理修。剪口要平滑，修下的枝条及时运走和处理。修剪时对病枝、枯枝特别注意清除。④作树桩或篱笆用的杨树枝干上有大量病菌，而且在春季大量形成子囊和子囊孢子，成为侵染源之一。因此，作桩木用的树干应及时剥皮，作篱笆用的杨树枝干应在早春用高浓度的石硫合剂等喷洒，以便铲除菌源。⑤营造半透风式防护林带，在迎风面的边行外栽小灌木保护。⑥对严重感病的杨树应及时清除，严重感染的林分彻底清除。对感病较轻的植株或林分，除加强管理，提高树木本身的生活力外，可以及时砍去病株或刮除病部，然后进行喷药或涂药处理。目前防治腐烂病的常用药剂有 10% 碱水（碳酸钠）、10% 蒽油、蒽油肥皂液（1kg 蒽油 +0.6kg 肥皂 +6kg 水）结合赤霉素（100ppm）、1% 退菌特，5% 托布津，50ppm 内疗素等。复方内疗素（内疗素加 2% 硫酸铜）以及砷平液等防治苹果树腐烂病效果较好，也可试用。

3.2.11 柳树桑寄生害

症状 被害树木的枝条或主干，出现大、小、数量不等的寄生物小灌丛，其植株高约 0.5~1m 多。由于桑寄生的枝叶与大多寄生植物迥然不同。故很易分辨。尤其是落叶性寄主树种，秋冬季节常绿的寄生物与无叶的寄主对比异常鲜明。受害树木一般表现为落叶早，翌年放叶迟，叶变小，延迟开花或不开花，易落果或不结果。被寄生处肿胀，木质部纹理紊乱，出现裂缝或空心，易风折。严重时枝条枯死或全株枯死（见彩图 2-3-20）。

病原物 由植物界种子植物门被子植物亚门双子叶植物纲桑寄生目桑寄生科（Loranthaceae）梾树寄生属（Loranthus）的梾李桑寄生（*Loranthus delavayi* Van Tiegh.）的植物引起。分布在云南海拔 750~3000m 的山坡地阔叶林中，全株无毛，无根出条，花色淡，花果期于春秋季。丛生常绿小灌木，高 0.6~1m。还有滇藏钝果寄生 [*Taxillus thibetensis* (Lecomte) Danse]（见检索表 1）。小枝粗而脆，直立或斜生，因寄主不同变异性大。根出条甚发达，皮孔多而清晰，叶两面无毛，有短柄。叶长 4.5~6cm，宽 2.5~3.5cm，纸质。花期 9~10 月，筒状花冠，长 2.3~2.7cm。花色淡红，亦被有一些短毛。浆果

椭圆形，长约 8mm，宽 7mm，具小疣状突起，翌年 1~2 月成熟，分布于南方各地。多寄生在寄主的侧枝中部和上部。

发病规律　桑寄生属植物都具有能进行光合作用的叶绿素，而缺乏正常植物的根，故属半寄生植物。种子主要靠鸟类传播。它们的浆果成熟期多正值其他植物无果的休眠期，鸟类食料困难，乌鸦、斑鸠、土画眉、麻雀等喜食此类浆果。浆果内果皮木质化。内果皮外有一层白色物质。含槲皮素，味苦涩而黏，有保护种子的功能。种子即使被鸟类吞食，经过消化道也不丧失生活力。

种子自鸟嘴吐出或随粪便排出后，靠内果皮上的黏性物附于树皮上。吸水萌发时必须有合适的温度和光线。如果缺乏光照，种子便不能萌发。萌发的种子在胚根尖端与寄主接触处形成吸盘，并分泌消解酶，自伤口或无伤体表，以初生吸根钻入寄主枝条皮层达于木质部。因此，树木枝条最初受害大都在较幼嫩时期，4~5 年以上老枝上便很少有新侵染发生。种子从萌发到钻入皮层可在 10 数日内完成。进入寄主体内的初生吸根分出次生吸根，与寄主的导水组织相连，从中吸取水分和无机盐。在根吸盘形成后数日，即开始形成胚叶，发展茎叶部分。如有根出条，则沿着寄主枝条延伸，每隔一段距离形成一新吸根钻入寄主皮层，并形成新的枝丛，寄生物多年生，植株在寄主枝干上越冬，每年产生大量种子传播病害。

防治方法　①坚持每年清除一次桑寄生植株，数年便见成效，控制其扩展。实践证明，成灾林分往往是经营粗放，不作清除工作的林分。桑寄生常有根出条，因此在砍除时，除将已成长的寄生植株砍去外，还必须除尽根出条和组织内部吸根延伸所及的枝条，才能收到应有效果，否则容易复萌。此外，砍除时间应在果实成熟之前进行。桑寄生多可入药，砍除植株既可除害又可收利，一举两得，较易推行。②应用化学药物铲除寄生物植株也有一定效果，自然界有一些桑寄生的寄生菌类和昆虫，但尚未作生防尝试。

3.2.12　柳树溃疡病

症状　受害部树皮长出水泡状褐色圆斑，用手压会有褐色臭水流出，后病斑呈深褐色凹陷，病部上散生许多小黑点，为病菌的分生孢子器，后病斑周围隆起，形成愈伤组织，中间裂开，呈溃疡症状。老病斑处出现粗黑点，为子座及子囊腔（见彩图 2-3-21）。

病原　为子囊菌亚门格孢腔菌目葡萄座腔菌科葡萄座腔菌属的茶藨子葡萄座腔菌 [*Botryosphaeria ribis* (Tode) Gross et Duss]（图 2-3-22）。在表皮下生有子座，为黑色扁圆形，炭质，内群聚 1 至数个子囊腔。子囊腔呈暗黑色扁圆形，具有乳头状孔口。子囊棍棒状，束生，具无色的双层壁，顶壁较厚，有假侧丝。有 8 枚椭圆形子囊孢子，单胞，无色．3 月下旬气温回升病

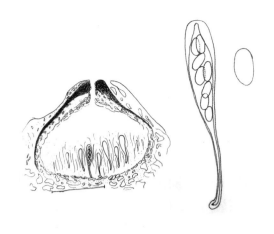

图 2-3-22 茶藨子葡萄座腔菌 (*Botryosphaeria ribis*)

菌开始发病，4月中旬至5月上旬为发病盛期，5月中旬至6月初气温升至26℃基本停止发病，8月下旬当气温降低时病害会再次出现，10月病害又有发展。病菌孢子成活期长达2~3个月，萌发温度为13~38℃，可全年危害。该病可侵染树干、根茎和大树枝条，但主要危害树干的中部和下部。病菌潜伏于寄主体内，使病部出现溃疡状斑。天气干旱时，寄主会表现出症状。皮膨胀度大于80%时不易感染溃疡病，小于75%时易感染溃疡病，且发病严重。该菌的生长适温为25~30℃，pH值范围为3.5~9，其中以pH值为6时生长发育良好。病害发生与树木生长事关密切。植株长势弱易感染病害，新造幼林以及干旱瘠薄、水分供应不足的林地容易发病。在起苗、运输、栽植等生产过程中，苗木伤口多有利于病害发生。

防治方法 ①选择抗病健壮苗木种植，起苗时尽量避免伤根，运输假植时保持水分，避免受伤；②加强栽培管理；③春季在树干下部涂上白涂剂，或用 0.5°Bé 石硫合剂，或用 1∶1∶160 波尔多液喷干，降低发病率。

3.2.13 香椿干腐病

病症 感病初期，枝干被害部位表皮变色，出现棕褐色棱形湿腐烂病斑，后期病斑出现密生小黑点，病斑中部树皮开裂，流出树胶，当病斑环绕枝干一周时，上部枝叶枯死。枝干被害部位以朝阳面重，背阴面轻，多发生于幼树主干（见彩图 2-3-23）。

病原 由半知菌类球壳孢目（科）大茎点属的一种 *Macrophoma* sp. 侵染所致，有性阶段为子囊菌亚门格孢腔菌目葡萄座腔菌科（属）葡萄座腔菌 [*Botryosphaeria dothidea*（Moug. ex Fr）Ces. et de Not]。该病原菌分生孢子器球形，黑色，顶端有孔口，自寄主表面突出。分生孢子器壁四周生有极短的分生孢子梗，由此孢子梗产生分生孢子，成熟后，充满整个孢子器。分生孢子长卵形、无色、为单细胞。病害多在3~4月发病，起初在染病枝干皮下寄生，当分生孢子器成熟后，突破枝干的表皮，枝干上呈现许多密生的小黑粒点。

病原菌以分生孢子器在树体上越夏、越冬，翌年产生分生孢子，引起初次侵染。

防治方法 及时清除染病枝干，并予烧毁，减少侵染源；冬春树干涂白；在初发病斑上打些小孔，深达木质部，然后喷涂 70% 托布津 200 倍；合理整枝伤口处涂以波尔多液或石硫合剂；加强肥水和抚育管理，增强树势，提高抗病能力，预防感染。

3.2.14 核桃烂皮病

症状 主要危害枝、干。幼树主干或侧枝染病后，初期病斑近梭形，暗灰色水渍状肿起，用手按压流出泡沫状液体，病皮变褐有酒糟味，后病皮失水下凹，病斑上散生许多小黑点即病菌分生孢子器。湿度大时从小黑点上涌出橘红色胶质物，即病菌孢子角。病斑扩展致皮层纵裂流出黑水。大树主干染病初期，症状隐蔽在韧皮部，外表不易看出，当看出症状时皮下病部也扩展 20~30cm 以上，流有黏稠状黑水，常糊在树干上。枝条染病：一种是失绿，皮层与木质部分离，致枝条干枯，其上产生黑色小点，另一种从伤口出现病斑，沿梢部向下或向另一分枝蔓延，环绕一周后形成枯梢（见彩图 2-3-24）。

病原 半知菌亚门腔孢纲球壳孢目（科）壳囊孢属的胡桃壳囊孢[*Cytospora juglandis*（Dc.）Sacc.]。分生孢子器埋生在寄主表皮的子座中。分生孢子器形状不规则，多室，黑褐色具长颈，成熟后突破表皮外露。分生孢子单胞无色，香蕉形；分生孢子器 280~440μm×130~380μm，分生孢子梗丝状无色，大小 10~15μm×1~1.5μm；分生孢子大小 3.5~7μm×0.7~1.9μm。只侵染生长势衰弱的枝、干（图 2-3-25）。

发病规律 病菌以菌丝体或子座及分生孢子器在病部越冬。翌年春核桃液流动后，遇有适宜发病条件，产出分生孢子，分生孢子通过风雨或昆虫传播，从嫁接口、伤口等处侵入，病害发生后逐渐扩展，直到越冬前才停止。

图 2-3-25 壳囊孢属
(*Cytospora* sp.)

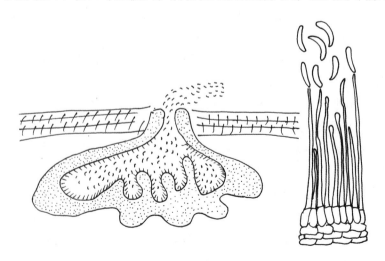

孢子成熟吸水后涌出孢子角，生长期内可发生多次侵染。4~5月是发病盛期。核桃园管理粗放、受冻害、盐碱害等发病重。

防治方法　①改良土壤，加强栽培管理，增施有机肥，合理修剪、增强树势，提高抗病力。②早春及生长期及时刮治病斑，刮后用50%甲基硫菌灵可湿性粉剂50倍液或45%晶体石硫合剂21~30倍液、5°~10°Bé石硫合剂、50%苯菌灵可湿性粉剂1000倍液消毒。③树干涂白防冻，冬季日照长的地区，应在冬前先刮净病斑，然后涂白涂剂防止树干受冻，预防该病发生和蔓延。

3.2.15　核桃枝枯病

分布及危害　该病在我国江苏、浙江、河北、吉林、辽宁、黑龙江、山东、云南、河南、山西等地的核桃、核桃楸、枫杨等上都有发生。在苗圃中经常导致苗木枯死。

症状　该病危害幼嫩枝条。先从顶部开始，逐渐向下蔓延直至主干。受害枝的叶片逐渐变黄，并脱落。皮层颜色改变，开始呈暗灰褐色，之后呈浅红褐色，最后变成深灰色。在死亡的枝条上不久形成黑色突起，此即病菌的分生孢子盘（见彩图2-3-26）。

病原　引起核桃枝枯病病原菌在我国有两种，即矩圆黑盘孢（*Melanconium oblongum* Berk）和胡桃黑盘孢（*M. juglandinum* Kunze）（图2-3-27）均属于半知菌亚门。同时还有腔孢纲球壳孢目（科）小壳蛇孢属的矮小壳蛇孢（*Phlyctaeniella humuli* Petrak）（图2-3-28）混合侵染所致。分生

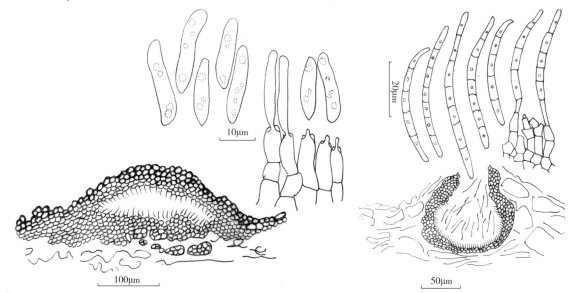

图2-3-27　胡桃黑盘孢（*Melanconium juglandium*）　　　　图2-3-28　矮小壳蛇孢（*Phlyctaeniella humuli*）

孢子盘初在表皮下，后突破表皮，呈黑色小突起状。*M. oblongum* Berk 的分生孢子盘丛生作疣状突起，破表皮或皮层外露。分生孢子梗常不分枝，20~50μm×3~4μm。分生孢子长圆形或卵圆形与椭圆形，常不对称，16~27μm×8~13μm，初无色，后呈褐色。*M. juglandinum* 与前者相似，但分生孢子较粗大。分生孢子椭圆形或卵形，18~20μm×12~14μm。分生孢子梗较细，直径 1.5~2.5μm。有性型少见。在我国东北地区核桃楸死树皮上产生带毛状的小黑点既为病菌的子囊壳。日本的研究认为，*M. oblongum* 的有性型是 *Melanconis juglandis* (Ellis et Everh) Graves。属于子囊菌亚门。子囊壳呈烧瓶状，具长颈，壳直径 550~800μm；子囊圆筒形至棍棒形，103~137μm×14~19μm，平均 122.6μm×17.3μm；子囊孢子通常为 8 个，单列或不规则双列，椭圆形，17~22μm×8.5~13μm，平均 19.8 μm× 10μm，双细胞，无色或浅褐色，分隔处多数缢缩。

M. oblongum Berk 的分生孢子萌发温度为 10~（25）~35℃。在 25℃下经 8h 便开始萌发，至 14h 达到萌发高峰。分生孢子在萌发过程中呼吸作用显著增加。核桃树皮中存在促进分生孢子萌发的活性物质。

发展规律　病菌在病枝上越冬，成为翌年初次侵染的来源。孢子借风雨传播，从伤口或枯枝处侵入。此菌是一种弱寄生菌，因此发病轻重与栽培管理、树势强弱有密切关系。管理良好的核桃园，树势良好，病害轻或不发生。相反，如果管理不善，树势衰弱则病害严重。在苗圃中，如果冬季严寒，或冬暖春寒或春季久旱则往往严重发病，引起整株死亡。*M. oblongum* 的分生孢子存活时间很长。保存在标本室内的病枝上的分生孢子，经 13 年后仍具有萌发力。

防治方法　①加强管理，增强树势，提高抗病力。对于苗木和幼树尤其要注意防冻和防春旱的工作；②及时剪除病枝并进行适当处理或彻底烧毁，以防蔓延；③室内研究表明：70% 甲基托布津 800~1000 倍液或 90% 百菌清 300 倍液、25% 多菌灵 350 倍液对分生孢子有显著抑制作用，可以在田间试用。

3.2.16　核桃膏药病

症状　在核桃枝干上或枝杈处产生一团平贴的圆形或椭圆形厚膜状菌体，紫褐色，边缘白色，后变鼠灰色，似膏药状，该病核桃产区均有分布，危害核桃的主干和枝条，轻者营养不良，重者死亡（见彩图 2-3-29）。

病原　担子菌亚门隔担菌目（科）隔担菌属的褐紫隔担耳（*Septobasidium fuseoviolaceum* Bres.）（图 2-3-30）。

图 2-3-30　褐紫隔担耳（*Septobasidium fuseoviolaceum*）

防治方法　①调整种植密度，结合修剪剪除病枝，刮除病菌的子实体和在病膜并涂刷 20% 的石灰乳或刷涂白剂；②防治介壳虫。

3.2.17 核桃槲寄生害

症状 在核桃被寄生的枝条或主干上，丛生寄生植株的枝叶，冬天非常显著。寄生处的枝条稍肿大，或产生瘤状物，此处容易被风折断。由于核桃枝条的一部分养料和水分被寄生吸收，且寄生又分泌有毒物质，造成早落叶、迟发芽、开花少、易落果。核桃受寄生危害时，树木生长不良，提早落叶落果，最后全枝或全株死亡（见彩图 2-3-31）。

病原 被子植物亚门双子叶植物纲桑寄生目（科）槲寄生亚科槲寄生属的卵叶槲寄生（*Viscum album* L. var. *meridianum* Danser）（见彩图 2-3-32）。

防治措施 结合收打核桃及时砍除寄生枝条，不论在泡核桃或铁核桃树上，一律砍除，并除尽根出条和组织内部吸根延伸部分（在植株着生处下方约 10~20cm 处连同寄生枝条，一起砍除）。

3.2.18 核桃冠瘿病

核桃冠瘿病在核桃生产中是一种常见病害，在我国河北核桃产区发生较普遍，其他核桃产区也有零星发生。

症状 危害核桃枝干，上生大小不等的瘤，初光滑，以后表面渐开裂粗糙（见彩图 2-3-33）。

病原 土壤脓杆菌 [*Agrobacterium tumefaciens* (Smith and Townsend) Conn.] 的细菌。

发病规律 病原在癌瘤组织的皮层内或依附病残根在土壤中越冬，在土壤中可存活 2 年，借灌溉水、雨水等传播，传播的主要途径为苗木的远距离调运。从伤口侵入。潜育期几周至 1 年以上。排水不良、碱性、黏重土壤常发病重。

防治方法 ①加强苗木检疫，严禁病苗进入造林地。②选用未感染该病、土壤疏松、排水良好的砂壤土育苗。如圃地已被病原污染，可用硫酸亚铁、硫黄粉 75~225kg/hm^2 进行土壤消毒。③有培育前途的大树发现癌瘤后，可用利刀将其切除，用 1% 硫酸铜溶液或 2% 石灰水消毒伤口，再用波尔多液保护。切下的病组织集中烧毁。

3.2.19 核桃溃疡病

症状 病菌引起溃疡，茎皮皱缩、失水干枯，皱皮上有许多小黑点，形成典型的溃疡斑。当病斑扩大环绕茎皮后便枯萎死亡（见彩图 2-3-34）。

病原 由子囊菌亚门格孢腔菌目葡萄座腔菌科葡萄座腔菌属的葡萄座腔菌 [*Botryosphaeria dothidea* (Moug. ex Fr.) Ces. et de Not] 引起。该菌分布范围极广，可危害许多木本植物干部，引致干腐、溃疡。

防治方法 ①适地适树，进行抚育管理，增强树势，提高抗病力。②枝干初期发病时，可用50%托布津400倍或抗菌剂（401）600倍涂抹病部，有一定效果。

3.2.20 核桃丛枝病

症状 主要引起枝条丛生、小叶、节间缩短、枝梢枯死，看不到明显的病症（见彩图2-3-35）。

病原 植原体属 *Phytoplasm*。

防治方法 加强检疫；适地适树，营造核桃林；加强管理，注意防治刺吸式口器的昆虫危害，剪除带虫枝干烧毁，增强树势。可用四环素族抗生素进行药剂注射防治。

3.2.21 滇润楠溃疡病

症状 3月中下旬感病植株的干部出现褐色病斑，形状为圆形或椭圆形，直径为1cm，手压有褐色臭水流出，有时出现水泡，泡内充满褐色汁液，水泡破裂后，病斑下陷。4月上中旬病斑上散生许多小黑点，即病菌的分生孢子器，并突破表皮。当病斑包围树干时，上部即枯死，5月下旬病斑停止生长，在周围形成一隆起的愈伤组织，此时中央裂开，形成典型的溃疡症状（见彩图2-3-36）。

病原 由子囊菌门格孢腔菌目葡萄座腔菌科葡萄座腔菌属的葡萄座腔菌 [*Botryosphaeria dothidea*（ Mong. ex. Fr.）Ces. et de Not.] 引致。

防治方法 该病的发生与寄主的生理健康状况紧密相关，因此对该病的防治应以预防为主，防治为辅，增强抗病能力。①加强抚育管理，合理修枝，及时修除病枝，集中烧毁。②发病高峰期前，用1%溃腐灵稀释50~80倍液，涂抹病斑或用溃疡灵50~100倍液、多氧霉素100~200倍液、70%甲基托布津100倍液、50%多菌灵100倍液、50%退菌特100倍液、20%农抗120水剂10倍液喷洒主干和大枝，阻止病菌侵入。③秋末在树干下部涂上白涂剂，生石灰、食盐、水的配制比例为1:0.3:10。

3.2.22 板栗疫病（干枯病）

分布及危害 该病又称板栗干枯病、栗胴枯病。本病在欧美各国是一种十分严重的病害。病害发生在主干和枝条上。病斑常迅速包围枝干，造成枝条或全株枯死。

亚洲系统的栗树都较抗病；而欧洲栗（*Castanea sativa*）是感病的，美洲栗（*C. dentata*）则是高度感病的。在美国出现该病后，1904—1929年仅20多年的时间，几乎摧毁了全境所有的栗树林。到目前为止，尚未找到理想的控制方法。

我国的板栗（*C. motlissima*）被认为是高度抗病的，但不少地区如江西、浙江、江苏、广东、广西、河南、河北等地均曾发现此病，而且个别地方还相当严重，对该病应予重视，以防进一步扩散、蔓延。

症状　病菌自伤口侵入主干、枝条后，在光滑的树皮上产生变色的病斑，圆形或不规则形；在粗糙的树皮上，病斑边缘不明显，以后继续扩展，树皮纵向开裂。春季，在受害的树皮上，可见许多橘黄色疣状子座，直径1~3mm。当天气潮湿时，从子座内挤出淡黄色至黄色，卷须状的分生孢子角。秋后，子座变橘红色至酱红色，其中逐渐形成子囊壳。病树皮和木质部间，可见有羽毛状扇形菌丝层，初为污白色，后为黄褐色（见彩图2-3-37）。

病原　栗疫病其有性世代属子囊菌亚门，球壳菌目、间座壳科、隐内座壳属寄生隐内座壳［*Cryphonectria parastica*（Murr.）Barr.］异名寄生内座壳［*Enddothia parastica*（Murr.）P. J. And. & H. W. And.］。子囊壳瓶状，颈部色黑，下部色淡，子囊棒状，子囊孢子双孢无色，椭圆形或卵形，分生孢子器圆柱形或卵圆形，单孢无色，分生孢子器圆形或不规则形，分生孢子器无色，该菌为兼性寄生菌（图2-3-38）专门在树皮内的形成层中侵害。

发展规律　病原菌的分生孢子和子囊孢子都能进行侵染。在南京，病害于3月底或4月初开始出现症状，但由于温度偏低，病斑扩展较慢，6月下旬后，病斑明显扩展，尤其是7~9月，病斑扩展更快；10月下旬后，病斑扩展又显著地缓慢下来。

病原菌的无性型于4月下旬至5月上旬开始出现。分生孢子借雨水、昆虫、鸟类传播，并可多次进行再侵染。10~11月初，在树皮上出现埋生子囊壳的橘红色子座。12月上旬，子囊孢子可借风传播。病原菌自伤口侵入寄主。病株皮下的扇形菌丝层，对不良环境的抵抗力强，可以越冬。

病原菌还可随着苗木的运输而长距离地传播。除此，值得注意的是病原菌除危害板栗外，也危害栎树。病原菌在树皮上形成溃疡斑，但对寄主影响不大，难以引起注意，以致使潜伏在栎树上的病原菌得到转移和扩散。

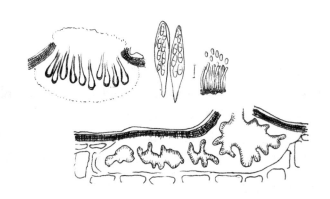

图2-3-38　寄生隐内座壳
（*Cryphonectria parastica*）

防治方法 ①由于我国板栗是抗病的，只有当树势处于十分衰弱时，才遭受严重感染，因此，防治本病的根本途径是加强板栗林的抚育管理，修枝适当，增强树势等林业措施。②彻底清除重病株和重病枝，及时烧毁，可减少病菌的侵染来源。对于主干或枝条上的个别病斑，可行刮治，进行伤口消毒。即先将病树皮用利刀全部刮除，深度达木质部（刮下的树皮，集中烧毁），然后，以 0.1% 升汞或升平液（0.5% 升汞、0.2% 平平加、97.5% 加清水的混合液）涂刷伤口，杀死病原菌。据试验，如以 400~500 倍的抗菌剂 401 加 0.1% 平平加涂刷伤口，效果也很好。其他杀菌剂如甲基托布津、氯化锌甘油酒精合剂、10% 碱水等，也可试用。③对调运的苗木，应严格实行检疫，防止病害扩散。此外，在欧洲 1965 年发现了栗疫病菌的无毒品系。它对板栗几乎没有致病力，但能抑制有毒品系的生长。这可能是防治栗疫病的一个有效途径。

3.2.23 板栗溃疡病

症状 该病害在板栗的主干、主枝和侧枝上表现为典型的溃疡病斑；在小枝和苗上则表现为枝枯型病斑。在病死树皮上密生黑色颗粒状物。溃疡型病斑以有性子实体为主，枯枝型病斑中以无性子实体为主。干部受病处以下的芽易萌发，使受害树呈灌丛状，不能形成良好的产果型树冠。在光滑的板栗枝、干上病部有红褐色或紫红褐色长条状不规则形斑。当树液流动时病皮略显肿胀，后来局部坏死，出现几个暗褐色凹陷斑，后期相互连接呈梭形溃疡斑。其中部，往往纵向开裂，病树皮的皮孔明显增大，黑色子座在病皮下 0.1~0.2cm 处。肉眼可见灰黑色子囊壳若干个，干燥时可见有一层银灰色的膜包在每个子囊壳处，大小在 1~1.5mm 之间。属病斑枝枯型的板栗树，小枝大量干枯，枯前树皮不规则形肿胀，少数病斑有红褐色斑纹，但多数病树皮不破裂（见彩图 2-3-39）。

病原 子囊菌亚门球壳菌目间座壳科拟腐皮壳属的栗拟黑腐皮壳 [*Pseudovalsella modonia* (Tul.) Kobayashi]（图 2-3-40）板栗溃疡病菌的有性阶段。无性栗棒盘孢（*Coryneum* Kunzei Cord var. *castaneae* Sacc.& Roum.）（图 2-3-41）。

发病规律 昆明板栗溃疡病于 3 月下旬至 4 月上、中旬开始活动，老病斑随树液流动而扩展，颜色微淡紫红，边缘不明显，5~6 月出现下陷的长椭圆形或不规则形直径 2~4cm 大小的 0~5 个硬性干斑。病害随着树势的强弱变化，凹陷斑逐渐扩大或略为停滞，有时反而缩小。后期病树皮已坏死，烂皮极易脱落。病斑形成梭形的溃疡斑，周围可见到不齐的愈伤组织。在愈伤组织上又常继续扩展形成子实体。病菌以分生孢子盘、子囊壳及其内部的分生孢子和子囊孢子在病部越冬。翌年雨季，雨水溶解分生孢子盘和子囊壳内

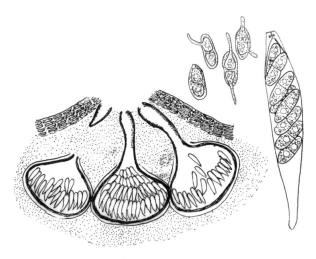

图 2-3-40　栗拟黑腐皮壳（*Pseudovalsella modonia*）

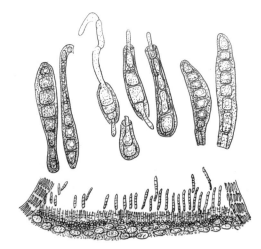

图 2-3-41　盘色多隔孢属（*Coryneum* sp.）

的黏物后，孢子便随风雨传播。孢子萌发后自伤口侵入，潜育 4 周以上，弱势树的伤口易染病，而生长势强的树则伤口也不易感染。据观察，幼树植于土壤瘠薄处，根系浅，缺水严重，生长不良，伤口较多的枝、干病情严重。而附近同期同品种土质较好的栗园，枝干没什么伤口，则无该病发生。除本地板栗感病外，玉溪从湖北引种的罗田大板栗也感病，而昆明从湖北秭归引种的浅刺栗和深刺栗表现较抗病。其中秭归浅刺栗的抗性更好。调查中发现，同一品种，同时种植，立地条件好的比立地条件差的树抗病。而在立地环境差、管理不善的栗园中，各品种抗病性也差，且感病性差异不大。

防治方法　注意选择已风化的土壤，有较厚的土层等较好的立地条件的地建板栗园。幼龄期要加强管理，发现病虫害时，要及时防治，避免树身出现伤口。轻病园要及时刮除病部，烧毁有子实体的病皮和残枝、干。刮病斑时，必须刮至健康皮或木质部为止。伤口要涂杀菌剂或保护剂加以保护。结果期的重病树，因病斑较多，接合修剪，修去病虫枝，挖除死株，对余下的小病斑连病皮一起涂药或涂白。

据试验 1∶1∶20 的波尔多液、3°~5°Bé 石硫合剂、5% 的碱水或 1% 的石灰水涂白液均可用来涂在刮皮或未刮皮的病斑上，前者效果较好，后者差些，但仍可控制病情发展。云南省玉溪市赤马果木林场和楚雄市永安乡栗园进行了上述处理并加强施肥等综合防治管理后，前者增产幅度为 1.4kg/ 年株，后者的防治效果更好，翌年增产近 4 倍，第三年又在第二年的基础上增加产 2 倍。

3.2.24　桉树枝干溃疡病

症状　桉树溃疡病的病菌一般侵害桉皮层未木栓化黄绿色的幼苗主干或

大树的侧枝，也可危害叶柄和果实。初期在枝干、叶柄或果实上出现圆点状褐斑，扩大后呈长椭圆形或不规则形黑褐色病斑，中央稍有下陷，边缘略隆起。有时受害皮层纵裂，脱落，边缘产生突起的愈伤组织。病菌还可侵入木质部表层，使组织变褐色、流胶，感病部位产生稀疏小黑点。严重受害的枝干，溃疡累累，枝干扭曲，叶片脱落，干枯死亡（见彩图2-3-42）。

病原 桉溃疡病是由半知菌亚门腔胞纲球壳孢目球壳孢科茎点属的桉茎点霉（*Phoma eucalyptica* Sacc.）侵染引起的。病菌分生孢子器半埋生于桉枝表皮下，雨后分生孢子器开裂放出大量长椭圆形的分生孢子进行侵染，在24~27℃的温度条件下，30d形成分生孢子器，45d产生大量分生孢子进行再侵染。

防治方法 首先应避免在发病桉林附近育苗或尽量清除病枝，间伐重病株，减少初侵染源。病害流行期间，多施钾肥，少施氮肥，防止苗木徒长。桉苗感病后喷1：1：100波尔多液或0.3°Bé石硫合剂，连喷3次，1个月后大部分病斑可产生愈伤组织，植株恢复健康。

3.2.25 桉冠瘿病

症状 苗木、幼树、大树都可发病，主要发生于根颈处，以及主根、侧根、病植株矮小，严重时叶片萎蔫、早衰，甚至死亡。大树受害，树势衰弱，生长不良。受害处形成大小不等、形状各异的瘤。开始近圆形、淡黄色，表面光滑，质地柔软。渐变为褐色至深褐色，质地坚硬，表面粗糙龟裂，瘤内组织紊乱。后期肿瘤开放式破裂，坏死，不能愈合。受害株上的瘤数多少不一，当瘤环树干一周、表皮龟裂变褐色时，植株上部死亡（见彩图2-3-43）。

病原 土壤脓杆菌［*Agrobacterium tumefaciens*（Smith and Townsend）］Conn（图2-3-44）。

发病规律 病原在癌瘤组织的皮层内或土壤中越冬，在土壤中存活2年以下。借灌溉水、雨水、嫁接工具、机具、地下害虫等传播，苗木调运是远距离传播的主要途径。伤口侵入，潜育期几周至1年以上。碱性、黏重、排水不良的土壤弱酸性、砂壤土排水良好的土壤发病重。芽接比切接发病少。根部伤口多少与发病率成正比。

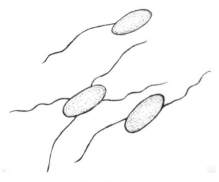

图2-3-44 土壤脓杆菌（*Agrobacterium tumefaciens*）

防治方法 ①严格苗木检疫。②发现病苗烧毁。可疑病苗用0.1%高锰酸钾溶液或1%硫酸铜溶液浸10min后用水冲洗干净，然后栽植。无病区不从疫区引种。②选用未感染根癌病、土壤疏松、排水良好的砂壤土育苗。如圃地已被污染，用不感病树种轮作或用硫酸亚铁、硫黄粉75~225kg/hm²进行土壤消毒。③加强栽培管理，注意圃地卫生。起苗后清除土壤内病根；从无病母树上采接穗并适当提高采穗部位；中耕时防止伤根；及时防治地下害虫；嫁接尽量用芽接法，嫁接工具在75%酒精中浸15min消毒；增施有机肥如绿肥等；④利用根癌病菌的邻近菌种不致病的放射土壤杆菌 *Agrobacterium radiobacter* K84制剂，用水稀释为106/mL的浓度，用于浸种、浸根、浸插条。

3.2.26 桉树青枯病

症状 感病幼树症状分为2种类型。急性型：感病植株叶片急剧失水凋萎，不脱落而悬挂于树枝上，呈典型青枯症状。根茎木质部变褐坏死，枝干外面有时出现黑褐色条纹斑。后期根部腐烂，皮层脱落，木质部和髓部坏死，有臭味。剖视病根或病茎横切面，有淡褐色的细菌溢脓自变色木质溢出。慢性型：植株发育不良，较矮小，叶片失去光泽，基部叶片变成紫红色，逐渐向上蔓延，部分枝条和侧枝变褐色坏死，后期叶片脱落。发病严重时整株死亡。该类型从植株发病到整株枯死，通常需要3~6个月或更长时间（见彩图2-3-45）。

病原 为青枯假单胞杆菌（*Pseudomonas solanacearum* E. F. Smith）的细菌引致。Buddenhagen等依寄主范围不同曾把青枯假单胞杆菌分为3个品系。品系1：对烟草、番茄和茄科多数种及一些二倍体芭蕉致病；品系2：对三倍体芭蕉和海里康属多种植物致病；品系3：对马铃薯和番茄致病。本书观察桉树青枯病的病原细菌是品系1，据Lozano等人鉴定，菌体短杆状，两端钝圆，单个或两个连生，菌体一端生一根鞭毛，偶有2~3根，菌体大小为0.7~0.9μm×1.5μm~1.8μm，G^-，无荚膜，青枯病菌在pH6.6牛肉膏、蛋白胨琼脂培养基上，保温30~32℃，24~27h，形成表面光滑乳白色的菌落，后逐渐变为污白色至深褐色。该品系尚可侵染油橄榄树，使之青枯。

发病规律 该病一般在4~11月发生，以高温多雨的7、9月为发病高峰期。桉树种间和地理种源间对青枯病的抗性有显著差异。高抗树种有'巨桉×尾叶桉''柳桉7451''雷林1号桉''柠檬桉'和'窿缘桉'等，中抗树种有'柳桉13341''种桉''小果灰桉''巨桉'等，感病的物种有'刚果12号桉''叶桉'和'赤桉'等。

防治方法 ①加强检疫，控制病苗入境，杜绝病苗上山。②木麻黄、木棉、桑树、番茄、茄子、烟草和花生等植物的青枯病菌能与桉树交互感染，种植过以上作物的土地不宜选作桉树苗圃地或用作营养土基质。最好采用火烧土或黄坭心土作营养土基质。若用土杂肥时应充分堆沤、腐熟，并用高锰酸钾或福尔马林消毒后才能使用。③选育抗病品系，应自繁自育，不要盲目引进外地的良种。④桉树病区砍伐后应实行树种轮栽或选择高度抗病的桉树造林。⑤及时清除病株，砍伐重病株，清除病根、枯枝，集中销毁处理。病穴用石灰或硫酸铜消毒土壤。对发病的林地，应开沟排水，隔离病株，减少地表径流传播病菌。⑥对病株四周苗木也要施用杀菌剂预防。开沟排水，隔离病株，减少地表径流传播病菌。⑦对地上部分没有表现症状或轻度表现症状的桉树可用开沟施药或树干注射龙克菌（噻菌铜）、噻枯唑（叶枯唑）、克菌壮、氯溴异氰尿酸、三氯异氰尿酸、噻唑锌、噻森铜、多黏类芽孢杆菌、碘、噻菌茂、6000倍农用硫酸链霉素、300ppm农用链霉素、800倍井冈霉素、中生菌素、水合霉素、金核霉素、宁南霉素、盐酸土霉素等抗细菌的药物，挖沟施药的范围是树冠的投影下挖环沟灌注以上药剂或从树干中上部打孔点滴注药，能够起到一定的缓解作用。用药量参看药品说明书。

3.2.27 圆柏矮槲寄生害

症状 矮槲寄生植株矮小，远看与寄主小枝相似，不易分辨，近看可见一排的雄株或雌株单独生于寄主的某一小枝或侧枝上，一般生长于阳坡的树冠上。

病原物 桑寄生科、槲寄生亚科、油杉寄生属又称矮槲寄生属（*Arceuthobium*），圆柏矮槲寄生［*Arceuthobium oxycedri*（DC.）M. Bieb.］并参见附录：检索表1，病原物专化性很强，它只寄生于圆柏上，标本采自泸沽湖畔，雌雄异株，植株高3~10cm，种子表面有一层黏液胶膜。该属由于个体矮小，常被称为矮槲寄生，由于专化性很强，其种名基本上是以寄主名来命名的，例如：油杉矮槲寄生（*A. chinense* Lecomte），它专寄生于云南油杉上；松矮槲寄生（*A. pini* Hawksworth et Weins），专寄生于高山松和云南松上；云杉矮槲（*A. pini* var.*sichuanense* H. S. Kin）专寄生于云杉上；冷杉矮槲寄生（*A. tibetense* H. S. Kin et W.Ren）专寄生于冷杉上。茎叶为黄绿色，含叶绿素（故为半寄生植物），叶退化为鳞片状，对生，无叶柄（似一个张开的鞘）。上述各种外部形态极为相似，茎直立，圆柱形，有明显的节，侧枝对生，稀有轮生的，一年生植株不分枝，二年生以上植株分枝，随着株龄的增长，分枝增加，雌株分枝一般比雄株多。其各节叶腋处均可分化花芽，花单性，异株，腋生或顶生，直径2~2.3mm，无花梗。花瓣3~12枚，以4枚为多见。花瓣4枚以下排成一轮，5~8瓣排成2轮，9瓣及以上排成3轮。花瓣黄色，雄花每一花瓣中央有一个花粉囊（即花药）着生，花粉囊内有许多花粉粒，不同种的花粉粒形态结构不相同，（光学显微镜下可区别之）。雌花腋生或顶生，花萼合生成管状，短，顶部浅裂，柱头从浅裂口外露，分泌大量柱头液。果实为浆果，浅褐色，卵形，大小3~4mm×2~3mm，内含种子1枚。种子卵形，棕褐色，种子内有种胚和胚乳，胚乳浅褐色，胚为绿色。

防治方法 当发现有寄生枝时，连同寄主被害枝修剪下来，修剪时间应是在矮槲寄生株的果实成熟之前，以免人为帮助传播。圆柏树太高时，可在矮槲寄生开花期喷杀草剂1~2次杀死它。

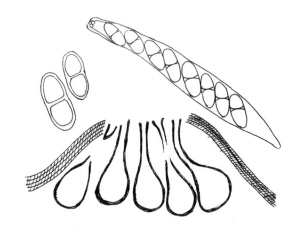

图 2-3-47 黑盘壳属（*Melamconis* sp.）

3.2.28 桦木干腐病

症状 多发生在主干及主枝上。发病初期，病斑暗褐色，不规则形，病皮坚硬，常渗出茶褐色黏液，以后病部干缩凹陷，周缘开裂，表面密生小黑点。严重时引起主枝或全树死亡（见彩图 2-3-46）。

病原 由子囊菌门球壳菌目间座壳科黑盘壳属的桦黑盘壳（*Melanconis betulia*）引致（图 2-3-47）。

防治方法 增强树势，提高抗病能力，加强树体保护，减少和避免机械伤口、冻伤和虫伤；发现病斑及时刮除，然后涂腐必清、托福油膏或 843 康复剂等；春季芽萌发前喷 5°Bé 石硫合剂或 40% 福美砷 100 倍液；生长期喷药注意多喷洒树干和主枝。

3.2.29 桃树侵染性流胶病

症状 主要危害枝干。一年生嫩枝染病，初产生以皮孔为中心的疣状小突起，当年不发生流胶现象，翌年 5 月上旬病斑开裂，溢出无色半透明状稀薄而有黏性的软胶。被害枝条表面粗糙变黑，并以瘤为中心逐渐下陷，形成圆形或不规则形病斑，其上散生小黑点。多年生枝干受害产生水泡状隆起，并有树胶流出（见彩图 2-3-48）。

病原 子囊菌亚门格孢腔菌目葡萄座腔菌科（属）的茶藨子葡萄座腔菌 [*Botryosphaeria ribis* (Tode) Grossend. et Duggar]。无性 *Dothiorella gregaria* Sacc.，称桃小穴壳菌，属半知菌亚门真菌。分生孢子座球形或扁球形，黑褐色，革质，孔口处有小突起。分生孢子梗短，不分支。分生孢子单胞，无色，椭圆形或纺锤形。子囊棍棒状，壁较厚，双层，有拟侧丝。子囊孢子单胞，无色，卵圆形或纺锤形，两端稍钝，多为双列。

防治方法 ①增施有机肥，低洼积水地注意排水，合理修剪，减少枝干伤口。②早春发芽前将流胶部位病组织刮除，然后涂抹 45% 晶体石硫合剂 30

倍液或 5°Bé 石硫合剂，然后涂白铅油保护。③药剂防治可用 50%的甲基硫菌灵超微可湿性粉剂 1000 倍液，或 50%的多菌灵可湿性粉剂 800 倍液。

3.2.30　桃枝枯病

症状　病部枝干稍凹陷，有胶汁溢出，具酒糟气味，后期病部干缩凹陷，病树皮上密生黑色小粒点。潮湿时涌出黄褐色丝状物（见彩图 2-3-49）。

病原　子囊菌亚门球壳菌目间座壳科黑腐皮壳属的核果黑腐皮壳［*Valsa leucostoma*（Pers）Fr］所致，无性为壳囊孢（*Cytospora* sp.）。尚可危害李树、杏树、樱桃等核果类果树。

防治方法　①伤口是该病菌的侵入口，各种原因引起衰弱的桃树，发病严重，故应加强抚育管理，增强树势。即增强其抗病性。②及时控制害虫侵害，减少伤口冬季树干涂白，可防病害和虫害，砍去病枝，刮出病部，涂石灰液，加强抚育管理，提高其抗病性。③适当疏花疏果，增施有机肥，及时防治造成早期落叶的病虫害。防止冻害。④在桃树发芽前刮去翘起的树皮及坏死的组织，然后喷施 50%福美胂可湿性粉剂 300 倍液。⑤生长期发现病斑，可刮去病部，涂抹 70%甲基硫菌灵可湿性粉剂 1 份加植物油 2.5 份、40%福美胂可湿性粉剂 50 倍液等。

3.2.31　桃桑寄生害

症状　在树冠上可见丛生的寄生受害处枝条膨大，有寄生枝和根出条长出来，花果期是 4~10 月，花红色，果实浅黄色。桃树落叶，而寄生枝的叶不脱落，树冠上只留下病原物的丛生株 0.5~1m 高（见彩图 2-3-50）。

病原　病原物是被子植物亚门双子叶植物纲桑寄生目桑寄生科植物，梨果寄生属的红花寄生（*Scurrula parasitica* L.）（参见附录：检索表 1），又称柏寄生、桑寄生等。嫩枝、叶密生锈色生星状毛，成长的枝、叶无毛；浆果梨形，长 10mm，下半部变狭呈柄状，红黄色，果皮平滑，种子 1 粒，椭圆形，外被黏胶质，秋季开花。

防治方法　将桑寄生植株连同寄主部位一起锯去，锯口应在寄主健康部位下方约 20cm 处锯断，伤口要光滑，并涂封固剂保护。

3.2.32　阔叶树膏药病

分布及危害　阔叶树膏药病在亚热带地区其为普遍，我国多见于长江以南各地的阔叶树上。如茶、杧果、柳、桤木、香樟、相思树、构树、桑、女贞、核桃、泡桐、梨、柑橘等枝干上都易发生膏药病。此病对树木影响一般不显著，但如严重感病，可引起弱小枝条逐渐衰弱，甚至死亡。

症状　树干或枝条上形成圆形、椭圆形或不规则形的菌膜组织贴附于树上。菌膜组织直径达 7~10cm 或更大，初呈灰白色，浅褐色或褐色，后转紫褐色，暗褐色或黄褐色；有时呈天鹅绒状，边缘色较淡，中部常有龟裂纹；有的后期干缩，逐渐剥落，整个菌膜好像膏药，故称"膏药病"（见彩图 2-3-51，彩图 2-3-52）。

病原　病原菌主要为担子菌纲黑木耳目隔担子属（*Septobasidium* spp.）的真菌（图 2-3-53）。卷担子属（*Helicobasidium*）的真菌有的也引起膏药病。病菌常与介壳虫或白蚁共生。菌丝体在树干表面发育，逐渐扩大形成相互交错的薄膜，但也能侵入寄主皮层吸取营养。老熟时，在菌丝层的表面形成担子。担子圆筒形或棍棒形，初直，后来显著弯曲，有隔膜 3 个，每一细胞生一担孢子；担孢子单胞，无色，圆筒形、长椭圆形或倒卵形，向一侧弯曲成镰刀状。

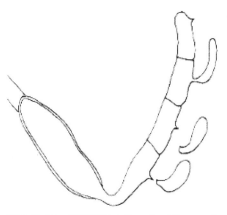

图 2-3-53　隔担子属（*Septobasidium* sp.）

发展规律　本病的发生与介壳虫有密切关系，病菌以介壳虫的分泌物为养料。介壳虫常由于菌膜覆盖而得到保护。在雨季病菌的孢子还可通过虫体爬行而传播蔓延。林中阴暗潮湿，通风透光不良，土壤黏重，排水不良的地方都易发病。

防治方法　防治介壳虫是防治膏药病的重要措施之一。在有条件和必要时，刮除菌丝膜，并喷洒波尔多液或 20% 的石灰乳。

3.2.33　桃干褐腐病

症状　枝干表面产生灰白色马蹄状子实体。干部出现腐朽症状（见彩图 2-3-54）。

病原　担子菌门层菌纲非褶菌目多孔菌科层孔菌属木蹄层孔菌［*Fomes fomentarius* (L. Fr.)］（见附录：检索表 1）。菌盖灰暗褐色，马蹄形，下部子实灰白色，管孔 3~4 个 /mm，孢子 14~17μm×5μm，引致白色杂斑腐朽，分布很广。

防治方法　加强水肥管理，促使树体生长健壮，提高抗病能力。及时清除病树表面的子实体，集中烧毁，并涂药保护伤口。及时消除病死树，减少田间菌量。机械伤口如剪口、锯口等应及时涂药保护促进伤口愈合，并注意防治蛀干害虫，避免虫伤。

3.2.34　杨溃疡病

分布及危害　杨树溃疡病是我国杨树上的重要枝干病害。该病于 1955 年北京德胜门苗圃首次发现。以后相继在河南、山东、河北、陕西、甘肃、辽宁等地发现。该病在我国不但发生普遍，而且严重。1981 年北京市农校新栽的杨树因该病导致 90% 的杨树死亡。

症状 4月上旬感病植株的干部产生圆形或椭圆形病斑,大小约1mm,呈水渍状或水泡状。通常在粗皮和光皮树种上以水渍状病斑为主,水泡型病斑仅发生在光皮树种上。病部质地松软,手压水渍状病斑有褐水流出,压破水泡型病斑则有大量带腥臭的黏液流出。病部后期下陷,呈灰褐色,并很快扩展成长椭圆形或长条形,但边缘不明显。此时皮层腐烂,呈黑褐色。至5月下旬在病部产生许多黑色小点,并突破表皮外露。此即病菌的分生孢子器。当病部不断扩大,环绕树干一周时上部枝条便枯死。病部后期开裂,至11月在病部产生较大的黑色小点,即病菌的子座及子囊壳。秋季形成的病斑在翌年的5月中旬子实体才成熟。

病原 该病由子囊菌亚门的茶藨子葡萄座腔菌 [*Botryosphaeria ribis*(Tode)Gross et Dugg] 所致。无性型为半知菌亚门的聚生小穴壳菌(*Dothiorella gregaria* Sacc.)。子座埋生于寄主表皮下,突破表皮外露,黑色,炭质,近圆形或扁圆形,0.6~0.8cm,1至数个子囊壳集生其内。子囊壳扁圆形或洋梨形,暗黑色,具乳头状孔口。大小为180~260μm×210~250μm。子囊束生,棍棒状,具无色的双层壁,顶壁较厚,子囊大小为100~120μm×17.6~19.8μm,有拟侧丝。子囊孢子8枚,单胞,无色,椭圆形,大小为19.2~22.3μm×6.1~8.0μm。分生孢子器1至数个聚生于黑色子座内,近圆形,有明显的孔口,大小为180~210μm×160~230μm。分生孢子梗和分生孢子无色,分生孢子单细胞,长椭圆形至纺锤形,大小为20.4~27.2μm×4.8~6.8μm。

发展规律 该病在南京地区于3月下旬开始发病,4月中旬至5月上旬为发病盛期,5月中旬以后病害逐渐缓慢至6月初基本停止,10月以后病害又稍有发展;北京地区发病稍晚,通常在4月上旬开始发病,5月下旬为发病高峰,7~8月病势减轻,9月后又有发展,以后渐停止;南京地区试验表明,病菌在12月16日以前就侵入寄主,潜伏于寄主体内,在寄主生理失调时表现出症状。

老病斑上的子实体在南京地区4月20日以后才大量成熟;在北京地区5月中旬以后大量成熟,形成分生孢子向外扩散。因此,在北京地区杨树春季造林后发生溃疡病,不是造林当年在苗圃或定植后被病菌侵染的结果,而是先年在苗圃期间已受侵染,苗木本身带菌的结果。

春季造林,正是树木开始生长、树液流动时期,此时树木本身需要大量水分和养分,而杨苗从起苗、运输、假植到定植过程中失掉大量水分。如果定植后又不及时灌水和管理,必然导致生理机能失调,树势衰弱,抗病能力降低,诱发潜伏的病菌活动。据研究表明杨树树皮膨胀度大于80%时不易感染溃疡病,而小于75%时则易受感染,小于70%时则发病严重。用不同浓度的邻苯二酚处理接种后的杨树枝条明:树皮中邻苯二酚的含量与杨树的抗性有密切关系。树皮的膨胀度与邻苯二酚的含量有密切关系。

该菌的生长温度为13~(25~30)~38℃,在pH3.5~9均能生长,但以

pH6 生长最好。分生孢子萌发对温度的要求与菌丝生长的温度范围基本是一致的。北京地区 4 月的平均温度在 10℃以上，已能满足病菌活动的需要，所以在对树木生长不利的条件下，特别是水分状况不良的条件下病害逐渐发展。该菌虽然进行有性生殖，但子囊孢子在侵染中的作用显然不如分生孢子重要。病菌主要从伤口和皮孔侵入。室内研究表明，刺伤后在伤口处用低温急剧冷冻处理后人工接种容易发病。因此，起苗、运输、栽植过程中的损伤以及春寒、风沙等有利于病害的发生。

防治方法 ①适地适树。随起苗随栽植，避免假植时间过长，减少路途运输时间。最好就地育苗就地造林。②在起苗、运输、假植、定植时尽可能减少伤根和碰伤树干。③栽后及时保水，保证及时成活。利用塑料薄膜覆盖不但可以保持土壤水分，而且可以控制杂草丛生。使用吸水剂同样可以保持土壤水分，保证定植苗及时成活，减轻病害。④重视苗源，加强检查。对重病区的苗木必需严格处理，严格监视，加强管理，提高抗病力。对重病苗应坚决截干处理，并清除病枝干。⑤药剂防治以秋防为主，春、秋防治结合。40% 福美砷 50 倍液、50% 退菌特 100 倍液、70% 甲基托布津 100 倍液、50% 多菌灵液、50% 代森铵 200 倍液以及 3°Bé 石硫合剂、10 倍碱液等均有效果。⑥注意选用抗病树种。青杨派、青杨 × 黑杨的杂交种较为感病；白杨派和黑杨派树种较为抗病。'路易沙''意大利 214'、健杨、毛白杨、'波兰 15' 等杨树是抗病和比较抗病的。而小叶杨、'辽杨 ×69''小美旱''北京杨 6 号''北京杨 603 号' 等杨树较易感病。

3.2.35 云南油杉枝锈病

病原 担子菌亚门冬孢纲锈菌目被孢锈属的昆明被孢锈菌（*Peridermium kunmingense* Jen.）锈子器筒形，高 3mm，宽 1~2mm，褐黄色，护膜细胞白色，大小 57~77μm × 28~57μm，细胞壁厚度 4~6μm，内外表面均光滑。锈孢子椭圆形或卵形，褐色，大小 38~50μm × 34~43μm，表面生有许多疣状物。

症状 枝条受害时病枝出现略呈纺锤形或不规形肿大的病瘤状物（锈子器尚未长出），大小为长 3~7cm，粗 1.5~2.5cm，表面略粗糙，春末夏初从肿瘤皮层裂缝中长出锈子器。翌年春季再从病瘤皮层裂缝中长出短小的圆筒状的锈孢子器，锈孢子褐色，用放大镜观察为粉状物（锈子器已经长出）。此后病枝肿瘤不再长大，肿瘤以上部分枝叶枯萎死亡，病枝肿瘤的锈孢子散发完后也枯萎，目前只知其锈孢子阶段（见彩图 2-3-55）。

防治方法 云南油杉枝锈病的发病条件和部位与云南油杉叶锈病基本相仿，不同之处是，枝锈病发生在近地面的萌生小枝和伐桩的萌生小枝上及侧枝的小嫩枝上（不影响成材），叶锈病发生在嫩叶上。目前此病害发生不严重，不必防治。

3.2.36 云南油杉枝球瘤病

症状 病枝上长成一个近球形的小瘤，表面光滑，表层有光泽。当此瘤逐渐长大形成完全包围枝条的肿瘤，它形似南瓜，但非常坚固，刀砍不容易裂开。瘤的另一端是枝的梢端，随着瘤的长大，梢端小枝退化至枯萎死亡，但瘤子仍然继续长大，枝球状瘤会把枝吊弯，造成枝下垂（见彩图2-3-56）。

病症是肿瘤春末夏初时，在潮湿的天气下瘤表皮裂缝中长出橙色卷须状物。肿瘤初呈灰绿色，之后的第三年开始有病症，此后肿瘤不再长大，颜色加深呈淡褐色，并逐渐老化，质地从坚硬不易砍开，到极易开裂，其内有许多褐色粉末状物。

病原 由油杉被孢锈菌（*Peridermium keteleeriae-evelynianae* T. X. zhou et Y. H. chen）引致。

防治方法 发病部位是大树的第3~4级左右的侧枝，处于嫩枝期（不影响成材）时，及早修除病枝，便可控制病害发展。此瘤数量少，能入药，也可采瘤入药。

3.2.37 云南油杉显脉松寄生害

症状 鸟类啄食紫红色成熟果实的果肉后，将苦涩的种子吐出，由于种子外有黏液，将它黏在油杉的枝干上。在寄主光照好，有了适宜的条件下种子萌发了，胚根尖端与寄主表皮接触形成吸盘，吸盘又生出初生吸根从枝干的自然孔口或伤口侵入寄主，直接吸收寄主的水分和无机盐，渐生长成丛生状植株，从寄生植株上再长出一些根出条来继续侵入寄主，病寄主受害越为严重至死亡（见彩图2-3-57）。

病原 桑寄生科桑寄生亚科钝果寄生属的显脉松寄生［*Taxillus caloreas* (Diels) Danser var. *fargesii* (Lecte.) H. S. Kiu］是一种高等显花多年生的半寄生植物（图2-3-58）。叶革质，互生或短枝上丛生，倒披针形或长椭圆形，顶端钝或钝圆，长3~4.7cm，宽0.8~1.3cm，叶柄0.1~0.3cm，中脉明显，侧脉可不对称。果实10月后逐渐进入成熟期，紫红色，种子自身弹射和鸟类传播。该病原物尚可寄生云杉属和铁杉属及松属植物（见附录：检索表1）。

防治方法 云南油杉显脉松寄生害症状明显，见过不忘，可以远处发现症状。近看还有檀香科（Santalaceae）的微挺重寄生（*Phacellaria rigidula* Benth）寄生于云南油杉显脉松寄生之上。移栽大树前必须将桑寄生植株连同重寄生植株及它们寄主受害部位一起锯去，锯口应在寄主健康

图2-3-58 显脉松寄生（*Taxillsu caloreas*）

部位下方约20cm处锯断，伤口要光滑，并涂封固剂保护。显脉松寄生全株可药用，对风湿有疗效。故锯下显脉松寄生，既除害又采集中药。至于将来怎样用微挺重寄生去寄生在显脉松寄生上，使显脉松寄生受到破坏，抑制显脉松寄生长势，恢复云南油杉生长势是个预防的方向性问题，尚需要要多研究。

3.2.38 云南油杉干瘤病

症状 油杉干瘤在昆明金殿公园内很普遍，昆明其他公园内也发生该病，这些干瘤，其病原菌可能是土壤脓杆菌。因为该公园周围的李子果园冠瘿病严重发生，此病菌寄主范围广泛，云南油杉也在寄主范围内，这些云南油杉树在昆明周围的公园内几乎就在前后一年内同时发病。当时的云南油杉树都处在幼年期，容易感病，故现存有干瘤的云南油杉大树，它们的树龄和干瘤的大小基本一致。油杉干瘤植株生长比较缓慢只有同龄正常植株生长量的1/3，油杉属植物目前除少部分局部地域发病，大多数滇池湖盆地以外的油杉林尚未发现干瘤病（见彩图2-3-59）。

病原 薄壁细菌门根瘤菌科土壤脓杆［*Agrobacterium tumefaciens*（Smith et Townsend）Conn］引致。革兰氏阴性，有荚膜，不形成芽胞，细菌杆状，0.4~0.8μm×1~3μm，1~4根周生鞭毛，如1根则多侧生，好氧性，需氧，最适温度25~28℃，最适pH6.0。

防治方法 在昆明金殿公园内很普遍，昆明市郊的其他公园内也发生该病。目前该地相关树种"历经风霜"，抗病性已经加强，在公园中的云南油杉有干瘤的大树若仅作观赏，没构成不良后果，仍有观赏价值，不必防治。

3.2.39 华山松烂皮病

症状 幼树主干近地面1.5m以内常因病斑扩大形成环割而使全株枯死。初病时病部微浮肿，周皮组织松软，树皮略呈水渍状，病斑不规则呈浅红褐色；剥开病斑树皮，见到其内组织已死亡，常达木质部；病树皮表面有树脂溢出，后期树皮极易剥离，病症为在病斑处长出的许多针头大小的黑色点状突起物。当病树周围环境中的湿度大时，可见到有橘红色胶质的卷丝状物从病斑小黑点状突起处挤出来（见彩图2-3-60）。

病原 半知菌亚门球壳孢目（科）壳囊孢属的松壳囊孢（*Cytospora pini* Desm.）侵染油松和华山松等。分生孢子器生成于子座内，子座埋生于病部皮下，黑色，成熟时外露。分生孢子器不规则形，多室牛胃状，直径300~480μm，高180~242μm。分生孢子梗大小15~18μm×1μm，分生孢子小，腰子形，单胞，无色，大小3.5~4μm×0.6~1μm，是一种弱寄生菌。根据文献记载，松壳囊孢的有性型为黑松腐皮壳（*Valsa pini* Fr.）。在华山松烂皮病调查报告中，尚未报道其有性型。

  防治措施 适地适树，在云南省不把华山松种到海拔低至 1700m 处，尤其是不能把华山松种到土壤太瘠薄的低海拔处，一般在云南省华山松的自然分布多在海拔 2300m 及以上，旱季相对湿度在 70% 左右。人工造林有时不适地适树，造成对华山松的伤害而发病。公园内养护零星华山松植株时，注意其立地环境，不把大树种在有寒流路过之处，否则其树干易受轻度寒害，进而引致华山松烂皮病的发生。对病部微浮肿，周皮组织松软，树皮略呈水渍状的病斑应及早涂药保护。可在病皮组织上用刀交叉划破几刀，然后用 1°~2°Bé 石硫合剂，或 50% 敌锈灵可湿性粉剂 50~70 倍液进行涂药防治。也可用松焦油涂。

3.2.40 油橄榄干腐病

  症状 腐皮壳引致的油橄榄干腐病在主干和主枝上有暗褐色不规则下凹斑，雨季病斑微肿胀变为暗红褐色，秋后病斑又下凹。最后在下凹的硬斑上有些破皮而出的黑色点粒，潮湿时它可溢出橘黄色胶质卷丝状物病症，该病与树的生长势弱有相关性（见彩图 2-3-61）。而油橄榄缺硼的生理性干腐病，多发生在高温多雨季节；通风、透光不良的环境中，入秋后，病情减轻。冬季油橄榄树生长缓慢，缺硼的生理性表现不明显，病害暂停。翌年气温回升，油橄榄树又进入生长期，缺硼的生理再度表露，病害又进入发展扩大。发病枝干浮肿腐烂，并有小粒状突起，从组织剖面观察，韧皮部和形成层组织变褐色坏死至木质部，随着病害的发展，病斑逐渐向上、向下蔓延，海绵状隆起的包块病斑不断扩大（见彩图 2-3-62）。病斑以上的枝干逐渐枯萎死亡，最后病斑表面干裂，皮层组织坏死，呈褐色粉末状，但无病菌。油橄榄树品种间存在耐病性的差异，'贝拉特（Berat）'品种感病，'弗朗多依奥（Frantoio）''爱尔巴桑（Elbasan）'次之，'米德扎（Midx）'耐病。

  病原 子囊菌亚门球壳菌目间座壳科黑腐皮壳属污黑腐皮壳（*Valsa sordida* Nits.）。有、无性阶段都产生于子座内，子囊壳烧瓶状，具长颈，暗色，埋生在子座内，直径 350~680μm，颈长 190~360μm.；子囊棍棒形，大小 39~62μm×7~12μm，无色，有 8 个孢子；子囊孢子无色，单胞，香蕉形，大小 11~19μm×2.5~4μm。无性阶段是半知菌亚门腔孢纲球壳孢目（科）壳囊孢属一个种 *Cytospora* sp. 分生孢子器扁球形，暗褐色，长于子座内，多腔，有共同的孔口，分生孢子无色，单细胞，香蕉形，大小比子囊孢子稍小。油橄榄干腐病的另一种病原是非生物因子，是生理性病害，树体营养不良，据分析病株酚类物质含量过高，尤以磷原酸与香豆酸含量特别高。证实油橄榄缺硼，导致树体内有毒物质产生，使树体韧皮部中毒，先局部坏死，扩大后形成干腐病。油橄榄缺硼是云南各植区常见的一种生理性病害。

防治方法 适地适树，在云南不要把油橄榄树种到海拔高至1870m以上，尤其是不能种到土壤太瘠薄处，现在云南把油橄榄树种到海拔1400~1700m旱季相对湿度在70%左右的干热河谷处，比较适当。但是种前要挖大坑、改土、多施底肥。人工移种在公园内的零星油橄榄树，时常受到伤害，树势弱的极易被腐皮壳侵染发生油橄榄干腐病；而对病部微浮肿，周皮组织松软，缺硼的生理性油橄榄干腐病，病斑及早涂药剂保护。可在病皮组织上用刀交叉划破几刀，然后用1°~2°Bé石硫合剂，或50%敌锈灵可湿性粉剂50~70倍液进行涂药防治；也可用松焦油涂干，加以保护。据测定，10kg干物质堆肥中含硼20mg，1kg的松针稻秆薪柴灰，含硼200~300mg，它们都是很好的硼源。因此，定植大坑内要多施有机底肥，冬季补施有机底肥。即可补足硼素又可改良土壤，满足油橄榄树生长和丰产的条件。一般认为，茎围15cm，树冠2m左右的幼林，每株一年施硼酸5~10g，树大需多施。施用方法，缘树冠滴水处开环形地沟10~15 cm深，用2%的硼酸或硼砂水溶液，雨季可直接把硼粉均匀撒入地沟内，覆土，春季干旱辅以1∶500硼液作叶面喷雾，即叶面施肥效果显著。

3.2.41 油橄榄枝干溃疡病

症状 病枝多为2~3年生小枝，初病小枝有水渍状近梭形斑。后出现椭圆形暗红色小块坏死微下凹斑，逐渐干枯有细微纵裂纹，然后有愈伤组织生出，病斑微隆起。随着病斑横向扩大围绕枝干一周时，病斑以上枝叶枯萎死亡。结果树常见许多枯枝现象，病症为在枯枝的自然孔口处往往可见的一个个的小黑点（见彩图2-3-63）。

病原 半知菌亚门腔孢纲黑盘孢目（科）盘梨孢属一个种 *Discosporium* sp.（图2-3-64），分生孢子盘淡褐色，直径700~800μm；分生孢子梗无色，少有分枝，大小15~20μm×3~4μm；分生孢子近圆形，无色，大小8~9μm×6~7μm；另一病原，半知菌亚门球壳孢目球壳孢科（属）的油橄榄球壳孢［*Sphaeropsis dalmatica*（Thum.）Syn.，异名 *Macrophoma dalmatica*（Thum.）Berlet Vogl.］（图2-3-65）。分生孢子器近球形褐色，直径约250μm，分生孢子梗无色或淡色，长15~20μm，分生孢子黑褐色，近椭圆形，大小30~42μm×12~15μm。

防治方法 油橄榄枝干溃疡病是我国油橄榄引种区内一种比较普遍的病害。尤其是幼林危害更重。主要危害幼树主干，易引起病株死亡。成年树主要危害小枝和侧枝，出现许多枯枝。预防幼林枝、干溃疡要加强养护，对修剪或其他原因造成的 伤口（直径1.5~2cm）必须消毒。危害严重的幼林，在生长季每10~14d喷洒1%波尔多液一次，连喷4~5次。发现小苗有大的病斑时，要挖除，结合修剪，将剪下的病虫害枝叶集中烧毁，伤口涂抹封蜡

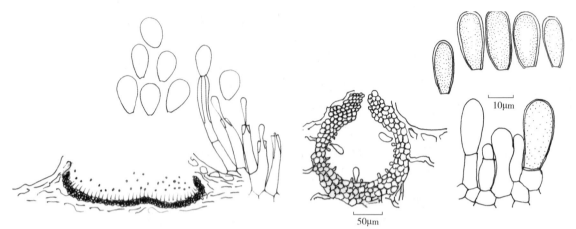

图 2-3-64 盘梨孢属（*Discosporium* sp.）　　图 2-3-65 油橄榄球壳孢（*Sphaeropsis dalmatica*）

（生物蜡：猪油：牛油：松香 =1：0.3：0.2：0.1 的混煮化合物），以防雨水淋入，保护伤口。

3.2.42 油橄榄枝腐病

症状　病枝多出现在 4~6 年生侧枝上，往往有伤痕的部位病重。当部分死皮上发现黑色坚硬的凸起物为病症。若变色病树皮绕茎一周，以上枝条均会枯死，待病树皮枯死时病症呈现（见彩图 2-3-66）。

病原　子囊菌亚门冠囊菌目（科、属）的狭冠囊菌（*Coronophora angustata* Fuckl.），另一种病原为子囊菌亚门格孢腔菌目葡萄座腔菌科（属）- 葡萄座腔菌［*Botryosphaeria dothidea*（Moug. ex Fr.）Ces. et de Not.］。子座黑色，近球形，子囊腔洋梨形，暗褐色，具乳头状孔口，散生或聚生于子座内，大小 226~250μm×200~250μm，子囊棍棒状，有短柄，大小 50~70μm×10~15μm，内含 8 个子囊孢子，椭圆形，单胞，无色，15~25μm×7~10μm，双行排列，子囊间有假侧丝，无色，不分隔，略比子囊长，线形，顶部钝圆。

防治方法　参考油橄榄枝、干溃疡病防治措施。

3.2.43 油橄榄滇藏寄生害

症状　在管理粗放，人流量较少处，基本上每株油橄榄树均有几丛寄生物，它们枝叶茂密，枝条下垂，花红艳，还见到根出条顺枝丫下缘吸在寄主干上（见彩图 2-3-67）。

病原　寄生性种子植物，桑寄生科钝果寄生属的滇藏钝果寄生（异名：枝寄生），梨寄生 *Taxillus thibetensis*（Lecomte）Danser）（检索表 1）。灌木，高 0.5~1m，枝条暗褐色，叶对生，嫩枝、嫩叶等密被黄褐色或褐色叠生星状毛，叶卵形或长卵形，革质，长 5~9cm，正面绿色或黄褐色，叶背被茸毛，黄褐色；伞形花序，具有花 3~5 朵，花红色，被茸毛，副萼杯形，花冠管状，长 2~3.2cm，微弯，裂片 4，披针形，反折，雄蕊 4，花柱线形，柱头头状。浆果卵形，或椭圆形，长 5~9mm，淡黄色，果皮被疏毛；种子 1 枚，椭圆形，外被黏胶质。花果期 4~10 月。该寄生还可危害柿、李、梨、栗、海棠、柳树或壳斗科等树冠。其根出条沿寄主枝桠下缘，长 30cm，在约 20cm 处产生吸器潜入寄主表皮内，可产生新的植株。

防治方法　油橄榄梨寄生害，症状明显，远处便能发现症状。见之于油橄榄树冠，或移栽大树之前，必须将梨寄生植株连根出条所吸附之处锯去，锯口应在根出条下部约 20cm 处锯断，伤口涂封蜡保护。

3.2.44　朴树丛芽病

症状　云南中部的朴树常见丛芽病零星分布各区域，幼树或大树均发现该病发生，病斑多处于休眠芽的位置；休眠芽被激活后，丛生了许多幼芽均不能长大，形成丛生芽；太多时呈肿瘤状，芽逐渐枯死，影响生长势和观赏。据调查，朴树丛芽病使生长量大大减低，朴树在 10 年的粗生长只有同等植株的一半，高生长只有同等植株的 2/3（见彩图 2-3-68）。

病原　植原体 Phytoplasma（异名：类菌原体 *Mycoplasma* like organisms，MLO）。

防治方法　不选种植有朴树丛芽病的植株，在苗圃苗木集中地见到此类苗要拔起集中烧毁。

3.2.45　朴树桑寄生害

症状　在高高的树冠上，见到丛生的钝果寄生植株，受害处枝条膨大，有寄生枝和根出条长出来，花果期是 4~10 月，花红色，果实浅黄色。朴树 12 月至翌年 2 月落叶，而寄生枝的叶不脱落，故朴树的树冠上只留下病原物的丛生株（见彩图 2-3-69）。

病原　高等寄生性种子植物，桑寄生科钝果寄生属约 25 种分布亚洲热带和暖温带，其中滇藏钝果寄生［*Taxillus thibetensis*（Lecomte）Danser］分布西藏、云南和四川的海拔 1700~2700m 处。除了朴树外还常见寄生于柳、柿、梨、李、板栗、海棠和壳斗科等植物上。在昆明金殿公园林木保存较好，但由于滇藏钝果寄生使十余株朴树，高 20~25m 的树冠上生有 2~4 丛寄生物，寄生物高 0.5~1m，宽 0.5~0.8m，嫩枝，叶密布叠生星状毛。远处可见树冠受害的严重程度，尤其是在秋冬季寄主落叶期更明显。

防治方法　朴树桑寄生害，症状明显，见过不忘，可以远处发现病症。移栽大树前必须将桑寄生植株锯除，锯口应在根出条下部约 20cm 的健康处锯断，伤口涂封固剂保护。

3.2.46 朴树心材腐朽

症状 稀硬木层孔菌所引起的阔叶树活立木心材腐朽，一般被侵害的大树在生理上几乎还是健康的。但是继续生长的情况下，如彩图 2-3-70，干部腐朽的部分：朴树干离地 1.6m 处有一稀硬木层孔菌，其上下的树干内已经有空洞（即其木质部腐烂），树的材积中占百分比将一年年加大；根部腐朽的部分：朴树干离地 0.5m 处还有一稀硬木层孔菌，它指示其上下的树干 1~2m 内已经空洞，即此株朴树干与根已中空，是一株危险活立木。

立木心材腐朽菌多从死、伤的枝条侵入活立木的，菌丝体通常不仅能伸入心材部分，又时还能侵入边材、形成层和韧皮部。稀硬木层孔菌侵染初期，木质部先变褐色，接着在心材中形成浅色的花纹，最后木材呈黄白色，变成白色腐朽。朴树病灶在 0.5~1.6m 处已经长出稀硬木层孔菌的大型子实体，具经验，该树在两个大型子实体的上下 2m 的心材已经腐朽，朴树病灶的边材、形成层和韧皮部也都会逐渐坏死。

病原 担子菌亚门非褶菌目（多孔菌目）刺革菌科木层孔菌属的稀硬木层孔菌 [*Phellinus robustus* (Karst.) Bourd. Et Galz.]，子实体多年生，马蹄形或扁平状，无柄，边缘呈半圆形。

昆明圆通山上的朴树基部心材腐朽菌，大小为 $12~26\mu m \times 11~20\mu m \times 10~12cm$。菌盖上表层褐色至暗褐色，呈硬壳龟裂状，具有多条环状沟纹，菌盖光滑；边缘初为黄褐色或与菌盖同色，略呈茸毛状，圆形，下侧不孕。管孔表黄褐色或灰褐色，管孔圆形，1mm 内有 3~6 个管孔，管孔全缘，壁厚；盖肉黄褐色，有光泽，具有环纹，木质，坚硬，厚达 3mm。菌肉菌丝系统为二系菌丝，一种菌丝无色，壁薄，有隔膜，直径 $3~5\mu m$，为生殖菌丝；另一种菌丝褐色，壁厚，很少分枝，很少见隔膜，直径 $2~4\mu m$，为骨架菌丝。菌髓菌丝结构与菌肉相同。菌管层分明，淡褐色，菌管内白色，木质，每层菌管厚度达 3mm。子实层内无刚毛或有时某些标本内有刚毛，锥形至中间鼓腹状，壁薄或壁厚。囊状体较多，无色，壁薄，中央膨大状，顶部渐尖，长 $15~16\mu m$。担孢子近球形，无色，光滑，成熟时壁厚，大小 $6~8.5 \times 5.5~7.5\mu m$。除了侵害朴树外还引致阔叶树活立木心材部分产生白色腐朽。

防治方法 大部分心材腐朽菌不仅危害活立木，而且也能在枯立木和树桩上生长发育，并在其上形成能成为侵染源的子实体，因此所造成的危害潜能很大，对于那些生长在病树周围的健康林木而言，子实体内的大量孢子是病害传染的策源地。预防与养护要结合抚育管理或卫生采伐，或将有病树木加以清除。为了预防立木腐朽菌在林区内蔓延，可营造混针、阔交林。

树的伤口大部分都是弱寄生菌的侵入点，侵入后可长期致病，树干上的弱寄生菌其致病性特别强，因此树木上的病虫害要早治，已经不能保留的枝干也要及早锯掉，锯口倾斜，平滑，做到不留雨水，伤口要及时涂封蜡，以免成为病虫的侵入点（封蜡的制备，蜂蜡∶松香∶牛油∶猪油=1∶0.1∶0.3∶0.2 混合煮化放凉备用）。此封蜡柔软，接合紧密，封固性能好。

3.2.47 杨树枝枯病

症状 杨树小枝枯多发生在过密的树冠内，光照较少处，生长弱势的，或肥嫩的小枝易失水，从顶端枯萎向下廻枯。后期在枯斑上出现黑色小点状物病症。毛白杨枝枯病常常发生在幼林期，肥嫩小枝上，在伤害后极易受到侵染。其症状是弱势的枝受到侵染后从顶端枯萎向下至分叉处停滞，病枝、干坏死，病症出现，黑色小点状物病症（见彩图 2-3-71，彩图 2-3-72）。

病原 子囊菌门球壳菌目间座壳科隐间座壳属的杨隐间座 [*Cryptodiaporthe populea* (Sacc.) Butin] 子囊座埋生，子囊壳球形，基部扁平，黄褐色至黑褐色，直径 51~603μm，其内部的子囊壳长颈集生，在坏死皮孔处外露；子囊孢子椭圆形至纺锤形，大小 12~18μm×3.5~5.5μm，有一隔膜，无色，平滑，两端有无色，角状，5~9μm 长的附属丝，极易消失。其无性阶段是杨盘梨孢 [*Discosporium populeum* (Sacc.) Sutton]。子囊壳常从分生孢子器内部生成（图 2-3-73）。

防治方法 秋季防霜，冬季防冻，春季防倒春寒，清除病部和病株；刮除杨树的枝、干上的凹斑至健康处，涂抹涂白剂或封固剂。

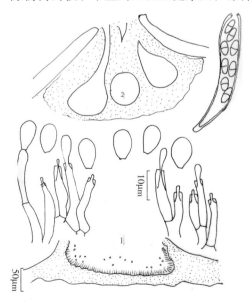

图 2-3-73 杨隐间座壳（*Cryptodiaporthe populea*）

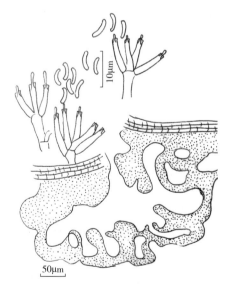

图 2-3-75 金黄壳囊孢（*Cytospora chrysosperma*）

3.2.48 藏川杨烂皮病

症状 藏川杨树的枝、干上发病时可见病斑变色，呈褐红色微肿，病斑不规则形后下凹变干腐变硬，翌年雨季凹斑有了水分后又肿起来变凸起状，约一年后在于硬斑上可见到黑色点状物的病症，但遇到雨季或小环境相对湿度过大时，在病症处变为橘红色的胶质卷须状物分生孢子角（见彩图 2-3-74）。

病原 半知菌类腔孢纲球壳孢目（科）壳囊孢属的金黄壳囊孢 [*Cytospora chrysosperma* (Pers.) Fr.]。载孢体多腔或单腔，黑褐色，具有长颈，直径 0.7~1mm；分生孢子梗大小 20~22μm×1.5~2μm；分生孢子腊肠形，无色，单细胞，大小 4.5~6μm×1μm。有性态是污黑腐皮壳 [*Valsa sordida* Nitschke]，也能侵入杨属和柳属各个种（图 2-3-75）。

防治方法 秋季防霜，冬防冻，春寒时清除病灶和病株，减少病源。对轻病株可刮除杨树的枝、干上的凹斑至健康处，涂抹涂白剂或封固剂。

2.2.49 滇白杨干腐病症状

症状 杨树干上有淡红色小型膜状物的病症，这些膜状物常从树皮缝挤出来，即表生的分生孢子座。该病多发生在幼树生长不良的枝、干上，病部变褐，树皮与木质部分离，并腐烂（见彩图 2-3-76）。

病原 半知菌亚门腔孢纲球壳孢目（科）鲜座孢属模格鲜座孢

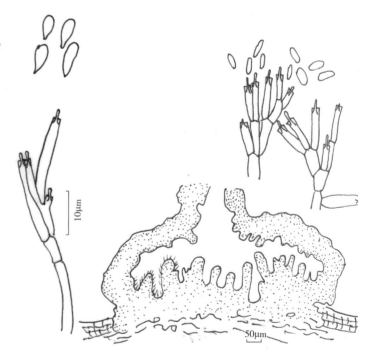

图 2-3-77　模格鲜座孢（*Zythiostroma mougeotii*）

[*Zythiostroma mougeotii*（Karst.）Hohn]（图 2-3-77）分生孢子器黑褐色，大小 350~500μm×450~500μm，多腔有总的孔口；分生孢子梗无色，有分枝，大小 100~150×1~1.2~2.5μm，分生孢子小，杆状，无色，大小 2~3μm×1~1.1μm。对杨属其他种是否有侵害力尚不清楚。

防治方法　初春刮除滇白杨树的枝、干上的凹斑至健康处，涂抹涂白剂或封固剂。

3.2.50　黑杨枝干溃疡病

症状　病害多发在嫩枝和成长主干上，扦插枝和移栽苗易染病。扦插枝材料和苗木在准备的过程中处于弱势，嫩枝病斑处先有脱水现象，形成一个个的椭圆形病状，嫩病枝病斑逐渐形成枯斑，在病斑上生成许多淡色小泡，小泡内的病菌逐渐成熟，淡色小泡逐渐成为小黑点（病症）；在枝上直接生成许多淡色小泡，不久淡色小泡变为小黑点（见彩图 2-3-78）。

病原　半知菌类腔孢纲球壳孢目（科）壳梭孢属的一个种子（*Fusicoccum* sp.）囊单孢或多腔，腔内分生孢子不规则形，器壁黑色，分生孢子梗，无色，分枝或不分枝，大小 4~8μm×2~3μm；分生孢子单胞，长卵形至长椭圆形，无色，大小 4~12μm×2~5μm，常具两个油球，其有性态尚不清楚。对杨属其他种是否有侵害力尚不清楚（图 2-3-79）。

防治方法　准备期和运输的时间越短越好，相反则容易染病。在原产地对大树上的病枝要刮除病斑、将干上的凹斑刮树皮至健康处，涂抹涂白剂。预防时，不要到病区购买种植材料，即要进行产地检疫。

3.2.51　冷杉枝枯病

症状　感病枝梢、叶变黄绿色，渐变褐色，后变红褐色。此时病枝逐渐失水变枯，针叶脱落。在病枝外形成黄褐色子囊盘堆，初褐色最后变黑色，雨后吸水膨胀变大（见彩图 2-3-80）。

病原　子囊菌亚门柔膜菌目薄盘菌科薄盘菌属铁锈薄盘菌[*Cenangium ferrugirosum* Pers. 异名：冷杉薄盘菌 *C.abietis*（Pers.）Duby]子囊盘暗褐色，直径 1~3mm；子囊间有不分隔的侧丝，子囊大小 100~122μm×12~19μm；子囊内有 8 个孢子，单行排列，孢子椭圆形，大小 10~12μm×5.9~8.2μm，无色，单胞；无性：针叶树疡壳菌（*Dothichiza ferrugirosa* Sacc.）产生分生孢子器；分生孢子卵形，单细胞，无色，大小 8.5μm×4.2μm。病原是森林习居菌可侵染 28 种松树，早就是世界有名的幼林病害，欧洲称之为垂枝病、软枝病等（图 2-3-81）。

防治方法　病原菌是森林习居菌，促进林木整枝，也称修枝菌。当松科植物生长势衰退时，枝节上有伤口时，枝上弱寄生菌侵入逐渐成为寄生菌。

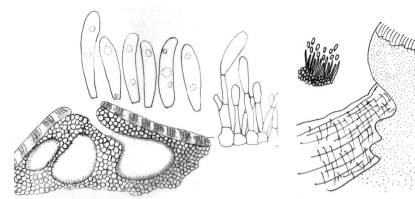
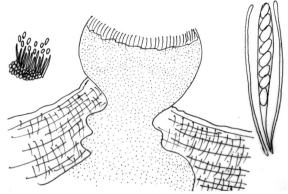

图 2-3-79　壳棱孢属（*Fusicoccum* sp.）　　　图 2-3-81　铁锈薄盘菌（*Cenangium ferrugirosum*）

长期干旱时，冷杉枝枯病就会发生，甚至于流行。因此园林中的松科植物预防与养护重点是管好，适时浇灌，适当施肥，增强树势。一旦冷杉枝枯病发生，及时清除病枝，减低病原菌量。预防在病开始严重时，重点喷洒杀菌剂，若有虫害协同时，还要喷洒杀虫剂。杀菌剂可选 75% 百菌清可湿性粉剂 600 倍液 50% 多菌灵可湿性粉剂 500~800 倍液等喷施整株。2~3 次，每次用一种，交替使用，效果显著。

3.2.52　冷杉干腐病

症状　干腐部位常在近地面的树干基部发生，分枝位低的冷杉，也发生在分岔处，病斑多在有伤口的位置出现，幼树主干感病后极易死亡。病初变褐红色微肿，表皮松软，交界处不明显，逐渐发展时呈褐色水渍状。旱季病斑微下凹，雨季又凸起来，此时木质部已坏死。最后病斑上产生许多黑色疹状小点粒，连绵阴雨天可见小点粒上溢出橙色胶质的卷须状物病症（见彩图 2-3-82）。

病原　半知菌亚门腔孢纲球壳孢目（科）壳囊孢属的柯里壳囊孢（*Cytospora curreyi* Sacc.）分生孢子分器埋生，牛胃状，多腔，分生孢子梗长 19~33μm；分生孢子芭蕉形，无色，大小 3~6.2μm×1~1.4μm，与子囊孢子形状同，均无色，分生孢子比子囊孢子小一点。尚可寄生于松，云杉和落叶松等的枝和球果上（图 2-3-83）。

防治方法　把坏死的凹斑刮除至健康处，伤口涂白（白涂剂：生石灰 + 石硫合剂残渣 + 水各一份混合，或生石灰：硫黄粉：水 =5:0.5:20 混合）。预防与养护重点是管好，适时浇灌，适当施肥，增强树势。

3.2.53 柿枝枯病

症状 主要危害枝条，尤其是 1~2 年生枝条易受害。枝条染病先侵入顶梢嫩枝，后向下蔓延至枝条。枝条皮层初呈暗灰褐色，后变成深灰色，并在病部形成很多黑色小粒点，即病原菌分生孢子器。染病枝条上的叶片逐渐变黄后脱落（见彩图 2-3-84）。

病原 由半知菌亚门腔孢纲球壳孢目（科）茎点霉属柿茎点霉（*Phoma diospyri* Sacc.）和柿枝茎点霉（*Phoma loti* Cooke）引起（图 2-3-85）。

发病规律 病原菌主要以分生孢子器或菌丝体在枝条、树干病部越冬，翌年条件适宜时，产生的分生孢子借风雨或昆虫传播蔓延，从伤口侵入。该菌属弱性寄生菌，生长衰弱的柿树或枝条易染病。春旱或遭冻害年份发病重。

防治方法 加强柿园管理，及时剪除病枝，深埋或烧毁，以减少菌源。增施有机肥，增强树势，提高抗病力。北方注意防寒，预防树体受冻。及时防治柿树害虫，避免造成虫伤或其他机械伤。

3.2.54 白桦枝枯病

症状 多发生在侧枝及小枝上。发病初期，病斑暗褐色，不规则形，病皮坚硬，常渗出茶褐色黏液，以后病部干缩凹陷，周缘开裂，表面密生小黑点。严重时引起主枝或全树死亡（见彩图 2-3-86）。

病原 由半知菌亚门腔孢纲黑盘孢目（科）新黑盘孢属的德艾特新黑盘孢（*Neomelanconium deightonii* Sierra Leone）引致（图 2-3-87）。

防治方法 ①增强树势，提高抗病能力，加强树体保护，减少和避免机械伤口、冻伤和虫伤；②发现病斑及时刮除，然后涂腐必清、托福油膏或 843 康复剂等；春季芽萌发前喷 5°Bé 石硫合剂或 40% 福美砷 100 倍液；③生长期喷药注意多喷洒树干和主枝。

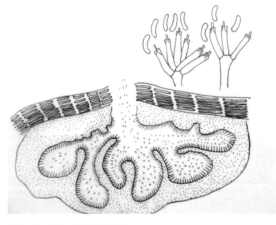

图 2-3-83 壳囊孢属（*Cytospora* sp.）

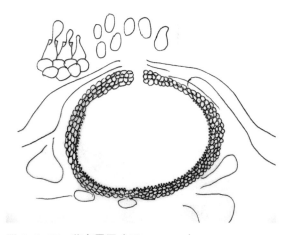

图 2-3-85 茎点霉属（*Phoma* sp.）

3.2.55 西南桦枝干溃疡病

症状 该类病害主要在两年生以上树干上发病,病菌常侵染靠近树杈处的枝条和侧枝。病部不规则的肿胀,寄主干部呈失水状龟裂。后期树皮纵裂,表皮如纸质状,外翻卷起,露出木质部,并伴随着流胶;病部黑褐色,具虫粪状颗粒物堆积,树势明显衰弱;干部的溃疡斑使得树干变扁,弯曲,一旦树干被环割则导致植株死亡;小枝被害初变干枯,树皮失水,呈纵条状皱缩。枝梢皮层部形成垫状、圆盘形突起,后期突起表层树皮破裂,露出内部暗色的颗粒状物(见彩图 2-3-88)。

病原 真菌门半知菌亚门腔孢纲黑盘孢目(科)柱盘孢属的一个种 *Cylindrosporium* sp. 引致(图 2-3-89)。

防治方法 温棚内大面积栽培时;除定期通风透气外需定期喷波尔多液保护,尤其发生在多种病的栽培区内,5~7月每10d喷药1次。发现病株及时修去病部,带出园外销毁,或将盆栽株搬出隔离,或就地修剪后喷杀菌剂治理。

3.2.56 泡桐丛枝病

分布及危害 泡桐丛枝病在我国分布广泛,发病以泡桐主要产区河南、山东、河北南部、安徽北部、陕西南部、台湾等地较为严重。在河南、山东等地,一般发病率达 30%~50%,严重的高达 80% 以上。有的病株因病而枯死。苗木发病后可能于当年枯死。

症状 病害开始多发生在个别枝上。腋芽和不定芽大量萌发,丛生许多细弱小枝,节间变短,叶序紊乱,叶小,黄且薄,有不明显的花叶状,有时有的叶片皱缩。病枝上的小枝又可抽出小枝,如此可重复数次,至秋天常簇生成团,小枝愈来愈细弱,叶也愈来愈小,外观似鸟巢。小枝多直立,冬季

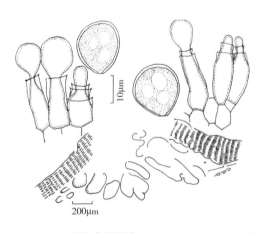

图 2-3-87 新黑盘孢属(*Neomelanconium* sp.)

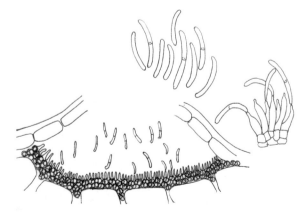

图 2-3-89 *Cylindrosporium* sp.

落叶后呈扫帚状。小枝冬季常枯死，翌年又发生更多的小枝。如此，胸径约15cm 的泡桐经 4~5 年全株枝条都呈簇生状，不久即枯死。但大树发病后发展就较慢，影响也较小。

病株上有的还发生花器变型，主要是柱头变成小枝，小枝上腋芽又长出小枝，如此重复数次，遂成簇生小丛枝。有的病枝还有小根丛生和根部坏死的现象。

病原 泡桐丛枝病过去认为是由病毒引起的。现已证明是由类菌植原体所致。类菌植原体圆形或椭圆形，直径约为 200~820nm。病树上常可分离到某些病毒。用所得病毒接种可引起花叶症状，而与丛枝症状无关。

发病规律 用实生苗繁殖的泡桐幼树发病率较低，成片的及作行道树的发病率较高。用平茬苗栽植的泡桐发病率也较高。病害发生可能与海拔高度也有一定关系。如栽种在河南嵩山 1000m 以上的泡桐基本不发病。南方各地及沿海多雨地区发病也很轻。不同种或品系的泡桐发病情况有显著差异。川桐、白花泡桐及毛泡桐均较兰考泡桐、楸叶桐抗病；白花泡桐较紫花泡桐抗病。近年培育出来的'豫杂1号'泡桐也是抗病品种。

病害可以通过带病的种根、病苗的调运而传播。已证明烟草盲蝽（*Cyrtopeltis tenuis*）和茶翅蝽（*Halyomorpha picus*）是传病的媒介。有时，泡桐受侵染后可以不表现症状（隐症）。这种无症状的植株有可能被选为采根母树的危险。

防治方法 ①在培有育苗木时要严格选用无病母树作为采根植株，不用留根苗或平茬苗造林。发病严重的地方尽可能用种子原苗代替根插育苗；②泡桐发病初期，常是个别枝条出现轻度症状。对表现出症状的丛生枝条及时锯掉或对老病枝进行环状剥皮可减轻病害程度；③用 50℃的水浸种根 10~15min 可大大减少幼苗发病；④泡桐发病后，除及时修除或环剥病枝外，也可用四环素等抗生素治疗。其方法如下：1~2 年生幼苗或幼树的髓心松软，可用针管插入髓部，徐徐注入 1~2 万单位/mL 的四环素液；大树可先在干基部或丛枝基部打洞，插入针管（至边材木质部）徐徐注入药剂。此法治愈率与病株发病轻重有关。一般轻病株容易见效，而重病株治愈后易于复发。注射量因树木大小而异。幼苗注射 15~30mL 即有明显效果；⑤ 5~6 月对传病媒介昆虫进行药剂防除；⑥选用抗病品种。

3.2.57 枣疯病

分布及危害 枣疯病又称"公枣树""枣树扫帚病""聋病"等。在我国发生历史已很久。河北、山东、山西、河南等主要产枣区甚为流行，江苏、安徽等个别地方也很猖獗，其他如浙江、湖南、四川、广西等地均有发生，该病是目前主要枣区发展枣树生产的严重威胁。

症状 枣树受病后主要表现为枝叶丛生和花器返祖等畸形变化。

根部受害后,由不定芽发育成一丛有疯症的根蘖。在一条侧根上可以出现若干丛病根蘖。这种根蘖枝叶细小,带黄色。待长到30~40cm即停止生长而枯死。在根部受病后2~3年地上部分也随之表现疯症。

枝叶受害后,有两种表现。比较普遍的是小叶型:受害枝条的腋芽发育不正常,发生许多小枝、小叶,色黄而匀。病枝叶片在秋季干枯,不易脱落;第二种为花叶型:这种病状较少,其叶比正常的叶小1~3倍,而且呈黄绿相间、浓淡不匀的凹凸不平的花叶。叶脉较透明,叶缘向内方卷曲,质地较脆,不易脱落。

花器受害后,花柄显著伸长,呈明显的小分枝;严重时,花盘退化,花萼片肥大,成深绿色;花瓣成叶状肥大,纵皱;有时雌蕊子房变肥厚,呈柱形伸长,而且有时柱头顶端变成两片小叶。有时雄蕊变成小叶,子房变成小枝,顶端再生新枝叶,继续生长。

果实受病后,小而瘦,表面有红色条纹斑点,呈花脸型,并有疣状突起,内部组织则变成海绵质,即所谓"糠"了。

地上部分症状的发展顺序,一般是最先叶色不匀,稍卷曲,继之果实呈现病态,当丛枝症状出现时,即不再有果实形成,各丛枝最后枯死。

病原 此病系类菌植原体所致,其质粒大小约为80~720nm。但疯枝上的花叶症状可能与病毒有关。

发展规律 初起大多数是一个或几个大枝和根蘖首先发病,有时也有全株同时发病的,若一株树的个别枝条发病则发病枝通常是近主干的枝条。在同一大枝上,有时不仅当年发育的枝条表现症状,较老的枝条也可发病。症状由局部扩展到全株。一般大树发病后约经4年即全株死亡。

类菌植原体可通过嫁接(皮接、芽接、枝接及根接)进行传播;在自然条件下,可由橙带拟菱纹叶蝉凹、缘菱纹叶蝉和红闪小叶蝉传播;枣树株间根部的自然嫁接也是病害传播的途径之一;自病株根蘖长出的小枣树均为带病植株。病原侵入后,可能是首先运行至根部,以后遍及全株。体内传导的方向,取决于养料运输的方向,因此在发芽时主要由下往上,而在枝叶停止生长时则主要由上往下。环状剥皮后,接种类菌原体于下口,则剥口之上部不发病;而若接种于剥口之上部,则剥口之下部不发病。在嫁接的情况下,病害潜育期最短为25~30d,发出的芽上即表现出症状;最长潜育期为一年以上。其潜育期之长短取决于:①寄主体内光合作用物质的运输方向和连续;②接种量的多少;③新梢生长情况;④被接种植株的大小;⑤接种部位。一般接种在根上的多当年发病,接种在干基部的多在第2年发病。接种后如果当年不长新梢则不表现症状。所以接种在苗上较成株上表现症状极快。在枣园中,病株有的为零星分布,有的则集中分布,且枣树发病不仅限于嫁接或分根的幼树，几十年的老树也可以发病死亡。

栽培品种中，品种间的抗病性是有差异的。一般圆红枣最易感病，发病后 1~3 年内即整株死亡。长红枣比较抗病。

防治方法　①彻底砍除病株，消除病源。一般连续 2~3 年。可基本消灭当地的枣疯病；在苗圃中经常进行检查，发现病株及时拔除烧毁。②选用无病砧木，接穗和母树，保证幼树健康生长，对于某些习惯用根蘖不加移植进行繁殖的地区，应改变这种繁殖方法，以免子株和母树同根，造成病害蔓延。③进行合理的环状剥皮，可以阻止类菌原体在植物体内的运行。④采用和培育抗病品种，目前可采用长红枣、空枣铃和灰枣铃等抗病品种。⑤实行枣粮间作，避免病株根与健株根的接触机会，对阻止病害传播有一定的作用。⑥用四环素类药物注入病树，有治疗作用，但不能根治，复发时须再次注射。⑦适时防治传毒昆虫。

3.2.58　竹丛枝病

分布及危害　竹丛枝病又称扫帚病或雀巢病。是淡竹、刚竹等散生竹种和一些丛生竹种上较常见的病害。分布很广，在江苏、浙江、安徽等地均有发生。刚竹上发生普遍。发病重的竹林，病株从下到上各侧枝长满雀巢状丛生小枝，十分醒目。这样的竹林生长会逐渐衰败。近年来发现毛竹上也有发生并有继续扩展的趋势。

症状　发病初，病枝在春天不断延伸成多节细长的蔓状枝，下垂，枝上叶片变成鳞片状、叶色变浅。病枝节间变短，并逐渐丛生小侧枝。在 4~6 月和 9~11 月病枝顶端叶鞘内产生白色米粒状物技（其中以 5~6 月产生最普遍），即病菌的子实体。子实体成熟后小枝端即枯死，尤其是经过冬天病丛枝端枯死较多，这就促使第 2 年产生更多的丛生小枝，以后进一步发展成悬挂着的或不完全悬挂着的雀巢状或球状的丛生小枝群。这些丛生小枝上不仅叶形变小而且梢端在 4~6 月或 9~11 月一般都会形成白色米粒状物，这是本病最突出的诊断标志。

病原　过去报道都认为由子囊菌亚门中的竹瘤菌［*Balansia take*（Miyake）Hara= *Aciculosporium* take Miyake］引起。生于病枝梢端叶鞘内的米粒状物为病菌的假子座，假子座内有多个不规则相互连通的腔室，腔室内有大量的分生孢子，分生孢子无色、细长，具 3 个细胞，长 37.8~56.7μm，两端的细胞稍宽约 1.89~2.52μm，中间的细胞稍狭，宽 1.26~1.89μm。病菌的子囊世代产生稍晚。一般在 6~7 月或 10~11 月，在部分假子座一侧产生无柄的垫状子座，两者相连处稍缢缩，淡褐色，子囊壳埋生于子座表层。子囊壳内着生细长（棍棒状）的子囊，其内有细长线形单胞无色的子囊孢子，约 220~240μm × 1.5μm。

虽然用病菌的孢子接种可引起典型的丛枝症状，但近年来，电镜照片已发现病竹内有类菌植原体存在，其与病害的关系，尚需进一步探索阐明。

发展规律　病菌分生孢子借雨水冲刷流（飘）散传播，初步认为是侵染嫩梢（或芽）引起发病。病株常个别侧枝发病逐渐扩展到整株发病，重病竹林中还可见到从竹鞭上长出茅草丛状（无主枝）的病丛枝。本病一般在老竹林，尤其是抚育管理不周，过密的竹林发病常较严重。

防治方法　本病的防治主要是对竹林进行合理的抚育管理，按期采伐老竹，保持适当的密度。进行樵园、压土、施肥，以促进新竹发生。对病竹应及早砍除或及时剪除病枝，老病竹应连根挖除。造林时不要在有病竹林内取母竹，更不应用带病的母竹去栽植。

3.2.59　竹秆锈病

分布及危害　本病在江苏、浙江、安徽、山东、河南、湖北、湖南、陕西、四川、贵州、广西等地均有发生。主要危害淡竹、早竹、哺鸡竹、篌竹、箭竹和蓟竹等竹种，毛竹上尚未证实。竹秆被害部变黑，材质发脆，影响工艺价值。重病株常枯死，重病竹林会逐渐衰败。1980年以来江苏、浙江、安徽等地竹秆锈病迅速蔓延发展，发病率常达50%左右，严重的达70%~90%以上，不少竹林因此而毁坏。

症状　病害常发生于竹秆的基部，有的甚至是在紧靠地表的秆基部，在发病重的竹林中病部才会向上发展，有时小枝上也会发生。新发病的植株一般于春天3月（有的在上一年11、12月）可明显地看到病部产生椭圆形或长条形或不规则形，橙黄色，紧密结合在一起不易分离的垫状物，即病菌的冬孢子堆。5月（或4月下旬）垫状的冬孢子堆在雨后吸水卷曲脱落时，在它的下面就裸露出初为紫灰褐色，不久变为黄褐色的粉质层，即病菌的夏孢子堆。夏孢子飞散脱落后，原病部即变黑。当年11月至翌年春夏在变黑病斑的周围又会产生冬孢子堆和夏孢子堆。病斑进一步扩展，最后包围秆部，重病竹林常可发现不少秆基发黑濒死的植株。

病原　为担子菌亚门的皮下硬层锈菌 [*Stereostratum corticioides* (Berk.et Br.) Magnus] 引起。病菌冬孢子堆生于角质层下，常群生联成片，后隆起突破角质层而裸露。冬孢子广椭圆形至亚球形，端部圆、双细胞，表面平滑，淡黄色或无色，大小为 25~45μm × 19~32μm，有细长的柄，无色或淡色，长达 200~400μm。冬孢子堆脱落后显露出粉质的夏孢子堆，夏孢子单细胞，近球形至倒卵形，有刺，淡黄褐色至近无色，大小为 19~27μm × 15~20μm。

发展规律　经试验，病菌冬孢子虽能萌发产生担孢子，但担孢子并不侵染竹，在竹林及其附近也没有找到（经多种植物接种）它的转主寄主。在5、6月夏孢子经风传播，在有水滴的条件下萌发，通过伤口（有时也可在无伤条件下）侵入新竹，经 7~19 个月的潜育期，在病部开始产生冬孢子堆及夏孢子堆。

经广泛调查综合比较说明，凡地势较低洼，湿度较大的竹林发病一般较相邻的地势高或较平坦而干燥的竹林更重。不同的竹种发病也有明显的差异，如在江苏南京、杨中等地，主要危害淡竹、篌竹等；浙江余杭等地主要危害早竹、白哺鸡竹等。有些竹种如'碧玉间''黄金竹'等一般情况下即使和发病淡竹林混交也不发病，只有在发病极重的竹林中，偶有发现'碧玉间''黄金竹'发病的植株。

防治方法 发病轻的竹林，应及早彻底砍除病株。发病重的竹林无法把全部病株都砍除时，应在每年常规砍竹后于 3 月中以前用 0.3~0.5 kg 的煤焦油溶于 0.5 kg 煤油（或柴油）中的黑色油溶液涂于发病部位（先刮后涂更好），经过涂药的病部冬孢子堆即萎缩板结在病部，夏孢子堆就不会再产生，这样当年新竹就不会被病菌侵染。

但这一方法只能解决当年的问题，原病竹组织内的菌丝没有被杀死，第 2 年又会产生夏孢子堆，所以应该每年进行 1 次，只要每次涂药时能做到及时细致不遗漏，再结合常规砍竹时把病竹砍除，如此连续 3 年后，每年没有新的侵染，老病竹又不断砍除减少，最后就可取得较理想的防治效果。另外，病竹林更应加强抚育管理，合理砍竹，如能在竹林中填土，加厚表土层，不仅有防病作用，而且可促使发笋旺盛，避免病竹林迅速衰败。

3.2.60 毛竹枯梢病

分布及危害 该病在浙江、江西、江苏、上海、安徽等地均有发生，以浙江发生最为严重，是毛竹生产上的一大障碍。受害植株，轻者个别枝条或部分竹梢枯死；重者整株死亡。据浙江 1973 年统计，该病遍及全省 9 个地区，50 余个县，占全省竹林面积的 10% 以上。在杭州、嘉兴二地区，发病新竹约 2000 万株，占当年新竹数的 42.7%，而全株枯死的，占新竹量的 13.7%。

症状 该病危害当年生新竹。病斑产生在主梢或枝条的节叉处，后不断扩展成梭形或不规则形。颜色由褐色加深至酱紫色。当病斑环绕主梢或枝条一周时，其以上部分叶片蔫萎纵卷，枯黄脱落。根据病斑发生部位可分为 3 种类型：枝枯型：病斑产生在枝条节叉处，扩展后引起该节枝条枯死；枯梢型：病斑出现在某节枝干交界处，扩展后引起该盘枝条或其以上枝梢全部枯死；枯株型：病斑产生在竹冠基部枝干交界处，扩展后引起全株秆梢枯死。

在发病轻微的年份，病害仅表现为枝枯和枯梢症状；严重年份，3 种类型都会出现，甚至以枯株型为主。若大面积严重发生时，竹冠变黄褐色，远看似火烧。剖开病竹，可见病斑处内部组织变褐色，竹筒内长满白色棉絮状菌丝体。翌春，于病斑上可见黑色粒状的子实体。在浙江，病害每年始于 7

月上、中旬，8、9月为发病盛期，10月病斑逐渐停止扩展。

病原 本病由子囊菌亚门中的竹喙球菌（*Ceratosphaeria phyllostachydis* Zhang）引起。子囊壳埋于寄主组织内，聚生，有时单生，扁球形至球形，大小中等，直径225~385μm，具长喙；喙的外壁上具有稠密的细长毛；子囊圆筒形，基部有短柄，内含8个子囊孢子；子囊孢子椭圆形，无色至淡黄色，具有3个隔膜，少数为4~5个，大小为19~34μm×6~11μm。无性生殖时产生分生孢子器。分生孢子单细胞，无色，常为腊肠形，少数弯曲成钩状，大小为13.0~19.5μm×2.6~3.9μm。

菌丝生长适温为25~30℃，在5℃以下，40℃以上停止生长。条件适宜时，子囊孢子于清水中8h后大多数萌发，而分生孢子在清水内，则极少发芽。病原菌仅寄生于毛竹，在病组织中可存活3~5年。

发展规律 病原菌以菌丝体在病竹上越冬，浙江地区，一般翌年4月产上有性世代，6月可见分生孢子器。子囊孢子约5月中旬开始释放，借风雨传播，由伤口或直接侵入新竹。病原菌侵染的适宜期为5月中旬至6月中旬。潜有期为1~3个月。该病在5、6月雨水多，7、8月高温干旱期长的年份发生严重，反之则轻。原因是5、6月雨水多，有利于子囊壳的形成和子囊孢子的释放、传播；7、8月高温干旱，毛竹蒸腾作用增强，根部吸收的水分供不应求，从而降低了抗病力，有利于发病。

病害一般在山冈、风口、阳坡、林缘、生长稀疏以及抚育管理差的竹林内，发生较重。子囊时期发生在多年留存竹林内的病、枯株。

防治方法 ①冬季或春季出笋前，结合砍伐和钩梢加工毛料两项生产措施，清除林内病枝梢和枯株，从而清除侵染来源。这是当前防治病害行之有效的基本措施。②在病原菌孢子释放侵染季节（5~6月）可连续喷药2~3次。目前，有效的药有：50%苯骈咪唑可湿性粉剂1000倍液；50%苯夹特1000倍液；1%波尔多液。③加强检疫，严禁有病母竹外运引入新区，防止扩散蔓延。

3.2.61 木麻黄青枯病

分布及危害 木麻黄是我国南方沿海各地重要造林树种，近年来由于青枯病的猖獗危害，大量枯死，不仅影响了当地人民的生活，对海防建设和气候条件的改善，也有一定的影响。本病在木麻黄整个生长期同都能危害，但成林的木麻黄经台风强烈的袭击后受害尤为严重。广东惠来和潮阳两地在1969年的损失面积就达4万亩以上，为木麻黄病害中亟待解决的问题。病菌的寄主范围很广，除危害茄科，豆科作物等外，在林木方面有木麻黄、油橄榄和柚木等。木麻黄不同品种中，其抗病性也有不同的差异。

症状 青枯病是一种破坏输导组织，引起全株枯死的细菌性病害。病株小枝稀疏，黄绿，凋落，枯枝枯稍多，根系腐烂变黑。重病株树干呈黑褐色条斑，树皮常纵裂成溃疡状；木质部变渴色；坏死的根茎有水浸臭味；横切后几分钟之内便有乳白色或黄褐色的细菌黏液成环状溢出，患病苗木易枯黄死亡，但成年树木往往拖延4~5年才死。

病原　本病的病原菌为极毛杆菌（*Pseudomonas solanacearum* E.F. Smlith）菌体短杆状，两端钝圆，极端有鞭毛，革兰氏染色呈阴性反应，在马铃薯培养基上生长良好，菌落初为乳白色黏液状，后渐转为褐色。病菌生长发育温度为8~44℃，最适温度为37℃，致死温度为52℃时15min，酸碱度范围在pH5.9~8.8。

该菌一般的染色剂不着色，而用石炭酸品红（或称zeih1染色）时，则色泽染在细胞的两端，中间呈灰色或不着色。有人将青枯病极毛杆菌区分为3个生理型：即小种Ⅰ侵害茄科和其他植物，小种Ⅱ侵害香蕉，小种Ⅲ侵害马铃薯。我国未见有香蕉青枯病的报道，而小种Ⅲ的专化性又仅局限于马铃薯上，因此本病菌可能是属于侵害茄科和其他植物的小种Ⅰ型。通常病菌经多次在培养基上移植后会丧失其毒性，但在灭菌水中保持2~5年仍不失其致病能力。在培养基中加入2,3,3-三苯四唑氯（TTC），可以区别出有无毒性的细菌菌落，对于具有毒性的菌落，其形状不规则，胶黏，白色，中央淡粉红色；无毒性的菌落则小而圆，乳黄和深红色，具有薄而较淡的边缘。

该菌其他生理特性为：兼性厌氧型；不溶解骨胶；在葡萄糖、乳糖、蔗糖和甘油中都不产生酸和气体；对马铃薯无糖化作用。据报道（1977年），油橄榄青枯病菌和番茄青枯病菌都属亚洲变种［*P. solanocearum* var. *asiaticum*（Smith）Stapp.］，但前者细胞个体小于后者，前者为0.6~0.8μm×1.6~1.7μm，后者为0.7~1.0μm×1.6~1.9μm。

发展规律　试验证明，花生、烟草等作物的青枯病和木麻黄青枯病可以互相传染。因此，木麻黄青枯病的初次侵染来源，大都是带有细菌的花生、烟草、番茄和茄子等的病株。带菌肥料和人为的活动也会成为侵染来源之一。

病菌侵入的途径是伤口和气孔、水孔、皮孔等自然孔口。侵入后便在细胞间或维管束内扩展，一般向上比向下扩展快，经过一段时期后便出现症状。在潜育期中，细菌借分泌的酶来破坏细胞间的中胶层，使受病的细胞组织分离融解；或者借所产生的毒素，使受病组织的细胞质壁分离，引起组织坏死变色。

病菌主要借风吹和水溅来传播，在台风暴雨后，病害往往随之流行而造成大量树木死亡，因强风不仅能将带菌雨滴传送到较远的距离，而且给树木造成许多伤口，增加了病菌入侵的机会。木麻黄有根际连生现象，以致病菌可以从病株蔓延到健株上。木麻黄在苗期感病可以引起迅速枯死，而病菌在老龄树上扩展较慢,故往往感病数年才枯死,但在恶劣气候条件下,也可以在短期内导致大片林木迅速枯死。

病害主要发生在干旱的季节里。高湿虽有利于病菌的繁殖和积累,但"台风旱"使林木长势更为衰弱,构成病害流行的条件。一般病情最重的是干旱的沙丘地和保持水分能力差的粗砂地。

木麻黄品种不同,发病程度也不同。一般短枝木麻黄易感病,中长枝木麻黄较抗病。根据绿洲林场调查,中长枝木麻黄死亡率为9%,短枝木麻黄死亡率为24%。福建、湛江地区群众反映,中长枝木麻黄很少发病。

防治方法 ①选好苗圃地,实行苗木检疫,应在无病地区内选择苗圃地。避免在种过花生、番茄、茄子、烟草、辣椒、柚木和油橄榄的地方育苗。如果需要在这些地方育苗的话,在播种前将土壤翻晒数次,或用药剂如漂白粉或福尔马林进行土壤消毒。分床和出苗时,严格进行苗木检疫,病苗不得出圃,应该烧毁;②加强抚育管理:适量施人粪尿和上杂肥、化肥等,以改善病株长势,增强抗病能力。在多雨季节,对病株的根颈部进行1/3环状剥皮(即剥去根颈的1/3环),宽2~4m待伤口干后即培土,可促进病株多长新根,并翻晒土壤两次,每次晒1个月,利用阳光杀死土中病菌。③淋海水防治:2年生以上的木麻黄,每病株淋海水1~2担,淋后培土,淋2~3次对轻病株较有效,雨前和雨后淋的效果更佳。沿海地形较低的地区,可以开沟引水灌溉,或利用海水涨潮筑坝贮水灌溉。有电力条件的地方,可以抽水灌溉。④培育抗病品种:目前认为中长枝木麻黄是个良种,有一定抵抗病害的能力,应从栽培实践中筛选出抗病的品种。

3.2.62 榆荷兰病(枯萎病)

分布及危害 榆树荷兰病又称枯萎病。该病危害多种榆属树种,是欧美各国榆树最普遍、最危险的病害。1918年首先发现于荷兰、比利时和法国,此后曾广泛流行于欧美各国。40年代后病害渐趋平稳。近年来,由于致病力强的新病菌菌系的出现,在欧洲、北美和西亚一些国家再次引起毁灭性的灾害。受害最重的英格兰到1975年底死亡榆树总数达600万株。近几年来,美国因此病每年至少损失1亿美元以上。这不仅在经济上造成严重损失,而且严重破坏了公园、道路的绿化。迄今为止,我国的榆树尚未发现此病,因此列为对外检疫对象。

症状 最初的症状出现在树冠上端的嫩梢,先是叶片萎蔫、嫩枝干枯,以后向下蔓延。病枝上的叶片变成红褐色,或沿主脉卷缩,病害蔓延快时,树已枯死而叶片尚保持绿色。干叶片往往长久悬在枝上不落。病害由嫩枝至大枝迅速蔓延,数周或数日内全树即枯死。从枯死枝条的横断面上可以看到靠外面的几回年轮上散生黑色或棕褐色斑点。有时斑点密集,相连成环。剥去病枝皮层，木质部上有黑色或棕褐色的纵向条斑。

病原 由子囊菌亚门的榆长喙壳菌 [*Ceratocystis ulmi* (Buisman) C. Moreau] 引起，其无性型为半知菌亚门的 *Pesotum ulmi* (Schwartz) Crane & schoknecht [= 榆黏束孢 (*Graphium ulmi*)]。分生孢子梗基部集生成束，顶部成扫帚状，分生孢子在梗束顶部集生成球，长达 15cm。入冬后，在病树残留的树皮下或小囊虫的虫道内可发现长颈的黑色球形的子囊壳。

近十余年的研究揭示，自然界存在两个 *C.ulmi* 菌系，即非侵染性菌系和侵染性菌系。侵染菌系又分为北美小种和欧亚小种。自60年代末起，欧洲榆树荷兰病的再度流行，就是因为侵染菌系的北美小种传入欧洲的结果。

病原菌的生长发育最适温度各菌系不同，非侵染菌系为30℃，侵染菌系为20~22℃，最适 pH 值为 3.4~4.4。

发展规律 榆树枯萎病症炎热的天气及干旱时发生加速。

病菌孢子只有进入导管内才引起病害，孢子可在导管中随树液流动。孢子的存活期很长，尤其在遮阴处，在伐倒木上，侵染性可持续2年之久。病菌的孢子随小蠹虫，如大棘胫小蠹 (*Scolytus scolytus*) 和榆波纹棘胫小蠹 (*S. multistreatus*) 传播。因此蠹虫的为害可加剧病害的发展。

发病程度在不同种榆树上有显著差别。所有欧洲种和美洲种榆树均易感染此病，亚洲种榆树抵抗性强。我国大叶榆、小叶榆都属抗病的种类。

防治方法 防治榆树荷兰病的根本措施在于培育抗病品种。对感病植株的树干基部或根颈部注入具有内吸性的杀菌剂如苯来特、多菌灵等，有抑制病害发展的疗效。我国最主要的防治措施是严格地执行对钵检疫，以防此病由国外输入。病害可以随苗木、原木及木材传带，应禁止榆树及其原木、木材制品、包装和垫仓的榆木入口，并严禁传病昆虫随其他树种混入国境。

3.2.63 油橄榄肿瘤病

分布及危害 此病在我国引种油橄榄的各种植区都曾有发现，受害植株矮小，结实量下降，病枝易枯死，严重的整株死亡。但近年来，除个别地区外已很少出现这种病害，故应作为检疫的病害。此病在国外分布广，意大利、法国、西班牙、阿尔及利亚、突尼斯、塞浦路斯、阿尔巴尼亚、墨西哥、美国、巴西、阿根廷、伊朗等国均有。据国外报道，此病除危害油橄榄外，还危害流苏属 (*Chicnanthus*)、白蜡属 (*Fraxjnus*)、茉莉属 (*Jasminum*)、木犀属 (*Osmanthus*)、连翘属 (*Forsythia*) 等属中的多种植物。

症状 油橄榄肿瘤病是一种增生型的病害，危害植株的根部、根颈、主干和枝条，有时也能危害叶片和果实。在受害部位形成扁圆形或不规则形的海绵状或木栓化的肿瘤。感病枝条上，初期出现绿豆大小的突起，灰绿色，以后逐渐肿大成瘤状，质地松软，颜色逐渐加深为褐色。最后瘤中央开裂如火山口状，表面粗糙且开裂，质地变硬，初生肿瘤不久即干枯，但常在初生肿瘤的周围出现次生肿瘤。肿瘤内部为灰白色至浅褐色，组织疏松，有1至数个空腔，腔周围常见褐色带。在阴雨天气时，病原细菌常溢出瘤外，呈褐色黏液状。

病原　病原为假单胞杆菌属的一种 *Pseudomonas savastanoi*（Smith）Stevens，是一种好气性杆菌，有1~4根端生鞭毛，单生，有时数个细菌互相连接呈短链。大小为 1.2~1.5μm×0.4~0.5μm。生长适温为25~26℃，最高温限为34~35℃。适宜的酸碱度为pH6.8~7。

发展规律　细菌于肿瘤内越冬，翌年雨天或潮湿天气溢出肿瘤表面，靠风雨、昆虫、鸟兽传播。修剪、锄地等农事活动也可带菌传播。病原细菌从伤口或裂缝侵入枝条后，由于其代谢产物而刺激分生组织，促使寄主细胞分裂加快，引起组织增生。同时在肿瘤内部，细胞间隙间形成不规则分枝状空腔。病原细菌沿着螺旋导管移动。病原细菌能与橄榄蝇共生，当蝇产卵时，细菌即随着卵同时排出体外，并从产卵孔侵入寄主体内。本病的发生与油橄榄品种有一定关系。据广西柳州地区调查：'贝拉特'品种感病率最高，'卡林尼奥'品种次之，'米德扎'品种抗病力较强。

防治方法　①加强检疫：严格执行检疫制度，严禁病苗外运。对染病的苗木和插条等繁殖材料，应集中烧毁。②采果时，应避免使树体收到损伤。③在新栽植区如发现病株要立即砍除烧毁；有些老病区采用此法也收到良好效果。④在老病区如不便立即清除病株，可随时剪除病枝烧毁，剪截位置在肿瘤以下至少15cm处。切除的病枝应立即烧毁。对修剪工具和因修剪造成的伤口，都要消毒处理。伤口消毒可用3%~5%的波尔多液或5%硫酸亚铁溶液（硫酸亚铁5份：生石灰10份：水100份）、1%二硝基邻甲酚溶液。修剪工具可用1%福尔马林溶液消毒处理；⑤感病植株经治疗后，如继续发病应予彻底挖除烧毁。

3.2.64　桑寄生害

分布及危害　桑寄生科和槲平寄生科植物危害林木的现象在我国南、北各林区甚为普遍，尤其以云南、广西等南方地区最为常见。寄主主要是乔木树种。广西百色地区的油桐和油茶受寄生的植株减产达1/4以上，云南昆明地区的板栗树受害株个别果园达100%。

症状　受桑寄生危害的树木，枝干上丛生寄生物的植株非常显著。由于一部分水分与无机盐类被寄生物夺走，并受其毒害作用，因此，落叶早、发芽晚；不开花或延迟开花、易落果或不结果；木质部纹理被破坏，严重时枝条或整株枯死。

最初受害的嫩枝，仅受害处稍许肿大，以后则渐长成瘤状。由于吸根向下延伸，因而往往形成鸡腿状长瘤。

病原 主要为桑寄生族，定名人认为全球有 41 个属，我国丘华兴认为有 6 个属，其中含桑寄生属（*Loranthus* Jacq.）、槲寄生属（*Viscum*）和油杉寄生属（*Arceuthobium*）植物.

桑寄生属植物在我国约有 187 种云南省 178 种（云南植物植）。花两性，子房一室，花被大，瓣状，有叶、茎、花、果和寄生根，不少种类有根出条。

桑寄生 [*Loranthus parasiticus*（L.）Merr]：丛生灌木；小枝粗而脆；根出条甚发达；皮孔多而清晰；嫩枝梢 4cm 被黄褐色星状短茸毛；叶椭圆形，对生，幼叶具毛，成长叶无毛，全缘，具短柄；花两性，子房一室；花冠筒状，2.3~2.7cm，花淡色果球棒状。

樟寄生（*Loranthus yadoriki*. S. et Z.）：与前者不同处是于嫩枝梢 15cm 内被有棕色星状毛，成长叶之背面也有星状短毛；果椭圆形。

槲寄生属植物我国约有十几种。叶对生，常退化成鳞片状；花极小，单性异株，单生或丛生于叶腋内或生于枝节上，雄花被管坚实，雌花被与子房合生；花药阔，无柄，多孔开裂，子房下位，一室，柱头无柄或近无柄，大，垫状；果肉质，果皮有胶黏质，本属常见的种如下。

槲寄生（*Viscum album* L.）：枝圆筒形，为整齐二叉分枝，花绿色；叶近于无柄，倒卵形至长椭圆形，先端钝；花带黄色，顶生，无柄；雄花 3~5 朵成簇状，雌花 1~3 朵；浆果球形，白色，半透明。

无叶枫寄生（*V. articulatum* Burm.）：小枝扁平，青绿色，主枝圆筒形，黄绿色，整齐二叉分枝，节间有明显的纵条纹，无根出条，无叶；细小花成放射状对称，果椭圆形。

青冈栎寄生（*V. angulatum* Heyne）：小枝有角棱，近于三棱形或四棱形，果较前者稍小，长 5mm，宽 4mm。

油杉寄生（*Arceuthobium chinense* Lecomte）：植株矮小，一般高不过 10cm，故又称矮寄生。植株沿寄主枝条丛生。叶退化成鳞片，茎黄绿色，节明显，柔软，无根出条。全属有 12 种。多分布于北温带。我国有四种，产云南、四川等地。据报道，油杉寄生在美国西部林区是危害最大的病原物之一。但在我国影响不算大。

发展规律 桑寄生植物的种子主要靠鸟类传播，因为其浆果成熟期多正值其他植物无叶无果的休眠期，鸟类的食料困难，乌鸦、斑鸠、土画眉、麻雀等喜食此种浆果。浆果内果皮木质化。内果皮外有一层白色物质，含槲寄生素，味苦涩而极黏，有保护种子的功能。种子即使为鸟类吞食，经过消化道也不丧失生活力。种子自鸟嘴吐出或随粪排出后靠外皮上的黏性物质黏于树皮上。

吸水萌发时必须有合适的温度和光线，如果光线缺乏种子不能萌发。萌发的种子在胚根尖端与寄主接触处形成吸盘，并分泌消解酶，自伤口或无伤体表以初生吸根钻入寄主枝条皮层达于木质部。从萌发到钻入皮层可在10数日内完成。进入寄主体内的初生吸根分出次生吸根，与寄主的导水组织相连，从中吸取水分和无机盐。在根吸盘形成后数日即开始形成胚叶，发展茎叶部分。如有根出条，则沿着寄主枝条延伸，每隔一段距离形成一吸根钻入寄主皮层，并形成新的枝丛。寄生物为多年生，植株在寄主枝干上越冬，每年产生大量种子传播病害。

防治方法 ①坚持连年彻底砍除病枝是卓有成效的措施。实践证明，经营粗放的林分，桑寄生植物往往成灾，而坚持砍除病枝，病害则必然逐年减轻。在砍除时，除将已长成的寄生植株砍去外，还必须除尽根出条和组织内部吸根延伸所及的部分，才能收到应有效果。此外，砍除时间应在果实成熟之前进行。桑寄生可以入药，因此砍除病株既可防治其害又可供药用，一举两得，较易推行。②国外用硫酸铜、氯化苯氨基醋酸和2,4-D等进行防治有一定效果。③自然界有许多对桑寄生植物有害的生物，如在云南昆明的桑寄生植物叶上有一种针壳孢属（Septoria sp.）的真菌寄生。另外 *Macrophoma phoradendri* Walb. 能引起桑寄生植物落叶。*Wallrothiella arceuthobii*（Pk）Sacc. 能杀死油杉寄生的枝梢或侵害雌花。有些天牛能蛀食桑寄生的茎。这些天敌是否有利用的可能尚待研究。

3.2.65 菟丝子害

图2-3-91 菟丝子生长形态和解剖图
（陈秀虹/绘）

分布及危害 菟丝子主要危害栽培和野生植物的幼苗及幼树。有的护田林带和固沙林被日本菟丝子严重缠绕后，可使一整段一整段的林带濒于死亡，或长势凌乱，生长受阻碍（见彩图2-3-90）。

病原 林木上常见的菟丝子有两种。日本菟丝子（*Cuscuta japonjca* Choisy）：茎粗壮，达2mm，分枝多，具黄白色而有突起的紫斑；尖端及其下面3个节上有退化成鳞片状的叶；花萼碗状，有红紫色瘤状斑点；花冠管状，白色，3~5mm，有裂片5片；蒴果卵圆形，种子1~2粒，平滑，微绿色至微红色。中国菟丝子（*Cuscuta chinensis* Zam）：茎较日本菟丝子纤细，直径1mm以下，黄色。果内种子2~4粒，寄主以草本植物为主，但也能危害木本植物的幼苗（图2-3-91）。

发展规律 在自然条件下，种子成熟后蒴果开裂落入土中，过冬后到翌年夏初时才萌发。日本菟丝子萌发时胚根伸入土中，胚芽脱种壳而伸出地面，有时则将种壳顶出土面。根端呈圆棒状不分枝，周生许多细短的茸毛状，如一般植物的根毛。地上部分生长极快，每天可伸长1~2cm。在与寄主建立寄生关系之前不分枝。伸长以后尖端约 3~4cm 的一段带有显著的绿色，具明显的向光性。迅速伸长的幼茎自由地旋转，而且特别敏感，当碰到植物茎叶时就绕茎 2、3 圈。并在与寄主接触处形成吸根，此时茎的伸长暂时停止，当吸根形成后，茎的顶端继续迅速伸长，并在先端与寄主接触处再次形成吸根。当幼茎与寄主植物建立寄主关系后，下画部分便湿腐或干枯。菟丝子吸根的维管束细胞在寄主组织中发展，并借以获得必须的有机物质。茎不断分枝迅速缠绕植物，以至满覆整个树冠，似黄色的"狮子头"（见彩图 2-3-90）。

菟丝子产生的种子极多。据统计，每棵菟丝子能产生 2500~3000 粒种子。莱门氏菟丝子（*Cuscuta lehmanmiana*）一个夏季可产生 10 万粒种子。种子的发芽率可维持 10~11 年（*C.epithymum* var. *trifolia*），种子随着蒴果成熟而开裂落到地上或随风吹到远处。

菟丝子的断颈如果具有腋芽，则仍能发育成新的植株。断颈在生长季中可起传播作用。日本菟丝子对于较大树木的侵染往往是凭借各种攀缘性寄生植物而达于树冠。

防治方法 ①受害严重的苗床每年播种前进行深翻，以深埋菟丝子的种子，使之不能发芽，试验证明，种子埋于 1cm 处易发芽，而埋于 3cm 处便不易发芽；②在春末夏初检查田地，发现菟丝子立即消除，以免扩展；③在幼林中消除作为"桥梁寄生"的攀缘性寄生植物；④每亩用敌草腈 250k 或用 2%~3% 五氯代酚钠盐和二硝基酚铵盐防治均有效；⑤"鲁保一号"生物制剂是一种毛炭疽菌的制品，每亩 1.5~2.5kg，于雨后阴天进行喷洒，特别是使用前打断蔓茎，造成伤口效果更好。国外也有用毁灭性刺盘孢菌（*Coletotrichum destructivum* Q'gara）防治菟丝子的报道。

第 4 章

林木根部病害

4.1 根部病害概说

经过深入研究的林木病害种类虽然不多，但却普遍地、频繁地造成毁灭性灾害。根朽病、根白腐病都是世界性危害严重的林木病害。我国已报道的林木根病主要见于苗木，已如前述。其他如油桐枯萎病，杉木黄化病、紫根病等也较常见。

根部病害的症状表现在地下部分的，主要是皮层高烂，形成瘿瘤或毛根。腐烂的皮层与木质部间常出现片状，羽状或根状的白色或褐色的菌索。地上部分通常表现为叶片的色泽不正常，呈淡绿色。继之放叶延迟，叶形变小，提前落叶，容易发生萎蔫现象，最后是全株枯死。整个发病过程往往是渐进的。从初现症状到枯死有时能延续数年之久。

根病主要是由真菌、细菌和线虫引起的。病害的传播方式与林木地上各部分的病害很不相同。风对根病的传播几乎是不起作用的。而在较小范围内，病原物的主动传播和水流的传播起着决定性的作用，根部互相接触也是根病传播的种重要方式。因传播方式的限制，根病的传播速度与枝、叶病害比起来是很缓慢的，在林地上的扩展距离每年不过数米或数十米。可是，由于林木的多年生习性，即使通过上述这样缓慢的传播，经过多年之后，由一个发源处扩展开来，也会造成大面积的侵染。

根病病原物中许多都是森林土壤中的习居性或半习居性微生物，寄主范围广，并能长期进行腐生生活。故病菌一旦在林中定殖下来便很难根除。

根部病害的诊断和防治较其他病害困难。这一方面是由于病害在地面下发展，初期不易发现。有时甚至根系腐烂过半，地上部分仍旧保持"正常"，因而失去了早期防治的机会，至地上部分表现出明显的症状，往往已是病害的后期，来不及治疗了，另一方面的困难在于根病与各种土壤因素的关系极为密切，侵染性根病与生理性根病极易混淆。例如，当植物的根围环境中某些非生物因素削弱或致死时，弱寄生的微生物或腐生物，往往接踵侵入垂死的或已死的根。所以，不管是什么原因致死的根、诊断时总会分离出一些微生物。还有一种情况是，当根部由于病菌的侵袭而削弱或致死以后，往往为其他微生物创造了生活的条件，因而后者便紧跟着侵入根内，并逐渐代替了真正的病原物盘踞在根组织中，或者与病原物相伴并存。所有这些都为病原的确定制造了不少困难，很容易把腐生物或非主要病原误诊为真正的病原物。因此，在根病防治中首先必须注意解决早期诊断的问题，才能及时地有针对性地采取措施，为了确诊，除了根据地上部分的症状特征外，有时还必须挖开根部来进行检查。

根病的发生与土壤的理化性状有密切的联系，积水、干旱、板结、贫瘠等可以直接使植物生长受阻，许多侵染性病害也是在这种状况下发生和加剧的，因此，在根病防治中，改良土壤的理化性状，是一项根本性的措施。

砍去病树并挖除病根是消灭侵染源的重要措施，在防治橡胶林的根病方面已证明是行之有效的。可是，要在大面积森林中及时发现病害的发源基地是不容易的。有人试图应用遥感技术来发现某些根病的发源地，但目前还没有取得实用的效果。清除病根的办法可以用人工挖，用火烧用化学药物进行处理。

为了不让某些根病病菌在伐桩上存活，曾试验用生物防治的办法，如在新伐桩上人工接种大隔孢伏革菌以阻止根腐菌在伐桩上定殖，收到了良好的效果、也可以用有毒的药剂，如亚砷酸氢钠注入伐桩来阻止病菌的定殖。

用化学药剂防治根病也是一种有效的办法，所用药剂及处理方法与防治猝倒病基本上是相似的，可用药液直接浇灌或先将病树根围上层土壤挖开，找到病根割除后再灌药液或药土。在控穴时一定要清理经济林的定植穴，不得有其他植物的断根留在穴（坑）中。

4.2 根部病害及其防治

橡胶树是重要的经济树种，防治根病已有一套成熟的操作规程。但救活恢复原来的状况还是不太可能，只是可延长其经济寿命而已。

4.2.1 针叶树根白腐病

分布及危害 针叶树根白腐病是北温带地区普遍分布的一种重要病害。在亚热带地区仅局部分布，危害较小。针叶树根白腐病能危害多种针叶树（如松、落叶松、云杉、冷杉、铁杉等），有时也能浸染某些阔叶树种（如栎类、桦木等）。根白腐病在欧洲和北美针叶林区是种重要病害，常引起严重损失。据调查，在我国东北林区甚为常见，在四川西部和云南西北部高山针叶林区内，根白腐病也比较普遍，是冷杉、云杉根部及干基部腐朽的重要原因之一。在云南铁杉、黄栎林内有时也能见到。

针叶树根白腐病的发生，常导致针叶树幼林内大量林木的死亡，特别是松树幼林最易受害。在成年林或过熟林内，根白腐病常导致干基腐朽并向上扩展引起主干心材腐朽，严重影响经济用材的出材率。而由根白腐病引起林木根部腐朽死亡，导致林木生长量的降低，在经济上的损失常常更大。此外，受根白腐病严重危害的林木，由于根系大部分腐朽死亡，成为引起风倒现象原因之一。

症状　针叶树根白腐病的发生首先从根部开始，逐渐延伸到根颈部分，向其他侧根转移，并能继续沿主干蔓延。在病根皮层与木质部间产生白色薄纸状菌膜，木质部呈现海绵状腐朽。初期，腐朽部分表现淡紫色，接着出现黑色斑块，由木素迅速被分解，斑块很快转呈白色，最后形成空洞。云杉根部受害时在白色斑块中还夹有黑色线纹，含树脂较多的树种（如松类）受害根部常有大量流脂现象，树脂将根部附近的泥沙石砾黏附在病根表面。在死亡的林木的根颈部分有时能见到病原菌的子实体，子实体多形成在侧根分岔处，并常在地面枯枝落叶层覆盖下。病株地上部分的症状表现是，开始针叶转呈黄绿色或淡黄色，叶形短小，早落，然后逐渐枯萎衰亡。受害林木容易招致害虫的侵袭和被风吹倒，形成林间空地。

从幼树到老树都可能发生根白腐病。20~30年生以下的幼树受害后常迅速死亡。成年大树受害后一般能持续存活较长的时间，主要表现为根部和干基腐朽，逐渐而缓慢地枯萎死亡。

病原　针叶树根白腐病由担子菌亚门的多年层孔菌[*Heterobasidion annosum*（Fr.）Bref.=*Fomes annosus*（Fr.）Cooke]引起。多年孔菌的子实体多年生略呈贝壳状、覆瓦状相互重叠，有时平伏至反卷。菌盖表面黄褐色、褐色或灰褐色，具有同心环纹；菌肉初为白色，后转呈黄色。菌管白色或淡黄色，层次不明显，常只有一层菌管层；管孔小，圆形，白色。孢子卵形，无色，大小为 5~6μm × 4~5μm。

根白腐菌在自然条件下偶尔也能产生分生孢子，在培养基上常大量产生。以往有人利用分生孢子作为接种体在林内接种到树桩上获得成功。但作为根白腐病的初侵染源主要还是根白腐菌的担孢子。

发展规律　根腐病的发生，首先是通过病原菌孢子的传播，侵染新伐树桩，或从树木根部和干基部分的伤口侵入。根白腐菌对寄主树桩有高度选择性。新伐树桩最易受侵染，随着时间的推移，易受侵染的可能性不断下降，一般在树木伐倒以后两周，树桩表面感染其他微生物后。就不会再受根白腐病的侵染。根白腐病常首先出现在单株或相互邻近的成群林木上，并以此为中心，通过病根与健康根部的接触传染，向四周不断扩展蔓延。

气象因素，温度和湿度条件控制着根白腐菌孢子的传播和侵染。湿度直接影响新伐树桩表面含水量的变化。伐倒林木时的气温是影响根白腐菌在伐桩树能否定居的重要因素。据报道，日均气温高于21℃或低于0℃，受根白腐菌侵染的可能性很小，而日平均为气温低于21℃或高于0℃，都将在不同程度上有利于根白腐菌的侵染。

以往研究证明，生长在各种不同土壤上的针叶林都可能有根腐病的发生，碱性土较酸性土更有利于病害的发生和发展，人们认为，这是由于酸性土壤中常有的绿色木霉菌能抑制多年层孔菌的滋生。

根据以往调查资料，云杉冷杉林内根白腐病的发病率较松林为高。在云南丽江地区高山针叶林内，云杉冷杉林生长较密，而且根系较浅，干基受火灾灼伤和机械损伤的情况较为普遍，根白腐病的发病率较高；松林郁闭度较小，根白腐病的发生较少。

林木发生根白腐病后，腐朽沿主干向上蔓延的高度因树种的不同而异。松树含树脂量较高，能阻止腐朽部分的扩展，发生根白腐病后，干基腐朽向上蔓延的高度一般为1~2m；而树脂含量较少的树种，如云杉和冷杉感染根白腐病时，腐朽沿主干向上蔓延的高度可达6~11m，冷杉干基腐朽蔓延的高度较云杉略高。因此，根白腐病对不同树种经济用材出材率的影响也有差异。

防治方法 ①依据适地适树的原则，结合适当的营林措施，促进林木的健康成长，是预防根白腐病最根本的方法。②由于多年层孔菌主要侵染各种针叶树，因此，选用能抗病的阔叶树种。营造针阔树混交林，可以减少根白腐病的危害。③美国研究用大隔孢伏革菌（*Penophora gigantea*）防治松林的根白腐病收到很好效果。方法是用大隔孢伏革菌的孢子喷洒在新伐桩表面，使它定居于木质部中，白腐病菌就不能再在此种伐桩上定殖，以此达到防治目的。此法已在北美、西欧、北欧的一些国家广泛使用。目前大隔孢伏革菌的孢子已制造成片剂，水释即可使用。

4.2.2 杉木黄化病

分布及危害 杉木黄化近年来在湖南、福建、广东、广西、浙江、江西等许多地区都有程度不同的发生，尤其是一些新发展的杉木栽培地区更为严重。主要发生在杉木幼龄林和中龄林中，影响杉木的正常生长发育。形成"小老头"树，严重的甚至成片枯死。

症状 杉木黄化病的症状，在地上部分主要表现为杉树针叶由下而上和由内向外逐渐失绿变黄。黄化初期。春季尚能返青，新梢还继续生长，到8月黄化才又逐渐明显。病情严重的从5、6月就开始出现黄化现象，这些杉树到春季很迟才慢慢返青或完全不能返青。随着病情逐年加重，黄化植株新梢（尤其是顶梢）生长也逐渐减少，甚至完全停止，根系都很不发达，白色

的吸收根很少。在土壤含水过多的林地往往由根腐引起黄化，在较多的情况下须根、侧根甚至是主根也逐渐变褐腐烂，根腐的发展又进一步促使针叶黄化、枯死，严重时枝梢也逐渐由下向上枯死。发病后3~5年逐渐整株枯死。在土壤瘠薄非积水地区杉树地上部分针叶黄化后，根系较少腐烂，黄化植株不易枯死，但多成为"小老头"树。

病原 由非侵染性因素所致。引起杉木黄化的非侵染性因素是多方面的，主要有下述原因。

①土壤肥水不足：杉木黄化程度常因林地土壤肥力不同而有明显的差异。土壤水分不足，不仅使植株得不到充分的水分，同时也降低了植株对矿质营养的吸收利用，最后表现出黄化现象。在土壤瘠薄的林地，如有些土层仅5~20cm，下层就是板结层或半风化的岩层，土壤肥力不足，又易受旱，加上根系难于向下伸展，就更容易引起黄化。

据福建、浙江、广东对不同程度杉木黄化林地土壤的调查结果，发现黄化林地的土壤中氮、磷、钾的含量都很低；而磷的含量更低，比正常林地土壤含量低80%以上。另一方面，随着黄化程度的加重，叶内氮、磷、钾含量也逐渐降低，磷更低，与土壤分析结果基本一致。造林时多施有机肥和追施化肥可以控制黄化的发展。在土壤干旱的条件下，多雨的年份可以减轻黄化病的发生；反之黄化加重。可见，土壤肥水不足是引起杉木黄化病的重要原因，这种情况在红壤丘陵地区更易见到。

②土壤含水量过多：由于土壤水分过多，引起根系窒息腐烂，是不少地方导致杉木黄化的重要原因。据在江西等地的调查测定，一般土壤自然含水量超过35%的林地，杉木都易发生黄化，甚至枯死，在较低洼易积水和浅谷撩荒水平梯田上的杉木林，由于排水不良，黄化都较明显。

③土壤黏重，心土板结，扎根不深：据江西和云南蒙自的芒耗调查，在同等厚度的土壤中，胶粒（<0.001mm）含量在30%以上或者在30~35cm左右土层的土壤容重在1.45g以上时，便使杉木根系生长受阻。生长在这些土壤上的杉木根系主要分布在10~25cm之间，黄化都较严重。生长在黄泡土（死黄土）上，则不论在什么地形上，即使抚育管理较好，4~5年后仍会发生黄化，甚至枯死。这种土壤环境有的还含有较多的锰铁结核，在底下形成一个不透水层，透水透气不良，不仅影响根系分布，而且因雨季排水不良，导致根系窒息腐烂。

杉木黄化常在造林后几年才表现出来，这主要是由于幼林期植株地上部和地下部发展失去平衡的缘故。一般杉木约在5年后地上部进入生长旺盛时期，此时如果根系得不到相应发展，肥水得不到满足，就会表现出生理失调，发生黄化现象。但如果林地土壤很瘠薄或易积水，杉木常在5年生以前就会黄化。在某些地区，杉木的黄化可能与真菌对根部的侵染，引起根腐有关。

防治方法　杉木黄化的防治，首先，应注意适地适树，避免选择土壤瘠薄、黏重板结、排水不良（或有季节性积水）的地方栽杉；其次，要注意改良土壤，造林时要细致整地，最好是全垦或撩壕，提高造林量，造林后应加强抚育管理，在幼林中最好间种绿肥，并可挖沟压青。在排水不良和土层浅薄的地方应开沟排水，培土壅蔸。这样可加深土层厚度，改良土壤结构，提高土壤肥力，改善土壤透水保水的能力。这样杉木不仅不易发生黄化，即使已开始黄化的林分，也可促使它逐渐返青和恢复生长。

4.2.3　林木根朽病

分布及危害　由蜜环菌引起的林木根朽病是一种分布极广、危害严重的根部病害。据记载，这一病害在温带地区普遍分布，在热带常分布在海拔较高的地区，如在远东热带地区常分布在海拔 1000m 以上。蜜环菌的寄主范围很广，几乎所有乔灌木树种和一些草本植物都能受害，我国在云南、四川、甘肃、河北、黑龙江等地也都有报道，危害松、栎、赤杨、柳、桑、梨和苹果等。不论成年或幼年林木都能受害，引起林木根系和根颈部分的皮层和木质部腐朽，最后枯萎死亡。蜜环菌能侵入天麻的块茎，形成共生关系，成为人工栽培天麻的必要条件。

症状　严重感染蜜环菌的林木，地上部分的症状表现常常是树叶变黄，早落，或是叶部发育受阻，叶形变小，枝叶稀疏，有时枝条表现为自梢端向下枯死。针叶树种，特别是松树遭受蜜环菌侵染时，在根颈部分常发生大量流脂现象。在病根的皮层与木质部之间常有白色扇形的菌膜存在。同时在病根皮层内，病根表面以及病根附近的土壤内常可见到深褐色或黑色扁圆形根状菌索。此外，病根表面皮孔增大，皮孔数量增多也被认为是蜜环菌根朽病症状的重要特征之一。

病株根部的边材和心材部分都产生腐朽。在腐朽初期，病部表现暗淡的水浸状，后来转呈暗褐色。到腐朽后期，腐朽部分呈淡黄色或白色，柔软，海绵状，边缘有黑色线纹。秋季，在即将死亡或已经死亡的病株干基部分和周围地面常出现成丛的蜜环菌的子实体。

病原　林木根朽病的病原为担子菌亚门的蜜环菌 [*Armillaria mellea* (vahl.) Quèl.=*Armillariella mellea* (vahl.) Pat.]，病菌的子实体伞状，菌盖圆形，中央略突起，直径 5~15cm，黄色至黄褐色，上表面具有淡褐色毛状小鳞片。菌柄实心，位于菌盖中央，黄褐色，上半部具有一膜状菌环。菌褶初为白色，后来略呈红褐色，直生或略呈延生。担孢子卵圆形，无色，大小为 8~9μm×5~6μm。子实体连接在根状菌索上，从病株干基，根系及土中的菌索上长出来。

许多研究认为，蜜环菌是由一些生理小种组成的复合种（也有划分成若干个独立种的）。这些生理小种在致病性和生活习性方面都有一些差异。另据报道，分布在热带地区的蜜环菌的一些生理小种常常不形成根状菌索。

蜜环菌的子实体可以食用，我国东北地区称它为"榛蘑"。蜜环菌的菌丝体和根状菌索顶端能发光，可作为研究生物发光现象的材料。

发展规律　蜜环菌广泛分布在各地林区土壤内，通常是处在引起树桩腐朽的一种腐生状态。从蜜环菌子实体上产生的大量担孢子成熟后，随气流传播，飞落在林木残桩上，在适宜的环境条件下，担孢子萌发长出菌丝体，从树桩向下延伸至根部，又从根部长出菌索，在表土内扩展延伸，这些菌索看起来像黑色鞋带，内部组织有明显的分化。当菌索顶端接触到活立木根部时，沿根部表面延伸，长出白色菌丝状分枝，以机械和化学的方法直接侵入根内，或者通过根部表面的伤口侵入。

侵入立木根部组织的菌丝体，在形成层内延伸直达根颈，然后又蔓延到主根及其他侧根内，在受害根部皮层与木质部间形成肥厚的白色扇形菌膜，并从已经死亡的根部长出新的菌索来。当菌丝体在受害林木根颈部形成层内引起环割现象后，林木便很快枯萎死亡。

随着病株的衰亡，干基部分出现树皮干裂并剥离主干的现象。病原菌从根部沿主干向上延伸，引起干基腐朽，在皮层内木质部表面常能见到网状交织的菌索。在温暖潮湿季节，主干上的菌索也能向下延伸到地面转移到邻近的活立木根部进行侵染。此外，带有蜜环菌菌索或菌丝体的枯立木被伐倒以后，堆置在潮湿环境下或用作矿坑支柱，常能看到菌索继续扩展蔓延和子实体的产生。

生长健壮的林木能抵抗蜜环菌的侵染。受其他不良环境因素（如干旱、冻害、食叶及根干害虫的侵害等）影响而衰弱了的林木较易感染根朽病。各种年龄的林木都能受害。据以往资料，10~20年生的幼树感病后，2~3年就能枯萎死亡；而中年以上大树感病后，有时能持续存活10年以上。新采伐的迹地上，由于有大量新伐树桩的存在，为蜜环菌的滋长繁殖提供极为有利的条件，如营林措施不当，根朽病可能严重发生。

防治方法　①以往经验证明，在适宜环境条件下健壮成长的林木能抵抗蜜环菌的侵染，因此，防治根朽病最经济有效的方法是通过合理的营林措施促进林木生长健壮。②由于蜜环菌广泛分布在林区内，采用阻止根状菌索扩展延伸的任何措施（如挖沟隔离病区）都很难取得良好的防治效果，仅只在幼林内根朽病从一定的发病中心扩展蔓延时可以试用，挖沟隔离中心病株或中心病区，并将病区内所有的林木加以清除。③在伐区内，大量新采伐的残桩的存在是促使根朽病严重发生的诱导因素，因此，在新开发的林区，特别是在以栎类为主的阔叶林地上营造针叶林，如不采取清理残桩的措施是很危险的。清理残桩可用火烧法，或在采伐前1年，将要采伐的林木进行环状剥皮。这样，可以促进一些无害的真菌在残桩上生长发育，阻止蜜环的寄居。④在经济林区或果园内发现根朽病时，可将受害植株的病根加以切除并烧毁，伤口要进行消毒并用防水涂剂加以保护。病株周围的土壤可用二硫化碳浇灌处理。这样，既能消毒土壤，又能促进绿色木霉菌（*Trichoderma viride*）的大量繁殖，以抑制蜜环菌的滋生。

4.2.4 白纹羽病

分布及危害 白纹羽病是许多针阔叶树种上常见的一种重要根病。广泛分布在温带和热带地区。据记载，栎类、板栗、榆、槭、云杉、冷杉、落叶松等都有发生；其他经济林木（如油橄榄、咖啡、桑、茶等）以及多种果树（特别是苹果）上也比较常见。白纹羽病在我国也广泛分布，辽宁、河北、山东、浙江、江西、云南和海南岛等地都曾有报道。此外，马铃薯、蚕豆、玉米、大麦、大豆等农作物也可受害。

白纹羽病能侵害苗木和成年树木，被害植株常因病枯萎死亡，对苗木的危害更为严重。病原菌能长期潜伏在土壤内，一旦发生较难根除。

症状 检查病株根部，须根全部腐烂，根部表面被密集交织的菌丝体所覆盖，初呈白色，以后转呈灰色，菌丝体中具有纤细的羽纹状分布的白色菌索。病根皮层极易剥落，皮层内有时见到黑色细小的菌核。在潮湿地区，菌丝体可蔓延至地表，呈白色蛛网状。有时在根部死亡后，在皮层表面出现暗色粗糙斑块，上面长出刚毛状分生孢子梗束，在分生孢子梗上产生分生孢子。

病株地上部分症状，初期表现为叶片变黄，早落，接着枝条枯萎，最后全株枯萎死亡。苗木发病后，几周内即枯死，大树受害后可持续存活较长时间，如不及时处理，数年内终将死亡。

病原 白纹羽病由子囊菌亚门的褐座坚壳菌 [*Rosellinia necatrix*（Hart.）Berl.] 引起。病原菌常在病根表面形成密切交织的菌丝体，白色或淡灰色，菌丝体中具有羽纹状分布的纤细菌索，并产生黑色细小的菌核。子囊壳只在早已死亡的病根上产生，子囊壳单个或成丛地埋在菌丝体间，球形，炭质，黑色，孔口部分呈乳头状突起。子囊圆柱形，周围有侧丝；子囊孢子8个，单列，稍弯曲，略呈纺锤形，单细胞，褐色或暗褐色。无性型为半知菌类的 *Dematophora necatrix* Hart.，从菌丝体上产生孢梗束，有分枝顶生或侧生 1~3 个分生孢子，孢子卵圆形无色，单细胞，大小为 2~3μm。

发展规律 病原菌以病腐根上的菌核和菌丝体潜伏于土壤内，接触到林木根部时，以纤细菌索从根部表面皮孔侵入，菌丝可延伸到根部组织深处。有性世代不易发现，有性孢子和无性孢子在病害传播上不起重要作用。病害常发生在低洼潮湿或排水不良的地区，高温季节有利于病害的发生和发展。病原菌可通过带病苗木的运输而远距离传播。

防治方法 ①引进苗木时应注意检查,选择健壮无病的苗木进行栽植。如认为可疑时,可用20%石灰水或1%硫酸铜溶液浸渍1h进行消毒,处理后再栽植。②苗圃地应注意排水。施肥时应避免氮肥施用过多。③病害发生后立即在病株周围挖沟隔离,清除病株及残余受病组织,集中烧毁,周围土壤用20%石灰水灌注,进行消毒。所用工具以0.1%升汞水消毒。④发病严重的苗圃地,应休闲或改种禾本科作物或豆科覆盖植物,5~6年后再进行育苗。如经济条件许可,也可在消除病株后用土壤消毒剂进行土壤处理,继续育苗。⑤初感染的树苗、果苗,可以把苗起出来,将细根加以修剪后重新栽植,可制止病害的发展。

4.2.5 紫色根腐病

分布及危害 紫色根腐病通常又称为"紫纹羽病",分布极为广泛,是多种林木、果树和农作物上常见的根病。据记载,紫纹羽病的寄主植物多达百余种,分别属于76个属,45个科。我国东北各地和河北、河南、安徽、江苏、浙江、广东、四川、云南等地都有发生。多种针阔树如柏、松、杉、刺槐、柳、杨、橡胶树、板栗栎、漆树等都易受害。我国南方栽培的橡胶、杧果树等也常有此病发生。紫色根腐病常见于苗圃或积水林地。苗木受害后,由于病势发展迅速,很快就会枯死。成年树木受害后,病势发展缓慢,主要表现为逐渐衰弱,个别严重感病植株,由于根颈部分腐烂而死亡。

症状 紫色根腐病的主要特征为病根表面呈紫色。病害首先从幼嫩新根开始,逐步扩展至侧根及主根。感病初期,病根表面出现淡紫色疏松棉絮状菌丝体,其后逐渐集结成网状,颜色渐深,整个病根表面为深紫色短茸状菌丝体所包被,菌丝体上产生有细小紫红色菌核。病根皮层腐烂,极易剥落。木质部初呈黄褐色,湿腐;后期变为淡紫色。病害扩展到根颈后,菌丝体继续向上延伸,包围干基。6、7月间,菌丝体上产生微薄白粉状子实层。病株地上部分症状表现为顶梢不抽芽,叶形短小,发黄,皱缩卷曲;枝条干枯,最后全株枯萎死亡。

病原 紫色根腐病由担子菌亚门的紫卷担菌[*Helicobasidium purpureu* (Tul.) Pat.]引起。子实体扁平,膜质,深褐色,厚6~10mm,毛茸状。子实层淡红紫色;上担子无色,圆筒形或棍棒形,向一方卷曲,有3个隔膜,大小为25~40μm×6~7μm,生小梗3~4个;小梗大小为12~15μm×2.5~3.5μm;孢子卵形或肾脏形,顶端圆形,基部细,大小为10~25μm×5~8μm。

病原菌在病根表面形成明显的紫色菌丝体和菌核。菌核半圆形,红紫色,边缘拟薄壁组织状,内部白色,疏丝组织状,直径为0.86~2.06mm。在没有发现它的有性阶段以前,曾就它的菌丝体阶段命名为紫纹羽丝核菌[*Rhizoctonia crocorum* Fr.],至今还偶尔沿用。

发展规律　病原菌利用它在病根上的菌丝体和菌核潜伏在土壤内。菌核有抵抗不良环境条件的能力，能在土内长期存活，待环境条件适宜时，萌发产生菌丝体。菌丝集结组成的菌丝束能在土内或土表延伸，接触健康林木根部后即直接侵入。病害通过林木根部的相互接触而传染蔓延。孢子在病害传播中不起重要作用。低洼潮湿或排水不良的地区有利于病原菌的滋生，病害的发生往往较多。

防治方法　①紫色根腐病可通过带病苗木的运输而传播，在引进苗木时应严格检查，选择健康苗木进行栽植。对可疑的苗木要进行消毒处理，常用的处理方法如：以 1% 波尔多液浸渍根部 1h，或以 1% 硫酸铜溶液浸渍 3h，或以 20% 石灰水浸 30min 等，处理后要用清水冲洗根部，洗净后进行栽植；②加强苗圃管理，注意排水，促进苗木健壮成长；发现病株应及时挖出并烧毁，周围的土壤进行消毒；③治疗初期感病植株可将病根全部切除，切面用 0.1% 升汞水进行消毒。周围土壤可用 20% 石灰水或 2.5% 硫酸亚铁浇灌消毒，然后盖土。

4.2.6　红色根腐病

分布及危害　红色根腐病是我国南方橡胶树上常见的重要根病之一。在华南、西南橡胶农场中都有不同程度的发生，引起一定的损失。红色根腐病在东南亚各国的华人橡胶园内也是常见和比较要的一种根病。

红色根腐病在热带原始丛林中普遍分布，能侵害多种林木。据以往记载，已在 23 个科的 30 余种林木上发现。其中较为重要的树种有鸭脚木、厚皮树、苦楝、无患子、枫香、油桐、咖啡、鸡血藤等。红色根腐病和其他几种常见的根腐病（如褐色根腐病、黑纹根腐病等）一样，它们在原始丛林中虽属常见，但一般只是零星发生，危害不大，只有在全面开垦种植单一数种以后才有可能普遍发生造成严重危害。因此，研究这类根病对今后热带亚热带地区原始丛林的开发具有实际意义。

症状　红色根腐病的症状特征是在病根的表面产生一层红色或枣红色菌膜，上面黏附泥沙，不易脱落。洗去表面泥沙后，就能看到红色或紫红色菌膜。

初形成的菌膜是乳白色的，以后菌膜逐渐增厚，颜色逐渐转呈淡红色鲜红色，最后呈枣红色甚至紫黑色。菌膜常常是由菌索集结组成，内部黄白色。病根皮层组织变褐，呈湿腐状。皮层与木质部间有一层深黄色菌膜。病根木质部初呈淡黄色，坚硬；后期呈暗黄色，松软，表现海绵状湿腐，易撕裂，用力挤压，会有水溢出。这是诊断红色根腐病的另一重要依据。在已经死亡的病株主干或残桩上有时出现病原菌的子实体。

病株地上部分逐渐表现枝叶稀疏，叶片发黄，萎缩反卷，早落，枝条枯死，最后全株枯萎死亡。

病原　红色根腐病由担子菌门的橡胶树灵芝菌 [*Ganoderma pseudoferreum*

（Wakef.）Over. et Steinm.］引起。子实体在树桩上呈半圆形，无柄，平展，木质，常常几个子实体呈覆瓦状相互重叠。上面坚硬，光滑或被茸毛，具有不规则的瘤状突起和不同色的环纹，边缘薄，有一道紫色环纹，子实体上表面常被褐色粉末覆盖，管孔小，圆形，灰白色，孢子铁锈色，椭圆形，基部平截，内壁上有细微刺状突起，大小为 6~7.5μm × 4.5~5μm，内有明显油滴。

发病规律 病原菌能在土壤内残存病根上长期存活，在新开垦的林地上，病株残桩和病根的存在成为引起根病的侵染来源，初出现的病株是林内根病扩展蔓延的中心；根病的扩展主要是通过根状菌索的延伸；病原菌孢子在病害传播上所起到的作用，迄今尚无明确的结论。

病原菌根状菌索接触健康根部以后，常在根部表面延伸一段距离（约 50cm 左右），然后伸出菌丝侵入皮层，在皮层组织内扩展蔓延，消解皮层，接着侵入木质部，引起腐朽。病害首先从侧根开始，延伸到根颈部分，在蔓延到主根和其他侧根上。由于根病发展蔓延，从根部感病到病株地上部分表现病状常常经过数年。

据以往研究，红色根腐病在橡胶根部蔓延的速度以 6、7、8 三个月最快。在土温为 25~30℃间，土壤含水量为 12%~18% 的情况下，最适合病害的发展。

防治方法 ①为了防治红色根腐病等类的根病，我国在橡胶根病防治实践中积累有丰富的经验，对今后我国南方原始丛林的开发和人工林的培育也具有参考价值。②病株的残桩残根是更新幼林过程中发生根病的主要侵染来源，开发原始丛林时应尽量加以清除。最好采用机垦，将残桩残根翻出来集中烧毁。在没有机垦条件的情况下，可注射 0.2%~0.3% 亚砷酸钠溶液处理残桩残根。③幼树定植后，应经常检查，发现病株及时清除，并在病株根系延伸范围以外挖沟隔离，以防病害继续扩展蔓延。④对根病较轻的病株应及时治疗，促使它迅速恢复健康。首先检查处理第一轮侧根，然后检查处理主根。发现病根要追索到底，彻底加以清除。切除病根时，要连同病部以上 3~5cm 的健康部分以期切除，切口可用煤焦油涂抹加以保护，以利于生根的生长，病穴应经过 1~2 周的暴晒再将表土填入穴内。

4.2.7 油桐枯萎病

分布及危害 油桐枯萎病危害三年桐（光桐）（*Aleurites fordii*），很少危害千年桐（雏桐）（*A. mintana*）。各油桐产区均有油桐枯萎病发生。偏南地区发病较重。重病区可导致油桐林的毁灭。

症状 病菌从三年桐的细根侵入，蔓延到侧根和主根，并向树干、枝条及叶柄维管束扩展，引起全株或部分枝条枯萎死亡。外部症状在枝梢基部和叶柄部赤褐色湿润条斑，然后变褐色，枝叶枯黄凋萎。被害老枝木质部变黑褐色，韧皮部腐烂，表面呈褐色，下陷或不下陷，后期长有橙红色分生孢子座。病树根部腐烂，皮层剥落木质部和髓部褐色坏死。若根部全部腐烂，地上部分则全部枯死。根际半边腐烂，树干木质部半边变褐坏死，根际侧根不规则腐烂，根冠不规则枯死．

病原　油桐枯萎病由半知菌亚门的尖镰孢（*Fusarium oxysporum* Schl.）侵染所致。病菌的气生菌丝体为白色棉絮状，有明显的分枝和分隔，能分泌紫红色素。产生大小两型分生孢子。再不适宜的条件下，在菌丝和大型孢子间产生成串或单生褐色的厚膜孢子。将油桐枯萎病菌接种到多种别的植物上均不致病。故将病菌命名为尖镰孢油桐专化型（*Fusarium oxysporum* Schl. f.sp.*aleuritidis* Hua）。

发病规律　油桐枯萎病每年4~5月发生，6~7月发病最重，9~10月停止蔓延。气温27~28℃时，菌丝体生长良好，孢子萌芽率高，发病严重。相对湿度在80%以上有利于发病。气温在0℃时，孢子不萌发，菌丝体不生长。病害随林地海拔的增高而减少，在150m以下的低丘陵地区，发病严重；在800m以上的山区，油桐少发生枯萎病。石灰岩发育的山地黄壤，油桐枯萎病少，3~5年生的成年桐树，为盛果期，发病严重。不同的树种发病率不同。千年桐抗病，三年桐感病。用千年桐实生苗作砧木，用三年桐作接穗的嫁接桐，很少发生枯萎病，三年桐和千年桐的混交林也少见枯萎病发生。病株上的果实和病株下的落果种子带菌率达12.7%，并种子不能萌发，若与健种子混合贮藏，可以感染健康种子，并能将病菌带入土中，使油桐苗木和新造幼林发病。

防治方法

①油桐嫁接：用千年桐实生苗作砧木，用三年桐作接穗，培育嫁接油桐造林，可基本防治枯萎病，这是控制此病的主要方向。②油桐混交：以三年桐与千年桐混交，或与不发生枯萎病的其他树种混交。③种子消毒：禁止从病区调运种子。对可疑种子，用70%的401抗菌乳剂1500倍稀释液浸种24h后播种。④药剂防治：用401抗菌剂800~1000倍稀释液，或50%乙基托布津可湿性粉剂400~80倍稀释液，对初发病树淋根，可抑制枯萎病扩展。

4.2.8　松白腐病

症状　潮湿林分病原菌多从树干的受伤害处侵入，干燥林分病原菌多从树根部侵入，感病木材初出现黄褐色，逐渐形成红褐色，有白色斑点，斑点内逐渐形成扩大的空洞，周围有黑褐色线条，子实体多生于根颈部，湿度大的林分、阴坡冷凉处松白腐病感病较重。

立木的主干心材内形成白色中央腐朽，当这种腐朽严重时也蔓延至活的边材。病初期心材变色，各种树受害后的部位比健康处的心材色深，常有大量树汁流出的潮湿现象，腐朽达到相当严重的程度后，才在树干部或死亡枝上或伤口上生长出子实体。被害木材的心材后期出现蜂窝状，有时形成空心，木材被破坏。腐朽甚至可以从根部蔓延至树干 6~9m 高，若加上虫害，更加速了林木的干枯和风倒。

病原 担子菌亚门非褶菌目刺革菌科木层孔菌属松木层孔菌 [*Phellinus pini*（Tbore ex Fr.）Ames]（见彩图 2-4-1）是北半球针叶树主要立木腐朽菌。受害树种几乎含盖所有针叶树，据报道个别的阔叶树种也有受害的，如槭、白桦和山楂树等。子实体多年生，菌盖木质，马蹄形，硬，老熟时变黑褐色，无毛，表面纵横开裂。子实体大小 3~12cm × 3~13cm，大小不一，厚 1~6cm，菌盖粗糙，上表面初为红褐色被茸毛，长有轮纹；菌肉浅咖啡色，菌管与菌肉同色，多层，每层厚 1~6mm，管壁厚，管孔圆形，3~5 个 /mm；担孢子近球形、椭圆形或卵形，成熟是淡褐色，表面光滑，大小 5~10cm × 4~6cm；子实层里有大量红褐色锥形刚毛，大小 50~60μm × 6~12μm。

防治方法 注意混交林的营造，据调查本病的发生与林分结构关系密切，纯林发病重，造混交林时，除考究不同树种外，还要考虑林分结构的合理性。松和栗或栎不能组成混交林，要防松－栎锈病（或松－栗锈病）。

4.2.9　桉树白绢病

症状 该病危害各种寄主的症状大致相似。树木受害后根部皮层腐烂，导致全株枯死。在潮湿条件下，受害根茎表面产生白色菌索，并延至附近的土壤中，后期病根颈表面或土壤内形成油菜籽似的圆形菌核（见彩图 2-4-2）。

病原 病原为半知菌亚门丝孢纲无孢目（科）小核属的齐整小核菌（*Sclerotium rolfsii* Gurzi），有性世代为担子菌，但很少出现，菌丝白色棉絮状或绢丝状。菌核球形或近球形，直径 1~3mm，平滑，有光泽，表面茶褐色，内白色。

发病规律该病菌为一种根部习居菌，只能在病株残体上生活。病菌生长最适合温度为 30℃。此菌很易形成菌核，菌核无休眠期，对不良环境有很强的抵抗力，能再土壤中存活 5~6 年。病菌以菌核在病株残体上越冬。翌年春季土壤湿度适宜时菌核萌发产生新的菌丝体，侵入植物根颈部位危害。病株菌丝可以沿土壤间隙向周围邻近植株延伸。菌核借苗木或者流水传播，高温高湿和积水有利于发病。6~9 月为发病期，7~8 月为发病盛期。

防治方法 ①注意苗圃地和植树地点的选择。可用 70% 的硝基苯 1kg 加细土 15kg 拌匀，结合整地做床，深翻表土层，进入土壤消毒。作物发病重的地方可以用禾本科植物轮作。同时注意排水，清除杂草，减少浸染源。②挖除病株及其附近带菌土，并用石灰土壤消毒，每亩 50kg。还可用 0.2% 升汞溶液喷洒苗木根颈部位。或用 1% 硫酸铜浇灌。③增加施肥，不仅能促进苗木健壮，而且还能促进土壤中有抵抗作用的腐生微生物繁殖来抵抗病原菌活动，或减轻发病程度。

第 5 章

立木和木材腐朽

5.1 立木和木材腐朽概述

木材腐朽是各国林业的大敌，它与其他病害不同，一旦发生，总会连年持续发展，因此病害造成的损失也总是一年年的不断扩大。林木腐朽菌在我国主要发生在天然林，特别是原始林中，保护区中的立木腐朽病也比较常见（见彩图 2-5-1）。近年来，在人工林、行道树、公园树和果园中也时有林木腐朽病害发生，而且由于人工林通常为纯林，所以有时发生腐朽病还比较严重（戴玉成，2005）。

尽管木材并不是一般微生物生长的理想场所，但是在自然界中，无论是在活立木上，还是在枯立木、倒木、伐区的伐根、贮木场的原木、矿柱、枕木、桥梁、电杆、板方材及许多建筑用材和木制品上，仍有许多微生物可以以木材为基质进行生长和繁殖，在木质细胞的间隙和细胞中生长，从而使木质有机物发生解体（或称作腐朽）。

立木腐朽一般发生在老年树上，少见于中龄以下的树木。在我国的各主要林区，以针叶树白腐病引起的损失最为严重，其他地区小面积森林中的立木腐朽也相当严重。值得注意的是某些立木腐朽，如杨树的心材腐朽甚至也发生在人工幼林中。而木材腐朽更为普遍，仅全国矿柱和铁路枕木因木材腐朽所造成的损失也是惊人的，特别是在南方温暖多雨的地区，未经防腐处理的枕木，其使用寿命有时不到 1 年。

活立木与木材腐朽，既不是偶发性的，也不是间歇性的，而是连年持续发展的（见彩图 2-5-2）。木腐菌一旦在活立木和木材中定殖，其菌丝就会在木质细胞内连年延续生长，所造成的木材腐朽和损失总是年复一年不断地扩大。因此，立木与木材腐朽是林业生产和木材使用的大敌，对立木和木材腐朽进行防治是非常必要的（叶建仁 等，2012）。

5.1.1 立木与木材腐朽的概述

（1）立木与木材腐朽的概念

木材腐朽就是木材细胞壁被真菌分解时所引起的木材糟烂和解体的现象（见彩图 2-5-3）。凡是有树木生长、木材存放和使用的地方，如森林中的活立木、枯立木、倒木、伐区的伐根，贮木场的原木、矿柱、枕木、桥梁，板方材及许多建筑用材和木制品等，几乎都有木材腐朽菌的发生，从而引起木材腐朽而降低了木材的使用价值和经济价值（Ryvarden et al.，2014）。

能分解木材细胞壁的真菌为木材腐朽菌。自然状态下，木材腐朽菌对寄主树种的种类如针叶树或阔叶树、树木的生活状态、部位等都有一定的选择性，对木材主要成分的分解能力也各自不同。不同的木腐菌寄主范围各有宽窄，有的只危害针叶树或只危害阔叶树，有的则针、阔叶树都能危害，也有的只危害一种树种；有一些主要危害活立木，有些则主要危害倒木或木材；有的生长在根和干基部，有的生长在树干和梢头，落地材上也有少数木腐菌（Ryvarden et al.，2014）。

（2）立木与木材腐朽菌的主要类群

引起腐朽的真菌大多数是真菌中的高等担子菌，能产生大型的子实体，主要是担子菌中的多孔菌，它们能分泌多种水解酶，把木材中的纤维素、半纤维素和木质素降解为简单的碳水化合物，作为它们生长和繁殖的能量和养分（见彩图 2-5-4~ 彩图 2-5-6）。除了多孔菌，还有革菌、齿菌、伞菌及少量的子囊菌，分别隶属于真菌界担子菌门担子菌纲伞菌亚纲多孔菌目中的 Corticiaceae Herter、Ganodermataceae Donk、Hapalopilaceae Jülich、丝毛伏革菌科、Meripilaceae、Meruliaceae P. Karst.、展齿革菌科、Polyporaceae Fr. ex Corda 和 Steccherinaceae Parmasto，伞菌亚纲刺革菌目中的 Hymenochaetaceae Donk、Hysteriaceae Chevall.，伞菌亚纲红菇目中的 Auriscalpiaceae Maas Geest.、木齿菌科、Hericiaceae Donk、隔孢伏革菌科和 Stereaceae Pilát，伞菌亚纲革菌目中的 Thelephoraceae Chevall.，伞菌亚纲伞菌目中的 Clavariaceae Chevall.、Fistulinaceae Lotsy、Pleurotaceae Kühner、Schizophyllaceae Quél. 和 Tricholomataceae Lotsy，伞菌亚纲牛肝菌目中的 Coniophoraceae Ulbr.，伞菌亚纲木耳目中的 Auriculariaceae Fr. 和花耳目中的 Dacrymycetaceae J. Schröt.；担子菌门担子菌纲银耳亚纲银耳目中的大部分种以及子囊菌门子囊菌纲粪壳菌亚纲炭角菌目中的炭角菌科等（叶建仁 等，2012）。

（3）生长在木材上的其他微生物类群

生长在木材上的微生物类群除包括木材腐朽菌外，还有木材变色菌、污染性霉菌、木材软腐菌、木材细菌和放线菌等多种。

①木材变色菌

木材变色有化学性变色、物理性变色、生理性变色和微生物性变色等多种，而微生物性变色最普遍。就微生物引起的变色而言，是由于真菌和细菌在木材表面或内部的生长而引起的木材变色，真菌中的木材变色菌、污染性霉菌、木材软腐菌、木材腐朽菌以及木材细菌等都可以引起木材的变色，而木材变色菌引起的木材变色最明显。

引起木材变色的真菌是能够早期侵入木材的真菌中的一类。木材内含有糖分和淀粉，这些物质主要是存在于木材的韧皮部和薄壁组织内，它们很容易招引变色菌。这些变色菌一般为子囊菌及一部分无性型真菌，常见的种类有长喙壳属（*Ceratocystis* Ellis and Halst.）、毛壳属（*Chaetomium* Kunze）、镰孢属（*Fusarium* Link）、交链孢属（*Alternaria* Nees）、枝霉属（*Cladosporium* Link）、根霉属（*Rhizopus* Ehrenb.）和毛霉属（*Mucor* Fresen.）等。由这类变色菌引起的木材心材和边材的变色，主要是发生在木材的表层。它们当中除了少数种类，如子囊菌的毛壳属真菌具有分解纤维素的能力外，大多数只侵入和生活在边材中的薄壁组织髓射线细胞中，也生长在边材中的管胞中，其菌丝多从木材细胞壁的纹孔中穿过去，吸取和利用细胞内贮存的糖类、淀粉、磷脂等简单有机物作为营养，一般缺乏分解纤维素和木质素的能力，因此并不或很少分解木材的真正木质部分——木质细胞壁，并不引起真正的木材腐朽和影响木材的强度，但它们的活动常常使木材表层出现色斑，常常是在木材过湿、内部呈厌气状态的情况下发生。但有时变色菌的菌丝也可深深地侵入到木材组织内的细胞中去，使变色直达木材内部。只有在很适合变色菌生长的有利条件下，有些变色菌也能破坏木材细胞壁。

由变色菌引起的木材变色因树种与菌种而异，常见的变色有青、褐、黄、绿、红、灰、黑等色。在生产上遇到的变色多数情况下为木材的青变，或称青皮或蓝变（blue-stain）。新锯木材如果干燥缓慢，含水量较高（65%以上），青变很容易发生。青变菌的菌丝呈微褐色，其菌丝体并能分泌色素，木材一旦被这类菌大量感染后，就会在木材表层出现青色、蓝色或黑色的色斑。青变菌能侵染伐倒的原木及枯立木和倒木，也可侵染活立木的边材，多见于针叶材上，特别是松类，少数发生在阔叶材上。青变在木材横切面上表现为辐射状的灰蓝斑纹，在纵切面上表现为长条斑纹或大型梭形斑。青变菌很多是由子囊菌门子囊菌纲粪壳菌亚纲长喙壳目长喙壳科（*Ceratocystis*）的真菌引起的，著名的菌种包括小蠹长喙壳（*Ceratocystis ips*）、云杉长喙壳（*Ceratocystis picea*）和松长喙壳（*Ceratocystis pini*）3种，前二者发生在松、柏、云杉、栎、桦、槭等树木上，后者发生在松属植物上，我国南方马尾松最易发生青变。青变菌的孢子可被小蠹虫传播，由蛀虫携带侵入到活立木，迅速蔓延后可使活立木枯死。青变菌的生活湿度在木材含水量的20%~78%，但以 33%~82% 为最适宜（叶建仁 等，2012）。

②污染性霉菌

木材的变色也可由生长在木材表面的污染性真菌引起，这些木材污染菌仅在木材表面腐生繁殖，污染木材使其着色。这种由腐生的霉菌造成的木材霉色污染，在日常生活中是常见的。通常情况下，污染性霉菌缺乏分解纤维素和木质素的能力，因此并不分解木材真正的木质部分，也不影响木材强度；大多数只侵入边材中的薄壁组织，利用木材细胞内贮存的内含物如糖类、淀粉、磷脂等简单有机物质作为营养，使木材表面染上黑、灰、绿、褐等各种颜色，但这些变色区在加工时可被刨掉，因此无大影响；唯独在胶合板上染色后无法消除，特别是在湿度大的情况下各种污染性霉菌更易在木材的表面上生长，在菌落下面的木材产生各种颜色。因此，在保存胶合板时要特别注意防潮，以防止霉色的发生。木材上常见的污染性霉菌有青霉属（*Penicillium* Link）、曲霉属（*Aspergillus* P. Micheli）、木霉属（*Trichoderma* Pers.）、葡萄孢属（*Botrytis* P. Micheli）、毛壳属、长喙壳属、镰孢属、交链孢属、枝霉属、根霉属和毛霉属等。

③木材软腐菌

由真菌中的子囊菌、半知菌和接合菌引起的木材损坏相当普遍，这些菌类在木质细胞间隙活动，可分解单宁、胶质物及其他一些有机物，但一般情况下并不真正损害木质细胞壁，因此把它们对木材的分解称作软腐朽。软腐朽一般伴随有木材的变色。将这些能够引起木材软腐朽的真菌中的子囊菌、无性型真菌和接合菌称为木材软腐菌。软腐朽在许多场合都可发生，比如在水中的木材上、和土壤接触的较湿的木材上、林地内的倒木上，以及各种高湿度环境中的木材上。在引起木材软腐的菌类中也有少数能分解木材中的纤维素，在木材细胞次生壁的中层上形成空洞，对木材的危害也较大，常引起木材表层的软化。木材因软腐引起的重量减少一般在百分之几的范围，但也有达百分之十几或更高的。由于软腐主要发生在木材的外表层，在深度方向上的进展较慢，对无断面材的危害相对小些。

木材变色菌、木材表面污染性霉菌和木材软腐菌等木材微生物，虽然它们的危害情况各不相同，但从分类上考虑它们都是子囊菌、无性型真菌或接合菌，而非担子菌类的木腐菌，而且它们的破坏能力和破坏情况也不能完全区别开来。例如，由最普通的污染菌青霉、曲霉、镰孢菌等侵害木材 3~6 个月，也会造成百分之十几的重量减少，在木材细胞壁上出现软腐朽特有的空洞，如果环境条件适宜，也有相当强的分解能力，和软腐朽菌的区别并不明显；并且由于这些真菌的活动，都可引起木材不同程度的变色。因此，一些真菌工作者就将木材软腐菌、木材变色菌和木材表面污染菌这些非担子菌的木材微生物，统称为木材上的微型真菌。木材上的微型真菌在木材生物分解的过程中有自己独特的生理活性，如对环境的适应性强，能够生长的环境条件范围远比担子菌宽广，在一般的木腐菌不能生长的含水量高达100%~200%的木材上，微型真菌却可以适应，并且有很高的侵染能力。微型真菌还与木材腐朽菌对木材的侵入和腐朽密切相关，木材由于微型真菌的侵染活动能进一步促进由木腐菌引起的侵染、分解和腐朽，微型真菌和木材腐朽菌共同组成了自然状态下木材上真菌类的生长演替过程。

④木材细菌与放线菌

木材上的微生物类群除木材腐朽菌和上述微型真菌外，还存在着一定种类和数量的细菌及很少的放线菌。在活立木的健康木质部中经常存在的微生物主要是细菌，死木材或衰老的活立木木质部中的先驱微生物常常也有细菌。细菌主要分布于水分较多的边材薄壁组织中，由于它们的活动，增加了木材的疏松度，有利于水分和其他微生物的侵入。因此木材细菌也参与了木材上微生物类群的生长演替过程，细菌常常是最早侵入和生长在木材中的微生物。细菌的侵入往往伴随有木质部的变色。而某些细菌对木材腐朽菌具有拮抗作用。从木材中分离出的细菌主要有芽孢杆菌属（*Bacillus*）、梭菌属（*Clostridium*）、假单孢杆菌属（*Pseudomonas*）、棒杆菌属（*Corynebacterium*）、黄单孢杆菌属（*Xanthomonas*）、不动杆菌属（*Acinetobacter*）、欧文菌属（*Erwinia*）、拟杆菌属（*Bacteroides*）等，以及硫还原细菌和甲烷细菌等。健康树木的边材中一般含有 $10^2 \times 10^3$ 个/g 的兼性厌气细菌和 10^2 个/g 的固氮细菌。含水量增大时，细菌的数量也将增加，在水分饱和的木材中，一般兼性厌气异养细菌可达 $10^6 \times 10^7$ 个/g，固氮细菌可达 $10^4 \times 10^6$ 个/g。甲烷细菌可达 $10^3 \times 10^4$ 个/g。在木材中很少发现放线菌的存在。

（4）木材腐朽的发生过程

林木腐朽菌，特别是干基腐朽通常是通过根部侵染而传播的，例如由蜜环菌和异担子菌引起的根朽病。有的林木腐朽菌能通过伤口侵染，如硬毛栓孔菌在行道树和公园树上主要通过伤口侵染健康树木。自然造成的伤口，如火灾、风折、雪压、冻裂、病虫害、动物咬伤及自然整枝等，人们营林活动造成的伤口，疏伐和修枝不当等，都为病菌侵染提供了方便条件（Ryvarden and Melo，2014）。

活立木和木材在生长和使用过程中由于各种原因的作用很容易发生变色。木材发生腐朽之前也都发生变色，这种变色现象与木材腐朽之间有着十分密切的联系。特别是对于活立木，变色是对各种生理性刺激和微生物侵染的一种保护反应，具有抗拒和抑制腐朽菌的侵染、把侵染和健康部分隔离开来的作用。

图 2-5-7 植物细胞壁被木腐菌 *Botryobasidium botryosum*（A）和 *Jaapia argillacea*（B）分解

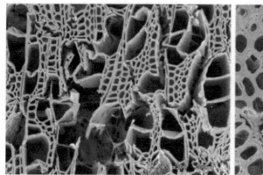
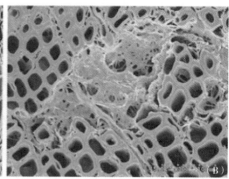

对活立木自然保护反应变色区的解剖所见，变色区沉积着单宁与醌类化合物、色素、胶质物和填充体，变色区还有镁、锰等无机物有规律地沉积，所有这些变色与有机物和无机物的沉积，都在某种刺激后才能产生。因为产生了这些物质，所以变色区硬度大、质脆、具有抗拒木腐菌侵染的能力。用木腐菌向受伤立木进行人工接种时，很少成功，这证明了变色区具有抗侵染的作用，因而在变色初期的木材中找不到木腐菌的菌丝体。木材细胞腔内本身含有的单宁、树脂和芳香油等物质对木腐菌也有毒杀和抑制作用，使木材本身就具有一定的抗腐能力。但是这种抗腐作用并不持久，当木材变色后不久就逐渐会被细菌和真菌中的接合菌、子囊菌、无性型真菌侵入。这些非腐朽菌类定居在变色区的木材细胞间隙中，其细胞和菌丝可通过木材细胞壁上的穿孔和纹孔伸入到细胞间隙和细胞腔内，它们积极地分解细胞间和细胞腔内的单宁、醌、胶和填充体，使木材发生软腐，结果将变色区具有抗腐能力的特性解除。软腐后的变色材，一般容易被木腐菌侵袭，木腐菌就积极分解木质细胞壁的纤维素、半纤维素和木质素，使木材分解和腐朽，这之后木材的生物分解过程就进入稳定发展的阶段，然后在腐朽材的外围又会重新产生自然保护反应变色区（图 2-5-7）。

木腐菌危害木材，是以木材细胞壁和细胞腔内的内含物作为它们的养料，木腐菌能分泌多种水解酶和氧化酶，把木材细胞壁的纤维素、半纤维素和木质素分解为简单的碳水化合物，作为生活的营养来源；木腐菌也能使细胞内的淀粉、葡萄糖、脂肪等分解掉，但破坏木材细胞壁是引起木材腐朽的主要原因。腐朽初期木材质地变化不大，经防腐处理后仍可作为经济材使用。随着木材腐朽的进行，腐朽程度逐渐加深；到了腐朽的后期，木材的色泽、形状、质地等都呈现出明显的改变，朽材的颜色会变白、变褐或变黄，朽材质地会变软或变脆易断、折成方块裂纹状、碎粒状等，硬度显著降低。因此，被木腐菌侵染的木材，除了造成木材腐朽与变色外，主要是使木材失去了应有的使用价值。

从木材微物种群更替的观点来看，引起木材软腐的非腐朽类，就足木材腐朽菌侵袭定局的先驱微生物。那么，木材腐朽的过程就可以归结为 4 个阶段：首先，是立木受伤或受到其他刺激；然后，发生自然保护反应变色，变色区产生抗腐能力；不久，变色区出现非木腐菌类的先驱微生物，包括细菌和微型真菌，它们在变色区的木材细胞间隙和细胞腔内定居，积极地分解单宁、醌、胶和填充体，使木材发生软腐，结果将变色区退色并消除其抗腐能力；最后，木腐菌侵染并定居，木材的分解过程就进入稳定发展的阶段，木腐菌积极地分解与破坏木质细胞壁，致使细胞壁上的孔由少到多，结果使木材呈现白色腐朽或褐色腐朽（见彩图 2-5-8）（Riley et al., 2014）。

在自然状态下，木材的腐朽是一个漫长的过程，所持续的时间很长，有时可以长达数年或数十年才能把一株树干完全分解掉（见彩图 2-5-9）。

5.1.2 木材腐朽的主要类型

据木材的生活状态、木材腐朽发生的位置以及木材被腐朽菌分解后的颜色和形态等，可对木材腐朽进行分类。

（1）根据木材的生活状态分类

木材腐朽可分为活立木腐朽（见彩图 2-5-10）和非活立木腐朽（见彩图 2-5-11）两类。

（2）根据木材腐朽发生的位置分类

又可将活立木腐朽按树木的纵向分为梢头腐朽、中干腐朽、干基腐朽（见彩图 2-5-12）和根朽；按横向分为边材腐朽、心材腐朽和边、心材的混合腐朽。活立木由于被害部位不同，在症状上表现出很大的差别。边腐严重影响树木的生长，边材被害的立木一般表现为生长衰退，叶色发黄，严重时导致死亡。若仅心材受害，则破坏木材的利用价值，除可能有子实体出现外，在树木的外表上往往没有任何受侵染的表现，心腐的病状只有在将立木伐倒后才能显现出来。

而非活立木的木材腐朽又可分为原木腐朽、倒木腐朽、枯立木腐朽、残桩及伐根的腐朽、板方材腐朽和木制品腐朽等多种。活立木的心材是没有生命的死组织，因此，活立木心材的腐朽同非活立木的木材腐朽一样，都是由腐生微生物引起的死体分解现象。而活立木木质部的边材则是有生命的组织，所以微生物对边材的分解是一种寄生现象，因此，在林木病理学中被作为一类寄生性病害来研究。

（3）根据木材被腐朽菌分解后的颜色和形态分类

木材腐朽可分为木材白腐和木材褐腐（Ryvarden et al., 2014）。Gilbertson（1980，1981）基于当时科研条件，通过全面深入研究木腐菌类群，得出结论：真菌腐朽类型对多孔菌分类具有重要意义。

白色腐朽类型真菌具备如下特征：①产生纤维素酶和木质素酶，将树木细胞壁的所有成分降解，大部分白色腐朽菌将木材中的木质素和其他多糖以同样的速度降解；②在腐朽的中后期木材组成成分的比例与原木基本相同。

褐色腐朽类型真菌具备如下特征：①有选择地将木材中的纤维素和半纤维素降解；②被褐色腐朽菌腐朽的木材通常表现为木材很快失去韧性，强烈收缩，最终呈破裂或颗粒状（见彩图2-5-13）；③在腐朽的最后阶段，残留木材变形、易碎、块状和褐色，其主要成分是木质素；被干酪菌属真菌腐朽的木材呈白色至木材色，质地疏松，长条状；故而干酪菌属真菌为白色腐朽类型（见彩图2-5-14）。

详细地研究两类木腐菌在木材中的发生和发展过程与腐朽木材的特性，对于合理地利用腐朽木材具有重要意义。

一般情况下，木材白腐菌对纤维素、半纤维素和木质素都能分解，但对木质素的分解能力更强。由于暗色木质素的大量分解，腐朽后的木材呈白色；随着分解的进行，木材细胞的次生壁逐渐变薄，木材质地将变为纤维状或海绵状。引起白色腐朽的真菌种类较多，主要是担子菌，还有少数子囊菌。白色腐朽多发生在阔叶树上。而木材褐腐菌能分解纤维素和半纤维素，但不能分解木质素，或分解木质素的能力很弱，仅对木质素分子稍加改变，如使之脱去甲氧基或加以氧化等。褐色腐朽的木材由于木质素的残留而呈浅或深褐色，质地变成碎粒状、粉状或方块裂纹状。引起褐色腐朽的真菌几乎全是担子菌，其种类没有白色腐朽菌多。褐色腐朽在针叶树上发生较多在褐色腐朽过程中，由于木材成分较大的纤维素很快地被分解掉，所以褐色腐朽在分解初期能更快地引起木材重量的减少和强度的下降。

基于基因组学和生物化学研究，Riley et al. (2014)认为在白色腐朽和褐色腐朽之间还存在另一种腐朽类型（见彩图2-5-15）。

5.1.3 木材腐朽菌的繁殖与传播

引起立木和木材腐朽的真菌都能在人工培养基上进行培养（见彩图2-5-16），但培养时一般只进行营养生长，产生与子实体颜色相近的菌落，而不产生与自然界中相似的子实体（见彩图2-5-17）。

在自然状态下，木腐菌的侵染是孢子通过木材上的各种伤口、小蠹虫等的孔道、死枝桩以及木材的裂缝等侵入到木材内部（见彩图2-5-18）。火灾、风折、雪压、冻裂、病虫害、动物咬伤及自然整枝等造成的各种自然伤口，人们的营林活动、疏伐和修枝不当等造成的各种人为伤口，都为木腐菌的侵染提供了方便条件。

腐朽菌的孢子被传播到立木的伤口上后，如果外界条件适宜，孢子便在木材上萌发形成菌丝，侵入立木并定居，不断向周围生长扩展，菌丝纵横交错形成网状的菌丝体，在木材上肉眼可看到的是白色的菌丝膜，菌丝膜有时呈扇状。菌丝好像树根一样是木腐菌吸取养料的组织。但是由于立木本身的机械保卫反应、木材内含物等生理保卫反应，木材细胞壁的三种主要化学成分纤维素、半纤维素和木质素又都是结构稳定、难以被生物降解的物质，以及受木材温度、木材含水量等因素的制约与影响，木腐菌的扩展蔓延速度都很慢。一般来说，各种木腐菌的潜育期都较长，菌体需经过数年至数十年的营养生长后，才发展到特定的生理成熟阶段进行有性繁殖，在树干上集聚形成小球状，并暴露在木材表面，然后逐渐长大形成子实体，产生构造比较复杂的大型担子果，并在其中产生担孢子（见彩图 2-5-19）。

木腐菌的子实体（绝大多数为担子果）一年生或多年生。一年生的至冬季死亡，翌年产生新的子实体（见彩图 2-5-20）；多年生的子实体则产生新的子实层体（见彩图 2-5-21）。多数木腐菌的子实体是在夏、秋多雨的季节产生。

子实体每年都产生和释放大量的担孢子，木腐菌就靠孢子来繁殖，有的木腐菌的一个子实体能产生上百亿个孢子，如一个大型扁芝的担子果每天能放散 300 亿个孢子，并且可以持续 6 个月之久（见彩图 2-5-22）。由于孢子很小很轻，可以漂浮在空气中借风力传播，随大气流动，有时在 2000m 的高空都有活孢子的存在，因此，木腐菌的孢子可以被传播得很远。孢子也可以借水或昆虫和其他一些小动物的携带而传播。有些情况下，也有少数木腐菌可以用菌丝或产生根状菌索主动生长延伸和侵染，也就是从受害木材或地面上的菌丝或菌索直接传到健康的木材上，如贮木场的木材或在温暖湿润条件下使用的木材，木腐菌都可借菌丝或菌索来传播和繁殖。有时木腐菌也可人为地进行传播，并且是远距离快速地传播。

有一些腐朽的活立木，尽管腐朽很严重，也不产生子实体，外观上和健康木相似，只能靠在树干枝丫处或干上形成空洞和大的死节，或借敲击树干判断立木已经腐朽。这种立木腐朽称为隐蔽性腐朽，在大兴安岭、小兴安岭的成过熟林分内比较常见。原因可能是病菌没有形成子实体的条件，或未到此发育阶段，或是子实体因各种缘故而脱落。

5.1.4 立木和木材腐朽的发生条件

立木和木材腐朽的发生与环境条件关系密切。

萌芽更新的林分最易感染干基腐朽。南方的杉木林和北方的蒙古栎林的萌芽林发病率都很高。这与原始林分中木腐菌的积累量多有关。病腐菌能够顺利地通过老的根株侵入树干基部。

活立木的腐朽一般发生在老年树上，少见于中龄以下的树木，与林木年龄有着密切的关系，在相同条件下，腐朽率一般随着林龄的增加而增大。但是某些立木腐朽如杨树的心材腐朽，有时甚至在幼龄林分中即可发生。

在一般情况下，林木的直径与林龄的关系呈正相关，因此，林木的腐朽率与林木的直径也是呈正相关的。在野外调查中，确定林木年龄与林木的直径关系后，便可直接根据林木的胸径推算出立木腐朽的大致程度。

立木腐朽与林型之间的密切关系，反映了环境因素对腐朽的综合影响。在大兴安岭、小兴安岭的调查表明，落叶松对松白腐病的感染率，在草类落叶松林中要比水藓落叶松林低得多，缓坡类树藓红松林的干基腐朽率远比杜鹃细叶薹草红松林高，充分说明森林中土壤和林分内的湿度起着重要作用。在一定的范围内，林分内的湿度增高可促进微型真菌、细菌和木材腐朽菌的生长；潮湿的土壤可能引起根部窒息，因而促进了干基腐朽的发展，使树木生长衰弱而易被腐朽菌侵染。

木材腐朽的发生除与环境条件关系密切外，还与木材本身的性质有关。木材的耐腐性和木材的密度、硬度以及树脂、单宁和芳香油的含量成正比关系。

木材的含水量在 150% 以上或在 35% 以下时，很少发生腐朽。含水量在 40%~120% 时，木腐菌发育最好。木腐菌生长适温一般为 25~35℃，其生长最高和最低界限温度为 45℃ 和 4℃。木材腐朽菌的生长和发育也需要一定的空气，水中贮木之所以不发生腐朽，就是因为缺乏空气（叶建仁 等，2012）。

5.2 立木和木材腐朽种类及其防治

5.2.1 针叶树心材白色腐朽

分布及危害 分布极为广泛，遍及北温带，是针叶林的重要病害。受害树种几乎包括所有针叶树，其中以松属、云杉属、落叶松属受害最甚。在我国内蒙古的大兴安岭，黑龙江的大兴安岭、小兴安岭，吉林的长白山，云南的西北部，甘肃的白龙江流域，以及四川、河北、山西、陕西、新疆和西藏等地都有分布。在东北主要危害胸径 30~50 cm 以上的红松、落叶松和云杉的活立木干部；在西南常发生在云南松、高山松和云杉上；在白龙江流域以危害冷杉、岷江冷杉、秦岭冷杉、紫果云杉、华山松和油松为主；在喜马拉雅山常侵染喜马拉雅铁杉、高山松等。据报道，个别阔叶树种如槭、山楂、纸皮白桦也能受害。

该病害的病原菌是成熟、过熟针叶树活立木上最主要的腐朽菌，红松林病腐率平均为 17.8%（仅按树干上已有子实体统计），严重的达 50% 以上；落叶松病腐率达 40% 左右。病腐木的出材率平均比健康木低 50% 以上，因此对木材的损害十分严重，毁坏力极大。在成熟林、过熟林中腐朽发展到后期时，病腐木的高和直径生长将加速衰退（叶建仁 等，2012）。

症状　主要特征是引起活立木树干心材蜂窝状白色腐朽，严重时还可以蔓延到活的边材。腐朽初期心材变色，在红松和兴安落叶松上表现为红褐色，较心材的本色为暗；在云杉上初为淡紫色，后变为红褐色；在白松上为粉红色；而在侧柏及香柏上初期似乎没有变色现象。变色斑块不按年轮分布，且常在变色边缘有黑、蓝、硫黄等色小污斑，斑周有不连续的黑线纹。一般情况下初期阶段的木质仍保持坚固、强韧，只不过有时会有树脂渗透出来。到后期逐渐发展出现褪色区，在被害木材内分散出现许多白色纺锤形或枣核形的小孔洞，状如蚁窝，东北林区俗称这种腐朽为"蚂蚁蛸"。最后全部木材被破坏，有时形成空洞。朽材之间常间有未朽部分。腐朽通常集中在树干的中部和下部，严重的病腐木腐朽材可延至干基部或枝梢部。

病菌子实体一般自树节处生出，常生在死节或断枝处或粗枝权上，很少出自伤口。在冷杉上可直接由边材及皮层穿出，在云杉枯立木上也可由皮层穿出。子实体的存在是树干内部腐朽最可靠的指示，因为只有腐朽发展到相当程度才长出子实体，子实体越多则腐朽越严重。在红松和落叶松树干上，自子实体着生处算起，腐朽向上蔓延 4~6m，向下 2~4m。因此，可根据子实体的着生位置和多少确定其腐朽程度。

在小兴安岭南坡的红松和落叶松林中，经常遇到一种隐蔽性的干部腐朽，病腐木的树干上没有子实体，外观上与健康木无明显差别，只是有流脂或不流脂的伤口，伐倒后可观察到心材已经腐朽。鉴定结果是由同一种松针层孔菌引起的（见彩图 2-5-23）。

病原　由担子菌门担子菌纲伞菌亚纲刺革菌目刺革菌科木层孔菌属的松木层孔菌（松针层孔）[*Porodaedalea pini*（Brot.）Murrill]（见彩图 2-5-24）引起。子实体多年生，无柄，侧生于树干上，木质略带木栓质，坚硬，形状变异较大，常呈马蹄形，少数为扁平半圆形或贝壳状，有时在同一树种上子实体的外形也不一样，大小为 5~20cm×10~30cm，厚 2~16cm。菌盖栗褐色、黑褐色至黑色，粗糙，有同心环棱和辐射状的裂纹初期有密生的柔软刚毛，老熟者有龟裂，无毛，纵断面有波状凹凸；边缘颜色比表面淡，变薄，波状，有时钝圆，下侧无子实层。菌肉薄，厚 1~6mm，木栓质带木质，黄褐色。菌管与菌肉同色，多层，每层厚 2~6mm，长短不一，与菌肉界限不明显；管口面黄褐色，老熟后变灰褐色；管壁厚，管口较大，但大小不等，近圆形的 3~5 个/mm，多角形至迷宫形的 1~3 个/mm。刚毛多，锥形，褐色，25~50μm×6~15μm。担孢子近球形，光滑，初无色，后变为淡褐色，大小为 4~6μm×4~5μm。二系菌丝系统，生殖菌丝无锁状联合，具骨架菌丝。

本菌有一变种为松针层孔菌薄皮变种（*Phellinus pini* var. *abietis* Karst），分布在四川林区，多生于云杉树干上。其子实体平伏而反卷，反卷部分薄而扁平，大小为 1.5~3cm×2~3.5cm，厚 3~5cm；菌肉厚 1~2 mm；孔口 4~5 个/mm，其他特征与典型种相同。

  发病规律 松针层孔菌的子实体每年秋季都释放大量的担孢子。担孢子借气流传播，通过树干上的伤口、断枝及死枝桩等侵入到木材内部，初期木质部变褐色，当木质部被分解时朽材变浅，并显出白色小窝，菌丝在立木中年蔓延生长，逐渐使心材腐朽，需经几年至几十年才在树干外部断枝处长出子实体。

  树干上子实体的数量多少与腐朽程度有关，兴安落叶松若有1~3个子实体时，其腐朽材积约为37%；子实体在10个以上时，整株材积几乎全部损失。在干基生子实体时，朽材只有1m左右高度，如在立木上部有子实体时，则往往是上下贯通腐朽。在比较恶劣条件下生长的幼壮林中，常有不产生子实体的隐蔽腐朽，其腐朽百分率有时很高。

  病害的发生与林型、林龄和直径、地位级的关系密切。在立地条件比较干燥的林分，如细叶薹草红松林腐朽率较低；而潮湿的林分，如榛子红松林腐朽率则较高。溪旁落叶松林的腐朽率高于草类落叶松林或杜鹃落叶松林的6~10倍。在地位级不同的同样林型的同龄林中，腐朽率也不相同。

  红松和落叶松等的病腐率随着年龄的增大而递增，在成过熟林中病腐率高。林木病腐率与胸径呈正相关，但它只是与年龄关系的间接反映而已。

  防治方法 强调适地造林，提高造林技术。成林后应及时抚育，增强树势，防止伤口和断枝的发生，人工修枝忌伤树皮，平干修枝不留短柱。幼、壮林内的子实体应尽早采收掩埋，防止传播与传染。适当进行卫生伐，除去病腐木、枯立木和倒木。合理确定采伐年龄。如果腐朽率高达30%~40%，应有计划地皆伐。腐朽立木可以根据腐朽的程度，区分利用等级。如何准确识别立木的自然保护变色和腐朽变色极为重要。若将自然保护变色误认为腐朽，将造成巨大损失。

5.2.2 阔叶树心材白色腐朽

  分布及危害 广泛分布于世界各地，在我国东北、西南、华北、西北各地区普遍发生，主要危害山杨、桦类树种活立木，其他杨树、槭、柳、核桃楸、栎类等多种阔叶树也经常受害。在黑龙江尚志的15~25年生山杨次生林中，腐朽率一般为30%~40%，最高达46%，材积损失39.6%；吉林蛟河林区50年生的山杨幼林腐朽率达70%，影响出材率达20.4%；大、小兴安岭80年生以上的山杨腐朽率为30%~78%。朽材有高达的8m，一般为4m左右。

  症状 腐朽发在活立木树干和干基的心材上。腐朽初期干基或干部心材变成淡褐色至暗褐色，后随着腐朽程度的加深逐渐褪为白色，并在其周围产生黑色线纹，最后朽材变白变软，不碎不裂，形成典型的海绵状白色腐朽。有时在腐朽的心材中沿着年轮生有大片菌膜。在大风雨天，常从腐朽部折断，露出白色松软的朽材。在横断面上可看到心材的腐朽区域和周围的变色区域。变色区有时呈现褐色杂斑，呈大理石状态。该腐朽常为隐蔽性的腐朽，不产生子实体，但有明显的腐朽节、破腹、火烧愈合痕等特征。腐朽到一定程度时，菌丝在腐朽节等伤痕处分化形成多为马蹄形的子实体。

病原 由担子菌门担子菌纲伞菌亚纲刺革菌目刺革菌科木层孔菌属的火木层孔菌 [*Phellinus igniarius* (L. ex Fr.) Quél.]（见彩图 2-5-25）引起。子实体多年生，无柄，侧生于树干上，木质，质地坚硬不易脱落，形状变异较大，常呈马蹄形、半球形。生长在不同树种上的子实体形状常有差异。大小为 2~12cm×3~21cm，厚 1.5~10cm。菌盖暗灰色至暗黑色，幼体表面光滑，有细微茸毛，无龟裂；老熟体有明显的龟裂，无毛，有同心环棱，无皮壳或有假皮壳；边缘钝圆，有密生的短茸毛，干后脱落，呈浅咖啡色，下侧无子实层。菌肉硬，木质，深咖啡色，厚 5 mm 左右。菌管多层，层次常不明显，长 1~5cm，与菌肉同色，老管中填充白色菌丝等填充物；管孔面大，锈褐色至酱色，稀灰色；管壁薄，管孔圆而小，4~5 个/mm。刚毛顶端尖锐，基部膨大，10~25μm×5~7μm。担孢子卵形至球形，光滑，无色，5~6μm×3~4μm。二系菌丝系统，生殖菌丝无锁状联合，具骨架菌丝。

发病规律 病害的发生发展与林型、林龄和径阶、地位级等立地条件有密切关系。据对黑龙江东部山区天然阔叶山杨次生林的调查，在同一地区不同的森林类型中腐朽率有很大的差异，如丘陵山杨林和阳坡山杨林的腐朽率在 14.5%~23.7%；而坡地杨树林和沟谷杨树林腐朽率高达 52.5%~63.9%。

山杨从幼龄到成林均能发生心材白腐，在同一立地条件下腐朽率随林龄的增加而增高，如山杨 I 龄级腐朽率为 13.3%，II 龄级腐朽率为 24.5%，到 III 龄级增高到 44.6%，IV 龄级高达 60.1%。因为林龄与径阶呈正相关，所以在同一立地条件下腐朽率也随着径阶的增加而增高，如 2~4 径阶的山杨腐朽率为 13%~19%，而 8~12 径阶的高达 37%~53%。地位级是反映林分立地条件的重要因子，与腐朽关系密切，立地条件较差的林分病害严重，腐朽率随地位级的下降而增高，如在 I 地位级的山杨林腐朽率为 28%，而在 IV 地位级的为 54.4%。土壤类型与山杨腐朽有密切关系，不同土壤类型上的山杨心材腐朽率不同。原始型灰色森林土壤和淡灰色森林土壤腐朽率高达 52.4%~72.6%，而典型灰色森林土壤和暗灰色森林土壤腐朽率为 22%~25%。在白浆土地带的山杨生长很差，因而腐朽也严重。病菌主要从伤口侵入，因此各种伤口越多，病害发生也就越重。损伤是导致山杨心材白腐的重要原因，凡树木有虫伤、破腹伤、死节、人为机械伤的，一般都发生腐朽，如有节伤和破腹伤的腐朽率达 36%~66.7%，而无伤口的很少发生腐朽。

阳坡比阴坡、山上腹和下腹比山中腹和丘陵地腐朽率高，但差别不大。疏密度与山杨腐朽有一定联系，密度过大或过小腐朽率都偏高，但差别不显著。

腐朽发生在心材部，常分布在干基处4~5m高或更高处，呈圆锥形。腐朽蔓延的高度随林龄增大而增高，I~II龄级蔓延高度为0.8~1.4m，III~IV龄级为2.3~2.7m。子实体常从断枝处长出。在桦树上常常生出一种不孕性子实体，成为一个大包，像瘤，可以入药。

防治方法 强调适地造林，提高造林技术。成林后应及时抚育，增强树势，防止伤口和断枝的发生，人工修枝忌伤树皮，平干修枝不留短柱。幼、壮林内的子实体应尽早采收掩埋，防止传播与传染。适当进行卫生伐，除去病腐木、枯立木和倒木。合理确定采伐年龄。如果腐朽率高达30%~40%，应有计划地皆伐。腐朽立木可以根据腐朽的程度，区分利用等级。如何准确识别立木的自然保护变色和腐朽变色极为重要。若将自然保护变色误认为腐朽，将造成巨大损失。

5.2.3　针阔叶树心材褐腐

分布及危害 广泛分布于世界各地的各种天然林分内，在我国南北各地均有发生，危害各种松、落叶松、云杉、冷杉等针叶树和桦、栎、山杨、核桃楸、稠李、赤杨、柳、桑等阔叶树的活立木、倒木、枯立木、伐桩以及原木，是云杉等针叶树危害较大的一种病害。在长白山和小兴安岭林区主要危害红松、鱼鳞云杉和白桦；在大兴安岭危害兴安落叶松和白桦；在甘肃白龙江流域危害秦岭云杉。引起心材褐色块状腐朽，降低经济出材率。

症状 腐朽的活立木在外观上常无任何特征，只在腐朽后期才在干基部或中干部长出腐朽菌的子实体。腐朽立木心材初变淡褐色，渐发展为红褐色，最后变暗褐色，并常常裂开呈大小不等的立方体，其间有白色菌膜，形成典型的块状褐色腐朽（见彩图2-5-26）。最后朽材常碎裂直至成粉末状，由干基部伤口流出，使腐朽立木形成空洞。

病原 由担子菌门担子菌纲伞菌亚纲多孔菌目拟层孔菌科拟层孔菌属的松生拟层孔菌（红缘拟层孔菌、红缘菌）[*Fomitopsis pinicola* (Sw.) P. Karst.]引起。子实体多年生，较大，无柄，侧生于树干上，木栓质到木质，扁平，山丘形、半圆盘形或低马蹄形，4~20cm×5~40cm，厚2~12cm，最大者横径可达60cm（见彩图2-5-27）。菌盖初期有红色、黄红色、红褐色的胶状皮壳，后期皮壳坚硬，变为污褐色至黑褐色，无毛，有宽的同心环带；边缘钝圆，初为白色，渐变为橙黄色至红栗色，下侧无子实层。菌肉木质至木栓质，有环纹，近白色至木材色，厚5~30mm。菌管多层，每年增长3~5mm，白色至乳白黄色；管壁厚，管口较小，圆形，白色至乳白黄色，3~5个/mm。子实层内有毛状的囊状体，尖端细，突出子实层之外。担子棒状，较短，近无色，12.5~24μm×6.5~8μm，担孢子卵形至椭圆形，无色，光滑，5.5~7.5μm×3~5μm。三系菌丝系统，生殖菌丝有锁状联合，骨架菌丝无色。

发病规律 主要发生在原始林的壮龄林和老龄林中，多生于各种针阔叶树的倒木、枯立木和伐桩上，也生在活立木上，原木、人工林及加工材有时也可发生腐朽。

防治方法 强调适地造林，提高造林技术。成林后应及时抚育，增强树势，防止伤口和断枝的发生，人工修枝忌伤树皮，平干修枝不留短柱。幼、壮林内的子实体应尽早采收掩埋，防止传播与传染。适当进行卫生伐，除去病腐木、枯立木和倒木。合理确定采伐年龄。如果腐朽率高达30%~40%，应有计划地皆伐。腐朽立木可以根据腐朽的程度，区分利用等级。如何准确识别立木的自然保护变色和腐朽变色极为重要。若将自然保护变色误认为腐朽，将造成巨大损失。

5.3 木材变色

木材变色现象是十分普遍的，在生长期间的活立木和采伐后的原木，经过加工的板材、方材，以及在加工干燥和使用期间的木材，常常都会在其表面或内部发生各种变色。

5.3.1 木材变色的类型

木材变色是外部表现的共同特征，其原因有很大差别，一般可分为4大类，即化学性变色、物理性变色、生理性变色和微生物性变色。

（1）化学性变色

木材细胞中的内含物因为被氧化或因为沉积物的分解而变色，称为木材的化学性变色。如松木边材常变褐色，桦、槭材常变黄色至锈色，赤杨材变红褐色。这类变色容易显现，会影响木材的美观，但对材质无影响。

（2）物理性变色

在人工干燥针叶树木材时，由于温度升高，木材内水分突然散失，使木材表面常生褐色污斑，还带白色边缘。用火力干燥时，木材也易生褐色，并且很普遍，变色部稍软，但大部分局限于表面上，这类变色为木材的物理性变色。如变色部影响木材的美观，在加工时多半被刨掉，因此对材质也无影响。

（3）生理性变色

在自然状态下，一般的针叶树和阔叶树在生长期间如果受到各种伤害或刺激，如受菌类侵染、昆虫和动物的伤害、霜冻害、机械伤害等，甚至气压急变、气温变化时，活立木（主要是心材）都能在刺激部位产生变色。变色现象的发生与刺激原因之间没有固定关系；但变色的色调与树种有关系，如青杨变红色，栎树变银灰色，落叶松变淡褐色，云杉材变淡紫褐色，红松材变淡褐色。这种变色一般按年轮范围发生，变色后在木质细胞中沉积一些色素与胶质物和侵填体，这些沉积物使变色部的硬度增加而使木材的质地变脆。活立木的这种变色现象是普遍存在的，变色区可以暂时地防止任何木材腐朽菌的侵染，这是一种保卫反应，在病理学上称作自然保护反应变色或称作生理性的护伤反应变色，属木材的生理性变色。一般自然保护反应变色后的木材强度对材质影响不大。当然，当木材受木材腐朽菌侵染时，也会发生这种变色反应，但是变色区的这种抗腐能力不久就会因非腐朽菌类的活动而消失；而且经过非腐朽菌类活动的结果，更有利于木材腐朽菌的侵染，从而发生木材腐朽现象。

自然保护反应的变色位置，一般都分布在心材上，形状与年轮相吻合。变色年轮数有的只占全年轮数的1/3，有的占1/2，也有的占3/2。变色部自下而上贯通全树干，小枝、叶痕处的木质部也都变色如有伤口，伤口周围也变同样颜色。这种自然保护反应变色在幼树中明显，可随着树木年龄的增大而消失。

有些生理性变色对材质没有影响。如针叶树活立木在其生长过程中，一般阳面材或多或少表现深色，像落叶松的阳面材和粗枝下方的木材，都比它相对一侧的木材色深得多，这种变色对木材的材质没有任何影响。

有的针阔叶树种是显心材树种，因此心材百分之百变色，不应与心材和边材发生局部的保护性变色以及腐朽变色混同。如落叶松心材随着年龄的增加，由淡黄色逐渐转变为棕黄色、淡黄褐色、黄褐色，最后逐渐变成稳定的红褐色。

（4）微生物性变色

实际上，任何木材微生物性变色都属于木材生理性变色的一种，这种变色是由于微生物生长在木材表面或内部而引起的。微生物性变色包括木材变色菌引起的变色、木材表面污染性霉菌引起的变色、木材软腐菌和木材细菌引起的变色和木材腐朽菌引起的变色等多种。

①变色菌引起的变色：木材变色菌主要生活在髓射线细胞和管胞中，菌丝体能分泌色素使木材变色。常见的变色有青、褐、黄、绿、红、灰、黑等色。变色因树种与菌种而异。不但影响木材的美观，而且变色后木材硬度加强，韧性降低，质地变脆，虽然这种材质对一般的用材影响不大，但是不适用于特殊用材如飞机、轮船、仪器用材等，有时甚至由于使用了变色材而造成了重大的技术事故。

②霉色：木材表面污染性霉菌在材面上腐生，使木材表面染上黑、灰、绿、褐等各种颜色，这种情况在湿度大的情况下较容易发生。一般木材表面

产生霉色后，在加工时可被刨掉，因此无大影响，唯独在胶合板上染色后无法消除，因此在保存胶合板时要特别注意防潮，以防止霉色的发生。

③木腐菌引起的变色：当活立木和木材被木腐菌侵染后，腐朽区内的腐朽材由于已经被木腐菌不同程度的分解而将呈现不同的腐朽颜色，而在腐朽材的外围还会产生自然保护反应变色区。这种变色区硬度大、质脆，具有抗拒和抑制木腐菌的侵染、把侵染和健康部分隔离开来的作用，对木腐菌的菌丝体在木材中的发展是一种阻碍，使木材腐朽进行得十分缓慢。然而这种变色区的抗腐能力并不是不变的，终究会被非腐朽菌类如真菌中的子囊菌、半知菌、接合菌和一些细菌侵入，进而作初步分解而消除抗腐作用。这之后木腐菌便能向前扩展，进一步引起木材腐朽，这样，在这种变色区的中心部位有朽材变色变形部分。腐朽材可变为锈黄色、褐色、白色及出现黑斑、黑线纹等，这是由于木腐菌能分泌各种酶，对木质细胞壁的各种成分分解后而使朽材产生的木材腐朽变色，这种腐朽色与腐朽材外围的无木腐菌菌丝体的自然保卫反应变色是可以区别开的。

由木腐菌引起的木材自然保护反应变色也是生理性变色的一种。在许多情况下，容易把朽材外围的这种自然保护反应变色视为木材腐朽现象，实则有误。木材自然保护反应变色的色泽与树种有关系，与刺激因子无关；而木材腐朽菌的侵染与一般伤害所引起的木材变色色调最初与各树种的自然保护反应变色自然也是一样的，但是腐朽后的木材色泽与自然保护反应变色是不同的，而且腐朽材在木材中的分布也不均匀。认为变色就是腐朽是不对的，但是变色是腐朽的先期阶段。

木材的腐朽变色与木材的自然保护反应变色有如下的区别：

木材的自然保护反应变色按年轮分布或围绕伤口发展，而腐朽变色常不按年轮分布，在木材横切面上常呈地图形或星芒状；自然保护反应变色木材干燥后色渐褪，变色部逐渐消失，而腐朽变色在木材干燥后色不褪；自然保护反应变色色调均匀，腐朽变色色调不均匀，而且常有黑、绿、褐、锈、蓝色斑点和线纹等；自然保护反应变色硬度不变或变硬脆，腐朽变色外围自然保护变色部分变硬脆，中心腐朽部分糟烂；自然保护反应变色在老树上色消失，腐朽变色永不消失；自然保护反应变色100%发生，腐朽变色不会100%发生（叶建仁 等，2012）。

5.3.2 木材变色的防治

木材变色不但影响了木材的美观，而且有的木材变色后硬度加强，韧性降低，质地变脆，从而降低了木材的使用价值和经济价值。另外，木材的生理性变色和微生物性变色与木材腐朽之间有着十分密切的联系，木材受变色菌等侵染后有利于木材腐朽菌的进一步侵染，因而木材变色还是应当力求避免。尤其对特殊用材，在保存期间要设法防治。

活立木要防治小蠹虫，防止它传播蓝变菌孢子。

确定合理的采伐时间，及时加工干燥保存。变色菌的生长需要一定的湿度和温度。冬天采伐针叶材，由于其含水量低，气温也低，不适宜菌类生长，可以大大地避免青变；但流送木材，会促使其变色。潮湿的木材，在装运过程中，当温度提高，木材中仍有生命活动的细胞就会使其表面出现水珠，同时，从截面渗出富含糖分的树液。在这种情况下，真菌就会很快地大量繁殖起来。在生长旺盛季节，特别是早春采伐下来的木材，比冬季伐下的木材含有较多的水分和糖分，因而也就相应地增加了木材变色的危险。事实上，晚春和早夏采伐下来的木材，其变色是难以避免的，除非伐下后立即进行窑干，甚至就在窑干初期，在含水量显著下降前，木材仍然有变色的危险。

解决变色问题的最好办法是将伐下的原木立即下锯加工，并接着进行化学药剂处理防止变色；或是将锯材立即干燥（窑干或气干），并在窑中喷洒化学药物，以后干燥保存。当木材含水量高于20%时，变色菌等微生物就能生长繁殖。因此，采伐后的木材若能立即干燥到含水量为20%以下，而且在加工和使用过程中始终保持含水量在20%以下，就能防止变色的发生。

原木的水存或湿存。霉菌和变色菌的生长繁殖都需要氧气，变色菌在木材含水量为55%~99%时发育最好，因此，浸水贮木或喷水使木材含水量高于150%，就能达到防止发霉和变色，可以保护木材几个月乃至几年不发霉、不变色。浸水贮木还可防止木材腐朽。

可用蒸汽将木材蒸煮3~5h后，将木材交叉平叠风干保存，一直保持干燥通风，也可防止木材变色。

为了防止木材变色，可及时用防变色药剂浸泡处理原木和锯材，或将药剂喷在材面上，然后适当地堆垛和干燥保存。有时当木材已完全干燥后，为了防止因偶然再湿而引起变色菌复发，常需再进行一次防变色化学药剂处理，以避免木材的二次变色。目前得到大多数国家认可的新的防木材变色的化学药物有氰硫基甲硫苯并噻唑（TCMTB）、甲叉双硫酚盐（MBT）、3-碘代-2-丙炔基甲酸丁胺（IPBG）、季铵铜（ACQ）、二葵基二甲基氯化铵（DDAC）、八轻基喹啉铜、三唑类化合物、百菌清等。另外，主要用于室内的无色、无味、无毒的含硼防腐剂也有了很大的发展。而五氯酚钠和含砷、铬的防腐剂由于对人体和环境的毒害作用已被停止使用或被限制使用（叶建仁 等，2012）。

5.4 立木和木材腐朽的防治原则

由于在自然状态下木材的腐朽过程，要经过一定的木材微生物类群的演替，不仅有木腐菌的作用，也有微型真菌和细菌等的参与，通过各种菌类的连续作用，木材腐朽才得以进行。其中微型真菌和细菌在木材的生物分解过程中作为先驱微生物也起着十分重要的作用。在林木病理学中，研究木材腐朽菌引起的活立木和木材腐朽，实际上已经是生态演替的中期和后期阶段，防治常常已不可能，因此，如何从早期演替入手开始防治，应该是更重要的问题。但是立木和木材腐朽的发生初期却往往不易发现，对于地处边远的成过熟林区的活立木腐朽，防治就更加困难。大面积人工林和天然幼林迅速成长将逐步取代原始森林，因此，活立木腐朽的防治重点应以幼林为主，主要是采取细致与合理的营林措施，创造林木生长的良好生态环境，增强林木的抗侵染力。其中包括确定和控制一个合理的采伐年龄、清除侵染来源、减少树木损伤等。珍贵古树名木的腐朽需采用外科手术和药剂防腐处理等办法。木材腐朽的防治主要是通过木材合理的贮藏和化学防腐处理来进行。

加强抚育管理，促进林木提早成材，并确定和控制一个合理的采伐年龄，是减少和防治林木腐朽最合理的方法。不论任何树种和任何环境条件，腐朽株率和腐朽材积均随林龄的增长而增长。因此，应根据不同的立地条件为每一树种确定一个合理的采伐年龄，以协调林木生长速率与腐朽增长率之间的矛盾，减少木材损失。

除了对林分进行正常的抚育采伐外，在病腐感染率较高的林分中，还应进行适当的卫生伐，这种采伐在中年和成年林分中更为重要。目的在于伐除已受木腐菌感染的病腐木，和极易遭受侵染的衰老木、被压木、虫害木、枯立木、倒木、风折木和大枝桠，以经常保持林内卫生，减少林分的病腐率，保证其他林木的健康成长。树冠稀疏、叶色变黄或生有子实体的林木，在不破坏林相的情况下都要清除。要有计划地清除林木上引起腐朽的病菌子实体，以减少侵染来源。若林分病腐率超过40%，应有计划地在近几年内采伐利用。

采用合理的更新方法，尽量避免萌芽更新。如果采用萌芽更新，则伐根不能高大，因为伐根高大，受木腐菌侵染的机会就多。

在有条件的人工林中，可进行人工打枝。打枝的高度要合理。打枝时枝桩要平滑，切忌伤及干皮。行道树、公园的树木或其他珍贵树木打枝后最好用保护药剂涂抹伤口，以免病菌侵入。

由于立木腐朽菌的侵染主要由伤口侵入，因此要尽力避免和防止各种机械伤、虫伤、动物（鼠、兔等）伤、灼伤、冻伤等。要特别注意防止林火，火灾后残存的林木，不仅抗病腐力降低，而且火灾所造成的伤口很难愈合，最有利于病菌的侵入。因此火灾木也要伐除。

珍贵古树名木如已发生腐朽，要小心挖除腐朽部分，在切口上涂以硫酸铜、季铵铜等防腐剂；对疮痕和树洞，用聚氨酯等材料实行镶补术。

要合理利用腐朽材，以减少损失。对于腐朽初期的木材，经过防腐处理后仍可作为一般的经济用材而加以利用。有的腐朽材具有很美丽的花纹，可做工艺品、玩具等；有的腐朽材可以作为化工原料；白腐木材可以用来造纸。

已经腐朽的立木，采伐后腐朽仍能继续发展，且速度更快，也有可能产生子实体成为侵染来源。未腐朽的立木采伐后形成的原木在山场和贮木场保存期间，水运与陆运期间，加工板方材在保存期间以及木材使用期间，都有可能被侵染发生腐朽，其腐朽速度比立木快许多倍，可造成重大损失，所以原木、板材、方材、纸浆原料、土木建筑用材等木材的防腐，是极其重要的。要保持木材贮存场所排水良好，通风干燥。成品材如枕木、电柱、桥梁等建设用材，应尽快进行防腐处理后使用（叶建仁 等，2012）。

第 6 章

林木的菌根真菌

6.1 菌根

菌根（Mycorrhiza）是真菌与植物的根形成的互惠共生体，能形成菌根的真菌我们称之为菌根真菌（Mycorrhizal fungi），而能形成菌根的林木就是菌根真菌的宿主植物。菌根真菌从植物体内获取必需的营养物质，植物也通过菌根从土壤中获取更多所需的营养和水分。

1989年 Harley 根据菌根的形态和解剖结构、参与共生的真菌和植物种类及它们形成共生体的特点，将菌根分为7种类型，即外生菌根（Ectomycorrhizae，ECM）、内外生菌根（Ectendomycorrhiza，EEM）、泡囊丛枝菌根（Vesicular-arbuscular mycorrhizas，VAM）、浆果鹃类菌根（Arbutoid mycorrhizas，ARM）、水晶兰类菌根（Monotropoid mycorrhizas，MM）、欧石南类菌根（Ericoid mycorrhizas，ERM）、兰科菌根（Orchid mycorrhizas，OM），其中，林木的菌根以外生菌根、内外生菌根和泡囊丛枝菌根为主。

6.1.1 外生菌根

外生菌根由菌丝套、哈氏网、外延菌丝、菌索和菌核等部分组成，其特征有。

①菌根真菌的菌丝在植物营养根周围聚集繁殖，形成一层紧密交织的菌丝套（菌鞘、菌套），且既有吸收作用，也有贮藏养分功能，菌套的厚度为30~100μm，表面光滑或呈絮状、网状、颗粒状，切片后用苯胺蓝染色，菌套呈蓝色，在其表面可见外延菌丝（图2-6-1）。

②菌套内层菌丝不侵入植物细胞内部，仅在植物根部皮层细胞之间延伸生长，并将细胞分别包围起来，形成类似网格状的结构，称之为"哈蒂氏网"（哈氏网）。哈氏网是外生菌根的重要特征，也是外生菌根真菌与宿主植

图 2-6-1 外生菌根剖面

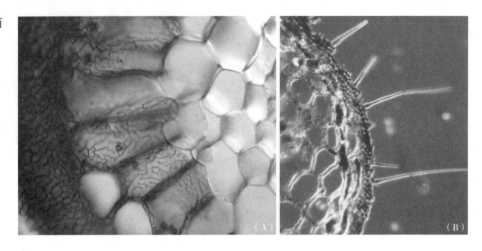

物之间进行营养物质交换的场所。

③由于菌根真菌的作用，植物根部通常会变粗、变脆，形状、颜色和质地也会发生各种变化，且无根冠、表皮和根毛。

常见的外生菌根的形状有：单轴状、二叉分枝状、珊瑚状、羽状、塔状、疣状、块状、不规则状。

6.1.2 内外生菌根

内外生菌根真菌的菌丝既可侵入植物细胞内部，在根部皮层组织细胞内形成不同形状的菌丝圈，又能在根部表皮细胞间隙形成菌套、哈蒂氏网，并形成不典型的稀疏菌套，兼有外生菌根和内生菌根的特征。内外生菌根主要发现于松科和桦木属（*Betula*）植物上。

图 2-6-2 外生菌根的形状
1：单轴分枝；2：二叉分枝；3：珊瑚状分枝；4：塔形菌根；5：羽状分枝；6：块状突起；7：不规则分枝

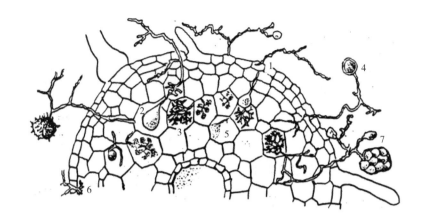

图 2-6-3 泡囊丛枝菌根切面
1：入侵菌丝；2：泡囊；3：丛枝；4：根外厚垣孢子；5：被消解的泡囊；6：吸器；7：孢子果

6.1.3 泡囊丛枝菌根

菌根真菌的菌丝可穿透植物根部皮层细胞的细胞壁，进入细胞内部，并形成不同形状的结构，但不形成哈氏网，也不产生菌套。宿主植物根部无明显的形态和颜色变化，用肉眼很难发现。其特点有：菌根真菌的菌丝在植物根的皮层中扩展，进一步分枝进入皮层细胞，末端膨大呈泡囊状（贮藏营养）或丛枝状（真菌与植物营养交换的场所）。

因具泡囊（vercicles）和丛枝（arbuscules），故称泡囊丛枝菌根（VAM）。

具有根外菌丝、胞内菌丝圈（杜鹃、兰科植物的菌根真菌），根外孢子和孢子果。

6.2 菌根真菌

菌根真菌都是土壤习居菌，根据其形态、生理、遗传等特征的不同，分别隶属于真菌界的子囊菌纲、担子菌纲、半知菌纲和球囊菌纲。

目前，全世界高等植物中有 380 科具有丛枝菌根，占地球上维管束植物的 90%，而至今发现没有菌根的植物只占 3%，已报道的丛枝菌根真菌种类有 200 多种，我国有 7 属 100 多种，并不断有新种和新记录种被报道。形成丛枝菌根的真菌主要隶属于球囊菌门的球囊霉科、无梗囊霉科、多孢囊霉科、巨孢囊霉科、原囊霉科等，据研究，一般在一种植物根系中至少能分离到 2 种以上丛枝菌根真菌，当多样性高时，每 25g 土壤中可分离到 10~43 种丛枝菌根真菌。

在森林生态系统中，据统计有 40 多科 100 多属 5500 多种真菌能与林木形成外生菌根，高等植物中约有 3% 可形成外生菌根，但由于外生菌根真菌分布广泛，种类丰富，还有一定的区域分布和寄主专一性，人们还无法完全认识这类真菌，也无法统计出外生菌根真菌的全部种类。我国外生菌根真菌的种类繁多，据报道有担子菌门和子囊菌门的 27 科 56 属 900 多种，其中担子菌门的豆马勃科、红菇科、鹅膏科、牛肝菌科、丝膜菌科、口蘑科、蜡伞科和子囊菌门的块菌科、须腹菌科等较为常见，有 350 多种为菌根食用菌，与壳斗科、松科、桦木科、杨柳科、龙脑香科、木麻黄科、桃金娘科等植物能形成一种或多种菌根结构，是我国用材林、薪炭林、生态林、经济林重要造林树种的主要共生真菌。

6.2.1 针叶树的菌根真菌资源

（1）松属植物的菌根真菌

据统计，南方的马尾松（*Pinus massoniana*）、云南松（*P. yunnanensis*）、思茅松（*P. kesiya* var. *langbianensis*）、火炬松（*P. taeda*）、高山松（*P. densata*）等主要松类树种的外生菌根真菌有 16 科、34 属、168 种，其中以红菇属（*Russula*）、乳菇属（*Lactarius*）、牛肝菌属（*Boletus*）、乳牛肝菌属（*Suillus*）为主。其中有一些真菌还同时与某些阔叶树，如栎属（*Quercus*）、栲属（*Castanopsis*）、桦木属等树种形成菌根，如松口蘑（*Tricholoma matsutake*）（见彩图 2-6-4）、美味牛肝菌（*Boletus edulis*）（见彩图 2-6-5）、松乳菇（*Lactarius deliciosus*）（见彩图 2-6-6）、松林小牛肝菌（*Boletinus punctatipes*）（见彩图 2-6-7）、变绿红菇（*Russula virescens*）（见彩图 2-6-8）、干巴菌（*Thelephora ganbajun*）（见彩图 2-6-9）等。

北方的油松、赤松、樟子松、落叶松等主要松科树种的外生菌根真菌有 7 科、11 属、27 种，其中以红菇属（见彩图 2-6-10）、乳牛肝菌属（见彩图 2-6-11）为重要的菌根真菌资源。

（2）杉科植物的菌根真菌

杉木是我国长江流域大部分山区的主要造林树种，也是内生菌根树种，其内生菌根真菌共有 4 科、7 属、32 种，其中以无梗囊属（*Acaulospora*）、球囊霉属（*Glomus*）、原囊霉属（*Archaeospora*）为重要的菌根真菌资源。

（3）柏科植物的菌根真菌

柏科树种是我国大部分地区园林绿化的主要树种，柏木属（*Cupressus*）、刺柏属（*Juniperus*）等树种既能形成外生菌根，又能形成内生菌根，其他大部分属为内生菌根树种，其中无梗囊属、原囊霉属内生菌根真菌的应用不仅可以促进苗木的生长，还能增强树势、培育壮苗、缩短苗期、促进幼树生长。

6.2.2 阔叶树的菌根真菌资源

（1）壳斗科植物的菌根真菌

壳斗科树种以栎属、栲属、青冈属（*Cyclobalanopsis*）为主，其既有内生菌根又有外生菌根，但外生菌根真菌种类更多且更为丰富，其中以红菇属（见彩图 2-6-12）、牛肝菌属（见彩图 2-6-13）、鹅膏属（见彩图 2-6-14）、丝膜菌属（见彩图 2-6-15）种类最多。

（2）桉树的菌根真菌

桉树既有内生菌根又有外生菌根还有混合菌根，其菌根真菌共有 29 科、81 属、400 多种，其中外生菌根以腹菌属（*Melangaster*）、红菇属（见彩图 2-6-16）、硬皮马勃属（*Scleroderma*）（见彩图 2-6-17）、为主，球囊霉属、无梗囊霉属、硬囊霉属（*Sclerocystis*）为重要的内生菌根真菌资源。

（3）杨树的菌根真菌

杨树（*Populus* spp.）是我国造林绿化的主要树种，既有内生菌根又有外生菌根，其菌根真菌共有 9 科、21 属、75 种，其中内生菌根以球囊霉属为主，鹅膏属、硬皮马勃属、红菇属、蜡蘑属（*Laccaria*）（见彩图 2-6-18）、丝盖伞属（*Inocybe*）（见彩图 2-6-19）为重要的外生菌根真菌资源。

（4）木麻黄属植物的菌根真菌

木麻黄（*Casuarina equisetifolia*）是沿海地区的优良防护林树种，既有内生菌根又有外生菌根，其菌根真菌共有 9 科、10 属、30 种，其中外生菌根真菌以豆马勃属（*Pisolithus*）、珊瑚菌属（*Clavaria*）（见彩图 2-6-20）、丝膜菌属（见彩图 2-6-21）、丝盖伞属和硬皮马勃属为主，球囊霉属、无梗囊霉属、盾巨囊霉属（*Scutellospora*）、巨囊霉属（*Gigaspora*）是重要的内生菌根真菌。

（5）相思属植物的菌根真菌

相思属（*Acacia*）是具有生长迅速、适应性强、耐瘠薄和固氮等特性的主要造林树种，既有内生菌根又有外生菌根，其菌根真菌共有 8 科、16 属、28 种，其中球囊霉属、巨囊霉属为重要的内生菌根真菌，马勃属（*Lycoperdon*）（见彩图 2-6-22，彩图 2-6-23）是重要的外生菌根真菌资源。

6.3 菌根对林木的作用

自然界中大多数植物都是具有菌根的，不同植物会形成不同的菌根，没有合适的林木树种就没有菌根，有些植物如果没有形成菌根则不能正常生长发育，甚至难以存活。植物的不同发育阶段、不同年龄对菌根形成都有影响，而没有菌根真菌繁殖体也不可能有菌根，只有当有效的树种遇到合适的菌根真菌时才能形成菌根，同时，适合的环境条件，如土壤温度、pH 值、水分和氧气，光照等条件也是菌根真菌形成的必要条件。林木形成菌根之后，植物根系的形态结构会发生改变，根系分枝的数量和生长量会增加，生理代谢功能也会随之增强，植物的吸收能力和生长会得到促进，总之，菌根真菌对植物的生长发育、营养和水分代谢、抗逆性等方面都会产生很多有益作用。

（1）扩大植物根的吸收面积和范围

菌根真菌的菌丝数量和寿命远远超过根毛，根表有菌套存在可以使根系增粗，根表面积增大，吸收营养的面积和范围扩大。而且，菌丝和菌索的生长可以比根系在土壤中扩展得更远，从而扩大养分的吸收范围。

菌根真菌不仅可以在宿主植物和土壤间形成一个具有养分转运功能的菌丝网，还可以在植物群体之间形成菌丝桥，在各种植物与其他生物间的养分交换、促进植物生长、保持水土和稳定生态平衡等方面都发挥着巨大的作用。

（2）增加植物根对营养元素的吸收

菌根真菌可以促进林木对土壤中磷、锌、铜的吸收，对氮、钾、镁、硫、锰、钙等的吸收也有一定的促进作用。

磷在土壤中不易流动，不能直接被植物吸收利用，菌根真菌产生的磷酸酶可将土壤中不溶性磷转化为可溶性磷，且能显著提高根表及根际土壤中磷酸酶的活性和利用率，从而促进植物对磷的吸收。

菌根真菌可以促进植物对氮的吸收和固定，提高植物体内氮含量，改善植物的氮素营养。

（3）产生植物激素促进植物生长

菌根真菌可以产生细胞生长素、细胞分裂素、赤霉素、维生素、吲哚乙酸、乙烯等促进植物生长、改善其品质。

（4）提高植物的抗逆性

菌根形成后可以增加植物对矿质养分的吸收，改善其体内的元素平衡，调节植物组织的渗透势和代谢途径中的酶活性，促进光合作用和胞内物质的积累，稳定细胞膜的结构和透性，影响植物的生理生化代谢活动，络合重金属元素，从而提高宿主植物的抗旱性、抗盐碱性、抗极端温度、抗重金属等的能力，使宿主植物在不利的环境条件下也能生存。

（5）改善植物根际环境

菌根真菌的菌丝活动及其产生的分泌物不仅影响着土壤环境，还能调控其他土壤微生物的种类和活性，从而改善土壤养分及其有效性，增加植物对养分的吸收，促进植物的生长发育。

菌根真菌的菌丝对土壤团聚体结构的形成、稳定性和保持土壤孔隙度等具有重要作用，同时可以产生磷酸酶促使肌醇六磷酸盐溶解，产生草酸盐，与土壤中的重金属铁、铝螯合释放磷酸盐，使根际黏胶层空间扩大，提高养分吸收和储运的速度等。

（6）增强植物的抗病性

菌根真菌与土传病原细菌、真菌、线虫等具有相同的生态位，就为它们之间的相互竞争拮抗提供了条件，而且菌根真菌具有寄生性，能够寄生于其他真菌和线虫，同时，菌根真菌与植物形成的共生体系构成对病原物的防御系统，菌根真菌与寄主植物形成良好的共生关系之后，能够产生酶、代谢产物、抗生素和挥发性物质抑制病原物生长，显著减少菌根周围的病原物数量，还可以诱导植物对土传病原物产生抗病性，并在根际形成有保护作用的微生物群落，减轻和预防植物病害的发生。

菌根真菌对线虫病害的抑制作用较强，可以抑制线虫的生长、繁殖，降低线虫对根系的侵染率，阻碍线虫在根内的扩散，从而显著减轻植物线虫的危害，改善植物营养状况。

菌根真菌还能促进植物对锌、铜等营养元素的吸收，达到改善植物营养状况、增进植物健康的目的，从而增强植物的耐病性。

若植物已受到病原物的侵染和危害，则菌根真菌则可以通过提高根系对养分和水分的吸收来改变植物体内的激素平衡，延缓植物衰老，从而补偿由病原物引起的根系生物量和功能的损失，提高其耐病能力，以间接作用机制来减轻病原物导致的危害。

6.4 菌根真菌在林业生产中的应用

菌根真菌对林木的重要作用已越来越受到广泛的关注，因此，其在促进林木生长、引种育苗、逆境造林、防治植物病害、菌根食用菌生产等林业生产中正得到普遍的推广和应用。

（1）引种

当一个树种被引种到新的生长环境，由于当地造林地上缺乏与之共生的菌根真菌，可能会造成这个树种生长不良，甚至引种失败，面积较大的则造成很大的经济损失，因此引种新树种时，应同时引进与之相适应的菌根真菌，如带子实体的林地土壤，或对幼苗进行菌根化接种，尤其是那些对菌根真菌依赖性较大的树种，以便引种能获得成功。

（2）育苗

菌根真菌接种大多数在种苗期进行，因为种苗期树木的幼嫩根系较多，菌根真菌易侵染幼根形成菌根，接种后的苗木不仅生长势比未接种的苗木好，而且移栽成活率高，生长健壮，抗性好。

（3）逆境造林

在荒坡废地、退化和被污染地区造林，需选择适应性较强的树种并接种相应的菌根真菌，进行苗木的菌根化处理，才能提高造林成活率，加速生态环境的恢复和重建。

（4）植物病害防治

研究证明菌根真菌对植物病原真菌有一定的拮抗作用，并能在植物病害防治中取得较好的效果。目前已有很多公司在生产这些有生防作用的菌剂，而菌根真菌菌剂的功效与其侵染能力、寄主种类、环境因子、病原物类型、数量、致病力等都有密切的关系，因此，筛选在不同生态环境条件下的优良菌种才能更有效地对抗病原微生物，提高生防菌的防治效果。

（5）菌根食用菌生产

外生菌根真菌中有很多种类是美味的食用菌，如美味牛肝菌、松口蘑、变绿红菇（*Russula virescens*）等，这些食用菌不能完全人工栽培，只能运用菌根生物技术才能促进其繁殖，获得子实体。目前，已通过人工促繁的方式成功获得子实体的菌根食用菌有黑孢块菌（*Tuber melanosporum*）、松口蘑、红汁乳菇（*Lactarius hatsudake*）等。菌根食用菌的生产技术已逐渐成熟并有非常广阔的市场前景。

第 7 章

果树、经济林木病害及其防治

7.1 苹果、垂丝海棠圆斑病

症状 叶片初期为黄褐色小点,其四周呈紫红色晕圈,渐扩展成 2~4mm 的黄褐色圆斑。每片叶上有多个病斑(多至数十个),后期病斑呈灰色,内散生稀疏的小黑点,有的只在中心生一褐色小点,像鸡眼。果实染病时,病斑下凹,四周呈红色晕圈状,常称灰斑病(见彩图 2-7-1)。

病原 半知菌亚门腔孢纲球壳孢目(科)叶点霉属苹果叶点霉(*Phyllosticta mali* Prill. et Delacr.)分生孢子器埋生,散生,近球形,黑褐色,直径 18~200μm;分生孢子小,无色,长卵形或椭圆形,单胞,大小 2.5~5.5μm×1.7~3μm。引致灰斑病,又称圆斑病。

防治方法 苹果、垂丝海棠圆斑病的预防要强调搞好果园卫生,做好排水工程,降低根部湿度,增强树势;秋冬季清除病叶(接合修剪,剪掉树上的病枝叶)、落叶,集中烧毁;养护要增施肥;合理修剪病虫害枝叶,秋、春季翻土,夏季进行深中耕。

苹果、垂丝海棠圆斑病的发展多在降水天到来,故喷洒杀菌剂应在发病前 10~15d 喷洒(可根据往年的发病时间推测)。每年喷 3 次,可用 0.3°~0.5°Bé 石硫合剂,或 80% 代森锌 600 倍液,或百菌清 400 倍液交叉使用,间隔 7~10d 一次,连喷 2~3 次,喷匀喷足。

7.2 苹果褐斑病

症状 褐斑病,病斑褐色,边缘绿色。在老叶病叶,近脱落的老叶上尤为明显。病斑有 3 种类型:①针芒型,病斑似针芒状向四周辐射,病斑小,但数量多,几乎密布全叶,后期叶片渐黄,病斑边缘及叶背保持绿色;②同心轮纹型，病叶先有许多黄褐色小点，渐呈大圆斑，中心暗褐色，周围黄色，外围有绿色圈，以后病斑上出现黑色小点，组成同心轮纹状；③混合型，病斑褐色很大，近圆形，多个病斑相连后更大，呈不规则形，病斑内的小黑点不呈明显的轮纹状排列。病斑后期灰白色，边缘绿色，背面是暗褐色，称为褐斑病（见彩图 2-7-2）。

病原　子囊菌亚门柔膜菌目皮盘菌科双壳菌属苹果双壳菌（*Diplocarpon mali* Hdarada et Sawamura），有性阶段山东烟台曾发现。子囊盘肉质，杯状，大小 100~228μm×68~120μm，子囊纺锤形，顶端渐尖，对象 2~64μm×12~16μm，有孔口。子囊内部有 8 个孢子，子囊孢子短棒状，两端圆钝，微弯曲或直，无色，中间有一隔膜，大小 20~25μm×4~6μm，侧丝平行排列，无色，具有 1~3 分隔，顶端膨大。在北方有子囊盘，它有利越冬，昆明几乎找不到子囊盘。全靠其无性阶段半知菌亚门腔孢纲黑盘孢目（科）盘二孢属苹果盘二孢［*Marssonina mali*（P. Henn.）Ito］（图 2-7-3），引致褐斑病。

防治方法　参考苹果、垂丝海棠圆斑病的防治措施。

7.3　苹果、垂丝海棠轮纹叶斑病

症状　病斑多呈半圆形（多发生于叶边缘），数个连合时呈不规则大斑，暗褐色，有明显轮纹，小气候潮湿时，病斑背面长有黑色霉状物。发病严重时，叶片焦枯，病叶和病果早脱落（见彩图 2-7-4）。

病原　半知菌亚门丝孢纲丛梗孢目暗色科链格孢属苹果链格孢（*Alternaria mali* Roberts）。分生孢子梗丛生，具明显的孢痕，呈曲膝状，有分枝、分隔，黄褐色，越向基部色越深，大小 16.9~70μm×4~6μm，分生孢子倒棍棒形，淡黄色，具纵横隔膜，一般有 2~5 个横隔，1~3 个纵隔，分隔

图 2-7-3　苹果双壳菌（*Diplocarpon mali* Hdarada et Sawamura）

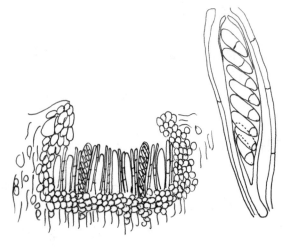

处稍缢缩，顶端有喙，大小36~46μm×8~13.7μm，分生孢子单生或串生。

防治措施　参考苹果、垂丝海棠圆斑病的防治措施。

7.4　苹果、垂丝海棠锈病

症状　病初病斑上产生黄绿色小点，渐形成橙黄色小斑，边缘红色，约半个月后病斑表面密布鲜黄色细小点状物（性孢子器）。从性孢子器中会涌出具光泽的黏液，内有大量的性孢子。黏液干燥后，细小黄色点状物变为黑色。接着叶背病斑隆起，在凸起的病斑上产生许多淡黄色管状物（锈孢子器）。嫩叶、叶柄、幼果、果柄均易受害，呈现畸形（见彩图2-7-5）。

病原　担子菌门冬孢纲锈菌目柄锈菌科胶锈菌属山田胶锈菌（*Gymnosporangium yamadai* Miyabe）是转主寄生菌，在苹果属上形成性孢子器和锈孢子器，而后传播到转主桧柏树、龙柏、翠柏上则形成冬孢子角，冬孢子，冬孢子萌发后产生担孢子。性孢子器先埋生，后外露，近球形；性孢子单细胞，无色，纺锤形；锈孢子器圆筒形，多生于叶背，有时长在果子上，锈孢子球形或多角形，单细胞，褐色，膜厚，有瘤状突起，大小19~25μm×16~24μm。锈孢子器有护膜细胞，六角形，大小25~115μm×16~30μm（见图2-7-6）。

防治方法　苹果、垂丝海棠锈病是转主寄生菌引起，在苹果属上形成性孢子器和锈孢子器，而后传播到转主桧柏树上危害，形成冬孢子角和冬孢子。早春冬孢子在有水分的情况下萌发，冬孢子萌发后产生担孢子又侵染苹果属植物。当气温达15~17℃时，苹果树幼芽萌动至幼果成长到大拇指大小时均可被害，性孢子器先埋生在病斑的组织中。故预防是两属植物相距离2~5km；若它们很近，只能于冬季修剪桧柏树上的冬孢子角（菌瘿）并集中

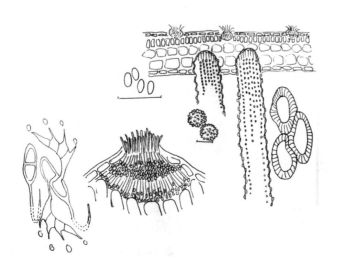

图2-7-6　山田胶锈菌（*Gymnosporangium yamadai* Miyabe）

烧毁。在苹果属植物感病阶段，应向相距较近的两属植物同时喷洒杀菌剂，2~3次（间隔10~14d）。可用0.8°~1.5°Bé石硫合，或40%福美砷500倍液，或50%苯来特可湿性粉剂1000倍液，退菌特600倍液，每次用一种，交叉使用，喷匀喷足。

7.5 苹果炭疽病

症状 主要危害果实，也危害枝条、叶和幼果。果实上发病初期呈现褐色小圆斑，渐果肉软腐，病斑呈圆锥状陷入果肉。病斑扩大，果面稍下陷，有明显的深浅色交错的同心轮纹。病斑中心产生小粒点，初褐色渐变黑色分生孢子盘。在温暖潮湿状态下，分生孢子盘涌出粉红色黏质的分生孢子团。病健分界明显，病果肉有苦味，严重发病时，病斑可扩展至半个果实，导致果实提前脱落。病害发生在小枝上，呈褐色溃疡状病斑，树皮多开裂，病害多发生在伤残枝上叶病初病斑上产生黄褐色小斑点，逐渐形成不断扩大呈褐色溃疡状病斑（见彩图2-7-7）。

病原 子囊菌亚门围小丛壳 [*Glomerella cingulata* (Stonem.) Spauld. et Schrenk]；无性阶段半知菌亚门腔孢纲黑盘孢目（科）刺盘孢属盘长孢状刺盘孢（*Colletotrichum gloeosporioides* Penz., 异名：果生盘长孢 *Gloeosporium fructigenum* Berk）寄主范围很广。分生孢子盘先埋生于表皮下，后突破表皮外露，水分充足时涌出分生孢子。分生孢子梗单胞无色，栅栏状排列。分生孢子单胞无色，长椭圆形至长圆柱形，内含两个油球，大小12~16μm×4~6μm，分生孢子集成团时呈粉红色，潮湿时涌出表皮外时形成分生孢子角（似卷曲须状），为典型病症。其有性阶段较少见到。

防治方法 病菌在病果、果台和干枯的枝叶上越冬，翌年形成分生孢子侵染新叶、嫩枝和果实。冬季结合修剪，把病虫害枝，枯枝及僵果等剪除，无法挽救的历史病株清除。不用刺槐做防风林。合理密植，适当修剪，适时中耕锄草，使果园通风透光，按比例施用氮、磷、钾肥，建全排灌系统，合理喷洒药剂预防，杀菌剂可用75%百菌清可湿性粉剂600倍液，或50%苯来特可湿性粉剂1000倍液，退菌特600倍液，均加黏着剂（如0.03%皮胶等）每次用一种药，交叉使用，喷匀喷足。

7.6 苹果褐腐病

症状 病果表产生浅褐色小斑，软腐状，气温10℃左右，病斑扩展迅速。在高温下病害扩展更快，0℃时病菌仍能存活。病果在有光线的那面易形成同心轮纹状排列的茸球状菌丝团和分生孢子堆，土黄色的病症极典型。

大多病果早落，成熟病果不堪食用，极少数病果残留树上，后干缩成黄褐色至暗绿黑色僵果，成为翌年病害病原的主要来源（见彩图2-7-8）。

病原　子囊菌亚门柔膜菌目核盘菌科核盘菌属果产核盘菌（*Sclerotinia fructigena* Aderh. et Ruhl.），其无性阶段是半知菌亚门丝孢纲丛梗孢目（科）罢丛梗孢属的仁果丛梗孢（*Monilia fructigena* Pers.）除侵染仁果外，有时也侵染核果类果实，是苹果贮藏运输期重要病害之一。

防治方法　清除病果、落果和僵果，秋末或早春进行土壤深翻，降低初侵染来源，理好排灌系统。8~9月喷洒1:1:160~200波尔多液保护果实，喷洒2次（间隔10~14d），避免果实受伤，选优等果实分级用纸包装，杜绝病菌从果表侵入危害。果实贮藏温度为1~2℃，相对湿度为90%，定期检查，合理完成果品出库计划，降低损失。

7.7　苹果、垂丝海棠腐烂病

症状　病害在苹果树各种生长阶段均会发生，以结果树干发病较重。病斑主要发生在主干、主枝、树杈及侧枝上，小枝很少受害。病树皮层腐烂坏死，病状以溃疡型为主，其次还有枯枝型。病斑皮层呈红褐色，略水渍肿胀状，病部常有黄褐色汁液流出，病皮极易剥离。病害严重时有酒糟味，后失水变褐色，病斑有时发生龟裂。在病斑上密生许多黑色小粒点，当空气潮湿时小粒点上涌出橘黄色卷丝状的胶状物是病原的无性孢子角（见彩图2-7-9）。

病原　子囊菌亚门球壳菌目间座壳科黑腐皮壳属苹果黑腐皮壳（*Valsa mali* Miyabe et Yamada）。有、无性阶段都产生于子座内，子囊壳3~14个，烧瓶状，具长颈，暗色，埋生在子座间，直径350~680μm，颈长190~360μm。子囊棍棒形，大小29~36μm×7~10μm，无色，内含8个子囊孢子；子囊孢子无色，单胞，香蕉形，大小7~10μm×1.5~2μm。及其无性阶段是半知菌亚门腔孢纲球壳孢目（科）壳囊孢属一个种 *Cytospora* sp.。分生孢子器，暗色，长于子座内，多腔，有共同的孔口，分生孢子无色，单细胞，香蕉形，大小比只子囊孢子稍小。

防治方法　腐烂病菌是一种弱寄生菌，只能从伤口侵入，侵入时菌丝先定殖于伤口处的坏死组织上，然后分解毒素杀死周围的活细胞，再蔓延至邻近活组织上，使病疤逐渐扩大，病部皮层呈腐烂状。腐烂病斑周年可见，病害的高峰期在初冬至早春苹果树的休眠期。预防要冬季结合修剪，把病虫害枝，枯枝等剪除，集中烧毁或深埋。无法挽救的历史病株清除烧毁。合理密植，适当修剪，适时中耕锄草，使果园通风透光，按比例施用氮、磷、钾肥，不偏施氮肥。排灌得当，防寒保树。冬、夏季进行树干涂白，防冻伤和日灼。对修剪及刮治的伤口，可用波尔多浆，或4°~6°Bé石硫合剂消毒，后伤口可涂抹

0.1%萘乙酸羊毛脂促进伤口愈合，或涂接蜡（松香∶石蜡∶动物油=2∶2∶1）或抹以石膏退菌特水胶（10%水胶∶石膏∶退菌特=4∶2∶1）。

药剂防治，用松焦油防治腐烂病，抑菌效果显著（达95%）。即使用270℃以后分馏的松焦油5倍液，刷至病部见流水为度，可用钉子刷将病部拉成网孔状，病健交界处要多拉伤些（增加渗透杀菌工能），再刷松焦油药剂。还可用复方内疗素（1000/mL生物单位的内疗素液0.5kg加入1%~2%硫酸铜）防治腐烂病是高效、低毒、内吸的生物制剂，并能刺激伤口愈伤组织生长。以4月喷洒树干为好，不能喷洒至叶，否则会药害。

7.8 垂丝海棠红花寄生害

症状 被侵害部位肿大成不规则瘤状，寄生物枝叶向上生长，其根出条向下向树皮外延伸。寄主垂丝海棠落叶时，寄生的小红花植株不落叶。症状更明显，受害部位向阳或在树冠光照较好处（见彩图2-7-10）。

病原 桑寄生科植物梨果寄生属（*Scurrula* L.）的红花寄生（*Scurrula parasitica* L.）约有50种，分布于亚洲南部和东南部的热带和亚热带地区。该属我国有11种，2个变种，在昆明发现1个变种小红花寄生［*Scurrula parasitica* L. var. *graciliglora*（Wollyrex DC.）H. S. Kiu］特征与红花寄生同（检索表1），但花色为黄绿色，花小，花冠管状1.2~2cm。红花寄生*S.parasitica* L.嫩叶、嫩梢有茸毛，成长叶两面无毛，花红色被毛，花陀螺形，浆果梨形，红黄色，果皮平滑。种子一枚，花果期秋季。

防治方法 垂丝海棠红花寄生害是桑寄生害，症状明显，见过不忘，可以远处发现症状。移栽大树前必须将桑寄生植株锯去，锯口应在根出条下部约20cm处锯断，伤口涂封固剂保护。

7.9 垂丝海棠穿孔病

症状 病初病斑上产生黄色小点，渐形成黄褐色小斑，边缘红色，约半个月后病斑表面密布红褐色不规则病斑，内有细小褐色点状物，后来病斑穿孔状脱离呈溃疡状穿孔叶上密布小孔，早落叶（见彩图2-7-11）。

病原 半知菌亚门丝孢纲丛梗孢目暗色孢科尾孢属海棠尾孢（*Cercospora mali* Ell. et Ev.）子座近球形，较小，褐色；分生孢子梗3~12根一簇，青褐色，顶端色淡而细，不分枝，平滑，直立到稍弯曲，有1~9个曲膝状折点，孢痕疤明显，横隔膜2~7个，大小30~170μm×4.5~6μm，合轴式产孢；分生孢子针形无色，平滑不链生，横隔膜8~10个，孢子大小30~180μm×2.7~4μm，也侵染苹果（图2-7-12）。

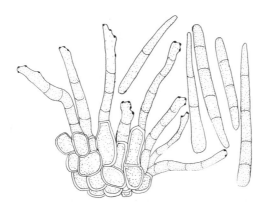

图 2-7-12 海棠尾孢（*Cercospora mali* Ell.et Ev.）

防治方法 参考苹果、垂丝海棠圆斑病的防治措施。

7.10 花红、苹果毛毡病

症状 病初病斑上产生黄色小点，逐渐在叶背形成橙色（花红叶）、淡紫色（苹果叶）茸毛小斑，多个病斑相互连成一片成近圆形至不规则形斑。仔细观察病斑，可看出有许多植物毛的病状，病原动物很小，肉眼看不见，故无病症（见彩图 2-7-13）。

病原 动物蛛形纲瘿螨总科茸毛瘿螨属四足螨（*Eriophyes* sp.）体形近圆锥形，黄褐色，体长 100~280μm，体宽 50~70 μm；头胸部有两对步足，腹部宽，尾部狭小，末端有 1 对细刚毛；背、腹部有许多环纹。

防治方法 用杀螨剂喷雾控制四足螨。瘿螨以成虫在芽的鳞片内，或在病斑内以及枝条的皮孔内越冬；翌年春季，嫩芽抽叶时，瘿螨便爬到叶上危害、繁殖。预防喷洒杀螨剂要抓住嫩芽抽叶期连喷 2~3 次，杀螨剂可用 20% 螨卵脂可湿性粉剂 1000~2000 倍液，或 20% 三录杀螨砜可湿性粉剂 800 倍液。或在 6 月幼虫发生盛期喷洒 0.3°~0.5° Bé 的石硫合剂，或上述几种杀螨剂。每次用一种，交叉使用，喷匀喷足。

7.11 苹果花叶病毒病

症状 常见的有斑驳型和花叶型，叶片产生形状不规则、大小不等、边缘清晰呈鲜黄色的称斑驳型；病斑不规则，有较大的深绿和浅绿相间的色变、边缘不清晰的称花叶型（见彩图 2-7-14）。

病原 李属坏死环斑病毒苹果株系。

防治方法 严格选用无病毒接穗和实生砧木，带毒植株可在 37℃ 恒温下处理 2~3 周，即可脱除苹果花叶病毒；在育苗期加强苗圃检查，发现病苗及时拔除销毁，以防病毒传播；加强水肥管理，适当重修剪，增强树势，提高抗病能力，春季发芽后喷施浓度为 50~100mL/kg 增产灵 1~2 次，可减轻危害程度。对丧失结果能力的重病树和未结果的病幼树及时刨除，改植健树，免除后患。

7.12 海棠煤污状叶斑病

症状　病菌侵染成长叶，使叶片产生大斑病。在叶中部或边缘形成椭圆形至不规则形病斑，其边缘色深，中部色浅，边缘稍隆起，中央灰褐色似有同心轮纹，空气湿度大时，可见到深褐色至黑色小点，用放大镜看病症，多有黑色茸毛状物（见彩图 2-7-15）。

病原　半知菌亚门丝孢纲丛梗孢目暗色孢科链格孢属的一个种 *Alternaria mali* Roberts 引致，分生孢子梗暗色，单枝，长短不一，顶生不分枝或偶尔分枝的孢子链；分生孢子暗色，有纵横隔膜，倒棍棒状，椭圆形或卵形，常形成链，单生的较少，顶端有喙状的附属胞。

防治方法　在夏秋季，上述各种观赏植物易发生该病害，尤其连绵降水几天以后，病叶易产生明显病症，以秋季发生较普遍，冬春季是预防的好时机；病原菌在病落叶上越冬，防治宜在秋末彻底清除落叶烧毁，减少翌年春季的初侵染来源；夏、秋季初病时，此时叶片有不规则枯斑，可喷 50% 多菌灵 800~1000 倍液，或 65% 的代森锌 500~800 倍液或 70% 托布津 1000 倍液进行治理。每 7~10d 喷药一次，共喷 3~4 次。有较好效果。

7.13 苹果果实黑斑病及白粉病

症状　黑斑病：病果果面散布大小不等的黑褐色病斑，病斑干燥，微凹陷，后期其上有明显的小黑点，即病原菌的分生孢子器（见彩图 2-7-16）。白粉病：幼果、嫩梢和花芽受害时，常有皱缩，部分捲曲的病状，在这些病状上往往有白粉层的病症。后病斑枯萎，坏死，早落，老叶耐病（彩图 2-7-17）。

病原　果实黑斑病：半知菌亚门腔孢纲球壳孢目（科）大茎点属一个种的真菌 *Macrophoma* sp.，分生孢子器壁厚，暗褐色，有孔口；分生孢子，卵形，无色，大小 15~17μm×6.0~7.5μm（图 2-7-18）。果实白粉病：子囊菌亚门白粉菌目（科）叉丝单囊壳属的白叉丝单囊壳 [*Podosphaera leucotricha* (Ell.et Ev.) Salm.] 闭囊壳直径 70~90μm，附属丝生于闭囊壳顶部或基部，顶部 3~10 根，顶端叉状分枝，基部附属丝短，菌丝状，闭囊壳内只有一个子囊，8 个子囊孢子，孢子无色，椭圆形，大小 22~25μm×12~15μm（图 2-7-19）。其无性态：苹果粉孢霉（*Oidium farinosum* Cke.）分生孢子串生，无色，圆桶形，大小 20~27μm×14~18μm。尚可寄生花红、山荆子、海棠等

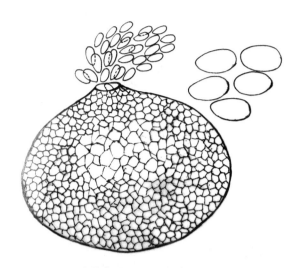

图 2-7-18　大茎点属 *Macrophoma* sp.

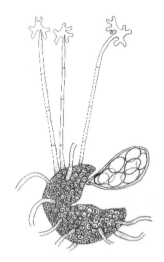

图 2-7-19　白叉丝单囊壳
Podosphaera leucotricha
(Ell. et Ev.) Salm.

植物。而三叶海棠、野山楂和云南山楂白粉病的病原是同属的隐蔽叉丝单囊壳 [*P. clandestina* (Wallr. Fr.) Lev.] 白粉菌寄生性强，其专化性也较强，许多种是以寄主而定。

防治方法　加强水肥管理，增强树势；落花 10d 后。树上喷 50% 多菌灵 600 倍液或 70% 甲基托布津 800 倍液，间隔 10d 后再喷 1~2 次；及时扫除病果，秋后清扫果园。

7.14　荔枝果腐病

症状　荔枝果腐病多危害成熟果实。多从蒂部一端开始发病，病部初呈褐色，后变为暗褐色，病部逐渐扩大，直至全果变褐腐烂。内部果肉腐烂酸臭，外壳硬化，暗褐色，有酸水流出，病部上生有白色霉状物（见彩图 2-7-20）。

病原　为半知菌类丝孢纲丛梗孢目（科）地霉属的白地霉（*Geotrichum candidum* Link，异名：节卵孢 *Oospora* sp.），属半知菌亚门。在病部长出的白色霉状物是分生孢子。分生孢子由老熟菌丝断裂成为串生孢子。孢子无色，初为矩形，后呈卵圆形（图 2-7-21）。

发病规律　荔枝酸腐病菌是一种寄生性较弱的真菌，可在土壤中腐生。病菌分生孢子借风雨或昆虫传播，采收时的工具也可带菌传播。病菌只能从伤口侵入，故成熟果实被荔枝蝽象及蒂蛀虫危害，或采收时果实受伤都容易感染该病。病菌从伤口侵入果肉内吸收营养，同时分泌酶分解果肉的薄壁组织，致使果肉败坏不堪食用。一般危害将近成熟及成熟的果实，成熟度越高越易感病。高温、高湿有利于病害的发生。荔枝蝽、蟓及蒂蛀虫危害越严重，酸果腐病的发病率就越高。

防治方法 适时采收，选择晴天或露水干后才收果可减少酸腐病的发生。防止果实受损伤，在采收、贮运的过程中尽量避免果实受损伤。③防治荔枝蝽象及蒂蛀虫等危害，可减少酸腐病的发生。

药剂浸果处理，采用75%抑霉唑2000倍液+72% 2,4-D乳剂5000倍液或45%特克多乳剂1000倍液+75%抑霉唑2500倍液+72% 2,4-D乳剂5000倍液浸果，对荔枝酸腐病有较好的防治效果。

7.15 荔枝毛毡病

症状 主要危害叶片、嫩枝和花穗。叶片受害初期出现黄绿色小斑，后逐渐扩大联结成不规则大块斑，病斑初期在叶背具白色茸毛状物，病状是荔枝叶表皮组织增生，像毛毡，凹凸不平，后趋渐变为黄色最后转为深褐色至红褐色，叶缘叶背卷曲。嫩枝和花穗受害时病部畸形茸毛状。花器受害。畸形膨大成簇，不能结果。近年来，由于果园失管等原因，荔枝园枝梢毛毡病发病率轻的10%左右，重的达30%以上，对荔枝的结果和生长造成了颇为严重的影响（见彩图2-7-22）。

病原 蜘蛛纲锈壁虱科茸毛瘿螨属荔枝茸毛瘿螨[*Aceria litchii*（Keifer）]。

发病规律 荔枝瘿螨年发生15代以上，均可常年发生，且易世代重叠。瘿螨的成、若螨均喜好在幼嫩枝梢，初抽出的花穗、花蕾，幼果等的幼嫩组织上聚集吸食，并分泌汁液，使这些正在生长的幼嫩组织发生如同毛毡状的畸变。主要通过风、接穗、苗木、昆虫和人为活动等方式进行远近距离的传播。瘿螨的卵和成、若螨都非常小，一般肉眼很难看到，要用放大40倍双目解剖镜才可看到其轮廓，调准才可看清其全貌（图2-7-23）。

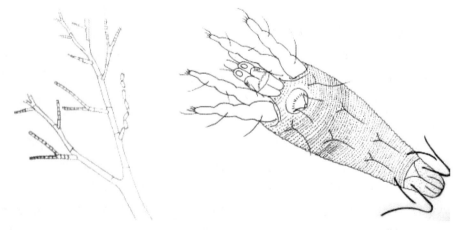

图2-7-21 白地霉（*Geotrichum candidum*） 图2-7-23 毛瘿螨 *Aceria litchii*（Keifer）

防治方法 ①清理果园，清园时把有毛毡病的枝梢全部剪除并收集烧毁，后喷施杀虫、杀螨剂。②保护嫩梢，瘿螨均喜好在幼嫩组织聚集吸食，故在嫩梢抽齐时结合防治尺蠖等咀嚼式口器昆虫，打一次杀虫、杀螨剂；待红叶展开后再打一次，共打二次；此后，在荔枝开花前15d，以及谢花后各施一次杀虫杀螨剂。这样，这两种瘿螨基本可以控制。可用氯氰菊酯+螨克或乐斯本+哒螨灵或阿维菌素均有较好疗效。

7.16 荔枝炭疽病

症状 荔枝炭疽病危害荔枝嫩叶、花穗和果实。叶片受害常在叶尖开始发病，初时产生圆形或不规则形的淡褐色小斑，后迅速扩展为深褐色的大斑，病斑边缘不很清晰。在叶背面的病斑上形成许多小粒点，此为病原菌分生孢子盘，初为褐色，后变为黑色，突破表皮。在湿度大时，会溢出朱红色黏液，此为病原菌的分生孢子。严重时引致叶片干枯，脱落。花枝受害，花穗变褐色枯死。果实在将近成熟时容易受害，受害果实变褐色腐烂，天气潮湿时在病部产生许多黏质小粒，溢出朱红色黏液，病果容易脱落（见彩图2-7-24）。

病原 荔枝炭疽病有两种：危害叶片的炭疽病病原为半知菌亚门腔孢纲黑盘孢目（科）刺盘孢属的荔枝炭刺盘孢（*Colletotrichum litchii*）；危害果实的炭疽病的病原为盘长孢状刺盘孢菌［*Colletotrichum gloeosporioides*（Penz）Saec］，均属半知菌类。病部的黑色颗粒是分生孢子盘，朱红色黏液是密集的分生孢子。孢子盘为盘状。分生孢子椭圆形或圆柱形，单胞无色，有一个油点。

发病规律 荔枝炭疽病菌以菌丝体和分生孢子盘在受害的枯枝、病叶、烂果等病残体上越冬。翌年春天气候条件适宜时，长出新的分生孢子，经风、雨水或昆虫传播进行再侵染。在多雨，潮湿的天气发病较重。果园管理不善，植株长势衰弱，或种植密度过高，或植株组织幼嫩，发病都较重。炭疽菌是典型的潜伏侵染菌，病菌在幼果期侵入，在果实组织内潜伏，待果实将近成熟，抵抗力下降，病菌迅速生长繁殖，造成果实发病。

防治方法 ①加强栽培管理，冬季要对荔枝树增施有机肥，进行松土、培土，使荔枝树生长健壮，提高其抗病力。②搞好果园卫生，冬季要进行修剪，把枯枝、病虫枝、弱枝彻底剪除，并收集病枝、病叶、烂果集中烧毁，以减少初侵染源。③喷药保护：荔枝花穗期和幼果期是喷药保护的关键时期，每隔10~15d喷一次药，喷药次数要视天气及病情发展而定，最好结合防治荔枝霜霉病同时进行。药剂可用64%杀毒矾M8可湿性粉剂600倍液；50%多菌灵可湿性粉剂500~600倍液；70%甲基托布津可湿性粉剂800~1000倍液均有很好的效果。

7.17　荔枝叶缘焦枯病

症状　危害成年叶和老叶。病斑产生于叶面或叶缘，初期为褐色小斑点，后逐渐扩大呈圆形、近圆形和不规则形大斑块、中央灰白色，上生小黑粒，边缘褐色（见彩图 2-7-25）。

病原　为半知菌亚门腔孢纲黑盘孢目（科）拟盘多毛孢属的茶褐斑拟盘多毛孢菌 [*Pestalotiopsis guepin* (Desm.) Stey]。

防治方法　①加强栽培管理：合理施肥，增施有机肥，搞好果园排水。以促进根系生长；适度修剪整枝，增强通风透光，以提高植株抗病性。②搞好果园卫生：采收后要及时做好清园工作，将清除的枯枝落叶和病枝病叶集中烧毁，以减少菌原。③适度药剂防治：对病重果园和老树，要加强夏、秋季节的果园检查；发病初期开始喷药，间隔 10~15d 施药，连续喷药 2~3 次。药剂可选用 70%甲基托布津可湿性粉剂 800~1000 倍液、75%百菌清可湿性粉剂 600~700 倍液、50%多菌灵可湿性粉剂 500~800 倍液或 1：1：200 波尔多液。以上药剂应交替使用。

7.18　荔枝枯斑病

症状　危害成年叶和老叶。病斑产生于叶面或叶缘，初期为褐色小斑点，后逐渐扩大呈圆形、近圆形和不规则形大斑块，上生黑褐色霉状物，即病原菌分生孢子（见彩图 2-7-26）。

病原　半知菌类丝孢纲丛梗孢目暗色孢科链格孢属的细链格孢属真菌（*Alternaria* sp.）引致。

发病规律　荔枝枯斑病与其他叶斑病的病菌主要靠风、雨传播。夏季高湿多雨时病害严重，常造成落叶。种植管理粗放、果园荫蔽、排水不良都会诱导病害严重发生。

防治方法　同荔枝叶缘焦枯病的防治方法粉剂 600~700 倍液、50%多菌灵可湿性粉剂 500~800 倍液或 1：1：200 波尔多液。以上药剂应交替使用。

7.19　荔枝枝枯病

症状　枝条先端受害后向下蔓延直至主干，病枝叶片变黄脱落。病枝皮层初呈灰褐色，后变深灰色，枝条枯死。剥去树皮，可见皮层和木质部变色腐烂，先湿腐，几个月后变干腐。在病枝干树皮上长出许多黑色颗粒（病症），直径约 2~3cm（见彩图 2-7-27）。

病原　半知菌亚门腔孢纲球壳孢目球壳孢科黑盘孢属的矩圆黑盘孢 *Melanconium oblongum* Berk.

发病规律　初冬开始防冻害，春季防旱害。对幼树要重点保护，对有寒流经过受侵害的树及时修剪保护。

防治方法　当出现病情，可用40%三唑酮多菌灵可湿粉300倍液，或石硫合剂药渣，或3°Bé石硫合剂刷涂腐病枝干，大的枝干，要及时修去受害处，修剪时先剪至健康处，以免病斑上的病原向下传播，修去较大的枝或干时要涂封伤口（可用不太烫的沥青、白蜡或用塑料薄膜包扎伤口）。接着要加强抚育管理，增强树势，提高抗病力。

7.20　茶炭疽病

症状　侵染嫩叶、成叶发病，病斑多自叶尖或叶缘发生，少数也有在叶的中间部分，最初呈现暗绿色水渍状小点，以后逐渐扩大呈不规则形，有时以中脉为界，病斑波及半片叶面或几达全叶。黄褐色或淡褐色，有轮纹或无轮纹。后期，病斑表面散生许多细小的黑色小粒点。病斑背面呈黄褐色或淡黄褐色，周缘有淡黄色的隆起纹线，散生有少量黑色小粒点。病斑部分较薄而脆，容易破裂。病叶最终脱落（见图2-7-28）。

病原　半知菌亚门腔孢纲黑盘孢目（科）盘长孢属的茶盘长孢（*Gloeosporium theae-sinensis* Miyake）病部散生的黑色小粒点是病原菌的分生孢子盘，直径为80~150μm，初埋生于表皮下，后突破表皮而外露。分生孢子梗短线状单生，无色，单胞，大小为10~25μm×1.0~1.5μm，顶端各着生1个分生孢子。分生孢子梭形，两端稍尖，无色，单胞，大小为3~6μm×2.0~2.5μm，内含1至数个小油球。炭疽病菌的分生孢子细小，梭形，不产生刚毛，易与云纹叶枯病菌相区别。菌丝体的发育适温为25~27℃，6~10℃以下及35℃以上时停止发育；酸碱度以pH5.2左右为最适。分生孢子在25℃和100%相对湿度下或水滴中发芽最好，在95%相对湿度下即不能萌发。

病菌主要以菌丝体潜伏于病组织内或以分生孢子盘在病组织上越冬，翌年春季当温湿度适宜时，便形成分生孢子盘和分生孢子，成熟的分生孢子借风雨辗转传播，造成病害扩展蔓延。据报道，当气温达到20℃以上及相对湿度在80%以上时便可形成分生孢子。在温暖地区，分生孢子也能安全越冬。

防治方法　①秋季结合深耕施肥，将根际枯枝落叶深埋土中，减少翌年发病来源。②加强茶园肥培管理，提高茶树抗病力。③选用抗病品种：在开辟新茶园或消灭老茶树改造为新茶园时，应选用适于当地种植的抗病高产品种。④喷施10%多抗霉素75~125g/亩（600~1000倍液）。非采摘期用

0.6%~1%石灰半量式波尔多液防治,还可采用植物提取液防治。

7.21 茶轮斑病

症状 茶轮斑病主要发生于当年生的成叶或老叶的叶缘、叶尖或叶片的其他部位。初期病斑黄褐色,渐变褐色,最后呈褐色、灰色相间的半圆形或圆形的病斑。病斑上常呈现有较明显的同心轮纹,边缘有一褐色晕圈,病斑正面轮生有许多煤污状小点(见彩图2-7-29)。

病原 半知菌亚门腔孢纲黑盘孢目(科)盘多毛孢属的茶盘多毛属(*Pestalotia theae* Sawada)(图2-7-30)和显微拍摄的真菌。分生孢子盘生于表皮下,后突破表皮呈墨汁状小点,直径120~180μm。分生孢子梗短线状单生,无色透明,顶生1个分生孢子。分生孢子梭形,通常有4个横隔膜分为5个细胞,中部3胞褐色,两端2胞无色,顶生3~4根刺毛,刺毛的顶端略呈结节状膨大。病原菌的生长适温为28℃左右。分生孢子的发芽适温为25℃。轮斑病菌以菌丝体潜伏于茶树上的病组织中和分生孢子盘在病组织上越冬,秋季遗落在土面的病组织内的病原菌也能越冬,当外界环境条件适宜时,即产生分生孢子,主要借风雨传播病害。在温暖地区,分生孢子在病部也可安全越冬而成为翌年的初次侵染源。

防治方法 ①加强茶园管理,增施肥料,勤除杂草,做好抗旱防冻及治虫工作,促使茶树生长健壮,减轻发病。②茶园冬耕,深埋落叶,或清除土表落叶,以减少侵染来源。③春茶结束后,在病害盛发前(广东中部一带是7月)喷药保护,可选用25%灭菌丹400倍液,50%苯菌灵1000~2000倍液,75%百菌清800倍液,70%甲基托布津1000倍液。④易遭日灼、风害的茶园,要种植防风林与遮阴树,优化茶园的生态环境,减少发病。

7.22 茶饼病

症状 又称疱状叶枯病、叶肿病,是嫩芽和叶上重要病害,分布在全国

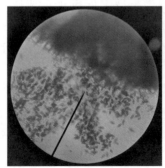
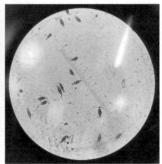

图2-7-30 茶盘多毛属(*Pestalotia theae* Sawada)

各茶区。主要危害嫩叶、嫩茎、新梢、花蕾、果实和叶柄。嫩叶染病初现淡黄至红棕色半透明小斑点，后扩展成直径 0.3~1.25cm 圆形斑。病斑正面凹陷，浅黄褐色至暗红色，背面凸起，呈馒头状疱斑，其上具灰白色、粉红色或灰色粉末状物，后期粉末消失。凸起部分萎缩形成褐色枯斑，四周边缘具一灰白色圈，似饼状，故称茶饼病（见彩图 2-7-31）。发病重时一叶上有几个或几十个明显的病斑，后干枯或形成溃疡。叶片中脉染病病叶多扭曲或畸形，茶叶歪曲、对折或呈不规则卷拢。叶柄、嫩茎染病肿胀并扭曲，严重的病部以上的新梢枯死或折断。该病对茶叶品质影响很大。

病原 担子菌亚门层菌纲外担子菌目（科）外担子菌属的损坏外担子菌（*Exobasidium vexans* Massee），属担子菌亚门真菌（图 2-7-32）。病斑上的白粉状物是该菌的子实层，由很多个担子聚集形成。担子圆筒形至棍棒形，基部较细，顶端略圆，单胞，大小 49~150μm × 3.5~6μm，担子顶端具小梗 2~4 个，每个小梗上生担孢子 1 个。担孢子单孢无色，椭圆形，大小 9~16μm × 3~6μm，发芽前产生中隔，变为双胞，发芽时每胞各生 1 芽管，侵入寄主。病菌以菌丝体在病叶活体上越冬或越夏，翌年春 5 月上旬或秋天，均温 15~20℃，相对湿度高于 80%，即可形成担孢子。担孢子借风传播到嫩叶或新梢上，遇有水滴时，开始萌发，侵入后经 3~18d 潜育，形成新病斑，然后其上长出子实层。担孢子成熟后又飞散，进行多次再侵染。

防治方法 ①严格检疫，发现病苗及时处理。②施用充分腐熟的有机肥。③及时去掉遮阴树，及时分批采茶，适时修剪。④发病初期用 20% 三唑酮或 90% 甲基托布津等进行防治。

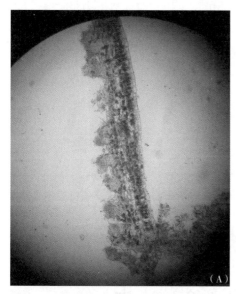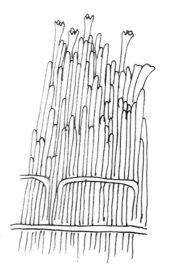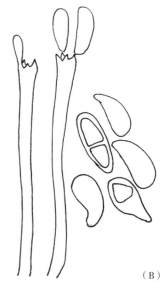

图 2-7-32 茶饼病病原
A：外担菌显微图；B：损坏外担子菌（*Exobasidium vexans* Massee）

7.23 茶白星病（叶斑病）

症状 主要危害芽叶和新叶，嫩梢及叶柄有时也受侵害。叶片受害，最初产生淡黄褐色水渍状小斑点，逐渐扩大后变成灰白色的小圆斑，中部凹陷，边缘环绕有略隆起的褐色纹线，表面散生黑色小粒点。病斑直径0.8~2mm，一叶上发生多时常互相并合成不规则形的大斑。病斑背面也呈灰白色，边缘淡褐色，黑色小粒点较少见（见彩图2-7-33）。

发病严重时叶呈畸形，容易脱落。嫩梢及叶柄受害后产生暗褐色斑点，后变为灰白色，圆形或椭圆形，发生多时常互相并合，使病部以上组织枯死。此病主要发生于春茶期间，特别是在多雨情况下发病严重。当气温超过25℃时，对分生孢子发芽及菌丝生长都不利，病害即受到抑制，故一般夏秋茶发病较轻。多雾的高山，以及荫蔽、低洼的茶园，由于湿度高、温度低、日照弱，所以发病也重。茶树缺肥也是影响发病的重要因素，但施用氮肥过多，以及管理粗放、采摘过度、土壤过酸等，都易诱发此病。

病原 半知菌亚门腔孢纲球壳孢目（科）叶点霉属的茶叶叶点霉（*Phyllosticta theifolia* Hara）（图2-7-34）的真菌引致。病部表面的黑色小粒点是分生孢子器，在显微镜下呈黑褐色，球形或扁球形，直径60~80μm，孔口位于乳头状突起的顶端，直径7~12μm。分生孢子椭圆形或卵圆形，无色，单胞，大小为3~5μm×2~3μm，成熟后遇水湿从孔口溢出呈纽带状。在嫩梢上发生时，菌丝体在2~25℃之间都可生长，以18~25℃为最适，28℃以上完全停止生长。分生孢子在2~30℃之间都可发芽，以22~25℃为最适。大气湿度在90%以上时，孢子即能萌发。白星病菌以菌丝体及分生孢子器在茶树上的病叶和病梢组织上越冬，翌年春季产生分生孢子，借风雨辗转传播病害。病原菌也可在遗落于土面的病叶中越冬。

图2-7-34 茶叶叶点霉（*Phyllosticta theifolia* Hara）

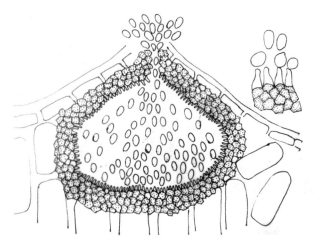

防治方法　应以合理增施肥料、适度采摘、加强培育管理为重点，促使树势生长健旺，增强抗病力；必要时可及时进行喷药保护（参照茶轮斑病）。

7.24　红花油茶藻斑病

症状　又称白藻病。分布在全国各茶区，主要危害中下部老叶片。老叶片染病，叶正、背面均可产生黄褐色斑，从针头大小圆形病斑或十字形斑点，渐呈放射状向四周发展为圆形至不规则形灰绿色至黄褐色病斑（见彩图 2-7-35），大小 0.5~8.0mm。病斑上可见细条状毛毡状物，后期病斑圆形或近圆形；稍隆起，呈暗褐色，表面光滑，有纤维状纹理，边缘不整齐。

病原　绿藻纲橘色藻科大孢藻属的寄生锈藻（*Cephaleuros virescens* Kunge）引起。病部有似铜钱状突起的硬块，上有毛毡状物即为营养体和繁殖体，孢囊梗顶端膨大，游动孢子成熟遇水后释放出游动孢子。以营养体在病叶上越冬。翌年春季，在潮湿条件下，产生游动孢子，通过风雨传播，侵入叶片，在表皮细胞和角质层之间蔓延。病原藻喜欢高温，但寄生性弱，多寄生在衰弱茶树上。茶园荫蔽、湿度大或湿气滞留利于发病。

防治措施　①建立新茶园，要注意选择高燥地块；雨后或地下水位高时，要注意开沟排水，防止湿气滞留。②及时疏除徒长枝和病枝，改善茶园通风透光条件。③适当增施磷钾肥，提高茶树抗病力。

7.25　红花油茶猝倒病（立枯病）

症状　该病是红花油茶苗期主要病害之一。种芽感病，苗未出土，种芽或胚茎、子叶已腐烂（见彩图 2-7-36）；幼苗受害，近土面的胚茎基部开始有黄色水渍状病斑，随后变为黄褐色，干枯收缩成线状，子叶尚未凋萎，幼苗已猝倒（彩图 2-7-37）。有时带病幼苗外观与健苗无差别，但靠近土面，不能挺立，细检此苗，茎基部已干缩成线状。此病在苗床内蔓延迅速，开始只见个别病苗，几天后便出现成片猝倒。木质化后的苗木被病菌感染后直立枯死，称立枯病（彩图 2-7-38）。当苗床湿度大时，病部表面及其附近土表可长出一层白色棉絮状菌丝体。

病原　本病由多种腐霉菌（*Pythium* spp.）引起。菌丝白色，无隔膜，生长茂盛，可产生厚垣孢子。有性繁殖产生藏精器和藏卵器，二者交配形成卵孢子，无性繁殖产生孢子囊及游动孢子。在引起猝倒病的已知腐霉中，主要是鞭毛菌亚门卵菌纲霜霉目腐霉科腐霉属的几个种瓜果腐霉［*P.aphanidormatum*（Eds.）Fitzp.］，其次是德巴利腐霉（*P. debaryanum* Hesse）和终极腐霉（*P. ultimum* Trow）和半知菌亚门丝孢纲无孢目无孢科丝

图 2-7-39 立枯丝核菌
(*Rhizoctonia solani* Kuhn)
和腐霉菌 (*Pythium* spp.)

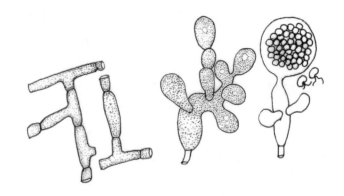

核属的立枯丝核菌（*Rhizoctonia solani* Kuhn）（图 2-7-39）。

发病规律　①营养土带菌或营养土中有机肥带菌；②种子带菌；③苗床地势低洼积水；④营养钵浇水过多，致使营养土成泥糊状、种芽不透气；⑤长期阴雨、光照不足、高温高湿。

防治方法　①选无病土做营养土，营养土中的有机肥要充分腐熟。②营养钵浇水要一次浇透，待水充分渗下后才能播种（芽）；③不可把种芽直接插入营养土中，先用筷粗似的细棒在营养钵中捣个穴后，再把芽放入穴中；选用抗病、包衣的种子，如未包衣，则用拌种剂或浸种剂灭菌后，才催芽、播种。④播种后用药土做覆盖土，发病后用药土围根效果比较好或喷药。⑤出苗后，严格控制温度、湿度及光照；可结合练苗、揭膜、通风、排湿；营养土在使用前，最少要晒 3 周以上。出苗后可选用 30% 恶霉灵可湿性粉剂 800 倍液或 64% 杀毒矾可湿性粉剂 600~800 倍液或 70% 甲基托部津可湿性粉剂 1000 倍液或 50% 多菌灵可湿性粉剂 800 倍液均有较好的效果。

7.26　红花油茶疮痂病

症状　主要危害叶片，嫩叶片正面出现微凹陷的许多小红点状物，相应叶背呈现出许多凸起的油渍状木栓化小斑。有时 2~3 个小斑汇合，有的几个至十几个小斑汇合成不规则的稍大些的斑，显现出叶背粗糙发红，呈麻疹状，继而干燥破裂坏死。在每个油渍状小疱斑上有小形的不明显小灰点为分生孢子盘。分生孢子很小且易脱落，叶背湿润时可见粉红色黏液（见彩图 2-7-40）。

病原　半知菌亚门腔孢纲黑盘孢目（科）痂圆孢属的一个种 *Sphaceloma* sp. 的真菌引致，分生孢子无色、单胞 6~12μm×2.5~4μm，分生孢子梗柱形无色单胞 9~12μm×3~4μm。

防治方法　①秋冬季气温高时，又有阴雨多湿的小气候。当气温在 15~23℃之间遇上山茶嫩叶期时，极易发病，甚至流行。因抽梢多和抽梢期长的品种，病菌侵染的机会多，不抗病。反之则为抗病品种。②加强栽培管理，修除病虫枝和过密枝条；清除地面枯枝落叶，减少初侵染源。③夏季加强水肥，促使植株在秋季新梢抽发整齐。叶片成长快，可错开病菌的侵染期。④喷药保护山茶幼嫩器官，可喷二次波尔多液，或 50% 退菌特、托布津可湿性粉剂 500~800 倍液。7~10d 一次。

7.27 红花油茶灰斑病

症状 病斑初为圆形、半圆形，黄褐色，周边呈淡黄色晕圈，中央灰白色。后期边缘稍隆起，褐色。叶正面病斑内有许多小黑点为分生孢子盘（见彩图 2-7-41）。

病原 半知菌亚门腔孢纲黑盘孢目（科）盘单毛孢属坎斯盘单毛孢 [*Monochaetia kansensis* (Ell. et Barth.) Sacc.]（图 2-7-42）并杂有山茶盘单毛孢（*M. camelliae* Miles）（图 2-7-43）的两种真菌引致。前者分生孢子盘暗褐色至黑色，深盘状，100~180μm × 70~93μm，分生孢子梗无色短柱状，排列成栅状；分生孢子梭形，具 4 个分隔 5 个细胞，中间 3 个细胞色深，两端细胞无色，顶端有一纤毛，约 7μm 长，尾端有一短尾刺，均无色。山茶盘单毛孢，分生孢子盘集生，直径 0.3~0.4mm，生于皮层下，成熟后破表皮而出。分生孢子纺锤形，有 4 个分隔 5 个细胞，两端细胞无色，中间 3 个细胞褐色，顶细胞有一喙状纤毛倒向一侧，尾部纤毛较短，均无色。

发病规律 病菌多从伤口侵入，小环境湿润促使发病。菌丝和分生孢子盘可在病残体上越冬。注意操作，减少碰伤和冻害。

防治方法 及时摘除病叶、花和果，清除地面落叶、落果集中销毁。重病区，初病期喷药 2~3 次（隔 7~10d 1 次），药剂可选 65% 代森锌 600 倍液，也可选石硫合剂，高温喷时选 0.5°~0.8° Bé，低温时选 1°~4° Bé。

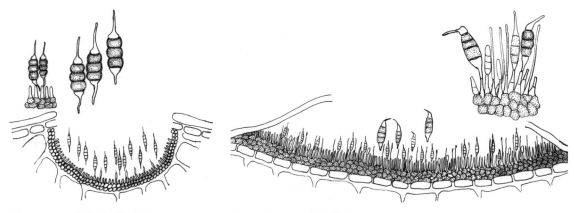

图 2-7-42 坎斯盘单毛孢 *Monochaetia kansensis* (Ell. et Barth.) Sacc.　　图 2-7-43 山茶盘单毛孢（*M. camelliae* Miles）

7.28 古茶树黏菌危害

症状 黏菌爬到茶树干部、土壤表面或其他地面附近的物体上生长并形成子实体。使其上产生胶黏淡黄色液体，后期长出 1mm 左右大小的有黄褐色短柄的蘑菇状孢子囊，整齐地排列在干部表面上。不同种类的黏菌的孢子囊形态各不相同。黏菌不吸取茶树植株的体液，不存在寄生关系，但茶树干部被菌体覆盖以后，导致茶树植株生长衰弱，致使病部感染其他杂菌而造成腐烂（见彩图 2-7-44）。

病原 是由两种属的黏菌危害所致，团毛菌属（*Trichia* sp.）和粉瘤菌属（*Lycogala* sp.）（图 2-7-45）在局部死树皮部位。营养体为一团裸露的原生质体、多核、无叶绿素、能做变形虫式运动的一类生物。

发病规律 黏菌以孢子囊在健康的植物体、病残物、或地表等处冬眠，休眠中的孢子囊有极强的抗低温、干旱等不良环境的能力。当环境适宜时，孢子便萌发。孢子萌发后，生成黏变形体或鞭毛细胞，它们行分裂增殖，经配合形成结合子。结合子不断生长和胞核连续分裂，又形成多核的原质团。原质团从近地面部位向上爬升，可达茶树干部，使植株各部位发病，可随繁殖材料及风雨传播。茶树种植过密，造成郁闭、潮湿、雨水多或施用未充分腐熟有机肥料等有利于该病原菌的发生和蔓延。

防治方法 ①施用充分腐熟的有机肥。②雨后及时排水，降低湿度。③发病初期喷洒 70% 甲基硫菌灵可湿粉剂 1000 倍液、或 50% 多菌灵可湿性粉剂 700 倍液，或 1∶1∶200 倍式波尔多液、或 2% 石灰水 1~2 次，即能控制蔓延。湿度大时可只喷粉（超低量快速喷粉，不加水）。

7.29 红花油茶半边疯病

症状 病斑多在树干基部或中部，初病树皮微下凹，逐渐烂皮，木质部漏出变色干枯状，后在发病部位呈现一层白色硬膜状物的病症，病斑明显下陷，周围常有 1 层至数层愈伤组织。故又叫白皮干枯病，白朽病或称烂脚瘟（见彩图 2-7-46）。

病原 担子菌亚门层菌纲非褶菌目伏革菌科（属）中的碎纹伏革（*Corticium scutellare* Berk. et Curt.）（图 2-7-47）的真菌侵染所致。其担子果平伏，不易剥落，近白色，渐变蛋壳色至肉色，蜡质，龟裂为细碎小片。子实层无囊状体，但其基部菌丝有结晶体。担孢子单细胞、椭圆形，大小 4~6μm × 2~3μm，菌丝和孢子均无色。

防治方法 老山茶树加之立地条件差，伤口多，尤其是老树桩的萌芽

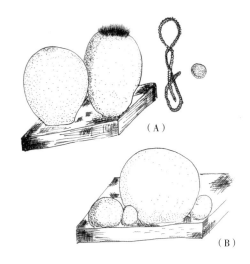

图 2-7-45 古茶树黏菌病原
A：团毛菌属（*Trichia* sp.）；B：粉瘤菌属（*Lycogala* sp.）

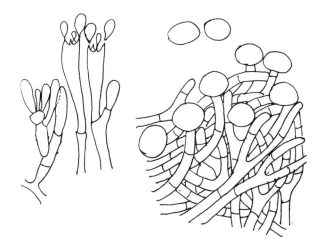

图 2-7-47 碎纹伏革（*Corticium scutellare* Berk. et Curt.）

条在阴湿杂草丛生处，此病易发生。故应注意山茶不要种在地势低洼，排水不良处。病树可采取刮除病皮，涂抹 1∶3∶15 的波尔多液，或 50% 托布津 200~400 倍液。及早刮治可以挽救病树，否则几年后逐渐衰弱死亡。

7.30　红花油茶病毒病

症状　病叶变小，微微皱缩，黄绿斑驳色彩鲜艳。叶片变形，无病症（见彩图 2-7-48）。

病原　山茶叶黄斑病毒（*Camellia mottle yellow virus*，CYMLV）；山茶花叶病毒（Camellia Mosaic Virus）。叶和花的斑驳可能是进行嫁接杂色品种'*Camellia japonica*'到全绿色品种 *C. japonica* 和 *C. sasanqua* 上而传播了病毒所致。

防治方法　①修去病叶病枝，留下好叶和枝条，做标记，以备继续观察日后原来的病毒小枝是否再萌发出病枝叶来，并观察病情轻重的变化。②发现严重病株及时挖除并销毁，或隔离栽培。初病苗木和病株可在修除病枝叶后，喷叶面营养液加 0.1% 肥皂液，或 7.5% 克毒灵 800 倍液，或 5% 菌毒清水剂 300~400 倍液。7~10d1 次，连喷 2~3 次，并观察效果。勿从病圃或病株上采繁殖材料，注意观察传毒昆虫，并先防治虫害。

7.31　红花油茶白绢病

症状　该病危害各种寄主的症状大致相似。树木受害后根部皮层腐烂，

图 2-7-50 齐整小核菌（*Sclerotium rolfsii* Gurzi）

导致全株枯死。在潮湿条件下，受害根茎表面产生白色菌索，并延至附近的土壤中，后期病根颈表面或土壤内形成油菜籽似的圆形菌核。发病后常引起苗木、幼树死亡（见彩图 2-7-49）。

病原 为半知菌亚门丝孢纲无孢目（科）小核属的齐整小核菌（*Sclerotium rolfsii* Gurzi），有性世代为担子菌，但很少出现，菌丝白色棉絮状或绢丝状。菌核球形或近球形，直径 1~3mm，平滑，有光泽，表面茶褐色，内白色（图 2-7-50）。

发病规律 该病菌为一种根部习居菌，只能在病株残体上生活。病菌生长最适合温度为 30℃。此菌很易形成菌核，菌核无休眠期，对不良环境有很强的抵抗力，能再土壤中存活 5~6 年。病菌以菌核在病株残体上越冬。翌年春季土壤湿度适宜时菌核萌发产生新的菌丝体，侵入植物根劲部位危害。病株菌丝可以沿土壤间隙向周围邻近植株延伸。菌核借苗木或者流水传播，高温高湿和积水有利于发病。6~9 月为发病期，7~8 月为发病盛期。

防治方法 注意苗圃地和植树地点的选择。可用 70% 的硝基苯 1kg 加细土 15kg 拌匀，结合整地做床翻入床面表土层，进入土壤消毒。作物发病重的地方可以用禾本科植物轮作。同时注意排水，清除杂草，减少浸染源。

挖除病株及其附近带菌土，并用石灰土壤消毒，每亩 50kg。还可用 0.2% 升汞溶液喷洒苗木根颈部位或用 1% 硫酸铜浇灌。增加施肥不仅能促进苗木健壮而且还能促进土壤中有抵抗作用的腐生微生物繁殖来抵抗病原菌活动，或减轻发病程度。

7.32 梨－桧锈病

症状 梨－桧锈病又称赤星病，主要危害梨树的幼嫩绿色部分，如幼叶、叶柄、幼果及新梢。梨锈病的诊断要点可以概括为：病部橙黄、肥厚肿胀、初生红点渐变黑、后长黄毛细又长（见彩图 2-7-51）。

病原　担子菌亚门冬孢纲锈菌目柄锈科胶锈属的梨胶锈菌（*Gymnosporangium haraearum* Syd.）引起。

发病规律　病菌具有专性寄生和转主寄生特点，在整个生活史中可产生 4 种类型的孢子，冬孢子及担孢子阶段发生在桧柏、龙柏及欧洲刺柏等柏类寄主上，性孢子及锈孢子阶段发生在梨树及贴梗海棠上。

梨锈病菌为转主寄生菌，转主寄主为松柏科的桧柏、龙柏、欧洲刺柏、高塔柏、圆柏、南欧柏和翠柏等。病菌侵染转主寄主后，在针叶、叶腋或小枝上产生红褐色、圆锥形或楔形的冬孢子角。

防治方法　①梨树与桧柏的栽植间距要在 1.5~5km 以上。②初春向桧柏树枝上喷 1°~3°Bé 的石硫合剂与五氯本酚钠 350 倍液的混合液 2~3 次；或人工摘除桧柏枝上的瘿瘤。③于 4~5 月向梨树上喷 15% 粉锈宁可湿性粉剂 1500~2000 倍液 1~2 次。④于 7~10 月向桧柏枝上喷 100 倍液等量或波尔多液 1~2 次。

7.33　梨黑星病

症状　梨黑星病能够侵染梨树所有的绿色幼嫩组织，如叶片及叶柄、芽、花序、新梢及 1 年生枝条等部位，其中以叶片和果实受害最为常见。该病症状的主要特点是：受害部位产生墨绿色至黑色，有时呈银灰色的霉状物；病部初期变黄，后期枯死，病部组织不腐烂（见彩图 2-7-52）。

病原　有性态为子囊菌亚门格孢腔菌目黑星菌科黑星菌属的梨黑星菌（*Venturia pirina* Aderh.），我国梨果南北均有分布，病原梨黑星菌在昆明时常发生，在病落叶上能找到子实体；在自然界常见其无性态，为半知菌亚门丝孢纲丛梗孢目暗色孢科黑星孢属的梨黑星孢［*Fusicladium pyrinum*（Lib）Fuck.］。

发病规律　病菌在芽鳞片、病叶及病枝梢部越冬。翌春在病芽长出的花器及新梢部先发病，成为侵染中心，病菌通过风雨传播到附近的叶片及果实上，当条件适宜即可侵染，潜育期 14~25d；温度越高，潜育期越短。病害一年中有多次再侵染，再侵染的次数取决于初次发病的时间及气候条件；病害流行的适温为 11~20℃，如阴雨连绵，病害扩展迅速。

防治措施　①清除病菌：减少初侵染及再侵染的病菌数量，降低病菌的侵染几率。②药剂防治：抓住关键时机，及时喷洒有效药剂，防止病菌侵染和病害蔓延。在梨树接近开花之前和落花 70% 左右各喷一次药，保护花序、嫩梢和新叶。每隔 15~20d 喷一次药，共喷 4 次。常用药剂为 40% 新星乳油 8000~10000 倍液，80% 喷克或 M-45 可湿性粉剂 800 倍液，70% 代森锰锌可湿性粉剂 600 倍液，50% 甲基托布津可湿性粉剂 500~800 倍液等均可。

7.34 梨白粉病

症状 此病多危害老叶,发生在叶背面,初期病斑为白色霉状小点,逐渐扩展为近圆形白色粉斑。每片叶上霉斑数目不等,数斑相连形成不规则形粉斑,甚至扩及全叶,上覆白色粉状物的分生孢子。后期在白色粉状物上,长出很多初为黄色逐渐变为黑色的小点的闭囊壳,严重时造成早期落叶(见彩图 2-7-53)。

病原 由子囊菌亚门白粉菌目(科)球针壳属的梨球针壳[*Phyllactinia pyri* (Cast.) Homma] 引起(图 2-7-54)。

发病规律 病原菌以闭囊壳在落叶上及黏附在枝梢上越冬。翌年病菌产生子囊孢子,借风雨传播,于 7 月开始初次侵染,8 月出现病叶,8~9 月为发病盛期。被害叶片的叶色变黄、卷缩。一般在偏施氮肥梨园发病重,密植、低洼的梨园,通风透差,排水不良,易发白粉病。

防治方法 ①清扫落叶:秋季应彻底清扫落叶,集中烧毁灭,减少病菌初次侵染来源。②梨树发芽前,喷布一次 5°Bé 石灰硫磺合剂。③生长期发病严重的梨园,喷 0.3°~0.5°Bé 石硫合剂;25% 粉锈宁 1000~1500 倍液;50% 硫悬浮剂 200 倍液;70% 甲基托布津 1000~1500 倍液,防治效果均良好。

7.35 梨(棠梨)炭疽病

症状 梨炭疽病又称苦腐病。主要危害果实。使果实腐烂、早落,影响产量,也能危害叶片。叶片发病起初,叶面出现淡褐色水渍状小圆斑,随着病斑逐渐扩大而颜色也逐渐加深,病部稍微下陷,病斑表面颜色深浅交错呈

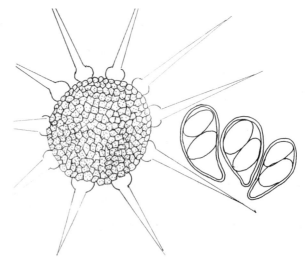

图 2-7-54 梨球针壳 [*Phyllactinia pyri* (Cast.) Homma]

明显同心轮纹。病斑表皮下有许多褐色隆起小粒点，后变黑色。有时排列成同心轮纹状。危害果实，使果肉变褐色，有苦味。果肉腐烂常呈圆锥形。严重时，可使果实全部腐烂。最后引起落果，或在枝上干缩成僵果。侵染棠梨叶片从叶缘开始，病斑边缘颜色较深，病、健部界限清晰。后期斑中形成黑色小点的分生孢子器，多个病斑联合起来，叶片枯焦反卷（见彩图2-7-55）。

病原　半知菌亚门腔孢纲黑盘孢目黑盘孢科刺盘孢属的梨刺盘孢（*Colletotrichum piri* Noack. f. *tiroliense* Bub.）。

发病规律　病菌在僵果上或病枝叶上越冬。翌年温湿度适宜时，产生大量分生孢子，借风雨或昆虫传播。经初次侵染发病的果实可再次侵染，一年内可多次侵染。直到果实采收。4~5月雨水多，侵染早，6~7月阴雨多，感病严重，排水不良的果园，低洼地势，黏重土壤等梨园感病较重。

防治方法　①严格清园、消毒。②加强管理，增强树势，合理修剪，通风透光。③发病季节可用甲基托布津、轮炭灵、多福锰锌和退菌特喷雾防治。④果实套袋保护，套袋前喷一次退菌特。

7.36　梨褐腐病

症状　只危害果实，造成果实腐烂。果实发病通常明显，以伤口为中心，初形成圆形或近圆形、淡褐色至褐色软腐病斑，后迅速扩大，几天即可全果腐烂。病斑扩大蔓延的同时，围绕病斑中心逐渐形成同心轮纹状排列的灰白色至灰褐色茸状霉丛，病果有一种特殊香味，受震极易脱落（见彩图2-7-56）。

病原　子囊菌亚门柔膜菌目核盘菌科链核盘菌属的果生链核盘菌[*Monilinia fructigena*（Aderh.et Ruhl.）Honey]，极少见到。无性态为半知菌亚门丝孢纲丛梗孢目（科）丛梗孢属的果生丛梗孢（*Monilia fructigena* Pers）。自然界中常见的为无性态。分生孢子梗丝状，单胞，无色，其上串生分生孢子。分生孢子椭圆形，单胞，无色。后期，病果内形成黑色菌核（图2-7-57）。

发病规律　病菌主要以菌丝体在树上僵果和落地病果内越冬，翌年春天产生分生孢子，借风雨传播，自伤口或皮孔侵入果实，潜育期5~10d。在果实贮运中，靠接触传播。在高温、高湿及挤压条件下，易产生大量伤口，病害常蔓延。果园积累病原多，近成熟期多雨潮湿，是该病流行的主要条件。病菌在0℃~35℃均可生育，最适温度为25℃。梨不同品种抗性不同，金川雪梨、鸭梨、明月梨较感病，香麻梨、黄皮梨较抗病。

防治方法　①及时清除病源，随时检查。发现落果、病果、僵果等立即捡出园外集中烧毁或深埋。早春、晚秋施行果园翻耕，将捡不净的病残果翻入土中。②适时采收，减少伤口。严格挑选，去除病、伤果，分级包装，避免碰伤。贮窖保持1~2℃，相对湿度90%。③发病较重的果园花前喷3°~5°Bé石硫合剂或45%晶体石硫合剂30倍液。喷药2次，药剂选用1:2:200波尔多液、45%晶体石硫合剂300倍液、70%甲基硫菌灵可湿性粉剂800倍液、50%多菌灵可湿性粉剂600倍液、50%苯来特可湿性粉剂1000倍液、77%可杀得微粒可湿性粉剂500倍液。④果库、果箱、果筐，用50%多菌灵可湿性粉剂300倍液喷洒消毒，然后每立方米空间用20~25g硫黄密闭熏蒸48h。

7.37 梨褐斑病

症状 褐斑病只危害叶片。初在叶片上产生圆形或近圆形褐色病斑，以后逐渐扩大。发生严重时，多个病斑相互愈合成不规则形的大褐色病斑。病斑后期中部呈灰白色，周缘褐色，外层黑色，病叶易脱落。病斑后期产生密集的小黑点，为再次侵染源（见彩图2-7-58）。

病原 子囊菌亚门座囊菌目（科）球壳菌属梨球腔菌[*Mycosphaerella sentina*（Fr.）Schroter]，无性阶段为半知菌亚门腔孢纲球壳孢目（科）壳针孢属的梨生壳针孢（*Septoria piricola* Desm.）（图2-7-59）。

发病规律 病菌在落叶病部上越冬。翌年春季通过风雨传播到新叶上。当环境适宜时，病菌孢子发芽侵入叶片，引起初次侵染。初次侵染后，病斑上可产生黑色小点即分生孢子器，4~7月多雨潮湿产生更多。树势衰弱和排

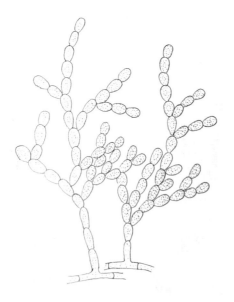

图2-7-57 果生链核盘菌 *Monilinia fructigena*（Aderh.et Ruhl.）Honey

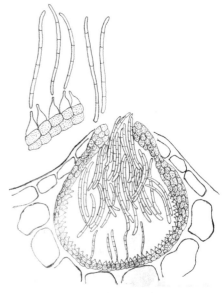

图2-7-59 梨生壳针孢 *Septoria piricola* Desm.

水不良的环境，褐斑病发病严重，造成大量落叶。

防治方法 ①严格冬季清园消毒②加强肥水管理，增强树势，避免过多施用氮肥。③生长季节及时摘除病果、病叶和剪除病梢，集中烧毁。④易感病品种进行套袋，保护果实。⑤梨树谢花后喷一次 62.25% 的仙生药液 600 倍，过半个月再喷一次，以毒杀越冬病菌及孢子。以后每隔 15d 左右视病情情况，用大生 M-45 800~1000 倍液与仙生 600 倍液交替使用。

7.38 梨角斑病

症状 叶片生有褐色角斑，病斑中心淡褐色，有分散的许多小黑点粒的病症（见彩图 2-7-60）。

病原 半知菌亚门腔孢纲球壳孢目（科）壳多孢属一个种 *Stagonospora* sp.（图 2-7-61）的真菌引致。分生孢子器壁薄，孢子梗缺乏，孢子光滑，无色，多个分隔。

防治方法 参考梨褐斑病防治方式。

7.39 梨干腐病

症状 病菌引起干腐、溃疡、茎皮皱缩、失水干枯，皱皮上有许多小黑点，纵向开裂，当病斑扩大环绕茎皮后便枯萎死亡（见彩图 2-7-62）。

病原 真菌门子囊菌亚门格孢腔菌目葡萄座腔菌科葡萄座腔菌属葡萄座腔菌 [*Botryosphaeria dothidea* (Moug. ex Fr.) Ces. et de Not.] 引致。该菌分布范围极广，可危害许多木本植物干部，引致干腐、溃疡。

防治方法 发病园圃结合修剪，集中烧毁病枯枝落叶，减少侵染来源，并喷药进行保护。合理施肥，适量浇水，增强树势；适时喷施叶面营养剂；常发病园圃加强植株生长期病害发生前的喷药预防。

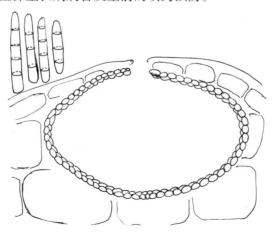

图 2-7-61 壳多孢属一个种 *Stagonospora* sp.

附 录

检索表

检索表1　高等寄生性种子植物对寄主的危害

大型病症：专性寄生种子植物，个体2~2m，成丛地长在寄主树冠上，非常明显，由于专化性很强，所以多以寄主属名定为种	
1.病原物绿色植株，无根出条，植株矮小，直立高2~8（~12）cm。矮槲寄生茎和分支有关节状节。寄主受害处呈丛枝状，病原物着生处肿大	2
1.绿色植株，无根出条。植株矮小，逢散高5~15cm。枝茎扁平，具明显的节，叶退化呈膜质环状，分枝二至三歧。寄主受害处（同上） 寄主：普洱茶、油茶或壳斗科树冠上	**栗寄生害** 栗寄生［*Korthalsella japonica*（Thunb.）Engl.］
1.绿色植株，无根出条。植株较高，较逢散。高0.5~1m，三歧分支。着生处肿大	3
1.绿色植株，有根出条。植株高大，直立，高0.5~2m 树枝状分枝，无关节状节着生处肿大	4
1.多年生草质藤本，黄绿色或绿色缠绕茎，多平生缠在乔木或灌木树冠上，茎粗1.5~2mm，具短柔毛，长1m至数米，叶鳞片 寄主：樟、茶、夹竹桃等多种乔木或灌木的向阳处	**无根藤害** 无根藤（*Cassytha filiformis* L.）
1.全株无叶绿素，黄色或黄白色缠绕茎，缠在灌木或草本植物冠上，茎粗1~2mm，光滑无毛，长1m至数米，无叶片，全株无叶绿素	5
1.紫色肉质植株，紫红色穗状或头状花序似蛇头，花小，单性花，整株像蘑菇，叶和包片呈鳞片状，无叶绿素，寄生在阔叶树根上，7~8月长出地面 寄主：多种阔叶树根上（露出地面的蛇菇）	**蛇菇害** 蛇菇（*Balanophora* spp.）

续表

2. 寄主云南油杉受害处树冠,病原物牙刷状丛生株,整株为病症高 2~8(~12)cm	油杉矮槲寄生害	油杉矮槲寄生(*Arceuthobium chinense* Lecomte)
2. 寄主高山松和云南松受害处树冠,病症刷状丛生株高 2~8(~12)cm	松矮槲寄生害	松矮槲寄生(*A. pini* Haw Ksworth *et* Weins)
2. 寄主云杉受害处树冠,病症刷状丛生株高 2~8(~12)cm	云杉矮槲寄生害	云杉矮槲寄生(*A. pini* var. *sichuanense* H. S. Kin)
2. 病原物寄生在冷杉树冠上,病症刷状丛生株高 2~8(~12)cm	冷杉矮槲寄生害	冷杉矮槲寄生(*A. tibetense* H. S. kiu et W. Ren.)
2. 病原物寄生在圆柏树冠上,病症状丛生枝,株高 2~8(~12)cm	圆柏矮槲寄生害	圆柏矮槲寄生[*A. oxycedri*(DC.) M. Bieb.]
3. 病原物寄生在阔叶树冠上,高 0.5~0.7m,枝扁平,有明显关节,叶鳞片状,果橙红或黄色,花期4月,果期1~2月 寄主:枫香、油桐、柿及多种壳斗科植物(树冠上)	枫香槲寄生害	枫香槲寄生(*Viscum liquidambaricolum* Hayata)
3. 病原物寄生在阔叶树上,高 0.5m 左右,枝圆柱形,有关节状节,叶对生,倒卵形,有短柄,叶长 3~5cm,花果期春秋季 寄主:核桃、樱桃、花椒等	卵叶槲寄生害	卵叶槲寄生(*V. album* L. var. *meridianum* Danser)
3. 云南海拔 750~3000m 山地阔叶林中,寄生植株关节状节,落叶性小灌丛高 0.5~1m。全株无毛,花果期春、秋季,穗状花序。果淡色,5~10cm 寄主:壳斗科及梨属等植物	稠树桑寄生害	稠树桑寄生(*Loranthus delavayi* Van Tiegh.)
3. 我国海拔 2000m 下常绿阔叶林中,无关节状节,常绿小灌木,高 0.5~1.5m,全株无毛,花果期春夏季,果红色长 6mm,叶对生卵形,长 5~12cm,花红色 寄主:樟树、油桐、榕树、李树及壳斗科植物	离瓣寄生害	离瓣寄生(*Helixanthera parasitica* Lour.)
4. 病症株高 0.1~1.5m,寄生于针叶树,叶革质倒披针形,顶端钝圆,中脉明显,互生或簇生短枝上,全株无毛,花红色,花托或果基部钝圆,果紫红色 寄主:云南油杉、油杉属、云杉属和铁杉属及松属乔木植物	显脉松寄生害	显脉松寄生[*Taxillus caloreas*(Diels)Danser var. *fargesii*(Lecte.) H. S. Kiu]
4. 寄生于阔叶林川滇藏海拔 1700~2700m 坝区或山地,病症株高 0.5~1m,嫩枝叶被黄褐色毛,枝下垂,成长叶叶背有毛,果钝圆,浅黄色,花红色被茸毛,花托陀螺形,浆果梨形,红黄色有柄 寄主:板栗、梨、柿、李、海棠、柳及壳斗科植物	滇藏钝果寄生害	滇藏钝果寄生[*T. thibetensis*(Lecomte)Danser]
4. 寄生于阔叶树,也见寄生香柏树,嫩叶嫩梢有茸毛,成长叶两面无毛,花红色无毛,花陀螺形,果梨形,红黄色有柄 寄主:柑橘、柚子树、桃、梨或山茶科大戟科植物,也可寄生香柏树	红花寄生害	红花寄生(柏寄生)[*Scurrula parasitica* L.]

	续表
4. 特征与红花寄生同，但花为黄绿色，花小 1.2~2cm 寄主：垂丝海棠	**小红花寄生害** 小红花寄生 [*S. parasitica* L. var. *graciliglora* (Wollyrex DC.) H.S.Kiu]
4. 分布东南亚各国和我国西南，华南热带，寄生于杉木和阔叶树，长绿灌木，全株无毛，具根出条，高 0.5~1m，雄蕊 6，花果橙色，花果期 2~8 月，叶对生，宽椭圆形，长 5~10cm 寄主：杉木、油桐或壳斗科、山茶科、樟科植物上	**鞘花寄生害（杉寄生害）** 杉寄生 [*Macrosolen cochinchinensis* (Lour.) Van. Tiegh.]
4. 分布地基本同鞘花寄生，海拔 1600m 以下，寄主多达 360 余种，生长迅速，植株高大，具根出条，常绿灌丛易受霜害，高达 2m，叶互生无毛，常呈椭圆形，长 5~13cm，花红黄色，雄蕊 5，花果期春夏季 寄主：橡胶、杧果、柚、柑橘、梨及其他热带树种	**五蕊寄生害** 五蕊寄生 [*Dendrophthoe pentandra* (L.) Miq.]
5. 缠绕茎粗达 2mm，具黄白色，并有突起的紫斑，种子 1~2 粒，寄生在小乔木或灌木上 寄主：各类果树（海棠、柑橘、柳、杨）和各种灌木（迎春花、小叶女贞、叶子花等）	**日本菟丝子害** 日本菟丝子（*Cuscuta japonica* Choisy）
5. 缠绕茎较细，直径 1 mm 以内，黄色，果内种子 2~4 粒，寄主以草本植物为主 寄主：荞麦、蓼属、鼠尾草属的一串红、一串白、一串紫等草本植物和木本植物幼苗	**中国菟丝子害** 中国菟丝子（*Cuscuta chinensis* Zam）

检索表 2　微型至大型病症——真菌（子实体）所致病害

微型至大型子实体病症，专化性不强，寄主种类较多，病原定至种有难度。枝梢、干基、根颈、根上寄生的小型至大型病症——子实体及所致病害	
1a. 竹小枝上生有不规则包块（真菌子座）粉红色，直径 0.5~1.5cm。遇酒变紫色。此小枝逐渐枯黄	**竹赤团子病** 竹黄（*Shiraia bambusicola* P. Henn.）
1b. 在高山竹类偏上部的竹秆节间，有粉红色或淡肉色不规则竹肉球（实心、较硬、可食）包围，直径 2~10cm 大小的子座，后期竹肉球变乳白至灰褐色。发病后植株衰弱	**竹肉球病** 戈茨肉球菌（*Engleromyces goetzii* P. Henn.）
1c. 子实体小型，扇片状，丛生在阔叶树枝干上。革质，白色，扇褶裂为双片 寄主：各种阔叶树，立木及原木。如杨树边材腐朽	**阔叶树海绵白腐病** 裂褶菌（*Schizophyllum commune* Fr.）
1d. 子实体小型，薄片状边缘白色似膏药贴生在主干，小枝和枝桠上。其内部常见介壳虫或白蚁，"膏药"灰色或褐色 ①寄主：漆树、油桐、核桃、樱桃 ②寄主：苹果、梨、板栗、女贞、构树、楠木 ③寄主：金合欢、枫香、桑等。褐膏药寄生于漆树上	**阔叶树膏药病** ①茂物隔担耳（*Septobasidium bogoriense* Pat.）；白隔担耳（*S. albidum* Pat.）； ②金合欢隔担耳（*S. acaciae* Saw）；田中隔担耳 [*S. tanakae* (Miyabe) Boed. *et* Steinm.]； ③赖因隔担耳（*S. reinkingii* Pat.）；柄隔担耳 [*S. pedicellatum* (Schw.) Pat.]

续表

1e. 子实体小色彩多种。非上所述，着生树梢头、枝、干或干基上	2
1f. 菌丝体发达。包在根颈或树根上	3
1g. 子实体微小型。着生在针、阔叶树中干或树梢上。子实体黑色大小 0.4~1.4mm	4
1h. 子实体微小型。鲜红色、橘红色或橘黄色。	5
1i. 中型子实体生长在多种针、阔叶乔木中、干或干基上，引至心材腐朽或木质部腐烂病	6
1j. 大型子实体生长在多种针叶乔木中干或干基上，引至针叶树心材腐朽	7
1k. 大型子实体生长在多种阔叶乔木中干或干基上，引至阔叶树心材和边材	8
1l. 大型子实体生长在多种乔、灌木干基或根颈处，是寄主根部病害已严重的表现	9
1m. 南亚热带和热带乔灌木病树根颈处常长出红或红褐色菌丝索，树木濒于死亡或已死亡时，长出中至大型子实体	10
2a. 子实体直径 0.4~1cm，炭质，球形，黑色，有光泽，具同心轮纹，生于受伤枝干处 寄主：黄柏、桦、白蜡、栎类、苹果、板栗等阔叶树	**黄柏褐腐病** 黑轮层炭壳［*Daldinia concentrica* (Bolt.) Ces. et de Not.］
2b. 白色网状菌索上渐显一层粉红色壳状菌膜，不久呈污白色不规则开裂，着生于主干上的烂枝桠处 寄主：橡胶、咖啡、金鸡纳、茶、油茶等	**绯腐病** 鲑色伏革菌（*Corticium salmonicolor* B.et Br.）
2c. 担子果平伏，不易剥落，近白色，渐变蛋壳色至肉色干后坚硬。蜡质，龟裂为细碎小块。着生于半边溃烂的木质部 寄主：山茶、油茶的老树	**油茶半边疯病** 碎纹伏革菌（*C. scutellare* Berk.et Curt.）
2d. 无性子实体为孢梗束高 2~8mm，有白色或粉红色（无菌丝、菌膜）小球状物（无性态为镰刀菌属）。直径 1~1.5mm，生于干基和根颈处。病根有粪便臭味，烂根部木材坚硬，易与树皮分开，根表有扁而粗的白色至深褐色羽毛状菌索 寄主：橡胶树	**臭根病** 匍灿球赤壳（*Sphaerostilbe repens* Berk. et Br.）
2e. 子实体为炭质子座，黑色块状，相互连片可达 0.5m 长，无性子实体初为青灰色，边缘白色，后变灰黄色粉层。着生于阔叶树干基，根颈和主、侧根的干处，病根层下可见到白色扇形菌膜和黑色细线纹 寄主：橡胶、椴类、山毛榉、槭类、榆类等阔叶树	**黑纹根腐病** 炭垫焦菌［*Ustulina deusta* (Fr.) Pet.］
3. 菌核直径 1~3mm 表生，平滑有光泽，表面茶褐色，内部灰白色。生于满布白色菌丝体的根颈处 寄主：38科128种。如：油茶、核桃、泡桐、梧桐、樟树、乌桕、楠木、杉木、香榧、马尾松等	**白绢病** 白绢薄膜革菌［*Pellicularia rolfsii* (Sacc.) West..］ 无性（为主）：齐整小核菌（*Sclerotium rolfsii* Sacc.）

	续表
3. 许多黑色细小菌核生于根皮层内，有时在干基病皮的粗糙病斑上可见尖钉状分生孢子梗束。根全腐烂密布初白、后绿或黑色，其中有纤细的羽纹状白色菌索，潮湿时，菌丝体可蔓延至地表，呈白色蛛网状 ①寄主：栎类、板栗、榆、槭、云杉、冷杉、落叶松 ②寄主：桑茶、咖啡、油橄榄、苹果等，此外大豆、蚕豆、土豆也受害	**白纹羽病** ①褐座坚壳 [*Rosellinia necatrix* (Hart.) Berl.] ②无性：白纹羽束丝菌 (*Dematophora necatrix* Hartig)
3. 细小紫红色菌核（直径 1~2mm）和微薄白粉状子实层分布在病根上带紫色疏松棉絮状菌丝体和菌索上 ①寄主：橡胶、刺槐、洋槐、苹果、杨柳、板栗、漆树、油桐、桑、柚木、咖啡、茶 ②寄主：萝芙木、木薯、葛藤、胡椒、野牡丹等，还可侵染针叶树	**紫根病** ①紫卷担菌 [*Helicobasidium purpureum* (Tul.) Pat.] ②无性：紫纹羽丝核菌 (*Rhizoctonia crocorum* Fr.)
4. 子实体小至微型，有性态在病树干溃烂斑的皮孔内埋生，外露小黑点直径 1~1.5mm。无性态在病枝上裸露，子实体直径约 4mm 均为黑色炭质。拨开病斑皮孔内藏 6~11 个子囊壳（为子座），直径 3.1~4.4mm 寄主：栗属、板栗	**板栗溃疡病** 栗拟黑腐皮壳 [*Pseudovalsella modonia* (Tul.) Kobayashi]
4. 病树新梢上，特别是弯曲处枝条及凹陷处可见有里向外突出的散生或丛生的黑色小颗粒，直径 0.4~0.8mm，幼苗成为无顶苗 寄主：多种落叶松和花旗松	**落叶松枯梢病** 落叶松葡萄座腔菌 [*Botryosphaeria laricina* (Sawada) Y. Z. Shang] 异名：落叶松球座菌 (*Guignardia laricina* (Sawada) Yamamoto et K.Ito)；落叶松囊孢壳 (*Physalospora laricina* Sawada)
4. 病树主干（有时根颈、苹果果实）也受害，树皮腐烂下陷，微型子实体突破树皮产生黑色小点粒，直径 0.2~0.3mm，集生 寄主：核桃、茶藨子、七叶树、鹅掌楸、柿、露兜树、蔷薇、攀枝花、槐、黑荆树等	**苹果干腐病** 茶藨子葡萄座腔菌 [*Botryosphaeria ribis* (Tode) Grossenb. et Dugg.] 异名：葡萄座腔菌 [*B. dothidea* (Moug. ex Fr.) Ces. et de Not.] 无性：丛生小穴壳菌 (*Dothiorella gregaria* Sacc.)
4. 在银杏苗茎基，黑褐色病斑臃肿皱缩的烂皮中生有许多细小黑色菌核（比粉末稍大一点） 寄主：多种农作物、林作物、苗木中以银杏、香榧、桉树最易感染	**银杏茎腐病** 菜豆壳球孢菌 [*Macrophomina phaseoli* (Maubl.) Ashby]
4. 春季毛竹主梢或枝条的节叉处，病斑上长出许多突起的子囊壳长喙黑色棘状物或分生孢子器黑色粒状子物。竹筒内长满白色絮状菌丝体 寄主：毛竹（*Phyllostachys pubescens*）其他竹不被侵染	**毛竹枯梢病** 竹喙球菌 (*Ceratosphaeria phyllostachydis* Zhang.)
4. 枝干受害处深灰褐色，有时主干半边坏死，剥开皮层见到木质部散生许多小黑点粒，整个枝梢迅速变黑褐色枯死 寄主：核桃	**核桃干腐病** 核桃囊孢壳菌 (*Physalospora juglandis* Syd. et Hara) 无性：大茎点属 (*Macrophoma* sp.)

	续表
4. 感病枝干或花序轴向阳面有梭形斑并流胶，病皮和木质部呈红褐色渐变灰褐色溃烂，散生黑色小点粒 寄主：杧果、橡胶、柑橘、咖啡、可可、椰子、菠萝、等植物	**柑橘蒂腐病，杧果流胶病** 柑橘囊孢壳（*Physalospora rhodina* Berk. et Curt..） 无性：色二孢（*Diplodia* sp.）
4. 枝干受害以皮孔为中心，形成椭圆形直径 5~15mm 褐色突起斑，呈坚硬瘤状。其上生有许多黑色点粒，也危害叶和果实，叶、果受害形成褐色同心轮纹斑 寄主：梨、苹果、桃、李、杏、栗、海棠等多种果树、老弱枝干感病	**梨轮纹病** 梨生囊孢壳（*Ph. piricola* Nose） 无性：轮纹大茎点菌（*Macrophoma kawatsukai* Hara）
4. 病树主、侧枝受害形成近纺锤形，溃疡斑，形成层变褐，坏死处自然孔口内有小黑点粒 寄主：棣棠、油橄榄、杜仲、金花茶等	①棣棠枝枯②油橄榄溃疡③杜仲溃疡 ④金花茶茎枯等病 ①③大茎点霉（*Macrophoma* sp.）和茎点霉（*Phoma* sp.） ②大茎点霉的一种（*Macrophoma* sp.） ④茶生大茎点（*M.theicola* Petch）
4. 肥嫩新梢变淡绿，转淡黄，潮湿时自然孔口流出墨汁状糊液，病树呈不规则开裂，内有黑色小粒 寄主：板栗	**板栗墨迹梢枯病** 葫芦形黑盘孢（*Melanconium gourdaeforme* Kobayashi）
4. 病树皮初灰褐色，渐浅红褐色，最后呈深灰色，不久产生黑色小瘤状突起。湿度大时，此突起冲出黑色短柱后软化呈馒头形孢子团黑点粒 寄主：核桃、枫杨的树枝干	**核桃枝枯病** 矩圆黑盘孢（*Melanconium oblongum* Berk.）核桃黑盘孢（*M. juglandinum* Kunze）
4. 杉木主梢顶芽坏死变褐、萎缩，短枝丛生，病斑后期下陷，个别纵裂，流胶，中央可见散生小黑点。有光泽的微型子实体 寄主：杉木、茶、山茶属、杜鹃属、松属等	**杉木缩顶病** 茶褐盘多毛孢［*Pestalotiopsis guepin*（Desm.）Stey］ 异名：*Pestalotia guepin* Desm.
4. 黑色微型子囊盘长 0.2~0.4mm。①生于小枝烂皮下凹处。②病针叶上有黑色小点粒 寄主：欧美有 15 个国家的 28 种松树发生，我国各地云、冷杉松类也受害	**红松枝枯、松垂枝病** 铁锈薄盘菌（*Cenangium ferruginosum* Fr.）
4. 嫩梢有暗灰蓝色溃疡斑，从裂缝流出淡蓝色松脂，嫩梢弯曲成枯枝，分生孢子器小黑点粒半埋生于坏死处。遇水湿，吐出黑色粉状物 寄主：主要是两针松，偶也危害其他针叶树如枞树、云杉	**松梢枯病** 松色二孢［*Diplodia pinea*（Desm.）Kickx.］ 异名：*Sphaeropsis ellisii* Sacc.
4. 干、枝分叉处有圆形。水渍状，灰褐色斑，后期凹陷，缢缩、开裂，病斑上散生或集生小黑点粒（分生孢子器） 寄主：肉桂。国外：斯里兰卡肉桂，大叶青化桂，阴香、樟树、山茶、樟、湿地松茸毛润楠等	**肉桂枝枯病** 可可胶壳色二孢菌［*Lasiodiplodia theobromae*（Pat.）Griff. et Maubl.］
4. 柳杉幼树（10 年生内），病害从小枝或针叶扩展至绿色主茎上，形成溃疡沟，枝叶病斑上有许多黑色小突起（子实体） 寄主：柳杉、红杉	**柳杉赤枯病** 柳杉尾孢菌（*Cercospora cryptomeriae* Shirai） 异名：红杉尾孢菌（*C. sequoiae*）

续表

4. 棕榈（*Trachycarpus fortunei*）病株头年受寒害，顶部嫩叶生长不良，茎内维管束越近地面色越暗，紫褐色至黑色粉状物。初产生黄褐斑，组织发黄腐烂，变黑褐色。烂至茎基部，但根系完好	棕榈干腐病 枝孢霉（*Cladosporium* sp.）或宛氏拟青霉（*Paecilomyces varioti* Bain.）
5a. 病树主干和枝条有红褐色水渍斑，病皮纵向开裂，露出形成层上有许多橙黄色瘤状小子座。遇雨溢出橙黄色卷须状分生孢子角。秋季子座呈酱红色，内部形成黑色针尖大小的子囊壳颗粒。揭去烂树皮，形成层内可见到白色羽毛状扇形菌丝层 寄主：栗属、栎属、漆树、山核桃、栲属和欧洲山毛榉	栗疫病 栗疫菌 [*Cryphonectria parasitica* (Murr.) Barr.] 异名：寄生内座壳 [*Endothia parasitica* (Murr.) P. J. et H. W. And.]
5b. 柑橘树西南向枝干上易受冻害，病部组织松软，呈灰褐色，流出有臭气的胶液，木质部裸露，病健交界处有明显隆起的界线。拨开病皮，木质部散生许多小黑点粒（分生孢子器），潮湿时涌出淡黄色胶质孢子团或卷须状孢子角。后期可见黑色毛状物（子囊壳） *枝干病称树脂病或流胶病；在果病称蒂腐病；叶病称砂皮病	柑橘树脂病 柑橘间座壳 [*Diaporthe citri* (Fawcett) Wolf] 无性：橘拟茎点霉（*Phomopsis citri* Fawcett）
5c. 小枝病皮失水干缩，有朱红色小疣（分生孢子的瘤座组织）和红褐色小包（子囊座） 寄主：榆、复叶槭、栎、椴、桦、核桃、板栗、刺槐、水青冈、鹅耳枥、瑞香、落叶松、红松等多种针、阔叶树种	榆溃疡病、瑞香溃疡病（杂灌红疣枝枯）、油桐枝枯病 朱红丛赤壳 [*Nectria cinnabarina* (Tode) Fr.] 油桐丛赤壳（*N. aleuritidia* Chen. et Zhang） 无性：油桐柱孢（*Cylindrocarpon aleuritum* Chen et Zhang）
5d. 根部腐烂与枝叶枯萎，树干基病部干缩与健部脱离而使木质部外露，湿度大时，裂缝和皮孔长出粉红色分生孢子座 *尖孢和腐皮镰刀菌的寄主很多，针、阔叶树苗期均易被侵染 寄主：竹秆基腐病、枸杞枯萎、核桃根腐等	黑荆树枯病、油桐枯萎病、香石竹枯萎 尖孢镰刀菌（*Fusarium oxysporum* Schlecht.） 串珠镰刀菌（*F. moniliforme* Sheld.）、腐皮镰刀菌 [*F. solani* (Mart.) App.et Wollenw.] 和镰刀菌（*F.* sp.）
5. 病部初略呈浮肿，病健处无明显界限，病斑呈水渍状，针叶树流脂、阔叶树流胶。后期病皮和韧皮部变褐，有许多针头大小黑色丘疹状物（分生孢子器），阴天其内挤出橘红色胶质卷须状物 寄主：杨属、柳、板栗、槭、樱、接骨木、花楸、桑树、木槿等木本植物	华山松烂皮病、苹果腐烂病、核桃烂皮、梨腐烂、杨柳烂皮病、葡萄烂皮病等 松腐皮壳囊孢（*Cytospora pini* Desm） 苹果黑腐皮壳（*Valsa mali* Miyabe et Yamada） 无性：（*Cytospora* sp.） 核桃壳囊孢（*C. juglandis* DC.）和梨黑腐皮壳 [*Valsa ambiens* (Pers. ex Fr.) Fr.] 污黑腐皮壳（*V. sordida* Nits）和金黄壳囊孢 [*Cytospora. chrysosperma* (Pers.) Fr.] 葡萄黑腐皮壳（*Valsa. vitis* Fckl.）和葡萄壳囊孢（*Cytospora vitis* Mont.）

续表

5. 病斑年年留下不能愈合的伤口，肿大呈梭形，常渗出大量树脂，感病枝干渐死亡。其上有橙黄色小盘状物（子囊盘），其外侧有细毛 寄主：落叶松天然和人工落叶松林	**落叶松癌肿病** 韦氏毛杯菌［*Trichoscyphella willkommii*（Hart.）Nonnf.］
5. 春夏之交，杉木头年主梢受害最严重，引起茎枯，呈弯颈或多头幼树，在枯死不久的针叶背面近中脉两侧有时可见到稀疏小黑点，偶尔能在高湿时见到粉红色的孢子脓，但要切片镜检时，最好选切此处表皮细胞未破没产生小黑点前微突起的"肉痔"状物 寄主：有101种植物易被侵染，杉木和漆树均为以嫩梢受害为主；其他寄主以果、叶受害为主，如油茶、板栗、油橄榄、枣、苹果、枸杞、油桐等	**杉木炭疽病** 盘长孢状刺盘孢（*Colletotrichum gloeosporioides* Penz.）
6. 马蹄形或扁平状多年生木质子实体，约12cm×20cm×17cm，菌盖褐色近黑色，呈硬壳龟裂状具环状沟纹，初有稀茸毛，后光滑（稀硬木层孔菌）；初有锈色绒毛后光滑（簇毛木层孔菌）着生于树干中部 寄主：栎类、柳、桦、槭、核桃、柞树等阔叶树，冷杉、云杉、铁杉等针叶树	**针阔叶树心材腐朽病** 稀硬木层孔菌［*Phellinus robustus*（Karst.）Bourd. et Galz.］和簇毛木层孔菌［*P.torulosus*（Pers.）Bourd. et Galz.］
6. 片状单生或覆瓦状叠生，硫黄色到桔红色子实体（一年生），大小：5~13cm×14~21cm×0.5~1.5cm，基部有时狭窄呈柄状。嫩时肉质可食。生于针阔叶树干基部 寄主：冷杉、云杉、落叶松、云南松、铁杉、核桃、栎类、板栗、李、柳、杨、马桑、接骨木等	**干基心材褐腐病** 硫色绚孔菌［*Laetiporus sulphureus*（Bull.ex Fr，）Bond. et Sing.］
6. 蘑菇黄色伞状丛生。黄色菌盖上有三角形鳞片，菌褶黄色。子实体生于针阔叶树干基 寄主：云杉、冷杉类、椴类	**杂斑褐腐病** 多脂鳞伞［*Pholiota adiposa*（Fr.）Quél］
6. 担子果短柄，管口面黄白色，后变锈色，菌盖锈色到黑色，表皮薄，有辐射皱纹，菌肉初白，后褐色鲜时肉质，软而多汁，干后变硬，遇碱变为黑色。子实体一年生，着生于针，阔叶树干基 寄主：多种针叶树和阔叶树干基腐朽处	**干基白腐病** 树脂薄皮菌［*Ischnoderma resinosum*（Schrad. ex Fr.）Karst.］
7. 针叶树中干生白色蹄形子实体，其表面有白粉，味苦 寄主：各种针叶树种	**松心材块状褐腐** 药用层孔菌［*Fomes officinalis*（Fr.）Bres.］
7. 针叶树中干生红边蹄形子实体，背面黑色，管口面黄白色 寄主：云杉、冷杉、落叶松等针叶树种	**云杉、冷杉心材块状褐腐病** 松生层孔菌［*F. pinicola*（Swartz ex Fr.）Cooke］
7. 针叶树干基生有一年生大型子实体，直径5~25（~30）cm，菌柄粗短，褐色被细茸毛，菌盖呈瓦状迭生。近圆形或不规则形瓣状，中下部凹呈漏斗状，边缘薄，干后常反卷 寄主：松类、云杉、冷杉类，也危害栎类和桦类	**针叶树干基褐腐病** 斯维尼兹菌（松杉暗孔菌）［*Phaeolus schweinitzii*（Fr.）Pat.］
7. 针叶树中干生有吊钟形层檐状大型子实体，菌盖黑褐色，管口面锈色，基部有时下延 寄主：云杉、冷杉、铁杉和松类等针叶树种	**松、云、冷杉心材蜂寄状白腐病** 松木层孔菌［*Phellinus pini*（Thore ex Fr.）Ames］

续表

8. 阔叶树中干生黑灰色龟裂蹄形大型子实体，多年生。管口面灰褐色，边缘厚钝，初有细短绒毛，后期变光滑 寄主：杨、柳、桦、槭、杜鹃等阔叶树种	阔叶树心材海绵白腐病 火木层孔菌［*P. igniarius*（L.ex Fr.）Quél.］
8. 八角树中干或干基生菌盖灰黑色扁半球形大型子实体，木质、坚硬，有放射状龟裂纹和同心环棱和沟槽 寄主：八角树	八角树心材白腐病 八角生木层孔菌［*P. illicicola*（P.Henn.）Teng］
8. 阔叶树中干生灰白色蹄形大型子实体（多年生），管口漏斗形 寄主：桦、桤木、水青岗、李树等多种阔叶树种活立木	阔叶树心材杂斑腐朽 木蹄层孔菌［*Fomes fomentarius*（L.ex Fr.）Kickx］
8. 桦木中干侧生初白色后浅褐色菌盖半圆形有短柄子实体（一年生），中部凸起，光滑无毛，有一纸质薄的表皮 寄主：桦类	桦心材块状白腐病 桦滴孔菌［*Piptoporus betulinus*（Bull. ex Fr.）Karst.］
8. 树中干侧生白色肉质伞菌，有侧柄，子实层体为菌褶 寄主：榆类	榆心材丝片白腐病 榆干侧耳［*Pleurotus ulmarius*（Bull. ex Fr.）Quél.］
8. 阔叶树中干贴生革质耙齿状平伏担子果，肉桂色到深桂色，干后变黄褐色，常左右相连。成复瓦状，表面有细长毛或茸毛 寄主：杨、柳、槭、椴、栎、李、杏、洋槐等树种	边材褐腐病 黄褐色耙齿菌（*Irpex cinnamomeus* Fr.）
8. 阔叶树中干侧生，一年生子实体，无柄平伏而反卷，木栓质硬，菌肉薄白色或浅褐色到暗褐色，菌盖密生硬毛，菌管后期齿裂为耙齿 寄主：杨、柳、苹果、杏、桃等树种	边材白腐病 特罗格粗毛盖菌［*Funalia trogii*（Berk.）Bond. et. sing.］
8. 阔叶树干基生有半圆形，侧柄伞菌。一年生菌盖匙形到近扇形，被有鳞片，伞下有大孔管（呈六角形） 寄主：柳、榆、槭等阔叶树种	阔叶树干基杂斑白腐病 宽鳞棱孔菌［*Favolus squamosus*（Huds. ex Fr.）Ames.］
9. 病根、根颈或干基腐朽处长有伞状子实体多个丛生，菌盖蜜黄色。菌肉白色，菌柄实心，有菌环，菌索鞋带状初淡褐后期褐至黑 寄主：650 种以上，如松、冷杉、云杉、雪松、栎、桤木、柳桑、可可、茶、柑橘等，还有灌木和草本	根朽病病 假蜜环菌（蜜环菌）［*Armillariella mellea*（Vahl ex Fr.）Karst.］
9. 病树干基（偶在竹秆基）和根颈处长出扁片状有短柄的子实体（多年生）具薄壳，无光泽菌盖，灰褐至锈褐色 寄主：杨、柳、栎、栗、臭椿、桦、槐、茶、咖啡等阔叶树；云冷杉等针叶树及竹类	根杂斑白腐病 树舌（平盖灵芝）［*Ganoderma applanatum*（Pers.）Pat.］
9. 温带树种病根和根颈处长多年生子实体，呈贝壳状，覆瓦状排列。相互重叠，菌盖表黄褐色，具同心环纹 寄主：松、侧柏、落叶松、雪松、云、冷、铁杉和槭、桤木、栎、榆、桦等针阔叶树种	根白腐病 异担孔菌［*Heterobasidion annosum*（Fr.）Bref.］
9. 松类根颈和根上长有大型近球形菌核（直径有达 20cm 以上）外黑内白，菌核干后变淡褐色 寄主：松类	松根腐病 茯苓［*Poria cocos*（Fr.）Wolf］

续表

10. 南亚热带至热带阔叶树根颈和根部生有深褐色至近黑色、边缘污白色、无柄大型子实体，木栓质，复瓦状互相重叠。有浓烈蘑菇味。未长出子实体前病根处有初为白色，渐转淡红至枣红色菌丝索、菌膜 寄主：巴西三叶橡胶树、鹅掌柴、厚皮树、苦楝、无患子、枫香、油桐、咖啡、鸡血藤等	**红根腐病** 橡胶树灵芝［*Ganoderma pseudoferrum*（Wakef.）V. Over. et Steinm.］
10. 南亚热带至热带阔叶树根颈和根部生有半圆形、平展、木质、无柄大型子实体，菌盖紫褐色，边缘白色，下面有深褐色菌管，病根上有褐色或黑色菌膜和黄褐色茸状菌丝体及褐色菌索 寄主：橡胶、厚皮树、苦楝、台湾相思、木豆、木麻黄、蓖麻、麻栎 寄主：三角枫、油桐、桃花心木、倒吊笔、柑橘、可可、茶树、无患子、咖啡、鹅掌柴等	**橡胶褐根腐病** 有害木层孔菌［*Phellinus noxius*（Corner）Cunn.］ 异名（*Fomes noxius* Corner）
10. 南亚热带至热带橡胶树根表面的根状菌索，或菌膜有些呈红色（有假红根病之称），菌索很活跃，前端呈白色，较老部分转为黑色。在树根表面形成网状菌索，子实体紧贴病部为平伏的担子果，木材湿腐，无条纹 寄主：巴西三叶橡胶树	**橡胶黑根腐病** 下褐卧孔菌（*Poria hypobrunnea* Petch.）

检索表3　锈菌引起的植物病害——锈病

小型至微型病症：微型子实体中的专性寄生菌，宏观可见的子实体0.2~1.5mm，锈菌引起的病害，病症颜色鲜艳：红有褐红、紫红、橘红、黄红等，黄有淡黄、橘黄、橙黄和锈色及褐色等。形状有花朵状，眉毛状，圆堆状（带黏液），粉堆状；着生方式有从内向外破植物表皮组织而出，也有生长出来后暂时未被气流带走而堆在一起。春夏季多为黄色、橙色、淡黄色子实体，秋冬季多为锈色、褐色、紫红等颜色较深的有性（冬孢子堆）阶段。锈菌寄生在植物相对幼嫩组织上时，往往引致该组织畸形。由锈菌引起的病害，专化性很强。许多病原种名是依寄主属名定

1. 针叶树，叶部锈病，病症初期是黄色粉状物	2
1. 针叶树，小枝锈病，病症多为褐色	3
1. 针叶树，球果锈病，鳞片内侧或外侧有黄色或褐色病症	4
1. 针叶树，树干锈病，病症是疱囊，囊中有黄色粉末	5
1. 阔叶树，用材树种锈病	6
1. 阔叶树，经济林木锈病	7
1. 阔叶树，木本观赏植物锈病	8
2. 针叶树有淡绿色短段斑，并有微肿小疱，叶斑下表面产生黄色粉状锈孢子堆。严重时病叶枯死 寄主：兴安落叶松，长白落叶松［0、I］杨树叶背有黄色粉状物［II］，8月后是［III］	**（有转主）落叶松－杨锈病** 松杨栅锈菌（*Melampsora larici-populina* Kleb.）

续表

2. 落叶松针叶上有褪绿段斑，6月中、下旬叶背面病斑裂开后为铁锈至血红色 [Ⅱ] 病症后期黑褐色粉状 [Ⅲ]	**落叶松针褐锈病** 落叶松拟三孢锈菌 [*Triphragmiopsis laricinum* (Chou) Tai]
2. 松针段斑的一侧出现扁平舌状橙黄色突起物，裂开时，散放出黄色粉末 寄主：红松，油松，思茅松高山松、华山松等 [0] 性子器和 [Ⅰ] 锈子器阶段 寄主：8月后千里光叶背的橙色粉状物为夏孢子阶段 [Ⅱ]，10月后是 [Ⅲ] 或一枝黄花、紫菀、黄檗、白头翁、斑鸠菊等属	**松针锈病** 千里光鞘锈菌 [*Coleosporium senecionis* (Pers.) Fr.] 鞘锈菌属多种 (*C.* spp.)
2. 绿色冷杉叶（紫果冷杉）上生短筒状橙黄色小疱，其内有黄粉。[Ⅰ] 在叶背呈两行排列	**冷杉叶锈病** 被孢锈菌 (*Peridermium* sp.)
2. 绿色云杉叶背长出扁平黄白色小包 [Ⅰ]，叶两面或叶背可见到黄色、橘黄色、暗红色或褐色小粒状突起 [0] 有蜜露溢出 [Ⅰ] 寄主：云杉叶锈菌转主，杜鹃 [Ⅱ、Ⅲ]	**云杉叶锈病** 云杉金锈 (*Chrysomyxa ledi* de Bary) 杜鹃金锈 (*C. rhododendri* de Bary) 和疏展金锈 (*C. expansa* Diet)
2. 云南油杉叶上有橙黄色或橘红色冬孢子柱，扁平柱状，高 1.5~4 (~6) mm × 0.2~1 (~1.5) mm，厚不及 1mm [Ⅲ、Ⅳ]	**油杉叶锈病** 油杉金锈菌 [*Chrysomyxa keteleeriae* (Tai) Wang et Peterson] 异名：油杉柱锈菌 (*Cronartium keteleeriae* Tai)
3. 干香柏枝条上形成纺锤形肿大的菌瘿，直径为正常枝的 2~5 倍，皮裂中有深褐色半球形冬孢子堆，遇水胶化 [Ⅲ]	**干香柏锈病** 干香柏胶锈菌 (*Gymnosporangium taianum* Kern)
3. 云南油杉病枝上出现纺锤形膨大肿瘤，瘤皮缝中长出圆筒状的锈孢子器 [Ⅰ]，护膜白色，内含褐色粉末	**油杉枝锈病** 昆明被孢锈菌 [*Peridermium kunmingense* Jen]
3. 云南油杉病枝上出现近球形或扁球形肿瘤，最大肿瘤达 20cm 以上似小南瓜状，木质。秋末冬初瘤上长短柱状，暗褐色锈子器 [Ⅰ] (多角形)	**油杉枝瘤病** 油杉被孢锈 (*P. keteleeriae-evelynianae* T. X. Zhou et Y. H. Chen) 异名：王氏油杉盘针孢 (*Libertella wangii* Ren et zhou)
3. 桧柏和龙柏的针叶，叶腋和小枝上微肿现浅黄斑，后表皮破裂长出咖啡色圆锥形角状物 [Ⅲ]，3~4 月吸水膨大呈橘黄色舌状粘性物 [Ⅲ] 转主：梨 [0、Ⅰ]	**桧柏枝锈病** 梨胶锈菌 (*Gymnosporangium haraeanum* Syd.)
3. 云杉嫩枝丛生，畸形，春孢子器 [Ⅰ] 半球形浅黄叶上生，受害叶变黑褐色	**云杉丛枝病** 云杉孢被锈菌 (*Peridermium yunshae* Wang et Cuo)
4. 锈粉状物长在球果上，球果鳞片外翻，内侧生黄褐色，后变紫褐色虫卵状锈子器 [Ⅰ]，破后散出黄粉 转主：稠李 [Ⅱ、Ⅲ、Ⅳ]	**云杉球果锈病** 云杉稠李盖痂锈菌 [*Thekopsora areolata* (Fr.) Magn.]
4. 锈粉状物长在球果上，球果鳞片不外翻，外侧生二个锈子器 [Ⅰ]，破后散出黄粉 转主：鹿蹄草 [Ⅱ、Ⅲ、Ⅳ]	**云杉球果双点锈病** 鹿蹄草金锈菌 [*Chrysomyxa pyrolae* (DC.) Kostr.]

续表

4. 云杉球果鳞片及护鳞受害，有时嫩梢及嫩芽也受害，鳞片两侧可见淡褐色圆形扁平腊质微具光泽的冬孢子堆	**云杉球果畸形锈病** 畸形金锈菌（*C. diformans* Jacz.）
5. 二、三针松枝干上生黄色疱［Ⅰ］，很明显，疱中有黄色粉末 寄主：云南松、乔松、高山松［0、Ⅰ］；转主：芍药、牡丹［Ⅱ、Ⅲ、Ⅳ］	**松枝疱锈病** 松芍柱锈菌［*Cronartium flaccidum* (Alb. et Schw.) Wint.］
5. 五针松枝干上生黄色疱囊，很明显，疱囊中有黄色粉末［0、Ⅰ］ 转主：茶藨子、马先蒿［Ⅱ、Ⅲ、Ⅳ］	**五针松疱锈病** 茶藨生柱锈菌（*C. ribicola* Fischer）
5. 二、三针松枝干上长肿大的瘿瘤，最大直径达1.7m，小的仅5cm，早春瘤溢黄色蜜汁［0］，瘤缝有疱囊［Ⅰ］，不太明显，囊中有黄粉 寄主：松属［0、Ⅰ］转主：栎属、栗属［Ⅱ、Ⅲ、Ⅳ］	**松瘤锈病** 栎柱锈菌［*C. quercuum* (Berk.) Miyabe］
6. 柳树叶背或叶两面生有小圆点，0.2~0.5mm，橘黄色痂状，散生或汇合的夏孢子堆，秋季叶两面表皮下生圆形，0.2~1mm，黄褐色或黑褐色，痂状冬孢子堆。有些地方的柳树只产生夏孢子堆，不产生冬孢子堆也可以越冬，没有转主也可以传播 寄主：白背柳（*Salix balfouriana*），粉背柳（*S. delavayana*），长花柳（*S. longiflora*），光柱柳（*S. psilostigma*），蒿柳（*S. viminalis*）	**柳叶锈病** 松柳栅锈菌（*Melampsora larici-epitea* Kleb.）和柳栅锈菌（*M. salicina* Lév.） 蒿柳栅锈菌（*M. salicis-viminalis* Wang et Guo）
6. 柳属（*Salix*）枝干上的一种锈病，其症状是枝干上有梭形或近圆形的溃疡斑，病斑凹陷，坏死，大小1~3.5cm×2cm，病斑表皮破裂露出淡黄色粉状物（夏孢子放堆）	**柳枝干锈病** 白柳栅锈菌（*M. salicis-albae* Kleb.）和云南柳栅锈菌（*M. salicis-cavaleriei* Tai）
6. 滇白杨（*Populus yunnanensis*）叶背初生淡绿色的小斑点，随即出现橘黄色的小包，小包破裂处漏出橙黄色的粉锥（夏孢子堆Ⅱ），秋季叶正面出现多角形的红褐色斑，有时锈斑相连，下部叶片先发病，逐渐向上部发展 寄主：黑杨、小叶杨、加杨、中东杨、小青杨、大青杨、马氏杨、合作杨、北京杨、健杨、新生杨等	**云南白杨叶锈病** 松杨栅锈菌（*M. larici-populina* Kleb.）
6. 春季杨树展叶期可见到一束束的畸形病芽形似黄色绣球花，其上布满黄色锈堆，后叶有散生的黄粉堆（夏孢子堆Ⅱ）在较寒冷的地区，早春的病落叶上可见到少量的褐色近圆形或多角形的小疱斑{冬孢子堆［Ⅲ］} 寄主：河北杨、新疆杨、响叶杨等	**毛白杨叶锈病** 马格栅锈菌（*M. magnusiana* Wagn.）和它的一些生理型及杨栅锈菌（*M. rostrupii* Wagn.）
6. 西北荒漠地区的胡杨苗和灰杨苗初显黄绿色圆点，渐渐中央呈褐色并表皮破裂，露出橙色夏孢子堆（直径0.5~1mm）其周围有黄晕圈，后这一圈又形成夏孢子堆严重时10~100个圈相连后期夏孢子堆下部形成蜡质棕褐冬孢子堆。受病枝和嫩芽变弯且畸形 寄主：河北杨、新疆杨、响叶杨等	**胡杨锈病** 粉被栅锈菌（*M. pruinosae* Tranz.）
6. 柚木幼树，叶正面有斑，不规则状，先黄后灰褐色，叶背面有混生的夏孢子堆和冬孢子堆，橙黄色 寄主：柚木（*Tectona grandis*）	**柚木锈病** 柚木周丝单孢锈菌（*Olivea tectonae* Thirum.）

续表

6. 柚木叶背有黄色粉状物，全年发病。黄粉色浅，有时近乳白色，无冬孢子堆 寄主：柚木	**柚木叶锈病** 柚木夏孢锈菌（*Uredo tectonae* Racib.）
6. 桦树（*Betula* spp.）的幼树叶背有黄色小圆形疱，破裂后出现鲜黄色粉末，后期呈棕褐色。[Ⅱ、Ⅲ] *：长在槭树叶背的黄粉末是槭树叶长栅锈菌（*M. aceris* Jorst.），长在桤木叶背的黄粉末是桤木叶长栅锈病菌 [*M.alni*（Thum）Diet.]，长在鹅耳枥叶背的黄色粉末是鹅耳枥叶锈菌 [*M. carpini*（Fuck.）Diet.]	**桦叶锈病** 桦长栅锈菌 [*Melampsoridium betulinum*（Desm. Kleb.）]
6. 栎属（*Quercus*）和板栗（*Castanea mollissima*）叶背有微型，黄色粉末状的夏孢子堆，秋季在其上长出暗褐色毛状物，长 1.1-3mm 的冬孢子柱 寄主：麻栎、栓皮栎、槲栎、白栎、菠萝栎、短柄枹栎、板栗等	**栎叶柱锈病** 栎柱锈菌 [*Cronatium quercuum*（Berk.）Miyabe]
6. 榆树（*Ulmus* spp.）叶背有黄色先为垫状后为点状的夏孢子堆，直径 1mm 左右，冬孢子堆破表皮而出，褐色粉状 *：栾树的锈病症状与榆树叶锈相似	**榆叶锈病** 栾三孢锈病（*T. koelrenteriae* Syd.）和榆三孢锈菌 [*Triphragmium ulmariae*（Schw.）Link]
6. 椴树（*Tilia* spp.）叶背散生有小隆起范围明显的夏孢子堆 [Ⅲ]，中心开裂露出橙黄色粉状夏孢子，冬孢子堆 [Ⅲ] 叶背生苍白色，明显 *：症状相似的锈病有榛叶锈病菌（*P. coryli* Kom.），长在榛（*Corylus* spp.）上；椴膨痂锈菌（*Pucciniastrum tiliae* Miyabe et Hirats.）栗膨痂锈菌（*P. castaneae* Diet）长在栗上；大花野茉莉（安息香科）叶锈病的病原是安息香膨痂锈菌（*P. styracinum* Hirats.）	**椴叶锈病**
7. 樟科的黄肉楠属（*Actinodaphne*）和木姜子属（*Litsea*）及新木姜子属（*Neolitsea*）叶背的黄色粉状物为夏孢子堆，秋季有短柱状黄褐色冬孢子柱	**樟叶锈病** 木姜子叶锈病菌 [*X. litseae*（Pat.）Syd.] 和新木姜子叶锈菌（*X. neolitseae* Teng） 黄肉楠短柱锈菌（刺状短柱锈菌）[*Xenostele echinacea*（Berk.）Syd.]
7. 厚壳树（*Ehretia* sp.）叶背夏秋季生有黄色粉末状夏孢子堆，散生或丛生，叶片早落	**厚壳树叶锈病** 厚壳树夏孢锈菌（*Uredo ehretiae* Barel.）
7. 枣病叶初背面生有淡绿色小疱，渐凸起，经灰褐至黄褐色的夏孢子堆，约 0.5mm，以后叶正面相应处有深绿色小斑点（冬孢子堆），叶呈花叶状，早落。冬孢子堆呈黑褐色，微凸起，但不破裂，比夏孢子堆小，一般长在落下的叶片正面 寄主：枣，酸枣和马甲子 *引起香椿（*Toona sinensis*）和厚壳树其症状与枣锈病相似，病原是香椿层锈菌（*Ph. cheoana* Cumm.），厚壳树层锈菌（*Ph. ehretiae* Hirats.）	**枣层锈病** 枣层锈菌 [*Phakopsora ziziphi-vulgaris*（P. Henn.）Diet]

续表

7. 花椒（*Zanthoxylum simulans*）病叶背生有圆形，直径 3.5~9mm，桔黄色粘粉状夏孢子堆，秋季在叶背呈橙红色近胶质的冬孢子堆凸起不破裂 ① 寄主：翅花椒（*Zanthoxylum armatum*），黄柏锈病的黄柏鞘锈菌（*Coleosporium phellodendri* Kom.），其症状相似 ② 寄主：野花椒（*Z. stenophyllum*）、大金花椒（*Z. piasezkii*）等近10种	花椒锈病 ① 花椒鞘锈菌（*Coleosporium zanthoxyli* Diet. et Syd.） ② 花椒夏孢锈菌（*Uredo fagarae* Syd.）
7. 花椒属（*Zanthoxylum*）病叶背生有圆形，直径 3.0~7.0mm，橘黄色小杯状的锈孢子器，夏孢子堆和冬孢子堆的花椒锈病	花椒叶锈病 花椒锈孢锈菌（*Aecidium zanthoxyli-schinifolii* Diet.）
7. 椿树病叶两面均可生夏孢子堆，以叶背较多，散生或集生，外观为黄色斑点，突出叶面。冬孢子堆生于叶背，橘红色突起 寄主：香椿、臭椿（*Ailanthus altissima*），南酸枣（*Choerospondias axillaris*）和洋椿（*Cedrela glaziovii*）均发生类似香椿叶锈病症状的病。是同一病原菌	香椿叶锈病 香椿花孢锈菌［*Nyssopsora cedrelae*（Hori）Tranz.］
7. 漆树病叶两面生有紫红色小圆斑直径约 1.5mm，春夏季病斑上有圆形，深红色夏孢子堆，有光泽，散生或集生，直径 0.2~0.5mm。接着在病斑上又出现散生的紫黑色冬孢子堆，有光泽直径 0.5~1mm	漆树帽孢叶锈病 漆树属（*Rhus* 含 *Toxicodendron*）的盐肤木（*R. chinensis*）和漆的锈病。帽孢锈菌白井帽孢锈菌［*Pileolaria shiraiana*（Diet.et Syd.）Ito］
7. 漆树病叶两面生有紫红色小圆斑直径约 1.5mm，春夏季病斑上有圆形，红黄色夏孢子堆和暗红色的冬孢子堆，直径 0.4~0.7mm。 ＊：野漆树（*Rhus succedanea*）上还发现漆树（*R. vernicifera*）另一种锈病	漆树多孢叶锈病 悬钩子多胞锈菌［*Phragmidium rubi*（Pers.）Wint.］
7. 木豆（*Cajanus cajan*）叶背在夏秋季散生或丛生着黄色粉堆（夏孢子堆）	木豆叶锈病 木豆夏孢锈菌（*Uredo cajani* Syd.）
7. 山桂花（*Osmanthus delavayi*）叶背散生有鲜黄色夏孢子堆直径约 0.5mm 和浅褐色的冬孢子堆	山桂花叶锈病 基孔单胞锈（*Zaghouania phillyreae* Pat.）
7. 算盘子属（*Glochidion*）病叶初叶背有淡绿色小点，凸起，黄绿色的夏孢子堆直径约 1mm 渐变为深绿色至暗褐色的小斑点稍硬是冬孢子堆	算盘子锈病 算盘子层锈菌［*Phakopsora glochidii*（Syd.）Arth.］
7. 野桐属（粗糠柴 *Mallotus philippensis*）和山蚂蝗属（*Desmodium*）的叶锈病与算盘子锈病有相似症状，发生在野桐和枣的叶背上	**粗糠柴层锈病、山蚂蝗层锈病** 粗糠柴层锈菌（*P. malloti* Cumm.）山蚂蝗层锈菌（*P. meibomiae* Arth.）
7. 咖啡（*Coffea* spp.）的嫩梢和叶片下表面发病时有许多橙黄色粉末状夏孢子堆。初为圆形淡黄色小斑直径 1~2mm 病斑周围有黄绿色晕环，后期病斑中央变白，最后变褐坏死，有［0］、［Ⅱ］、［Ⅲ］三种孢子混生 寄主：大粒咖啡（*C. liberica* Bull.）中粒咖啡（*C. canephora* Pierre），小粒咖啡（*C. arabica* L.）	咖啡锈病 咖啡驼孢锈菌（*Hemileia vastatrix* Berk. et Br.）

	续表
7. 檀属（*Dalbergia*）叶背表皮生橙黄色的冬孢子堆，叶两面表皮下生球形性孢子器直径 0.5mm，浅色	**黄檀叶锈病** 无色不眠单胞锈菌［*Maravalia achroa*（Syd.）Arth. Et *Cumm.*］
7. 竹叶背生有锈病症状 肉桂褐色夏孢子堆，点状、直径 0.3~0.8mm 散生或丛生，秋季叶背又生褐色圆形冬孢子堆 淡肉桂色夏孢子堆，点状、直径 0.3~0.8mm 散生或丛生，秋季叶背又生暗褐色圆形冬孢子堆 红褐色夏孢子堆，点状、直径 0.3~0.8mm 散生或丛生，秋季叶背又生黑褐色圆形冬孢子堆 黄褐色粉状突破表皮的夏孢子堆，散生或丛生，秋季叶背和叶面生墨色垫状冬孢子堆 寄主：病原 A 和 C 有刚竹属（*Phyllostachys* sp.）、筱竹 *Thamnocalamus* 病原 B 和 D 有箣竹属（*Bambusa* sp.）	**竹叶锈病** A 刚竹柄锈菌（*Puccinia phyllostachydis* Kus） B 草野柄锈菌（*P. kusanoi* Diet.） C 长角柄锈菌（*P. longicornis* Pat. & Har.） D 灌县柄锈菌（*P.kwanhsienensis* Tai）
7. 樟科的樟属和月桂树属（*Laurus*）及润楠属（*Machilus*）叶背有锈黄色粉状物	**①樟叶锈病、②月桂树叶锈病、润楠叶锈病** ①樟柄锈菌（*Puccinia cinnamomi* Tai）樟生柄锈菌（*P. cinnamonicola* Cumm.） ②月桂树生柄锈菌（*P. lauricola* Cumm.） ③润楠柄锈菌（*P. machili* Cumm.）和润楠生柄锈菌（*P. machilicola* Cumm.）
7. 竹叶的变色条斑上有椭圆形小斑，夏孢子堆从叶背生褐黄色粉堆约 1mm，散生或条形排列 ①寄主：刚竹属，箣竹属和紫花秆竹 ②寄主：麻竹叶锈病的病状与①相似，但病原是麻竹夏孢锈菌	**竹叶夏孢锈病** ①竹夏孢锈菌（*Uredo ignava* Arth.） ②麻竹夏孢锈菌（*U. dendrocalami* Petch）
7. 箣竹属（*Bambusa*）和麻竹（*Dendrocalamus latiflorus*）叶背生有破表皮外露的淡褐色粉状夏孢子堆，圆形，直径 0.2~0.5mm。秋季冬孢子堆也长叶背破表皮外露黄褐至黑褐色，粉状物	**竹叶壳褐锈病** 竹壳锈菌（*Physopella inflexa* Ito）
7. 箣竹属多种（*Bambusa* spp.）病叶背生有长椭圆形密集，蜡质的冬孢子堆 0.5~1.2×0.1~1.5mm 橙黄色，暴露后深褐色平展呈壳状，其性子器和锈子器生于针叶植物（转主）	**竹叶金锈病** 竹金锈菌（*Chrysomyxa bambusa* Teng）
7. 刚竹属等的竹秆上生有小型不规则椭圆形块状，又常愈合呈长条（长达 60~250mm），紫褐色紧密的夏孢子堆，秆上还长生有橘黄色冬孢子堆，干refer呈土黄色，软木质片状的冬孢子堆，子实体均似毡状物 寄主：灰金竹（*Phyllostachys nigra* var. *henonis*）、淡竹（*Ph.glauca*）、箣竹属	**竹秆锈病** 皮下硬层锈菌［*Stereostratum corticioides*（Berk. et Br.）Managn］
8. 合欢属（*Albizia*）的香须树（*A. odoratissima*）和大叶合欢（*A. lebbeck*）的叶背有不明显的淡黄色斑点，直径 1~2mm，斑点上长出白色疱状物，春夏季从疱状物散出锈褐色粉末，夏孢子堆直径 0.2~0.5mm；秋后呈现暗褐色冬孢子堆	**合欢叶锈病** 金合欢球锈菌［*Sphaerophragmium acaciae*（Cooke）Magn.］

续表

8. 滇合欢（*Albizia yunnanensis*）小枝和叶两面呈现针头状褪绿的黄斑，直径 0.5~2mm，病斑上有黄褐色粉质小粒，多散生（夏孢子堆）部分为同心圆状排列，后期颜色变为深褐色至黑色（冬孢子堆） 此外，相似症状的锈病①白格（*Alb. procera*）和楹树（*Alb. chinensis*）锈病，②腺毛槐蓝（*Indigofera scabrida*）锈病，③大理槐蓝（*I. dielsiana*）叶锈病，④灰毛槐蓝（*I. cinerascens*）和甘川槐蓝（*I.potaninii*）叶锈病	滇合欢锈病 日本伞锈菌（*Ravenelia japonica* Diet. et Syd.） ①无柄伞锈菌（*R. sessilis* Berk.）②腺毛槐蓝伞锈菌（*R. indigoferae-scabridae* Tai）③巨头伞锈菌（*R. macrocapitula* Tai）④光伞锈菌（*R.laevis* Diet. et Holw.）
8. 槐树（*Sophora* spp.）的侧枝或小枝或小苗主干上受害，部分肿大呈纺锤形瘤，有纵向裂纹，秋自裂缝散出黑褐色粉末（冬孢子堆），叶背和叶柄生有锈褐色粉末状物（夏孢子堆） 此外：发病部位和病害症状相似的锈病还有①槐属的苦参锈病（*S. flavescens* At.），②日本槐（*S. japonica* L.）锈病，白刺花（*S.viciifolia*）锈病	槐干锈病 茎生单胞锈菌（*Uromyces truncicola* P. Henn. et Shirai） ①苦参单胞锈菌（*U. sophorae-flavescentis* Kus.）②日本槐单胞锈菌（*U. sophorae-japonicae.*Diet）白刺花单胞锈菌（*U. sophorae-viciifoliae* Tai）。
8. 栾树（*Koelreuteria*）和木楤属（*Aralia*）叶背有黄色粉堆、锈孢子堆，后期有黄褐色粉堆、冬孢子堆，破表皮细胞而出	栾锈病，楤木锈病 栾花孢锈菌[*Nyssopsora koelreuteriae*（Syd.）Tranz.]亚洲花孢锈菌（*N. asiatica* Lütj.）
8. 梅花的嫩梢、芽、花、叶受害时有小点状扁球形锈子器，无包被，突破寄主皮外露后，散出橙黄色粉末，花瓣常肥厚，并变为叶形，被害叶多肉质，病斑均形成橙黄色斑点，散出黄粉状物 此外：木香（*Rosa banksiae*），①月季（*R. chinensis*）和②松（*Pinus* spp.）的锈病以及野蔷薇丛枝锈病症状相似	梅花锈病 牧野裸孢锈菌（*Caeoma makinoi* kus.） ①木香裸胞锈菌（*C. warburgianum* P.Henn.）、木香锈病裸胞锈菌属（*C. sp*）②松裸孢锈菌（*C. pinitorquum* Braun）引起松类锈病③畸形裸胞锈菌[*C. deformans*（Berk.et Br.）Tub.]引起野蔷薇丛枝锈病。
8. 相思树的嫩梢，叶和荚果受害时，病斑初呈浅绿或微红，后变茶褐，病斑膨大，肥厚如盘状小瘤，枝叶，果荚卷缩或畸形. 在小瘤上出现浅绿色性孢子器，暗褐色夏孢子堆，灰白色绒毛状冬孢子堆	相思树锈病 透灰冬锈菌[*Poliotelium hyalospora*（Saw.）Mains]
8. 越橘科乌饭树属（*Vaccinium*），茎表皮细胞中生暗红色冬孢子堆，使越橘茎肿大，呈暗红褐色 转主：云杉叶呈橙黄色疱状[Ⅰ]锈孢子堆（缺夏孢子阶段），冬孢子堆生越橘茎皮 此外：乌饭盖痂锈菌[*Thekopsora vaccini*（Wint.）Hirats f.]夏孢子堆冬孢子堆在越橘叶上	越橘茎锈病 越橘茎痂锈菌（*Calyptospora goeppertiana* Kühn）
8. 酸樱桃叶背生淡黄色粉末状散生或丛生的夏孢子堆，后期变暗褐色粉末状突，破表皮细胞的冬孢子堆 *：寄主乌饭树属叶背与酸樱桃锈病症状相似，病原越橘盖痂锈菌[*Thekopsora vacciniorum* Karst.][0、Ⅰ]寄主不明	酸樱桃锈病 酸樱桃盖痂锈菌（*Thekopsora pseudo-cerasi* Hiratsuka）

续表

8. 芳香鹰爪（*Artabotrys odoratissimus*）和鹰爪（*A. hexapetalus*）病斑叶两面生，黑褐色至黑色，夏孢子堆锈褐色。受叶脉限制，病斑直径 1~2mm，病斑上生 2~3 个，直径 0.2mm，长期为表皮覆盖 此外：臭牡丹夏孢锈菌（*U. clerodendricola* P. Henn.）；瑞香生夏孢锈菌（*U. daphnicola* Diet.）；溲疏夏孢锈菌（*U. deutziae* Barcl.）；溲疏生夏孢锈菌（*U. deutziicola* Hirats.）；银合欢夏孢锈菌（*U. leucaenae-glaucae* Hirats. et Hash.）；野桐夏孢锈菌（*U. malloti* P. Henn.）；桑生夏孢锈菌（*U. moricola* P. Henn.）；等等均以寄主植物属命名专化性较强，症状相似	**鹰爪叶锈病** 鹰爪夏孢锈菌（*Uredo artabotrydis* Syd.）
8. 黄栌（*Cotinus*）属叶两面有红色小圆斑，以背面为名，直径约 1.7mm，初有深红夏孢子堆，后有紫黑色冬孢子堆 此外：清香木锈病由黄连木帽孢锈菌（*P. pistaciae* Tai et wei）引致，症状相似	**黄栌锈病** 黄栌帽孢锈菌（*Pileolaria cotini-coggygriae* Tai et Cheo）
8. 玫瑰叶面有不明显的小点 [0]，叶背、叶柄上有黄粉状物 [Ⅰ]，接着又呈现橘黄色夏孢子堆 [Ⅱ]，秋季出现由橘红渐变为深棕红色至为黑色的冬孢 [Ⅲ] *：蔷薇锈病由蔷薇多孢锈菌（*P. rosae-multiflorae* Diet），短尖多胞锈菌 [*Phragmidium mucronatum*（Pers.）Schlech.]，玫瑰多孢锈病（*P. rosae-rugosae* Kasai）和刺玫蔷薇多孢锈菌（*P.rosae-davuricae* Miura）症状与玫瑰锈病相似	**玫瑰锈病**
8. 紫藤（*Wisteria* spp.）叶背有红褐色斑，其上有黑色粉状物为冬孢子堆（国内未见报道）	**紫藤锈病** 紫藤赭痂锈菌 [*Ochrospora kaunhiae* Dietel]（日）
8. 杜鹃属（*Rhododendron* L.）叶背生橙黄色，半透明，直径 0.3~0.5mm 的冬孢子堆，叶正面为黄褐色斑	**杜鹃叶金锈病** ① 杜鹃属叶锈病：疏展金锈菌（*Chrysomyxa expansa* Diet）云杉金锈变种 [*C.ledi* var. *rhododendri*（de Bary）Savile] ② 绒叶杜鹃（*R.vellerum*）叶锈病：喜马拉雅金锈菌 [*C.himalense* Barclay] ③ 支撑杜鹃（*R. fulvum*）、钟花杜鹃（*R. campanulatum*）叶锈病：束丝金锈菌（*C. stilbae* Wang Chen et Guo）。
8. 杜鹃叶背生有排列不规则，少散生的锈子器，白黄色杯状直径 0.5mm。短圆柱形后期开口，边缘齿状碎裂反卷	**杜鹃叶春孢锈病** 华杜鹃叶春孢锈菌（*Aecidium sino-rhododendri* Wils.）杜鹃春孢锈菌（*A. rhododendri* Barcl.）
8. 石楠和楤木叶背、嫩梢和芽畸形上有黄白色杯状直径 0.8mm，边缘破碎的锈子器，寄生或散生，内有橘黄色粉末状锈孢子 此外：小檗锈孢锈菌（*A. berberidis* Pers.）；猕猴桃锈孢锈菌（*A. actinidiae* Syd.）；樟锈孢锈菌（*A. cinnamomi* Racib.）；女贞生锈孢锈菌（*A. ligustricola* Cumm.）；润楠锈孢锈菌（*A. machili* P. Henn.）；泡花树锈孢锈菌（*A. meliosmae* Keissl.）；木樨锈孢锈菌（*A. osmanthi* Syd. et Butl.）；石斑木锈孢锈菌 [*A. raphiolepidis* Syd.]；雀梅藤锈孢锈菌（*A. sageretiae* P. Henn）；菝葜锈孢锈菌（*A. smiacis* Schw）；槐锈孢锈菌（*A. sophorae* Kusano）等均系以寄主名称定名的锈菌，是症状相似的锈病	**石楠锈病、楤木锈病** 石楠锈孢锈菌（*Aecidium pourthiaeae* Syd.）楤木锈孢锈菌（*A. araliae* Saw.）

续表

8. 鼠李属（*Rhamnus* L.）叶正面丛生性子器，色浅、叶背和茎生淡黄色锈子器，杯状，常使茎膨胀 此外：黄杨柄锈菌（*P. buxi* DC.）；锦葵柄锈菌（*P. malvaceanum* Mon.）等，引致寄主发生症状相似的锈病	**鼠李锈病** 禾冠柄锈菌（*Puccinia coronata* Corda）
8. 栀子花叶背面有橙黄色粉末状夏孢子堆，直径1.5mm 散生或聚生，周边有黄晕 此外：引至倒吊笔（*Wrightia pubescens*）锈病的倒呆笔驼孢锈菌（*H. wrightii* Racib.）	**栀子叶锈病** 栀子驼孢锈菌（*Hemileia gardeniae-floridae* Saw.）
8. 五月茶（*Antidesma bunius*）夏季叶背有黄色粉末状的夏孢子堆，秋后黄粉堆上长出褐色眉毛状（冬孢子堆）	**五月茶锈病** 五月茶柱锈菌 [*Cronartium antidesmae-dioicae* (Racib.) Syd.] 五月茶桶孢锈菌 [*Crossopsora antidesmae-dioicae* (Syd.) Arth. et Cumm.]
8. 槐蓝（*Indigofera hancockii*）夏季叶背有黄色粉末状的夏孢子堆，12月后黄粉堆上长出褐色冬孢子堆	**槐蓝叶锈病** 槐蓝伞锈菌（*Ravenelia indigoferae* Tranz.）

检索表4　畸形病状的植物病害

1. 植物叶皱缩畸形，叶色变淡，病部变厚，粗糙	2
1. 植物叶上有饼状物，病部彦色变淡，叶肉变厚，粗糙畸形	3
1. 植物幼嫩果实畸形，果核变软（无核），病部粗糙	4
1. 植物顶枝呈丛生状（龙头），侧芽大量萌生	5
1. 植物茎干或小枝生有肿瘤，瘤状物不断增大，增多	6
1. 植物嫩茎肿胀，肥胖，病部变扁厚，粗糙畸形	7
1. 叶斑大，不规则形，绒毛状，色彩鲜艳或湿润时有极细的白色粉末	8
2 桃叶处于淡绿色时及之前，即在春季或春夏之交，空气湿润。头年有过发病史，极易感染畸形病状的桃缩叶病，病叶畸形，呈粉红色或粉绿色。其病症是白色细粉末状物 ＊：类似桃缩叶病病状的寄主还有梅花的①膨叶病②樱桃缩叶病	**桃缩叶病** 畸形外囊菌 [*Taphrina deformans* (Berk.) Tul.] ①梅外囊菌（*Taphrina mume* Nish.） ②小外囊菌（*Taphrina minor* Sadeb.）
2. 杏树嫩叶发病，病叶丛生，病枝缩短，病部颜色变赤黄，新梢枯死。病枝上叶片全变厚，粗糙，有许多小黑点（病症） ＊：李叶有许多红色小斑点李红点病是李疔座霉 [*Polystigma ochraccum* (Wahl.) Sacc.] 和李多点霉（*Polystigmina rubra* Sacc.）引起	**杏疗病** 杏疔座霉（*Polystigma deformans* Syd.）
2. 核桃嫩叶发病，病叶丛生，新梢和嫩叶畸形皱缩肥大，粉红色，其病症是白色细粉末状物 ＊：胡桃科枫杨属的枫杨丛枝病的病原相同，症状相似	**核桃粉霉病** 胡桃微座孢 [*Microstroma juglandis* (Bereng.) Sacc.]

续表

3. 油茶在花期，子房膨大似鲜桃子样，内中空，俗称茶苞，有甜味。嫩叶发病可产生饼状病斑，病斑近圆形乳白色，变厚，粗糙 *：细丽外担菌尚可危害茶树，类似茶饼病；山茶花也有饼病，其病原是山茶外担菌（*Exobasidium camelliae* Shirai）；或网状外担菌（*E. reticulatum* Ito et Saw.）	茶饼病 细丽外担菌［*Exobasidium gracile*（Shirai）Syd.］
3. 杜鹃花也有饼病，嫩叶发病可产生饼状病斑，病斑近圆形、半球形等，乳白色，空气湿润时易感染，一年发病1~2次	杜鹃饼病杜鹃外担菌（*E. rhododendri* Cram.） 半球外担菌（*E. hemisphaericum* Shirai） 日本外担菌（*E. japonicum* Shirai）
3. 越橘科乌饭树属（*Vaccinium* L.）的乌饭（老鸦泡）小灌丛，病叶有粉红色近圆形的饼状病斑，其上有白色细粉末状物	乌饭饼病 乌饭树外担菌（*E. vaccinii* Woron.）
3. 越橘病叶也有粉红色近圆形的饼状病斑，其上有白色细粉末状物	越橘饼病 笃斯越橘外担菌（*E. vaccinii-uliginosi* Bourd.）
4. 杨属的果皮肿胀，呈现金黄色，空气湿润时，病斑外有白色细粉末状物	杨金果病 杨囊果外囊菌（*Taphrina johansonii* Sad.）
4. 李子树幼嫩果实畸形，果内无硬核，病部变厚，粗糙，像小丰收瓜，淡绿色外有一层灰白色细粉末状物	李袋果病 李外囊菌［*Taphrina pruni*（Fuck.）Tul.］
4. 樱桃树幼嫩果实畸形，果内无硬核，病部变厚，粗糙，像个小辣椒，粉红色或浅绿色，外有一层白色细粉末状物	小樱外囊菌［*T. cerasi-microcarpae*（Kus.）Laub.］
5. 石笔木嫩枝丛生，叶小色泽鲜艳夺目，远看似一丛花，近见一丛小枝和叶丛	石笔木丛枝病 植原体（*Phytoplasma*）旧称 MLO
5. 胡桃科枫杨属的枫杨小枝丛生，叶片肿胀，叶背有一层白色细粉末状物	枫杨丛枝病 胡桃微座孢［*Microstroma juglandis*（Bereng.）Sacc.］
5. 桦属嫩枝丛生，幼病枝节缩短枯死，嫩枝叶的下表面有白色细粉末状物	桦属丛枝病 桦丛枝外囊菌（*Taphrina betulina* Rostr.）
5. 紫薇树小枝丛生；花序丛生，花朵色泽鲜艳夺目，花谢后花序枯萎。修剪丛生枝后，新发枝仍然丛生	植原体（*Phytoplasma*）
5. 枣树的部分侧枝上小枝丛生，节间缩短，叶片变小变厚，粗糙，叶色淡绿，丛生部位疯长	枣疯病 植原体（*Phytoplasma*）
6. 樱桃树枝干长有瘤子，尤其是树干基部易长瘤。越砍越多，3~5年，整株死亡 寄主：有331个属的640多种植物，如苹果属、梨属、李属、丁香属、山楂属、蔷薇属、柑橘属、柿树属、油梨属、杨属、柳属、菊属、桦木属、冷杉属和栗属等	冠瘿病 土壤脓杆菌［*Agrobacterium tumefaciens*（Smith et Towns.）Conn］

续表

6. 松树干部长有瘤子，瘤子木质化，其上有黄色疱状物，裂开后有黄色细粉末散 寄主：松属二针和三针松类和壳斗科树木，如，云南松、马尾松、樟子松和黄山松等；栓皮栎、麻栎、槲栎、白栎、板栎和波罗栎等	**松瘤锈病** 栎柱锈菌［*Cronartium quercuum*（Berk.）Miyabe］
7. 乌饭树属（*Vaccinium* L.）越橘幼树茎肿大、畸形，暗红褐色 *：转主是云杉，其病叶上有黄色疱状物	**越橘茎肿病** 越橘茎痂锈（*Calyptospora goeppertiana* Kühn）
7. 油桐干的徒长枝疯长呈扁肥状畸形，其上有许多萌芽 *：类似症状的树木还有香果树、决明等	**油桐扁枝病** 生理性病因（营养过度）或植原体（Phytoplasma）
8. 榆属和赤杨属的不规则淡褐色叶斑，呈肿状畸形斑，先呈灰色或黄色，在雨后其上有不明显的极细白色粉末，后变为褐色或黑色溃烂 *：赤杨叶面外囊菌（*T. epiphylla* Sabeb.）生在灰桤木（*Alnus incana*）上；还有胶桤木叶肿外囊菌［*T. tosguinetii*（West）Magn.］和胶桤木叶斑外囊菌（*T. sadebeckii* Johans.）	**榆、赤杨烂斑病** 榆外囊菌（*Taphrina ulmi* Johans.）
8. 栎属（*Quercus*）有 50 多种，如黄毛青冈栎，病叶上有不规则淡褐色疱状畸形大斑，在空气特别湿润时，其上有不明显的极细白色粉末	**栎缩叶病** 栎外囊菌［*T. caerulescens*（Desm. Et Mont.）Tul.］
8. 核桃属和山核桃属的病叶背有不规则金黄色下凹斑，内有粗茸毛病状，其对应的正面是疱状畸形大斑	**胡桃毛毡病** 胡桃绒毛瘿螨（*Eriophyes tristriatus-erineus* Nal）
8. 西南桦和桤木的病叶正面有不规则红色或粉红色斑多生于叶尖，内有粗茸毛病状	**桦木、桤木毛毡病** 赤杨瘿螨（*Eriophyes brevitarsus* Fr.）

参考文献

白建相，王涓，黄林，等，2008. 云南河口垦区橡胶树根病普查及治理方法探讨 [J]. 热带农业科技，31（4）：7-11.

北京林学院，1979. 林木病理学 [M]. 北京：农业出版社.

毕国昌，郭秀珍，臧穆，1989. 在纯培养条件下温度对外生菌根真菌生长的影响 [J]. 林业科学研究，2（3）：247-253.

毕国昌，臧穆，郭秀珍，1989. 滇西北高山针叶林区主要林型下外生菌根真菌的分布 [J]. 林业科学，25（1）：33-39.

毕志江，2011. 枸杞瘿螨病发生规律及防治措施 [J]. 农村科技（7）.

蔡红，祖旭宇，陈海如，2002. 植原体分类研究进展 [J]. 植物保护，3（28）：39-42.

蔡吉苗，王涓，陈勇，等，2007. 云南橡胶树棒孢霉落叶病病情调查与病原鉴定 [J]. 热带农业科技，30（4）：1-4，19.

曹立耘，2015. 油茶几种主要病害的发生与防治 [J]. 农药市场信息，13：55.

曹有龙，何军，2013. 枸杞栽培学 [M]. 北京：阳光出版社.

岑炳沾，甘文有，邓瑞良，等，1994. 肉桂枯梢病的发生与防治研究 [J]. 华南农业大学学报，15（4）：63-66.

陈保冬，李晓林，朱永官，2005. 丛枝菌根真菌菌丝体吸附重金属的潜力及特征 [J]. 菌物学报，24（2）：283-291.

陈韩英，2011. 油茶的主要病害及其防治 [J]. 现代农业科技（12）：163-164.

陈汉章，苏素霞，2001. 肉桂粉实病的研究初报 [J]. 闽西职业大学学报，9（3）：68-71.

陈辉，唐明，1997. 杨树菌根研究进展 [J]. 林业科学，33（2）：183-188.

陈惠敏，宋漳，俞亮，等，2002. 肉桂粉实病发生、病原生物学及药效试验 [J]. 福建林学院学报（2）：176-179.

陈可可，宣宇，1986. 滇西北亚高山针叶林带的外生菌根调查 [J]. 云南植物研究，3：229-304.

陈美功，2005. 淮北地区杨黑斑病的发生与防治 [J]. 安徽农学通报：82.

陈守常，肖育贵，1989. 油桐根腐病病原菌的研究 [J]. 林业科学，25（2）：113-119.

陈守常，肖育贵，1990a. 油桐根腐病的研究 [J]. 植物病理学报，20（3）：166-170.

陈守常，肖育贵，1990b. 油桐根腐病发生动态和预测研究 [J]. 林业科学，26（3）：219-226.

陈守常，肖育贵，杨大胜，1989. 四川地区油桐根腐病的发生和控制研究 [J]. 四川林业科技，10（1）：7-10.

陈秀虹，伍建榕，2013. 园林植物病害诊断与养护 [M]. 北京：中国建筑工业出版社.

崔昌华，郑服丛，贺春萍，等，2011. 海南胡椒主要真菌病害调查与病原鉴定 [J]. 安徽农业科学，39（6）：3355-3358.

黛玉成，庄剑云，2010. 中国菌物已知种数 [J]. 菌物学报，29：625-628.

邓吉，陆进，李健强，等，2006. 石榴枯萎病发生危害与防治初步研究 [J]. 植物保护，32（6）：97-101.

丁锦平，张庆琛，裴冬丽，等，2015. 枸杞白粉病的病原菌鉴定 [J]. 江苏农业科学（6）.

董小军，路雪君，林文力，2010. 植原体检测技术研究进展 [J]. 安徽农学通报，16（15）：40-43.

段春芳，黄贵修，郭容琦，等，2012. 云南胡椒炭疽病病原鉴定 [J]. 江西农业学报，24（11）：56-58.

段均团，2010. 青麸杨病虫发生规律及防治技术研究 [J]. 植物护理学，现代农业科技（4）：190-191.

范国权，韩树鑫，白艳菊，2015. 植原体病害研究进展 [J]. 黑龙江农业科学（11）：148-153.

方中达，2012. 植病研究法（第3版）[M]. 北京：中国农业出版社.

冯海艳，冯固，王敬国，等，2003. 植物磷营养状况对丛枝菌根真菌生长及代谢活动的调控 [J]. 菌物系统，22（4）：589-598.

冯海艳，冯固，王敬国，等，2004. 植物钠对菌根真菌根内菌丝碱性磷酸酶活性及根外菌丝生长的影响 [J]. 应用生态学报，15（6）：1009-1013.

付丽，范昆，曲健禄，等，2015. 樱桃根癌病的研究进展 [J]. 落叶果树，47（2）：19-21.

付余波，2010. 我国四省区梨主要病害的病原鉴定，分子检测与药剂筛选研究 [D]. 南京：南京农业大学.

耿社青，1994. 苗木猝倒病的防治 [J]. 河南林业：32.

耿显胜，舒金平，王浩杰，等，2015. 植原体病害的传播，流行和防治研究进展 [J]. 中国农学通报，31（25）：164-170.

弓明钦，陈应龙，仲崇禄，1997. 菌根研究及应用 [M]. 北京：中国林业出版社.

宫喜臣，2004. 药用植物病虫害防治 [M]. 北京：金盾出版社.

郭建伟，郭娟，杨建，等，2013. 石榴病原菌与病害研究综述 [J]. 安徽农业大学（25）：301-303.

郭良栋，2012. 中国微生物物种多样性研究进展 [J]. 生物多样性，20：572-580.

郭秀珍，毕国昌，1989. 林木菌根及应用技术 [M]. 北京：中国林业出版社.

和波益，白如礼，1999. 福贡县油桐林油桐黑斑病的成因及防治措施 [J]. 云南林业科技（3）：45-47.

贺伟，沈瑞祥，王晓军，2001. 北京地区板栗实腐病病原菌的致病性及侵染过程 [J]. 北京林业大学学报，23（2），36-39.

贺伟，叶建仁，2017. 森林病理学 [M]. 北京：中国林业出版社.

贺伟，尹伟伦，沈瑞祥，等，2004. 板栗实腐病潜伏侵染和发病机理的研究 [J]. 林业科学，40（2）：96-102.

贺运春，2008. 真菌学 [M]. 北京：中国林业出版社.

侯保林，1988. 河北板栗种仁斑点类病害研究 [J]. 河北农业大学学报，11（2）：11-21.

胡奇明，胡子路，1998. 苗木猝倒病防治 [J]. 安徽林业：18.

胡以球，2006. 秋冬季盐肤木病虫害防治 [J]. 安徽林业（6）：42.

花晓梅，1995. 林木菌根真菌研究 [M]. 北京：中国科学技术出版社.

花晓梅，姜春前，刘国龙，1995. 我国南方松外生菌根资源调查 [J]. 南京林业大学学报，19（3）：29-36.

黄琼，卢文洁，范金祥，等，2004. 云南发现石榴枯萎病 [J]. 植物病理学报，34（1）：95-96.

黄亦存，沈崇尧，裘维蕃，1992. 外生菌根的形态学，解剖学及分类学研究进展 [J]. 真菌学报，11（3）：169-181.

惠军涛，2013. 樱桃根癌病发生规律与综合防控 [J]. 西北园艺（6）：7-8.

蒋小平，2007. 油茶软腐病的防治 [J]. 湖南林业（07）：29.

靳爱仙，周国英，李河，2009. 油茶炭疽病的研究现状，问题与方向 [J]. 中国森林病虫，11（02）：27-31.

景学富，张愈学，杨竹轩，等，1984. 山楂褐腐病调查 [J]. 北方果树（1）：5-7.

景学富，张愈学，杨竹轩，等，1985. 山楂褐腐病的发生与危害 [J]. 中国农学通报（4）：9-9.

鞠国柱，徐素琴，张连寿，等，1965. 杨树灰斑病的研究 [J]. 林业科学：41-46.

康会池，2007. 北方栽桂花需防根结线虫病 [J]. 中国花卉盆景（10）.

匡蓉琳，孙思，王军，等，2012. 油茶病害及其防治研究进展 [J]. 生物灾害科学（4）：435-438.

赖帆，李永，徐启聪，等，2008. 植原体的最新分类研究动态 [J]. 微生物学通报，35（2）：291-295.

雷国平，2016. 白蜡病虫害防治技术 [J]. 山西林业（4）：47-48.

雷增普，金均然，王昌温，1989. 外生菌根菌对植物根部病害病原拮抗作用的研究 [J]. 林业科学，25（6）：502-508.

李广宇，王坤宇，李梅，2009. 李树主要病害防治技术 [J]. 现代农业科技（22）：180-180.

李海霞，2014. 枸杞炭疽病综合防治试验报告 [J]. 农业科技与信息（8）.

李河，周国英，刘君昂，2009. 油茶叶枯病菌的生物学特性 [J]. 经济林研究（01）：88-90.

李加智，张春霞，何明霞，2008. 云南橡胶树叶炭疽病病状及发生近况 [J]. 热带农业科技，31（3）：13-6.

李蓉，2007. 麻栎内生真菌抗菌活性的研究 [J]. 辽宁中医药大学学报，9（1）：56-58.

李涛，王树明，张勇，等，2016. 橡胶炭疽病，六点始叶螨发生规律及其相关性研究 [J]. 广东农业科学，43（4）：104-10.

李现国，2002. 枸杞瘿螨病的发生与防治 [J]. 种植业大观.

李志清，张兆欣，田国忠，等，2005. 枣黑腐病田间药剂防治技术研究 [J]. 中国森林病虫，5：3-6.

梁英梅，张星耀，2000. 陕西省猕猴桃枝干溃疡病病原菌鉴定 [J]. 西北林学院学报，15（1）：37-39.

林强，1999. 毛竹枯梢病发生的土壤条件分析 [J]. 南京林业大学学报，23（4）：43-46.

林强，2001. 毛竹枯梢病营林防治技术的研究 [J]. 林业科技开发，15（特辑）：42-45.

林强，邱子林，黄建河，等，1993. 毛竹枯梢病的发生发展规律的研究 [J]. 南京林业大学学报，17（2）：61-66.

林舒雅，许文君，2013. 海南省新中农场橡胶树病害调查初报 [J]. 宁德师范学院学报（自然科学版），27（2）：165-8.

林先贵，郝文英，1989. 不同植物对 VA 菌根的依赖性 [J]. 植物学报，31（9）：721-725.

林业部野生动物和森林植物保护司，林业部森林病虫害防治总站，1996. 中国森林植物检疫对象 [M]. 北京：中国林业出版社.

刘建峰，杨五烘，李敦松，等，1995. 肉桂新害虫泡盾盲蝽的生物学特性及防治研究 [J]. 广东农业科学（1）：36-39.

刘建华，李秀生，占东林，等，1993. 板栗实腐病研究初报 [J]. 森林病虫通讯（3）：9-11.

刘兰泉，王东，2012. 柑橘栽培及病虫害防治技术图解 [M]. 北京：中国林业出版社.

刘润进，陈应龙，2007. 菌根学 [M]. 北京：科学出版社.

刘润进，李晓林，2000. 丛枝菌根及其应用 [M]. 北京：科学出版社.

刘世骐，1983. 林木病害防治 [M]. 安徽：安徽科学技术出版社.

刘伟，2012. 油茶炭疽病的病原学发病规律及防治技术研究 [D]. 武汉：华中农业大学.

刘永齐，2001. 经济林病虫害防治 [M]. 北京：中国林业出版社.

刘永齐，2006. 经济林病虫害防治 [M]. 北京：中国林业出版社.

刘云龙，张云霞，2004. 国内果树新病害——石榴枯萎病病菌来源初探 [J]. 石河子大学学报（自然科学版），22：143-144.

卢恒宇，魏辉，杨广，2016. 植原体病害研究进展 [J]. 福建农业学报，31（3）：326-332.

栾庆书，王琴，赵瑞兴，等，2014. 外生菌根真菌研究法 [M]. 沈阳：辽宁科学技术出版社.

罗水鑫，2011. 李袋果病在油橄榄上的发生与防治 [J]. 中国南方果树，4（6）：79-80.

罗万周，罗万业，2007. 油茶炭疽病及其防治方法 [J]. 农技服务，6：70.

马菲，吴品珊，张秋娥，等，2013. 白蜡枯梢病及其在欧洲的发生情况 [J]. 植物检疫，27（4）：85-88.

梅汝鸿，陈宝混，陈璧，等，1991. 板栗干腐病研究Ⅱ：症状及病原 [J]. 中国微生态学杂志，3（1）：75-79.

孟繁荣，韩君玲，马玲，1986. 山杨灰斑病病原菌的研究 [J]. 东北林业大学学报：77-84.

孟繁荣，邵景文，2001. 东北主要林区针叶林下外生菌根真菌及其生态分布 [J]. 菌物系统，20（3）：413-419.

牟海青，朱水芳，徐霞，2011. 植原体病害研究概况 [J]. 植物保护，37（3）：17-22.

牟海青，朱水芳，徐霞，等，2011. 植原体病害研究概况 [J]. 植物保护，37（3）：17-22.

南京农学院，1979. 普通植物病理学 [M]. 北京：农业出版社.

牛晓庆，陈良秋，付登强，等，2013. 油茶叶枯病菌的鉴定及生物学特性研究 [J]. 热带作物学报（2）：352-357.

欧兆胜，张文勤，黄祖清，1993. 毛竹枯梢病林间流行动态的研究 [J]. 福建林学院学报，13（1）：67-73.

庞正轰，2006. 经济林病虫害防治技术 [M]. 南宁：广西科学技术出版社.

邱子林，黄建河，林强，等，1991. 毛竹枯梢病症状，病原形态与生物学研究 [J]. 福建林学院学报，11（4）：411-417.

曲俭绪，沈瑞祥，李志清，等，1992. 枣黑腐病病原研究 [J]. 森林病虫通讯（2）：1-4.

冉懋雄，2002. 名贵中药材绿色栽培技术——杜仲 [M]. 北京：科学技术文献出版社.

饶辉福，丁坤明，饶漾萍，等，2013. 油茶主要病害的发生与防治[J]. 植物医生，4（03）：16-17.

容向东，张景宁，邱广昌，等，1983. 竹疯病病原的电镜观察研究[J]. 广东林业科学（5）：18-19.

桑利伟，刘爱勤，谭乐和，等，2010. 胡椒瘟病田间发生规律观察[J]. 热带作物学报，31（11）：1996-1998.

桑利伟，刘爱勤，谭乐和，等，2011. 海南省胡椒瘟病病原鉴定及发生规律[J]. 植物保护，37（6）：168-171.

邵淑霞，杨子祥，陈晓鸣，2012. 角倍中一种炭疽菌病害初报[J]. 林业科学研究，25（3）：351-354.

沈崇尧，2009. 植物病理学[M]. 北京：中国农业大学出版社.

石峰云，1981. 柳杉赤枯病的研究[J]. 江苏林业科技：1-4.

石兆勇，陈应龙，刘润进，2003. 菌根多样性及其对植物生长发育的重要意义[J]. 应用生态学报，14：1565-1568.

宋晓斌，王培新，2002. 猕猴桃细菌性溃疡病生物防治初步研究[J]. 西北林学院学报，17（1）：49-50.

宋晓斌，张学武，1997. 猕猴桃溃疡病研究现状与前景展望[J]. 陕西林业科技（4）：62-64.

孙东，王玉杰，2014. 白蜡树病虫害防治措施探析[J]. 现代园艺（5）：87-87.

孙静，彭学义，刘国强，等，2000. 青杨灰斑病的发病规律及其防治[J]. 青海农林科技：46-47.

孙益林，2005. 木霉菌对梨树黑星病及轮纹病抑制作用的生理特性研究[D]. 南京：南京农业大学.

孙治军，高九思，张建林，2014. 仰韶黄杏杏疗病的发生与防治[J]. 现代农业科技（22）：117-118.

谭伏美，王树明，陈积贤，2001. 河口地区橡胶白粉病防治技术研究[J]. 云南热作科技，24（4）：11-6.

唐慧锋，赵世华，谢施讳，等，2003. 枸杞炭疽病发生规律试验观察初报[J]. 落叶果树（5）.

唐秀光，郑辉，2006. 李细菌性穿孔病综合防治技术[J]. 河北林果研究，21（3）：320-322.

参考文献

田呈明, 梁英梅, 高爱琴, 等, 2000. 基于栽培管理措施的猕猴桃细菌性溃疡病防治技术 [J]. 西北林学院学报, 15（4）: 72–76.

汪全兵, 2010. 苗木猝倒病发生与防治 [J]. 现代农业科技: 198.

王发园, 刘润进, 林先贵, 等, 2003. 几种生态环境中 AM 真菌多样性比较研究 [J]. 生态学报, 23（12）: 2666–2671.

王家玉, 1993. 五倍子的人工培育技术 [J]. 生物学通报（28）9: 44–45.

王军, 李奕震, 卢川川, 等, 2003. 肉桂枝枯病的防治试验 [J]. 中国森林病虫, 22（1）: 31–32.

王军, 苏海, 1998. 肉桂枝枯病的发生与防治 [J]. 四川林业科技, 19（3）: 37–39.

王克荣, 邵见阳, 路家云, 1991. 苏皖地区栗疫病菌营养体亲和性研究 [J]. 南京农业大学学报, 14（4）: 44–48.

王克荣, 周而勋, 路家云, 1997. 中国东部栗疫病菌的交配型 [J]. 南京农业大学学报, 20（3）: 117–119.

王丽珠, 许爱民, 林小平, 等, 2012. 油茶主要病害发生规律及防治技术 [J]. 新农村（黑龙江）（20）: 231–232.

王秀文, 2013. 白蜡树主要病虫害防治探讨 [J]. 城市建设理论研究: 电子版（16）: 13–14.

王颖, 2010. 苹果褐腐病的发生规律及防治措施 [J]. 现代农业科技（2）: 21–21.

王占斌, 李晶莹, 2015. 李子红点病的发生与防治 [J]. 防护林科技（9）: 117–118.

王振中, 张新虎, 2005. 植物保护概论 [M]. 北京: 中国农业出版社.

魏景超, 1979. 真菌鉴定手册 [M]. 上海: 上海科学技术出版社.

吴光金, 林雪坚, 1982. 油桐枯萎病的研究 [J]. 东北林学院学报（1）: 20–30.

吴涛, 2008. 江西油茶主要病虫害及其防治技术 [J]. 现代农业科技（03）: 92–93.

吴耀军, 陆志华, 黄乃秀, 等, 2003. 八角炭疽病病原的研究 [J]. 广西林业科学, 32（3）: 118–120.

武文灵, 王小银, 2016. 杏疔病的发生规律及综合防治技术 [J]. 果农之家（4）: 26–26.

西南林学院, 云南省林业厅, 1993. 云南森林病害 [M]. 昆明: 云南科技出版社.

夏黎明，等，1995. 毛竹基腐病菌的研究 [J]. 南京林业大学学报，19（2）：23-28.

向增来，王立功，1983. 沿海地区柳杉赤枯病的发生与防治 [J]. 江苏林业科技：59-60.

肖俐，张明，2005. 李树细菌性穿孔病的发生规律及防治技术 [J]. 山东农业科学（4）：42-43.

筱原正行，1967. マクケのてんく巣病に关すゐ研究 [J]. 日本大学农兽医学部学术研究报告（25）：7-20.

谢联辉，2006. 普通植物病理学 [M]. 北京：科学出版社.

邢君来，2010. 普通真菌学 [M]. 北京：高等教育出版社.

徐彪，郑晓慧，郭维霞，等，2010. 四川石榴新病害——石榴枯萎病 [C]. 中国植物病理学会 2010 年学术年会论文集：224-229.

许长新，焦睿，于丽辰，等，2014. 桃穿孔病的比较鉴别与防治措施 [J]. 河北果树（5）：48-49.

许志刚，2003. 普通植物病理学 [M]. 北京：中国农业出版社.

薛振南，张超冲，黄试玲，等，1995. 防治肉桂枝枯病药剂的毒力测定 [J]. 广西农业大学学报（2）：112-118.

严伟明，常峰，2012. 怎样防治山楂白粉病 [J]. 现代农村科技（4）：38-38.

杨旺，1996. 森林病理学 [M]. 北京：中国林业出版社.

叶建仁，贺伟，2011. 林木病理学：第 3 版 [M]. 北京：中国林业出版社.

袁嗣令，1997. 中国乔，灌木病害 [M]. 北京：科学出版社.

詹祖仁，张文勤，1998. 毛竹枯梢病综合治理技术的应用 [J]. 林业科技开发（2）.

张成宇，麻仕栋，张向玲，2011. 苗木茎腐病的防治 [J]. 中国林业.

张春霞，何明霞，李加智，等，2008. 云南西双版纳地区橡胶炭疽病病原鉴定 [J]. 植物保护，34（1）：103-6.

张春霞，何明霞，李加智，等，2010. 橡胶树棒孢霉落叶病病原菌的生物学特性 [J]. 植物保护，36（2）：98-101.

张金钟，黄菊芳，刘久义，1984. 油桐枝枯病（*Nectria* sp.）防治试验 [J]. 四川林业科技.

张松柏，罗香文，刘勇，等，2010. 植原体检测与分类研究进展 [J]. 生物技术通报（6）：48-51.

张素轩，1982. 毛竹枯梢病菌属喙球壳属一新种 [J]. 南京林产工业学院学报

（2）：154-158.

张素轩，等，1995. 毛竹基腐病病原的研究 [J]. 南京林业大学学报，19（1）：1-6.

张涛，李婷，郭鹏飞，等，2010. 樱桃褐斑穿孔病发生原因及防治对策 [J]. 陕西农业科学，56（1）：157-169.

张文勤，欧兆胜，1993. 毛竹枯梢病侵染循环与病原菌生活史的研究 [J]. 福建林学院学报，13（3）：247-253.

赵丹阳，秦长生，2015. 油茶病虫害诊断与防治原色生态图谱 [M]. 广州：广东科技出版.

赵丹阳，秦长生，揭育泽，等，2012. 广东省油茶病虫害种类及发生动态调查 [J]. 安徽农业科学，40（29）：67-70.

赵方桂，1965. 竹秆锈病初步研究 [J]. 植物保护，3（3）：115.

浙江农业大学，1979. 果树病理学 [M]. 上海：上海科学技术出版社.

郑晓慧，何平，2013. 石榴病虫害原色图志 [M]. 北京：科学出版社.

郑晓莲，齐秋锁，赵光耀，等，1996. 枣缩果病病原子实体的诱导和鉴定 [J]. 植物保护，22（6）：6-8.

郑重禄，2011. 李树褐斑穿孔病发生规律及其防治技术 [J]. 果农之友（5）：33-33.

职桂叶，陈欣，唐建军，2003. 丛枝菌根真菌（AMF）对植物群落调节的研究进展 [J]. 菌物系统，22（4）：678-682.

中国林业科学研究院，1994. 中国森林病害 [M]. 北京：中国林业出版社.

中南林学院，1986. 经济林病理学 [M]. 北京：中国林业出版社.

周而勋，王克荣，陆家云，1999. 栗疫病研究进展 [J]. 果树科学，16（1）：66-71.

周国英，宋光桃，李河，2007. 油茶病虫害防治现状及应对措施 [J]. 中南林业科技大学学报（06）：179-182.

周仲铭，1990. 林木病理学 [M]. 北京：中国林业出版社.

朱代军，1994. 板栗种实霉烂病及防治 [J]. 绿色大世界：33.

朱教君，徐慧，许美玲，等，2003. 外生菌根菌与森林树木的相互关系 [J]. 生态学杂志，22（6）：70-76.

朱克恭，石峰云，1991. 银杏叶枯病病原菌形态及分类 [J]. 南京林业大学学报，15（1）：36-39.

朱熙樵，1985. 竹类几种丛枝病的特征 [J]. 森林病虫通讯（2）: 42-44.

朱熙樵，1992. 竹秆锈病防治技术应用和推广 [J]. 森林病虫通讯（2）: 24-25.

朱熙樵，1996. 不同竹种对杆锈病的抗性及其利用 [J]. 林业科技开发（2）: 20-21.

朱熙樵，黄焕华，1988. 竹丛枝病的研究Ⅰ: 症状，病菌分离接种试验 [J]. 林业科学，24（4）: 482-487.

朱熙樵，黄焕华，1989. 竹丛枝病的研究Ⅲ: 病原菌侵染特点和防治试验 [J]. 南京林业大学学报，13（2）: 46-51.

朱熙樵，黄金生，1992. 关于类菌原体引起竹子丛枝病的探讨 [J]. 竹子研究汇刊，11（3）: 4-9.

朱熙樵，王新荣，1995. 竹叶枯型丛枝病的研究 [J]. 竹子研究汇刊，14（2）: 68-77.

朱熙樵，张九能，陈建华，等，1983. 竹秆锈病研究Ⅰ，病菌生物学特性的探讨 [J]. 竹类研究（1）: 46-53.

朱熙樵，张九能，陈建华，等，1983. 竹秆锈病研究Ⅱ，病害发生规律的探讨 [J]. 竹类研究（4）: 39-46.

朱熙樵，张九能，陈建华，等，1988. 竹杆锈病扩大防治试验研究 [J]. 南京林业大学学报，12（1）: 35-39.

BORASTON A B, BOLAM D N, GILBERT H J, et al., 2004. Carbohydrate-binding modules : fine-tuning polysaccharide recognition[J]. Biochem J, 382（Pt 3）: 769-781.

BOURNE Y, HENRISSAT B, 2001. Glycoside hydrolases and glycosyltransferases : families and functional modules[J]. Current opinion in structural biology, 11（5）: 593-600.

BRUSSAARD L, THOMAS W K, GOEDE R G M, 2001. On the relationships between nematodes, mycorrhizal fungi and plants : functional composition of species and plant performance[J]. Plant and Soil, 232 : 155-165.

CAMPBELL J A, DAVIES G J, BULONE V, et al., 1997. Henrissat B. A classification of nucleotide-diphospho-sugar glycosyltransferases based on amino acid sequence similarities[J]. Biochem J, 326 : 929-939.

CAMPBELL JA, DAVIES GJ, BULONE V, et al., 1997. A classification of nucleotide-diphospho-sugar glycosyltransferases based on amino acid sequence similarities[J]. Biochem J, 326 (929-939).

CARAVACA F, BAREA J M, PALENZUELA J, et al., 2003. Establishment of shrub species in a degraded semiarid site after inoculation with native or allochthonous arbuscular mycorrhizal fungi[J]. Applied Soil Ecology, 22 (2): 103-111.

GAO S, SHAIN L, 1995. Activity of polygalacturonase produced by Cryphonectria parasitica in chestnut bark and its inhibition by extracts from American and Chinese chestnut[J]. Physiological and Molecular Plant Pathology, 46: 199-213.

GARCIA-GARRIDO J M, OCAMPO J A, 2002. Regulation of the plant defence response in arbuscular mycorrhizal symbiosis[J]. Journal of Experimental Botany, 53 (373): 1377-1386.

HARRIER L A, WATSON C A, 2004. Thepotential role of arbuscular mycorrhizal (AM) fungi in the bioprotection of plants against soil-borne pathogens in organic and/or other sustainable farming systems[J]. Pest Management Science, 60: 149-157.

KOIDE R T, MOSSE B, 2004. A history of research on arbuscular mycorrhiza[J]. Mycorrhiza, 14: 145-163.

LEVASSEUR A, DRULA E, LOMBARD V, et al., 2013, Henrissat B. Expansion of the enzymatic repertoire of the CAZy database to integrate auxiliary redox enzymes[J]. Biotechnol Biofuels, 6 (1): 41.

LEVASSEUR A, DRULA E, LOMBARD V, et al., 2013. Expansion of the enzymatic repertoire of the CAZy database to integrate auxiliary redox enzymes[J]. Biotechnol Biofuels, 6 (1): 41.

LIU R J, 1989. Effects of vesicular-arbuscular mycorrhizas and phosphorus on water status and growth of apple[J]. Journal of Plant Nutrition, 12 (8): 997-1017.

LOMBARD V, BERNARD T, RANCUREL C, et al., 2010, Coutinho PM, Henrissat B. A hierarchical classification of polysaccharide lyases for glycogenomics[J]. Biochem J, 432 (3): 437-444.

LOMBARD V, BERNARD T, RANCUREL C, et al., 2010. A hierarchical classification of polysaccharide lyases for glycogenomics[J]. Biochem J, 432 (3): 437-444.

LOMBARD V, GOLACONDA RAMULU H, DRULA E, et al., 2014. The carbohydrate-active enzymes database (CAZy) in 2013[J]. Nucleic Acids Res, 42

(Database issue): D490-495.

MEDINA M J H, GAGNON H, PICHE Y, et al., 2003. Root colonization by arbuscular mycorrhizal fungi is affected by the salicylic acid content of the plant[J]. Plant Science, 164 (6): 993-998.

PETERSON R L, MASSICOTTE H B, Melville L H, 2004. Mycorrhizas: anatomy and cell biology[M]. Ottawa: NRC Research Press, CABI Publishing.

PROSSR J I. 2002. Molecular and functional diversity in soil microorganisms[J]. Plant and Soil, 244: 9-17.

SMITH S, SMITH A, JAKOBSEN I, 2003. Mycorrhizal fungi can dominate phosphorus supply to plant irrespective of growth response[J]. Plant Physiology, 133: 16-20.

ULRICH H, KATHARINA J, HERMANN B, 2002. Towards growth of arbuscular mycorrhizal fungi independent of a plant host[J]. Applied and Environmental Microbiology, 68 (4): 1919-1924.

TIMMERMANN V, BORJA I, A M Hietala, 2011. Ash dieback: pathogen spread and diurnal patterns of ascospore dispersal, with special emphasis on Norway[J]. Eppo Bulletin, 41 (1): 14-20.

VOLANTE A, LINGUA G, CESARO P, et al., 2005. Influence of three species of arbuscular mycorrhizal fungi on the persistence of aromatic hydrocarbons in contaminated substrates[J]. Mycorrhiza, 16 (1): 43-50.

WHIPPS J M, 2004. Prospects and limitations for mycorrhizas in biocontrol of root pathogens[J]. Canadian Journal of Botany, 82: 1198-1227.

林木病害检疫对象

1. 松材线虫病

2. 五针松疱锈病

◆五针松孢锈病病状　　◆锈孢子　　◆夏孢子

3. 冠瘿病

◆植株危害状　　◆干部危害状　　◆根部危害状　　◆根部危害状

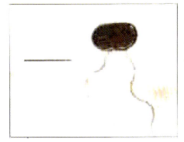
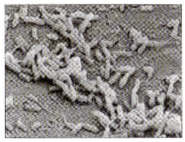

4. 落叶松枯梢病

◆钩梢型　　◆松梢被害状　　◆松苗被害状

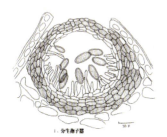

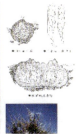

1、分生孢子器　　2、分生孢子萌发

5. 板栗疫病

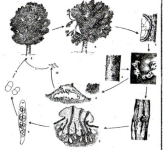
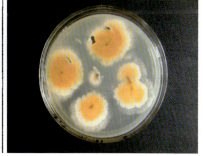

6. 猕猴桃细菌性溃疡病

7. 薇甘菊 *Mikania micrantha* H.B.K.

叶对生，茎有棱，茎上有白色短毛，芽腋生，两侧都长芽，但一般只有一侧的腋芽长成新枝

种子具冠毛且细小，千粒重仅 0.0892g　　　　　　薇甘菊缠绕在台湾相思上薇甘菊缠绕在香蕉树等植物上

◆花序

◆果期

◆花期及危害状　　◆根系　　◆种子　　◆叶片

8. 杨树花叶病

◆病毒柱子

◆杨树花叶病症状　　◆被害状（叶正面）　◆被害状（叶背面）　　◆杨树花叶病毒在烟草上的叶脉坏死　　◆苗木被害状

9. 草坪草褐斑病

◆老熟菌丝　　◆菌丝　　◆危害状

10. 柑橘溃疡病

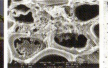

病原细菌及电镜照片

11. 柑橘黄龙病

12. 板栗溃疡病

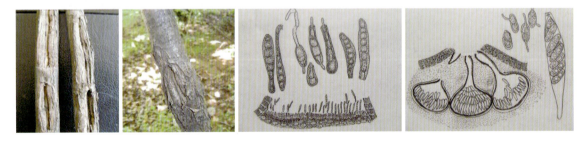

13. 油橄榄孔雀斑病

彩 插

图 1-1-1 板栗溃疡病

图 1-1-2 山茶灰斑病

图 1-1-3 云南油杉肿瘤病

图 1-1-4 樱桃冠瘿病

图 1-1-5 泡桐丛枝病

图 1-1-6 朴树丛枝病

图 1-1-7 桃缩叶病

图 1-1-8 杜鹃饼病

图 1-1-9 柑橘疮痂病

图 1-1-10 林木白粉病、煤污病

图 1-1-11 立木腐朽

图 2-1-1 松苗猝倒病症状

图 2-1-2 石楠苗木立枯病症状

图 2-1-3 松苗猝倒病症状

彩 插

图2-1-5 松落针病症状

图2-1-9 云南松苗叶枯病症状

图2-1-10 五针松松苗叶枯病症状

图2-1-11 杨苗黑斑病症状

图2-2-1 湿地松针褐斑病症状（早期）

图2-2-2 湿地松针褐斑病症状（晚期）

图2-2-3 湿地松针褐斑病症状（生态）

· 9 ·

图 2-2-5　云南松赤枯病症状　　　　　　　　　　　图 2-2-6　黑松赤枯病症状

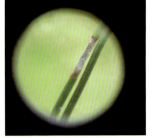

图 2-2-7　松赤枯病症状　　图 2-2-8　五针松赤枯病症状　　图 2-2-11　松针锈病症状

图 2-2-13　杉木炭疽病症状

图 2-2-14　杉木叶枯病症状

图 2-2-16 云杉球果锈病症状

图 2-2-18 油桐黑斑病症状

图 2-2-19 柿子角斑病症状

图 2-2-20 柳叶角斑病症状

图 2-2-22 核桃细菌性黑斑病症状

图 2-2-23 大叶黄杨白粉病症状

图 2-2-24 大叶女贞白粉病症状

图 2-2-25 紫叶小檗白粉病症状

图 2-2-26 鸡脚黄莲小檗白粉病症状

图 2-2-29 十大功劳煤污病症状

图 2-2-30 油橄榄煤污病症状

图 2-2-32 油杉叶锈病症状

图 2-2-34 鹅掌材瘿螨害（毛毡病）症状

图 2-2-35 云南油杉叶枯病症状

图 2-2-36 云杉叶锈病症状

图 2-2-38 云杉叶疫病症

图 2-2-40 云杉梢丛枝病症状

图 2-2-42 高山松针叶褐枯病症状

图 2-2-44 云南松松叶枯病症状

图 2-2-46　华山松赤落叶病症状　　　　　　　　　图 2-2-47　华山松枯梢病症状

图 2-2-48　湿地松枯梢病症状　　图 2-2-49　巧家五针松枯　图 2-2-51　松针红斑病症状
　　　　　　　　　　　　　　　　梢病症状

图 2-2-53　油橄榄孔雀斑病症状

图 2-2-55　油橄榄炭疽病症状

图2-2-56 石楠灰斑病症状

图2-2-57 石楠拟盘多毛孢叶斑病症状

图2-2-58 石楠煤污病症状

图2-2-60 石楠锈病症状

图2-2-62 云南朴树白粉病症状

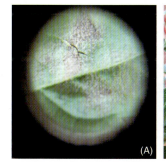

图2-2-65 云南朴树霜霉病症状

图2-2-67 毛白杨白粉病症状

图 2-2-69　滇白杨炭疽病症状　　图 2-2-70　毛白杨叶锈病症状

图 2-2-72　山杨叶黑星病症状　　图 2-2-74　云南黄果冷杉叶枯病症状

图 2-2-75　丽江冷杉叶枯病症状　　图 2-2-76　大叶南洋杉叶尖枯病症状

图 2-2-78　大叶南洋杉赤枯病症状

图 2-2-81 大叶南洋杉小叶枝枯病症状

图 2-2-83 南洋杉叶尖枯病症状

图 2-2-85 柚木锈病症状

图 2-2-87 柿圆斑病症状　　　　　　图 2-2-89 柿叶枯病症状

图 2-2-91　柿白粉病症状

图 2-2-93　柿炭疽病症状

图 2-2-95　柿褐斑病症状

图 2-2-97　柿黑星病症状

图 2-2-99　旱柳锈病症状

图 2-2-100　高山柳锈病症状

图 2-2-102　香椿白粉病症状

图 2-2-104　香椿褐斑病症状

图 2-2-107　核桃白粉病症状

图 2-2-109　核桃炭疽病症状

图 2-2-111　核桃圆斑病症状

图 2-2-112　核桃褐斑病症状

图 2-2-114　核桃粉霉病症状

图 2-2-115　核桃毛毡病症状

图 2-2-116　高山柏落针病症状

图 2-2-117　滇润楠白脉病症状

图 2-2-119　滇润楠叶褐斑枯病症状

图 2-2-122　滇润楠链格孢叶枯病症状

图 2-2-124　滇润楠炭疽病症状

图 2-2-125　滇润楠叶圆斑病症状　　　　　　　　图 2-2-126　滇润楠灰斑病症状

图 2-2-127 板栗圆斑病症状　　图 2-2-129 板栗炭疽病症状　　图 2-2-130 板栗白粉病症状

图 2-2-131 桉树紫斑病症状

图 2-2-133 桉角斑病症状

图 2-2-134 桉树焦枯病症状　　　　　　　　　　　图 2-2-136 龙柏枝锈病症状

图 2-2-137 西南桦煤污病症状　　图 2-2-139 西南桦灰煤病症状　　图 2-2-141 西南桦毛毡病症状

毛毡病组织变畸形，红色

图 2-2-143 栓皮栎白粉病症状　　图 2-2-145 高山栎漆斑病症状　　图 2-2-147 栎毛毡病症状

图 2-2-148 桃缩叶病症状

图 2-2-150 桃褐斑穿孔病症状　　图 2-2-151 桃细菌性穿孔病症状

彩　插

图 2-3-1　日本落叶松枯梢病症状

图 2-3-3　华山松疱锈病症状

图 2-3-5　茶藨子叶背冬孢子柱

图 2-3-6　高山松瘤锈病症状

图 2-3-7　松材线虫病症状

多数针叶枯萎变红褐色针叶挂在松枝上（赵宇翔、胡赛蓉/摄）

图 2-3-9　松材线虫病媒介成虫

A、B：媒介昆虫松褐天牛成虫、幼虫（何自芬/摄）；C：松墨天牛（胡赛蓉/摄）

图2-3-10 松枯枝病症状

图2-3-11 柏树及冷杉矮槲寄生害症状（句正严/摄）

图2-3-12 油杉矮槲寄生害症状
A、B：寄主是高山松（张鸿/摄）

图2-3-13 油杉寄生属
Arceuthobium sp.（杨可四/绘）

图2-3-14 柳腐烂病症状

图2-3-15 柳枝枯病症状

图2-3-16 高山柳烂皮病分生孢子角

图2-3-17 柳腐烂病分生孢子器

彩 插

图 2-3-18 柳烂皮病壳囊孢

图 2-3-20 柳树桑寄生病害症状

图 2-3-21 柳树溃疡病症状

图 2-3-23 香椿干腐病症状图

图 2-3-24 核桃烂皮病症状

图 2-3-26 核桃枝枯病症状

图 2-3-29 核桃膏药病症状

图 2-3-31 核桃槲寄生害症状

图 2-3-32 槲寄生属 *Viscum* sp.（中国林业科学研究院，1994）

· 25 ·

图 2-3-33 核桃冠瘿病症状　　图 2-3-34 核桃溃疡病症状

图 2-3-35 核桃丛枝病症状

图 2-3-36 滇润楠溃疡病症状　　图 2-3-37 板栗疫病症状

图 2-3-39 板栗溃疡病症状　　图 2-3-42 桉树枝干溃疡病症状

图 2-3-43 桉冠瘿病症状　　图 2-3-45 桉树青枯病症状

图 2-3-46 桦木干腐病症状　　图 2-3-48 桃树侵染性流胶病症状

图 2-3-49 桃枝枯病症状　　图 2-3-50 桃桑寄生害症状　　图 2-3-51 八角枫膏药病症状

图 2-3-52 桃膏药病症状　　图 2-3-54 桃干褐腐病症状　　图 2-3-55 云南油杉枝锈症状

B：李楠/绘

图2-3-56 云南油杉枝球瘤病症状

图2-3-57 显脉松寄生害症状
（张鸿/摄）

图2-3-59 云南油杉干瘤病症状

图2-3-60 华山松烂皮病症状

图2-3-61 油橄榄干腐病症状

图2-3-62 油橄榄生理缺硼

图2-3-63 油橄榄枝干溃疡病症状

图2-3-66 油橄榄枝腐病症状

图2-3-67 油橄榄滇藏寄生害症状

图2-3-68 云南朴树丛芽病症状

图2-3-69 朴树桑寄生害症状

图 2-3-70 朴树心材腐朽病症状

图 2-3-71 滇白杨枝枯病症状

图 2-3-72 毛白杨枝枯病症状

图 2-3-74 藏川杨烂皮病症状

图 2-3-76 滇白杨干腐病症状

图 2-3-78 黑杨枝干溃疡病症状

图 2-3-80 冷杉枝枯病症状

图 2-3-82 云南黄果冷杉干腐病症状

图 2-3-84 柿枝枯病症状

图 2-3-86 白桦枝枯病症状

图 2-3-88　西南桦枝干溃疡病症状

图 2-3-90　菟丝子危害症状（陈秀虹/摄）　　　　图 2-4-1　松白腐病病原松木层孔菌

图 2-4-2　桉树白绢病症状　　图 2-5-1　原始林内腐朽病害　　图 2-5-2　立木腐朽连年持续发生

图 2-5-3　*Truncospora ornata* Spirin and Bukharova 引起的木材白色腐朽　　图 2-5-4　白色腐朽菌 *Truncospora ornata* Spirin and Bukharova 担子果　　图 2-5-5　褐色腐朽菌 *Fomitopsis pinicola*（Sw.）P. Karst. 担子果

图 2-5-6 褐色腐朽菌 Fomitopsis betulina (Bull.) B.K. Cui, M.L. Han and Y.C. Dai 担子果

图 2-5-8 木材腐朽

木腐菌分解与破坏木质细胞壁,结果使木材呈现白色腐朽

图 2-5-9 木材腐朽

在自然状态下,木材的腐朽长达数年或数十年

图 2-5-10 活立木腐朽

图 2-5-11 非活立木腐朽

枯立木及倒木腐朽

图 2-5-12 干基腐朽

图 2-5-13 *Antrodia hingganensis* Y.C. Dai and Penttilä 造成的木材褐色块状腐朽

图 2-5-14 *Perenniporia aridula* B.K. Cui and C.L. Zhao 造成的木材白色腐朽

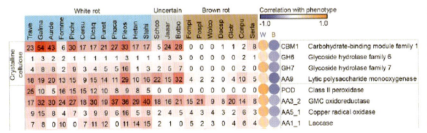

图 2-5-15 Lignocellulose-degrading and secondary metabolism in wood-decaying fungi

图 2-5-16 *Perenniporia corticola* (Corner) Decock 的纯培养物

图 2-5-17 *Perenniporia corticola* (Corner) Decock 的担子果

图 2-5-18 在自然状态下，木腐菌通过昆虫传播

图 2-5-19 腐木上生长的多年生大型担子果

图 2-5-20 *Fragiliporia fragilis* Y.C. Dai, B.K. Cui and C.L. Zhao 的一年生担子果

图 2-5-21 *Fomitiporia ellipsoidea* B.K. Cui and Y.C. Dai 的多年生担子果

图 2-5-22 *Ganoderma applanatum* (Pers.) Pat. 每天能放散 300 亿个孢子

图 2-5-23 松针层孔菌 *Porodaedalea pini* (Brot.) Murrill 引起的针叶树心材腐朽

图 2-5-24-1 松针层孔菌 [*Porodaedalea pini* (Brot.) Murrill] 担子果

图 2-5-24-2 松针层孔菌 [*Porodaedalea pini* (Brot.) Murrill] 担子果孔口表面

图 2-5-25 火木层孔菌 [*Phellinus igniarius* (L. ex Fr.) Quél.] 担子果

图 2-5-26 松生拟层孔菌 [*Fomitopsis pinicola* (Sw.) P. Karst.] 引起的褐色腐朽

图 2-5-27 松生拟层孔菌 [*Fomitopsis pinicola* (Sw.) P. Karst.] 担子果

图2-6-4 松口蘑（*Tricholoma matsutake*）

图2-6-5 美味牛肝菌（*Boletus edulis*）

图2-6-6 松乳菇（*Lactarius deliciosus*）

图2-6-7 松林小牛肝菌（*Boletinus punctatipes*）

图2-6-8 变绿红菇（*Russula virescens*）

图2-6-9 干巴菌（*Thelephora ganbajun*）

图2-6-10 玫瑰红菇（*Russula sanguinaria*）

图2-6-11 点柄乳牛肝菌（*Suillus granulatus*）

图2-6-12 紫红菇（*Russula punicea*）

图2-6-13 血红拟绒盖牛肝菌（*Xerocomellus rubellus*）

图2-6-14 橙黄鹅膏（*Amanita hemibapha*）

图 2-6-15　喜山丝膜菌（*Cortinarius emodensis*）　　图 2-6-16　小白菇（*Russula albida*）　　图 2-6-17　疣硬皮马勃（*Scleroderma verrucosum*）

图 2-6-18　红蜡蘑（*Laccaria laccata*）　　图 2-6-19　暗毛丝盖伞（*Inocybe lacera*）　　图 2-6-20　珊瑚菌（*Clavaria rubicundula*）

图 2-6-21　掷丝膜菌（*Pisolithus arhizus Cortinarius bolaris*）　　图 2-6-22　梨形马勃（*Lycoperdon pyriforme*）　　图 2-6-23　粒皮马勃（*Lycoperdon asperum*）

图 2-7-1　苹果、垂丝海棠圆斑病症状

A：苹果圆斑病症状；B：垂丝海棠圆斑病症状；C：海棠圆斑病症状

图 2-7-2　苹果褐斑病症状

图 2-7-4　苹果、垂丝海棠轮纹叶斑病症状
A：苹果轮纹叶斑病症状；B：垂丝海棠轮纹叶斑病症状

图 2-7-5　苹果、垂丝海棠锈病症状
A：苹果锈病症状；B：垂丝海棠锈病症状；C：山楂锈病症状

图 2-7-7　苹果炭疽病症状

图 2-7-8　苹果褐腐病症状
A：苹果褐腐病症状；B：越冬树上的僵果

图 2-7-9　苹果褐腐病症状
A：垂丝海棠干腐症状；B：苹果干腐症状

图2-7-10 垂丝海棠红花寄生害症状

图2-7-11 垂丝海棠穿孔病症状

图2-7-13 苹果毛毡病症状

图2-7-14 苹果花叶病毒病症状
A：花红花叶病症状；B：苹果花叶病症状

图2-7-15 海棠煤污状叶斑病症状

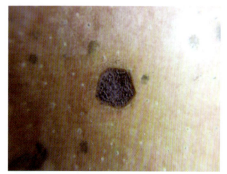

图2-7-16 苹果果实黑斑病症状

图2-7-17 蔷薇白粉病症状

图 2-7-20　荔枝果腐病症状　　图 2-7-22　荔枝毛毡病症状

图 2-7-24　荔枝炭疽病症状　　　　图 2-7-25　荔枝叶缘焦枯病症状

图 2-7-26　荔枝枯斑病症状　　　　图 2-7-27　荔枝枝枯病症状

图 2-7-28-1　茶炭疽病症状
A：茶炭疽病症状；B、C、D：红花油茶炭疽病叶部症状

图 2-7-28-2　茶炭疽病症状
E：红花油茶炭疽病小枝受害症状；F：红花油茶炭疽病实生苗受害症状

图 2-7-29　茶轮斑病症状

图 2-7-31　茶饼病症状

图 2-7-33　茶白星病症状

图 2-7-35　红花油茶藻斑病症状　　　　　图 2-7-36　红花油茶种芽腐烂型症状

图 2-7-37　红花油茶猝倒型症状　　　图 2-7-38　红花油茶立枯型症状

彩 插

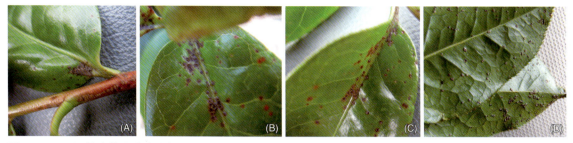

图 2-7-40　红花油茶疮痂病症状

图 2-7-41　红花油茶灰斑病症状

图 2-7-44　古树黏菌危害症状

图 2-7-46　红花油茶半边疯病症状

图 2-7-48　油茶病毒病症状

图 2-7-49 红花油茶白绢病症状

图 2-7-51 梨桧锈病症状
A：贴梗海棠胶锈症状；B：梨锈病症状

图 2-7-52 梨黑星病症状　　　　　　　　　图 2-7-53 梨白粉病症状

图 2-7-55 梨炭疽病症状

图 2-7-56 梨褐　图 2-7-58 梨褐斑病症状
腐病症状

图 2-7-60 梨角斑病症状　　　　　　　　　　　　　　图 2-7-62 梨干
腐病症状